大庆油田聚合物驱后提高采收率技术研究与应用

白军辉 曹瑞波 闫 伟 韩 旭 李 勃 等著

石油工业出版社

内 容 提 要

本书以大庆油田聚合物驱后提高采收率技术科研探索与开发实践为基础，系统总结了大庆油田在聚合物驱后提高采收率技术领域取得的科技成果，详细介绍了在剩余油描述、优势渗流通道识别、新型调堵剂研制、高效驱油体系研发、化学驱数值模拟软件研制等方面取得的创新成果，同时介绍了大庆油田聚合物驱后现场试验进展及取得的技术成果和经济效益。

本书可供从事油气田开发的技术管理人员、科研人员及石油类院校师生学习参考。

图书在版编目（CIP）数据

大庆油田聚合物驱后提高采收率技术研究与应用 / 白军辉等著 . -- 北京：石油工业出版社，2024. 8
ISBN 978-7-5183-6829-7

Ⅰ. TE357.46

中国国家版本馆 CIP 数据核字第 2024TW3337 号

出版发行：石油工业出版社
　　　　　（北京安定门外安华里 2 区 1 号　100011）
　　　　网　　址：www.petropub.com
　　　　编辑部：（010）64523760
　　　　图书营销中心：（010）64523633
经　　销：全国新华书店
印　　刷：北京中石油彩色印刷有限责任公司

2024 年 8 月第 1 版　2024 年 8 月第 1 次印刷
787×1092 毫米　开本：1/16　印张：21.5
字数：510 千字

定价：170.00 元
（如出现印装质量问题，我社图书营销中心负责调换）
版权所有，翻印必究

前 言
PREFACE

  大庆油田聚合物驱取得较好的开发效果，截至 2023 年 12 月，大庆油田累计有 81 个聚合物驱区块进入后续水驱阶段，聚合物驱阶段提高采收率可达 15.3 个百分点，后续水驱区块平均采出程度 59.3%，剩余地质储量 $3.7×10^8$t，潜力巨大。自 2000 年开始，大庆油田便开展了聚合物驱后提高采收率技术的探索与研究，经过二十余年的科研攻关与现场实践，攻克了限制聚合物驱后油层进一步提高采收率的多项瓶颈技术，明确了聚合物驱后油层"堵、调、驱"的技术理念，研发出了系列高效驱油体系配方并开展了现场试验，其中聚合物驱后高黏度弱碱三元复合驱现场试验提高采收率可达 13.5 个百分点，税后财务内部收益率达到 10.6%，取得了较好的技术和经济效果，具备了工业化推广的条件。

  本书以大庆油田聚合物驱后提高采收率技术多年科研探索与开发实践为基础，系统总结了大庆油田在聚合物驱后油层提高采收率技术方面取得的研究成果，详细介绍了大庆油田在聚合物驱后油层剩余油描述、优势渗流通道识别、新型高效调堵剂研制、高效驱油体系研发、化学驱数值模拟软件研制及聚合物驱后现场试验等方面取得的科研成果。全书共分为七章，第一章为绪论，简要介绍了大庆油田聚合物驱后提高采收率技术发展历程及取得的主要技术成果；第二章详细介绍了大庆油田聚合物驱后剩余油描述的方法、宏观剩余油分布特征、微观剩余油赋存类型及成因等内容；第三章详细介绍了基于流线数值模拟软件的优势渗流通道识别平台的研制及大庆油田聚合物驱后油层优势渗流通道空间分布特征和时空演变规律等内容；第四章介绍了适用于聚合物驱后油层的新型高效调堵剂的合成方法、性能特点及现场应用效果；第五章详细介绍了适用于聚合物驱后油层的驱油体系研发机理及高浓度聚合物驱、高黏度弱碱三元复合驱、弱碱中相自适应堵调驱、无碱中相自适应堵调驱体系配方优化及体系理化性能评价等内容；第六章主要介绍了大庆油田自主研发的具备新型驱油体系模拟功能的化学驱数值模拟软件的研制过程及现场应用情况；第七章介绍了大庆油田聚合物驱现场试验攻关进展，详细介绍了聚合物驱后高浓度聚合物驱现场试验、聚合物驱后高黏度弱碱三元复合驱现场试验及聚合物驱后无碱中相自适应堵调驱现场试验方案设计、动态跟踪调整及技术经济效果评价相关内容。本书系统、全面地总结了大庆油田聚合物驱后油层提高采收率技术在室内科研攻关及矿场试验取得的科研成果，形成了涵盖剩余油描述、优势渗流通道识别、新型堵调剂研制、高效驱油体系研发、新型数值模拟软件研制、现场试验方案设计及跟踪调整技术的全套聚合物驱后提高采收率技术，可以为其他油田聚驱后油层提高采收率技术的发展提供经验参考。

本书于 2024 年 1 月完成初稿，此后根据审稿专家的意见进行了多次修改，最终由白军辉、曹瑞波完成统稿。第一章由白军辉、刘国超、韩旭编写；第二章由刘海波、白振强、王立辉编写；第三章由路克微、张新亮、白军辉编写；第四章由李勃、高倩、潘峰、杨莉编写；第五章由曹瑞波、刘国超、闫伟、韩旭、李勃、高倩编写；第六章由魏长清、闫伟编写；第七章由白军辉、闫伟、胡良峰编写。全书由白军辉、曹瑞波统一审阅定稿。

在本书编写过程中，得到了大庆油田有限责任公司勘探开发研究院领导及相关专家的指导与帮助，在此一并表示深深的谢意！

由于水平有限，书中难免存在缺点与不足，敬请广大读者批评指正。

目 录
CONTENTS

第一章 绪论 ·· 1
  第一节 聚合物驱后油层进一步提高采收率技术瓶颈 ·· 1
  第二节 大庆油田聚合物驱后油层提高采收率技术攻关历程 ································ 2
  第三节 大庆油田聚合物驱后油层提高采收率技术概述 ······································ 3
  参考文献 ·· 5

第二章 聚合物驱后储层及剩余油分布特征 ··· 6
  第一节 储层物性及孔隙结构特征 ·· 6
  第二节 聚合物驱后微观剩余油赋存状态及形成机理 ······································ 26
  第三节 宏观剩余油类型及分布特征 ·· 66
  参考文献 ·· 81

第三章 聚合物驱后优势渗流通道识别方法 ··· 86
  第一节 聚合物驱后油层优势渗流通道分布特征 ·· 86
  第二节 优势渗流通道识别方法 ·· 90
  第三节 化学驱流线数值模拟软件研制 ·· 97
  第四节 优势渗流通道一体化识别平台 ·· 111
  第五节 应用实例 ·· 118
  参考文献 ·· 122

第四章 聚合物驱后新型调堵剂研发 ·· 125
  第一节 国内外调堵剂研究现状 ·· 125
  第二节 温度/时间响应型智能凝胶调堵剂 ··· 130
  第三节 预交联凝胶颗粒调堵剂（PPG） ·· 142
  第四节 聚驱后新型调堵剂应用 ·· 154
  参考文献 ·· 158

第五章 聚合物驱后高效堵调驱体系研发 ··· 161
  第一节 聚合物驱后驱油体系研发机理 ·· 161
  第二节 高浓度聚合物体系 ·· 165

第三节　弱碱三元复合体系 ··· 177
　　第四节　弱碱中相自适应堵调驱体系 ·· 187
　　第五节　无碱中相自适应堵调驱体系 ·· 195
　　参考文献 ·· 208

第六章　聚合物驱后化学驱数值模拟软件研制 ·· 214
　　第一节　软件整体架构设计 ·· 214
　　第二节　主模拟器研发 ··· 216
　　第三节　配套前后处理一体化集成运行平台 ·· 250
　　第四节　软件功能测试及应用实例 ·· 267
　　参考文献 ·· 280

第七章　聚合物驱后提高采收率现场试验 ·· 285
　　第一节　聚合物驱后高浓度聚合物驱试验 ··· 285
　　第二节　聚合物驱后弱碱三元复合驱试验 ··· 304
　　第三节　聚合物驱后无碱中相自适应堵调驱试验 ···································· 322
　　参考文献 ·· 336

第一章　绪　　论

大庆油田于1996年开展聚合物驱油（简称聚驱）工业化推广，截至2023年12月，大庆油田聚合物驱累计动用地质储量达到12.18×10^8t，累计增油1.60×10^8t，提高采收率达到13.14个百分点，多年的现场开发实践表明，聚合物驱技术在大庆油田取得了巨大的成功[1-4]。截至2023年12月，大庆油田累计有81个聚合物驱区块进入后续水驱阶段，后续水驱阶段平均采出程度59.3%，剩余地质储量3.7×10^8t，潜力巨大，但是聚驱后油层经过水驱、聚驱的长时间开发，储层物性发生明显改变，优势渗流通道普遍发育，低效无效循环严重[5-8]，采油井含水高，综合含水率达到97.9%，为高效挖掘聚驱后油层剩余油，亟须开展聚驱后提高采收率技术研究。

第一节　聚合物驱后油层进一步提高采收率技术瓶颈

聚驱前后取心井的物性分析表明，储层渗透率整体大幅度升高，但由于高渗透层、低渗透层泥质含量变化及聚合物吸附的差异，导致高渗透层、低渗透层渗流能力差异进一步拉大，油层非均质程度进一步加大，优势渗流通道普遍发育。聚驱前后取心井含油饱和度分析表明，聚驱后油层含油饱和度大幅度降低，并且剩余油空间分布高度零散，激活聚并难度极大。针对聚驱后油层特点，为进一步高效挖掘聚驱后剩余油，必须攻克以下4项瓶颈技术。

一、聚驱后剩余油精细描述技术

聚驱后油层含油饱和度低，相当于"水中找油"，剩余油微观赋存状态及微观、宏观分布特征刻画难度大，亟须攻关聚驱后剩余油精细描述技术。在宏观上明确剩余油成因并精细刻画出剩余油在不同沉积类型砂体中分布特点及剩余地质储量占比，在微观上明确剩余油赋存类型及成因并精细描述各类剩余油分布特征，为聚驱后剩余油挖潜指明方向。

二、优势渗流通道精准识别技术

优势渗流通道是由于储层渗透率的差异及油水重力分异作用，经过注入流体长期冲刷形成的高渗透条带，取心井岩心观察结果表明，聚驱后油层优势渗流通道厚度比例只占全井的15.9%，但相对吸水量高达60%以上。油田常用的井间示踪剂识别技术、测井资料识别技术及取心井资料识别等常规优势渗流通道识别技术存在应用成本高和识别精度差等问题，亟须攻关适用于聚驱后油层的优势渗流通道精准识别技术，准确识别优势渗流通道纵向发育层位、平面分布特征及形成演化过程。

三、新型高效调堵剂研制技术

聚驱后油层优势渗流通道普遍发育，低效无效循环严重，进一步挖掘聚驱后油层剩余油必须要高效封堵优势渗流通道。油田常规凝胶调堵剂初黏高、成胶时间短、无法实现高渗层深部的高效封堵，颗粒类调堵剂选择性差、伤害中低渗透层。亟须攻关新型高效调堵剂研制技术，控制凝胶调堵剂的初始黏度、成胶时间及颗粒类调堵剂的注入性能，研制出适用于聚驱后油层高效封堵优势渗流通道的新型高效调堵剂。

四、高效驱油体系配方研发技术

聚驱后油层剩余油高度零散，进一步提高采收率相当于"水中刮油"，剩余油激活聚并难度大，同时，优势渗流通道普遍发育，低效无效循环严重。适用于聚驱后油层的驱油体系，需要同时具备扩大波及体积和提高驱油效率的双重作用，对驱油体系的性能提出了更高的要求。亟须攻关聚驱后油层微观渗流机理及微观剩余油启动机制，建立适用于聚驱后油层驱油体系研发的技术理念，形成聚驱后高效驱油体系研发技术。

第二节 大庆油田聚合物驱后油层提高采收率技术攻关历程

2000 年，第一个聚合物驱区块转入后续水驱后，大庆油田便开展了聚驱后提高采收率技术的探索研究，经过二十余年的科研攻关与现场实践，经历了由原井网向变流线转变、高浓度聚驱向弱碱复合驱转变、弱碱复合驱向无碱中相自适应堵调驱转变的技术攻关历程，现场试验效果持续提升，弱碱复合驱已具备工业化推广应用条件、无碱中相自适应堵调驱已开展先导性矿场试验（图 1-1）。

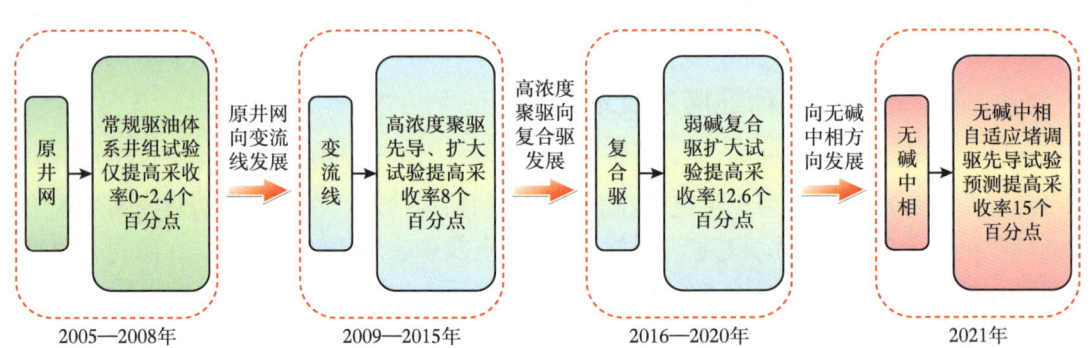

图 1-1 大庆油田聚驱后提高采收率技术发展历程

大庆油田自 2005 年以来，在原井网条件下开展了微生物采油、蒸汽吞吐、蒸汽驱及聚合物—表面活性剂二元复合驱等多项聚驱后现场试验，提高采收率均在 3 个百分点以内。因此，大庆油田成立专项攻关团队，深化驱油机理研究，认识到改变注采变流线并在堵、调的基础上扩大波及体积是聚驱后油层取得较好效果的必要条件。变流线有利于抑制低效无效循环和挖潜分流线剩余油，聚驱后油层与水驱后油层相比，优势渗流通道发育，在原井网条件下，低效无效循环严重，为了有效抑制低效无效循环，必须通过井网加密或抽稀改变液流方向挖潜分流线剩余油；聚驱后油层优势渗流通道含水饱和度达70%以上，驱替相相对渗透率大幅度上升，致使流度比控制更加困难，聚驱后油层想要取得较好的提高采收率效果必须在封堵优势渗流通道的基础上进一步扩大波及体积。

2009—2015年，在上述认识的基础上，基于聚合物黏弹性理论，研发了适用于聚驱后油层的高浓度聚合物驱油体系，室内非均质人造岩心驱油实验表明，聚合物浓度2500mg/L时可取得最佳技术经济效果，聚驱后提高采收率达到9.2个百分点。变流线高浓度聚合物先导试验表明，高浓度聚驱可以有效抑制聚驱后优势渗流通道，具有较强扩大波及体积能力，油层吸入厚度比例达到90%左右，较空白水驱上升26.3个百分点，综合含水率下降6.0个百分点，聚驱后采出程度10.20%，提高采收率8.32个百分点。

2016年在高浓度聚驱取得较好效果的基础上，为进一步提高聚驱后油层开发效果，研发了高黏弱碱三元复合驱体系，应用三层非均质并联岩心优化了弱碱三元复合驱体系配方。结果表明，聚合物浓度为2600mg/L、体系黏度为120mPa·s可取得最佳驱油效果，聚驱后提高采收率12.3个百分点。岩心薄片微观检测表明，高浓度聚驱、复合驱均可降低聚驱后自由态剩余油和束缚态剩余油，但复合驱降低束缚态剩余油能力强于高浓度聚驱。2015年开展了弱碱三元复合驱现场试验，注入压力上升了4.1MPa，吸水厚度比例达到90%以上，增加33.4%，增幅高于一次聚驱，新动用的油层主要为渗透率小于$500 \times 10^{-3} \mu m^2$的中低渗透层，综合含水率下降4.7个百分点，阶段提高采收率13.5个百分点，税后财务内部收益率10.6%，试验取得较好的技术经济效果。

为了更大幅度提高聚驱后采收率，基于非连续相渗流机理和相态理论，2021年以来，进一步研发了无碱中相自适应堵调驱体系，无碱中相自适应堵调驱体系由非连续相（预交联凝胶颗粒）与连续相（无碱中相复合体系）组成，预交联凝胶颗粒（简称PPG）具有动态调整、动态驱替、大幅度扩大波及体积的作用；无碱中相复合体系能与原油形成中相微乳液，大幅度提高驱油效率。三层非均质并联岩心驱油实验表明，聚驱后无碱中相自适应堵调驱可提高采收率20.4个百分点，较弱碱三元复合驱多提高8.1个百分点。2023年聚驱后无碱中相自适应堵调驱先导试验正式投注化学驱，目前注入化学剂0.260PV，注入压力上升3.9MPa，优势渗流通道得到有效封堵，采油井全部出现含水下降的趋势，综合含水率下降2.0个百分点，取得初步的效果。

第三节　大庆油田聚合物驱后油层提高采收率技术概述

取心井资料研究表明，与水驱后油层相比，聚驱后油层由于聚合物及后续水的长期冲刷，平均渗透率明显增加，且高渗透层聚合物滞留量和泥质含量远低于低渗透层，渗透率增加幅度大于低渗透层，导致聚驱后油层平面非均质和纵向非均质程度进一步增强。渗流实验研究表明，与水驱后油层相比，聚合物滞留对中低渗透层的影响大，水相渗透率下降更加明显；取心井资料研究表明，聚驱后油层渗透率越高含油饱和度越低，水相渗流能力越强，以上两点导致高渗透层和中渗透层、低渗透层的渗流能力进一步拉大。综上所述，聚驱后油层渗透率、油水相相对渗透率和含油饱和度发生了明显变化，高渗层渗流阻力明显减小，中渗透层、低渗透层渗流阻力明显增强，从而在油层高渗透部位形成优势渗流通道，且中水洗段、低水洗段和优势渗流通道交互分布，开采难度极大，聚驱后必须通过封堵优势渗流通道控制低效无效循环，并且研发高效驱油体系挖掘高度分散的剩余油。根据以上认识，大庆油田经过二十余年的室内研发及现场实践，逐渐突破了限制聚驱后油层剩余油进一步挖潜的技术瓶颈，形成了适用于大庆油田的聚驱后提高采收技术。

（1）发明基于紫外光激发和激光共聚焦成像的检测方法，实现了微观剩余油定量表征。

一是发明岩样冷冻制片技术，薄片厚度由常温的1mm降至0.05mm，解决了常温制片油水分布失真和多层颗粒干扰的问题，荧光观察结果更精准。

二是优选波段和波长，建立岩心薄片紫外光激发二维成像方法，解决了以往蓝光激发油、水、岩边界不清的问题；结合激光共聚焦扫描三维成像技术，首次实现岩石孔隙结构和原油赋存状态的三维再现。

三是建立微观剩余油定量描述企业标准和分析方法，自主研发图像分析软件，实现微观剩余油赋存状态量化表征，为研究微观剩余油赋存状态、分布特征和启动方法提供了手段。

（2）建立了基于流线数值模拟技术的优势渗流通道识别方法，为精准确定封堵部位提供了技术手段。

一是研制了流线数值模拟器，打破了国外技术垄断。流线数值模拟方法的核心是流线数值模拟器，以往依靠购买国外软件。为了替代国外模拟器，突破化学驱流线渗流机理，建立流线追踪和沿流管物质传输数学求解模型，自主研制出了流线数值模拟器。

二是建立了基于流线数值模拟技术的识别方法，实现优势渗流通道时空量化描述。依据流场传质原理，选取了具备时间累积性和可量化性的井间过水倍数、渗透率变化值、注水效率和含水饱和度作为关键参数，建立了优势渗流通道综合判识数学模型。开展了现场实例验证，后续水驱十年，优势渗流通道普遍发育，厚度占比18.5%，吸液高达60%以上，必须采取封堵措施控制化学剂低效无效循环。后验井验证表明，理论计算与实测符合率达95.2%。

（3）研制了高效、智能型堵调剂，封堵优势渗流通道、控制低效无效循环。

一是研制出温度/时间响应型凝胶堵调剂，成胶环境及成胶时间可控。研发大分子交联剂，通过空间位阻提高交联反应能垒，实现常温下长期低初黏；研发小分子促进剂，通过调节交联反应活化能控制反应速度，实现油层温度下成胶且成胶时间可控。通过研制新型化学剂的优化组合，研发出了温度/时间响应型自适应调堵剂，在25℃常温条件下，可实现长期低初黏（5~10mPa·s）。在45℃油层温度条件下成胶且成胶时间5~30d可控，成胶后黏度可达2600mPa·s以上，可以实现进入优势渗流通道的深度、智能高效封堵。

二是研制出预交联凝胶颗粒，具备高强度、高弹性和变形能力。研发可构建动态交联网络的新型单体，创新嵌段聚合技术，实现分子微观结构可调可控，研制出了系列化PPG颗粒，与传统凝胶颗粒类调剖剂相比，PPG弹性因子提高6倍，具有较强的多孔介质变形通过能力。岩心实验表明，PPG能够顺利注入油层深部，对优势渗流通道实施有效封堵，优势渗流通道吸液量降低30%以上。

（4）明确了"堵、调、驱"的技术理念，研发了系列高效驱油体系配方。

一是明确了聚驱后油层"堵、调、驱"的技术理念。由于聚驱后油层优势渗流通道普遍发育，低效无效循环严重，聚驱后进一步提高采收率必须封堵优势渗流通道，限制低效无效循环，调整吸水剖面，改善油层动用程度，同时注入高效驱油体系，激活聚并高度分散的剩余油。

二是研发了系列高效驱油体系配方。基于"堵、调、驱"的技术理念，研发出了高浓度聚驱、弱碱三元复合驱、无碱中相自适应堵调驱等适用于聚驱后油层的高效驱油体系配方，室内物模实验聚驱后提高采收率分别为9.2%、12.3%及20.4%。上述体系分别开展了现场试验，聚驱后高浓度聚合物试验区提高采收率8.3个百分点，聚驱后弱碱三元试验区提高采收率13.5个百分点，无碱中相自适应堵调驱现场试验处于注剂初期，预测提高采收率可达14.0个百分点以上。

大庆油田聚驱后提高采收率技术经过二十余年的技术攻关及现场实践，形成了包含剩余油及优势渗流通道精细描述技术、智能型驱油体系研制技术、高效驱油体系研发技术、现场方案优化及跟踪调整技术的完善的聚驱后油层提高采收率技术，现场试验取得提高采收率13.5个百分点的技术效果，具备了工业化推广应用的条件。聚驱后提高采收率技术推广应用，可为大庆油田新增可采储量1×10^8t以上，对大庆油田的长期稳产及持续高效开发具有重要意义。

参 考 文 献

[1] 韩培慧，苏伟明，林海川，等. 聚驱后不同化学驱提高采收率对比评价[J]. 西安石油大学学报（自然科学版），2011，26（5）：44-47.

[2] 韩培慧，曹瑞波，刘海波，等. 聚合物驱后油层特征和自适应复合驱方法研究[J]. 大庆石油地质与开发，2019，25（5）：81-84.

[3] 高淑玲，张鹤川，闫伟，等. 聚驱后井网加密高质量浓度聚合物驱提高采收率试验[J]. 大庆石油地质与开发，2016，35（3）：94-98.

[4] 冯时南，卢祥国，鲍文博，等. 聚驱后提高采收率及注入参数优化试验研究[J]. 辽宁石油化工大学学报，2019，39（4）：40-46.

[5] 闫坤，韩培慧，曹瑞波，等. 聚驱后优势渗流通道流线数值模拟识别方法的建立及应用[J]. 油气藏评价与开发，2019，9（2）：33-37.

[6] 刘海波. 大庆油区长垣油田聚合物驱后优势渗流通道分布及渗流特征[J]. 油气地质与采收率，2014，21（5）：69-72.

[7] 刘国超. 聚驱后优势渗流通道分布特征及封堵方法[J]. 石油化工高等学校学报，2021，34（4）：46-51.

[8] 刘国超，曹瑞波，闫伟，等. 聚驱后油层优势渗流通道参数计算方法及其应用[J]. 大庆石油地质与开发，2023，42（5）：90-98.

第二章 聚合物驱后储层及剩余油分布特征

大庆油田一类油层历经一次水驱、聚驱和后续水驱的深度开发,储层特征和剩余油分布特征均发生了较大变化,其影响着注入流体在孔隙中渗流规律并决定了聚驱后应采取何种有效的开发方法以进一步提高采收率[1-10]。因此,亟须从微观尺度和宏观尺度开展储层和剩余油分布特征相关研究。本章利用恒速压汞实验、微观可视化驱油实验及激光共聚焦剩余油分析等先进设备和软件,开展了微观尺度研究。利用取心井、新钻井水淹层解释资料及厚油层内部构型解剖方法,开展了宏观尺度研究,研究成果可为聚驱后驱油体系研发提供技术支撑和理论指导。

第一节 储层物性及孔隙结构特征

收集喇萨杏开发区聚驱前后 157 口取心井岩心分析数据、油层水洗状况综合数据、油层物性数据及压汞法测微观孔隙结构等数据,对上述数据进行分析、校正,最终确定选择 1988—2014 年先后在不同地区钻取的聚驱前 28 口井和聚驱后 28 口井作为目标井(图 2-1),开展聚驱后储层物性及孔隙结构变化特征研究。

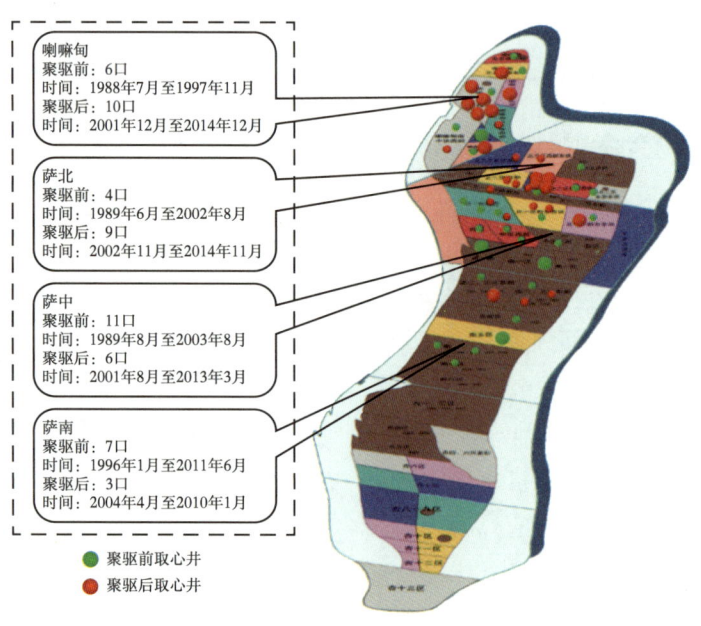

图 2-1 聚驱前后取心井分布图

一、储层物性变化特征研究

聚驱后渗透率为 1.903μm²,明显高于聚驱前;聚驱后泥质含量为 7.66%,明显低于聚驱前;聚驱后孔隙度与聚驱前相比,变化不显著;聚驱后粒度中值与聚驱前相比,基本不变(表 2-1)。聚驱一定程度上改变了油层物性,粒度中值是一个对孔隙度、渗透率敏感,并且自身在聚驱前后基本不变的参数。因此,开展了不同粒度中值范围内渗透率、孔隙度和泥质含量的变化特征研究[11-12]。

表 2-1 聚驱前后物性参数对比表

名称	渗透率(μm²)	孔隙度(%)	泥质含量(%)	粒度中值(mm)
聚驱前(28口井)	1.658	28.7	9.62	0.179
聚驱后(28口井)	1.903	29.0	7.66	0.182
差值	0.245	0.3	-1.96	0.003

1. 聚驱前后渗透率变化特征

从聚驱前后不同渗透率区间岩样所占厚度比例来看,聚驱前后渗透率分布均比较分散,聚驱前渗透率在低端值区域所占比重较高,聚驱后渗透率在高端值区域所占比重较高,聚驱后平均渗透率为 1.903μm²,较聚驱前增加 0.245μm²(图 2-2)。从聚驱前后不同粒度中值区间岩样的渗透率情况来看,聚驱后渗透率较聚驱前增加明显,在粒度中值为 0.1~0.15mm 的区间内,聚驱前后渗透率的增加幅度最大,当粒度中值越大(大于 0.15mm)和粒度中值越小(小于 0.1mm)时,渗透率也在增加,但增加的幅度向两侧呈现减小的趋势(图 2-3)。

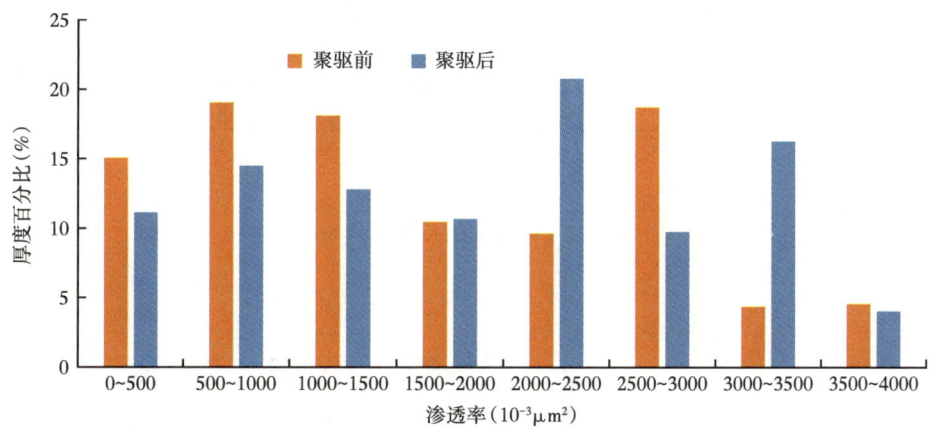

图 2-2 聚驱前后渗透率分布

2. 聚驱前后孔隙度变化特征

从聚驱前后不同孔隙度区间岩样所占厚度比例来看,聚驱前后孔隙度主要分布在 [26,32] 区间,以 [28,30] 区间占比最大(图 2-4)。从聚驱前后不同粒度中值区间的孔隙度情况来看,聚驱前后孔隙度变化不大,在粒度中值小于 0.05mm 和粒度中值大于 0.15mm 的范围内,孔隙度基本不变;在粒度中值 0.05~0.15mm 的区间内,孔隙度略有增加(图 2-5),这主要是聚合物的冲刷作用导致的。粒度中值越大(大于 0.15mm),对应的孔隙和喉道越大，聚合物分子回旋空间大，而且聚合物驱替液流速较低，冲刷能力弱。对于粒度中值特别小的孔隙（小于 0.05mm），由于聚合物不可及孔隙体积的存在，聚合物对这部分孔隙波及差，上述两者均导致聚驱前后孔隙度基本不变。

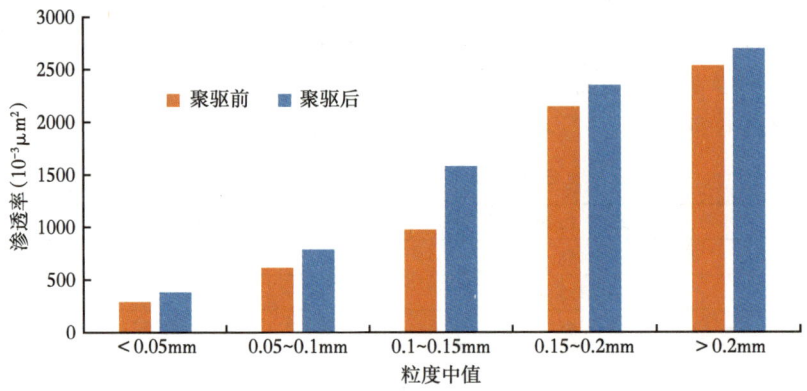

图 2-3　聚驱前后不同粒度范围渗透率变化

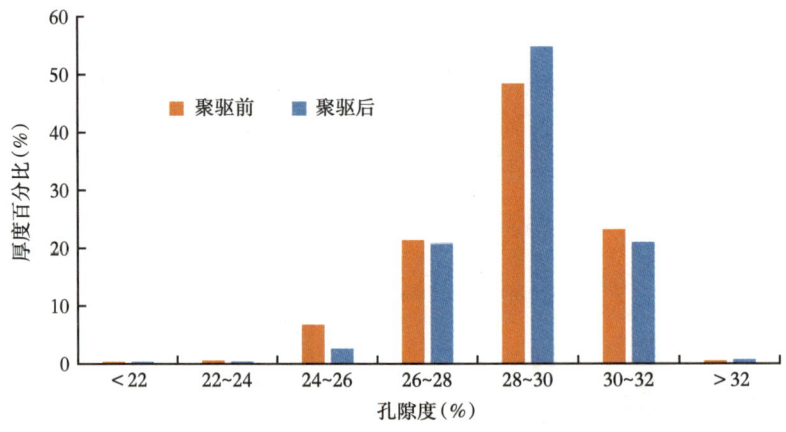

图 2-4　聚驱前后孔隙度分布

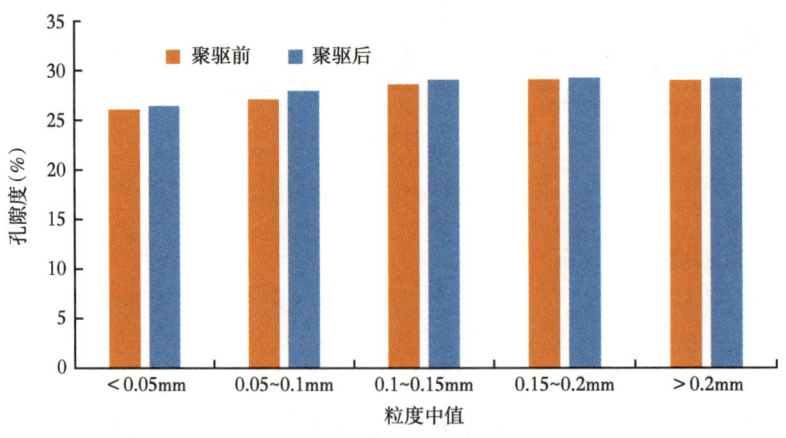

图 2-5　聚驱前后不同粒度范围孔隙度分布

3. 聚驱前后泥质含量变化特征

从聚驱前后不同泥质含量区间岩样所占厚度比例来看，聚驱前泥质含量主要分布在[6，12]区间，聚驱后泥质含量主要分布在[3，9]区间，较聚驱前向着泥质含量减小的方向移动（图2-6），聚驱前泥质含量为7.7%，较聚驱前下降了1.9个百分点。由于聚合物驱替液的冲刷作用，导致聚驱后泥质含量较聚驱前总体降低。从聚驱前后不同粒度中值区间岩样的泥质含量情况来看，粒度中值小（小于0.1mm）的岩心泥质含量增加，粒度中值较大（0.1~0.2mm）的岩心泥质含量降低，粒度中值大于0.2mm时，岩心的泥质含量基本不变（图2-7）。

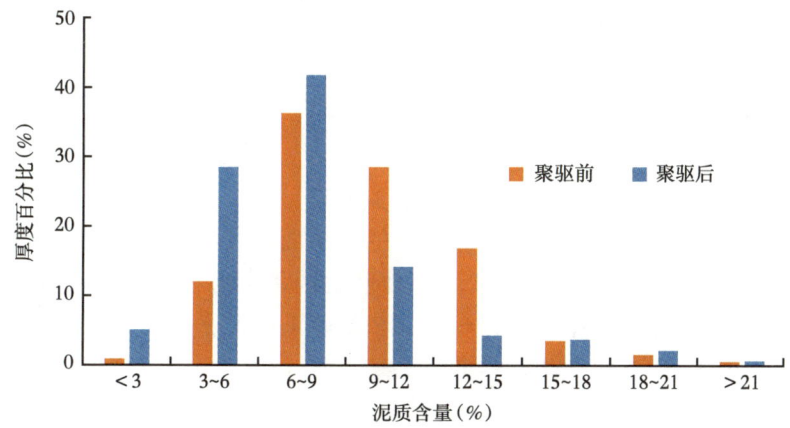

图2-6 聚驱前后泥质含量分布

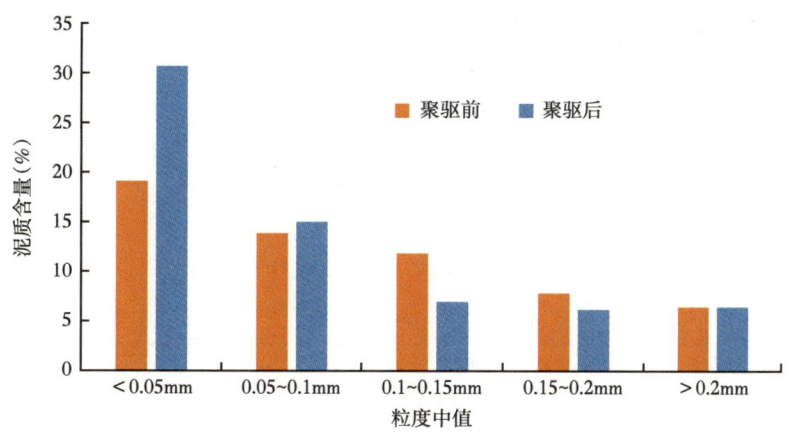

图2-7 聚驱前后不同粒度范围泥质含量分布

4. 聚驱前后孔隙度与渗透率的关系

聚驱前后葡I组岩心样品归类统计分析表明，聚驱前后孔隙度和渗透率之间呈现较好的相关性，呈指数关系（图2-8）。随着孔隙度的增大，渗透率也增大，在相同孔隙度条件下，聚驱后渗透率高于聚驱前渗透率。

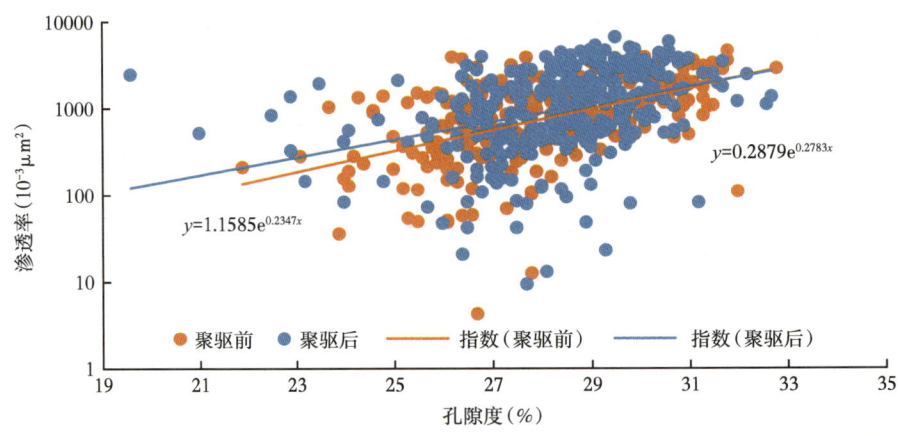

图 2-8 聚驱前后孔隙度与渗透率的关系

5. 聚驱前后泥质含量与渗透渗、孔隙度的关系

聚驱前后渗透率和孔隙度均随着泥质含量的减小而增大。聚驱后泥质含量—渗透率数据点集中分布区域较聚驱前向左上方移动,引起聚驱后泥质含量下降,同时渗透率增大。聚驱后泥质含量—孔隙度数据点集中分布区域较聚驱前向左平行移动,导致聚驱后泥质含量下降,同时孔隙度略有增加(图 2-9 和图 2-10)。

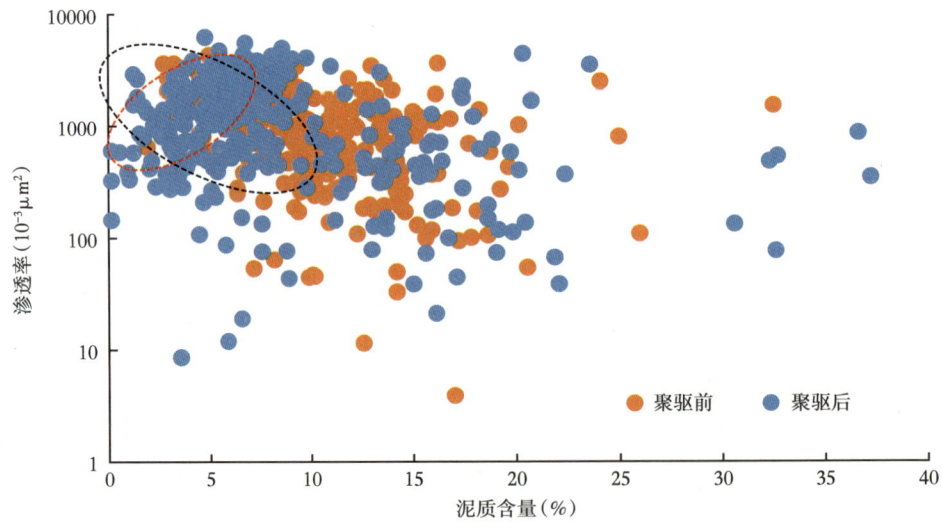

图 2-9 聚驱前后泥质含量与渗透率的关系

6. 不同地区聚驱前后储层物性变化

不同开发区聚驱前后取心井分析表明,不同开发区聚驱前后储层物性变化与全区规律基本一致,不同开发区各储层物性参数变化略有差别。喇嘛甸开发区聚驱后渗透率、孔隙度和粒度中值最高,泥质含量最低;萨南开发区聚驱后渗透率和孔隙度最低,粒度中值和泥质含量与萨中开发区、萨北开发区相当(表 2-2)。

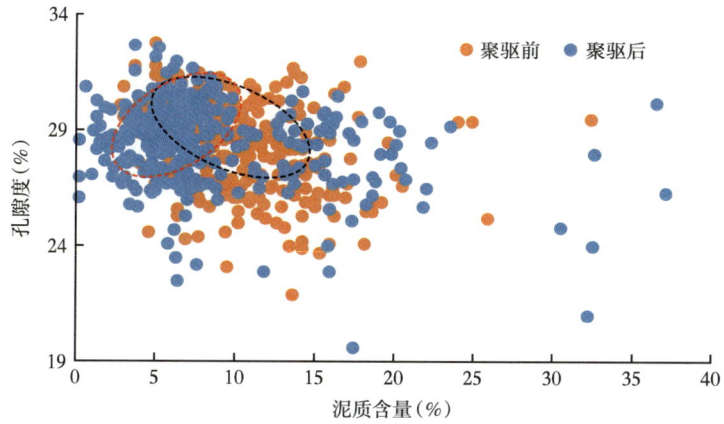

图 2-10　聚驱前后泥质含量与孔隙度的关系

表 2-2　分地区聚驱前后物性参数对比表

地区	开发阶段	粒度中值（mm）	渗透率（μm²）	孔隙度（%）	泥质含量（%）
萨中	聚驱前（11口井）	0.162	1.685	28.8	9.44
	聚驱后（6口井）	0.124	1.811	29.0	8.27
	差值	-0.038	0.125	0.2	-1.17
萨南	聚驱前（7口井）	0.138	1.319	28.8	11.85
	聚驱后（3口井）	0.130	1.597	29.0	8.20
	差值	-0.008	0.278	0.3	-3.65
萨北	聚驱前（4口井）	0.144	1.331	28.9	9.48
	聚驱后（9口井）	0.156	1.684	29.2	8.05
	差值	0.012	0.353	0.3	-1.43
喇嘛甸	聚驱前（6口井）	0.172	2.070	28.7	7.85
	聚驱后（10口井）	0.174	2.290	29.5	6.41
	差值	0.002	0.220	0.8	-1.43

二、常规压汞实验孔隙结构变化特征研究

研究孔隙结构的方法很多，目前较为常用和得到参数较多的应为毛细管曲线法。在半渗透隔板法、压汞法和离心法三种毛细管压力曲线测定方法中，压汞法因其测量速度快、对样品的形状和大小要求低的优点，被广泛应用[13-19]。

1. 普通压汞法原理

岩石中连通的孔隙和喉道，就像毛细管一样，流体进入其中会受到毛细管压力的作用，毛细管压力的大小与两相流体的界面张力、界面的弯曲程度（曲率）有关，其大小由拉普拉斯方程确定：

$$p = \sigma(1/R_1 + 1/R_2) \qquad (2-1)$$

式中 p——毛细管压力，MPa；

σ——界面张力，mN/m；

R_1，R_2——任意曲面的两个主曲率半径，m。

假设毛细管为细圆管状，r 为毛细管半径，则

$$R_1 = R_2 = r/\cos(180° - \theta) \qquad (2-2)$$

$$p = -2\sigma\cos\theta/r \qquad (2-3)$$

从式（2-3）中可知，影响毛细管压力的因素有三个：界面张力 σ、接触角 θ 及毛细管半径 r。

对于一定的流体和固体，r 和 θ 都是常数，那么毛细管压力的大小仅与毛细管半径 r 有关，毛细管压力和毛细管半径也就是一一对应的关系。

汞对岩石不亲润。岩石中连通的孔喉就像毛细管一样，汞进入和退出时，都受到毛细管压力的作用。压汞时，毛细管压力作为阻力，阻止汞的进入；退汞时，毛细管压力作为动力，使汞退出。

假设岩石中有一如图 2-11 所示的孔隙，当外界压力小于喉道 A 处产生的毛细管压力 p_{r1} 时，汞停留在喉道 A 的外面，不能进入孔隙 B，当压力稍大于 p_{r1} 时，汞克服 A 处毛细管压力，通过 A 进入 B。由于孔隙 B 半径 R 较大，产生的毛细管压力远小于外界压力，汞长驱直入，直到 C 喉道的近 B 端，C 喉道半径很小，产生的毛细管压力 p_{r2} 远大于外界压力，所以汞不能突破 C 喉道，当外界压力达到 p_{r2} 时，汞即突破 C 喉道，进入 C 喉道另一端连接的孔隙中。这样就可利用压汞时的压力和对应的进汞量多少（即汞饱和度）定量求取喉道大小和分布。

退汞时，毛细管压力作为动力，只有外界压力降至略小于毛细管压力时，汞退出。图 2-11 中在孔隙 B 半径最大处的毛细管压力为 p_R，只有当外界压力稍低于 p_R 时，汞才退出。只要退出 B，汞即能顺利退出喉道 A，因为喉道 A 处的毛细管压力远大于外界压力。这样，通过退汞压力和退汞饱和度即可大致计算孔隙半径的大小和分布。

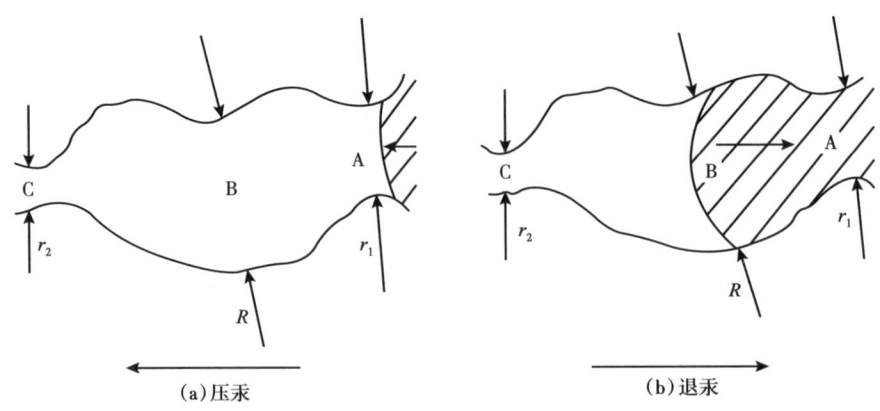

图 2-11 压汞、退汞示意图

所以毛细管压力曲线实际上包含了岩样孔隙喉道的分布规律。毛细管压力曲线的形态主要受孔隙喉道的分选性和喉道大小控制。应用毛细管压力曲线，可以求得储层的大量参数，如束缚水饱和度、残余油饱和度、孔隙度、绝对渗透率、相对渗透率、岩石润湿性、岩石比面及孔隙喉道大小分布等。单是表征孔隙结构的参数就有十几项，如最大孔隙半径、中值孔隙半径、平均孔隙半径、孔隙分布峰位和峰值、孔喉比、分选系数、均质系数、结构系数、歪度、峰态、退出效率等，其具体物理意义如下：

（1）最大孔隙半径 R_{max}：排驱压力 p_d 是汞开始进入岩样最大喉道的压力，相应于岩样最大喉道半径的毛细管压力。与 p_d 值对应的就是最大连通孔隙喉道半径 R_{max}。

$$R_{max}=0.735/p_d \tag{2-4}$$

（2）中值孔隙半径 R_{50}：汞饱和度中值压力 p_{50} 是指在 $S_{Hg}=50\%$ 时相应的毛细管压力。这个数值可以衡量油、水两相存在时，产油能力的大小。一般排驱压力 p_d 越小，p_{50} 也越低。p_{50} 越大，表明岩石致密程度越高，产油能力小；p_{50} 越小，表明岩石对油的渗流性能越好，产油能力高。对应于 p_{50} 的孔隙半径就是 R_{50}。

$$R_{50}=0.735/p_{50} \tag{2-5}$$

（3）平均孔隙半径 $\overline{R}$：不同喉道半径对其汞饱和度的加权平均值。

（4）孔隙分布峰位 R_V 和峰值 R_m：孔隙大小分布曲线上最高峰相对应的孔隙半径为孔隙分布峰位 R_V，其孔隙大小分布最高峰之峰值为孔隙分布峰值 R_m。

（5）半径均值 D_M：表示孔喉分布的平均位置，又称均值。均值越小，就是总的孔隙喉道的平均值越小，越偏于细歪度毛管压力曲线的形态，窄喉道在整个孔隙喉道中占优势，对储集和渗流不利。

$$D_M=(\varphi_{16}+\varphi_{50}+\varphi_{84})/3 \tag{2-6}$$

（6）歪度 S_{kp}：用以度量孔隙喉道大小分布的不对称性。其值在 ±1 之间变化，$S_{kp}=0$ 说明孔隙分布曲线对称，$S_{kp}>0$ 为粗歪度，$S_{kp}<0$ 为细歪度。对于储集和渗流来说，歪度越粗越好。

（7）峰态 K_p：用以度量频率曲线的陡峭程度。$K_p=1$ 为正态分布；$K_p>1$ 为有峰曲线，有尖峰的曲线 K_p 可以为 1.5~3；$K_p<1$ 为平缓或多峰曲线，K_p 可以低到 0.6。当孔隙系统由两个或两个以上不同的类型组成时，就会出现双峰或多峰曲线。

（8）孔喉比 λ：孔隙与喉道直径的比值，这一值多应用显微镜观察岩石薄片或铸体获得，应用压、退汞曲线可求得近似值。

$$\lambda=p_{50}/p_{t50} \tag{2-7}$$

式中　p_{50}——进汞饱和度中值；
　　　p_{t50}——退汞饱和度中值。

（9）分选系数（即标准偏差）S_p：表示孔隙分布的均匀程度。孔隙大小越均匀，分选越好。S_p 值越小，孔隙越均匀。

$$S_p=(\varphi_{84}-\varphi_{16})/4+(\varphi_{95}-\varphi_5)/6.6 \tag{2-8}$$

$$\varphi_i = -\log_2 d_i \tag{2-9}$$

式中　d——孔隙喉道直径；

　　　φ_i——累积分布曲线相应百分数值对应的孔隙度。

（10）相对分选系数 D：也表示孔隙大小分布的均匀程度，相当于变异系数。

$$D = S_p / D_M \tag{2-10}$$

（11）均质系数 α：表示主要渗流孔道集中程度。

$$\alpha = \overline{R} / R_{max} \tag{2-11}$$

（12）结构系数 Φ：表示流体在孔隙中渗流迂回程度，主要与孔道的弯曲程度和连通状况有关。大庆油田砂岩绝大部分为粒间孔隙，死孔隙和微孔隙较少，所以流动孔隙度与绝对孔隙度相差不大。故结构系数的差异主要反映孔道迂曲度的影响。结构系数越大，孔隙弯曲迂回的程度越强烈。

$$\Phi = \overline{R}^2 \phi / (8K) \tag{2-12}$$

式中　ϕ——孔隙度；

　　　K——渗透率，$10^{-3} \mu m^2$。

（13）特征结构参数 C：与相对渗透率曲线关系密切，可以作为描述渗流特征的结构参数。此值越大，说明孔隙相对分选性越好，孔隙尺寸之间的差异越小。

（14）退出效率 W_E：反映非润湿相的毛细管效应采收率，它表示喉道体积占岩心中孔隙与喉道总体积的百分数。退出效率越大，则岩心中孔隙与喉道的尺寸大小越均匀。

$$W_E = (S_{max} - S_{Hgr}) / S_{max} \times 100\% \tag{2-13}$$

式中　S_{max}——最大进汞饱和度；

　　　S_{Hgr}——残余汞饱和度。

2. 普通压汞孔隙结构变化特征

在研究大庆油田葡Ⅰ组油层聚驱前后储层物性变化规律的基础上，依据压汞实验结果，选取与渗流能力关系密切，能反映孔隙大小、非均质性、复杂程度的参数，作为研究储层孔隙结构差异的主要参数。孔隙大小参数包括孔隙度、平均孔隙半径、最大孔隙半径和歪度，非均质性包括分选系数、均质系数和特征结构参数，复杂程度包括结构系数和特征结构参数（图2-12）。

最大孔隙半径为排驱压力对应的孔隙喉道半径，平均孔隙半径为不同喉道半径对其汞饱和度的加权平均值。歪度用来量度孔隙喉道大小分布的不对称性，其值在 ±1 之间变化，等于0说明孔隙分布曲线对称，大于0为粗歪度，小于0为细歪度，对于储集和渗流来说，歪度越粗越好。分选系数直接反映孔隙喉道的集中程度，值越小，表示孔隙分选程度越好，孔隙大小越均匀。均质系数表示主要渗流孔道集中程度，值越大越集中。结构系数表示流体在孔隙中渗流迂回程度，结构系数越大，孔隙弯曲迂回的程度越强烈。特征结构参数为描述渗流特征的结构参数，值越大，孔隙相对分选性越好，孔隙尺寸之间的差异越小。

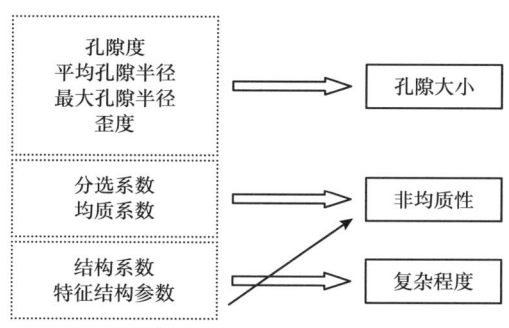

图 2-12 孔隙结构特征评价参数

（1）聚驱前后孔隙结构差异。

聚驱后油层渗透率增大，孔隙尺寸增大，孔隙的非均质性减弱，孔隙复杂程度降低。与聚驱前相比，聚驱后微观孔隙结构总体上呈现出孔隙规模增大，向均质、简单方向发展（表 2-3）。

表 2-3 聚合物驱前后储层微观孔隙结构变化

开发阶段	空气渗透率（μm²）	孔隙大小参数				非均质性参数		复杂程度参数	
		孔隙度（%）	最大孔隙半径（μm）	平均孔隙半径（μm）	歪度	分选系数	均质系数	结构系数	特征结构参数
聚驱前	2.367	29.61	21.44	10.33	0.77	4.23	0.49	2.31	1.09
聚驱后	2.666	29.99	22.22	10.74	0.79	3.04	0.48	1.93	2.29
差值	0.299	0.38	0.78	0.41	0.02	-1.19	-0.01	-0.38	1.1

从大庆油田分开发区孔隙结构差异性可以看出，喇嘛甸和萨中开发区聚驱后孔隙结构变化规律一致，聚驱后油层孔隙尺寸增大，孔隙的非均质性减弱，孔隙复杂程度低。相同阶段，不同开发区的孔隙结构不同，与喇嘛甸开发区相比，萨中开发区孔隙度和孔隙半径小，孔隙的非均质性弱，孔隙复杂程度低（表 2-4）。

表 2-4 聚合物驱前后不同地区储层微观孔隙结构变化

开发区	开发阶段	空气渗透率（μm²）	孔隙度（%）	最大孔隙半径（μm）	平均孔隙半径（μm）	歪度	分选系数	均质系数	结构系数	特征结构参数
喇嘛甸	聚驱前	2.448	29.85	22.13	11.18	0.74	4.84	0.51	2.41	0.79
	聚驱后	2.757	32.60	24.64	11.55	0.85	3.39	0.51	2.31	2.25
	差值	0.309	2.75	2.51	0.37	0.11	-1.45	0	-0.1	1.46
萨中	聚驱前	2.198	29.10	20.43	9.52	0.83	3.63	0.49	2.31	1.21
	聚驱后	2.458	32.44	20.79	9.92	0.84	3.21	0.46	1.62	2.42
	差值	0.260	3.34	0.36	0.4	0.01	-0.42	-0.03	-0.69	1.21

（2）表征孔隙大小参数的变化。

表征孔隙大小的四个参数均增大，孔隙度较聚驱前增加0.38%，最大孔隙半径较聚驱前增加0.78μm，平均孔隙半径较聚驱前增加0.41μm，歪度较聚驱前增加0.02。与聚驱前相比，聚驱后微观孔隙尺寸增大。从绘制的表征孔隙大小四参数与渗透率关系图中可以看出，四参数均随渗透率增大而增大，渗透率值越大，正相关越明显，不同开发阶段表征孔隙大小参数变化不明显（图2-13至图2-16）。

（3）表征孔隙微观非均质性参数变化。

表征孔隙微观非均质性的两个参数，分选系数较聚驱前减少1.19，均质系数基本保持不变。与聚驱前相比，聚驱后孔隙微观非均质性减弱，向着均质方向发展。从绘制的表征孔隙微观非均质性参数与渗透率关系图中可以看出，当渗透率大于$1000\times10^{-3}\mu m^2$时，聚驱后分选系数和特征结构参数变化规律明显，分选系数呈负相关，值低于聚驱前，均质系数与渗透率呈正相关，不同开发阶段变化不显著（图2-17和图2-18）。

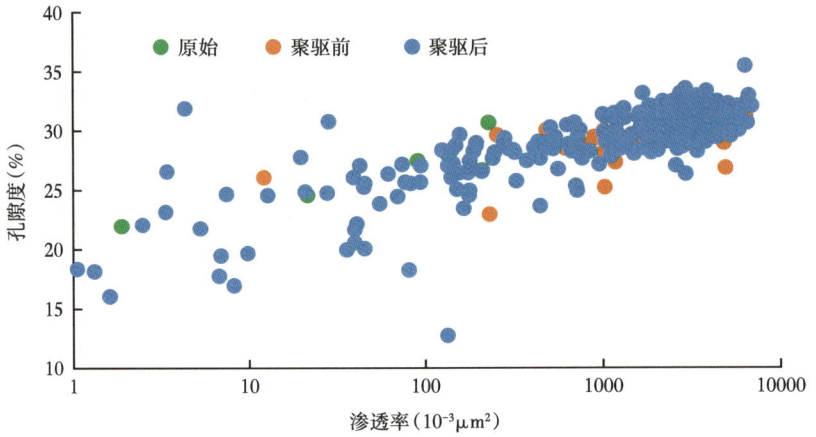

图2-13　孔隙度大小变化

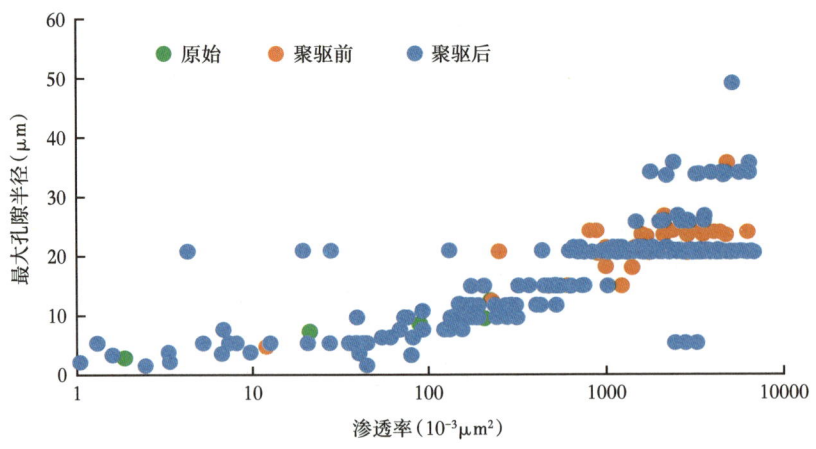

图2-14　最大孔隙半径大小变化

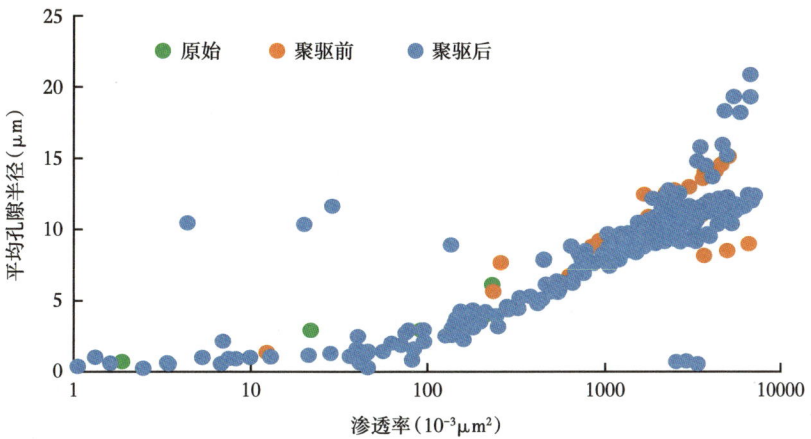

图 2-15　平均孔隙半径大小变化

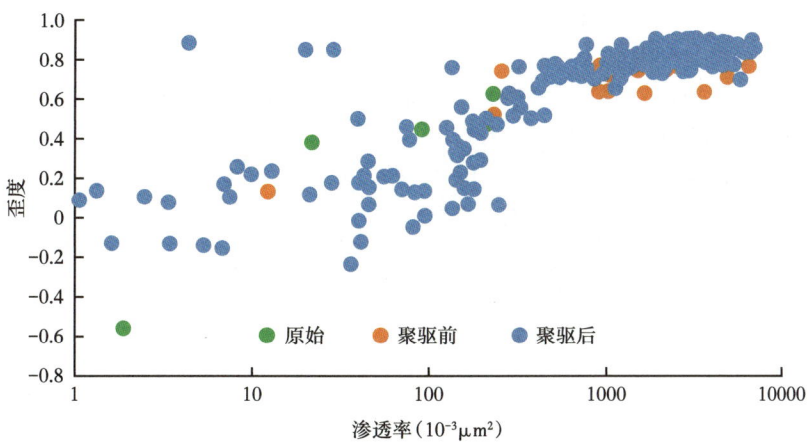

图 2-16　歪度大小变化

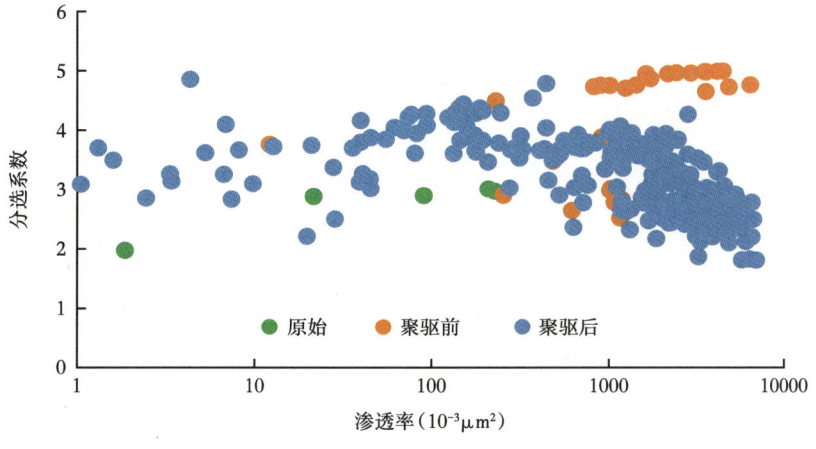

图 2-17　分选系数变化

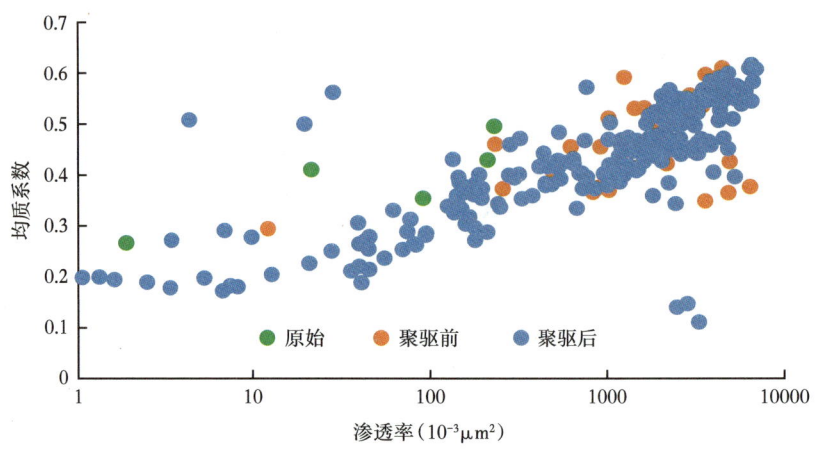

图 2-18 均质系数变化

（4）表征孔隙复杂程度参数变化。

表征孔隙复杂程度的两个参数，特征结构参数较聚驱前增加 1.1，结构系数较聚驱前降低 0.38。与聚驱前相比，聚驱后微观孔隙复杂程度向着简单方向发展。从绘制的表征微观孔隙复杂程度参数与渗透率关系图中可以看出，当渗透率大于 $1000×10^{-3}\mu m^2$ 时，结构系数和特征结构参数变化规律明显，结构系数呈负相关，值低于聚驱前，特征结构参数呈正相关，值高于聚驱前（图 2-19 和图 2-20）。

三、恒速压汞实验孔隙结构变化特征研究

与原有的普通压汞法相比，近几年发展起来的恒速压汞法具有可把孔隙和喉道分辨开来的技术优点[20]。

1. 恒速压汞法原理

恒速压汞是使汞在恒定低速的近似准静态过程中进入孔隙。在此准静态过程中，界面张力与接触角保持不变，汞的前缘所经历的每一处孔隙形状的变化，都会引起弯月面形状

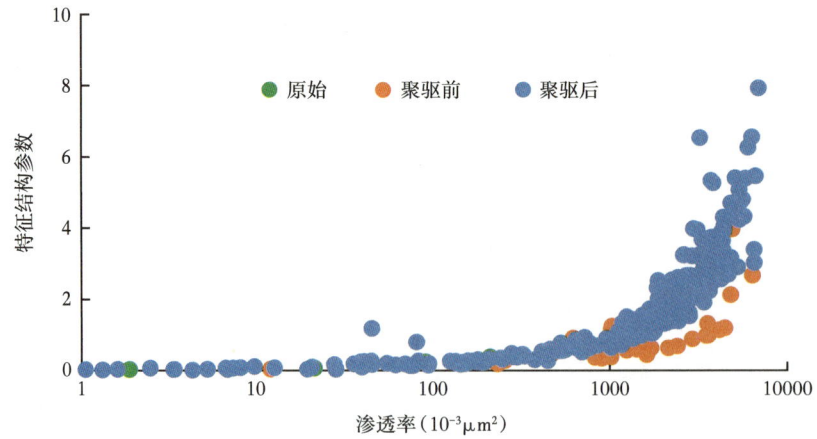

图 2-19 特征结构参数变化

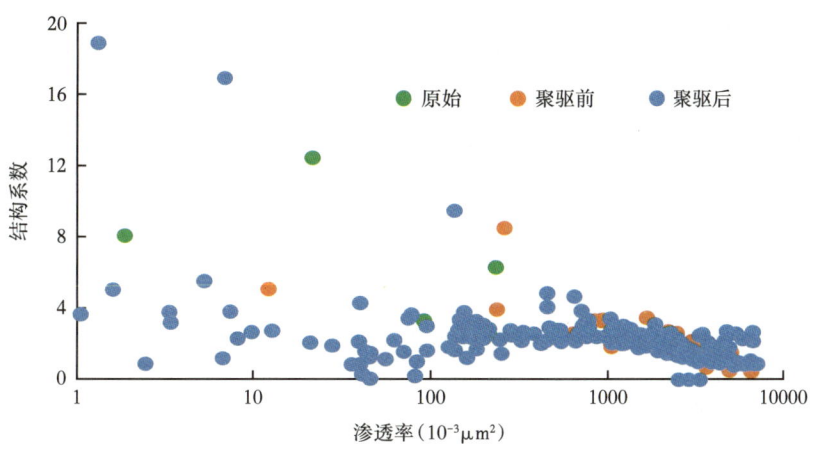

图 2-20 结构系数变化

的改变,从而引起系统毛细管压力的改变。其过程如图2-21所示,图2-21(a)为孔隙群落及汞前缘突破每个孔隙结构的示意图,黑色表示岩石的骨架部分,空白表示孔隙;图2-21(b)为相应的压力涨落变化。当汞的前缘进入到主喉道1时,压力逐渐上升,突破后,压力突然下降,图2-21(b)中显示为第一级压力降落O(1),之后汞将逐渐将这第一个孔室填满并进入下一个次级喉道,产生次级压力降落O(2),以下渐次将主喉道所控制的所有次级孔室填满。直至压力上升到主喉道处的压力值,为一个完整的孔隙单元。主喉道半径由突破点的压力确定,孔隙的大小由进汞体积确定。这样通过进汞压力的涨落变化曲线可以推断岩石的孔隙结构。

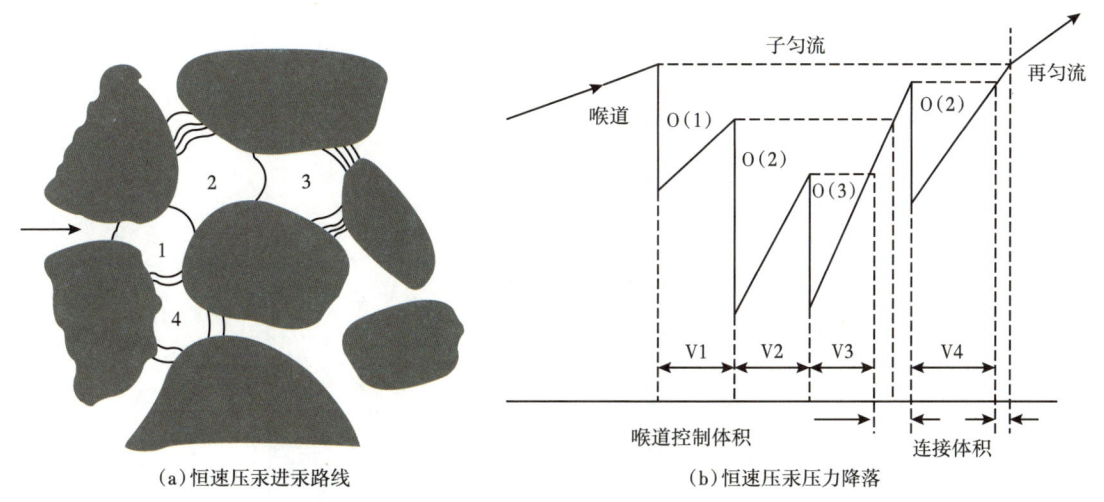

图 2-21 恒速压汞进汞路线及压力降落示意图

恒速压汞技术特点在于能够把喉道和孔道分辨开来,分别测得孔道半径分布和喉道半径分布,真正得到了具有力学意义的孔参数和喉参数。除了能够得到常规的毛细管压力曲线外,还可以进一步分为喉道毛细管压力曲线和孔道毛细管压力曲线。

恒速压汞过程中，每一个压力涨落都有一个压力突降点（顶点），它是对喉道半径发生改变的反映。压力涨落的总体趋势是上升的，但并非每个压力涨落的顶点都比前一个压力涨落的顶点高。定义所有单调上升的压力涨落顶点为第一级喉道，所有第一级喉道后面出现的直到压力重新回复到该第一级喉道顶点处的压力为止，其间所有的压力涨落为次级喉道。从第一级喉道出现到压力重新回复到该第一级喉道顶点处的压力为止，这其间所包含的孔隙为该第一级喉道所控制的孔隙群落。根据这样的原理，恒速压汞可以获得如下孔隙结构参数。

（1）喉道半径分布。

喉道半径分布是对所有第一级喉道的统计分布结果，喉道半径根据杨氏方程计算第一级喉道对应压力涨落的顶点压力得到数量分布。

$$r_{throat} = 2\sigma \cos\theta / p \tag{2-14}$$

（2）孔道半径分布。

孔道半径的计算是将一个第一级喉道所控制的孔隙群落的体积按照球体积假设得到的，是数量分布。

（3）孔喉比分布。

孔喉比每一个孔隙群落的第一级喉道半径和孔隙群落的半径之比，是数量分布。

2. 恒速压汞孔隙结构变化特征

选择水驱后取心井北 1-50-检 562 钻取岩心，选取 $4200 \times 10^{-3} \mu m^2$ 和 $500 \times 10^{-3} \mu m^2$ 两种渗透率的岩心，并将选取的天然岩心截成两段，一段进行水驱实验，另一段开展水驱+聚驱+后续水驱实验，两段驱替后的岩心分别进行恒速压汞实验，开展孔隙结构变化特征研究。

（1）聚驱后孔隙半径变化特征。

与水驱后相比，高渗岩心平均孔隙半径增大，由 281.6μm 增加到 326.4μm；低渗岩心平均孔隙半径减小，由 213.9μm 降低至 171.5μm（图 2-22）。

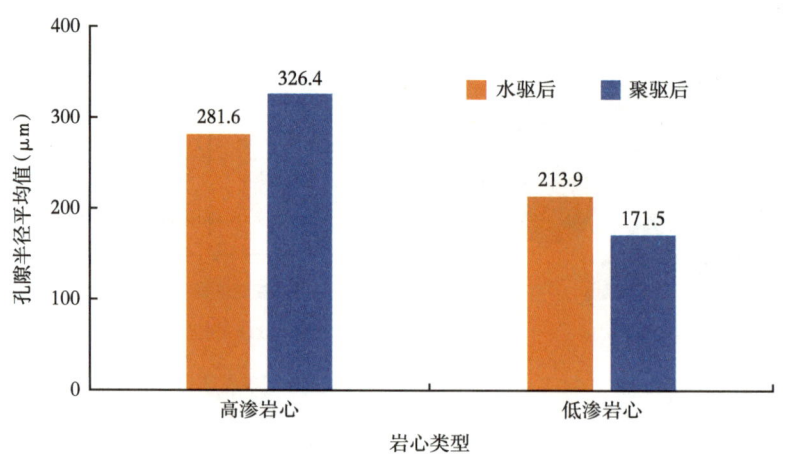

图 2-22 不同渗透率岩心聚驱前后平均孔隙半径变化

高渗岩心聚驱后孔隙半径分布范围向高值区进一步扩大，出现了更大级别孔隙，平均孔隙半径增大。水驱后孔隙半径的主峰为 240μm，聚驱后孔隙半径的主峰为 280μm，较水驱后向右移动，且峰值增强。说明聚合物对孔隙表面的剥蚀作用使部分疏松颗粒脱落并被携带运移至小孔隙中或喉道处沉淀，部分颗粒被冲刷出岩心（图 2-23 和图 2-24）。

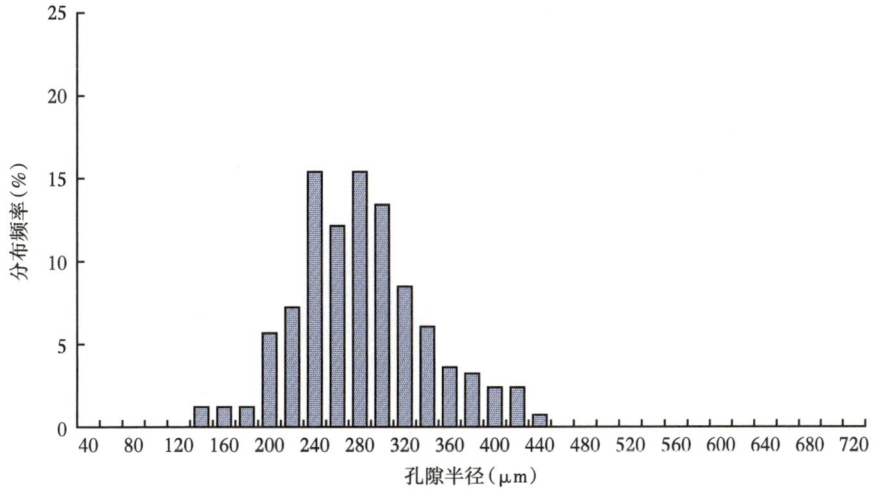

图 2-23　水驱后岩心孔隙半径分布（高渗）

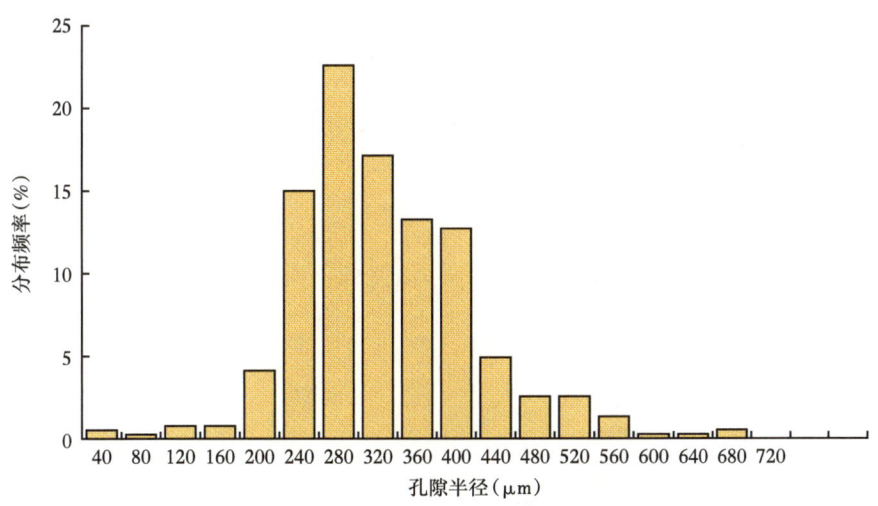

图 2-24　聚驱后岩心孔隙半径分布（高渗）

低渗岩心聚驱后孔隙半径分布范围向低值区偏移，部分大孔隙变为小孔隙，平均孔隙半径减小。水驱后孔隙半径的主峰为 180μm，聚驱后孔隙半径的主峰为 150μm，较水驱后向左移动，且峰值增强。说明低渗岩心对聚合物的吸附和捕集作用强，使大孔隙比例减小，同时孔隙表面剥落的疏松颗粒被携带运移至小孔隙中或喉道处沉淀，使小孔隙的比例增加（图 2-25 和图 2-26）。

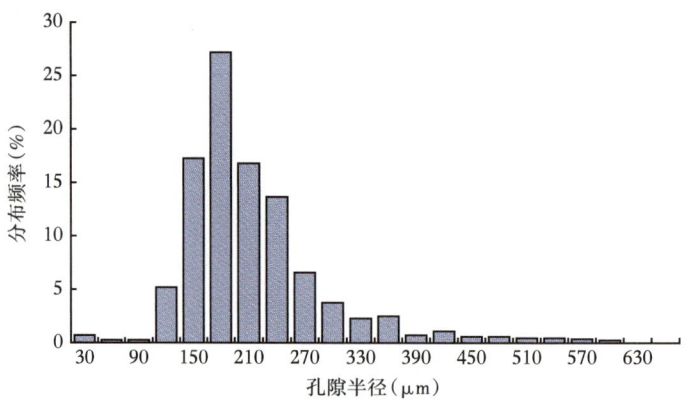

图 2-25　水驱后岩心孔隙半径分布（低渗）

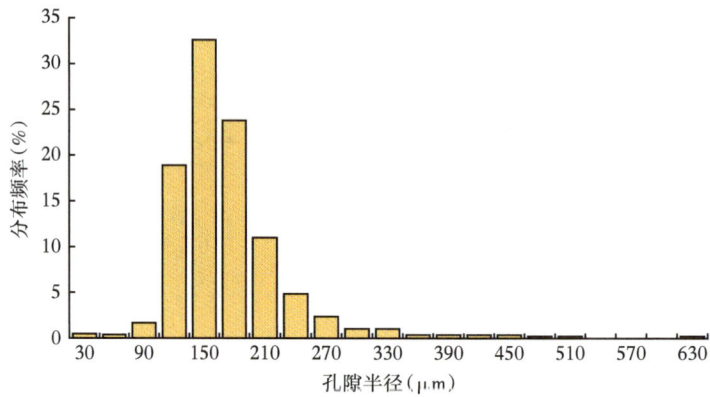

图 2-26　聚驱后岩心孔隙半径分布（低渗）

（2）聚驱后喉道半径变化特征。

与水驱后相比，高渗岩心平均喉道半径减小，高渗岩心平均喉道半径由 22.4μm 降低至 19.0μm；低渗岩心平均喉道半径略有减小，由 7.5μm 降低至 7.2μm（图 2-27）。

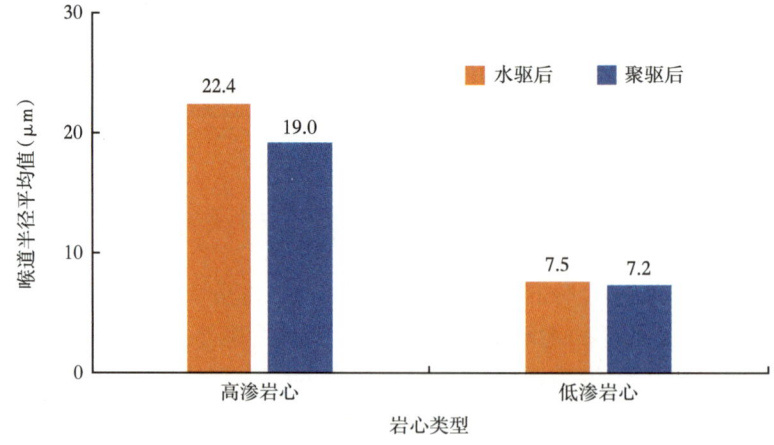

图 2-27　不同渗透率岩心聚驱前后平均喉道半径变化

高渗岩心聚驱后喉道半径高值区域分布频率变小，平均喉道半径变小。水驱后喉道半径的主峰为 21μm，聚驱后喉道半径的主峰为 18μm，较水驱后向左移动，喉道半径变小。说明在聚合物的携带下部分颗粒发生移动并在喉道处形成架桥而封堵喉道（图 2-28 和图 2-29）。

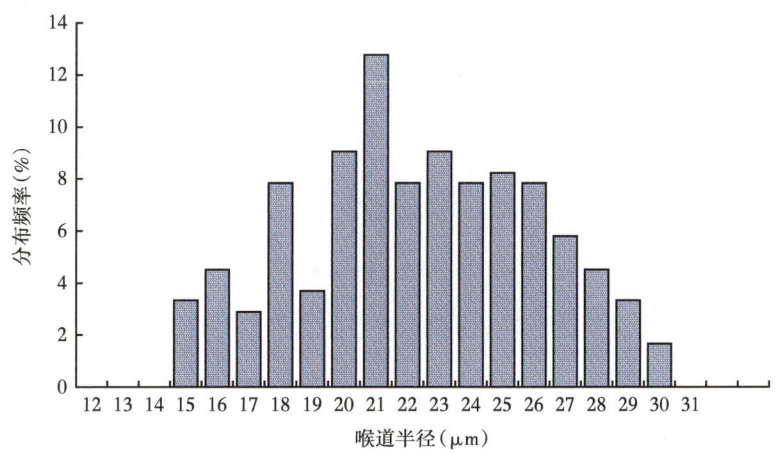

图 2-28　水驱后岩心喉道半径分布（高渗）

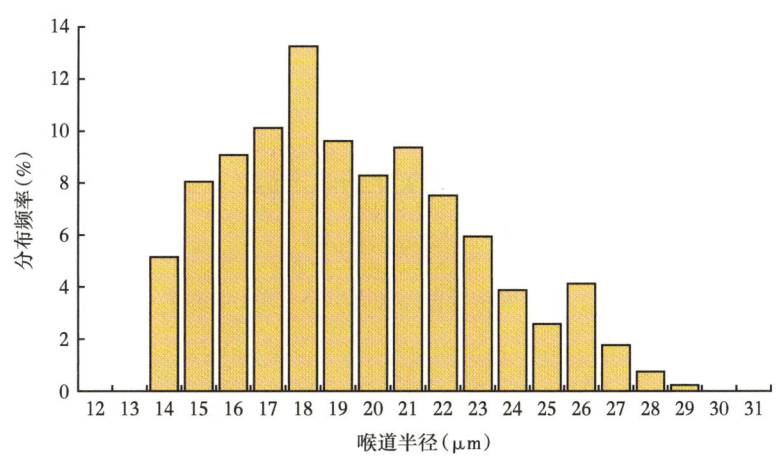

图 2-29　聚驱后岩心喉道半径分布（高渗）

低渗岩心聚驱后喉道半径分布范围向高值区进一步扩大，出现部分大的喉道，但平均喉道半径略有减小。水驱后喉道半径的主峰为 7μm，聚驱后喉道半径的主峰为 6μm，较水驱后略微向左移动。说明聚合物对低渗岩心的较大喉道存在一定的扩喉作用（图 2-30 和图 2-31）。

（3）聚驱后孔喉比变化特征。

与水驱后相比，高渗岩心平均孔喉比增大，由 15.6 增加到 18.0；低渗岩心平均孔喉比减小，由 32.6 降低至 30.1（图 2-32）。

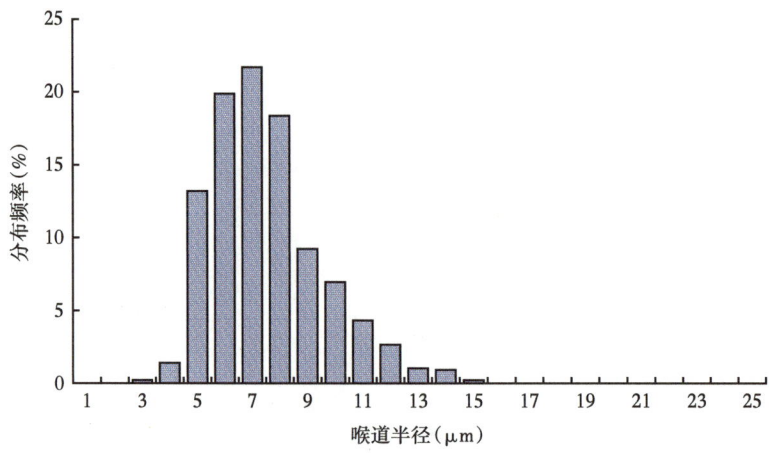

图 2-30　水驱后岩心喉道半径分布（低渗）

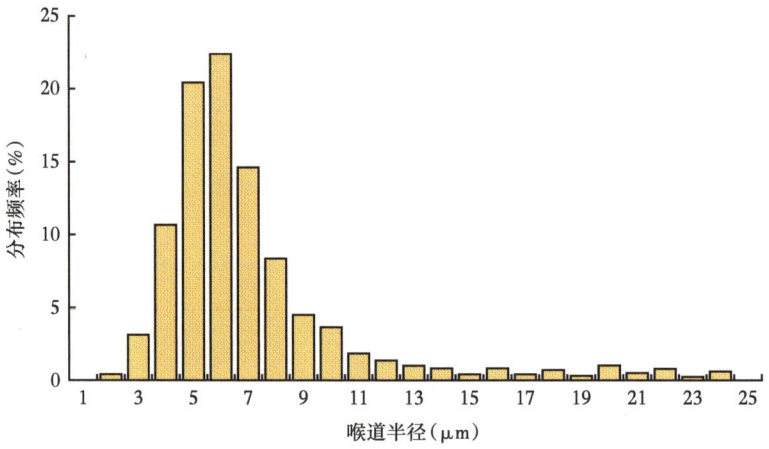

图 2-31　聚驱后岩心喉道半径分布（低渗）

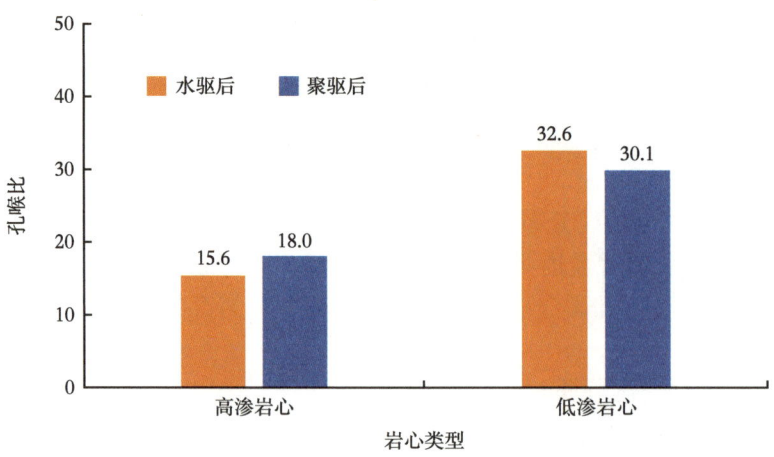

图 2-32　不同渗透率岩心聚驱前后平均孔喉比变化

高渗岩心聚驱后孔喉比分布范围变宽,平均孔喉比增大。水驱后孔喉比的主峰为15,峰值达到66.1%,分布范围较集中;聚驱后孔喉比的主峰为16,较水驱后向右移动,分布范围较水驱变宽,孔喉比变大(图2-33和图2-34)。

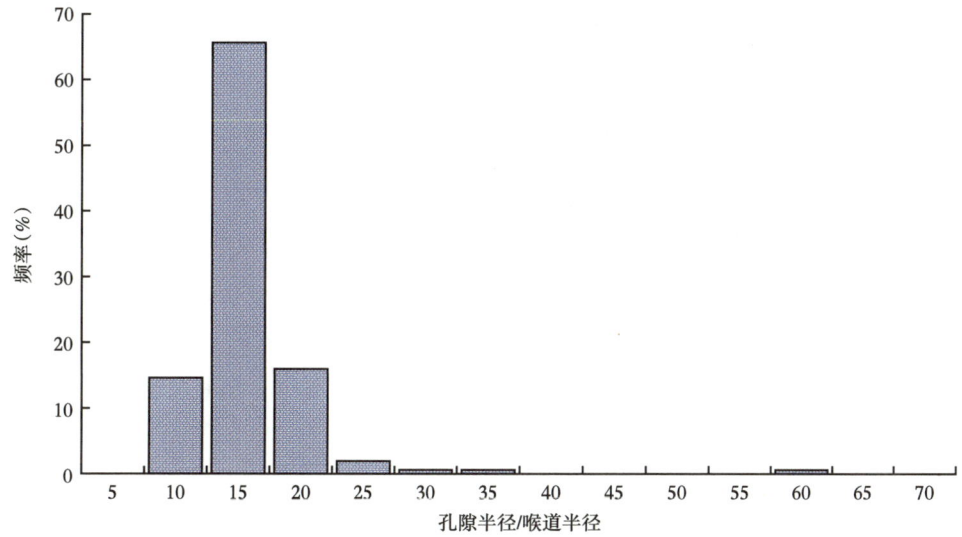

图2-33　水驱后岩心孔喉比分布(高渗)

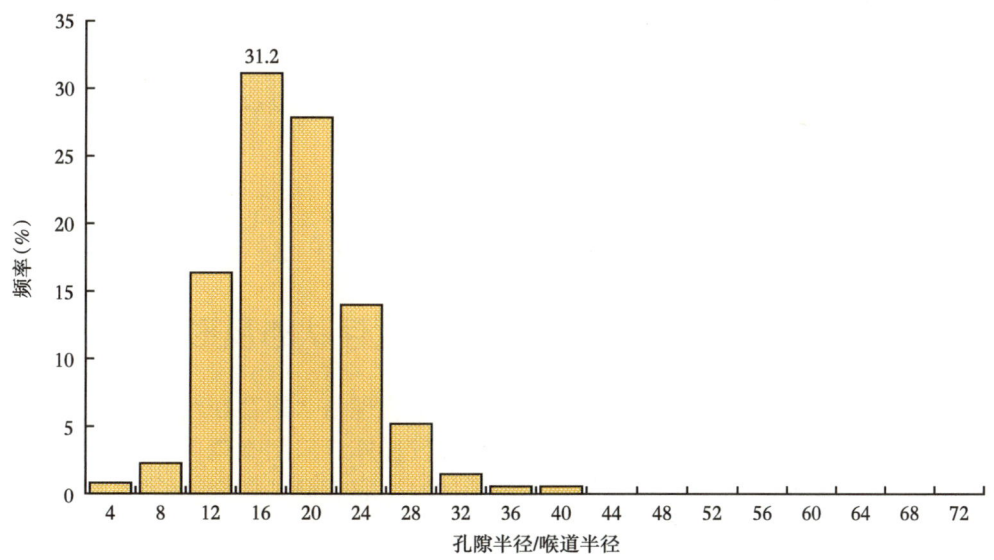

图2-34　聚驱后岩心孔喉比分布(高渗)

低渗岩心聚驱后孔喉比低值区分布频率变大,平均孔喉比略有减小。水驱后孔喉比的主峰为30,分布范围相对集中;聚驱后孔喉比的主峰为30,但分布范围较水驱变宽,孔喉比略有减小(图2-35和图2-36)。

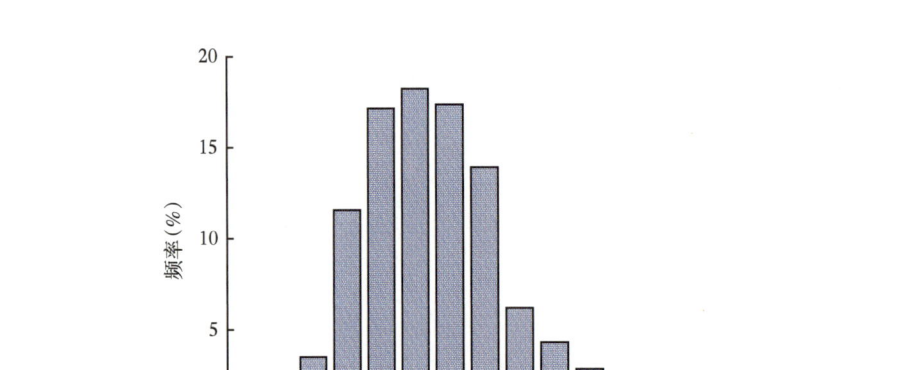

图 2-35　水驱后岩心孔喉比与频率分布（低渗）

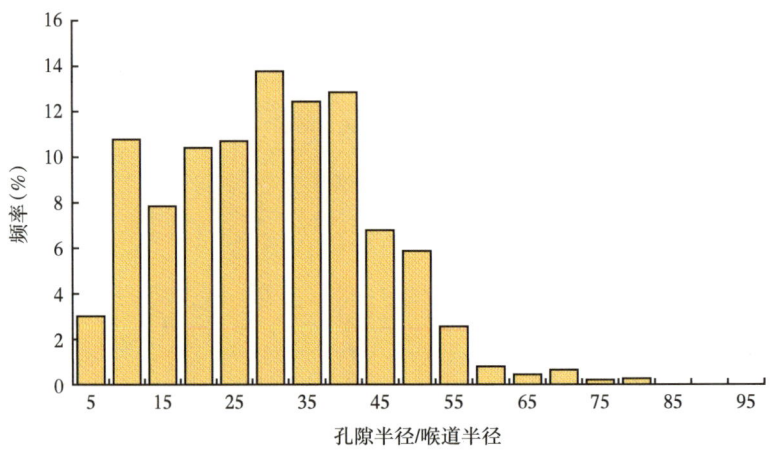

图 2-36　聚驱后岩心孔喉比与频率分布（低渗）

第二节　聚合物驱后微观剩余油赋存状态及形成机理

聚驱后微观剩余油的赋存状态与分布特征和形成机理与水驱存在较大差异，分析时难以形成统一的分类规范，无法制订具有针对性的开发措施。采用微观可视化驱油技术与液氮冷冻制片荧光分析技术，采集驱替过程中的图像对聚驱后微观剩余油的赋存状态进行描述，结合微观驱油图像和岩心荧光图像对聚驱后微观剩余油进行分类，依据聚驱后微观剩余油赋存状态及类型结合基础理论，研究聚驱后微观剩余油形成机理，刻画聚驱后微观剩余油分布特征，对不同类型微观剩余油饱和度进行定量表征，为聚驱后剩余油开发提供理论支撑及技术指导。

一、聚驱后微观剩余油研究方法及技术原理

根据微观可视化驱油系统中高速摄像机采集的动态图像，分析不同驱替阶段微观剩余

油的赋存状态。液氮冷冻制片荧光显微镜分析技术可以根据油、水、岩石在荧光显微镜采集图像中颜色的差异,定量表征不同类型微观剩余油的赋存比例。两种技术结合可以系统地对聚驱后微观剩余油赋存状态及比例进行研究[21]。

1. 微观可视化驱油技术原理及实验流程

（1）微观可视化驱油技术原理。

微观可视化驱油系统由微流量泵、玻璃刻蚀模型、恒温箱、阀门、活塞容器、高速摄像机及图像分析系统组成,如图 2-37 所示。采用微观可视化模型进行驱油实验时,通过微流量泵控制驱替速度,可以选择恒速驱替或恒压驱替。由高速摄像机组成的录像系统主要是记录驱替过程中模型内微观剩余油运移的动态图像,图像采集频率为 1 张 / 秒,通过调节镜头放大倍数对不同类型微观剩余油启动运移过程进行连续追踪。图像分析系统可以将驱油过程的图像转化为计算机的数值信号,对不同驱替阶段模型内采收率进行计算。

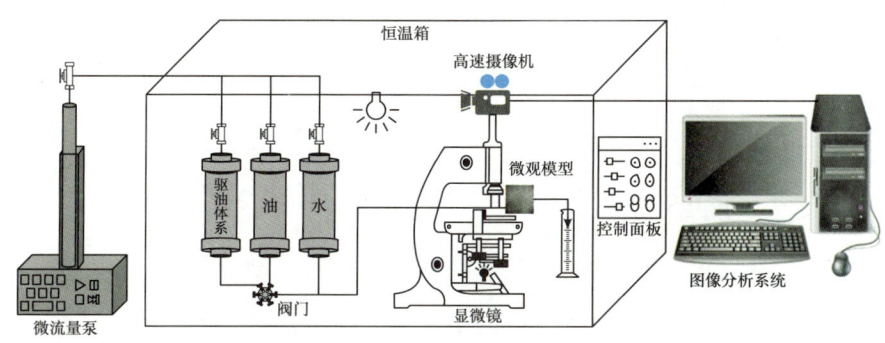

图 2-37 微观可视化驱油实验流程图

计算模型内的采收率,采用四川大学图像信息研究所研发的 CIAS-2000 微观可视化驱油图像分析系统,详细操作步骤为:①在显微镜头视域内选择计算区域并校对光源;②将视域内模型边缘处的无效区域去掉;③水、油及可视化模型内的孔隙通过给出灰色阈值来区分,采用红色标记,计算镜头视域内模型的骨架面积;④通过模型干燥时与饱和油后的质量差计算模型孔隙体积,计算初始含油饱和度;⑤不同驱替阶段后,计算剩余油块的总像素数,得到剩余油面积,通过计算剩余油面积与孔隙面积的比值,得出采收率,软件操作界面如图 2-38 所示[22]。

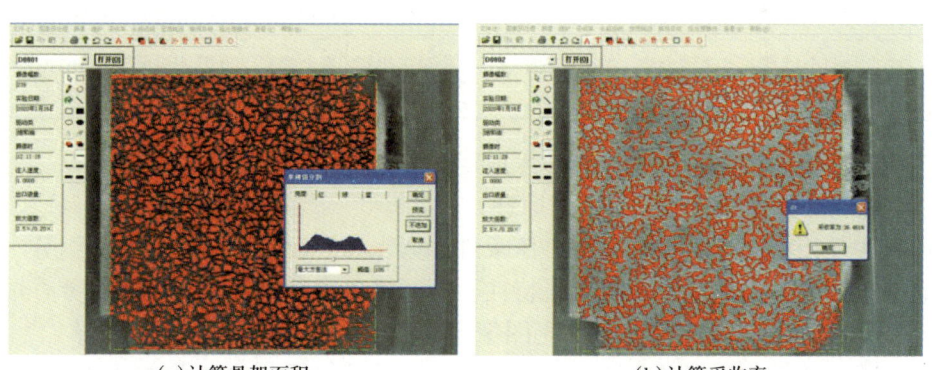

(a) 计算骨架面积　　　　　　　　(b) 计算采收率

图 2-38 微观可视化驱油图像分析系统

（2）微观可视化模型制备。

采用光化学刻蚀技术制作玻璃模型。首先，将岩心薄片的真实孔隙结构照片置于涂有光敏材料的玻璃上，曝光显影后在玻璃上复制孔隙结构图案。然后，用氢氟酸处理暴露在外的玻璃模板，显示孔隙结构印痕。最后，添加盖板，进行高温烧结，得到所需产品。制作的玻璃模型基本上与真实岩心的孔隙结构在尺寸和形状上保持一致，穿透后能清楚地观察到内部流体的流动状况。模型尺寸为4cm×4cm，箭头指向注入端与采出端，如图2-39所示。

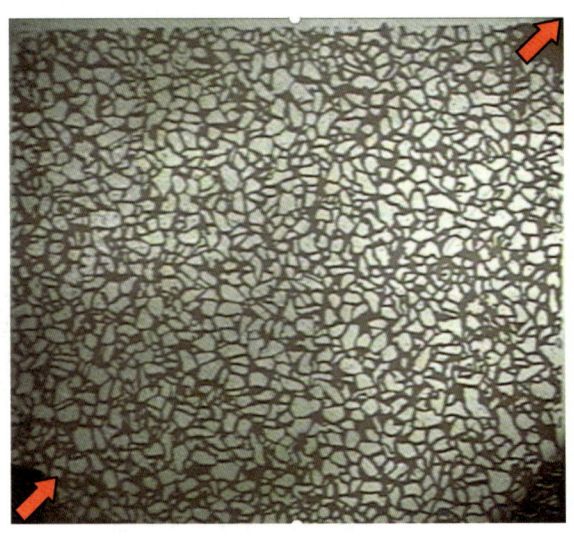

图2-39　微观可视化模型

（3）实验方案。

微观可视化驱油实验采用恒速驱替，水驱采用模拟地层水，运用微观可视化驱油图像分析系统计算不同驱替阶段的采收率，实验方案见表2-5。

表2-5　微观驱油实验方案

驱替方式	驱替方案	体系配方
水驱	0.03mL/h的速度恒速水驱，驱替至采出端不出油转入聚合物驱	模拟地层水（NaCl含量为4500mg/L）
聚驱	聚合物驱至模型采出端不出油，进行后续水驱，驱替至采出端不出油，结束实验	聚合物（1200万相对分子质量）浓度870mg/L，清水配制母液及稀释目的液，黏度40mPa·s

2. 液氮冷冻制片荧光显微镜分析技术原理及实验流程

（1）冷冻制片荧光显微镜分析技术原理。

本研究中使用的荧光显微镜是将高压汞灯作为光源，发射紫外光，原油组分中除凝析汽油和石蜡不发光，其他组分均有荧光特性。石油是由多种烷烃、环烷烃及芳香烃混合而成的液态碳氢化合物，不同组分在荧光图像中的强度和颜色方面会有所差异[23]。利用这一特性，在荧光图像中根据颜色区分油、水、岩石及其他组分。由于地层中的水会溶解少量芳烃，因此，水在荧光图像中呈现淡蓝色，发光颜色与原油组分的关系见表2-6。

表 2-6 发光颜色与原油组分的关系

原油组分	发光颜色
芳烃	蓝、蓝白、淡蓝白
油质沥青	黄、黄白、浅黄白、绿黄、浅绿黄、黄绿、浅黄绿、绿、浅绿、蓝绿、浅蓝绿、绿蓝、浅绿蓝
胶质沥青	以橙为主,褐橙、浅褐橙、浅橙、黄橙、浅黄橙
沥青质沥青	以褐为主,褐、浅褐、橙褐、浅橙褐、黄褐、浅黄褐
碳质沥青	不发光(全黑)

(2)实验条件及程序。

①实验材料及方案。

实验用水:模拟地层水,清水 NaCl 含量为 950mg/L;污水 NaCl 含量为 4500mg/L;

实验用油:大庆油田采出井原油过滤后与煤油按照 1∶9 的比例配制模拟油,在 45℃条件下模拟油黏度为 10mPa·s;

碱:分析纯碳酸钠,有效含量为 99.99%;

表面活性剂:石油磺酸盐,有效含量 40%;

聚合物:相对分子质量 1200 万和 2500 万的普通聚合物,有效含量 90%,上述化学试剂均由大庆炼化公司生产;

驱油实验采用大庆油田取心井的天然岩心,制作成为直径为 2.5cm 柱状岩心,采用甲苯洗油后烘干备用,岩心基础参数见表 2-7。

表 2-7 岩心基础数据

岩心编号	气测渗透率 ($10^{-3}\mu m^2$)	水测渗透率 ($10^{-3}\mu m^2$)	孔隙体积 (mL)	孔隙度 (%)	长度 (cm)
1	2243	662.5	11.6	30.2	9.8
2	2080	663.6	11.5	29.7	8.9
3	2028	657.3	10.6	30.4	9.2
4	2079	660.3	9.8	29.9	9.5

由于驱油实验后的岩心要采用液氮冷冻技术制备岩心薄片并进行荧光分析,不同驱替方式采用岩心单独进行,实验方案见表 2-8。

表 2-8 岩心驱油实验方案

驱替方式	驱替方案	体系配方
水驱	0.1mL/min 恒速水驱	模拟地层水(NaCl 含量为 4500mg/L)
聚驱	水驱至含水率 98%,然后转入聚合物驱,注入量为 0.5PV,聚驱结束后转入后续水驱,驱替至含水率 98%,实验结束	聚合物(1200 万相对分子质量)浓度 870mg/L,清配清稀(清水 NaCl 含量 950mg/L),黏度 40mPa·s

②岩心薄片制备方法。

采用常规方法制作岩心薄片,厚度大于 1mm,采集荧光图像时多层孔隙重叠对荧光形成干扰，无法区分流体与矿物，且在常温下制片及切割过程中产生的热量会影响岩心中油水的原始分布状态，无法保证分析结果的准确性，如图 2-40（a）所示。采用液氮冷冻技术制作岩心薄片的方法可以使样品厚度小于 0.05mm，避免了上下层颗粒的互相遮挡，在荧光图像中油水界面更加清晰，切割岩心及进行磨片的时候均采用液氮喷嘴对环境及制片工具进行降温，避免产生的热量导致岩心中流体蒸发，保证分析结果更加精确，如图 2-40（b）所示[24]。

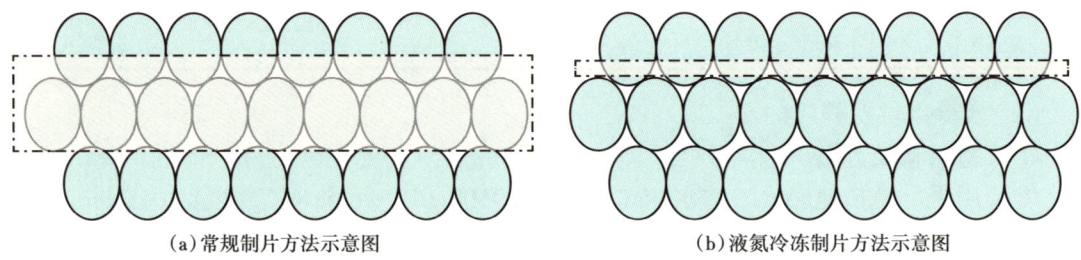

(a) 常规制片方法示意图　　　　　(b) 液氮冷冻制片方法示意图

图 2-40　制片方法对比示意图

驱油实验结束后将岩心放入液氮中低温保存，完全冷冻后取出，分别在岩心的注入端、中间端及采出端截取 2cm 岩心切片，采用手持式含油砂岩磨片装置进行磨片。制片过程中也需要在低温冷冻条件下进行，采用液氮喷嘴对切割和研磨装置进行降温，防止岩心中的组分挥发，影响测试结果。岩心切割时尽量经过缝、洞、孔发育处，保证可以清晰地看出孔隙和岩石。切片后的岩心需要使用 α- 氰基丙烯酸酯类胶水进行胶结，在室内自然风干，待胶水完全干燥后进行磨片，若是磨片过程中出现颗粒掉落，需要重新胶结，冉磨平，直至无脱粒为止[25-26]。将样品厚度研磨至 0.05mm，制片流程如图 2 41 所示。

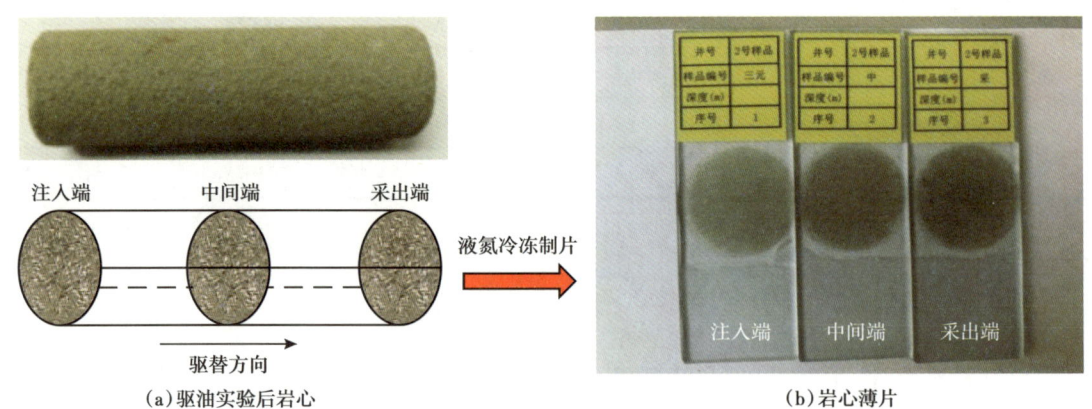

(a) 驱油实验后岩心　　　　　　　(b) 岩心薄片

图 2-41　液氮冷冻制片流程

③岩心荧光图像采集。

岩心荧光图像采集系统主要由液氮冷冻制作的岩心薄片、汞灯、荧光显微镜及配套软件组成，如图 2-42 所示。

第二章　聚合物驱后储层及剩余油分布特征

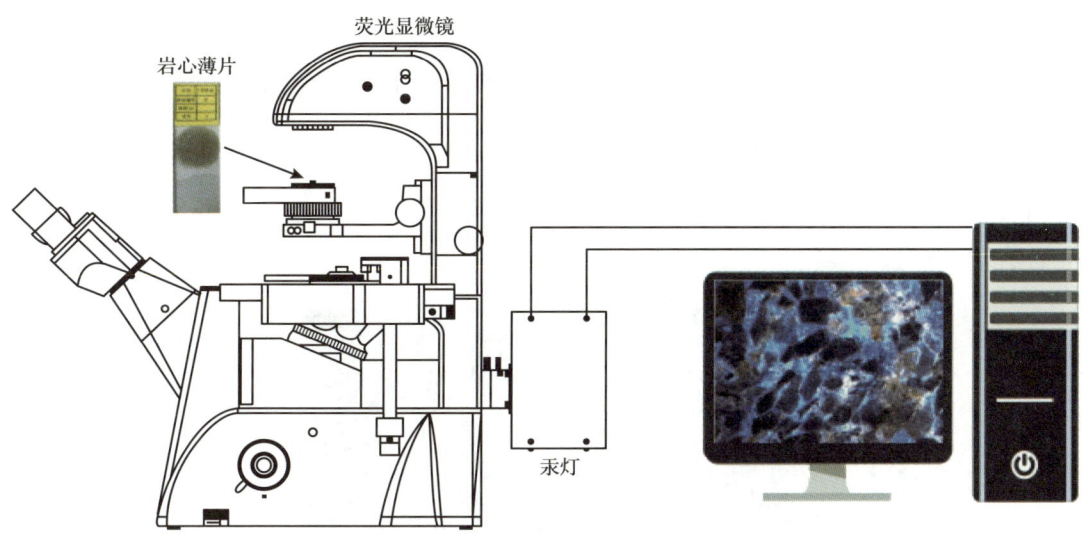

图 2-42　岩心荧光图像采集系统

普通荧光显微镜采用蓝光激发，绿色滤镜接收油、水、岩石图像，油发黄褐色荧光，水发黄色荧光，油水及矿物边界区分不明显，如图 2-43（a）所示。改进后的荧光显微镜采用高压汞灯发射紫外光进行激发，全波段滤镜接收图像信息，油、水及岩石界面清晰，如图 2-43（b）所示[27-28]。

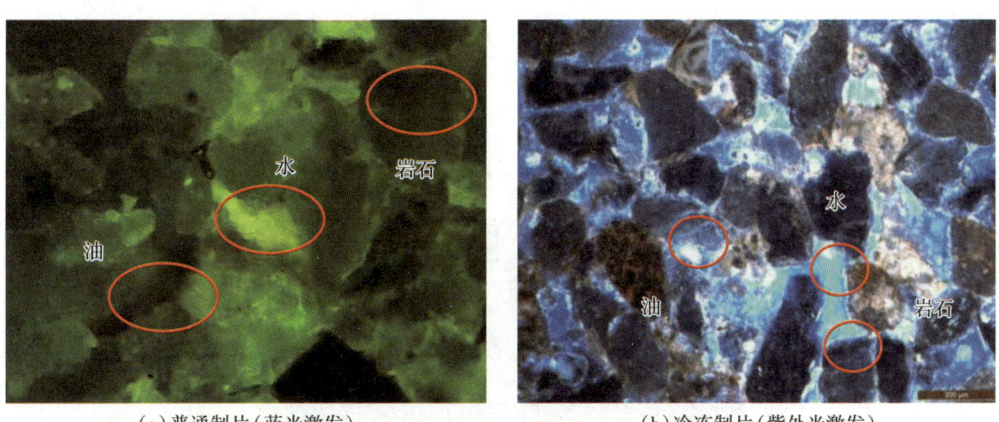

（a）普通制片（蓝光激发）　　　　　　　（b）冷冻制片（紫外光激发）

图 2-43　油水与岩石分布特征

二、聚驱后微观剩余油赋存状态分析

聚驱后剩余油赋存状态较为复杂，从宏观角度分析，由于储层渗透率、孔喉尺寸、驱替条件及黏土矿物组成等因素的影响必然会造成剩余油动用程度的差异。从微观角度分析，微观孔隙是剩余油的赋存场所，孔隙结构特征及油水界面特性等原因会影响微观剩余油在孔隙介质内的分布特征。因此，有必要研究聚驱后微观剩余油的赋存状态，为聚驱后微观剩余油形成机理研究提供参考。

1. 基于孔隙特征的聚驱后微观剩余油赋存状态

在岩心荧光图像中可以看到，由于岩石颗粒均一性较差，孔隙和喉道半径差异较大，孔喉比大。当驱替液进入多孔介质后，会优先选择大孔道凸进，形成优势渗流通道，而小孔道中由于驱动力不足，孔道内的剩余油就会滞留下来[29]。由于岩心微观孔隙结构的差异，在驱替过程中会出现绕流现象、指进现象及贾敏效应，造成微观波及不充分导致剩余油滞留，如图2-44所示。

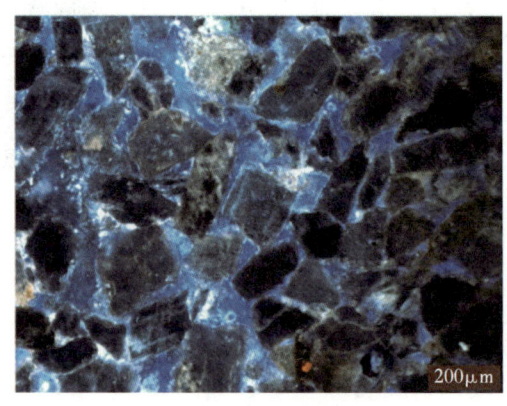

图2-44 岩心荧光图像

（1）绕流及指进现象。

真实岩心孔隙结构是极其复杂的，由于岩石颗粒大小和孔喉尺寸的差异，渗流过程中，流体会在大孔道形成优势通道，在岩心内部形成微观绕流现象[30]。在孔喉半径较小的劣势孔喉组合内部，由于驱替液波及不充分将微观剩余油封隔，造成大量微观剩余油呈簇状分布，如图2-45所示。

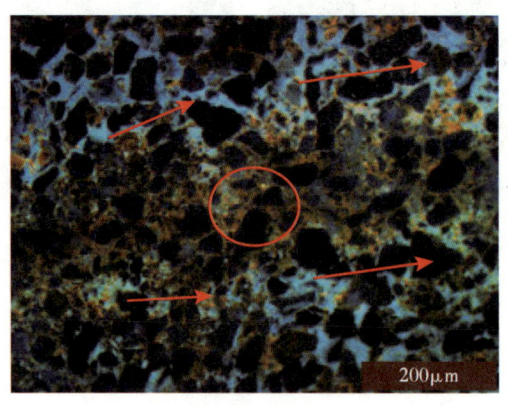

图2-45 绕流现象荧光图像

根据不同驱替阶段的微观可视化驱油图像，对绕流现象进行分析，如图2-46所示。水驱过程中，由于水相黏度低，流度控制能力弱，流度比较大，在驱替方向上以非活塞形式向前推进，遇到孔喉半径不同的区域，注入水就会选择相互连通及渗流阻力小的大孔道优先进入，而尺寸较小阻力大的孔道就会被绕过，注入水形成优势渗流通道，对其他区域内的剩余油不再动用，而驱替液未波及的区域内赋存大量剩余油，呈簇状分布[31]。如图 2-46（a）所示。聚驱时提高了驱替相黏度，流度比显著降低，驱动力增大，有效抑制了非活塞现象，聚驱后模型内的剩余油饱和度降低，由于聚合物无法驱替孔喉尺寸更小孔道中的剩余油，还是有绕流现象存在，微观剩余油赋存状态由大簇变成分散的小簇，如图 2-46（b）所示。

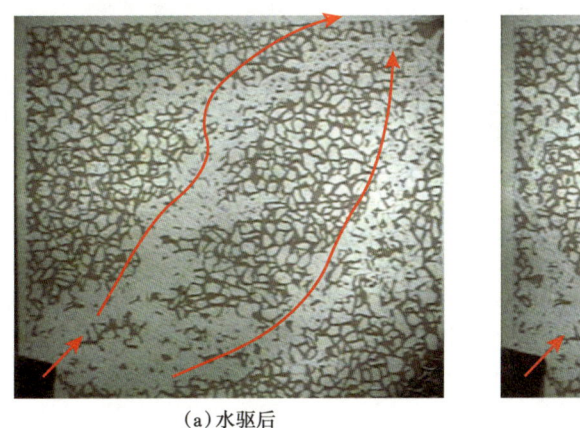 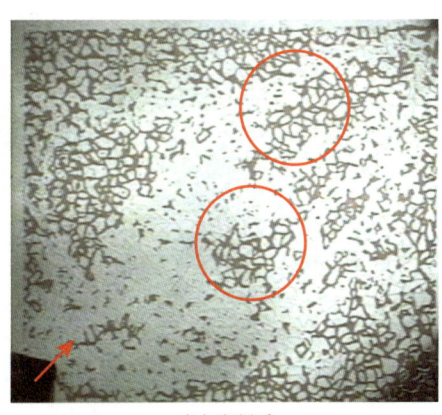

(a) 水驱后　　　　　　　　　　　　(b) 聚驱后

图 2-46　绕流现象微观图像

当驱替液沿阻力小的孔隙通道深入含油区域内，而其他方向的流动都较为滞后，这种现象称为指进。孔隙结构微观非均质性、毛细管压力作用、原油黏滞力作用、驱替速度不同步及油水黏度差大等原因都会造成驱替液的指进，导致聚驱后大量剩余油赋存在孔喉中，如图 2-47 所示。

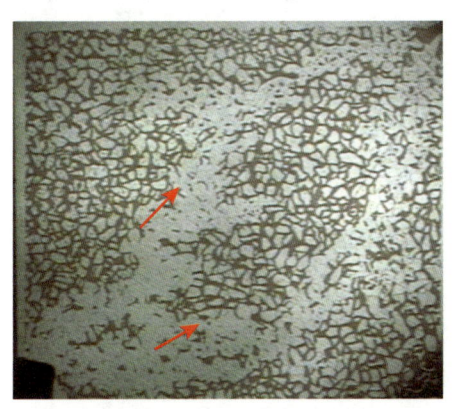 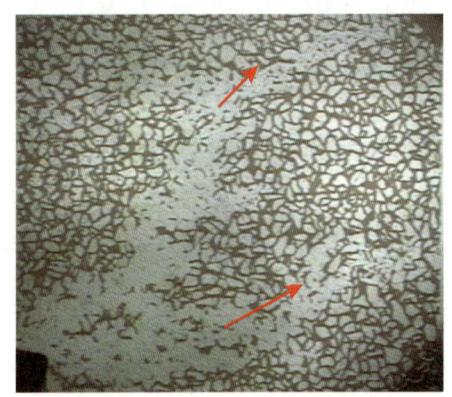

图 2-47　指进现象微观图像

（2）角隅捕集作用。

当驱替液通过孔喉角隅处时，油水界面会发生变形，当驱替压差减小时，流动会停止或者减慢，在渗流方向上，孔道内的驱替速度与角隅内的剩余油运移速度存在差异，剩余油被拉长，随着驱替液的持续作用，角隅内的剩余油在剪切力和拖拽作用下断裂，连续的油相破裂出油滴被驱出，仍有一部分剩余油由于角隅的捕集作用而无法动用，呈孤立油滴状赋存在孔道角隅处[32]，如图 2-48 所示。

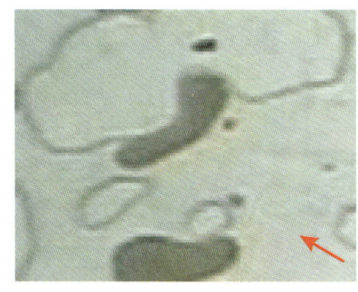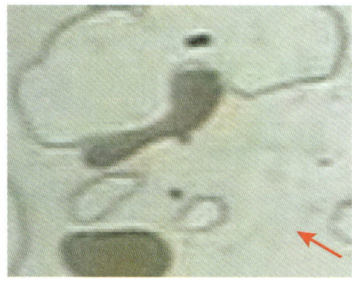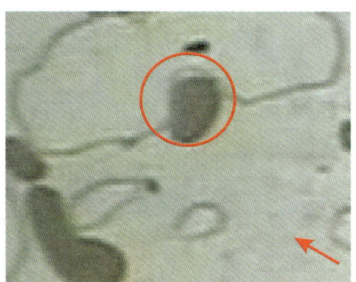

图 2-48　角隅捕集作用动态图像

（3）贾敏效应。

油滴通过较小孔喉时所产生的阻力效应叫作贾敏效应。造成这种现象的主要原因是岩心内孔隙和喉道半径差异较大及连通性差，同时驱动力小，不足以推动剩余油通过细小孔喉[33]。孔喉比越大，贾敏效应越显著，对驱油效率影响较大，如图 2-49 所示。

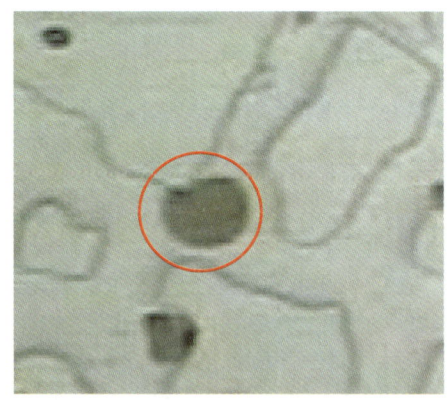

（a）荧光图像　　　　　　　　　　　　（b）微观图像

图 2-49　贾敏效应图像

2. 基于界面特性的聚驱后微观剩余油赋存状态

（1）液—液界面。

两相不相混溶的液体接触时形成的交界区域即为液—液界面，液—液界面中界面张力是其中的重要特性。液体中的分子和液体表面上的分子受力情况不同，如图 2-50 所示。在液体内部，分子受到其周围分子的吸引力，这些作用力相互对称和抵消。而在表面上，分子受到体相内分子的吸引力大于其受到气相分子的吸引力，这种表面分子受力不平衡的结果是表面分子要自发向体相内迁移，或者说尽可能地使液体表面减小[34]。虽然表面上的分子受到的作用力是指向液体内部的，但其合力可表现为沿表面的切向力，即表面上的分子受到的垂直于表面指向液体内部的合力，表现为水平方向的张力称为表面张力。表面

张力定义为垂直于表面上单位长度的收缩力,表面张力常用 σ 表示,计算公式为:

$$\sigma = \frac{R}{S} \quad (2\text{-}15)$$

式中 R——自由表面能,erg;
S——刚形成的表面积,cm^2;
σ——比自由表面能,erg/cm^2;当以 dyn/cm 来度量时,称为表面张力,mN/m。

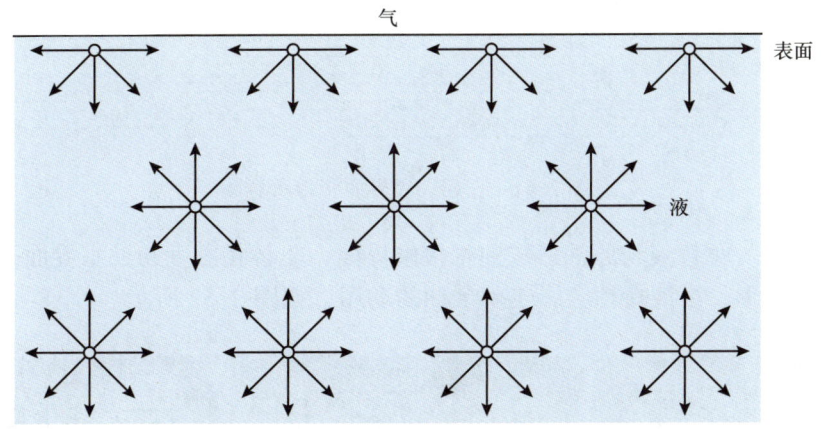

图 2-50　液体内部和表面上分子受力情况

对于油藏来说,表面张力可以存在于各个界面上,界面张力是存在界面上的一种拉紧的力,也叫作液体的表面张力,在数值上与比界面能相等[35]。比界面能是指单位界面面积上具有的界面能,计算公式为:

$$\sigma = \frac{U_s}{A} \quad (2\text{-}16)$$

式中 U_s——两相界面能,J;
A——界面面积,m^2;
σ——比界面能,J/m^2。

因为 $J/m^2=N\cdot m/m^2=N/m$,所以比界面能可看作是作用于单位界面长度上的力,称为界面张力[36]。如图 2-51 所示,一个油滴在水平面上产生三种界面,即油—气界面、油—水界面和水—气界面,各种界面层的界面能在三相周界的争夺呈现三种界面张力 $\sigma_{2,3}$、$\sigma_{1,2}$、$\sigma_{1,3}$。油滴刚滴到水面上时,三种界面张力没有达到平衡,油滴形状不断变化,直至三种界面张力达到平衡,液滴形状稳定,此时:

$$\sigma_{1,3} = \sigma_{2,3} + \sigma_{1,2} \quad (2\text{-}17)$$

式中 $\sigma_{1,3}$——水—气界面张力,mN/m;
$\sigma_{2,3}$——油—气界面张力,mN/m;
$\sigma_{1,2}$——油—水界面张力,mN/m。

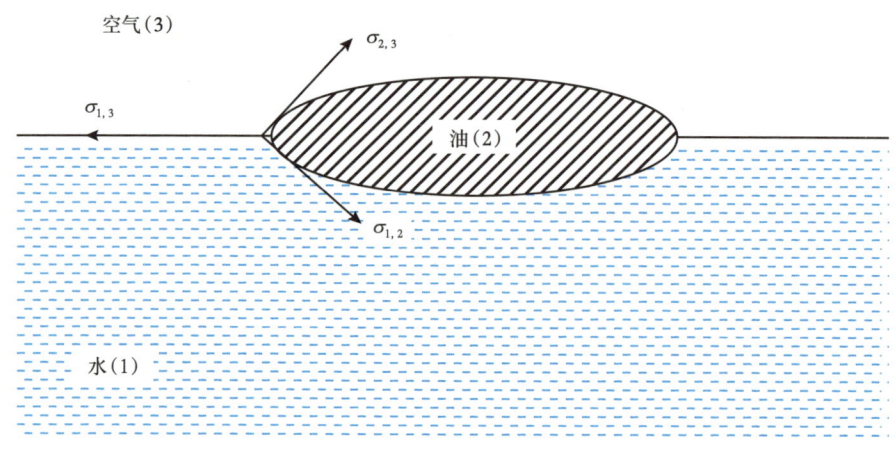

图 2-51　三相周界界面张力示意图

驱油过程中，驱替液与原油形成油水接触界面，驱替相黏度与油水界面张力的变化会导致油水界面变形，溶液特性会影响剩余油的动用，如图 2-52 所示。

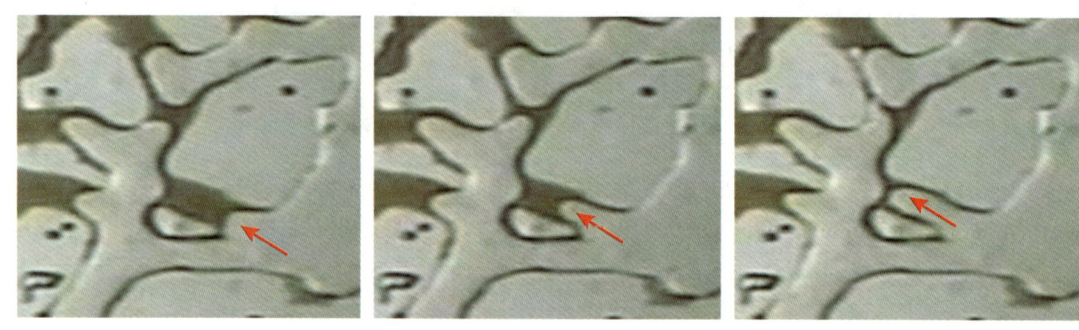

图 2-52　驱替过程中液液界面变化

（2）液—固界面。

在原油与孔道壁面形成的液固界面上，当储层是油湿属性时，由于原油黏附力作用，原油附着在孔壁表面，呈薄膜状的赋存状态，若想将剩余油从岩石表面剥离下来，驱替液与岩石表面的黏附功需大于原油与岩石表面的黏附功或者降低原油与岩石表面的黏附功[37]，才可以动用这种赋存状态的剩余油，如图 2-53 所示。

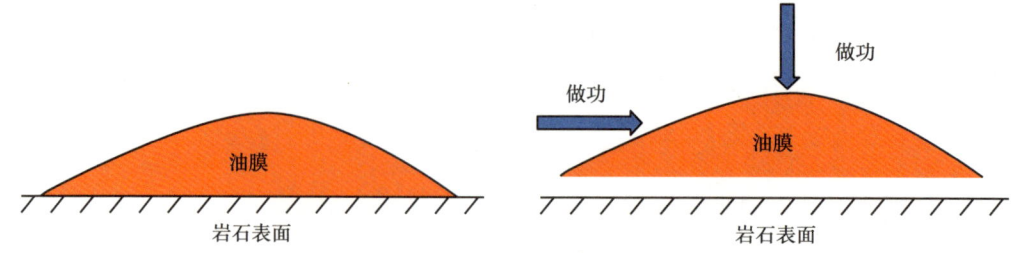

图 2-53　液—固界面剩余油赋存状态示意图

在微观可视化驱油图像中，剩余油主要附着在孔道壁面上，而在荧光图像中，剩余油呈连续或非连续的油膜附着在孔隙壁面，形成孔表薄膜状剩余油，还有一些附着在岩石颗粒表面，与黏土颗粒一起在孔隙中运移，形成颗粒吸附状剩余油，这些剩余油都是由于黏附力作用而赋存在液固界面上，如图 2-54 所示。

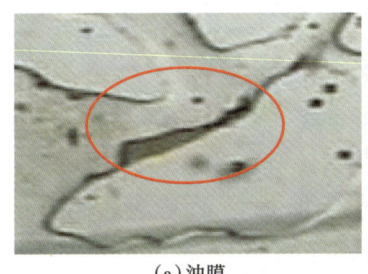 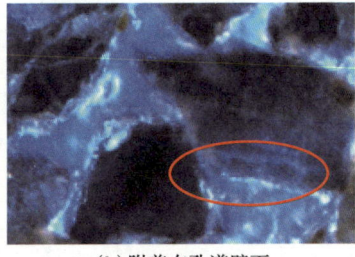 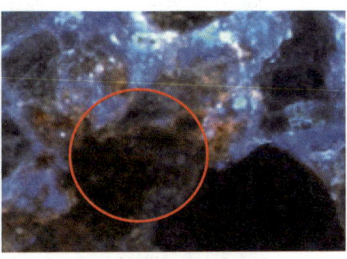

（a）油膜　　　　　　　　（b）附着在孔道壁面　　　　　　　（c）附着在颗粒表面

图 2-54　液固界面微观剩余油赋存状态

三、聚驱后微观剩余油分类与形成机理研究

基于聚驱后微观剩余油赋存状态的研究，对聚驱后微观剩余油进行分类，从驱替流线发展情况、毛细管压力作用、黏附力作用及孔隙结构微观非均质性方面分析不同类型微观剩余油的形成机理，为聚驱后微观剩余油动用机制研究提供理论支持。

1. 微观剩余油类型划分

（1）薄膜状剩余油。

由于原油的黏附力作用，在储层矿物表面及孔隙壁面上形成连续或非连续状的薄膜状剩余油，包括孔表薄膜状和颗粒吸附状剩余油，如图 2-55 所示，聚驱在水驱基础上提高了驱替相黏度，聚合物溶液的黏性剪切应力增大，将薄膜状剩余油从孔隙壁面上剥离下来一部分，剩余部分仍然以薄膜形式赋存在孔道壁面上[38]。原油附着在黏土矿物颗粒表面，在驱替液的携带作用下在孔道中运移，形成颗粒吸附状剩余油。

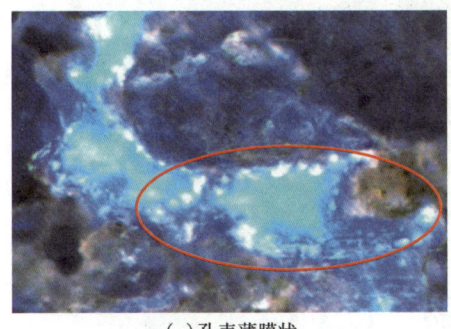 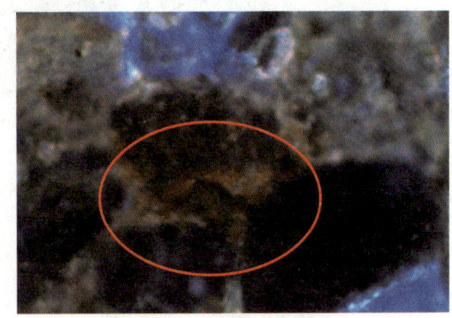

（a）孔表薄膜状　　　　　　　　　　　　（b）颗粒吸附状

图 2-55　薄膜状剩余油荧光图像

在微观可视化模型中，由于孔道壁面是光滑的，且模型内没有岩石颗粒，但是由于原油的黏附力作用，薄膜状剩余油主要是以连续或非连续的油膜形态赋存在孔道壁面上，水驱时由于驱动力小，油水界面摩擦力不足以携带薄膜状剩余油发生运移，因此水驱对薄膜

状剩余油作用不明显,动用程度较低[39]。聚驱时由于溶液黏性剪切应力增大,一部分薄膜状剩余油会被驱替液携带走,剩下的仍然以油膜的形式赋存在孔道壁面上,如图 2-56 所示。

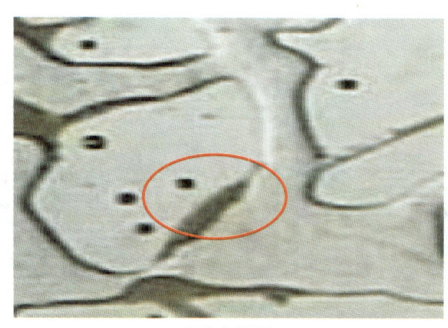 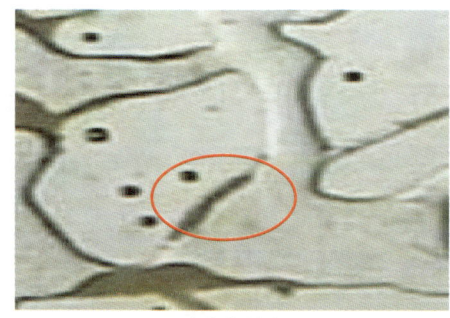

(a)水驱后　　　　　　　　　　　　(b)聚驱后

图 2-56　薄膜状剩余油微观图像

根据岩心的扫描电镜与荧光图像对比可以看出,在制作岩心薄片时,切割及磨制的过程中如果遇到粒间孔,制片后剩余油会附着在孔隙表面,这样就会形成孔表薄膜状剩余油[40]。如果遇到粒内碎裂溶蚀孔,磨片后剩余油会与矿物碎屑混合后以平铺和侵染的形式附着在颗粒表面,形成颗粒吸附状剩余油,如图 2-57 所示。这两类剩余油都是附着在孔道壁面或者颗粒表面,以油膜的形式存在,只是横向与纵向观察角度的区别。因此,在后续研究中将孔表薄膜状和颗粒吸附状剩余油统一划分为薄膜状剩余油。

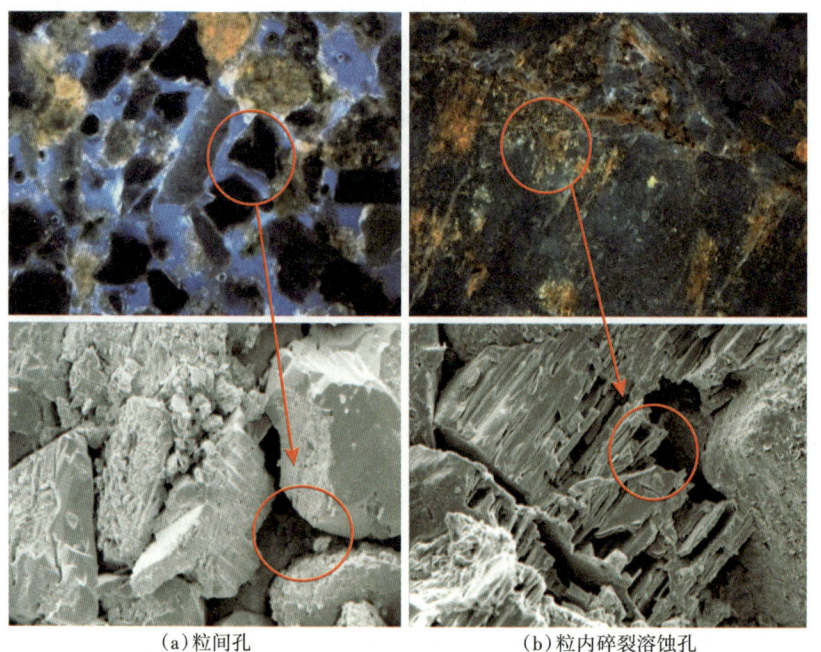

(a)粒间孔　　　　　　　　　　　　(b)粒内碎裂溶蚀孔

图 2-57　岩石扫描电镜及荧光图像分析

（2）角隅状剩余油。

角隅状剩余油主要赋存在复杂孔隙结构形成的U形结构中，一侧接触部分储层形成的夹角凹陷处，另一侧与开放空间接触[41]。水驱时驱替流线发展不充分，难以将角隅内的剩余油驱替出来，水驱后呈孤立的油滴状滞留在注入水驱扫不到的孔隙死角处，如图2-58（a）和图2-58（c）所示。在增大聚合物溶液黏度的情况下，角隅内剩余油受聚合物分子的拉拽和剥离作用，一部分被驱替出来，但仍有很大一部分剩余油滞留在孔隙角隅处无法动用，如图2-58（b）和图2-58（d）所示。

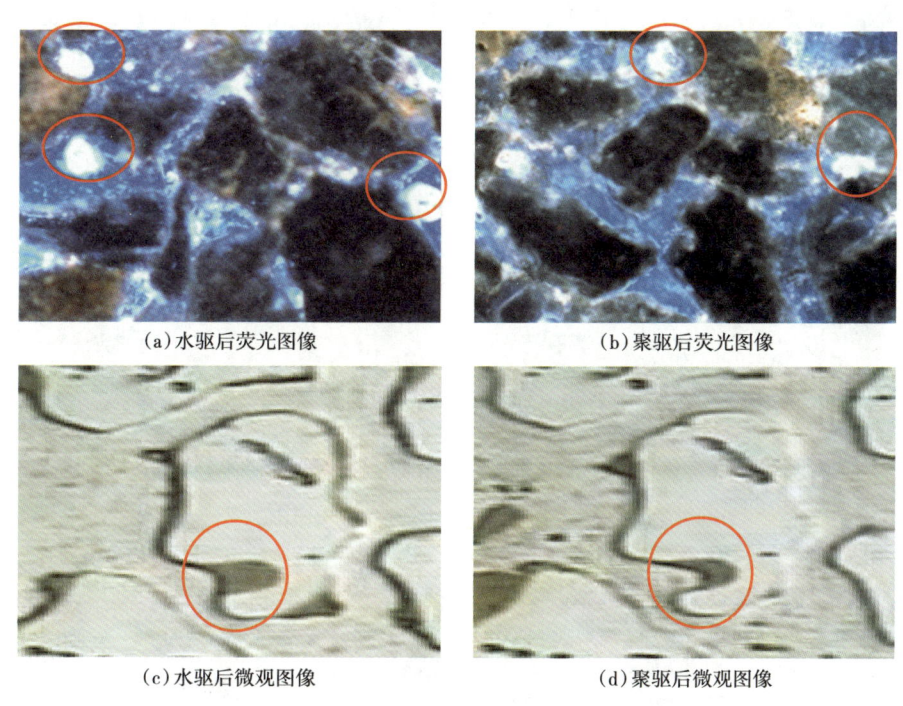

图 2-58　角隅状剩余油微观及荧光图像

（3）喉道状剩余油。

喉道状剩余油主要赋存在细小喉道处，水驱时可以将较大孔喉处的剩余油驱替出来，由于毛细管压力的束缚作用，在细长弯曲状喉道内赋存的剩余油无法动用，水驱后呈孤立的柱状滞留在连通孔隙的喉道处。在形态上一般表现为占据一个单独的孔道，如图2-59（a）和图2-59（c）所示。聚驱过程中遇到细小喉道时，溶液难以进入，剩余油仍然被"卡"在喉道处。由于孔隙中剩余油两端的液—油界面平行于聚合物驱替的流线方向，受毛细管压力的束缚作用，剩余油无法流动，如图2-59（b）和图2-59（d）所示。

（4）簇状剩余油。

簇状剩余油主要赋存在孔隙和喉道空间内，呈分散的簇状、油滴状及团块状分布。水驱后这类剩余油通常分布在驱替液未波及的区域，与多个孔隙连通[42]。水驱时驱替液主要沿着阻力小的大孔道突进，出现绕流及指进现象，造成被大孔道包围的细小孔道中的剩余油被圈闭起来，呈大面积簇状滞留在孔隙中，如图2-60（a）和图2-60（c）所示。聚驱时，提高驱替液黏度有助于扩大波及体积，有效抑制渗流过程中的指进和绕流现象，部分簇状剩余油被驱替出来，大簇变成分散的小簇，由于孔隙结构微观非均质性及微观力作用束缚等原因，聚驱后这类剩余油数量还很多，如图 2-60（b）和图 2-60（d）所示。

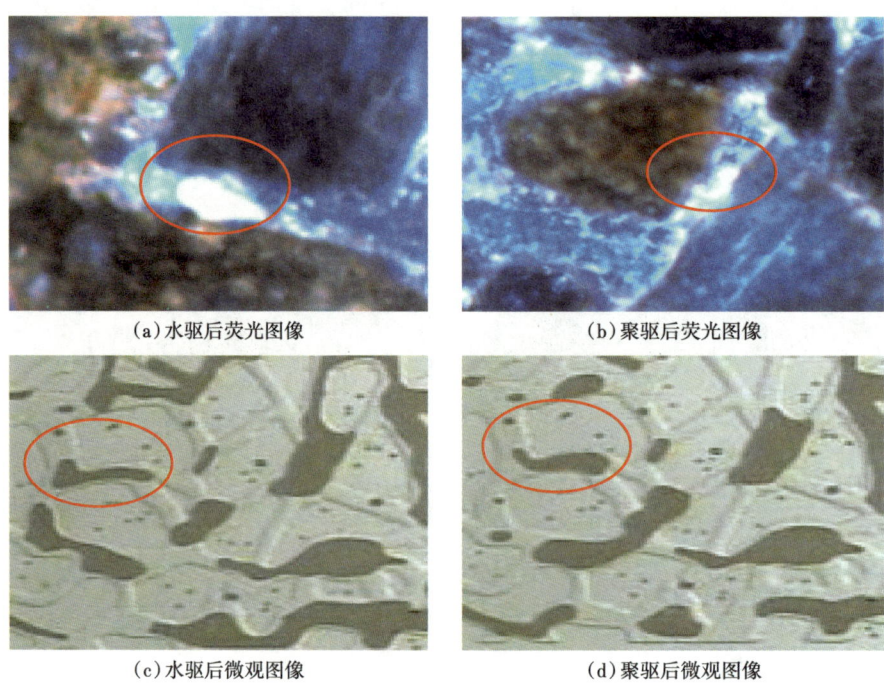

图 2-59　喉道状剩余油微观及荧光图像

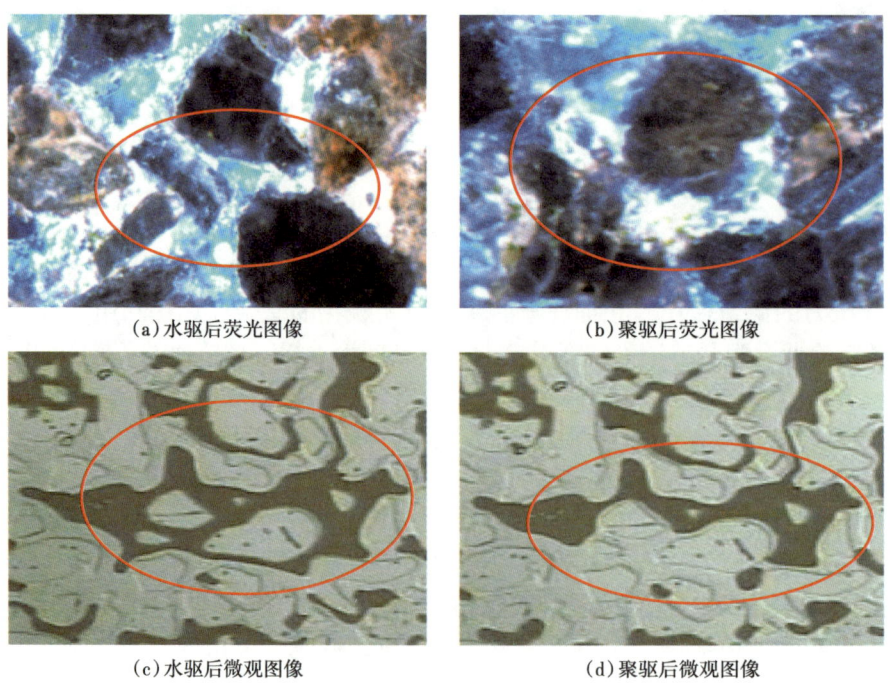

图 2-60　簇状剩余油微观及荧光图像

2. 聚驱后微观剩余油形成机理

根据聚驱后微观剩余油赋存状态和分类，分析聚驱后微观剩余油的形成机理，主要有驱替流线发展不充分、毛细管压力作用、黏附力作用及孔隙结构的微观非均质性，明确聚驱后微观剩余油形成机理可以指导制订开发措施，为聚驱后油藏开发提供理论支撑。

（1）驱替流线发展不充分。

由于地层孔隙结构是非常复杂的，驱替液在渗流过程中会遇到尺寸不同的孔隙和喉道。当溶液经过较小喉道后进入较大孔道或者从较大孔道进入较小喉道时，由于驱替流线波及不到，会在孔隙或者喉道角隅处形成剩余油，如图 2-61 所示。

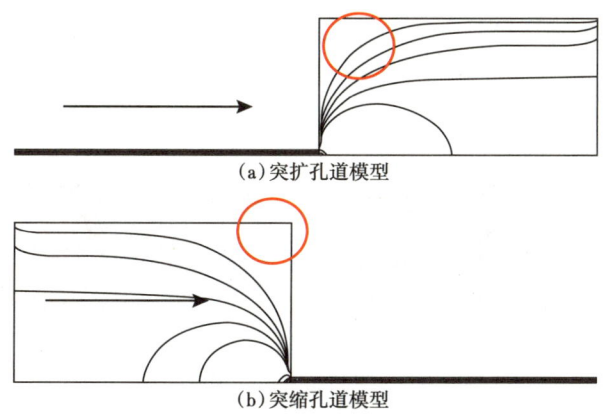

图 2-61　驱替液流线波及范围示意图

驱替液在渗流过程中遇到突扩和突缩孔道组合时，由于驱替相溶液性质的不同，驱替流线在孔道内的波及范围存在差异，如图 2-62 所示。在岩心驱油实验及微观可视化驱油实验中，根据上述微观剩余油赋存状态及分类的研究，由于驱替流线波及不充分，在孔隙结构中，主要形成角隅状剩余油。

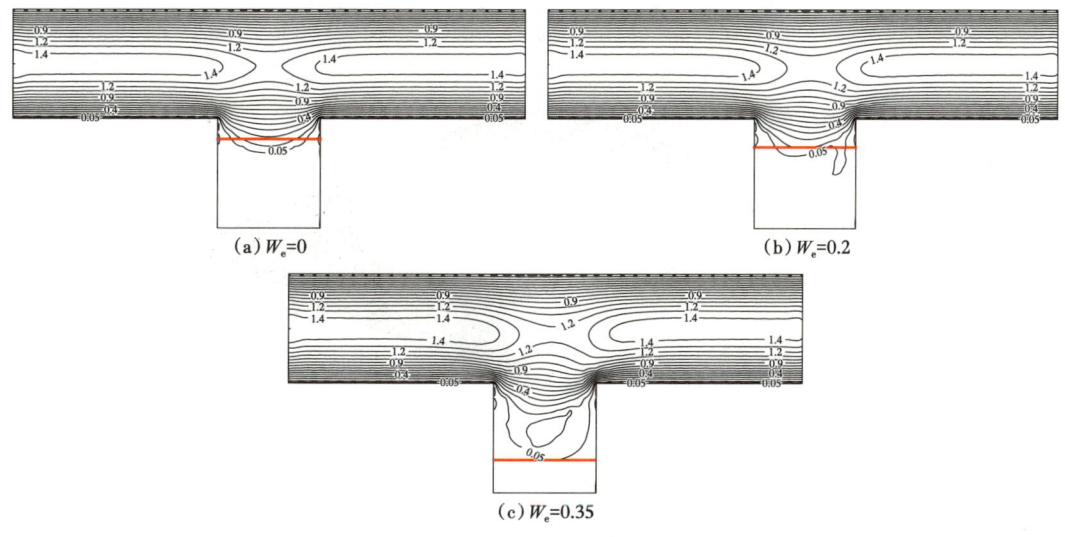

图 2-62　驱替液波及流线图

（2）毛细管压力作用。

毛细管压力是指孔隙喉道中非润湿相流体驱替润湿相流体所受到的阻力，对于任意互不相容的两相液体毛细管压力为：

$$p_c = 2\sigma_{1,2}\cos\theta / r \tag{2-18}$$

式中　　p_c——毛细管压力，Pa 或 N/m²；

　　　　θ——润湿角，(°)；

　　　　r——孔道半径，μm；

　　　　$\sigma_{1,2}$——油水界面张力，mN/m。

在油藏中，毛细管压力的大小主要与孔喉尺寸有关，孔隙和喉道半径越大，毛细管压力越小[43]。毛细管压力在油湿属性储层中表现为渗流阻力，在水湿属性储层中表现为驱替动力，如图 2-63 所示。

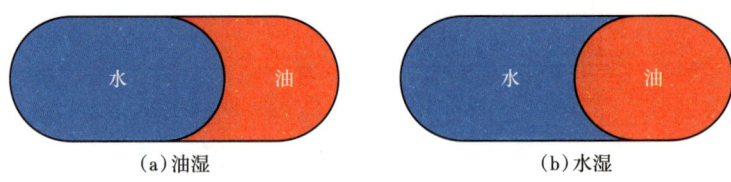

(a) 油湿　　　　　　　(b) 水湿

图 2-63　不同润湿性孔道示意图

①并联孔道。

在孔隙结构中经常会遇到大孔道和小孔道互相交错并联的情况，如图 2-64 所示。水驱时，孔道中的渗流速度受驱油能量和油水流动阻力的相互制约。如果孔道亲水，毛细管压力是驱油的动力，孔道尺寸越小，毛细管压力越大[44]。如果孔道亲油，毛细管压力是驱油的阻力，孔道尺寸越大，毛细管压力越小。驱替过程中，当并联孔道外加压差（$p_A - p_B$）为定值时，并联孔道中的流速取决于驱替相与被驱替相黏度的比值，外加压差（$p_A - p_B$）与毛细管压力 p_c 的比值，也就是孔道中流速的比值不是定值，界面是随时间变化

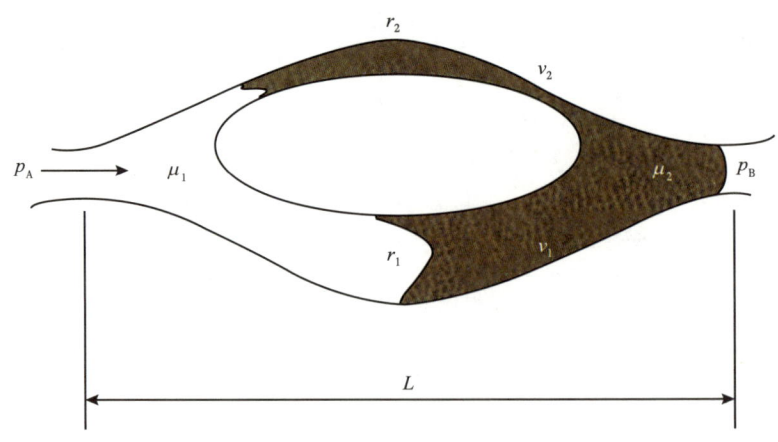

图 2-64　并联孔道模型

的，即随驱动过程中各种力（动力与阻力）的变化而变化。因此，在计算并联孔道内毛细管压力的时候，需计算驱替液在渗流过程中经过孔喉尺寸变化孔道内的动态的毛细管压力，而不能用某一固定时刻的毛细管压力描述流体的运移过程。

当并联孔道的总流量为 q 时，其速度比可用式（2-19）表示：

$$\frac{v_1}{v_2} = \left[\frac{4\mu Lq}{\pi r_2^2} - r_2^2\left(\frac{1}{r_2} - \frac{1}{r_1}\right)\sigma\cos\theta\right] \bigg/ \left[\frac{4\mu Lq}{\pi r_1^2} + r_1^2\left(\frac{1}{r_2} - \frac{1}{r_1}\right)\sigma\cos\theta\right] \quad (2\text{-}19)$$

式中　v_1，v_2——大孔道、小孔道内油水界面的移动速度，m/s；
　　　μ——油（或水和聚合物）的黏度，mPa·s；
　　　r_1，r_2——大孔道、小孔道的半径，μm；
　　　σ——油水界面张力，mN/m；
　　　θ——润湿角，(°)；
　　　L——并联孔道长度，μm。

式（2-19）说明了驱替过程中油水界面的移动速度与孔道大小、流体的润湿性及黏滞性有关[45]。当 $\theta=90°$，$\cos\theta=0$，毛细管压力为 0，这时大孔道中的流速大于小孔道中的流速，大孔道水淹时小孔道中剩下连续的油相。当毛细管压力起作用时，即 $\cos\theta$ 不等于 0，孔道中的流速并不总是 $v_1>v_2$，从提高采收率角度看，希望并联孔道的大孔道、小孔道中的油水界面同时到达出口端，剩余油都被驱替出去，将 $v_1/v_2=1$ 代入式（2-19）中得到：

$$q = \frac{\pi\sigma\cos\theta \cdot \left(r_1^2 + r_2^2\right)r_1r_2}{4\mu L(r_1 + r_2)} \quad (2\text{-}20)$$

当总流量小于式（2-20）求出的 q 时，在毛细管压力的作用下，小孔道中的流速较大，油水界面先到达出口，在大孔道中形成剩余油；反之，当总流量大于式（2-20）求出的 q 时，由于小孔道中黏滞阻力变得相对较大，大孔道中的油水界面移动速度较快，先到达出口端，小孔道中形成剩余油。

孔隙壁面的润湿性对剩余油动用机理的分析至关重要。在油湿孔道中，毛细管压力和黏滞力在驱替过程中表现为阻力，大孔道中毛细管压力小，驱替液优先从大孔道中突破，形成优势通道，油最先被驱替，细小孔道内原油成为剩余油。在水湿孔道中，毛细管压力是动力，剩余油的动用受控于并联孔道内的净动力值，在驱动力和黏滞力都比较小的情况下，毛细管压力在驱动力中占主要地位，小孔道中的驱动力高于大孔道，被束缚在较小孔道中的剩余油最先被驱替，造成大孔道中剩余油滞留，如图 2-65 所示。

②串联孔道模型。

在真实岩心中，微观孔隙结构是由多个孔隙和喉道串联而成的三维网络空间，驱油过程中，油水界面在通过连续而不规则孔道时，孔喉比是影响串联孔道中剩余油滞留的重要因素，经过喉道时界面的曲率是随着孔道截面面积变化而变化的，界面形态的变化必然会引起周围毛细管压力的变化。喉道半径越小，孔喉比越大，连续的油相在孔隙中流动时越容易被截断，破裂出油滴滞留在孔道中，形成喉道状剩余油，如图 2-66 所示。

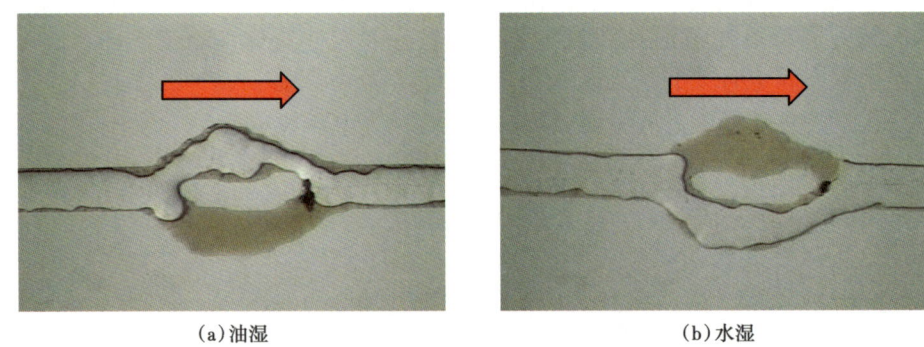

(a)油湿　　　　　　　　　　　　　　(b)水湿

图 2-65　润湿性影响

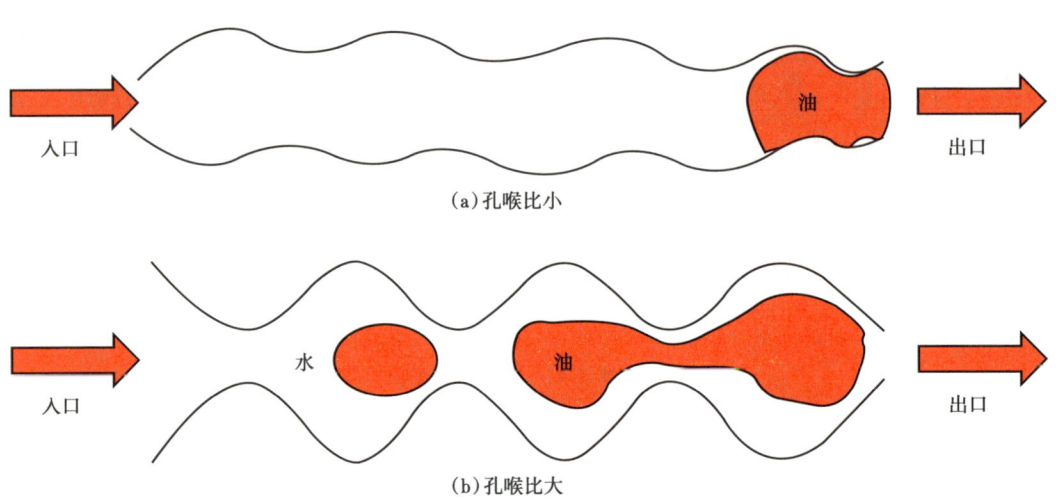

图 2-66　串联孔道模型流体运动示意图

通过捕捉微观可视化驱油实验过程中的动态图像，在串联孔道中可以发现由于孔喉比大导致剩余油滞留的现象。驱替液进入孔道后推动孔道中的剩余油向前运移，当遇到尺寸变小的喉道时，随着驱替液对原油弯曲液面的持续拉伸与剪切，连续的油相在经过喉道时被卡断，在渗流通道的后方形成剩余油滞留在孔道中，如图 2-67 所示。

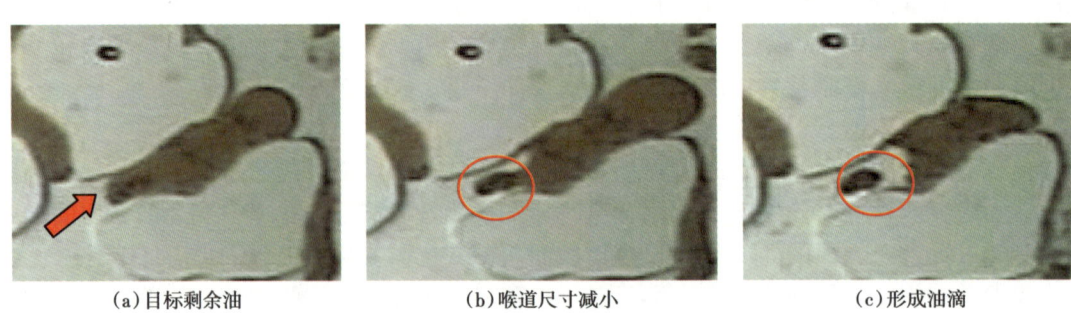

(a)目标剩余油　　　　　　(b)喉道尺寸减小　　　　　　(c)形成油滴

图 2-67　微观可视化驱油图像

（3）黏附力作用。

黏附功表示拉开单位黏附界面所需要做的功，可用黏附功来描述油滴在岩石表面上的附着强度。黏附功在数值上等效于黏附力，它是液体与固体黏附时，体系对外所做的最大功。在等温等压条件下，可逆地使液体与固体黏附，是液体与固体接触时发生的一种界面现象，即液—气界面与固—气界面转化为液—固界面[46]。在油藏中，由于黏附力作用，原油附着在储层矿物表面及孔隙壁面上，形成薄膜状剩余油，如图2-68所示。

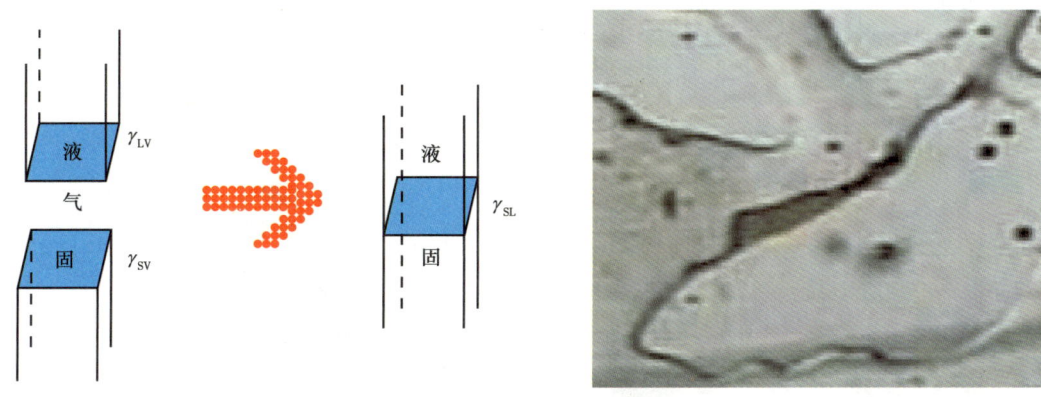

图2-68 液—固界面黏附示意图

在空气中，液体在固体表面上的黏附功计算公式为：

$$W = \gamma_{SV} + \gamma_{LV} - \gamma_{SL} \tag{2-21}$$

式中 γ_{SL}——液—固界面的界面张力，mN/m；

γ_{SV}——固—气界面的界面张力，mN/m；

γ_{LV}——液—气界面的界面张力，mN/m。

$$\gamma_{SL} = \gamma_S + \gamma_L - 2\sqrt{\gamma_S^d \gamma_L^d} - 2\sqrt{\gamma_S^p \gamma_L^p} \tag{2-22}$$

结合杨氏方程得：

$$\gamma_L(1+\cos\theta) = 2\sqrt{\gamma_S^d \gamma_L^d} + 2\sqrt{\gamma_S^p \gamma_L^p} \tag{2-23}$$

式中 γ_L——液体表面张力，mN/m；

γ_S^d——固体的非极性分量，mN/m；

γ_L^d——液体的非极性分量，mN/m；

γ_S^p——固体的极性分量，mN/m；

γ_L^p——液体的极性分量，mN/m。

将式（2-20）代入式（2-22）中可得：

$$W = 2\left(\sqrt{\gamma_S^d \gamma_L^d} + \sqrt{\gamma_S^p \gamma_L^p}\right) \tag{2-24}$$

式(2-24)即为液—固界面黏附功计算公式,当驱油体系与岩心的黏附功大于原油与岩心的黏附功或者降低原油与岩心的黏附功时,才可将原油从孔隙壁面上剥离,提高微观剩余油动用程度。

(4)微观非均质性。

由于微观孔隙结构存在差异,在驱替过程中受驱动力影响,驱替液在多孔介质中会沿着阻力小的大孔道优先进入,形成优势渗流通道后造成其他区域内的剩余油无法动用。由大孔道包围的细小孔道区域内的油就会被圈闭起来,呈大面积簇状滞留在孔隙中,由于孔隙结构微观非均质性、毛细管压力作用、驱替流线波及不充分及原油黏附力作用等多种原因形成簇状剩余油,如图2-69所示。

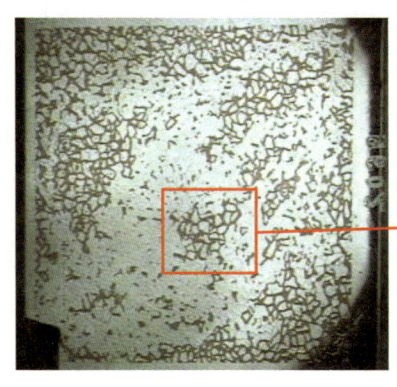 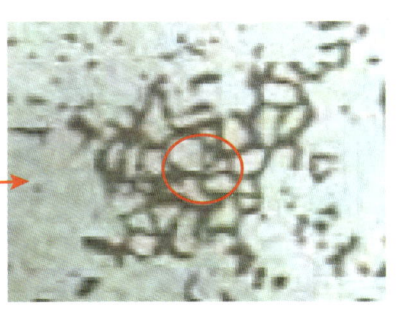

图2-69 簇状剩余油微观图像

四、聚驱后微观剩余油分布特征及定量表征研究

为了研究聚驱后提高原油采收率原理与技术,首先需要明确聚驱后微观剩余油分布特征和赋存比例。采用微观可视化驱油实验对聚驱后微观剩余油的分布特征进行分析,基于液氮冷冻制片荧光显微镜采集的图像,采用岩心荧光分析系统定量表征真实岩心薄片中不同类型和不同位置微观剩余油饱和度,更加深刻地认识聚驱后微观剩余油分布特征,对研究聚驱后油藏开发原理与分析技术具有重要指导意义。

1. 聚驱后微观剩余油分布特征

(1)相同位置不同类型微观剩余油分布特征。

①薄膜状剩余油。

采用微观可视化驱油系统追踪同一位置的薄膜状剩余油在水驱后和聚驱后的动用情况,如图2-70所示。水驱后薄膜状剩余油由于黏附力作用附着在孔道壁面上。与水驱后相比,聚驱后薄膜状剩余油油膜厚度降低,体积减小,剩余部分仍然附着在孔道壁面上,说明提高驱替液黏度对附着在孔隙壁面上的油膜具有一定剥离作用。

②角隅状剩余油。

图2-71给出了水驱后和聚驱后角隅状剩余油动用的微观图像。水驱后剩余油滞留在孔道角隅处,由于渗流过程中驱替流线发展不充分,无法动用这部分剩余油。水驱后采用聚合物进行驱替,可见油水界面轻微形变,有一部分剩余油被聚合物溶液携带走,但由于驱动力小,大部分剩余油还滞留在角隅内,动用难度较大。

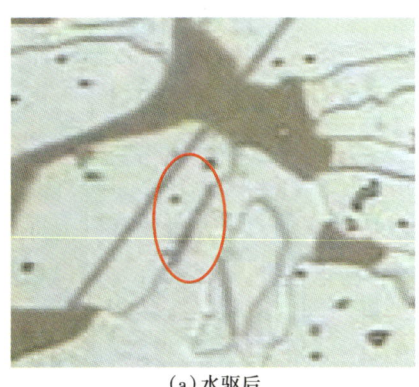

(a)水驱后　　　　　　　　　　　(b)聚驱后

图 2-70　薄膜状剩余油对比

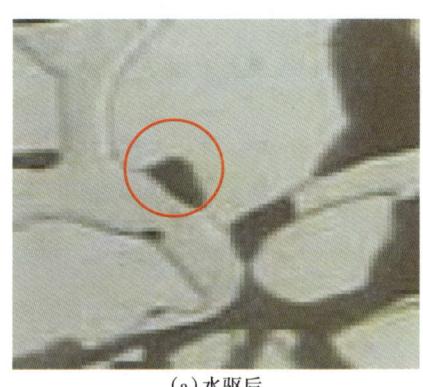
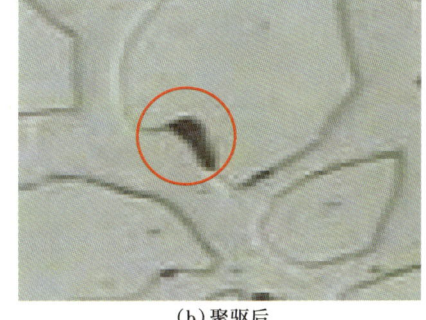

(a)水驱后　　　　　　　　　　　(b)聚驱后

图 2-71　角隅状剩余油对比

③喉道状剩余油。

在微观可视化驱油实验过程中,追踪同一位置喉道状剩余油在水驱后和聚驱后动用情况,如图 2-72 所示。水驱过程中,喉道内的剩余油所受毛细管压力大于水的驱动力,被束缚在喉道内无法动用。聚驱过程中随着驱替压差增大,喉道两侧剩余油被动用,剩余油体积减小,但喉道中央位置的剩余油受毛细管压力束缚作用较强仍然无法动用。

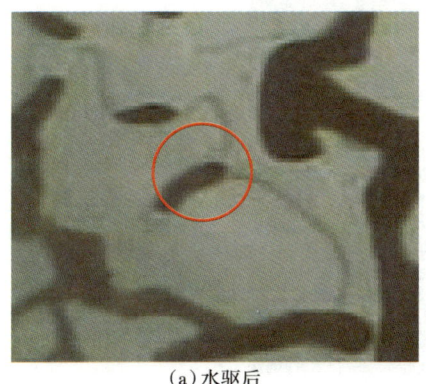
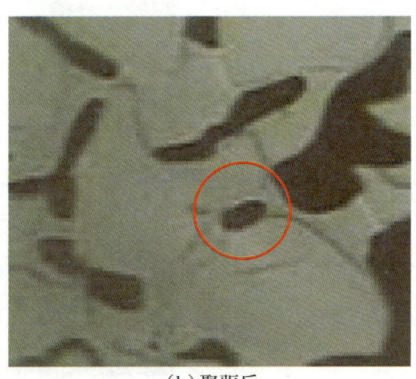

(a)水驱后　　　　　　　　　　　(b)聚驱后

图 2-72　喉道状剩余油对比

④簇状剩余油。

由于驱替相溶液波及不充分和孔隙结构微观非均质性会形成的簇状剩余油，呈团簇状分布在孔道内。水驱后簇状剩余油主要赋存在大孔道包围的细小孔隙喉道中，由于水的驱动力小，驱替液沿大孔道突进，形成优势渗流通道，无法克服外围阻力进入簇状剩余油内部的细小孔道，导致大面积剩余油滞留无法动用，如图2-73（a）所示。聚合物驱提高了驱替相黏度，渗流阻力增大，驱替压差增大，驱替液波及范围增加，可在水驱基础上提高微观剩余油动用程度，将原来大块簇状剩余油分割成多个小面积的簇状剩余油，分布更加零散。由于驱替液性质、孔喉尺寸差异及毛细管压力作用束缚等原因，聚驱后簇状剩余油饱和度仍然很高，簇状剩余油是多种类型剩余油的集合体，受多种因素的影响，在聚驱后提高驱替相黏度或者降低驱油体系界面张力均可提高簇状剩余油的动用程度，如图2-73（b）所示。

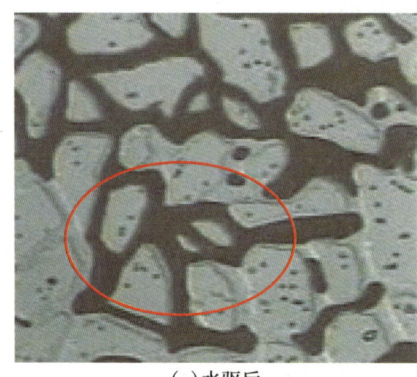 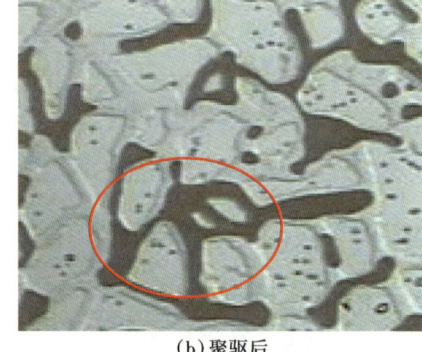

(a)水驱后　　　　　　　　　　　(b)聚驱后

图2-73　簇状剩余油对比

（2）不同位置微观剩余油分布特征。

为了具有针对性地分析聚驱后不同位置微观剩余油的分布特征，将可视化模型分为9个区域，将9个区域划分为主流线、分流线及微观未波及区域三个类型。主流线包括区域3、区域5及区域7，分流线包括区域2、区域4、区域6及区域8，微观未波及区域包括区域1和区域9，计算三个区域类型内水驱后和聚驱后的采收率，如图2-74所示。

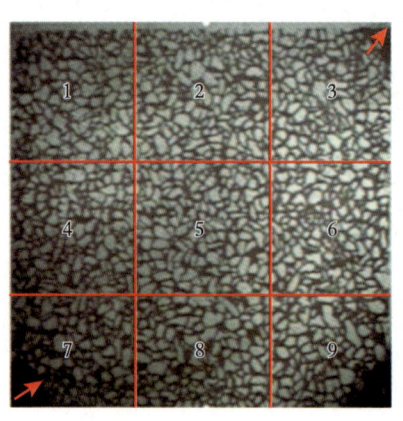

图2-74　微观可视化模型区域划分

对比分析水驱后和聚驱后主流线上微观剩余油的分布特征，如图 2-75 所示。区域 7 是注入端，水驱过程中由于驱替相黏度较小，驱替压差小，流度控制能力弱，驱动力小于渗流阻力，注入水沿优势渗流通道向采出端突进，在模型中以非活塞形式向前推进，指进和绕流现象严重，在此区域内由于绕流等原因形成许多簇状剩余油。在主流线上，随着渗流距离增加，水相流度控制能力进一步减弱，区域 5 内剩余油增多，水只能动用较大孔隙中的剩余油，大部分剩余油滞留在孔道中。在出口端的区域 3 内，大部分剩余油滞留，只有很小一部分剩余油被驱替出去，如图 2-75（a）所示。对比聚驱后主流线上的微观剩余油图像可以看出，水驱后进行黏度为 40mPa·s 的聚合物驱，由于驱替相黏度提高，渗流过程中阻力增大，驱替压差增大，波及范围扩大，部分水驱后滞留的簇状剩余油被动用，由大簇变为更加分散的小簇。与水驱相比，聚驱后微观可视化模型中剩余油量明显降低，但是随着渗流距离增大，聚合物流度控制能力减弱，也有绕流和指进现象的发生，主流线上从注入端到采出端区域内的剩余油量也逐渐增多，如图 2-75（b）所示。

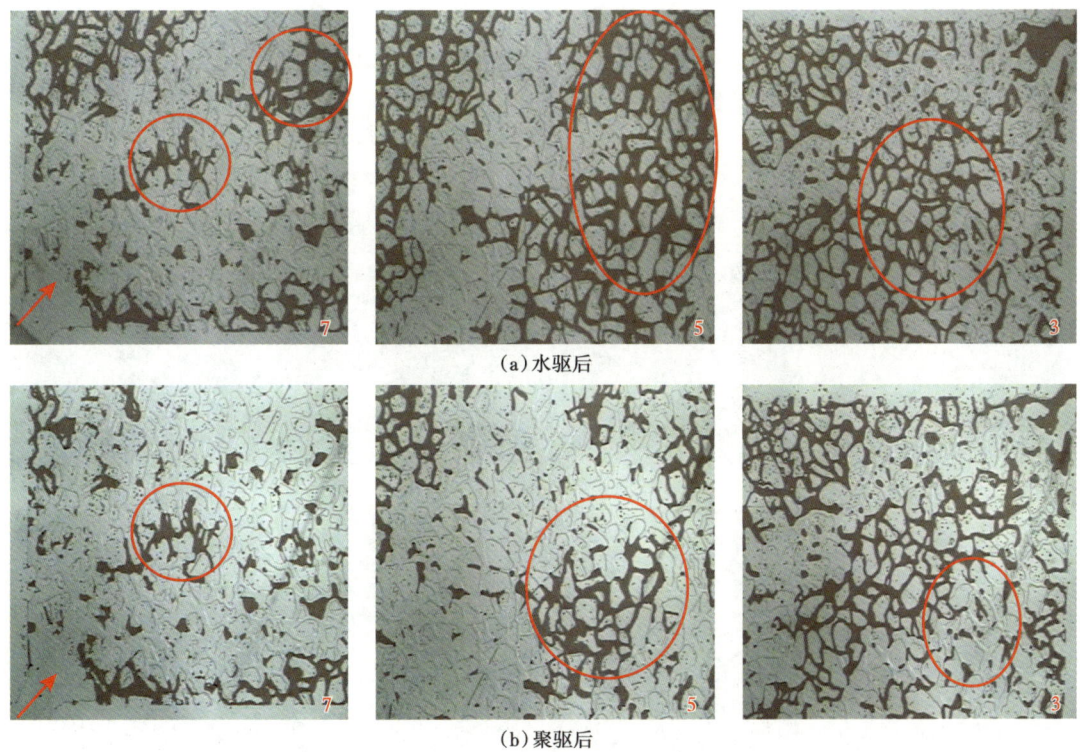

图 2-75　聚驱后主流线剩余油分布特征

采用微观可视化驱油图像分析系统计算主流线上不同区域内水驱后与聚驱后剩余油面积，通过视域内微观剩余油比例变化计算不同阶段采收率及提高值，结果见表 2-9。可以看到，主流线区域内，聚驱后较水驱后剩余油比例降低比例较明显。主流线上注入端的区域 7 内的采收率提高值最大，达到了 51.25%。随着渗流距离增加，由注入端向采出端采收率提高值逐渐降低。

表 2-9 主流线不同区域内采收率变化

位置	不同驱替阶段视域内剩余油比例（%）		采收率提高值（%）
	水驱后	聚驱后	
区域 7	22.87	11.15	51.25
区域 5	24.12	13.46	44.20
区域 3	23.12	14.56	37.02

水驱后与聚驱后模型内剩余油除了在主流线上驱替效果差距明显外，分流线上微观剩余油的分布特征差别也较大，如图 2-76 所示。水驱过程中，由于驱替相黏度低，驱动力小，水沿阻力小的大孔道运移，形成优势渗流通道，随着注入量的增加，分流线区域内的剩余油不再变化，如图 2-76（a）所示。水驱后进行聚驱，随着驱替相黏度的增加，波及范围增大，有效抑制了指进现象，不仅主流线上剩余油动用程度增加，分流线上的剩余油也明显减少，但聚驱后分流线区域内的剩余油量还较多，微观剩余油挖潜的潜力还比较大，如图 2-76（b）所示。

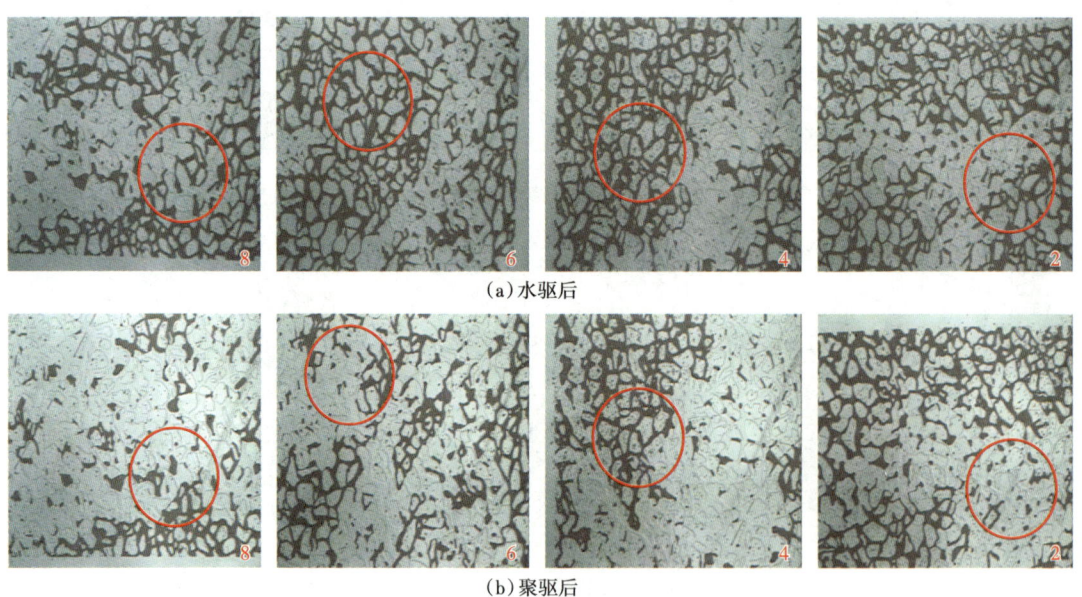

图 2-76 聚驱后分流线剩余油分布特征

采用微观可视化驱油图像分析系统计算分流线上不同区域内水驱后与聚驱后剩余油面积，通过视域内微观剩余油比例变化计算不同阶段采收率提高值，结果见表 2-10。由于区域 8 和区域 4 是离注入端较近的区域，因此采收率提高值较大，分流线区域内的采收率提高值低于主流线区域。

表 2-10 分流线不同区域内采收率变化

位置	不同驱替阶段视域内剩余油比例（%）		采收率提高值（%）
	水驱后	聚驱后	
区域 8	25.20	19.36	23.17
区域 6	22.13	18.65	15.73
区域 4	26.00	20.19	22.35
区域 2	24.12	21.33	11.57

微观可视化模型区域划分中，区域1和区域9是模型边缘，这个区域内的剩余油动用难度较大，如图2-77所示。水驱过程中，驱替液对这两个区域内的剩余油动用程度较低，主要是由于这两个区域与驱替方向垂直，渗流方向上驱替力无法有效波及这两个区域内的剩余油，导致水驱后区域1和区域9内部靠近模型边缘部分的剩余油未动用，只有接近分流线区域的边缘处有少量剩余油被携带走，如图2-77（a）所示。在水驱后进行聚合物驱，驱替相黏度为40mPa·s，对比不同区域内剩余油量变化可以看出，聚驱后微观未波及区域内的剩余油明显减少，主要是由于驱替相黏度增加，渗流过程中阻力增大，驱替压差增大，聚合物溶液在驱替过程中波及范围明显扩大，聚合物的黏性剪切力及携带力，可提高这两个区域内剩余油的动用程度，模型边缘的微观未波及区域内剩余油明显减少，如图2-77（b）所示。

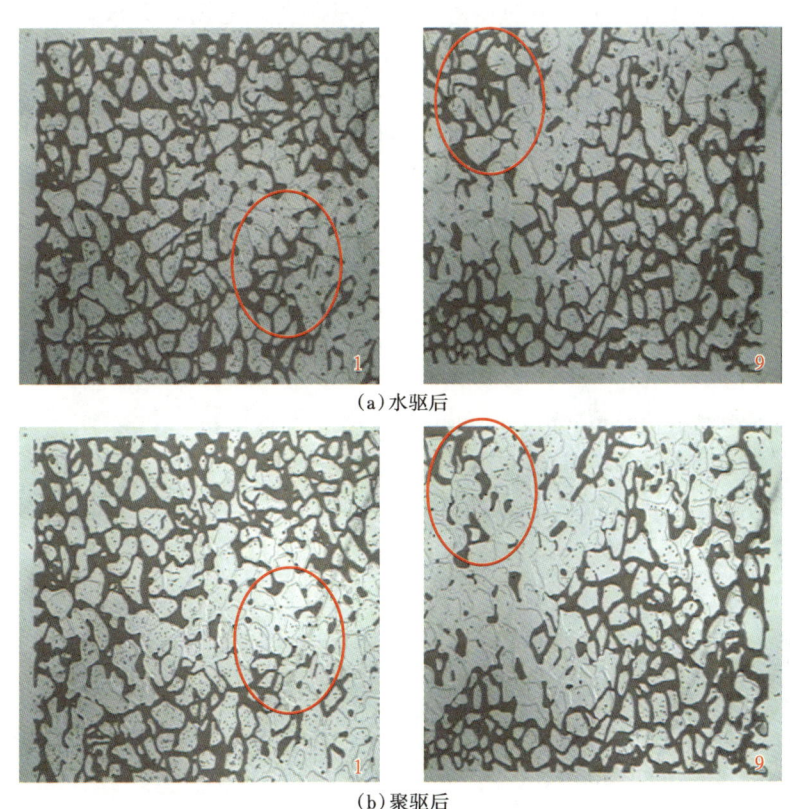

(a) 水驱后

(b) 聚驱后

图 2-77 聚驱后微观未波及区域剩余油分布特征

采用微观可视化驱油图像分析系统计算微观未波及区域内水驱后与聚驱后剩余油面积，通过比例变化计算不同阶段采收率提高值，结果见表2-11。可以看到，聚驱后微观未波及区域内的剩余油比例有所降低，采收率提高值分别为4.40%和6.21%，表明聚合物驱后微观未波及区域内剩余油的动用程度较低，仍有大量剩余油滞留。

表2-11　微观未波及区域内采收率变化

位置	不同驱替阶段视域内剩余油比例（%）		采收率提高值（%）
	水驱后	聚驱后	
区域1	26.84	25.66	4.40
区域9	25.62	24.03	6.21

2. 聚驱后微观剩余油定量表征

采用真实岩心进行驱油实验，实验后的岩心采用液氮冷冻制片技术制备成岩心薄片，运用荧光显微镜采集不同视域位置的荧光图像，通过岩心荧光分析系统对岩心注入端、中间端及采出端的微观剩余油比例进行定量表征，明确聚驱后薄膜状、角隅状、喉道状及簇状剩余油饱和度。

（1）岩心荧光分析系统。

①岩心荧光图像采集。

岩心驱油实验结束后，采用液氮冷冻制片技术制备岩心薄片，放在荧光显微镜的载物台上进行图像采集，将光源切换到荧光模式，调整亮度和对比度，过亮会将水识别成油，图像调整过暗会导致岩石显示不清楚，影响分析效果，图像采集界面如图2-78（a）所示。首先采用5倍镜头（500μm）在岩心薄片上选取5个视域范围采集图像，呈交叉分布，尽量避开边缘和磨片过程中由于脱粒形成的空白[47]。然后在5倍视域范围内，切换到10倍镜头（200μm），在每个五倍视域内采集4个10倍视域的图像，每个岩心薄片上注入端、中间端及采出端分别采集20张10倍视域的图像进行分析，每个驱油方案的岩心共分析60张荧光图像，如图2-78（b）所示。为了避免误差，将同一种类型剩余油不同视域分析的结果取平均值，提高微观剩余油饱和度定量分析的精度。

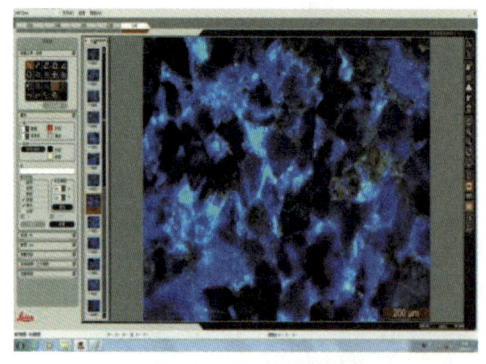

（a）荧光显微镜图像采集界面

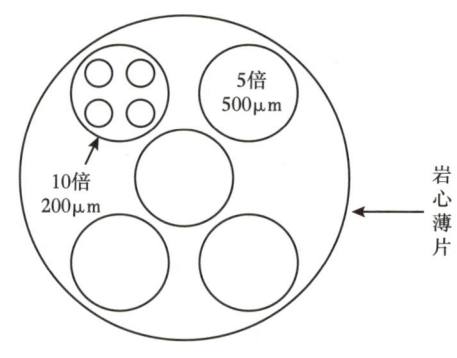

（b）视域选择示意图

图2-78　荧光图像采集

②岩心荧光分析系统。

a. 微观剩余油标记。

荧光显微镜提取岩心薄片的荧光图像，如图2-79（a）所示，黑色的是岩石，蓝色的是水，白色发光的是原油，经过岩心荧光分析系统的标记后，如图2-79（b）所示。

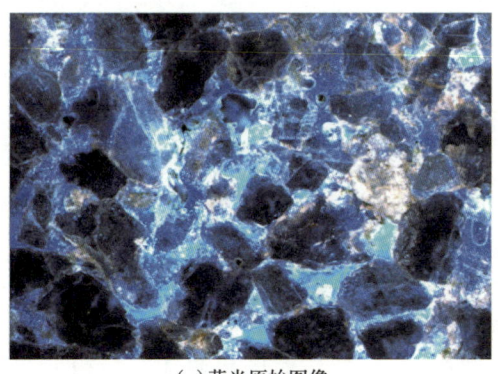 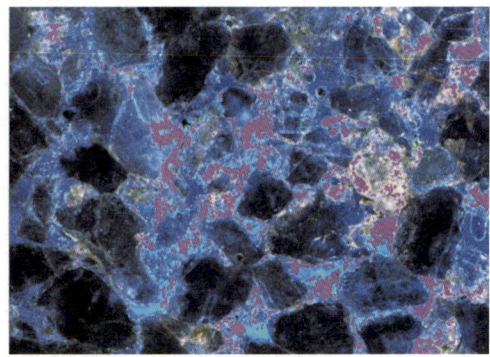

（a）荧光原始图像　　　　　　　　　　　（b）标记后的图像

图2-79　剩余油标记前后对比

b. 微观剩余油个体识别。

经过上述剩余油整体识别后，可以从荧光图像中识别出油、水及岩石，在图像中标记出所有单个类型的剩余油，通过统计剩余油的尺寸、形状、类型及面积，计算出油和水占图像视域的绝对比例[48]。但实际情况中微观剩余油的形状和分布特征较为复杂，如图2-80所示，微观剩余油连续分布会出现重叠或连接，需要从图像中检测出所有单个剩余油的边缘。因此，在进行微观剩余油类型分析时，软件中采用了进步约束生长算法，提高了自动化程度。

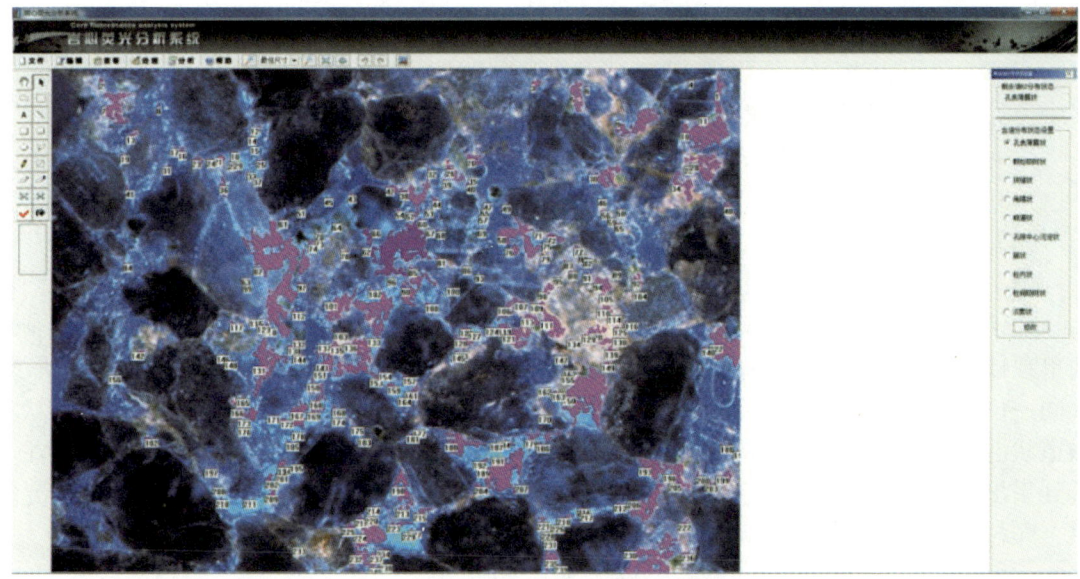

图2-80　岩心荧光分析系统操作界面

c. 微观剩余油定量表征。

岩心荧光分析系统通过对荧光图像中微观剩余油和水的特征参数（油水比、剩余油类型、分布状态及剩余油含量）的计算，生成不同类型微观剩余油比例的报表，如图2-81所示。岩心荧光分析操作步骤如下：(a)准备好需要识别的岩心荧光图片，格式为JPG，进入岩心荧光分析软件后选择"荧光分析"命令；(b)进入系统主界面后，通过菜单"文件"中的打开命令，打开待分析的岩心荧光图像；(c)打开图像后，进行标尺的设定，选择"图像标尺"；(d)对报表的一些基本信息进行设置，如井号，岩心编号，日期等；(e)通过"图像分割"选项对图像中的剩余油和水进行提取；(f)将圈选的微观剩余油进行类型划分；(g)通过"绘画工具栏"对提取后的图像进行二次编辑，完善提取的目标对象；(h)剩余油和水提取完后，进行荧光分析，对剩余油分布形态进行设置；(i)所有剩余油目标对象的分布状态设置完成后，通过"报表浏览"，实现剩余油和水占视域比例的数据统计，输出不同类型微观剩余油、水及孔隙占视域面积的绝对比例。(j)根据岩心荧光系统中输出的参数计算面孔率及不同类型微观剩余油的相对比例和含油饱和度。通过大量的分析，将数据整合后取平均值，与室内岩心驱油实验的数据进行对比，可以互相验证结果[49]。

③微观剩余油含油比例计算。

岩心荧光分析系统输出的数据是微观剩余油占整个图像视域面积的绝对比例，是采用式（2-25）计算出来的。在计算微观剩余油相对比例时，将某一阶段的剩余油比例看作整体，采用式（2-26）计算每个类型剩余油比例与剩余油总体比例的比值，即这种类型剩余油占剩余油总量的相对比例。

$$S_i = \frac{A_{oi}}{A} \qquad (2\text{-}25)$$

$$S_o = \sum_{i=1}^{4} S_i \qquad (2\text{-}26)$$

式中 A_{oi}——i类剩余油面积，μm^2；

A——视域面积，μm^2；

S_i——i类剩余油比例；

S_o——剩余油总比例。

（2）不同类型微观剩余油赋存比例定量表征。

为了防止微观剩余油在软件中标注时有遗漏或者重复的情况出现，采取每种类型剩余油单独标记与分析，输出数据报表，提高微观剩余油分析数据的准确性。如图2-82所示，取同一位置荧光图像，水驱后微观剩余油类型中薄膜状和簇状所占比例较大，而角隅状和喉道状占整个视域的绝对比例较小。同一类型微观剩余油荧光图像进行对比，从岩心注入端到采出端不同类型微观剩余油所占视域比例逐渐增加。根据孙先达激光共聚焦的研究成果，颗粒吸附状剩余油的实际含油面积是标记面积的十分之一。

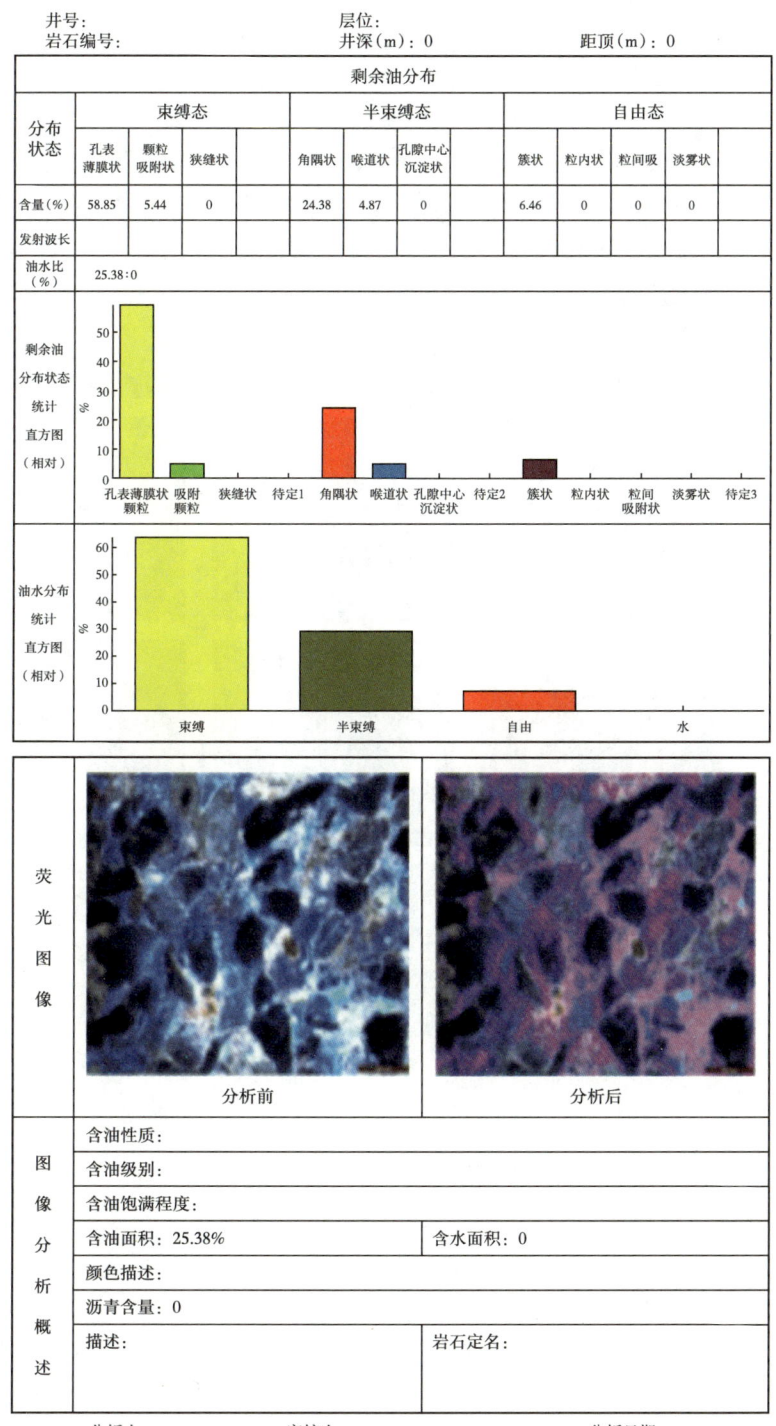

图 2-81 报表

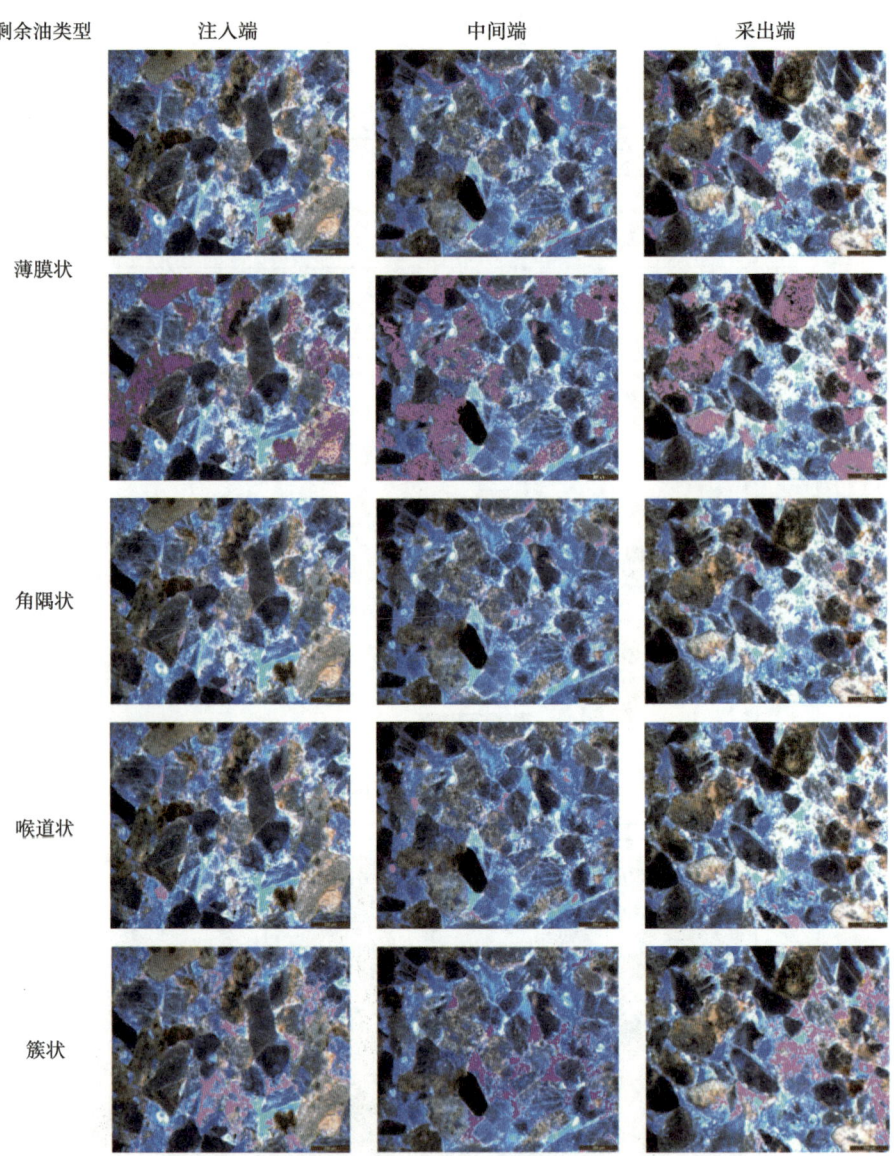

图 2-82　水驱后微观剩余油分布特征荧光图像

如图 2-83 所示，取同一位置不同类型微观剩余油的荧光图像进行对比分析，与水驱相比，聚驱后视域内的剩余油比例有所降低，仍然是薄膜状和簇状剩余油为主。由于驱替相黏度增加，波及范围增大，簇状剩余油比例降低。聚合物溶液渗流过程中的油水界面摩擦力增大，对黏附在储层矿物表面的薄膜状剩余油的携带作用增强，剩余油比例有所降低。在驱替流线发展不到的孔喉隅角和盲端中滞留的角隅状剩余油也有所减少。由于角隅状剩余油和喉道状剩余油在视域中所占比例较小，水驱后与聚驱后的剩余油比例变化不明显。由不同位置的荧光图像可知，在岩心注入端、中间端及采出端剩余油比例逐渐增大。

通过统计岩心荧光分析的数据，将不同位置和不同类型的剩余油比例取平均值，

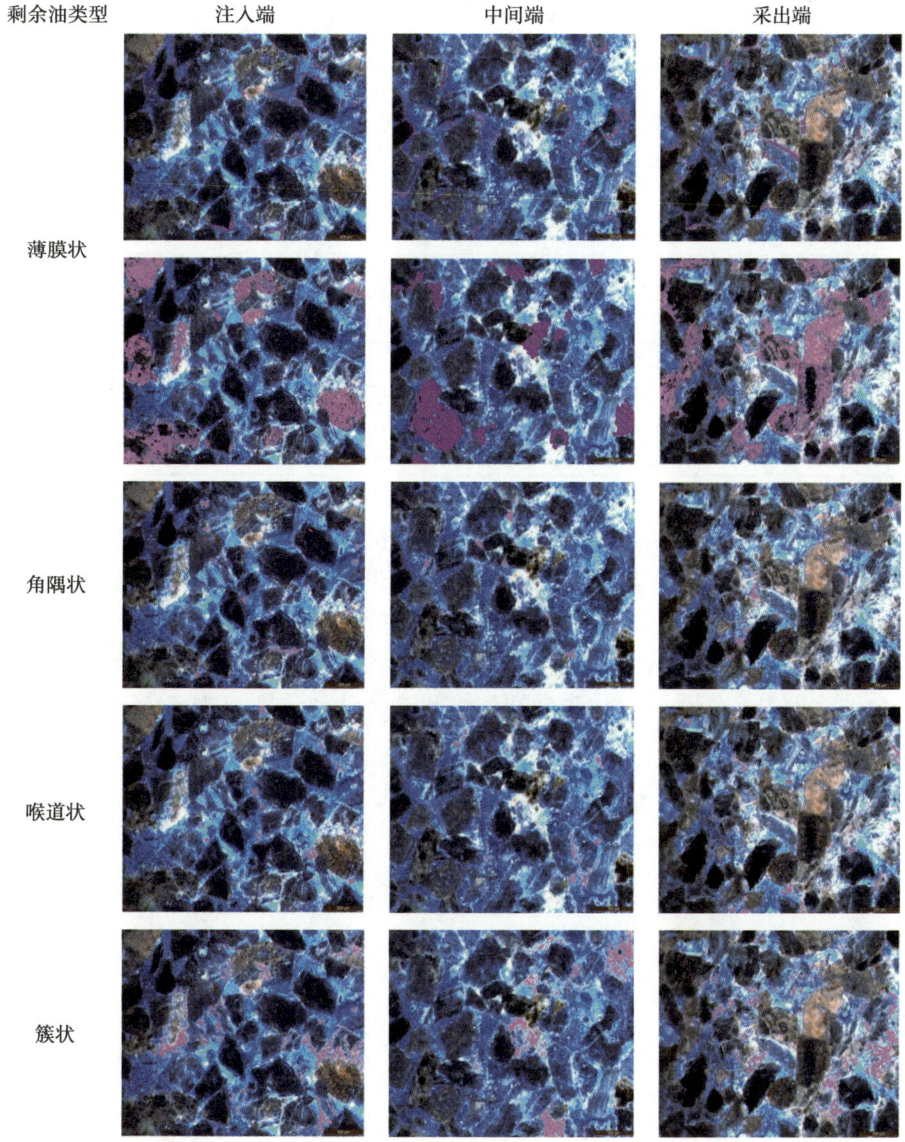

第二章 聚合物驱后储层及剩余油分布特征

| 剩余油类型 | 注入端 | 中间端 | 采出端 |

图 2-83 聚驱后微观剩余油分布特征荧光图像

结果见表 2-12。对于同一位置不同类型剩余油而言，水驱后视域内剩余油饱和度达到了 52.66%，还有大量剩余油滞留在岩心中无法动用，其中薄膜状剩余油和簇状剩余油比例最高。聚驱在水驱的基础上提高了剩余油动用程度，视域内剩余油饱和度降低了 11.95%。总含油比例降低了 2.1%，其中薄膜状剩余油比例降低了 0.83%，角隅状剩余油比例降低了 0.08%，喉道状剩余油比例降低了 0.07%，簇状剩余油比例降低了 1.25%，聚驱对簇状剩余油作用最明显。但是聚驱后仍然有很大一部分剩余油滞留在岩心中，聚驱后视域内的剩余油饱和度为 40.65%。相同驱替方式条件下，同一类型剩余油从注入端到采出端的比例逐渐提高。根据分析数据计算岩心薄片中微观剩余油饱和度的平均值，与岩心驱油实验的剩余油饱和度对比，二者偏差很小，验证了荧光分析数据的正确性。

表 2-12 微观剩余油比例平均值

驱替方式	位置	不同类型剩余油平均比例(%)				总含油比例(%)	视域内剩余油饱和度(%)	岩心驱油实验剩余油饱和度(%)
		薄膜状	角隅状	喉道状	簇状			
水驱	注入端	5.15	0.55	0.74	4.12	10.55	50.18	52.60
	中间端	5.36	0.62	0.80	4.46	11.24	52.52	
	采出端	5.51	0.68	0.84	4.97	12.00	54.99	
	平均值	5.35	0.62	0.79	4.51	11.26	52.66	
聚驱	注入端	4.47	0.49	0.67	3.09	8.71	38.92	40.65
	中间端	4.73	0.53	0.73	3.23	9.21	40.90	
	采出端	4.83	0.60	0.77	3.36	9.55	41.84	
	平均值	4.68	0.54	0.72	3.23	9.16	40.55	

注：表中每个含油比例为 20 个分析结果的平均值。

根据表 2-12 中不同类型微观剩余油所占视域的绝对比例，以水驱后微观剩余油总比例为整体进行计算，可以得到聚驱后微观剩余油减少的比例占水驱剩余油整体的相对比例，如图 2-84 所示。可以看出，与水驱相比，聚驱对簇状剩余油作用最明显，降低比例达到了 11.37%，薄膜状剩余油降低比例为 5.95%，角隅状剩余油和喉道状剩余油变化比例较小。聚驱后剩余油比例最高的是薄膜状剩余油和簇状剩余油，分别为 41.56% 和 28.69%。

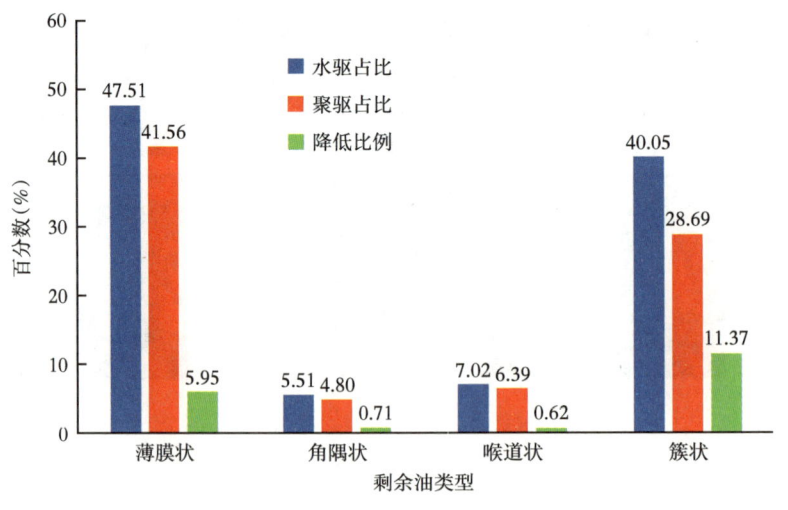

图 2-84 不同阶段微观剩余油比例

五、厚油层内部构型解剖方法

萨尔图油田位于松辽盆地中央坳陷长垣背斜构造带北部，是一个大型层状背斜构造油田。萨北开发区共发育萨尔图、葡萄花和高台子三套油层，油层埋藏深度 870~1200m，为一套早白垩纪中期松辽盆地北部大型陆相浅水湖盆河流三角洲沉积的砂岩储层，其中葡萄花油层葡 I_2 单元为曲流河沉积，葡 I_3 单元为辫状河沉积。萨北油田自 1964 年投入开发以来，针对油田不同开发阶段所暴露出的主要矛盾和油田开发的需求，先后进行了多次大型井网和注采层系调整。经过四十多年的开发，萨北油田综合含水率已达 95% 以上，剩余油呈整体高度分散、局部相对集中，以及与低效无效循环共存的分布特征。目前主力油层剩余油主要分布在受储层内部构型控制单元内部，其中曲流河和辫状河砂体地质储量占总储量的比例为 60.0%，迫切需要开展主力油层曲流河和辫状河砂体内部构型三维地质建模、油藏数值模拟及受砂体构型控制的单元内剩余油分布模式研究[50-56]。

1. 曲流河砂体内部构型解剖方法

储层内部构型地质建模即在表征不同级次储层的各项地质特征的三维空间分布，包括构成单元的形态、规模、方向、叠置关系及其储层结构和岩石物理特征等，是油田开发中后期进行油田开发分析及剩余油分布预测的重要基础（图 2-85）。曲流河点坝砂体内部构型三维地质模型的建立首先应用测井、取心、地震及开发等各种资料确定地层发育模式，在研究区范围内进行精细地层对比，建立三维地层构造模型。根据野外露头和现代沉积基本知识，总结曲流河砂体复合河道、单一河道、点坝砂体及其内部构型分布模式，分层次逐级解剖，识别各级界面，建立层内构型和储层参数三维模型[57-58]。

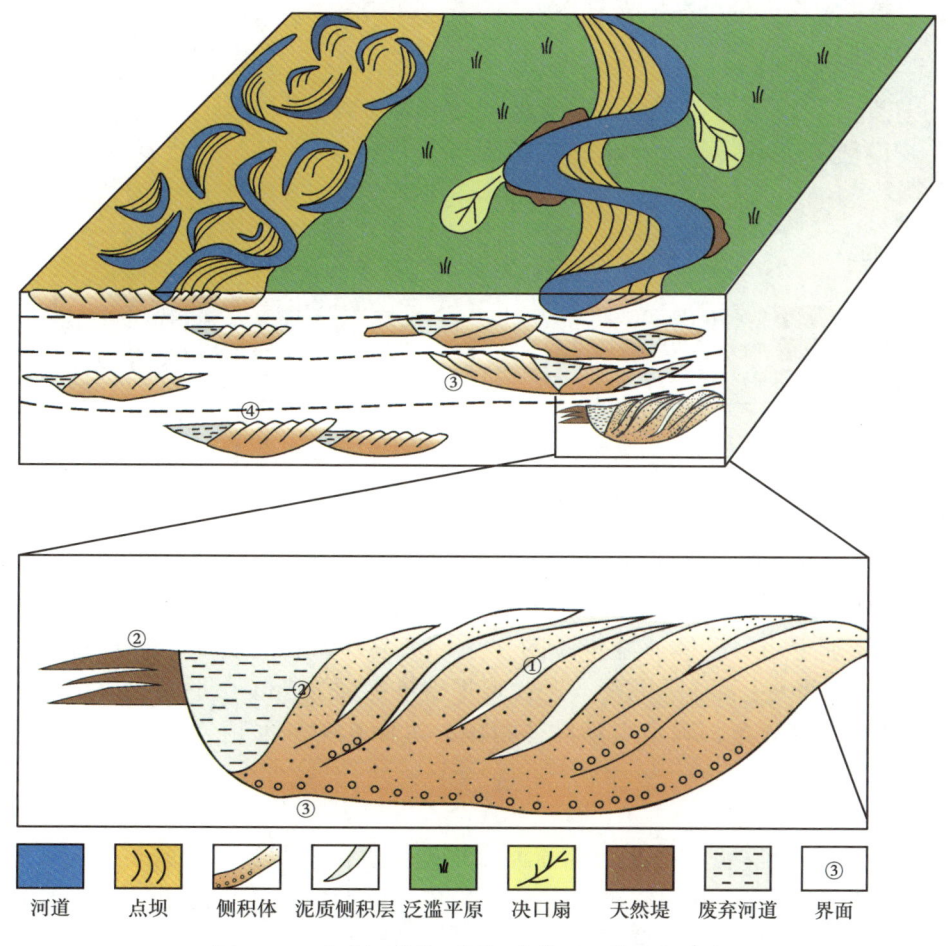

图 2-85 曲流河砂体不同级次构型三维空间分布

①—增生体；②—点坝/心滩坝；③—曲流带/辫状带；④—河流沉积体

（1）单一河道划分。

曲流河砂体是平面上多条单一河道互相切割、叠置而成，单一河道是一条曲流河经多次改道形成的点坝复合体（图2-86）。单一河道划分须在储层精细对比的基础上进行储层沉积微相的划分，这是构型分析的第一层次，主要识别复合河道、溢岸及泛滥平原的分布，相当于5级界面所限定的构型单元。复合河道内部一般分布2条以上的单一河道砂体。在野外露头和现代沉积的模式指导下，应用经验公式预测单一河道砂体规模，确定单一河道平面分布模式。依据4种单一河道边界（河间沉积、砂体层位高程差异、砂体厚度差异和废弃河道分布）识别标志，结合测井曲线、物性分布的平面差异性，在复合砂体内部识别出单一河道。

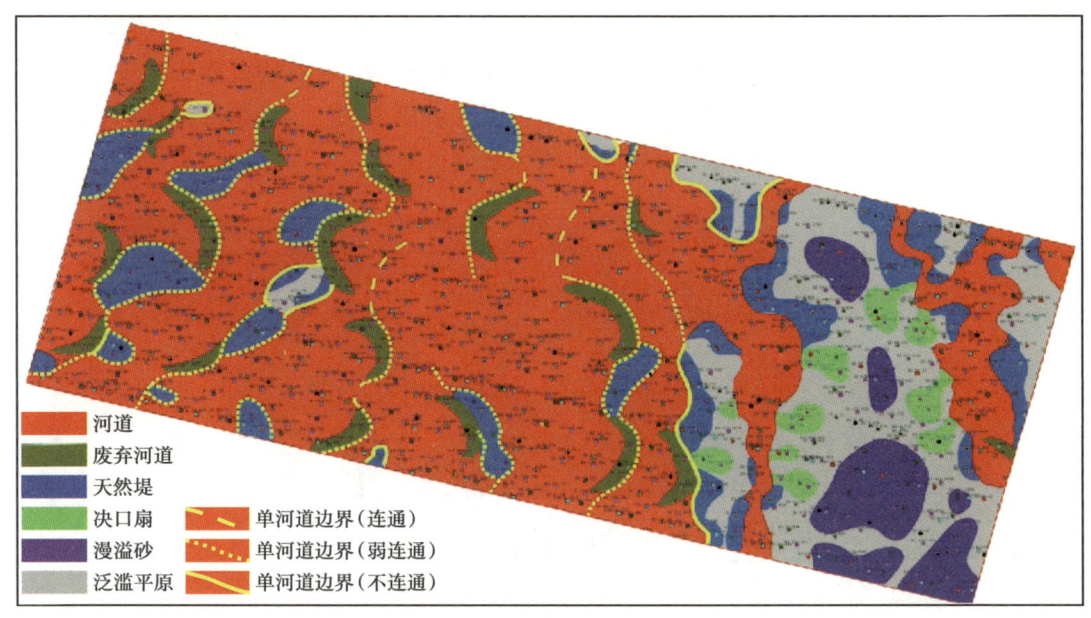

图2-86　曲流河砂体单一河道划分结果（萨北葡Ⅰ组）

（2）点坝砂体识别。

在单一河道的基础上进一步识别出点坝砂体（图2-87）。点坝的识别标志主要包括3个方面，即沉积层序上的正韵律、砂体厚度大及紧邻废弃河道分布。点坝的识别主要应用废弃河道定边、砂体厚度定位的方法，参考砂体垂向层序、测井曲线形态及层内夹层发育的位置（上部）等因素，进行点坝砂体剖面分析。在平面上应用砂体、废弃河道及渗透率属性分布，确定点坝砂体范围，进而在单一河道内部识别出点坝砂体分布形态[59-62]。

（3）内部构型划分。

曲流河砂体内部构型划分是以曲流河点坝砂体现代沉积及野外露头作为指导，在点坝砂体识别的基础上用密井网资料进行模式预测，达到对井间侧积层展布进行合理组合目的，从而建立点坝砂体侧积层的规模和产状等内部构型定量分布模式，确定侧积层倾向、倾角、延伸和水平间距（图2-88）。

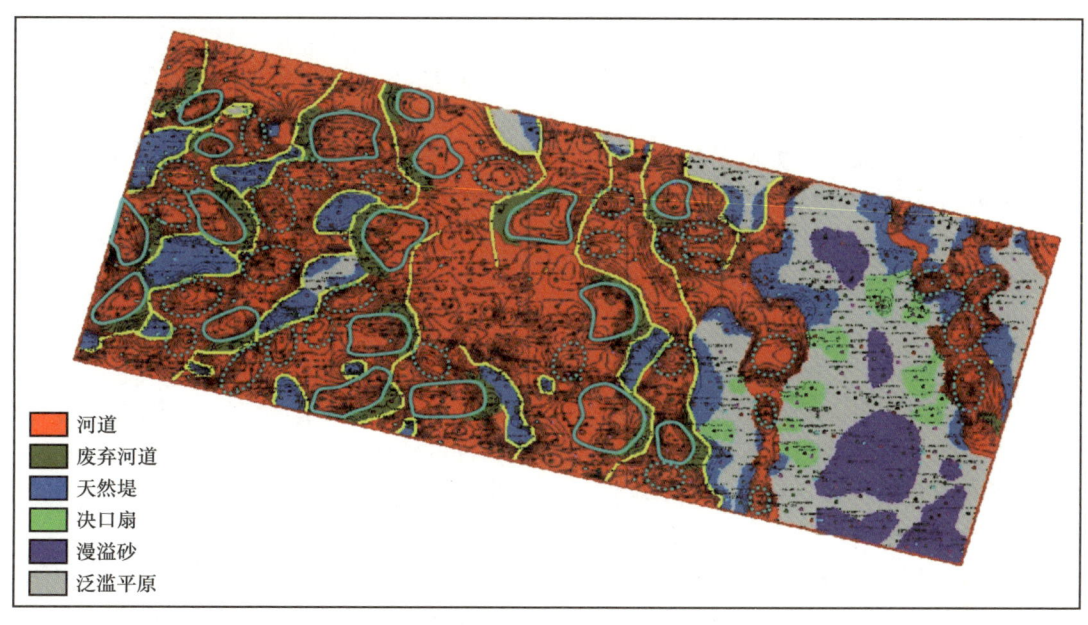

图2-87 曲流河砂体单一河道内点坝砂体划分结果（萨北葡Ⅰ组）

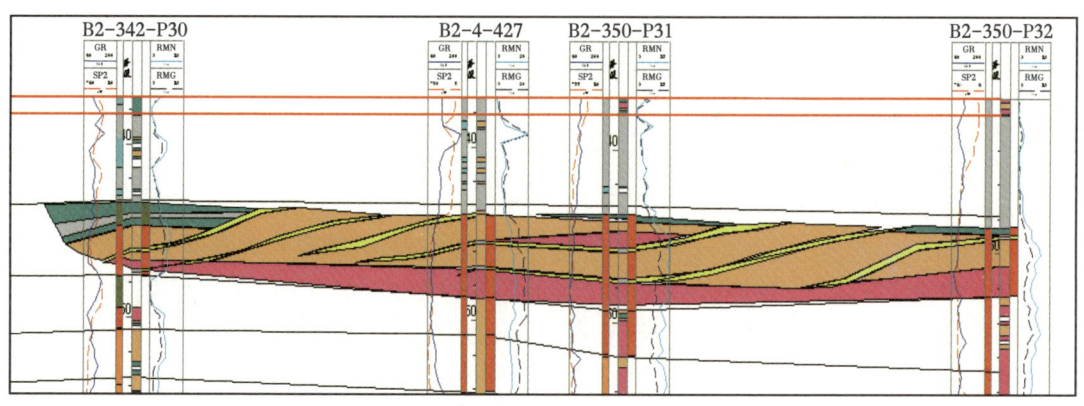

图2-88 点坝内部构型分布模式

侧积层倾向：点坝内部侧积层的侧积方向指向废弃河道的凹岸，侧积层总是向废弃河道方向倾斜。

侧积层延伸长度：根据满岸深度应用经验公式可以求得河道满岸宽度。侧积层最大延伸宽度相当于河道满岸宽度的2/3。

侧积层倾角：野外露头和现代沉积研究认为侧积层倾角一般为5°~30°，大庆长垣曲流河砂体侧积层倾角一般为5°~10°。可以根据密井网点坝砂体内部小井距对子井（井距小于50m）来判断侧积层倾角。

侧积层水平间距：连接对子井的同一侧积层，沿着侧积方向延伸，会与点坝顶面相交，相邻侧积层相交点之间的距离在平面上的投影距离即为侧积层的水平间距。

通过分析，萨北油田曲流河砂体单一河道宽度为200~800m，点坝长度为120~500m，侧积夹层密度2.7~6.4条/100m，侧积夹层倾角为7°~10°，水平延伸长度为30~60m，水平间距为15~30m。曲流河砂体内部构型参数的确定为三维地质模型建立提供了准确参数[63-67]。

2. 辫状河砂体内部构型解剖方法

大庆油田的地层划分方案是按照沉积旋回来划分的。各种岩性在垂向上按一定顺序反复出现，构成了不同级次的各种沉积旋回。根据沉积成因和对比单砂层的需要，白垩系可划分为4个一级沉积旋回，包括登娄库组、泉头组—青山口组、姚家组—嫩江组和四方台组—明水组。每个沉积旋回之间以不整合或沉积间断的方式接触，从青山口组至嫩江组第一段共可划分为6个二级沉积旋回。长垣油田辫状河砂体主要发育在姚家组底部的葡 I_2^3 单元[68-74]。

辫状河类型多样，目前较为通用的辫状河分类标准为 Miall 的分类，即把辫状河分为砾质辫状河和砂质辫状河，其中砂质辫状河又分为深的终年砂质辫状河、浅的终年砂质辫状河、高能砂质辫状河及漫流末端辫状河。不同类型的辫状河沉积具有不同的构型要素类型和空间组合关系，古水深是辫状河沉积类型确定的关键[75-78]。

根据前人对现代辫状河沉积和古代露头的研究表明，不同水深的辫状河，其沉积体的砂体几何形态及内部构型差别很大。Leclair通过多条现代河流数据，总结出来交错层理系厚度与辫状河水深的关系：

$$H = (2.9 \pm 0.7) \times h \quad (2-27)$$

$$d_m = (H/0.086) \times 0.84 \quad (2-28)$$

式中 h——交错层理系平均厚度，m；

H——沙丘高度，m；

d_m——辫状河水深，m。

根据长垣油田取心井的岩心资料，辫状河砂体交错层理系平均厚度7~15cm，根据式（2-27）和式（2-28）计算得出本区辫状河水深大约在2~4m。依据河流沉积学原理，单期河流的沉积厚度（即单层厚度）与河流古水深相当，而葡 I_2^3 单元进一步细分后，每个细分后的单元地层厚度为3~4m，与经验公式计算所得辫状河古水深相当，进一步验证了葡 I_2^3 细分单元的可行性。

通过以上分析可以看出，大庆长垣辫状河沉积物以细砂岩为主，矿物成分以稳定组分长石石英为主，是典型的砂质辫状河沉积，沉积古水深较浅，仅有2~4m。因此大庆长垣辫状河最终确定为浅的砂质辫状河沉积。

（1）构型要素特征。

辫状河砂体构型要素主要由5级界面控制的辫流带、溢岸砂体和泛滥泥岩三种构型要素构成，辫流带内部则分布由4级界面控制的心滩坝和辫状河道砂体沉积。

辫流带是指在古河床范围内沉积的辫状河砂体带，为5级界面限定的构型单元，包括心滩坝和辫状河道两个4级构型单元。辫流带砂体呈宽大带状分布，最窄处大于4km，宽厚比大于400，砂体边缘平直，内部很少有尖灭带，砂体连续性好，并在垂向上呈现多个砂体叠置的特征。大庆长垣辫流带以细砂岩为主，平均粒度中值为0.23mm，内部韵律数目多而且较薄，具不明显正韵律特征，与单元上下界面呈突变接触关系。整个层系以槽状交错层理为主，岩性组合的旋回性以均匀块状为主要特征。测井曲线形态以较厚箱状及圆头状为主要特征。

心滩坝是辫状河中主要的砂体类型。心滩坝砂体中常见槽状交错层理和底冲刷现象，韵律以多个薄的正韵律组成的复合韵律为主，层理多见小型槽状交错层理、板状交错层理和波状交错层理。心滩坝的底界面常为明显的冲刷面，并可见泥砾分布。测井曲线的响应，自然电位曲线和自然伽马曲线以箱形为主，微电极曲线幅度差大。

辫状河道沉积占据辫状河的砂坝间区域，可以形成以砂质充填为主、以泥质充填为主和中间过渡的三种类型（图2-89）。砂质充填的辫状河道沉积构造以块状层理及槽状交错层理为主，正韵律特征明显，底部发育冲刷面和滞留层，下部主要为较粗的垂向加积砂体，上部河道废弃时的充填悬移物质。电测曲线以明显钟形为主，平面上呈条带状或片状分布。泥质充填为主的辫状河道形成机理和岩性与废弃河道相近。由于浅的砂质辫状河沉积心滩坝高度较低，坝尾受河流冲刷作用很强，坝后很难形成的静水区，因此大庆长垣坝间泥岩并不十分发育。泥质半充填的中间过渡类型局部发育。

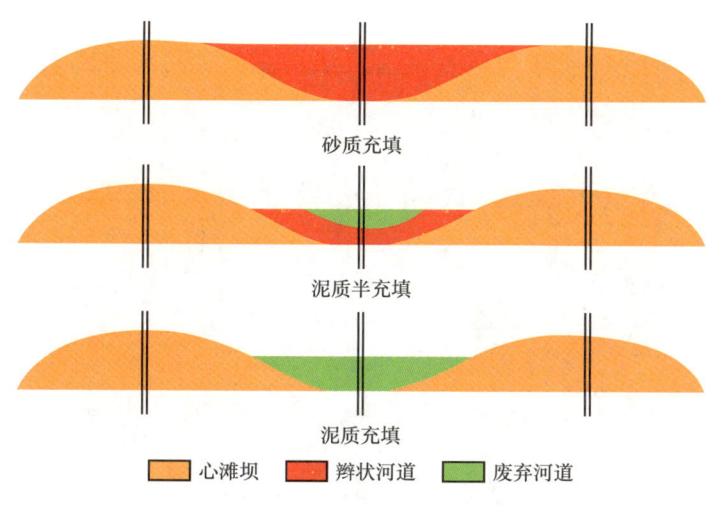

图2-89 辫状河道典型充填类型模式图

辫状河沉积中溢岸砂体不是很发育，主要为天然堤沉积。由于洪水期河水漫越河岸后，流速突降，携带的大部分悬移物质在岸边快速沉积下来形成天然堤。平面上主要分布于辫状河道的两侧。大庆长垣辫状河溢岸砂体主要为粉砂岩、泥质粉砂岩与粉砂质泥岩的互层沉积，粉砂岩中小型波状交错层理、爬升波纹层理和水平层理发育。在自然电位曲线上呈指形或齿化钟形，微电极曲线表现为幅度差较小，厚度薄，一般小于2m。

泛滥泥岩属于一种相对细粒的溢岸沉积，岩性以灰色和灰绿色泥质粉砂岩、粉砂质泥岩，以及泥岩为主，可见植物根茎。在电测曲线上，自然伽马和自然电位近于基线，微电极曲线幅度低，基本无幅度差，是重要的渗流屏障。

（2）储层构型划分方法。

储层内部构型的识别和划分即在定量描述不同级次储层的三维空间分布地质特征，包括构成单元的形态、规模、方向、叠置关系及其储层结构和岩石物理特征等，是油田开发中后期进行油田开发分析及剩余油分布预测的重要基础。辫状河砂体内部构型划分首先应用测井、取心、地震及开发等各种资料在研究区范围内进行精细地层对比，确定地层发育模式。再依据野外露头和现代沉积资料，总结辫状河砂体辫流带、心滩坝及心滩坝内部构型单元分布模式，分层次逐级解剖，识别各级界面，建立层内构型的储层分布模型。

确定辫流带的分布，首先依据沉积单元砂体厚度分布、测井曲线形态及旋回特征对单井进行构型要素识别，然后在浅的砂质辫状河沉积模式和相序定律的指导下采用单井分析、砂体厚度预分析再进行平面相组合的研究思路，组合构型要素（辫流带、溢岸及泛滥平原）平面分布。

大庆长垣辫流带砂体的展布类型主要分为两种：一是下切谷限定的交织条带状砂体，辫流带砂体限定在下切谷范围内发育，是下切谷填平补齐的产物，砂体随下切谷形态展布，呈交织状条带（图2-90 葡 I_2^{3c}）。二是连片状砂体，下切谷填平后，低弯度宽浅型的辫状河在其上继续沉积，砂体一般都是呈宽条带状连片分布，仅在两条辫流带间能见少量零星分布的溢岸砂体（图2-90 葡 I_2^{3b}、葡 I_2^{3a}）。总体上看葡 I_2^{3c} 为下切谷限定性河流垂向加积沉积，葡 I_2^{3a}、葡 I_2^{3b} 为低弯度宽浅型的砂质辫状河沉积。

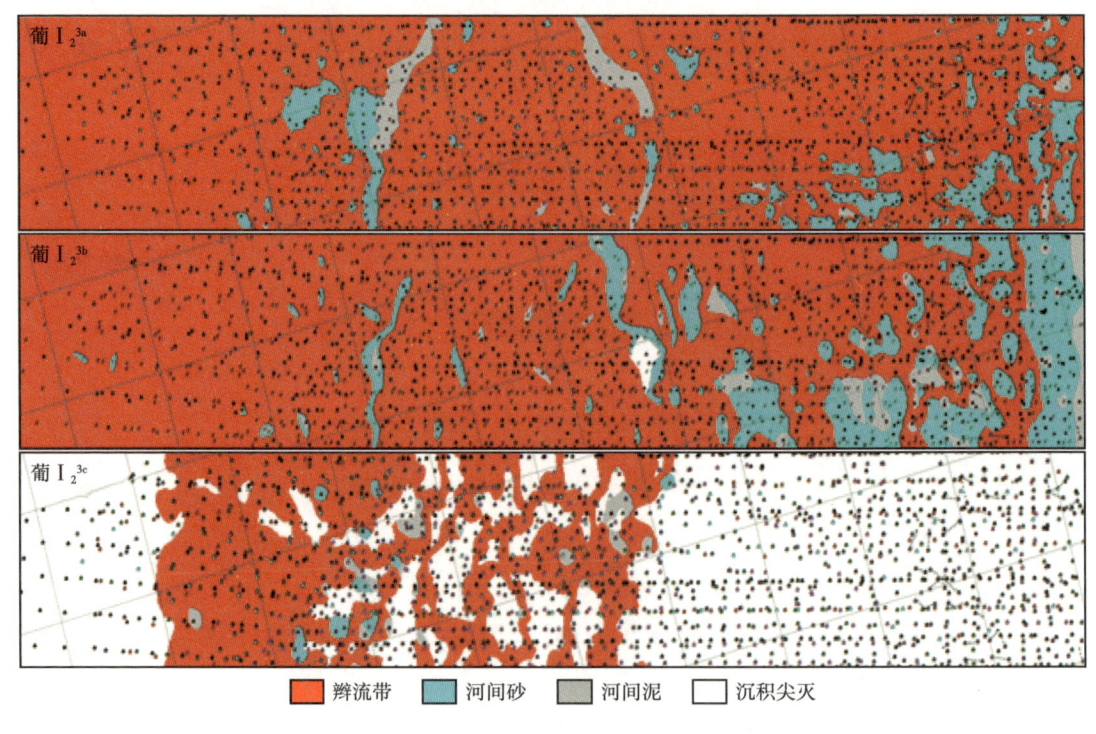

图 2-90 大庆长垣辫流带砂体分布图

浅的砂质辫状河，辫状河道改动频繁。在洪水期，辫状河携带沉积物达到最大，辫状河道沉积物经常被侵蚀掉。在落水期，由于水量和水流能力的减小，而发生最大的沉积作用，辫状河道发生加积作用。浅的砂质辫状河在洪水期河道全部被淹没，形成宽的单一河道，落水期心滩坝出露水面，水道呈现辫状化，枯水期，河道逐渐废弃。因此最后一期的辫状河道一般都非常窄，一般形成"宽坝窄河道"沉积样式。

确定辫流带内部心滩坝和辫状河道砂体的分布形态，首先在心滩坝和辫状河道构型要素的单井识别基础上，结合砂顶相对深度分布、砂体厚度分布和构型要素相对规模，圈出可能的辫状河道分布区，即砂体相对深度大、砂体厚度薄区域。结合三维视窗的剖面，依据现代沉积中，辫状河道展布模式，划分若干可能的辫状河道，进行平面组合分析，确定辫状河道位置和形态，从而圈定心滩坝范围。葡 I_2^{3a} 和葡 I_2^{3b} 的心滩坝规模比较大，心滩坝长 600~1000m，宽 400~500m，葡 I_2^{3c} 心滩坝长 500~700m，宽 300~500m，辫状河道呈窄条带状分布，单条辫状河道宽约 80m（图 2-91）。

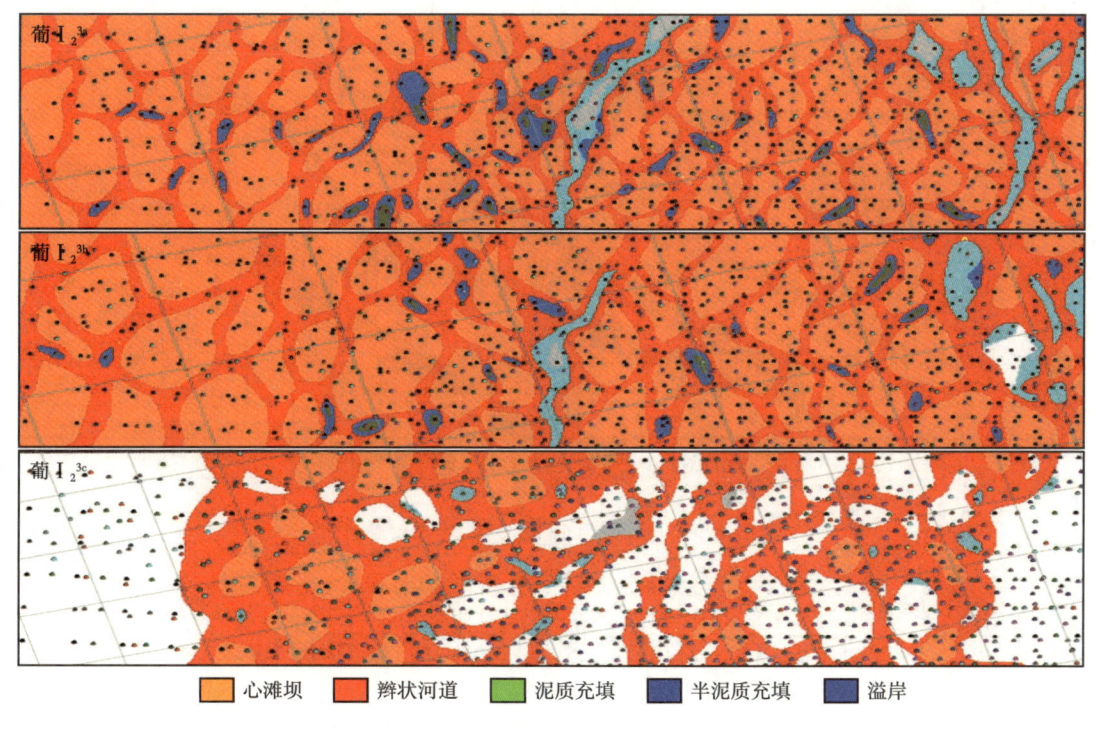

图 2-91　大庆长垣心滩坝和辫状河砂体分布图

（3）心滩坝内部构型分布。

在识别心滩坝的基础上，结合心滩坝内部构型模式和密井网资料，进行心滩坝的内部构型解剖。心滩坝内的夹层主要是洪水过后在心滩坝上淤积并被保存下来的细粒沉积。心滩坝内夹层根据成因可分为两类：一是落淤层，在洪泛事件间歇期，由于洪水能量的衰减，在心滩坝上垂向加积形成的细粒悬浮物质。岩性以细粉砂岩和泥岩为主，具有一定的厚度。分布相对稳定，垂直水流方向呈近水平状分布，只在两端略有向下弯曲，在顺水流略有向下游方向的倾斜，角度很小。二是沟道泥岩，在低水位期心滩坝露出水面，坝顶会被冲出一些小型的坝上沟道，后期会充填悬浮的细粒物质而形成坝内的夹层。以粉砂岩和泥岩为主，呈窄条带状在心滩坝中随机分布，夹层宽度与冲沟宽度相当。

以现代沉积和野外露头确定的心滩坝内部夹层分布模式为指导，采用模式拟合的思路，拟合出地下储层心滩坝中夹层和垂积体的分布。首先选择有代表性、动静态资料丰富对生产有指导意义的典型井区对心滩坝进行精细解剖。在单井上识别夹层,然后以心滩坝内部夹层分布模式为指导,分别沿顺水流方向和垂直水流方向进行层内夹层剖面对比,得到剖面上的夹层组合,建立心滩坝内部夹层分布模型。垂直古水流方向的剖面上,夹层呈近水平状分布,且连续性很差;平行古水流方向的剖面山上,夹层也是近水平分布,但连续性较垂直古水流方向好(图2-92)。

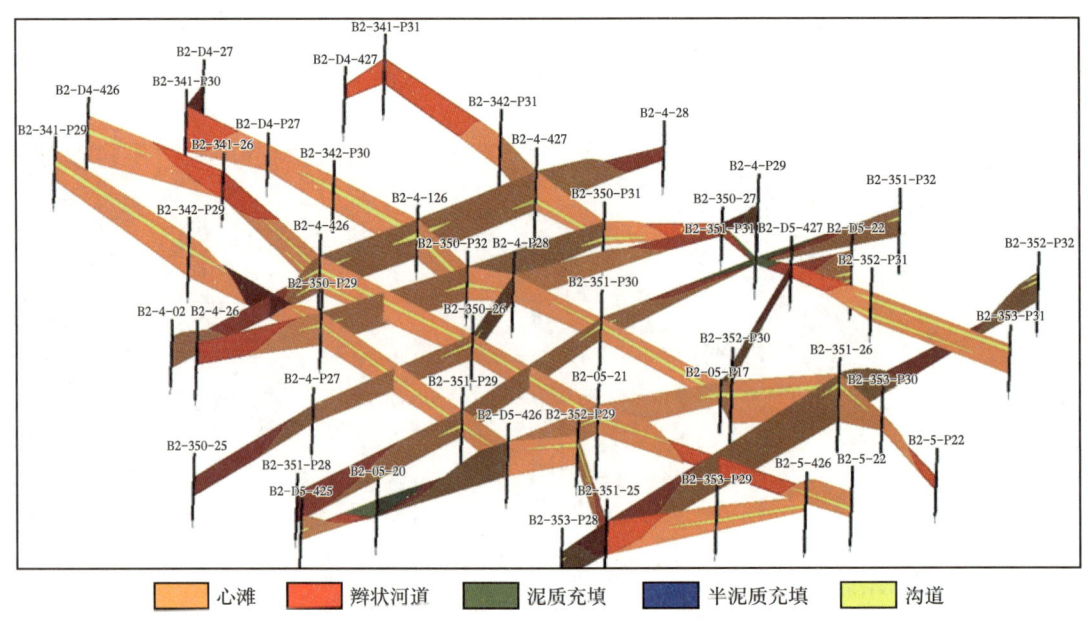

图2-92 心滩坝内部夹层三维分布栅状

第三节 宏观剩余油类型及分布特征

储层内部构型是聚合物驱开发后期储层层内非均质性和剩余油分布规律研究的基础。曲流河砂体和辫状河砂体的储层内部构型分布模式不同,但二者的研究均可采用"层次分析、模式预测"的基本方法。本节以萨尔图油田为例,开展曲流河砂体和辫状河砂体内部构型的解剖方法详细阐述,精准预测基于储层构型的层内剩余油分布规律,并结合开发动态资料,确定了聚驱后油层的动用状况,为制订进一步提高采收率技术方案奠定了地质基础。

一、基于厚油层内部构型的剩余油成因研究

大庆油田采用了"多次布井、多次调整、接替稳产"的开发模式,井网密度大,拥有大量珍贵的开发井和取心井资料,为研究聚驱后剩余油分布特征奠定了坚实的基础。

以往聚驱后剩余油研究只是停留在河间砂体和废弃河道层级,无法满足聚驱后化学驱对剩余油描述的要求,需进一步开展深入研究。本书通过对单河道内部点坝心滩多层次分级描述,明确了五级遮挡界面对聚驱后剩余油控制作用和机理,建立了聚驱后剩余油影响

因素描述方法（图 2-93）。

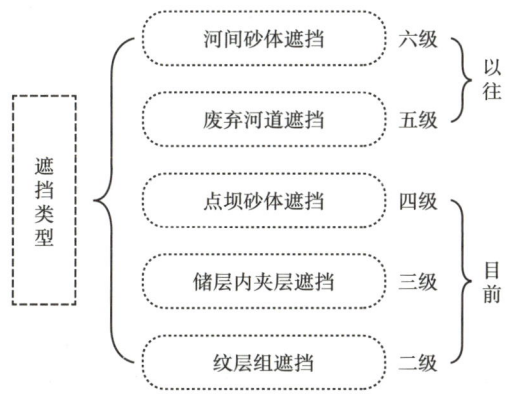

图 2-93　不同级次构型界面遮挡类型

研究表明，河间砂遮挡、废弃河道遮挡、点坝砂体遮挡、储层内夹层遮挡和纹层组遮挡五种遮挡类型是一类油层剩余油形成的主控因素，鉴于河间砂体遮挡和废弃河道遮挡机理已经明确，本文仅针对层内非均质性的三个方面进行阐述[79]。

1. 点坝砂体遮挡

厚油层砂体以曲流河型沉积为主，点坝砂体是形成曲流河类砂体的基本组成单元，废弃河道作为点坝扩展结束的标志在复合曲流带内部大量分布。废弃河道和点坝砂体内部大量有规律分布的侧积夹层导致点坝砂体本身就是明显的遮挡体，其非均质性对聚驱开发效果和剩余油分布影响很大。大部分点坝砂体延伸稳定，长度大，对注采有较大影响。如图 2-94 所示，葡 I_{5+6a} 单元的注采系统受到了点坝砂体的明显遮挡，点坝砂体之间成为剩余油的富集部位。

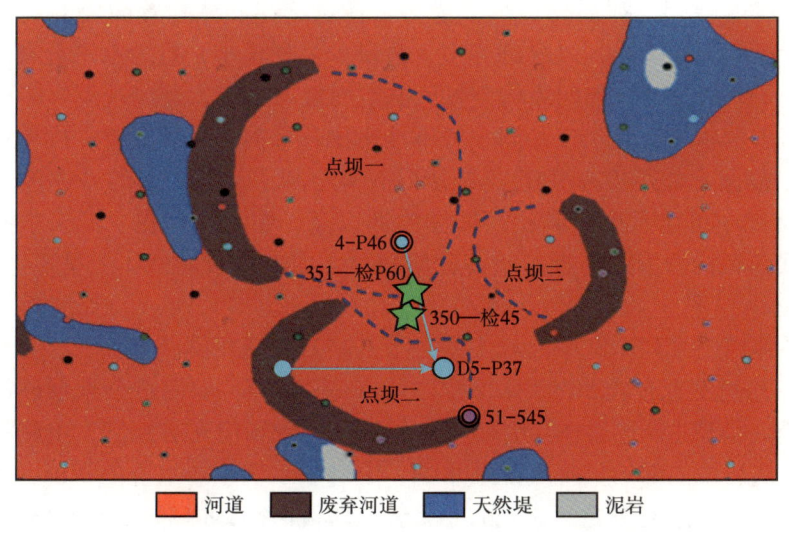

图 2-94　检查井组葡 I_{5+6a} 单元沉积微相与注采关系分布图

2. 储层内夹层遮挡

应用萨北开发区北二西的 4 口检查井组岩心夹层分析资料，对不同河流类型夹层的岩性特征进行了统计分析，如图 2-95 所示。辫状河沉积以泥砾岩夹层居多，其样本数占总体的 46% 左右；曲流河沉积以粉砂质泥岩夹层为主，其样本数占总体的 52% 左右；高弯曲分流河道沉积以泥质粉砂岩夹层与粉砂质泥岩夹层为主，样本数分别占总体的 40% 与 38%；对于低弯曲分流河道而言，其夹层构成较为简单，仅有粉砂质泥岩夹层与泥质粉砂岩夹层，出现频率分别为 42% 与 58%；水下分流河道沉积以泥岩夹层居多，其样本数占总体的 40% 左右。

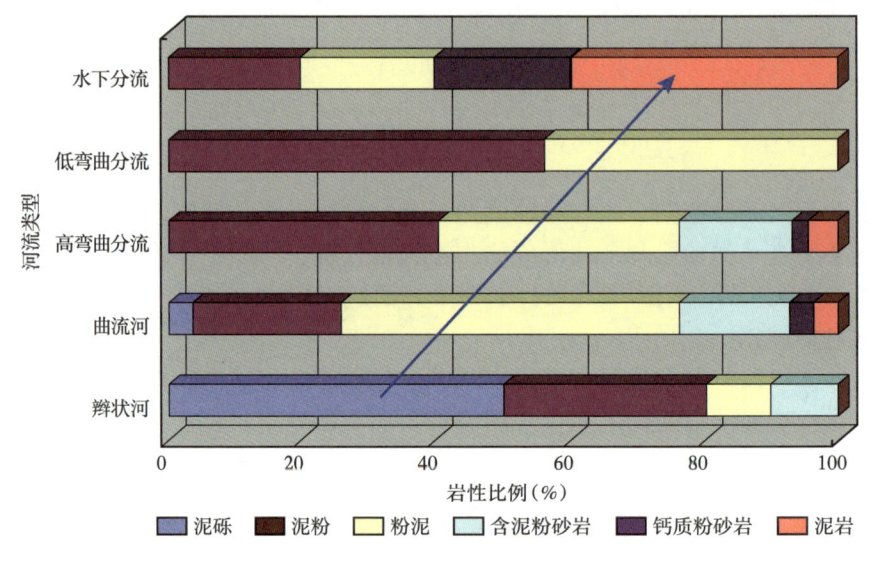

图 2-95 不同河流类型内部夹层岩性分布图

辫状河砂体粒度粗，泥质含量少，为多个薄正韵律砂体叠置而成的高渗透率块状单元。层内夹层厚度为 2~5cm，以泥砾为主，数量少、规模小，且为水平分布。辫状河砂体层内夹层代表了大部分三级和四级构型界面的空间展布形态，延伸规模大多在 150m 以内，平面形态为窄条带状或豆荚状，井间一般不能对比，垂向封隔性较差，因此辫状河砂体内比较均质。根据小井距检查井组岩心分析资料绘制了基于构型的砂体内部水淹状况图（图 2-96），从图中可以看出，辫状河砂体内部以高、中水淹为主，低未水淹部位零散分布于韵律段顶部和构型界面附近，所占比例较少，内部剩余油整体上呈零散薄层状分布，挖潜难度很大。

曲流河砂体由一系列向凹岸凸起倾斜分布的新月形侧积体叠置而成，侧积体规模、大小分布不均，其间发育有较薄的侧积泥岩夹层（三级界面），使整个点坝砂体上半部侧向连通显著变差，呈现"半连通体"状态。剩余油主要受侧积夹层控制，由侧积夹层的遮挡而形成。每个韵律段内部均呈现底部强水洗，上部中水洗或弱水洗的特征，这是由于侧积体内部不同流动单元渗流差异而造成的。整体上曲流河砂体内部剩余油呈叠瓦状分布在厚油层顶部，是聚驱后剩余油挖潜的重要对象（图 2-97）。

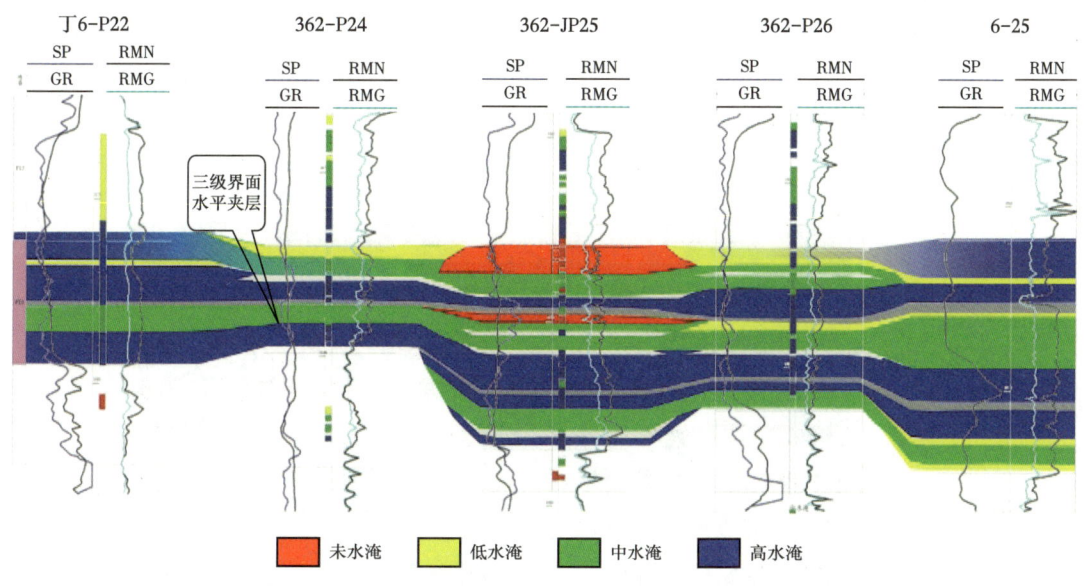

图 2-96 辫状河砂体内部水淹状况分布图

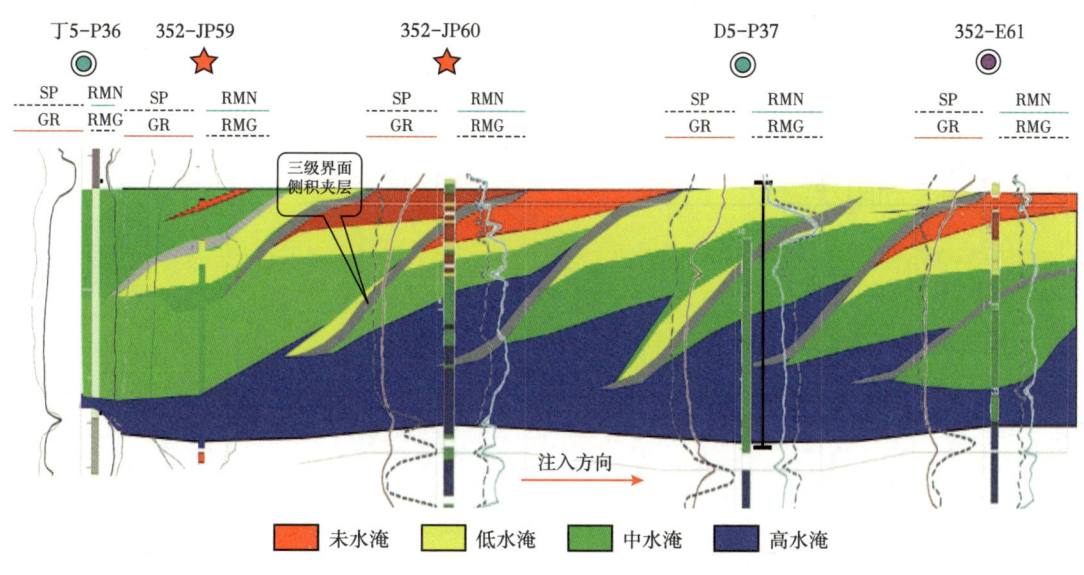

图 2-97 曲流河砂体内部水淹状况分布图

分流河道砂体为窄条状或断续的豆荚状，最窄的部位只有几十米，砂体规模小，剩余油分布主要受平面注采关系影响。井网控制好的砂体，注采系统完善，水淹面积较大，未水淹部位多在砂体边角、拐弯及断层遮挡处。井网控制不好的砂体，注采系统不完善，未见水部位呈条带状分布，易于挖潜，是聚驱后剩余油挖潜的重点。

3. 储层内纹层组遮挡

萨北开发区北二西检查井组岩心资料表明，曲流河沉积冲积成因的层理多为原生交错层理，即底部岩相为大型板状层理，向上演变为重复转换的能量逐渐变弱的砂质岩相槽状层理、波状层理和水平层理。受不同洪泛期的水动力特征所控制，层理组合通常不能完整发育，最上部为越岸成因的粉砂、泥质细粒沉积，呈纹层至块状发育。垂向各层理均不同程度水洗，中水洗所占比例向上逐渐减少，未水洗比例逐渐增加，波状层理以上部位剩余油富集（图2-98）。

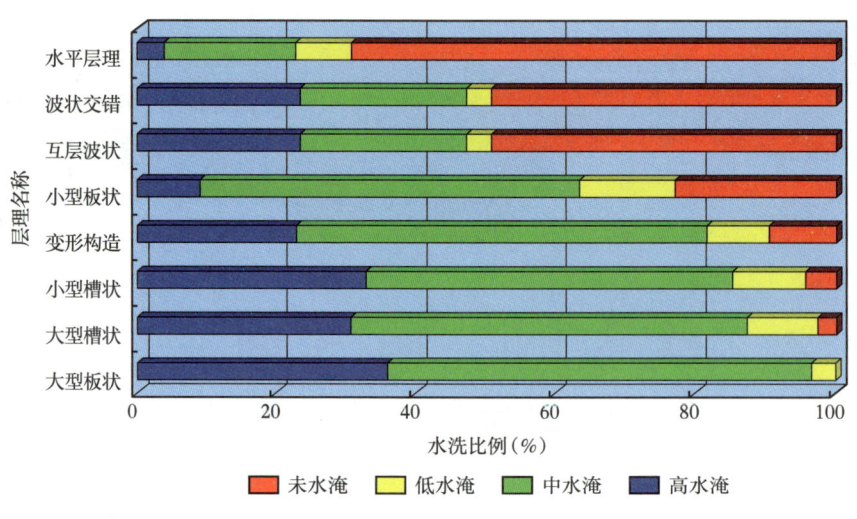

图2-98 曲流河型砂体不同层理水洗比例

4口检查井568个岩样

二、油层动用状况

聚驱后的油层动用状况与水驱后有较大差别，由于聚合物的注入，扩大了波及体积，改善了水油流度比，起到了剖面调整作用，聚驱后的动用状况明显好于水驱后。

1. 聚驱后油层整体动用状况得到明显改善

通过分析聚驱前后36口取心井资料可以看出，聚驱后见水层数增加了6.5个百分点，水洗厚度比例近90%，比水驱增加21.4个百分点。聚驱后驱油效率为53.2%，较水驱提高7.6个百分点（表2-13）。

表2-13 聚驱前后取心井水洗状况对比表

项目	厚度比例（%）					驱油效率（%）
	强水洗	中水洗	弱水洗	水洗合计	未水洗	
聚驱前（16口）	18.6	34.5	14.9	68.0	32.0	45.6
聚驱后（20口）	41.8	41.5	6.1	89.4	10.6	53.2

聚驱后水洗程度发生了较大的变化，强水洗、中水洗厚度比例明显增加，弱未水洗厚度比例明显降低。聚驱后强水洗、中水洗厚度比例高达83.3%，分别比聚驱前增加了23.2个百分点和7.0个百分点。弱未水洗厚度比例由聚驱前的46.9%降低到聚驱后的16.7%，

降低了 30.2 个百分点。并且聚驱后强水洗段中有 27.6% 的水洗厚度比例处于水驱残余油状态（图 2-99）。

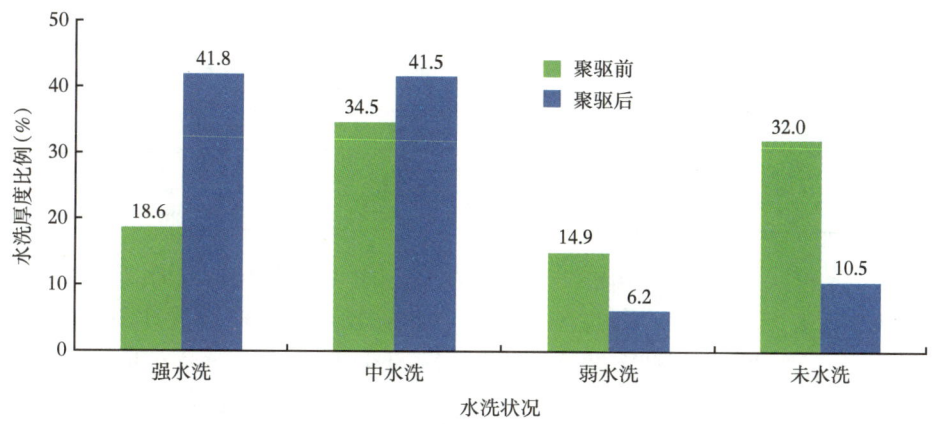

图 2-99　聚驱前后密闭取心井水洗状况对比

聚驱后水洗厚度比例和水洗强度主要增加在有效厚度大于 2m 的油层，聚驱前后对比，有效厚度大于 2m 的油层中，强水洗厚度比例由聚驱前的 20.9% 增加到聚驱后的 46.2%，增加了 25.3 个百分点，中水洗厚度比例由聚驱前的 36.4% 增加到聚驱后的 42.0%，增加了 5.6 个百分点（图 2-100）。

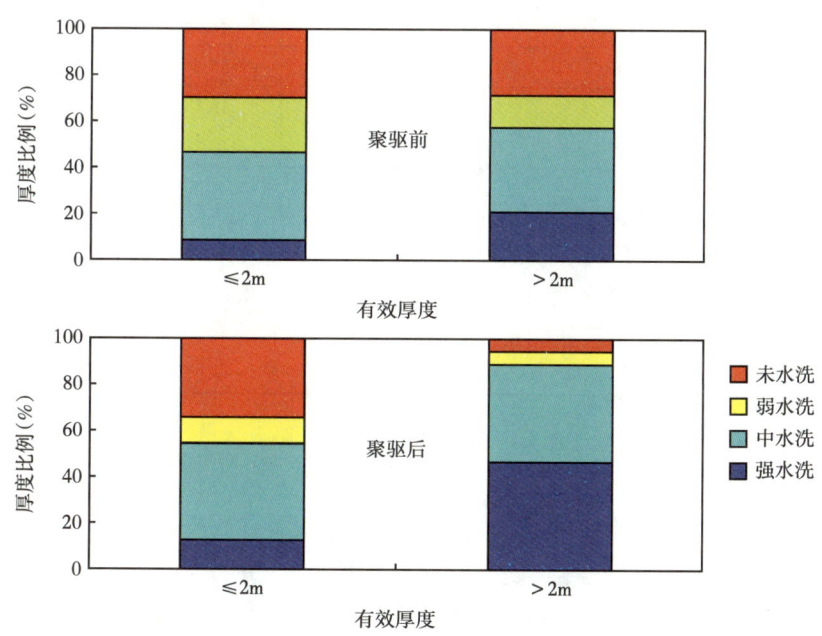

图 2-100　聚驱前后不同有效厚度水洗状况图

从聚驱后分开发区的油层动用状况开看（表 2-14），喇嘛甸和萨南开发区的水洗程度较高，水洗厚度比例分别为 93.1% 和 97.5%，驱油效率分别为 53.2% 和 55.1%。萨中和萨北开发区相对低些，水洗厚度比例分别为 86.2% 和 87.3%，驱油效率分别为 57.6% 和 51.2%。

表 2-14　不同开发区聚驱前后水洗状况对比表

沉积单元	水洗厚度比例（%）		空气渗透率（$10^{-3}\mu m^2$）		驱油效率（%）	
	前	后	前	后	前	后
喇嘛甸	82.8	93.1	2.324	2.233	45.3	53.2
萨北	61.9	87.3	1.249	1.837	43.1	51.2
萨中	63.5	86.2	1.830	2.083	46.8	57.6
萨南	85.4	97.5	2.180	2.056	46.6	55.1
合计	68.0	89.4	1.841	2.011	45.6	53.2

从聚驱后分单元的水洗状况和油层动用状况来看（表 2-15），中水洗、强水洗厚度比例较高的为葡 I_2、葡 I_3 和葡 I_4 单元，动用状况较好，水洗厚度比例分别为 86.8%，96.1% 和 82.0%，驱油效率分别达到了 54.0%、54.8% 和 52.0%。葡 I_1 和葡 I_{5+6} 单元动用状况较差，弱未水洗厚度比例相对较高，分别为 43.1% 和 35.8%，驱油效率均小于 50%。

表 2-15　聚驱后分单元水洗状况统计表

小层	水洗比例（%）				弱未水洗比例（%）	含油饱和度（%）	驱替效率（%）
	强洗	中洗	弱洗	未洗			
葡 I_1	18.0	38.9	7.1	36	43.1	51.2	47.7
葡 I_2	49.3	37.5	6.4	6.8	13.2	39.2	54.0
葡 I_3	46.1	50.0	2.0	1.9	3.9	37.5	54.8
葡 I_4	40.8	41.2	8.2	9.8	18.0	39.6	52.0
葡 I_{5+6}	9.4	54.8	1.3	34.5	35.8	50.6	46.9
葡 I_7	18.0	63.6	2.2	16.2	18.4	45.7	50.5
合计	41.8	41.5	6.1	10.6	16.7	40.9	53.2

2. 单井组聚驱前后对子井油层动用状况对比

为了进一步评价聚合物驱动用状况，在相距 30m 同一井场先后钻取了两口密闭取心井（图 2-101），分析了在地质条件相同情况下，聚驱前后水洗状况、含油饱和度及驱油效率变化。

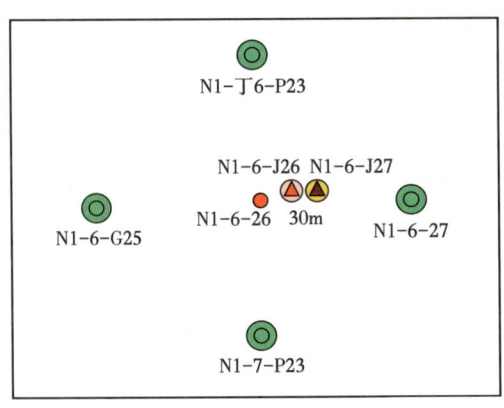

图 2-101　同一井组聚驱前后取心井井位图

聚合物驱前后对比，水洗厚度由 68.4% 增加到 94.7%，含油饱和度由 46.8% 降到 31.3%，驱油效率由 53.1% 增加到 61.7%（图 2-102）。

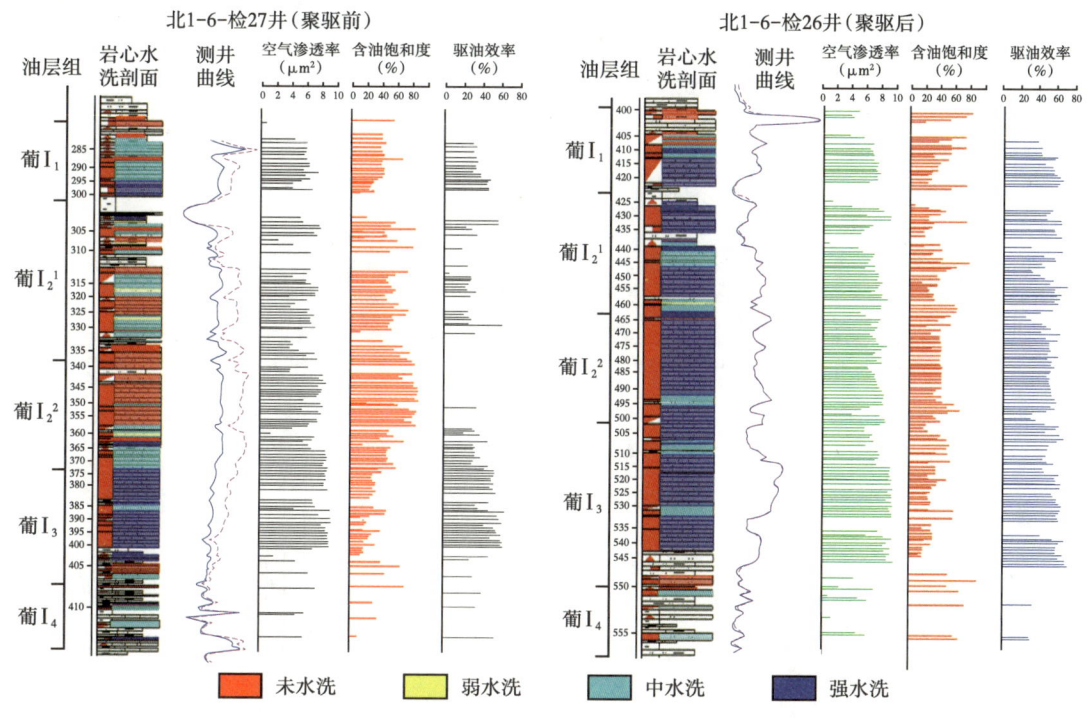

图 2-102 聚驱前后取心井水洗柱状图

3. 剩余油饱和度分布

聚驱后剩余油饱和度分布特征，对于研究聚驱后进一步提高采收率方法和途径至关重要。依据聚驱前后 36 口密闭取心井和 348 口二类油层上返井水淹层测井解释资料，深化聚驱后剩余油分布规律认识。

（1）取心井剩余油饱和度分布特征研究。

利用聚驱前后 36 口密闭取心井 6500 多个岩样块资料绘制了不同剩余油饱和度下的岩样厚度比例、累积岩样厚度比例曲线（图 2-103），聚驱后油层平均含油饱和度为 40.9%，较聚驱前降低了 11.9 个百分点，并向低值区前移。聚驱前含油饱和度主要分布在 45%~65% 之间，聚驱后含油饱和度主要分布在 25%~45% 之间，并且含油饱和度大于 30% 的累积厚度比例占 74.7%，说明聚驱后仍有一定的物质基础和潜力，还有进一步挖潜的余地。

不同水洗程度的剩余油饱和度分布如图 2-104 所示，聚驱后强水洗段中剩余油饱和度主要分布在 20%~35% 之间，厚度比例达到 91.7%；中水洗段中剩余油饱和度主要分布在 40%~55% 之间，厚度比例达到 66.8%；弱水洗段中剩余油饱和度主要分布在 50%~65% 之间，厚度比例达到 75.9%；未水洗段中剩余油饱和度主要分布在 60%~80% 之间，厚度比例达到 81.6%。

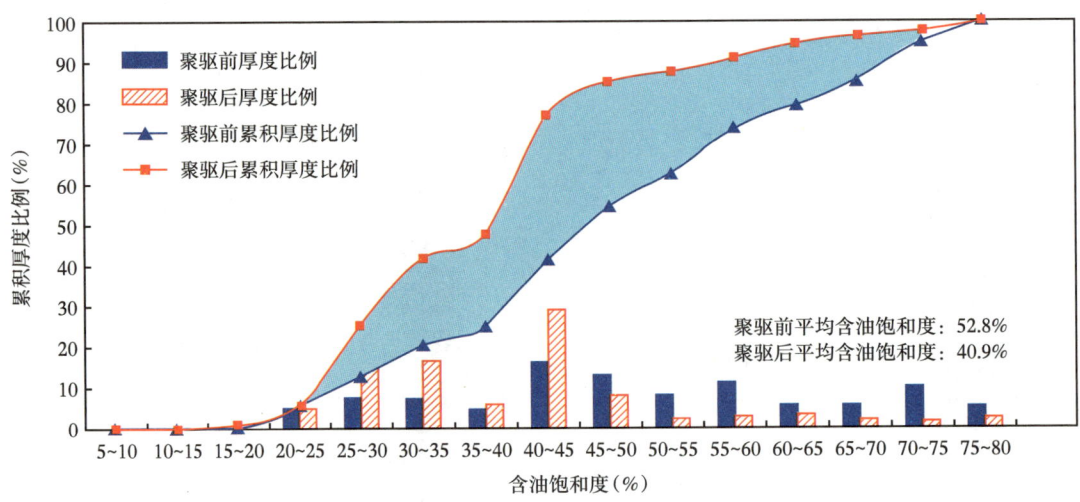

图 2-103　聚驱前后含油饱和度分布图

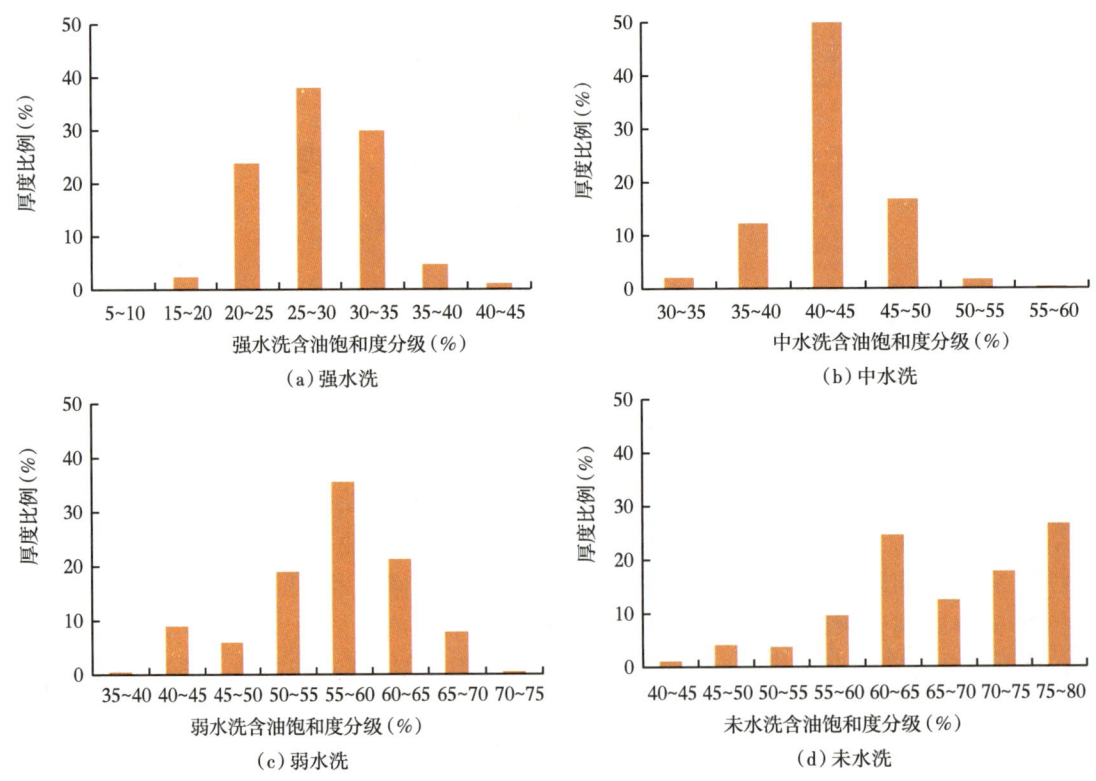

图 2-104　聚驱后不同水洗程度含油饱和度分布图

（2）水淹层测井解释资料剩余油饱和度分布特征研究。

利用北二西东块 348 口二类油层上返井水淹层测井解释资料，开展了典型区块聚驱后剩余油分布特征研究。

从北二西东块分单元含油饱和度平面分布图看（图2-105），葡 I_3 的含油饱和度最低，只有38.7%，葡 I_1 的含油饱和度最高，达到了50.3%。

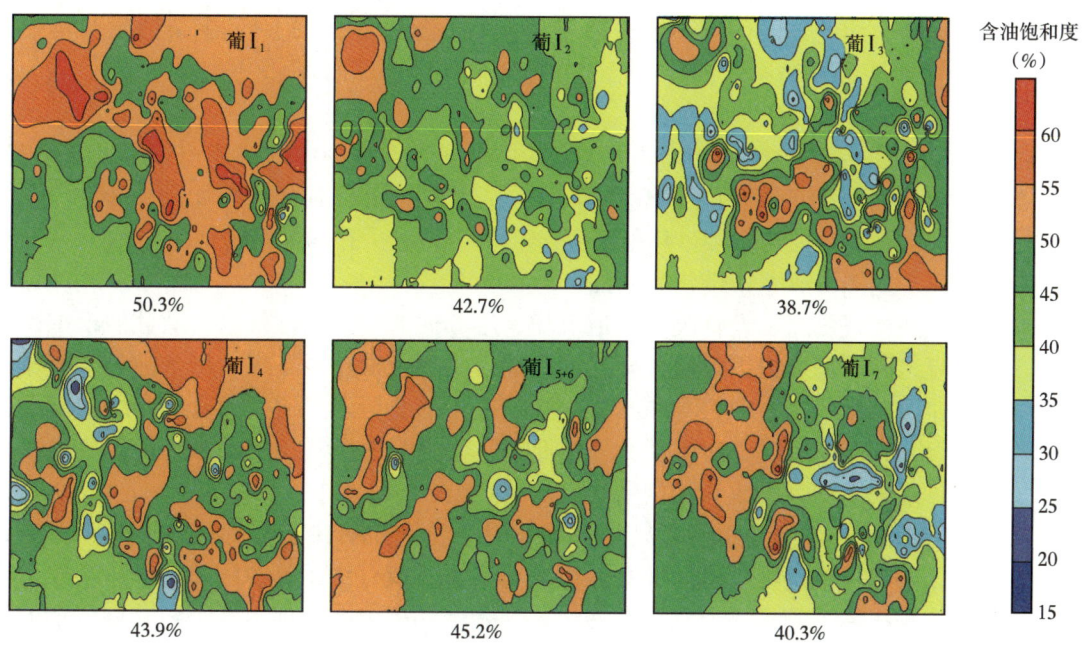

图2-105　北二西东块分单元含油饱和度平面分布图

北二西东块二类上返井聚驱后平均剩余油饱和度为42.9%，主要分布在35%~55%之间，其厚度比例占到了62.2%（图2-106），聚驱后仍有一定的剩余潜力，有进一步挖潜的空间。

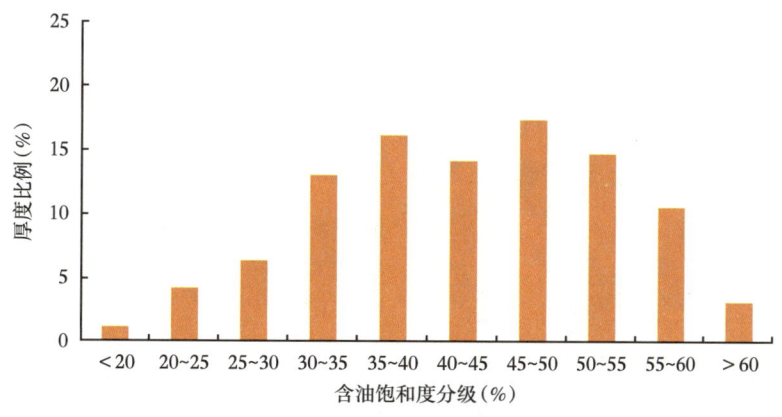

图2-106　北二西东块不同含油饱和度区间所占厚度比例

三、剩余油分布特征

依据厚油层内部构型研究成果，同时利用聚驱后密闭取心井和二类油层上返井水淹层测井解释资料，明确了聚驱后剩余油类型和分布特征。

1. 基于厚油层内部构型的剩余油分布特征

（1）长垣曲流河砂体层内剩余油分布模式。

曲流河砂体内部侧积夹层一般分布在点坝砂体上部 2/3 以上部位，砂体下部夹层发育较少且渗透率高，因此储层下部不容易形成剩余油［图 2-107（c）］，剩余油主要集中在储层中上部[80]，下面 4 种剩余油分布模式均针对储层中上部而言。

① 点坝砂体间形成三角状剩余油。

曲流河砂体在平面上由各种规模的点坝砂体组成，点坝砂体内部侧积夹层发育丰富，因此点坝砂体对注入剂形成明显的遮挡作用，易形成三角状剩余油，如图 2-107（b）中①②③所示，这类剩余油与点坝砂体的平面分布特征和注采井网关系密切。

② 废弃河道遮挡形成宽条带状剩余油。

点坝砂体凸岸外侧通常发育废弃河道沉积，废弃河道顶部物性较差。从数值模拟结果来看，由于废弃河道遮挡作用致使废弃河道凸岸外侧剩余油相对富集，剩余油呈相对宽条带状分布，如图 2-107（a）中的④和图 2-107（b）中的⑤所示。这类剩余油是层内挖潜的一个重要方面，其形成与废弃河道平面分布形态、废弃河道类型及注采井网有直接关系。

③ 点坝体注采不完善形成片状剩余油。

点坝砂体内部只有注入井或者只有采油井时，注采井网在单个点坝砂体内无法形成完善的注采关系，单个点坝砂体内部必然造成有采无注或有注无采的注采不平衡现象，在井没有穿过的侧积体上部容易形成剩余油，这类剩余油集中在点坝内部距离井点稍远的位置，呈小片状形式分布，如图 2-107（b）中的⑥所示。

④ 侧积夹层遮挡形成窄条带状剩余油。

当点坝砂体内部可以形成较为完善的注采关系时，注采井间主流线方向与侧积夹层平面分布的方向往往形成一个夹角，不同侧积层顶部的水驱油状况存在较大差异。从整个点坝体上来看，这类剩余油由于侧积体间的侧积夹层遮挡形成窄条带状剩余油，如图 2-107（a）中的⑦⑧⑨所示。

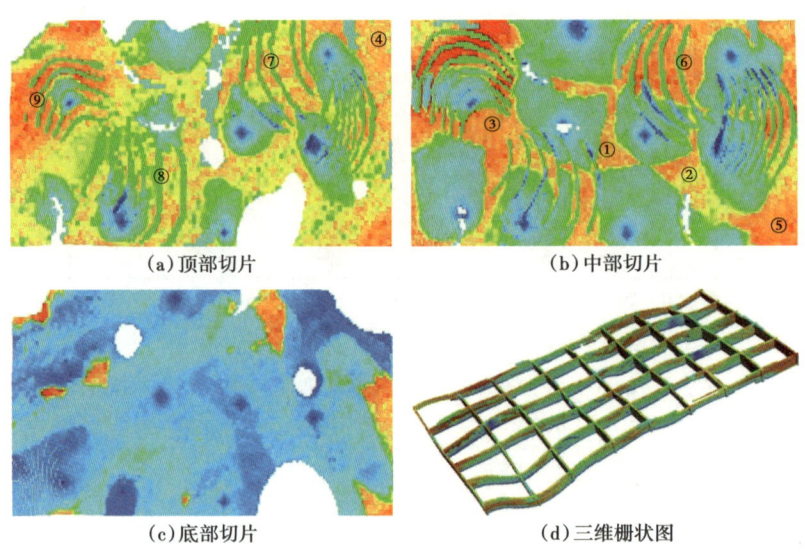

(a) 顶部切片　　(b) 中部切片

(c) 底部切片　　(d) 三维栅状图

图 2-107　萨北油田目的层储层剩余油分布图

（2）长垣辫状河砂体剩余油分布特征。

油田开发后期，厚油层河道储层剩余油分布主要受控于不同级次构型单元（各级次隔夹层）及其与井网、射孔的组合关系。辫流带、心滩坝与辫状河道、心滩坝内部结构级次三个层次对剩余油分布的影响方式存在明显的差异性[81-84]。

①辫流带级次的剩余油分布。

辫流带级次的剩余油分布主要表现为层间隔层对剩余油分布的影响、溢岸沉积对剩余油分布的影响，以及地层发育模式对剩余油分布的控制三个方面。

a. 层间隔层的影响。

泛滥平原作为层间隔层，起到渗流屏障的作用，是控制辫流带层次剩余油分布的主要因素。由于辫状河沉积的水动力较强，因此辫状河中的泛滥平原常被后期的洪水冲刷，保存的泛滥平原泥岩范围有限，且厚度一般较薄。在有隔层发育的部位，注入井和采油井间由于层间隔层的存在，在垂向上起到渗流屏障的作用，注入水分别沿各单层水进，导致注入井和采油井均呈单层下部强水洗、上部中水洗的水淹特征，水驱效果较好，仅少量剩余油在单层顶部富集［图 2-108（a）］。在无隔层发育的部位，注入井和采油井之间砂体不仅平面连通，垂向连通性也较好，注入水受自身重力作用和砂体韵律性影响优先驱替下部油层，使得采油井上部单元水洗较弱，剩余油在采油井上部单元富集。

b. 溢岸沉积的影响。

辫流带内部常常发育有溢岸沉积，溢岸沉积物性较差，常常对注采关系形成不利影响。当注入井和采出井位于辫流带位置，而物性较差的溢岸沉积位于注采井之间时，注入水主要沿河道中心方向推进，河道砂体边部注水受效差，易形成剩余油富集区［图 2-108（b）］。当注入井位于溢岸沉积位置，采油井位于辫流带时，注采井之间无法形成有效的注采关系，使得在采油井附近剩余油富集。

c. 地层发育模式的影响。

由于研究区葡 I_3 的底面区域不整合面的存在，在剖面上西部葡 I_3 底界面呈下切谷形态，波状起伏，而在东部界面基本水平。说明古地形整体上西低东高。这种特征使得西部下切最深的部位容易形成剩余油。葡 I_{3c} 为西部下切谷深凹部位，L5-P3555 井注水，L5-36 井采油，L5-3535 井钻遇古地形突起部位［图 2-108（c）］，不发育葡 I_{3c} 层，注采井不连通，L5-3666 井弱水淹。证明这种下切的地层发育在一定程度上起到了遮挡的作用，使得下切深凹部更容易富集剩余油。

②心滩坝与辫状河道级次的剩余油的分布。

辫流带砂体包括心滩坝与辫状河道，辫状河道的三种充填样式会对剩余油的分布造成不同程度的影响。砂质充填的辫状河道，与心滩坝砂体连通，整体水驱效果好，剩余油分布较少。半泥质充填的辫状河道顶部具有一定的侧向遮挡作用，底部连通。河道底部物性较好段一般为中—强水洗，上部为弱—未水洗，而心滩坝底部常见薄层中—强水洗，上部弱水洗，心滩顶部剩余油较富集。受泥质充填的辫状河道遮挡，坝间不连通，无法形成注采关系，采油井附件剩余油较富集，其剩余油形成机理与辫流带内部溢岸沉积遮挡相近。

③心滩坝内部构型层次影响剩余油的分布。

研究区心滩坝内部夹层主要为沟道泥岩，在心滩坝内呈水平形态随机分布，侧向延伸范围小。注入井与采油井间注采系统完善,心滩坝砂体水驱均匀,仅在夹层底部和垂向相邻两夹层之间见中水洗,剩余油较少,说明分布不连续的心滩坝内部的沟道泥岩夹层对水驱影响较小(图2-109)。

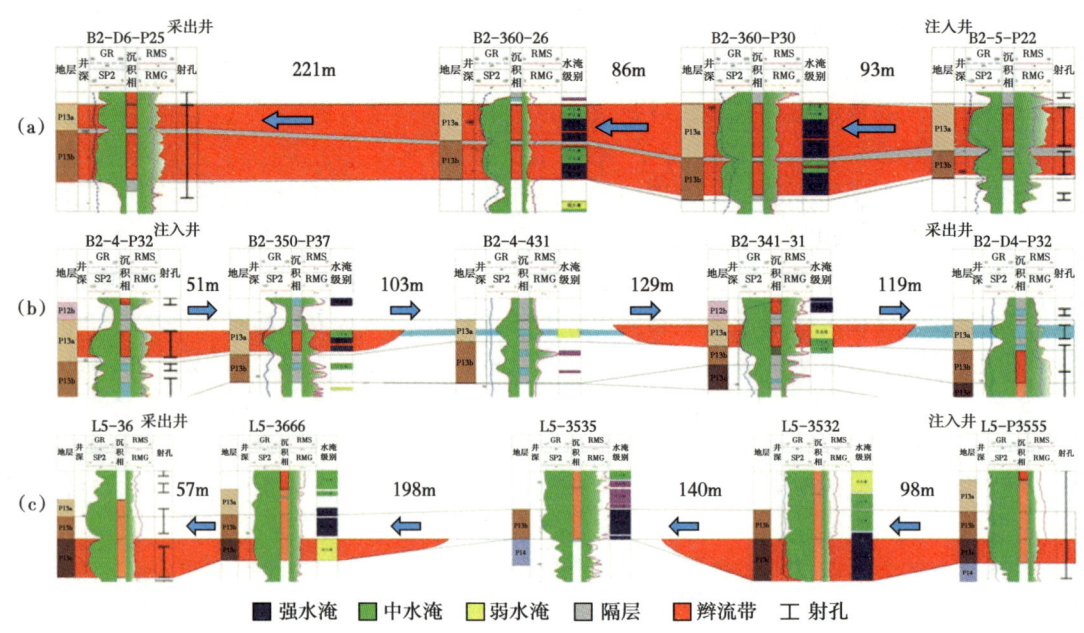

图2-108　辫流带内部不同遮挡方式剩余油形成剖面图

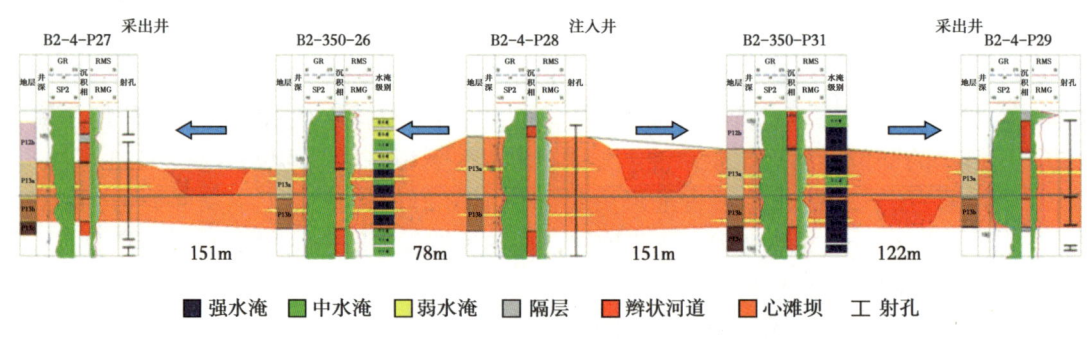

图2-109　心滩坝内部构型遮挡剩余油形成剖面图

2. 基于取心井和二类井水淹层资料的剩余油分布特征

(1)纵向剩余油分布特征。

聚驱后纵向剩余油可分为四种类型:油层顶部型、层内夹层型、层内韵律型和薄差油层型(图2-110)。取心井研究结果表明:聚驱后纵向剩余油以油层顶部和层内夹层类型为主,厚度比例达到了67.0%,其中油层顶部比例为29.2%,层内夹层厚度比例为37.8%(表2-16)。

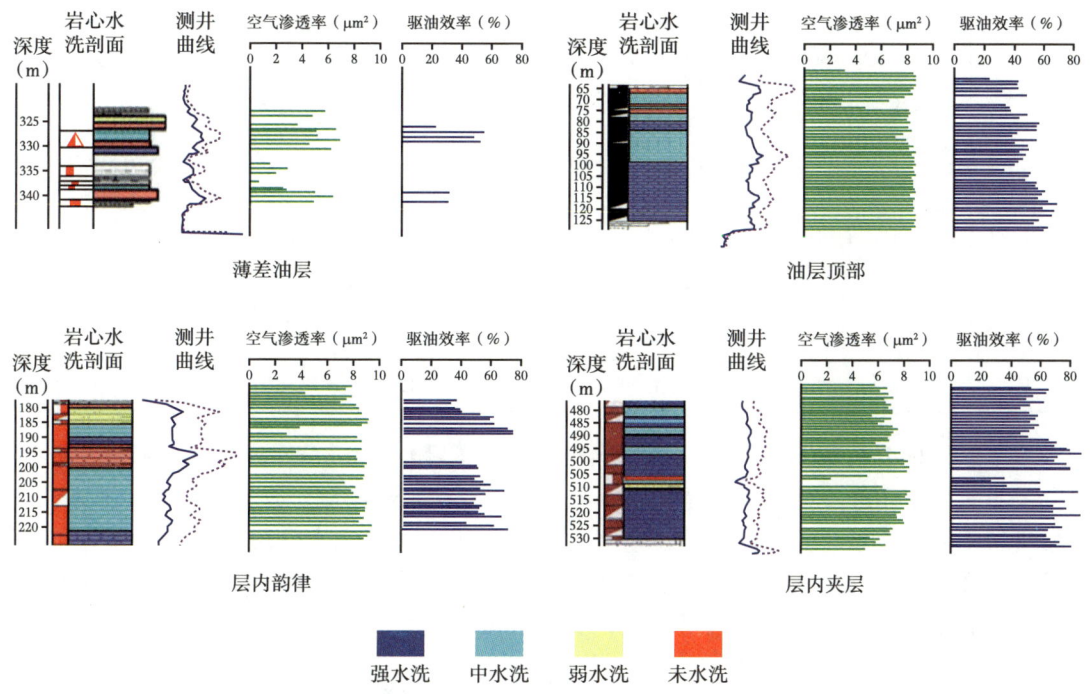

图 2-110　聚驱后纵向上剩余油分布类型

表 2-16　聚驱后剩余油类型及比例

项　目		剩余油类型			
		油层顶部	层内夹层	层内韵律	薄差油层
聚驱前	未洗厚度（m）	16.65	19.38	9.09	2.48
	类型比例（%）	35.0	40.7	19.1	5.2
聚驱后	未洗厚度（m）	8.67	11.23	5.03	4.75
	类型比例（%）	29.2	37.8	17.0	16.0

北二西东块二类上返井资料研究表明：聚驱后纵向剩余油以油层顶部和层内韵律为主，其合计厚度比例占 61.6%，其中油层顶部类型厚度比例为 25.3%，层内韵律类型厚度比例为 36.3%（表 2-17）。

表 2-17　北二西东块纵向剩余油类型统计表

单元	油层顶部		层内韵律		薄差油层		层内夹层	
	含油饱和度	厚度比例（%）	含油饱和度	厚度比例（%）	含油饱和度	厚度比例（%）	含油饱和度	厚度比例（%）
葡 I_1	48.56	15.09	51.58	21.59	52.71	37.15	52.23	26.17
葡 I_2	40.62	28.17	43.13	40.54	43.86	12.67	43.29	18.62

续表

单元	油层顶部		层内韵律		薄差油层		层内夹层	
	含油饱和度	厚度比例（%）	含油饱和度	厚度比例（%）	含油饱和度	厚度比例（%）	含油饱和度	厚度比例（%）
葡I$_3$	37.82	27.64	39.27	38.41	40.53	13.87	42.08	20.08
葡I$_4$	41.08	10.92	44.25	22.51	44.72	40.62	46.23	25.95
葡I$_{5+6}$	44.24	29.52	47.18	39.16	48.34	13.38	48.17	17.94
葡I$_7$	38.28	11.81	42.17	20.84	42.85	39.84	43.32	27.51
合计	48.26	25.34	46.58	36.27	50.12	18.86	51.84	19.53

为了更好地分析聚驱后剩余油的纵向分布特征，我们选取了喇嘛甸开发区同一井组不同位置的两口密闭取心井，利用了近300个单个岩样块资料绘制了水洗柱状图（图2-111）。从聚驱后不同位置取心井水洗柱状图上可以看出，纵向上弱未水洗段剩余油主要分布在韵律段的顶部，且纵向上弱未水洗段、中水洗段与强水洗层段交互分布，零散分布的未水洗段与强中弱水洗段从韵律段上很难分开，分层开采难度大[85-90]。

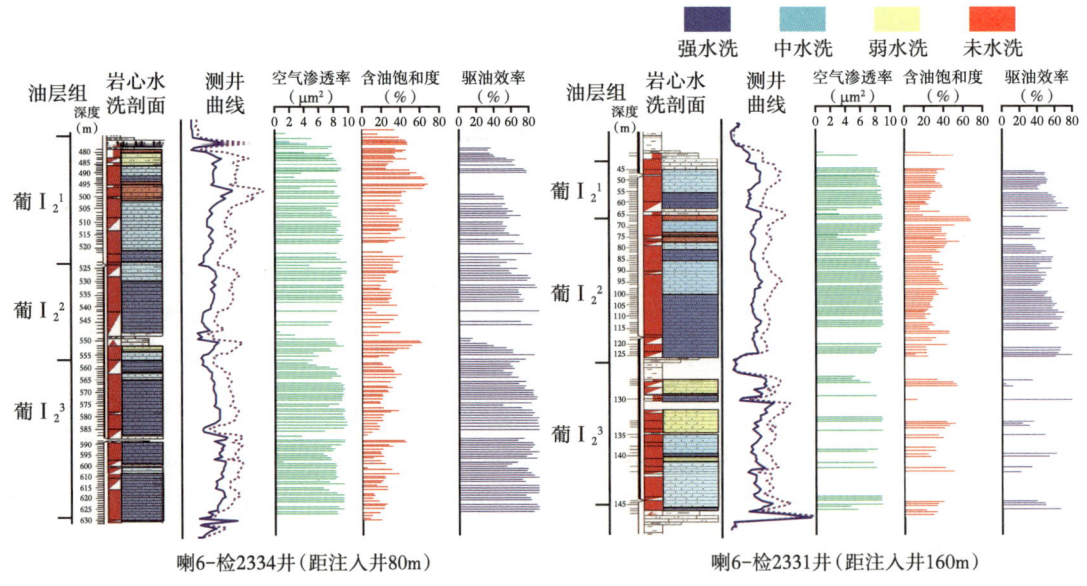

图2-111 聚驱后取心井水洗柱状图

（2）平面剩余油分布特征。

聚驱后二类上返井水淹层解释资料分析表明：聚驱后含油饱和度大幅度降低，并且高含油饱和度区域分布比较零散[91-96]。结合井位图、沉积相带图和小层数据将平面剩余油划分为分流线、砂体变差部位、注采不完善型、断层遮挡型、井网控制不住型和岩性尖灭区遮挡型六种类型。从表2-18可以看出，聚驱后平面上剩余油主要分布在分流线和砂体变差部位，所占厚度比例分别为39.3%和20.1%，合计59.4%。

表 2-18 北二西东块平面剩余油类型统计表

单元	分流线		砂体变差部位		注采不完善型		断层遮挡型		井网控制不住型		岩性尖灭区遮挡型	
	含油饱和度(%)	厚度比例(%)	含油饱和度(%)	厚度比例(%)	含油饱和度(%)	厚度比例(%)	含油饱和度(%)	厚度比例(%)	含油饱和度(%)	厚度比例(%)	含油饱和度(%)	厚度比例(%)
葡 I_1	50.6	38.5	52.2	22.2	53.2	13.4	53.2	10.0	55.2	6.3	54.5	9.7
葡 I_2	42.2	40.2	46.9	19.9	47.3	11.5	48.3	12.2	47.8	6.9	45.3	9.4
葡 I_3	40.6	39.2	42.7	20.2	43.8	11.3	42.9	12.5	41.3	7.2	44.0	9.7
葡 I_4	44.8	35.2	45.9	23.5	46.3	14.2	46.5	9.3	47.0	8.7	45.8	9.1
葡 I_{5+6}	45.8	38.1	44.1	19.3	46.5	13.2	47.0	11.6	47.6	7.1	44.3	10.9
葡 I_7	41.9	36.2	43.4	23.0	42.8	13.5	43.1	12.1	43.3	6.5	40.9	8.6
合计	44.1	39.3	46.5	20.1	47.7	12.2	47.8	12.0	46.2	7.1	47.1	9.4

为了更好地分析聚驱后剩余油的平面分布特征，我们选取距注入井 150m 一类连通主流线 3 口井和分流线 2 口井进行对比研究。结果表明，分流线剩余油相对富集，但差别并不大，分流线含油饱和度高于主流线 4.4 个百分点，二者水洗厚度比例接近，只是水洗程度略有差别（表 2-19）。

表 2-19 主流线与分流线水洗状况对比表

水洗程度	分流线		主流线	
	水洗厚度比例(%)	含油饱和度(%)	水洗厚度比例(%)	含油饱和度(%)
强水洗	57.3	27.0	63.1	28.8
中水洗	31.2	44.6	28.1	44.0
弱水洗	2.1	53.9	0.8	52.9
未水洗	9.4	73.7	8.0	62.3
合计	90.6	44.2	92.0	39.8

参 考 文 献

[1] 王德民, 程杰成, 吴军政, 等. 聚合物驱油技术在大庆油田的应用[J]. 石油学报, 2005, 26(1): 74-78.
[2] HAN Peihui, LIU Haibo, HAN Xu, et al. Alternative injection and its seepage mechanism of polymer flooding in heterogeneous reservoirs[R]. SPE 174586, 2015.
[3] 宋考平, 杨二龙, 王锦梅, 等. 聚合物驱提高驱油效率机理及驱油效果分析[J]. 石油学报, 2004, 25(3): 71-74.
[4] 张宏方, 王德民, 王立军, 等. 聚合物溶液在多孔介质中的渗流规律及其提高驱油效率的机理[J]. 大庆石油地质与开发, 2002, 21(4): 57-60.
[5] ZHU Youyi. Current developments and remaining challenges of chemical flooding EOR techniques in China

[R].SPE 174566,2015.
[6] 夏惠芬,王德民,刘中春,等.粘弹性聚合物溶液提高微观驱油效率的机理研究[J].石油学报,2001,22(4):60-65.
[7] 朱友益,侯庆锋.化学驱提高石油采收率技术基础研究与应用[M].北京:石油工业出版社,2013.
[8] 杨付林,杨希志,王德民,等.高质量浓度聚合物驱油方法[J].大庆石油学院学报,2004,27(4):24-26.
[9] 郭尚平,田根林,王芳,等.聚合物驱后进一步提高采收率的四次采油问题[J].石油学报,1997,(4):49-53,137.
[10] 刘海波.大庆油区长垣油田聚合物驱后优势渗流通道分布及渗流特征[J].油气地质与采收率,2014,21(5):69-72.
[11] 朱健,刘伟利,李兴,等.聚合物驱后储层物性参数的变化特征[J].油气地质与采收率(自然科学版)2007,14(4):65-67.
[12] 曹永娜.杏北A区一类油层聚合物驱后储层物性及孔隙结构的变化[J].石油化工应用,2014,33(5):72-76.
[13] 胡海光,孔新海.微观孔隙结构特征分析方法现状与展望[J].山东石油化工学院学报,2023,(2):28-31.
[14] 郭盼.A地区南屯组储层微观孔隙结构研究[J].长江大学学报(自科版),2014,(11):23-25.
[15] 肖胜东,王震亮,潘星,等.演武地区延8段储层微观孔隙结构特征及成因[J].断块油气田,2024,(1):86-95,105.
[16] 张虔,唐海忠,牟明洋,等.基于核磁与压汞资料的储层孔隙结构特征研究[J].西南石油大学学报(自然科学版),2023,(1):33-42.
[17] 宋考平,何金钢,杨晶.强碱三元复合驱对储层孔隙结构影响研究[J].中国石油大学学报(自然科学版),2015,39(5):164-172.
[18] 闫国亮,孙建孟,刘雪峰,等.储层岩石微观孔隙结构特征及其对渗透率影响[J].测井技术,2014,38(1):28-32.
[19] 白永强,李娜,姜莎莎,等.储层岩心孔隙结构变化对流体流动速度变化影响[J].东北石油大学学报,2014,38(1):85-90.
[20] 谢伟,张创,孙卫,等.恒速压汞技术在长2储层孔隙结构研究中的应用[J].断块油气田,2011,18(5):549-551.
[21] 何金钢,袁琳.聚驱后聚表剂"调驱堵压"调整技术研究[J].西南石油大学学报(自然科学版),2021,43(3):165-174.
[22] 陈文将.聚驱后压堵结合工艺现场试验[J].大庆石油地质与开发,2020,39(5):111-116.
[23] 伊鹏.高浓聚合物驱注入方式数值模拟研究[D].大庆:东北石油大学,2016.
[24] 胡锦强,吴文祥,张武.高浓度聚合物驱油体系对不同渗透率油层的动用状况研究[J].油田化学,2006,(1):85-87.
[25] 刘义坤,王福林,隋新光.高浓度聚合物驱提高采收率方法理论研究[J].石油钻采工艺,2008,30(6):67-70.
[26] 高明.低渗透油层孔隙结构特征及剩余油分布规律研究[D].大庆:大庆石油学院,2009.
[27] 赵振国.界面膜原理与应用[M].北京:化学工业出版社,2013.
[28] 胡建波,王树霞,卢祥国,等.断块油藏层系组合与液流转向措施对开发效果的影响[J].油田化学,2012,29(3):282-288.
[29] 敖敦.聚合物/表面活性剂二元复合驱相互作用机理研究[D].济南:山东大学,2014.
[30] 时昌新.聚表二元驱用表面活性剂的合成及评价研究[D].廊坊:中国科学院研究生院(渗流流体力

学研究所），2013.

[31] 姚峰，韩利娟.沙7区块聚表二元体系驱油效果研究［J］.应用化工，2013，42（4）：626-629.
[32] 靖波，张健，吕鑫，等.聚—表二元驱油体系性能对比研究［J］.西南石油大学学报（自然科学版），2013，35（1）：155-159.
[33] 郭东红.聚表二元驱表面活性剂的研究与应用进展［J］.精细石油化工，2012，29（4）：69-73.
[34] 陈金凤.聚驱后二元体系提高采收率可行性研究［D］.大庆：大庆石油学院，2009.
[35] 申乃敏，李华斌，刘露，等.非均质变异系数对S/P驱油效果影响的数值模拟研究［J］.石油地质与工程，2011，25（6）：118-120.
[36] 夏惠芬.粘弹性聚合物溶液的渗流理论及其应用［M］.北京：石油工业出版社，2002.
[37] 姚禹.一类油层聚驱后提高采收率方法室内物理模拟研究［D］.大庆：东北石油大学，2013.
[38] 李堪运，李翠平，何玉海，等.聚合物/表面活性剂二元复合体系室内研究［J］.断块油气田，2011，18（5）：678-680.
[39] 李伟涛.耐温耐盐软体非均相复合驱油体系相互作用机制研究［D］.青岛：中国石油大学（华东），2017.
[40] Li G，Wang Q，He X，et al. Structure elucidation and NMR assignments of a new alkaloid from Panzerina（L.）Soják［J］. Natural Product Research，2019：1-4.
[41] WANG L，XIA H，HAN P L，et al. Synthesis of new PPG and study of heterogeneouscombination flooding systems.Journal of Dispersion Science and Technology，2020：1-14.
[42] 孔凡顺.聚合物溶液的粘弹性对残余油的微观作用机理［D］.大庆：大庆石油学院，2005.
[43] 薛国庆，袁银春，蒋开，等.基于J函数毛细管力的数值建模在低渗油气藏中的应用［J］.石油化工应用，2018，37（9）：28-34.
[44] 陈霆，孙志刚.不同化学驱油体系微观驱油机理评价方法［J］.石油钻探技术，2013，41（2）：87-92.
[45] 王立辉，夏惠芬，韩培慧，等.剩余油分布的微观特征及其可动用程度的定量表征［J］.岩性油气藏，2021，33（2）：147-154.
[46] 陈民杰，朱荣俊，杨颖，等.热膨胀聚合物微球的制备、性能及应用［J］.中国胶粘剂，2021，30（5）：65-71.
[47] 冯海潮.三元体系的界面特性对残余油启动运移影响研究［D］.大庆：东北石油大学，2014.
[48] 穆文志，宋考平，杨二龙.水驱油过程中浮力对油滴运移的影响［J］.中国石油大学学报（自然科学版），2008（2）：82-85，89.
[49] 李翠平.含表活剂驱油体系的界面特性及在化学驱中作用［D］.大庆：大庆石油学院，2009.
[50] Miall A D. Architectural-element analysis：A new method of facies analysis applied to fluvial deposits［J］. Earth Science Reviews，1985，22（2）：261-308.
[51] Miall A D. Reservoir heterogeneities in fluvial sandstone：Lessons from outcrop studies［J］. AAPG，1988，72（6）：682-697.
[52] 薛培华.河流点坝相储层模式概论［M］.北京：石油工业出版社，1991.
[53] 马世忠，杨清彦.曲流点坝沉积模式、三维构形及其非均质模型［J］.沉积学报，2000，18（2）：15-17.
[54] 岳大力，吴胜和，刘建民.曲流河点坝地下储层构型精细解剖方法［J］.石油学报，2007，28（4）：99-103.
[55] 伊三泉.饮马河大榆树林现代边滩流动单元的划分及沉积特征［J］.大庆石油学院学报，2004，28（2）：15-17.
[56] 岳大力，吴胜和，谭河清，等.曲流河古河道储层构型精细解剖——以孤东油田七区西馆陶组为例

[J]．地学前缘，2008，15（1）：101-108．

[57] 隋新光．曲流河道砂体内部建筑结构研究[D]．大庆：大庆石油学院，2006．

[58] 白振强，王清华，杜庆龙，等．曲流河砂体三维构型地质建模及数值模拟研究[J]．石油学报，2009，30（6）：898-902．

[59] 赵翰卿，付志国，吕晓光．储层层次分析和模式预测描述法[J]．大庆石油地质与开发，2004，23（5）：74-77．

[60] 周银邦，吴胜和，岳大力，等．点坝内部侧积层倾角控制因素分析及识别方法[J]．中国石油大学学报（自然科学版），2009，33（2）：7-11．

[61] 王家华，张团峰．油气储层随机建模[M]．北京：石油工业出版社，2001．

[62] 王仲林，徐守余．河流相储集层定量建模研究[J]．石油勘探与开发，2003，30（1）：75-78．

[63] 梁卫卫，党海龙，徐波，等．基于单砂体的湖泊三角洲相储层构型模型的建立——以鄂尔多斯盆地S区块为例[J]．西安石油大学学报（自然科学版），2020，35（2）：26-32．

[64] 侯东梅，张小龙．海上稀井网条件下的曲流河储层构型研究及其应用—以渤海A油田为例[J]．西安石油大学学报（自然科学版），2018，33（2）：24-29．

[65] 刘丁曾，王启民，李伯虎．大庆多层砂岩油田开发[M]．北京：石油工业出版社，1996．

[66] 吴胜和，岳大力，刘建民，等．地下古河道储层构型的层次建模研究[J]．中国科学D辑：地球科学，2008，38（增刊Ⅰ）：111-121．

[67] 朱焱，谢进庄，杨为华，等．提高油藏数值模拟历史拟合精度的方法[J]．石油勘探与开发，2008，35（2）：225-229．

[68] 于兴河，马兴祥，穆龙新，等．辫状河储层地质模式及层次界面分析[M]．北京：石油工业出版社，2004．

[69] 张善言，白振强．长垣油田辫状河砂体储层内部构型研究[J]．大庆石油地质与开发，2012，31（4）：57-63．

[70] 刘波，赵翰卿，王良书，等．储层砂质辫状河的识别—以大庆喇嘛甸—萨尔图油田西部PⅠ23为例[J]．石油学报，2002，23（2）：43-47．

[71] 刘钰铭，侯加根，王连敏，等．辫状河储层构型分析[J]．中国石油大学学报（自然科学版），2009，33（1）：7-11．

[72] 孙天建，穆龙新，赵国良．砂质辫状河储集层隔夹层类型及其表征方法—以苏丹穆格莱特盆地Hegli油田为例[J]．石油勘探与开发，2014，41（1）：112-120．

[73] 辛仁臣，蔡希源．松辽盆地北部埋藏历史对大庆长垣油藏成藏的控制[J]．地球科学—中国地质大学学报，2004，29（4）：457-472．

[74] 刘招君，王东坡．松辽盆地白垩纪沉积特征[J]．地质学报，1992，66（4）：327-338．

[75] Zhang Shanyan, Bai Zhenqiang. Study on Architecture of Daqing Placanticline in Braided Reservoir[J]. Petroleum Geology and Oilfield Development in Daqing, 2012, 31（4）: 57-63.

[76] Leclair S F, Bridge J S. Interpreting the height of dunes and paleochannel depths from the thickness of medium scale sets of cross strata//AAPG Annual Meeting Expended Abstracts: AAPG, 1999, 80.

[77] Leclair S F, Bridge J S. Quantitative interpretation of sedimentary structures formed by river dunes[J]. Journal of sedimentary research, 2001, 71（7）: 713-716.

[78] Richard L, Richard R, Jones.Characterization of fluvial architectural elements using a three-dimensional outcrop data set: Escanilla braided system[J], South-Central Pyrenees, Spain. Geosphere, 2007, 3（6）: 422-434.

[79] 岳大力，吴胜和，程会明，等．基于三维储层构型模型的油藏数值模拟及剩余油分布模式[J]．中国石油大学学报：自然科学版，2008，32（2）：21-31．

[80] 闫百泉,马世忠,王龙,等.曲流点坝内部剩余油形成与分布规律物理模拟[J].地学前缘,2008,15(1):65-69.
[81] 马春华,郑浩,宋考平,等.北二东西块聚驱后剩余油分布规律的数值模拟研究[J].石油天然气学报,2007,29(1):99-103.
[82] 刘春发.高含水后期厚油层剩余油富集区的确定和挖潜[M].北京:石油工业出版社(北京),1995,126-128.
[83] 徐安娜,穆龙新,裘怿楠,等.我国不同沉积类型储集层中的储量和可动剩余油分布规律[J].石油勘探与开发,1998,25(5):41-44.
[84] 周琦,高宏印,袁淑芬.萨尔图油田河流相储集层高含水后期剩余油分布规律研究[J].石油勘探与开发,1997,24(4):51-53.
[85] 邬侠,孙尚如,胡勇,等.聚合物驱后剩余油分布物理模拟实验研究[J].大庆石油地质与开发,2003,22(5):55-57.
[86] 于洪文.大庆油田北部地区剩余油分布研究[J].石油学报,1993,14(1):72-80.
[87] 陆建林,李国强,樊中海,等.高含水期油田剩余油分布研究[J].石油学报,2001,22(5):48-52.
[88] 孙建英,方艳君.聚驱后剩余油分布及挖潜技术研究[J].大庆石油地质与开发,2005,24(4):37-39.
[89] 杨野.喇萨杏油田厚层顶部挖潜可行性研究[J].大庆石油地质与开发,2009,28(6):181-186.
[90] 闫伟.北二东西块井网重构挖潜聚驱后剩余油研究[J].长江大学学报,2013,10(26):56-60.
[91] 高淑玲.聚驱后剩余油分布规律及剩余储量潜力分析[J].大庆石油地质与开发,2011,30(5):125-129.
[92] 张娜.胜坨油田一区沙二1-3单元聚驱后剩余油特征研究[J].石油化工应用,2017,36(12):67-68.
[93] 杨钊,高寒.葡I组油层聚驱后剩余油分布情况及挖潜措施[J].数学的实践与认识,2014,12(4):104-108.
[94] 王群.萨北二西葡一组聚驱后剩余油分布及水驱开发方案研究[D].杭州:浙江大学,2012.
[95] 郭正怀,关振良,杨永利,等.应用油藏数值模拟方法研究聚驱后剩余油分布规律[J].石油天然气学报,2010,32(5):284-288.
[96] 吴家文,井洋,王京博,等.聚驱后剩余油分布的大平面驱油实验及荧光分析[J].油田化学,2008,25(1):46-50.

第三章　聚合物驱后优势渗流通道识别方法

经过长期注水开发的非均质油藏开展聚驱后，油层层间、层内矛盾进一步加剧，油层孔隙结构发生了较大变化，造成渗透率增大，孔隙喉道半径增大，从而在油层中发展成以高渗透性和低残余油饱和度为特征的优势渗流通道[1-4]。沿此通道形成明显的优势渗流，导致注入液低效无效循环，为进一步开展聚驱后油层开发带来了挑战。因此，为了实现聚驱后进一步提高采收率的目标，亟须攻关适用于聚驱后油层的优势渗流通道精准识别技术，准确识别优势渗流通道纵向发育层位、平面分布特征及形成演化过程[5-9]。

第一节　聚合物驱后油层优势渗流通道分布特征

聚驱后油层在长期的注水、注聚开发过程中受储层非均质性、水油流度比及强注强采等因素的影响，在厚油层底部容易形成低阻的优势渗流通道，导致注入水沿其形成短路流动，降低波及系数，在油层顶部形成弱势渗流区而产生剩余油的富集，影响油田采收率及开发效益的提高[10-13]。因此，聚驱后优势渗流通道的分布特征研究具有重要的意义。

一、优势渗流通道的定义

优势渗流通道是指在油田开发过程中由于地下地质条件、生产开发因素的影响，地层被大量注入水冲刷，在油层内部形成渗流阻力相对较低的优势通道，地下流体（油、水）优先沿此通道向生产井流动[14]。大庆油田聚驱后优势渗流通道定义为气测渗透率大于 $1500×10^{-3}\mu m^2$，含油饱和度小于30%，优势通道占全井吸水厚度比例低于25%，优势通道占全井吸水量比例大于50%。

优势通道的出现将造成大量注入水的低效、无效循环，对油气田开发将造成以下影响[15]：

（1）加剧了油层的非均质性，使储层中的其他部位很难受效，注入水利用率低，注入水的波及系数降低；

（2）加剧了层内、层间矛盾，严重干扰其他油层的吸水出油状况，导致油井含水上升快，水驱动用程度低；

（3）造成其他增产措施实施起来比较困难。例如在注聚过程中，会造成聚合物溶液窜流，不但造成聚合物浪费，而且难以形成高质量的聚合物段塞，致使周围的生产井不见效

或见效差,严重影响了聚驱效果;

(4)加大了集输管线和联合站的工作量,使油田开发成本增加,降低了油田的经济采收率,影响油田开发效益的提高。

聚驱后高渗低残油优势渗流通道的存在,使层间矛盾进一步加剧,并容易造成低效无效循环。因此,亟须搞清聚驱后高渗性和低残余油饱和度为特征的优势渗流通道的分布特征,为后续实施调堵措施提供依据和技术支撑。

二、优势渗流通道分布特征

对于非均质油藏,经过长期注水开发,油层孔隙结构发生了较大变化,造成渗透率增大,孔隙喉道半径增大,从而在储层中形成高渗层。高渗层的形成加剧了油层层间、层内矛盾,高渗层渗流阻力越来越小而成为注入水的畅流通道,导致油井含水上升快,水驱动用程度低。经过长期水驱开发的非均质油藏开展聚驱后,聚合物溶液首先进入高渗层,随着高渗层渗流阻力的增加,聚合物溶液开始进入中渗透层、低渗透层,油层层间、层内矛盾得到缓解。由于高渗透层孔隙喉道半径较大,对聚合物的捕集和滞留作用相对较弱,所以在同样吸附聚合物的情况下,高渗透层孔隙喉道半径降低的幅度相对较小,低渗透层孔隙喉道半径降低幅度大。待高渗透层突破后,高渗透层渗流阻力增加幅度小,聚合物溶液再一次优先进入高渗透层,在高渗透层无效循环,而进入中渗透层、低渗透层的聚合物溶液很难突破。经过后续水驱冲刷后,高渗透层吸附、滞留聚合物大部分得以脱附随注入水采出,由于注入水沿高渗透层无效循环,很难波及中渗透层、低渗透层,造成高渗透层残余阻力系数低、中低渗透层残余阻力系数高,油层层间、层内矛盾在水驱基础上进一步加剧,从而在油层高渗透部位发展成以高渗透性和低残余油饱和度为特征的优势渗流通道,特别是聚驱后高渗透油层强水洗段含水饱和度高达 70% 以上,与聚驱前相比,此时油相相对渗透率减少几倍,而水相相对渗透率增加几倍,致使不利油水流度比进一步加大,导致高渗透低残油优势渗流通道更为突出。

(1)优势渗流通道纵向分布特征。

聚驱后优势渗流通道厚度比例由聚驱前的 9.6% 增加到聚驱后的 16.9%,增加了 7.3 个百分点。纵向上优势渗流通道主要分布在厚油层内部。大庆油田聚驱后主力油层优势渗流通道以葡 I_2、葡 I_3 单元为主,分别占总优势通道厚度比例的 71% 和 24.1%(表 3-1)。

表 3-1 不同沉积单元优势渗流通道比例

沉积单元	葡 I_2	葡 I_3	葡 I_4	葡 I_{5+6}	葡 I_7
优势渗流通道比例(%)	71.0	24.1	4.3	0.3	0.3

厚油层内部的优势渗流通道主要分布在复合韵律段。复合韵律段、正韵律段和均质层段优势渗流通道有效厚度比例分别为 20.6%、1.2% 和 2.1%(图 3-1)。复合韵律段内部优势渗流通道不同位置分布比例不同,85.9% 的优势渗流通道分布在复合韵律段下部,9.3% 的优势渗流通道分布在复合韵律段中部,4.8% 的优势渗流通道分布在复合韵律段上部(图 3-2),说明由于重力分异作用影响容易在油层下部形成优势渗流通道。

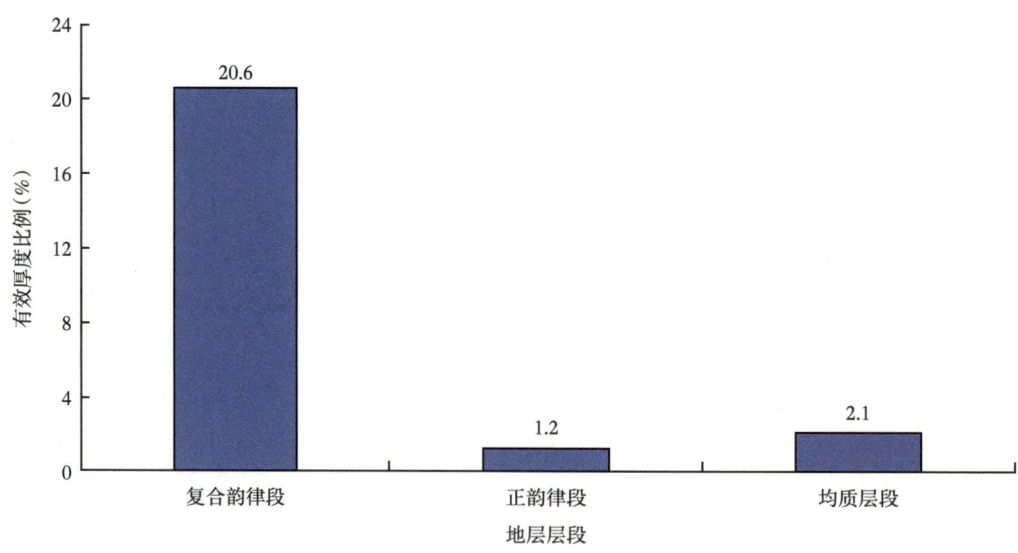

图 3-1　厚油层内不同韵律段优势渗流通道分布比例

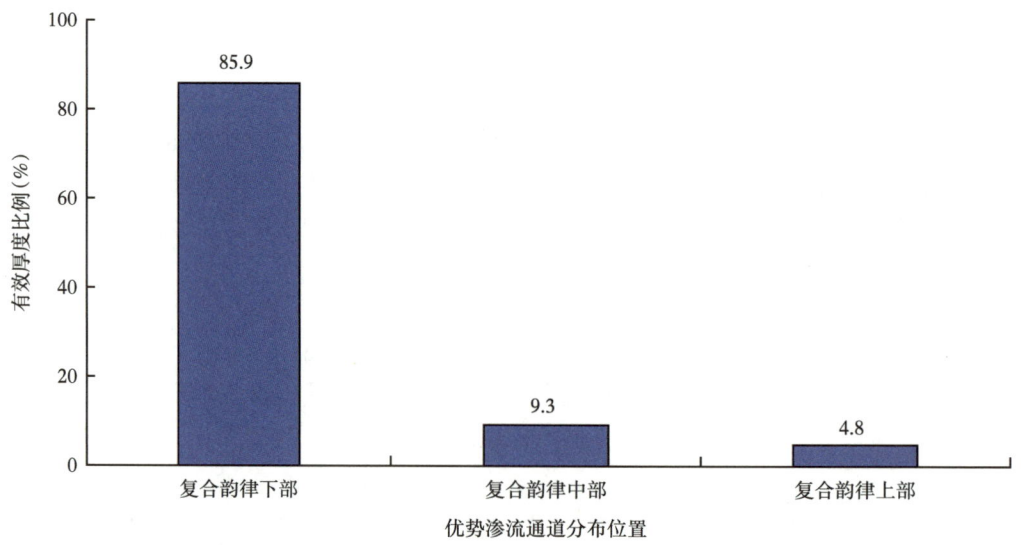

图 3-2　复合韵律段内部优势渗流通道不同位置分布比例

（2）优势渗流通道平面分布特征。

聚驱后油层优势渗流通道在平面上大面积分布。依据大庆油田南三区东部 2008 年新钻 33 口井水淹层的解释资料，聚驱后优势渗流通道厚度比例为 12.7%，井数比例为 93.9%。优势渗流通道发育井组中的 50% 井组优势渗流通道四向连通（图 3-3），31.2% 井组优势渗流通道三向连通（图 3-4），18.8% 井组优势渗流通道两向连通（图 3-5）。由于存在优势渗流通道，注入水无效循环，采出井含水率都在 98% 以上。

第三章 聚合物驱后优势渗流通道识别方法

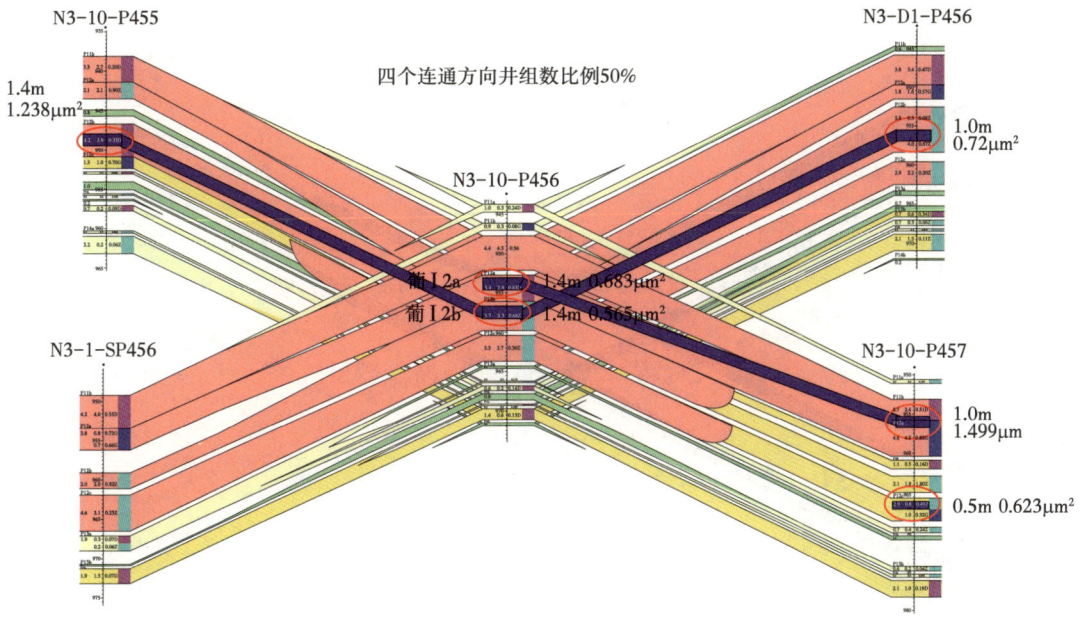

图 3-3 四个连通方向井组渗流通道示意图

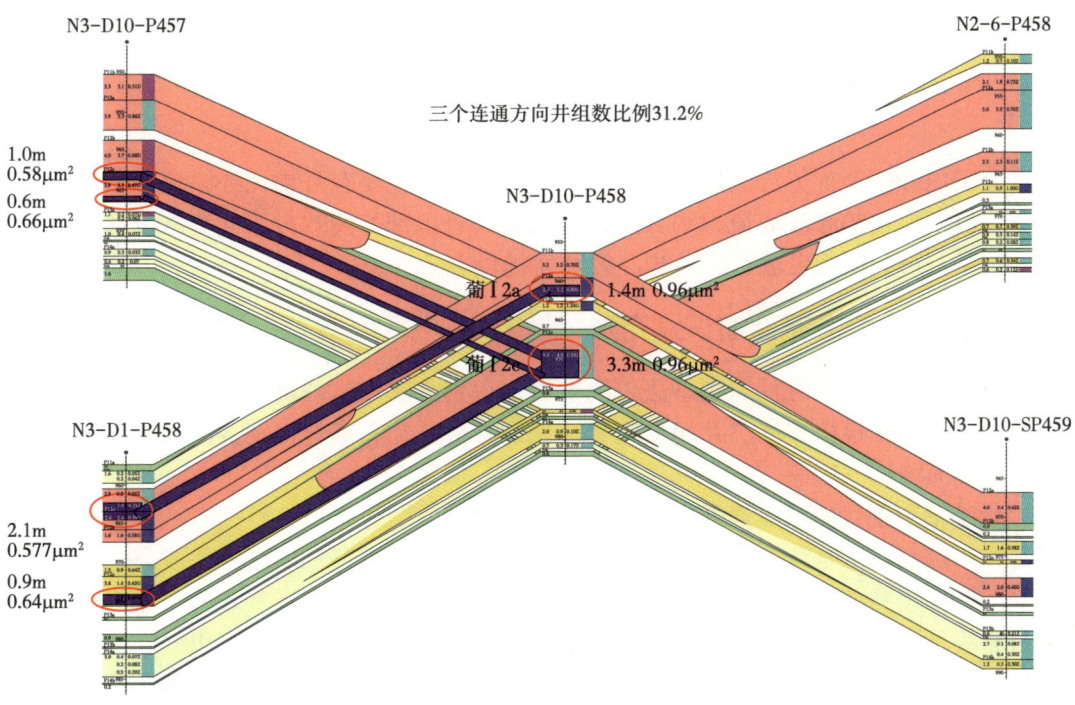

图 3-4 三个连通方向井组渗流通道示意图

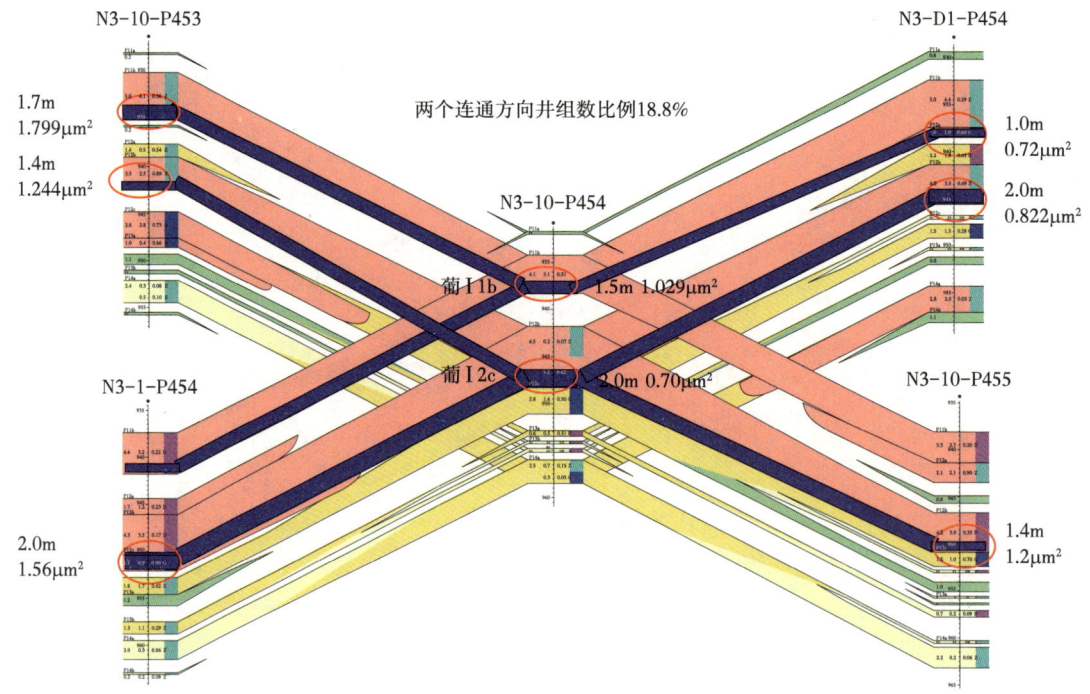

图 3-5　两个连通方向井组渗流通道示意图

第二节　优势渗流通道识别方法

目前国内外研究优势渗流通道的方法很多，常用的主要有常规优势渗流通道识别方法和流线数值模拟优势渗流通道识别方法，这些方法对识别并高效封堵优势渗流通道具有重要指导意义，可为实现聚驱后进一步高效开发提供有力支撑。

一、常规优势渗流通道识别方法

常规方法主要有示踪剂识别方法、测井资料识别方法、试井资料判别方法、模糊识别方法、实验室物理模拟方法、井间地震资料识别方法、动态资料识别方法、取心井资料识别方法和剖面测试方法等[16-23]。

1. 示踪剂识别优势渗流通道

井间示踪剂技术是认识油藏中高渗透层及优势渗流通道存在的重要手段，已成为油田开发中后期常规测试的方法之一，被公认为是开展油藏评价最直接有效的手段之一。示踪剂是指那些易溶、具有相对稳定的生物化学性、在极低浓度下可被检测出的物质，用以指示溶解它的流体在多孔介质中的存在、流动方向及渗流速度。放射性同位素示踪测井解决"优势渗流通道"的注水井的方法是先选择合适的放射性示踪剂，将示踪剂注入注水井中，随后在周围生产井中进行检测，确定示踪剂的产出情况，绘制产出曲线，并通过对示踪剂产出曲线的分析解释来确定优势渗流通道的孔隙半径。随着该技术的发展，井间示踪测试解释方法也在不断完善和发展，目前主要有3种：一是解析方法，它是一种简化处理的解释方法，解释精度受实际矿场条件的限制。该方法无法准确确定高渗透通道渗透率参数，无法考虑实际井网的非均质性，与理想井网之间的转化存在误差，无法较好地解决多峰值问题，无法整体完成多井或者多示踪剂的解释；二是数值方法，它曾经是井间示踪剂测试解释方法的主要发展方向，并形成过很多软件。该方法对示踪剂运移机理难以精确描述，稳定性差，计算中受差分处理、数值迭代等的影响，其解释结果的可靠性受到怀疑，难以拟合多峰值及多井多示踪剂问题；三是半解析方法，它吸取了数值法和解析法的优点，并借助概率统计方法和优化算法来处理实际现场问题，具有解析方法和数值方法不可达到的优越性。但是，该方法应用有限差分法求解压力场计算速度过慢，在流线上求解一维饱和度解析方程时，解析法要求每条流线上的初始条件在模拟过程中始终不变，但这种条件只有在流线位置不随时间改变的前提下才成立，造成其计算结果不精确。此外，目前井间示踪剂监测识别储层优势渗流通道主要是单井注入，多井检测，单井解释。这些方法把本来存在相互联系的多条产出曲线人为地分割开，然后对产出曲线进行单独解释，容易导致各参数之间不协调，并且不能实现储层示踪监测整体最优化[24-25]。

2. 测井资料识别优势渗流通道

非均质储层存在优势渗流通道时，常规测井和注水剖面测井资料上会出现一些异常响应特征。因此，可以根据测井资料异常响应特征定性识别优势渗流通道，通过拟合测井曲线反演地层参数，定量描述优势渗流通道。根据注水剖面测井资料异常响应特征总结出5种有效的识别储层优势渗流通道的方法：一是利用时间推移测井方法识别优势渗流通道。采用同位素测井时，随着时间的推移，同位素异常显示逐渐变弱直到消失，说明该层随着注水冲刷的影响，孔喉半径逐渐增大，形成了相互连通的优势渗流通道；二是利用同位素追踪法识别优势渗流通道。测注水剖面时，若所选示踪载体的粒径小于注水能力强的高渗透层的孔隙喉道直径，在渗透性高的注水井段同位素消失快，渗透性低的注水井段消失慢，比较不同时间追踪到的同位素幅度可以识别优势渗流通道；三是结合井温曲线识别优势渗流通道。在正常注水条件下，测量注水流动井温曲线后测静温，根据流动井温的梯度变化可以判断主要吸水层位和最下面一个吸水层位。关井后，吸水多的地层温度低，且向地层原始温度恢复慢；而吸水少的地层温度高，向地层原始温度恢复快。因此利用井温曲线可以识别吸水量大的超高渗透层即优势渗流通道；四是结合流量计曲线识别优势渗流通道。当储层存在优势渗流通道时，用小粒径同位素载体进行测井不能正确反映吸水情况，依据单一的示踪测井资料有时会得出与实际情况相差很大的结论。如果结合流量计，则能更好地反映地层的真实吸水情况；五是结合注水量和注水压力识别优势渗流通道。如果不存在套损漏失及窜槽吸水，地层没有优势渗流通道时，注水量与注水压力成正比。如果注水压力保持不变，而注水量大大增加，或注水量不变而注水压力下降，则说明地层出现优势渗流通道[26]。

测井资料识别优势渗流通道方法可确定不同时期优势渗流通道的发育情况。但是，由于受测井仪器、现场施工和井眼环境等因素影响，利用测井资料识别优势渗流通道仍然存在解释结果的多解性和不确定性，并且测井资料仅能在近井地带对储层进行检测描述，不能对远井地带及整个油藏进行解释分析，空间广度太小。如何利用测井资料、地质资料及生产资料来综合识别优势渗流通道，进而对其进行定量描述，是当前注水开发油田亟须解决的问题之一。

3. 试井资料识别优势渗流通道

在油田开发中，优势渗流通道最敏感的开发参数是压力和产量，因此可应用油水井生产动态资料，通过监测注采井压力和产量的变化来识别优势渗流通道。注水井井口压降值可用不稳定试井压降公式进行描述，将井口压降绘制成双对数曲线，用不同时间段对应的实测点所绘制的曲线同优势渗流通道的试井理论解释模型找到的典型曲线相拟合，可判别地层是否存在优势渗流通道。水力探测是探测注水井与采油井之间储层状况的试井技术，其识别优势渗流通道的基本原理是应用水力探测求出渗透率后，根据油层渗透率与孔隙半径中值的解释图板，直接求出油层孔隙半径中值，进而判断储层中是否存在优势渗流通道。这两种方法虽然廉价、简单，对资料要求低，但是大都建立在水平、等厚、各向同性的均质弹性孔隙介质等理想化模型的基础上，与真实储层相差甚远，方法精度不够高，很难应用于现场生产解释，同时忽略现有的资料使用，因此须进一步寻找新的解释模型[27]。

4. 模糊识别优势渗流通道

模糊识别方法是对一个对象的多个影响因素分别进行归一化处理，并乘以权重，最终得到一个综合评判指数[28-29]。具体做法为：

（1）筛选出影响和标识优势渗流通道形成的主要因素和指标。常见的静态指标有渗透率、孔隙度、砂岩厚度、原油黏度、渗透率级差、渗透率变异系数、分选系数、胶结程度和沉积微相；动态指标有关联系数、测井系列异常情况、累计出砂量、含水率上升速度、井组累计注采比、视吸水指数上升幅度、视采液指数上升幅度、注采压差下降幅度和含水率。

（2）分析各因素的相关特征，给出权重值。将各静态因素的指标值与其权值相乘并累加，该累加值称为优势渗流通道的静态判度；同样，将各动态因素的指标值与其权值相乘并累加，该累加值称为优势渗流通道的动态判度。

$$静态判度：F_J=\sum（静态地质指标值 F_{Ji}× 权值 \omega_{Ji}）$$

$$动态判度：F_D=\sum（动态地质指标值 F_{Di}× 权值 \omega_{Di}）$$

（3）将静态判度和动态判度各乘以相应的权值并求和，从而得到优势渗流通道的综合判度 F_Z。

$$F_Z=F_J\omega_J+F_D\omega_D$$

（4）将不同地质和开发条件下油藏内优势渗流通道存在和发展的状态分为 6 种类型，即地层情况无异常、存在高渗透带、存在裂缝、存在大裂缝、未完全发展优势渗流通道和完全发展优势渗流通道。

当静态判度 $F_J<0.3$ 时：

①若综合判度 $F_Z<0.4$，地层情况无异常；

②若综合判度 $0.4\leq F_Z<0.6$，存在高渗透带；

③若综合判度 $0.6\leq F_Z<0.8$，存在裂缝；

④若综合判度 $0.8\leq F_Z<1$，存在大裂缝。

当静态判度 $F_J \geqslant 0.3$ 时：
① 若综合判度 $F_Z < 0.4$，地层情况无异常；
② 若综合判度 $0.4 \leqslant F_Z < 0.6$，存在高渗透带；
③ 若综合判度 $0.6 \leqslant F_Z < 0.8$，为未完全发展型优势渗流通道；
④ 若综合判度 $0.8 \leqslant F_Z < 1$，为完全发展型优势渗流通道。

该种方法应用的资料较多，参数较全，即识别的准确程度较应用单一参数识别的高，其关键在各个参数的权重值分配上，需要较高的经验程度。

5. 实验室物理模拟识别优势渗流通道

通过压制岩心模型从几个方面研究了优势渗流通道形成的影响因素。

（1）胶结程度对优势渗流通道形成的影响，实验结果表明：胶结程度越高，砂粒移动所需要的压力梯度越大，即需要的驱替速度越高，反之则出砂需要的冲刷速度越小。

（2）渗透率对优势渗流通道形成的影响，并联模型研究结果表明，渗透率高的模型，流量分配大，对砂粒的冲刷作用强，出砂严重，已形成优势渗流通道。

（3）生产速率对优势渗流通道形成的影响，实验结果表明：生产速率越高，作用在岩石颗粒上的压力梯度越大，砂粒越容易脱落，出砂量越大，越容易形成高渗透带，压力下降越快。而压力下降越快越容易出砂。

（4）流体黏度对优势渗流通道形成的影响，实验表明：渗流速度较低时，油越稠出砂越大。这是由于越稠的油流动阻力越大，对砂粒的曳力也越大；同时稠油的携砂能力比较强，细砂颗粒比较稳定地分布在稠油中一同运动。

6. 井间地震资料识别优势渗流通道

利用井间地震资料识别储层优势渗流通道及其流体流动特征，是借助地震反演方法处理井间地震数据，在获得的井间地震反射波和速度层析成像图上，根据井眼资料标定结果，跟踪检测储层结构及特征参数变化产生的地震响应。在速度层析成像结果导出的储层参数分布图上，根据参数的空间变化，划分储层内部结构，研究流体流动特性影响因素，指出影响开采效果的优势渗流通道的存在及其分布。井间地震资料分辨率高，可描述的地质体细节更多，可识别的地质体尺度更小。同时，井间地震成像资料可利用的信息多，解释的精度及可靠性高。但是井间地震技术费用昂贵，在油藏描述的定量化解释方面仍有待提高。目前井间地震资料还没有较全面的解释系统，基本处于模仿常规地面地震解释阶段，方法上具有较大的发展潜力。

7. 动态资料识别优势渗流通道

优势渗流通道形成后油田开发动态表现出如下特征：

（1）采出方面。"两快"：油井见水快、含水上升快；"三低"：采出程度低、采油效率低、油层压力低（油层压力不能恢复）；污水处理量大。

（2）注入方面。注水油压低、启动压力低、吸水指数大；吸水剖面差异大。

（3）注采井组。井组采注比大，井组采注比反映了目标注水井所对应的生产井的采液能力。在同一注采单元内被优势渗流通道连通的井，其注采比远大于其他的井；开采过程中，油层水驱速度快，存水率低[30-31]。

8. 取心井资料识别优势渗流通道

取心井资料可以描述储层非均质性及识别优势渗流通道，其基本原理为：岩心取出后观察其岩性、颜色、含油性,优势渗流通道高渗透层往往呈白色,冲洗得比较干净,如果结合岩心面的韵律性,则可基本判断出优势渗流通道的分布位置及厚度。同时,对岩心的渗透率变化进行分析也可以对优势渗流通道进行识别。取心资料来自注采井所在的储层,能够真实地反映注采井间储层长期水驱后及聚驱后的变化,方法直接、有效。但是,若想对砂岩油藏储层优势渗流通道变化做出准确描述,还需要注水或注聚前后大量的岩心资料,取心费用高。受岩心资料和经济条件的限制,取心资料识别和描述优势渗流通道的实际应用效果并不理想。鉴于大庆油田整个开发过程钻取了大量的岩心资料,因此我们有必要,更应该把这些宝贵的地下资料利用起来,为储层优势渗流通道的研究作出贡献。

9. 剖面测试识别优势渗流通道

注水开发中后期的油田,层间非均质性强,为了解注入井各层段的吸水情况,采用生产测井方法来测试注入井的吸水剖面。吸水剖面是指在一定注入压力和注入量条件下对注入井各个层段测试的吸水量的垂向分布剖面,主要反映了每个层段或者小层在一定注入压力下的相对吸水量。利用吸水剖面测井资料可确定储层吸水层位和水淹部位,为制订合理的挖潜方案提供了依据,对提高注水开发油田原油采收率起着十分重要的作用。利用吸水剖面资料可识别储层中的优势渗流通道,发育优势渗流通道的层段在注入井吸水剖面上表现为同一时期,相对吸水量和吸水强度高于其他层位;随着注水开发时间的推移,相对吸水量不断地增大[32]。

二、流线数值模拟优势渗流通道识别方法

由于常规识别方法资料少且不连续,无法量化表征优势渗流通道时空演变过程。为精准确定封堵部位,研发了流线数值模拟优势渗流通道量化识别技术。应用流线数值模拟方法可以给出井间导液量(注入井到生产井的流量分配)、注水效率和含水饱和度等重要信息,可为流线数值模拟优势渗流通道识别提供重要参数,从而给出优势渗流通道的空间展布[33]。

1. 渗透率时变模型的建立

渗透率时变模型建立的基本思想就是建立多孔介质的喉道半径(孔喉比)与渗透率在不同时间段的对应关系。依据渗透率与喉道半径关系理论结合取心井资料,建立了渗透率时变模型。渗透率与喉道半径的关系式为[34-36]:

$$K = f_1 f_2 \left(\frac{r}{2}\right)^2 \quad (3-1)$$

式中 K——油藏渗透率,μm^2;

r——喉道半径,μm;

f_1——喉道因子;

f_2——孔隙度因子。

由式(3-1)可得油藏开发任意时间的渗透率与原始渗透率和喉道半径关系数学模型为

$$K_t = K_0 \left(\frac{r_t}{r_0}\right)^2 \quad (3-2)$$

式中 K_t——油藏开发 t 时间的渗透率，μm^2；
K_0——油藏原始渗透率，μm^2；
r_t——油藏开发 t 时间的喉道半径，μm；
r_0——油藏原始喉道半径，μm。

油藏开发 t 时间的渗透率变化率 ΔK_t 为

$$\Delta K_t = (K_t - K_0)/K_0 \quad (3-3)$$

由式（3-2）可以看出，只要知道原始渗透率和喉道半径比，由渗透率时变模型就可以计算得出油田开发 t 时间的实际渗透率。原始渗透率是已知的，关键是如何确定喉道半径比。油藏开发过程中，采出液中会伴有颗粒物质，这是由于喉道内的矿物质受到注入水的冲刷后随着注入水一起被采出，导致喉道半径扩大，喉道体积增大。认为采出水总悬浮物泥沙体积基本上与增加的喉道体积相等，由此得到喉道半径比，计算出渗透率变化率。

在理想情况下，假设油藏中全部喉道是由 n 个单位长度为 L、半径为 r_i 的喉道组成的，则全部喉道体积 V 为

$$V = \sum_{i=1}^{n} L\pi r_i^2 \quad (3-4)$$

式中 r_i——喉道 i 的半径，μm。

由式（3-4）可得喉道半径比与喉道体积比的关系为

$$\frac{r_t}{r_0} = \sqrt{\frac{V_t}{V_0}} \quad (3-5)$$

式中 V_t——油藏开发 t 时间的喉道体积，m^3；
V_0——油藏原始喉道体积，m^3。

$$V_0 = V_{r0}\frac{\phi}{\gamma} \quad (3-6)$$

式中 V_{r0}——原始油藏体积，m^3；
ϕ——油藏原始孔隙度；
γ——油藏原始孔喉比。

V_t 与 V_0 的关系为

$$V_t = V_0 + V_s \quad (3-7)$$

式中 V_s——油藏在 t 时间累计产泥沙体积，m^3。

$$V_s = V_w c \quad (3-8)$$

式中 V_w——油藏开发 t 时间累计产水体积，m^3；

c——油藏开发 t 时间累计产出水中悬浮物体积分数。

将式（3-5）至式（3-8）代入式（3-2）便可求出油藏开发 t 时间的渗透率。

2. 综合判识模型的建立

由于优势渗流通道的形成是长期对油藏改造的结果，因此，优势渗流通道定量表征参数应具有可累计、可量化的属性，能从动静时空方面量化识别优势渗流通道。选取了井间过水倍数、渗透率、渗透率变化值、注水效率和含水饱和度作为关键参数。井间过水倍数体现了注入水体流动的方向性，渗透率表示了储层的原始物性，渗透率变化值表示了储层物性内在变化性，注水效率代表注入流体油藏波及性，含油饱和度表示了变化发生时间和程度[37-38]。上述关键参数反映了流体在油藏中渗流特征，从动静时空方面综合描述了优势渗流通道性质。

针对研究区块五点法井网每个存在受效关系注采井对，为每个油层定义综合判识指数，描述优势渗流通道发育程度，第 i 个井对第 j 层综合判识指数是井间过水倍数、渗透率变化值、注水效率和含水饱和度函数，建立优势渗流通道综合判识模型为

$$E_{ij} = \sum_{k=1}^{n} \lambda_{k,ij} d_{k,ij} \tag{3-9}$$

式中 E_{ij}——第 i 个井对第 j 层综合判判识指数；

$\lambda_{k,ij}$——第 i 个井对第 j 层第 k 个关键参数权重系数；

$d_{k,ij}$——第 i 个井对第 j 层第 k 个关键参数标准化值或称标准判识关键参数。

根据初值迭代方法结合专家经验给出了关键参数权重，关键参数权重确定见表3-2。依据综合判识指数的范围将优势渗流通道划分了4个级别（表3-3）。

表3-2 关键参数权重

关键参数	权重
井间过水倍数	0.550
渗透率	0.075
渗透率变化值	0.075
注水效率	0.150
含水饱和度	0.150

表3-3 优势渗流通道划分级别

综合判别指数取值范围	类型
大于等于0.6（Ⅰ级）	强优势渗流通道
0.3~0.6（Ⅱ级）	中优势渗流通道
小于等于0.3（Ⅲ级）	非优势渗流通道

第三节 化学驱流线数值模拟软件研制

流线数值模拟优势渗流通道识别方法，可给出优势渗流通道时空演化过程。井间导液量是流线数值模拟方法识别优势渗流通道的重要参数，只有流线数值模拟软件可给出井间导液量，直接获得注入井到产出井的流量分配。为准确刻画优势渗流通道，研制了化学驱流线数值模拟软件。

一、流线模拟基本原理

流线模拟技术能够将三维模拟模型还原为一系列的一维流线模型，同时还可以进行流体流动计算，具有处理更大数量级数据的计算优势。流线模拟法通过在计算效率和所模拟的物理模型之间寻求合理的匹配，可以定量的解决质点间多相流的复杂流体模型。

流线法与传统的数值模拟方法如有限差分方法的最大区别在于有限差分方法中，流体是从一个网格移动到另一个网格，沿笛卡尔网格向前推移的，路径图如图3-6所示，而流线法中流体是沿流线向前推移的，路径图如图3-7所示。传统的数值模拟方法在求解聚合物驱数学模型时，采用相同的笛卡尔网格来求解压力、饱和度和聚合物浓度，并且流体只能沿着笛卡尔网格方向向前推移，求解过程和结果极易受与网格划分和网格排列有关的各种因素的影响，而且计算量大，计算耗时长。流线模拟是在基本网格上建立压力方程，对流线进行正交运算，得出压力等势面。由此建立一个自然运移网络，即流线场。流体沿流线运移，追踪油、气、水在油藏中的移动。液体沿着流线在压力梯度方向运移，而不是在网格内运动。同时，流线法求解饱和度和聚合物浓度时，只需沿着流线上的各流动单元将饱和度和聚合物浓度向前推移，更接近流体的真实流动状况，使计算结果更加准确，有效减小数值弥散，因而流线法的求解过程更加稳定，其解受网格大小和方向的影响较小，可以采用较大的时步进行计算，并且由于流体沿着没有交叉的流线移动，还可以简化为一系列一维流线模拟的综合[40]。

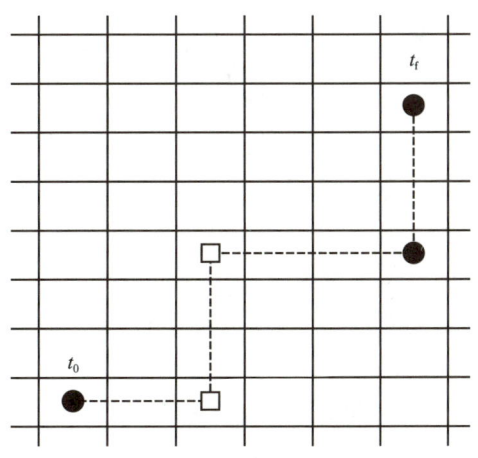

图3-6 有限差分法路径图

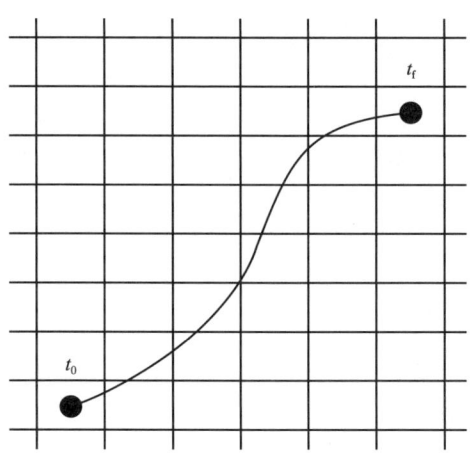

图 3-7 流线法路径图

二、流线数学模型的建立及求解

1. 流线法渗流数学模型

把黑油模型与流线方法相结合构建流线数值模拟模型，假设：（1）忽略气相的存在，流体由油水两相组成；（2）油藏中的岩石和流体均不可压缩；（3）油藏中流体流动满足达西定律；（4）忽略聚合物的存在对水溶液质量守恒的影响；（5）聚合物驱替过程为等温驱替过程；（6）固相不流动、Fick 弥散、理想混合。

（1）基本微分方程的建立。

根据上述假设，由质量守恒原理及达西定律，引入源汇项，考虑重力和毛细管压力的流线法数学模型如下[41-42]。

①质量守恒方程。

根据上述假设，流线法中多相流的连续性方程为

$$-\nabla \cdot (\rho_o v_o) + q_o = \frac{\partial (\phi \rho_o S_o)}{\partial t} \quad (3\text{-}10)$$

$$-\nabla \cdot (\rho_w v_w) + q_w = \frac{\partial (\phi \rho_w S_w)}{\partial t} \quad (3\text{-}11)$$

式中 v_o, v_w——油相、水相的渗流速度，m/s；
q_o, q_w——油相、水相的源汇项，kg/（m³·s）；
S_o, S_w——油相、水相的饱和度；
ρ_o, ρ_w——油相、水相的密度，kg/m³；
ϕ——孔隙度；
t——时间，s。

②运动方程。

油组分、水组分的运动方程可根据达西定律写为[43]

$$v_o = -\frac{KK_{ro}}{\mu_o}\nabla(p_o - \rho_o g D) \quad (3-12)$$

$$v_w = -\frac{KK_{rw}}{\mu_w}\nabla(p_w - \rho_w g D) \quad (3-13)$$

式中　K——油藏的绝对渗透率，μm^2；

　　　K_{ro}，K_{rw}——油相、水相的相对渗透率；

　　　p_o，p_w——油相、水相的压力，MPa；

　　　μ_o，μ_w——油相、水相的黏度，Pa·s；

　　　g——重力加速度常数，m/s^2；

　　　D——某一基准面算起的深度，与重力加速度方向相同，m。

③渗流方程。

将式（3-12）和式（3-13）分别代入式（3-10）和式（3-11）中，整理得

$$\nabla\cdot\left[\frac{\rho_o KK_{ro}}{\mu_o}\nabla(p_o - \rho_o g D)\right] + q_o = \phi\frac{\partial(\rho_o S_o)}{\partial t} \quad (3-14)$$

$$\nabla\cdot\left[\frac{\rho_w KK_{rw}}{\mu_w}\nabla(p_w - \rho_w g D)\right] + q_w = \phi\frac{\partial(\rho_w S_w)}{\partial t} \quad (3-15)$$

④辅助方程。

$$S_o + S_w = 1 \quad (3-16)$$

$$K_{ri} = f(S_i),\ i = o, w \quad (3-17)$$

$$p_{cow}(S_w) = p_o - p_w \quad (3-18)$$

式中　p_{cow}——油相和水相之间的毛细管压力，MPa。

⑤定解条件。

作为一个完整的数学模型还必须给出它的定解条件，只有这样才能保证解的唯一性。

a. 边界条件。

油藏数值模拟中的边界条件分为外边界条件和内边界条件，外边界条件是指油藏外边界所处的状态；内边界条件是指油水井所处的状态。

外边界条件：在流线模型中，一般将油藏的外边界考虑成为不渗透的封闭边界，即在此边界上无流量通过，这时有

$$\left.\frac{\partial p}{\partial \boldsymbol{n}}\right|_G = 0 \qquad (3\text{-}19)$$

式中 $\boldsymbol{n}$——油藏外边界 G 的外法线方向。

内边界条件：若油藏内分布有油井或水井时，由于井眼几何尺寸远远小于油藏的尺寸，可把油井或注水井作为已知点汇或点源来处理。一般考虑定井产量和定井底压力两种工作制度。

定井产量：

$$Q_l(x,y,z,t)\big|_{x=x_w, y=y_w, z=z_w} = Q_l(t) \qquad (3\text{-}20)$$

定井底压力：

$$p(x,y,z,t)\big|_{x=x_w, y=y_w, z=z_w} = p_{wf}(t) \qquad (3\text{-}21)$$

b. 初始条件。

初始条件是指在初始时刻（$t=0$），油藏内的压力和饱和度的分布，可表示为

$$p_l(x,y,z,0)\big|_{t=0} = p^0(x,y,z) \qquad (3\text{-}22)$$

$$S_l(x,y,z,0)\big|_{t=0} = S^0(x,y,z) \qquad (3\text{-}23)$$

式中 l——确定油藏区域。

对于油水两相渗流问题，若地层水处于束缚状态的单相流动区，流体饱和度为定值。在油水过渡区内，各相的流体饱和度需要根据过渡区内各点的毛细管压力值由毛细管压力曲线求得。

2. 流线模型压力方程的建立及求解

（1）流线模型压力方程的建立。

假设流体为不可压缩性流体，即 $\rho_j=\text{const}$，$j=o, w$。将式（3-14）和式（3-15）左右两端分别消去 ρ_o 和 ρ_w 后相加，并将式（3-18）代入可得

$$\nabla \cdot \left[\lambda_t (\nabla p_w - \gamma \nabla D) \right] + q_v + \nabla \cdot \left[\lambda_o \nabla p_{cow} \right] = 0 \qquad (3\text{-}24)$$

其中

$$\lambda_o = \frac{KK_{ro}}{\mu_o}, \quad \lambda_w = \frac{KK_{rw}}{\mu_w}$$

$$\gamma_o = \rho_o g, \quad \gamma_w = \rho_w g$$

$$\lambda_t = \lambda_o + \lambda_w = \frac{KK_{ro}}{\mu_o} + \frac{KK_{rw}}{\mu_w}$$

$$\gamma = \frac{\lambda_o \gamma_o + \lambda_w \gamma_w}{\lambda_t}$$

$$q_v = q_{vo} + q_{vw}$$

式中 λ_o，λ_w——油相、水相的流度，$\mu m^2/(Pa \cdot s)$；

λ_t——总流度，$\mu m^2/(Pa \cdot s)$；

γ_o，γ_w——油相、水相的重度；

q_{vo}，q_{vw}——单位时间、单位体积岩石中产出或注入油、水相的体积流量，m^3/s；

q_v——单位时间、单位体积岩石中注入（或采出）油、水的总体积流量，m^3/s。

式（3-24）即为考虑毛细管压力与重力因素的流线模型压力方程。方程中水相压力 p_w 即为所求未知变量。

（2）流线模型压力方程的求解。

根据 IMPES 方法，对式（3-24）采用七点有限差分格式，式（3-24）式中毛细管压力 p_{cow} 可根据上一时间步的饱和度 S_w 直接由毛细管压力方程求出。水相压力方程的差分格式为

$$\begin{aligned}&TZ_{i,j,k-1/2}p_{wi,j,k-1} + TY_{i,j-1/2,k}p_{wi,j-1,k} + TX_{i-1/2,j,k}p_{wi-1,j,k} \\ &-\left(TZ_{i,j,k-1/2} + TY_{i,j-1/2,k} + TX_{i-1/2,j,k} + TZ_{i,j,k+1/2} + TY_{i,j+1/2,k} + TX_{i+1/2,j,k}\right)p_{wi,j,k} \\ &+TZ_{i,j,k+1/2}p_{wi,j,k+1} + TY_{i,j+1/2,k}p_{wi,j+1,k} + TX_{i+1/2,j,k}p_{wi+1,j,k} \\ &= -Q_{i,j,k} - Tpc_{i,j,k} + TG_{i,j,k}\end{aligned} \quad (3-25)$$

$$TX_{i\pm1/2,j,k} = 2A_{i\pm1/2,j,k}\left(\frac{1}{\dfrac{\Delta x_{i,j,k}}{\lambda_{tx,i,j,k}} + \dfrac{\Delta x_{i\pm1,j,k}}{\lambda_{tx,i\pm1,j,k}}}\right) \quad (3-26)$$

$$TY_{i,j\pm1/2,k} = 2A_{i,j\pm1/2,k}\left(\frac{1}{\dfrac{\Delta y_{i,j,k}}{\lambda_{ty,i,j,k}} + \dfrac{\Delta y_{i\pm1,j,k}}{\lambda_{ty,i\pm1,j,k}}}\right) \quad (3-27)$$

$$TZ_{i,j,k\pm1/2} = 2A_{i,j,k\pm1/2}\left(\frac{1}{\dfrac{\Delta z_{i,j,k}}{\lambda_{tz,i,j,k}} + \dfrac{\Delta z_{i,j,k\pm1}}{\lambda_{tz,i,j,k\pm1}}}\right) \quad (3-28)$$

网格间的截面积 A 采用调和平均方法近似计算：

$$A_{i\pm1/2,j,k} = \frac{2\Delta y_{i,j,k}\Delta z_{i,j,k}\Delta y_{i\pm1,j,k}\Delta z_{i\pm1,j,k}}{\Delta y_{i,j,k}\Delta z_{i,j,k} + \Delta y_{i\pm1,j,k}\Delta z_{i\pm1,j,k}} \quad (3-29)$$

$$A_{i,j\pm1/2,k} = \frac{2\Delta x_{i,j,k}\Delta z_{i,j,k}\Delta x_{i,j\pm1,k}\Delta z_{i,j\pm1,k}}{\Delta x_{i,j,k}\Delta z_{i,j,k} + \Delta x_{i,j\pm1,k}\Delta z_{i,j\pm1,k}} \quad (3-30)$$

$$A_{i,j,k\pm1/2} = \frac{2\Delta x_{i,j,k}\Delta y_{i,j,k}\Delta x_{i,j,k\pm1}\Delta y_{i,j,k\pm1}}{\Delta x_{i,j,k}\Delta y_{i,j,k} + \Delta x_{i,j,k\pm1}\Delta y_{i,j,k\pm1}} \quad (3-31)$$

网格流度 λ 定义为

$$\lambda_{txi,j,k} = \left(\frac{K_{ro}}{\mu_o} + \frac{K_{rw}}{\mu_w}\right)_{i,j,k} K_{xi,j,k} \quad (3-32)$$

$$\lambda_{tyi,j,k} = \left(\frac{K_{ro}}{\mu_o} + \frac{K_{rw}}{\mu_w}\right)_{i,j,k} K_{yi,j,k} \quad (3-33)$$

$$\lambda_{tzi,j,k} = \left(\frac{K_{ro}}{\mu_o} + \frac{K_{rw}}{\mu_w}\right)_{i,j,k} K_{zi,j,k} \quad (3-34)$$

式中 $TX_{i\pm1/2,j,k}$，$TY_{i,j\pm1/2,k}$，$TZ_{i,j,k\pm1/2}$——网格 (i,j,k) 与网格 $(i\pm1,j,k)$、$(i,j\pm1,k)$ 和 $(i,j,k\pm1)$ 间的传导率；

$Tpc_{i,j,k}$，$TG_{i,j,k}$——(i,j,k) 网格处毛细管压力和重力对压力方程的贡献，分别也由差分格式给出，为已知项；

$Q_{i,j,k}$——产量项，当内边界条件按定井产量或注入量定义时，可将井的产量或注入量直接代入式（3-25）中，当内边界条件按定井底压力定义时，将井的产量或注入量与网格压力的转换关系表达式代入式（3-25）中。

一系列类似于式（3-25）的方程形成了一个大型的线性代数方程组，人们习惯于将线性代数方程组的形式写成：

$$\boldsymbol{T}^n \boldsymbol{p}_w^{n+1} = B^n \quad (3-35)$$

式中 $\boldsymbol{T}^n$——由式（3-26）至式（3-28）确定的传导系数矩阵；

$\boldsymbol{p}_w^{n+1}$——t^{n+1} 时刻各网格水相压力值组成的矩阵；

B^n——由式（3-25）右端项组成的矩阵。

式（3-35）是一个大型稀疏线性方程组，通常采用迭代法求解，求解完后，得各网格 t^{n+1} 时刻的水相压力 p_w 后，根据毛细管压力方程求得各网格 t^{n+1} 时刻的油相压力 p_o。各网格 t^{n+1} 时刻的平均压力 p 即可用式（3-36）来计算。

$$p = (p_o \cdot \lambda_o + p_w \cdot \lambda_w)/(\lambda_o + \lambda_w) \quad (3-36)$$

3. 流线追踪

Pollock 提出了追踪流线轨迹的方法是在网格系统中的压力场已知的情况下，应用达西定律建立流体真实流动速度场，然后在此基础上追踪流线。因为这种方法的每一根流线是由一系列单个网格中的流线段组成的，而每个网格中的流线段又是由解析方法确定的，所以又称为半解析方法[44]。

（1）流线真实流动速度场的建立。

当压力场确定后，应用式（3-12）和式（3-13）可以计算定义在相邻网格界面上的流体流动速度矢量。为了追踪流线的需要，需要将其转化为真实速度。真实速度的计算公式为

$$u_t = \frac{v_t}{\phi} \tag{3-37}$$

式中　u_t——油藏中流体的真实速度；
　　　v_t——油藏中流体的达西速度。

首先，做如下假设：在三维笛卡尔网格系统中，其 x 轴的正方向与网格编号 i 增大的方向一致；其 y 轴的正方向与网格编号 j 增大的方向一致；其 z 轴的正方向与网格编号 k 增大的方向一致。

同时，假设 $TX_{oi\pm1/2,j,k}$，$TX_{wi\pm1/2,j,k}$ 分别为网格（$i\pm1,j,k$）与网格（i,j,k）间的油相、水相的 x 方向传导率；$TY_{oi,j\pm1/2,k}$，$TY_{wi,j\pm1/2,k}$ 分别为网格（$i,j\pm1,k$）与网格（i,j,k）间的油相、水相的 y 方向传导率；$TZ_{oi,j,k\pm1/2}$，$TY_{wi,j,k\pm1/2}$ 分别为网格（$i,j,k\pm1$）与网格（i,j,k）间的油相、水相的 z 方向传导率。同理，可以定义网格间的孔隙度 $\phi_{i\pm1/2,j,k}$，$\phi_{i,j\pm1/2,k}$ 和 $\phi_{i,j,k\pm1/2}$，分别表示为

$$TX_{oi\pm1/2,j,k} = 2A_{i\pm1/2,j,k}\left(\frac{1}{\Delta x_{i,j,k}/\lambda_{oxi,j,k} + \Delta x_{i\pm1,j,k}/\lambda_{oxi\pm1,j,k}}\right) \tag{3-38}$$

$$TX_{wi\pm1/2,j,k} = 2A_{i\pm1/2,j,k}\left(\frac{1}{\Delta x_{i,j,k}/\lambda_{wxi,j,k} + \Delta x_{i\pm1,j,k}/\lambda_{wxi\pm1,j,k}}\right) \tag{3-39}$$

$$TY_{oi,j\pm1/2,k} = 2A_{i,j\pm1/2,k}\left(\frac{1}{\Delta y_{i,j,k}/\lambda_{oyi,j,k} + \Delta y_{i,j\pm1,k}/\lambda_{oyi,j\pm1,k}}\right) \tag{3-40}$$

$$TY_{wi,j\pm1/2,k} = 2A_{i,j\pm1/2,k}\left(\frac{1}{\Delta y_{i,j,k}/\lambda_{wyi,j,k} + \Delta y_{i,j\pm1,k}/\lambda_{wyi,j\pm1,k}}\right) \tag{3-41}$$

$$TZ_{oi,j,k\pm1/2} = 2A_{i,j,k\pm1/2}\left(\frac{1}{\Delta z_{i,j,k}/\lambda_{oyi,j,k} + \Delta z_{i,j,k\pm1}/\lambda_{oyi,j,k\pm1}}\right) \tag{3-42}$$

$$TZ_{wi,j,k\pm1/2} = 2A_{i,j,k\pm1/2}\left(\frac{1}{\Delta z_{i,j,k}/\lambda_{wyi,j,k} + \Delta z_{i,j,k\pm1}/\lambda_{wyi,j,k\pm1}}\right) \tag{3-43}$$

网格间的孔隙度采用调和平均方法近似计算：

$$\phi_{i\pm1/2,j,k}=\frac{2\phi_{i,j,k}\phi_{i\pm1,j,k}}{\phi_{i,j,k}+\phi_{i\pm1,j,k}} \tag{3-44}$$

$$\phi_{i,j\pm1/2,k}=\frac{2\phi_{i,j,k}\phi_{i,j\pm1,k}}{\phi_{i,j,k}+\phi_{i,j\pm1,k}} \tag{3-45}$$

$$\phi_{i,j,k\pm1/2}=\frac{2\phi_{i,j,k}\phi_{i,j,k\pm1}}{\phi_{i,j,k}+\phi_{i,j,k\pm1}} \tag{3-46}$$

根据油藏模拟研究区域划分的网格和采用隐式格式求解的压力分布后，就可以由以上假设及达西方程计算网格界面处的真实流动速度分量。

在网格$(i\pm1,j,k)$与网格(i,j,k)的相邻界面$i\pm1/2$上，x方向的油相与水相t^{n+1}时刻真实流动速度$u_{oxi\pm1/2,j,k}^{n+1}$与$u_{wxi\pm1/2,j,k}^{n+1}$分别为

$$u_{oxi\pm1/2,j,k}^{n+1}=TX_{oi\pm1/2,j,k}^{n}\left[\left(p_{oi,j,k}^{n+1}-p_{oi\pm1,j,k}^{n+1}\right)\mp\gamma_{o}\left(D_{i,j,k}-D_{i\pm1,j,k}\right)\right]/\left(A_{i\pm1/2,j,k}\phi_{i\pm1/2,j,k}\right) \tag{3-47}$$

$$u_{wxi\pm1/2,j,k}^{n+1}=TX_{wi\pm1/2,j,k}^{n}\left[\left(p_{wi,j,k}^{n+1}-p_{wi\pm1,j,k}^{n+1}\right)\mp\gamma_{w}\left(D_{i,j,k}-D_{i\pm1,j,k}\right)\right]/\left(A_{i\pm1/2,j,k}\phi_{i\pm1/2,j,k}\right) \tag{3-48}$$

当$u_{oxi+1/2,j,k}^{n+1}$为正时，其方向为x轴的正方向，为负时，其方向为x轴的负方向；当$u_{oxi-1/2,j,k}^{n+1}$为负时，其方向为x轴的正方向，为正时，其方向为x轴的负方向。同理，$u_{wxi\pm1/2,j,k}^{n+1}$方向以此类推。

在网格$(i,j\pm1,k)$与网格(i,j,k)的相邻界面$j\pm1/2$上，y方向的油相与水相t^{n+1}时刻真实流动速度$u_{oyi,j\pm1/2,k}^{n+1}$与$u_{wyi,j\pm1/2,k}^{n+1}$分别为

$$u_{oyi,j\pm1/2,k}^{n+1}=TY_{oi,j\pm1/2,k}^{n}\left[\left(p_{oi,j,k}^{n+1}-p_{oi,j\pm1,k}^{n+1}\right)\mp\gamma_{o}\left(D_{i,j,k}-D_{i,j\pm1,k}\right)\right]/\left(A_{i,j\pm1/2,k}\phi_{i,j\pm1/2,k}\right) \tag{3-49}$$

$$u_{wyi,j\pm1/2,k}^{n+1}=TY_{wi,j\pm1/2,k}^{n}\left[\left(p_{wi,j,k}^{n+1}-p_{wi,j\pm1,k}^{n+1}\right)\mp\gamma_{w}\left(D_{i,j,k}-D_{i,j\pm1,k}\right)\right]/\left(A_{i,j\pm1/2,k}\phi_{i,j\pm1/2,k}\right) \tag{3-50}$$

当$u_{oyi,j+1/2,k}^{n+1}$为正时，其方向为y轴的正方向，当$u_{oyi,j+1/2,k}^{n+1}$为负时，其方向为y轴的负方向；当$u_{oyi,j-1/2,k}^{n+1}$为负时，其方向为y轴的正方向，当$u_{oyi,j-1/2,k}^{n+1}$为正时，其方向为y轴的负方向。同理，$u_{wyi,j\pm1/2,k}^{n+1}$方向以此类推。

在网格$(i,j,k\pm1)$与网格(i,j,k)的相邻界面$k\pm1/2$上，z方向的油相与水相t^{n+1}时刻真实流动速度$u_{ozi,j,k\pm1/2}^{n+1}$与$u_{wzi,j,k\pm1/2}^{n+1}$分别为

$$u_{ozi,j,k\pm1/2}^{n+1}=TZ_{oi,j\pm1/2,k}^{n}\left[\left(p_{oi,j,k}^{n+1}-p_{oi,j,k\pm1}^{n+1}\right)\mp\gamma_{o}\left(D_{i,j,k}-D_{i,j,k\pm1}\right)\right]/\left(A_{i,j,k\pm1/2}\phi_{i,j,k\pm1/2}\right) \tag{3-51}$$

$$u_{wzi,j,k\pm1/2}^{n+1}=TZ_{wi,j,k\pm1/2}^{n}\left[\left(p_{wi,j,k}^{n+1}-p_{wi,j,k\pm1}^{n+1}\right)\mp\gamma_{w}\left(D_{i,j,k}-D_{i,j,k\pm1}\right)\right]/\left(A_{i,j,k\pm1/2}\phi_{i,j,k\pm1/2}\right) \tag{3-52}$$

当 $u_{ozi,j,k+1/2}^{n+1}$ 为正时，其方向为 z 轴的正方向，当 $u_{ozi,j,k+1/2}^{n+1}$ 为负时，其方向为 z 轴的负方向；当 $u_{wzi,j,k-1/2}^{n+1}$ 为负时，其方向为 z 轴的正方向，当 $u_{wzi,j,k-1/2}^{n+1}$ 为正时，其方向为 z 轴的负方向。同理，$u_{wzi,j,k+1/2}^{n+1}$ 方向以此类推。

由式（3-47）至式（3-52）确定各网格的 x、y、z 方向 t^{n+1} 时刻的油相、水相真实流动速度。由于流体不可压缩，总的真实流速即为油水两相的真实流速矢量和，可表示为

$$u_t = u_o + u_w \tag{3-53}$$

（2）应用 Pollock 流线追踪方法确定流线。

在得到流体真实流动速度矢量场上，应用 Pollock 流线追踪方法确定流线，即通过研究由注入井发出并收敛于生产井的流体质点在空间的运动轨迹来确定流线。

Pollock 流线追踪方法的基本假设是在无点源或点汇的网格内，流体真实速度在各个坐标方向上的分量在网格内是线性变化且与该网格内其他方向上的速度无关。为简单起见，以二维笛卡尔网格系统为例说明 Pollock 流线追踪方法，如图 3-8 所示。

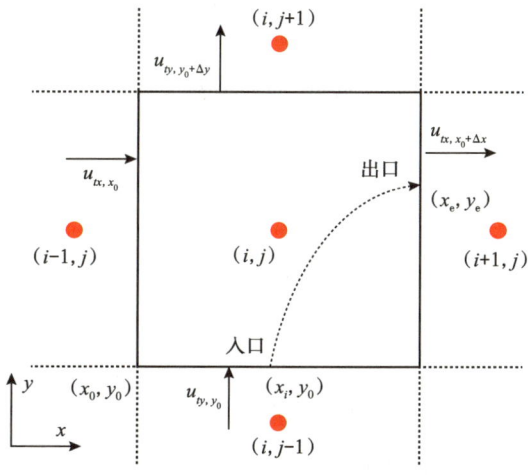

图 3-8　二维笛卡尔网格系统 Pollock 流线追踪方法示意图

图 3-8 有五个网格 $(i-1,j)$、(i,j)、$(i+1,j)$、$(i,j-1)$ 和 $(i,j+1)$，网格 (i,j) 的周围网格的相邻界面分别为 $(i+1/2,j)$、$(i-1/2,j)$、$(i,j+1/2)$ 和 $(i,j-1/2)$。网格 (i,j) 的左下角坐标为 (x_0,y_0)。已经定义垂直于 x 方向的网格界面的流体真实流速及垂直于 y 方向的网格界面的流体真实流速为 u_{tx,x_0}、$u_{tx,x_0+\Delta x}$、u_{ty,y_0} 和 $u_{ty,y_0+\Delta y}$。

根据基本假设条件，网格 (i,j) 内任意一点 (x,y) 的 x 方向流体真实流速 $u_{tx,x}$ 为

$$u_{tx,x} = u_{tx,x_0} + m_x(x - x_0) \tag{3-54}$$

$$m_x = (u_{tx,x_0+\Delta x} - u_{tx,x_0})/\Delta x \tag{3-55}$$

y 方向流体真实流速 $u_{ty,y}$ 为

$$u_{ty,y} = u_{ty,y_0} + m_y(y - y_0) \tag{3-56}$$

$$m_y = (u_{ty,y_0+\Delta y} - u_{ty,y_0})/\Delta y \tag{3-57}$$

设某一条流线从网格(i,j)的任意位置(x_i,y_i)进入该网格,并从边界点(x_e,y_e)穿出该网格。以流体质点由界面(i,j–1/2)上的点(x_i,y_0)进入网格(i,j)为例确定流线轨迹。

当流体质点由(x_i,y_0)进入网格(i,j)时,其在 x 方向的真实速度为 $u_{tx,x}$,流体质点在网格内的位移与速度关系可表示为

$$u_{tx,x} = \frac{\mathrm{d}x}{\mathrm{d}t} \tag{3-58}$$

将式(3-58)代入式(3-54)并积分,即可确定从进口界面到达 x 方向出口界面[即界面(i+1/2,j)上]时所需时间为

$$\int_0^{\Delta t_{e,x}} \mathrm{d}t = \int_{x_i}^{x_e} \frac{1}{u_{tx,x_0} + m_x(x-x_0)} \mathrm{d}x \tag{3-59}$$

当流体质点从临界面(i+1/2,j)上流出时所需时间为 $\Delta t_{e,x_1}$,可表示为

$$\Delta t_{e,x_1} = \frac{1}{m_x} \ln\left(\frac{u_{tx,x_0+\Delta x}}{u_{tx,x_i}}\right) \tag{3-60}$$

当流体质点从临界面(i–1/2,j)上流出时所需时间为 $\Delta t_{e,x_2}$,可表示为

$$\Delta t_{e,x_2} = \frac{1}{m_x} \ln\left(\frac{u_{tx,x_0}}{u_{tx,x_i}}\right) \tag{3-61}$$

同理,可以得到质点从 y 方向出口界面,即界面($i,j\pm 1/2$)流出时所需的时间,由于质点从(i,j–1/2)上流入网格(i,j),所以质点在 y 方向只能从界面(i,j+1/2)上流出,所需时间为 $\Delta t_{e,y_1}$,可以表示为

$$\Delta t_{e,y_1} = \frac{1}{m_y} \ln\left(\frac{u_{ty,y_0+\Delta y}}{u_{ty,y_0}}\right) \tag{3-62}$$

由于流体质点当且仅当沿一条轨迹穿越网格(i,j),所以比较上述式所求的时间,流体的实际出口界面就有其最小时间所确定的出口界面,即流出时间 Δt_e 为

$$\Delta t_e = \min\left(\Delta t_{e,x_1}, \Delta t_{e,x_2}, \Delta t_{e,y_1}\right) \tag{3-63}$$

由 Δt_e 就可以进一步确定流体质点的准确出口位置(x_e,y_e)。

$$x_e = \frac{1}{m_x}\left\{[u_{tx,x_0} + m_x(x_i-x_0)]\mathrm{e}^{m_x\Delta t_e} - u_{tx,x_0}\right\} \tag{3-64}$$

$$y_e = \frac{1}{m_y}\left\{\left[u_{ty,y_0} + m_y(y_i - y_0)\right]e^{m_y \Delta t_e} - u_{ty,y_0}\right\} \tag{3-65}$$

通过上述求解方法，得到了由界面 $(i, j-1/2)$ 上 (x_i, y_0) 处进入的流体质点穿越 (i, j) 的时间 Δt_e 及流体质点穿出该网格的出口位置坐标 (x_e, y_e)。在求解出 (x_e, y_e) 后，流体质点以 (x_e, y_e) 点为进入下一网格的流入点，继续穿越新的网格，直到收敛于某一口生产井所在网格。在这一过程通过上述方法可以确定若干个 (x_e, y_e) 点，用平滑曲线连接发出流体质点的注入井的坐标、所有 (x_e, y_e) 点和流体质点到达的生产井坐标就可以近似的表达出一条流线。

对于三维网格，应用 Pollock 流线追踪方法计算 z 方向上的流线，可得到一系列 (x_e, y_e, z_e) 点，连接这些点及其相关生产井和注入井就可以得到三维网格系统中的流线。

4. 流线模型饱和度方程的建立及求解

在建立流线模型的饱和度方程之前，需引入传播时间概念。

（1）传播时间的定义。

传播时间 τ 是指流体质点沿着流线运移到某一给定距离 s 所需的时间，数学表达式为：

$$\tau(s) = \int_0^s \frac{1}{|\boldsymbol{u}_t(\xi)|} d\xi \tag{3-66}$$

式中　s——流体质点所运移的路径长度，m；

　　　$\boldsymbol{u}_t$——质点的速度矢量，m/s。

在追踪流线方法中，可以通过计算流线穿过每一个网格块 i 所需的时间 $\Delta t_{e,i}$ 来近似估计沿着流线的传播时间值。即传播时间 τ 由式（3-67）确定。

$$\tau = \sum_{i=1}^{\text{nblocks}} \Delta t_{e,i} \tag{3-67}$$

式中　nblocks——流体质点运移位移为 s 时穿越的网格数；

　　　$\Delta t_{e,i}$——流体质点穿越第 i 个网格所需的时间，s。

传播时间是一个非常重要的参数，在后面所述的沿流线求解饱和度分布就需要用到流线在所经过的每个网格中的传播时间，以及将流线上的饱和度分布映射到网格，都需要根据传播时间来求出网格的平均性质参数。

（2）流线模型饱和度方程的建立。

水相和油相的运动方程可分别表述为

$$\boldsymbol{v}_w = -\lambda_w(\nabla p_w - \gamma_w \nabla D) \tag{3-68}$$

$$\boldsymbol{v}_o = -\lambda_o(\nabla p_o - \gamma_o \nabla D) \tag{3-69}$$

将式（3-18）代入式（3-69）得

$$\boldsymbol{v}_o = -\lambda_o(\nabla p_w - \gamma_o \nabla D) - \lambda_o \nabla p_{cow} \tag{3-70}$$

流体为不可压缩流体，则总的运动方程可表示为

$$\begin{aligned}\boldsymbol{v}_t = \boldsymbol{v}_o + \boldsymbol{v}_w &= -(\lambda_w + \lambda_o)\nabla p_w + (\gamma_w\lambda_w + \gamma_o\lambda_o)\nabla D - \lambda_o\nabla p_{cow} \\ &= -(\lambda_t)(\nabla p_w - \gamma\nabla D) - \lambda_o\nabla p_{cow}\end{aligned} \qquad (3\text{-}71)$$

故可得

$$\nabla p_w = \gamma\nabla D - \frac{1}{\lambda_t}\boldsymbol{v}_t - \frac{\lambda_o}{\lambda_t}\nabla p_{cow} \qquad (3\text{-}72)$$

将式（3-72）代入式（3-15）得

$$\begin{aligned}\phi\frac{\partial S_w}{\partial t} &= \nabla\cdot[\lambda_w(\nabla p_w - \gamma_w\nabla D)] + q_{vw} \\ &= \nabla\cdot\left[\lambda_w\left(\gamma\nabla D - \frac{1}{\lambda_t}\boldsymbol{v}_t + \frac{\lambda_o}{\lambda_t}\nabla p_{cow} - \gamma_w\nabla D\right)\right] + q_{vw} \\ &= \nabla\cdot[\lambda_w(\gamma - \gamma_w)\nabla D] - \boldsymbol{v}_t\cdot\nabla f_w + f_w\nabla(-\boldsymbol{v}_t) + \nabla\cdot\left(\frac{\lambda_w\lambda_o}{\lambda_t}\nabla p_{cow}\right) + q_{vw}\end{aligned} \qquad (3\text{-}73)$$

其中

$$f_w = \frac{Q_w}{Q} = \frac{\lambda_w}{\lambda_w + \lambda_o} = \frac{\lambda_w}{\lambda_t} \qquad (3\text{-}74)$$

根据质量守恒方程：

$$\nabla\cdot\boldsymbol{v}_t = 0 \qquad (3\text{-}75)$$

将式（3-66）两边求导有

$$\frac{\partial\tau}{\partial s} = \frac{1}{|\boldsymbol{u}_t|} = \frac{\phi}{|\boldsymbol{v}_t|} \qquad (3\text{-}76)$$

式（3-76）变形为

$$\boldsymbol{v}_t\cdot\nabla f_w \equiv |\boldsymbol{v}_t|\frac{\boldsymbol{v}_t}{|\boldsymbol{v}_t|}\cdot\nabla f_w = |\boldsymbol{v}_t|\frac{\partial f_w}{\partial s} = \phi\frac{\partial f_w}{\partial\tau} \qquad (3\text{-}77)$$

将式（3-75）和式（3-77）代入式（3-73）可得

$$\phi\frac{\partial S_w}{\partial t} = \nabla\cdot[\lambda_w(\gamma - \gamma_w)\nabla D] - \phi\frac{\partial f_w}{\partial\tau} - \nabla\cdot\left(\frac{\lambda_w\lambda_o}{\lambda_t}\nabla p_{cow}\right) + q_{vw} \qquad (3\text{-}78)$$

式（3-78）简化得

$$\frac{\partial S_w}{\partial t} + \frac{\partial f_w}{\partial\tau} + \frac{1}{\phi}\nabla\cdot\boldsymbol{G}_w = \frac{q_w}{\phi} \qquad (3\text{-}79)$$

其中

$$G_w = -[\lambda_w(\gamma-\gamma_w)\nabla D] + \left(\frac{\lambda_w\lambda_o}{\lambda_t}\nabla p_{cow}\right) = -\frac{\lambda_w\lambda_o}{\lambda_t}[(\gamma_o-\gamma_w)\nabla D - \nabla p_{cow}] \quad (3-80)$$

式（3-79）就是油水两相流线模型的饱和度方程。

（3）流线模型饱和度方程的求解。

求解出油、水两相压力场和速度场，并追踪出流线后，就可以根据式（3-79）求解沿流线饱和度分布。式（3-79）是一个比较复杂的对流扩散方程，利用流线方法沿流线求解饱和度将实际油藏中的二维或三维问题转换为沿流线的一维问题求解，但是对于重力和毛细管压力项却不能通过沿流线求解，只能采用全三维数值解法求解。

求解式（3-79）是采用算子分裂技术将饱和度方程中的对流项、重力及毛细管压力项分别求解。运用算子分离技术可以将对流扩散方程分解两个部分。一个是描述对流项的非线性双曲型方程，一个是描述重力及毛细管压力项的抛物型方程，算子分裂后可得到以下两个方程：

$$\frac{\partial S_w}{\partial t} + \frac{\partial f}{\partial \tau} = 0 \quad (3-81)$$

$$\frac{\partial S_w}{\partial t} + \frac{1}{\phi}\frac{\partial G}{\partial \tau} = 0 \quad (3-82)$$

分解后的式（3-81）是一维的饱和度方程，可采用沿流线的显示差分求解；分解后的式（3-82）是一个考虑毛细管压力和重力影响的饱和度方程，只能采用全三维数值解法求解。

求解得到流线上的饱和度后，需要映射到笛卡尔网格系统上，对于某个笛卡尔网格上有多条流线的网格，则在映射时采用流线网格体积加权平均法求得。

5. 流线模型浓度方程的建立及求解

由传播时间的定义，沿着流线的聚合物浓度方程可表示为

$$D\frac{\partial^2 C}{\partial \tau^2} - u\frac{\partial C}{\partial \tau} = \frac{\partial(\phi\rho_w S_w C)}{\partial t} \quad (3-83)$$

式中 D——沿流线的纵向扩散系数；

C——聚合物的浓度，%（质量分数）。

设流线上相邻的三个节点按照流体流动方向依次为点 $e-1$、点 e、点 $e+1$，浓度依次为 C_{e-1}、C_e、C_{e+1}，则在第 $n+1$ 个时间步时聚合物驱浓度的有限差分方程整理后得到三对角矩阵方程组，表示为

$$AC_{e-1}^{n+1} + BC_e^{n+1} + CC_{e+1}^{n+1} = D(C_{e-1}^n, C_{e-1}^n, C_{e-1}^n) \quad (3-84)$$

式中 A，B，C——方程的系数项；

D——右端项，可采用追赶法求解。

求解到沿流线的聚合物浓度后，可采用体积加权法得到聚合物浓度在六面体网格上的分布。

三、四注一采典型模型流线法功能测试

设计四注一采典型模型，网格划分为 9×9×1。X 方向空间步长 44.5m，Y 方向空间步长 44.5m，有效厚度 2m，孔隙度 0.3，X 和 Y 方向渗透率 $900×10^{-3}\mu m^2$，水驱模拟 1500 天后开始聚合物驱，注聚浓度 1000mg/L，聚驱模拟 700 天后开始后续水驱，总模拟天数 3500 天。利用化学驱流线数值模拟软件计算得到聚驱流线法含水率曲线结果，如图 3-9 所示，流线图如图 3-10 所示。

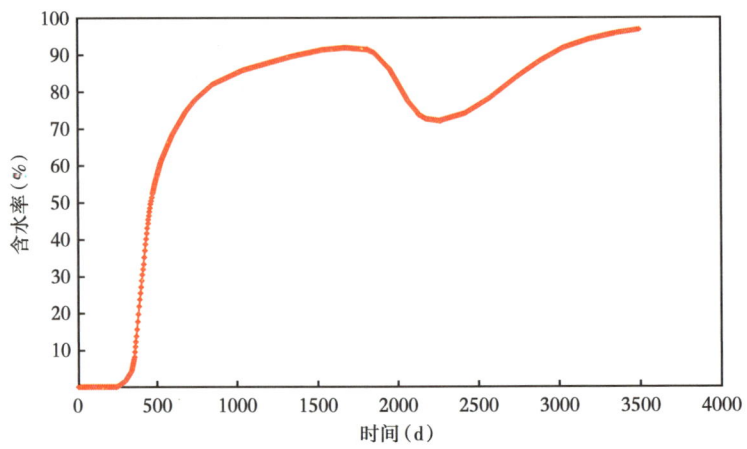

图 3-9　四注一采聚驱流线法含水率曲线

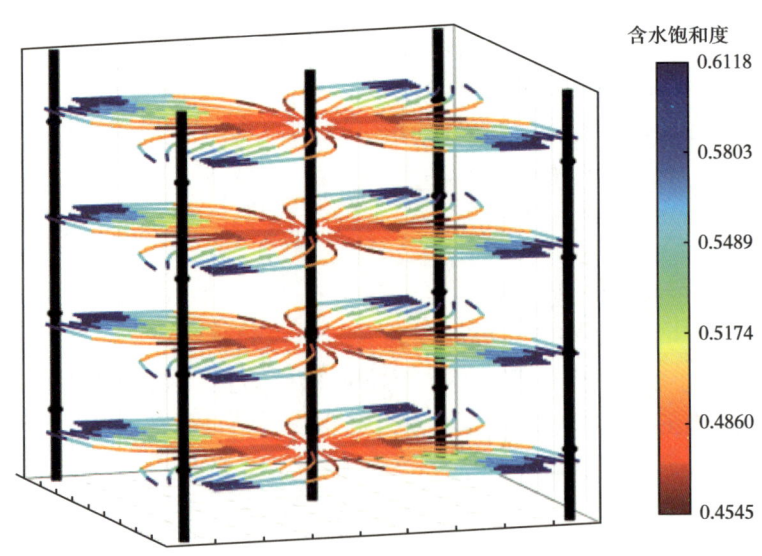

图 3-10　四注一采聚合物驱流线法流线图

第四节　优势渗流通道一体化识别平台

大庆油田掌握了常规方法和流线数值模拟方法识别优势渗流通道的量化识别技术和流程[45-52]，为快速精准识别优势渗流通道，研制了优势渗流通道一体化识别平台，实现了不同方法的优势渗流通道快速识别。

优势渗流通道综合识别平台主要功能有：一是能够进行多种数据体的自动识别功能；二是能够实现不同优势渗流通道识别方法结果对比功能；三是能够以数据和二维、三维图形可视化方式显示优势渗流通道及变化过程，并可进行优势渗流通道级别及不同视角设置。通过优势渗流通道综合识别平台，能够促进理论方法应用力度，为实现聚驱后进一步高效开发提供有力支撑。

一、常规方法识别功能

1. 剖面测试法识别功能

（1）识别方法描述。

如储层形成优势渗流通道，则渗透率大，地下流体优先在大孔道流动，利用吸水剖面测试数据，选取相对吸水量和吸水强度比两个参数对优势渗流通道进行识别。

首先计算优势渗流通道的吸水量与整个储层总吸水量的比值，即优势渗流通道相对吸水量大小。优势通道的相对吸水量越大，说明优势渗流通道越发育，储层性质越好，流体的渗流阻力越小。然后计算整个储层的吸水强度（吸水量/层厚度）与优势通道的吸水强度的比值，该值越小，说明优势渗流通道越发育，流体的渗流阻力越小。

将该小层的相对吸水量和吸水强度比作为横纵坐标，绘制在优势渗流通道识别图版中（图3-11）。若该点相对吸水量大于40%，且吸水强度比大于50%，则该层存在优势渗流通道；若相对吸水量大于40%，且吸水强度比小于50%，则该层存在强高渗带；若相对吸水量小于40%，且吸水强度比大于50%，则该层存在普通高渗带。

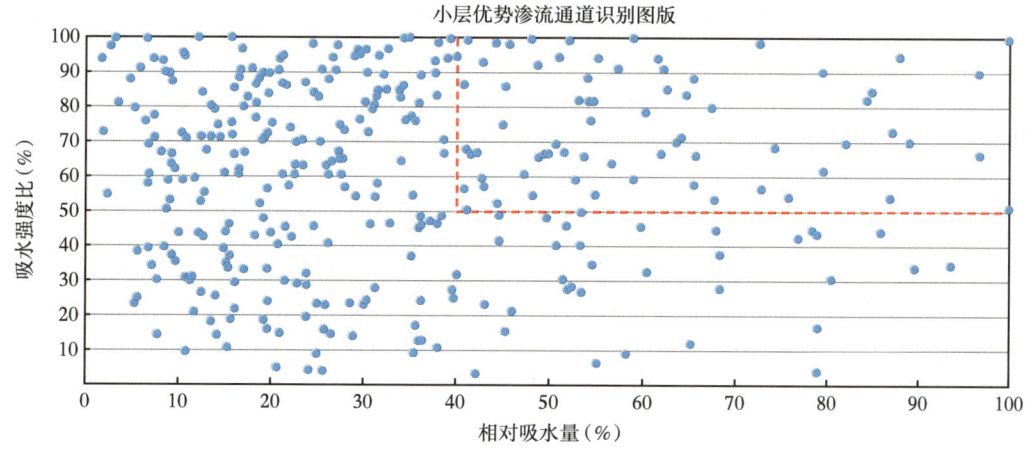

图3-11　剖面测试法识别图版

通过小层吸水剖面优势渗流通道识别结果，判断井与井之间的优势渗流通道具体在某一小层，通过相对吸水量和吸液强度大小判断小层的优势渗流能力。

（2）识别流程。

剖面测试法是根据已有的注入剖面测试数据生成识别图版，识别参数界限分为相对吸水量界限和吸水强度比界限，根据不同区块可进行灵活设置，改变相应的数值，图版识别界限会自动刷新。当数值大于相对吸水量和吸水强度比界限时，则本井存在优势渗流通道。点击"识别"按钮，则系统开始剖面测试法识别，识别完成后会弹出"识别完成"对话框。关闭识别对话框后，可查看识别结果，如图3-12所示。

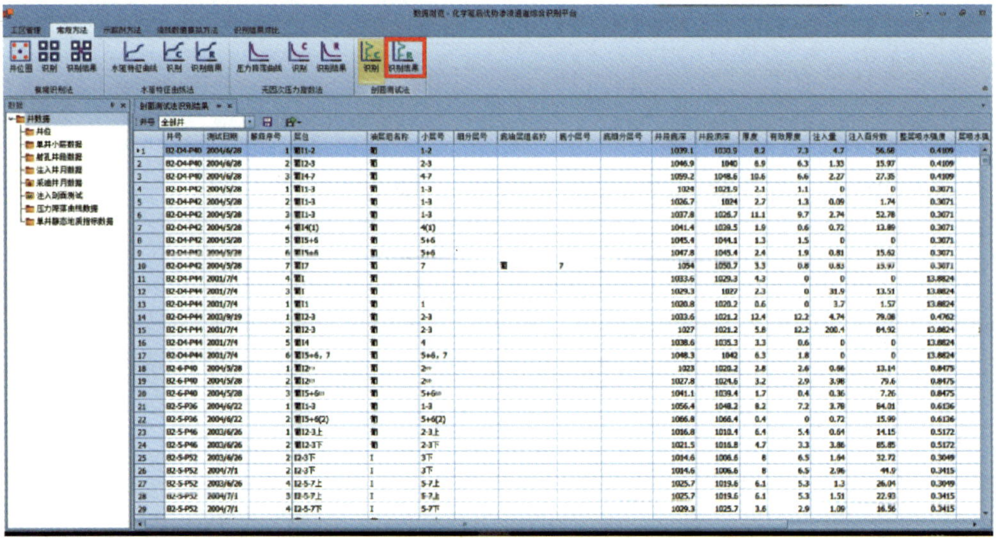

图3-12 剖面测试法识别结果界面

2. 模糊法识别功能

（1）识别方法描述。

储层形成大孔道后，储层非均质性明显增强，纵向渗流矛盾突出，注入水沿大孔道所在层位突进，使大孔道所在层位孔隙度和渗透率显示增强，油水井动态特征出现明显的变化，因此，利用油田开发的动态、静态资料数据，建立模糊综合识别模型，综合考虑多种影响因素对大孔道进行识别，本识别方法是对注采井组层位进行大孔道识别。

（2）识别模型的建立。

结合区块开发实际及资料的可获取程度，采用模糊法建立3级评判指标体系。第1级评判指标是目标层，即评判的目标是识别大孔道是否存在；第2级评判指标是准则层，准则层包括开发动态因素和静态地质因素；第3级评判指标是指标层，即各单项指标。综合考虑到油藏的实际特点及资料的可获取程度，优选出评判指标体系中的9项静态地质因素指标和9项开发动态因素指标，并以油藏实际数据为基础确定指标界限。

①静态指标选取及指标界限确定。

根据文献调研结果，选取9种影响大孔道形成的典型静态因素，并根据某油藏区块实际情况，确定静态指标界限（表3-4）。

表 3-4 静态指标选取及指标界限确定

静态指标	指标界限及指标值			不参与评价
	0	0.5	1	
渗透率（mD）	<100	[100, 1000]	>1000	无资料
孔隙度	<15	[15, 25]	>25	无资料
主力层砂岩厚度（m）	<3	[3, 5]	>5	无资料
原油黏度（mPa·s）	<50	[50, 1000]	>1000	无资料
渗透率级差	<2	[2, 10]	>10	无资料
平面渗透率变异系数	<0.3	[0.3, 0.7]	>0.7	无资料
分选系数	<0.5	[0.5, 2]	>2	无资料
胶结程度	致密	一般	疏松	无资料
沉积微相	尖灭	砂岩	河道	无资料

②动态指标选取及指标界限确定。

选取 9 种影响大孔道形成的典型动态因素，并确定动态指标界限（表 3-5）。

表 3-5 动态指标选取及指标界限确定

动态指标	指标界限及指标值			不参与评价
	0	0.5	1	
生产动态关联系数	<0.5	[0.5, 0.7]	>0.7	无资料
测井系列异常程度	<2	[2, 10]	>10	无资料
累计出砂量（m^3）	<5	[5, 50]	>50	无资料
含水率月上升速度（%）	<1	[1, 2]	>2	无资料
井组累计注采比	<1	[1, 2]	>2	无资料
视吸水指数上升幅度[m^3/(d·MPa)]	<0	[0, 20]	>20	无资料
产液指数上升幅度[m^3/(d·MPa)]	<0	[0, 100]	>100	无资料
注采压差下降幅度（MPa）	<0	[0, 2]	>2	无资料
含水率最大值（%）	<40	[40, 80]	>80	无资料

③指标权重的确定。

采用层次分析法确定指标权重，主要步骤为：首先建立层次结构模型，将准则层定为静态地质因素和动态开发因素，然后对下边的各静态、动态因素重要性进行判断，用九标度法给出定量化判断值，这样就构造了一个判别矩阵，最后通过求解该矩阵得出各指标因素的权重值。

对准则层的静态和动态因素及指标层的各因素重要性进行比较判断，用九度法将判断值用矩阵的形式表示出来，即得到判别矩阵，然后采用方根法计算各标权重值。准则层各指标权重见表 3-6，静态指标判矩阵及其权重见表 3-7，动态指标判断矩阵及其权重见表 3-8。

表 3-6 静态地质和开发动态指标权重

准则层指标因素	权重
静态地质	0.67
开发动态	0.33

表 3-7 静态地质指标判别矩阵及其权重

因素	渗透率	孔隙度	砂岩厚度	原油黏度	渗透率级差	变异系数	分选系数	胶结程度	沉积微相	权重
渗透率	1	2	2	1	1	2	2	1	2	0.15
孔隙度	0.5	1	1	0.5	0.5	1	1	0.5	1	0.08
砂岩厚度	0.5	1	1	0.5	0.5	1	1	0.5	1	0.08
原油黏度	1	2	2	1	1	2	2	1	2	0.15
渗透率级差	1	2	2	1	1	2	2	1	2	0.15
变异系数	0.5	1	1	0.5	0.5	1	1	0.5	1	0.08
分选系数	0.5	1	1	0.5	0.5	1	1	0.5	1	0.08
胶结程度	1	2	2	1	1	2	2	1	2	0.15
沉积微相	0.5	1	1	0.5	0.5	1	1	0.5	1	0.08

表 3-8 动态地质指标判别矩阵及其权重

因素	关联系数	测井系列异常程度	累计出砂量	含水上升速度	累计注采比	视吸水指数上升幅度	视采液指数上升幅度	注采压差上升幅度	含水率	权重
关联系数	1	2	3	2	2	2	3	3	1	0.19
测井系列异常程度	0.5	1	2	1	1	1	2	2	0.5	0.11
累计出砂量	0.33	0.5	1	0.5	0.5	0.5	1	1	0.33	0.06
含水上升速度	0.5	1	2	1	1	1	2	2	0.5	0.11
累计注采比	0.5	1	2	1	1	1	2	2	0.5	0.11
视吸水指数上升幅度	0.5	1	2	1	1	1	2	2	0.5	0.11
视采液指数上升幅度	0.33	0.5	1	0.5	0.5	0.5	1	1	0.33	0.06
注采压差上升幅度	0.33	0.5	1	0.5	0.5	0.5	1	1	0.33	0.06
含水率	1	2	3	2	2	2	3	3	1	0.19

现场资料不全时,需要采用动态的方法处理指标权重。先将资料缺少的因素权重值赋为 0,然后再将所有因素的权重值累加,将各因素的权重值除以权重值的累加值,以此作为各因素指标的实际权重值。

(3)识别方法。

对上述各静态、动态因素重要性进行判断,用九标度法给出各指标因素的权重值,进而建立大孔道模糊识别模型。

$$静态判度:F_J=\sum(静态指标值 F_{Ji}×权值 \omega_{Ji})$$

$$动态判度:F_D=\sum(动态指标值 F_{Di}×权值 \omega_{Di})$$

将静态判度和动态判度各乘以相应的权值并求和,从而得到优势渗流通道的综合判度。

$$F_Z = F_J\omega_J + F_D\omega_D$$

当 $F_J \geq 0.3$ 且 $0.65 \leq F_Z \leq 1$ 时,认为存在大孔道。

根据区块实现资料情况进行静态地质因素指标和开发动态因素指标选择。点击"识别"按钮,则系统开始进行模糊方法识别,如图 3-13 所示,识别完成后会弹出"识别完成"对话框。关闭识别对话框后,可查看识别结果。

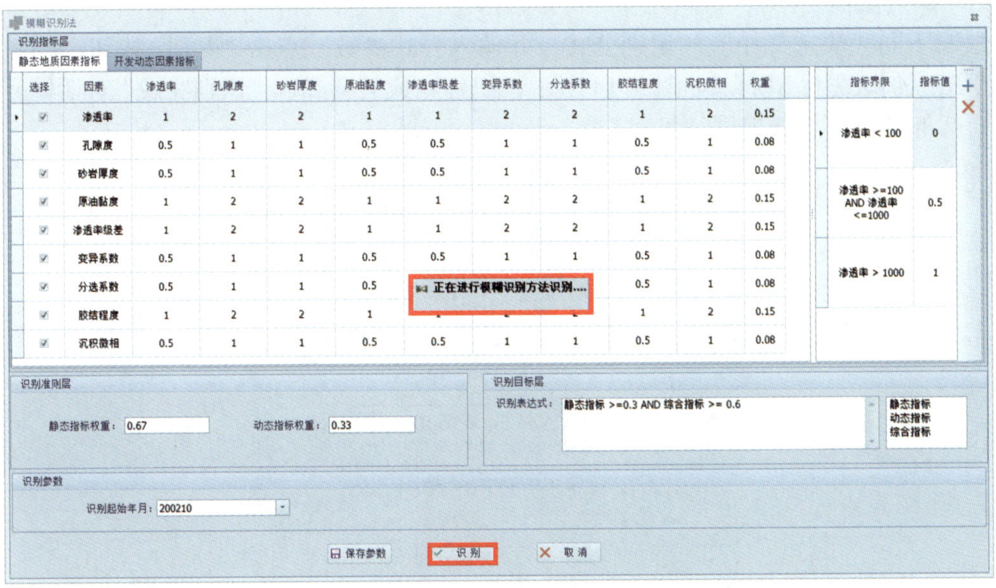

图 3-13 模糊法识别界面

3. 化学示踪剂方法识别功能

(1)识别方法描述。

化学示踪剂方法是通过计算化学剂从注入井运移到生产井的时间及实际生产井见化学剂时间进行比较来判断是否有优势渗流通道。

化学剂从注入井到生产井的运移时间计算公式有两种,第一种表达式为

$$t = \frac{4r_e^2 \phi (1-S_{or}) \mu}{K \Delta p} \tag{3-85}$$

式中 t——时间，d；
　　　μ——注入液黏度，mPa·s；
　　　r_e——注采井距，m；
　　　ϕ——注采井的孔隙度加权平均值；
　　　S_{or}——束缚水饱和度；
　　　K——注采井的渗透率加权平均值，mD；
　　　Δp——注入井的油压和生产井流压的压差，MPa。

第二种计算公式表达式为

$$t = \frac{10^6 \phi \mu r_e^2 \ln \frac{r_e}{r_w}}{6K\Delta p (24 \times 3600 \times 30)} \tag{3-86}$$

式中 r_w——井径，m。

当计算化学剂从注入井运移到生产井的运移时间 $t \geq 12d$ 为存在优势渗流通道。

（2）识别流程。

根据不同区块选择相应的识别公式，并输入公式参数。点击"识别"按钮，则系统开始化学示踪剂法方法识别，如图 3-14 所示，识别完成后会弹出"识别完成"对话框。关闭识别对话框后，可查看识别结果。

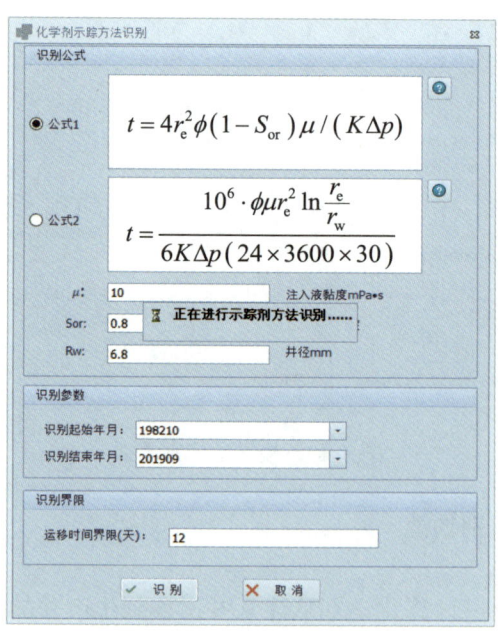

图 3-14　化学示踪剂法识别过程界面

二、流线数值模拟方法识别功能

（1）识别方法描述。

流线数值模拟法是利用流线数值模拟计算结果文件、小层数据和渗透率变化数据等基础数据，计算工区内不同时间的注入井和采出井井对间小层的综合识别指数，实现化学驱后优势渗流通道识别。

综合识别指数 = 层累计井间过水倍数$_s$× 权$_L$+ 渗透率$_s$× 权$_K$+ 渗透率变化值$_s$× 权$_{\Delta K}$+ 注水效率$_s$× 权$_e$+ 含油饱和度$_s$× 权$_{so}$。

其中，下角 s 代表对参数进行了标准化。

根据经验对识别参数权值进行设置，见表3-9。

表 3-9　识别参数权值

井间过水倍数权值	渗透率权值	渗透率变化率权值	注水效率权值	含油饱和度权值
0.55	0.075	0.075	0.15	0.15

（2）识别流程。

根据不同区块可进行灵活设置井间过水倍数、渗透率、渗透率变化率权值、注水效率和含油饱和度。识别流程包括井参数和层参数，井参数是指计算井相关的数据，层参数是指将井计算后的数据劈分到单井各小层，并计算小层相关的数据。默认识别流程全部选择，也可在已有结果基础上进行中间识别数据的调整，继续执行后续的计算。点击"识别"按钮，则系统开始流线数值模拟法识别，识别完成后会弹出"识别完成"对话框。关闭识别对话框后，可查看识别结果（图3-15）。

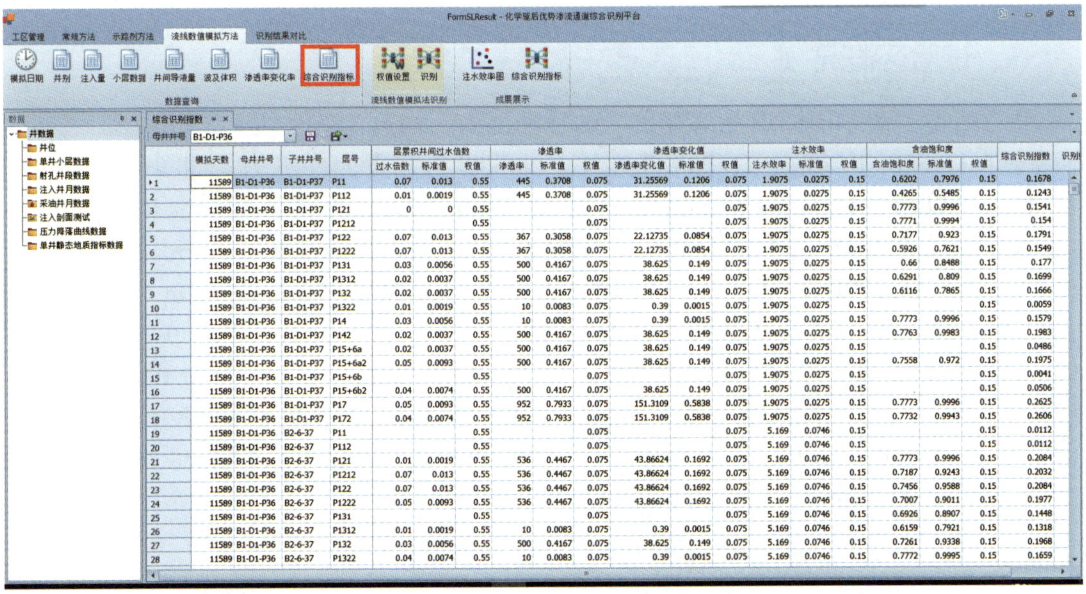

图 3-15　流线数值模拟法识别结果

根据计算出的综合识别指数,实现了聚驱后优势渗流通道快速识别,并能够以二维、三维图形可视化方式综合展示优势渗流通道时空分布及演化过程(图3-16)。

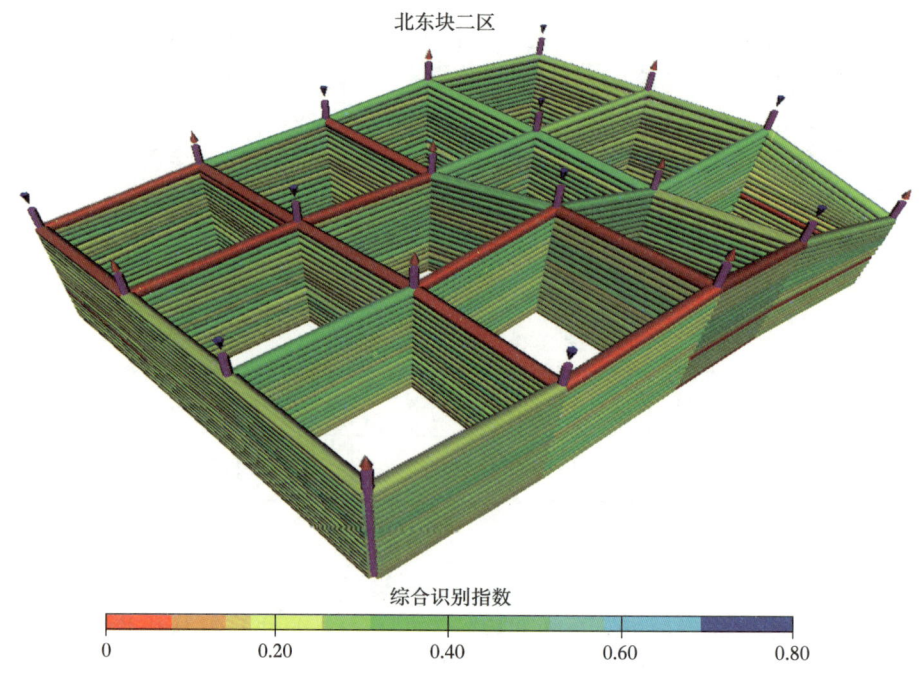

图3-16 优势渗流通道时空分布图

第五节 应用实例

一、试验区概况

北二西位于萨尔图油田北部开发区的纯油区内,构造比较平缓。该区块是一个南边界以北1-J1-P15井与北1-J1-P49井连线,北边界为北2-J4-P22井与北2-J4-P49井连线,西边界以北2-J4-P22井与北1-J1-P15井连线及东边界为北2-J4-P49井北1-J1-P49井连线所围成的区块。该区块分为东、西两块,其中东块含油面积6.97km^2,地质储量为1557.6×10^{4}t,聚合物驱开采层为葡 I 组油层,油层埋藏深度970.4~1126.2m,原始地层压力为11.34MPa,地层破裂压力为13.3MPa,油层温度为46℃左右,平均单井砂岩厚度为19.9m,平均单井有效厚度15m,油层地下原油黏度9.3mPa·s,原油比重0.859,原始油气比47.4m^3/t。北二西东块聚合物驱油采用注采井距250m五点法面积井网,共有油水井107口,其中注入井50口,生产井57口。在50口注入井中,有新钻井46口,老井利用4口;在57口生产井中,有新钻井48口,老井利用9口。

二、流线数值模拟历史拟合

(1)建立北二西东块葡 I 组油层精细研究地质模型。

为了满足精细研究的需要,采用该区块已有的979口井的地质资料,地质模型将葡 I

组 6 个自然沉积单元进一步细分为 18 个模拟层，平面网格步长由常规模拟的 50m 左右缩小为 20m，地质模型网格划分为 245×125×18=551250 个网格节点（图 3-17），确保了精细刻画平面和纵向优势渗流通道分布的要求。

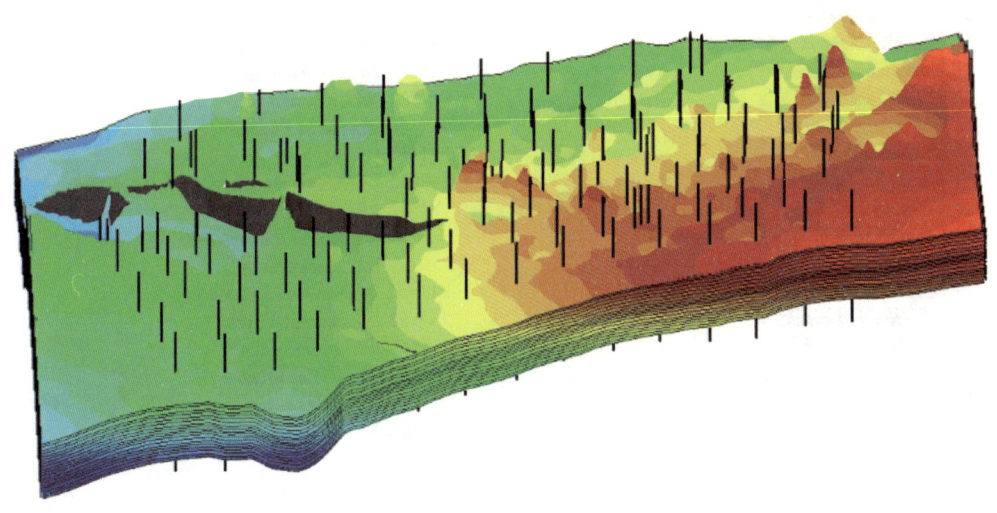

图 3-17　北二西东块葡Ⅰ组油层精细研究地质模型

（2）流线数值模拟历史拟合。

依据北二西东块精细数值模拟地质模型，利用流线数值模拟方法准确拟合了水驱和聚合物驱开发历史，详细拟合结果如图 3-18 所示，图中结果表明取得了比较好的水驱和聚合驱历史拟合结果。图 3-19 结果表明：计算含油饱和度与密闭取心井实测含油饱和度对比变化趋势基本一致，说明流线数值模拟比较准确刻画了水驱和聚合物驱油过程流体动态变化规律。流线数值模拟历史拟合过程计算得到了井间过水倍数、注水效率和含水饱和度，为优势渗流通道量化表征提供关键参数。

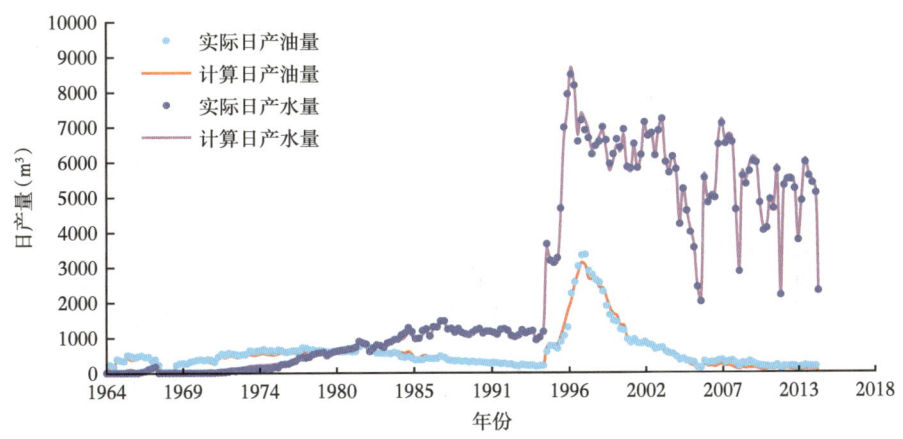

图 3-18　全区开发历史拟合结果对比

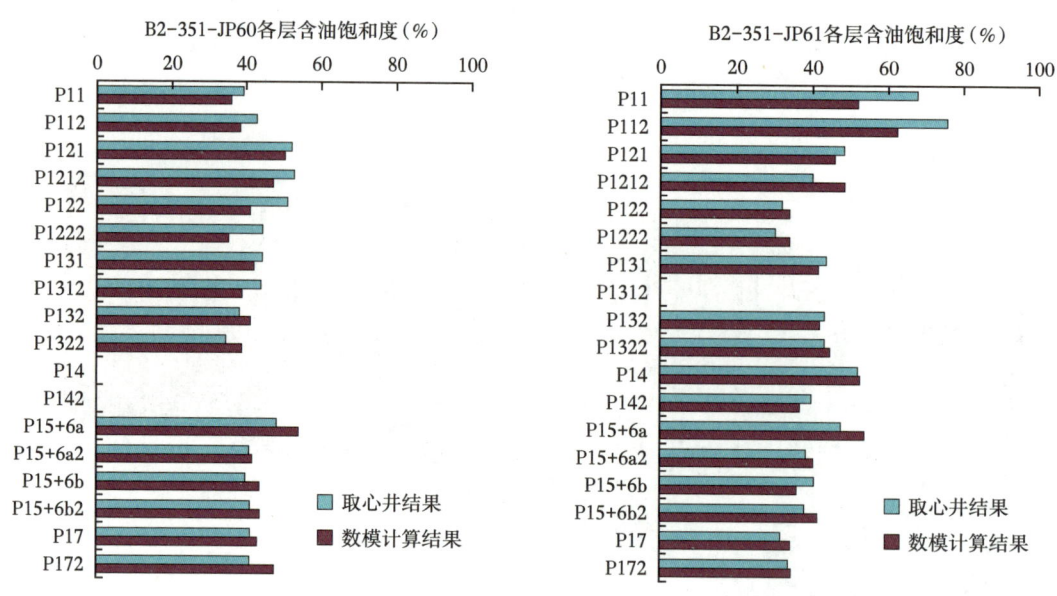

图 3-19 拟合计算含油饱和度与密闭取心井实测对比

三、优势渗流通道时空演变规律

利用综合判识模型计算了北二西东块不同开发阶段优势渗流通道综合识别指数,并与实际吸水剖面测试资料进行对比(图 3-20)。对比结果表明:新方法计算值与实测结果高度吻合。如 1996 年,计算的葡 I 2_{22} 和葡 I 3_{12}、葡 I 3_2 单元综合识别指数处于强优势渗流通道范围(大于 0.6),而吸水剖面测试曲线显示在上述层位吸水量明显增大,表明建立的方法能够准确识别聚驱后优势渗流通道分布部位。同时给出了北二西东块注聚合物前、聚合物驱含水低值期、注聚合物后期和后续水驱 10 年 4 个时期的优势渗流通道分布。结

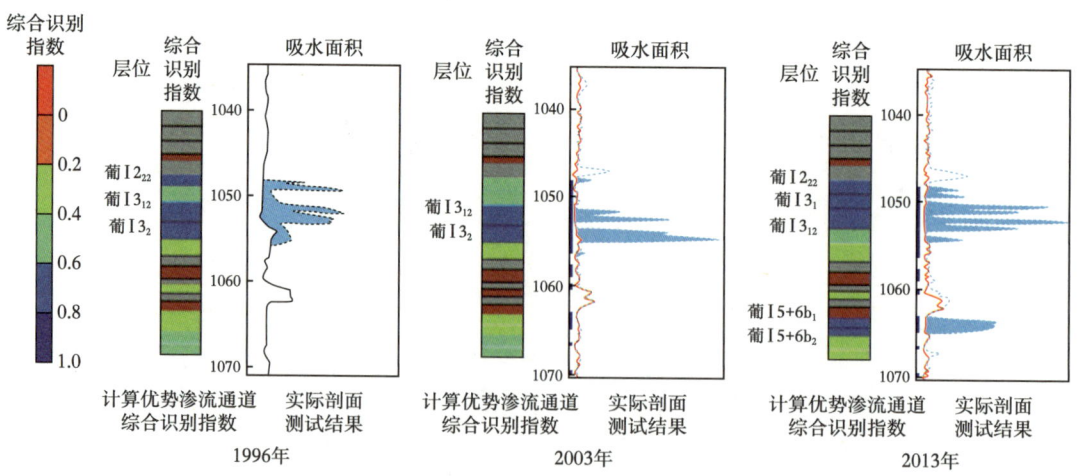

图 3-20 B2-5-P36 井不同时期优势渗流通道与实际剖面测试结果对比

果表明：不同开发时期优势渗流通道空间分布呈现了不同的规律，从图 3-21 可以看出，1994 年注聚前，由于经历了近 30 年的水驱开发，油藏局部存在优势渗流通道，形成低效、无效循环。从图 3-22 可以看出，该区块 1996 年注聚合物，2001 年聚驱处于含水低值期，由于聚合物增加水相黏度和滞留引起油层渗透率下降产生的剖面调整作用，与注聚前相比，综合识别指数总体处于小于 0.3 的范围，优势渗流通道得到明显控制。从图 3-23 可以看出，2003 年处于注聚后期，由于产油高峰期已过，油水相对流动能力发生了改变，局部区域出现优势渗流通道，需要采取调剖控水措施。从图 3-24 可以看出，2013 年已进行后续水驱 10 年，部分井区形成了强优势渗流通道，这一时期总体特征是优势渗流通道局部存在，平面和纵向上分布差异较大。经统计，全区共 1286 个井对层，其中优势渗流通道井对层 356 个，所占比例 27.7%，优势渗流通道厚度比例占总厚度的 18.5%。

典型区块研究结果表明：建立的方法可准确识别和量化优势渗流通道的时空演化过程，并能精准确定聚合物驱中后期油层优势渗流通道封堵部位，为控制驱油剂低效、无效循环提供了重要识别手段。

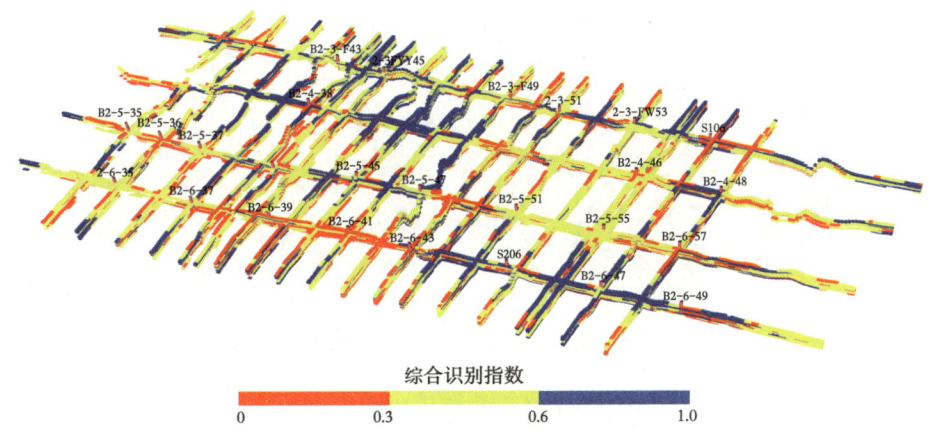

图 3-21　注聚前优势渗流通道综合识别指数空间分布

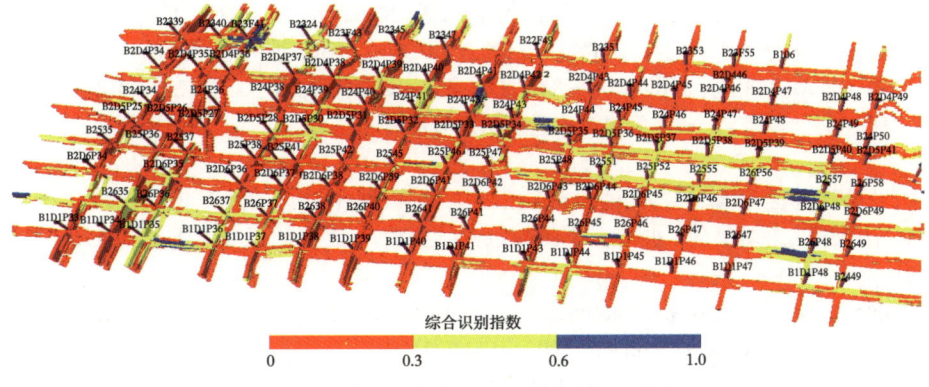

图 3-22　注聚含水低值期优势渗流通道综合识别指数空间分布

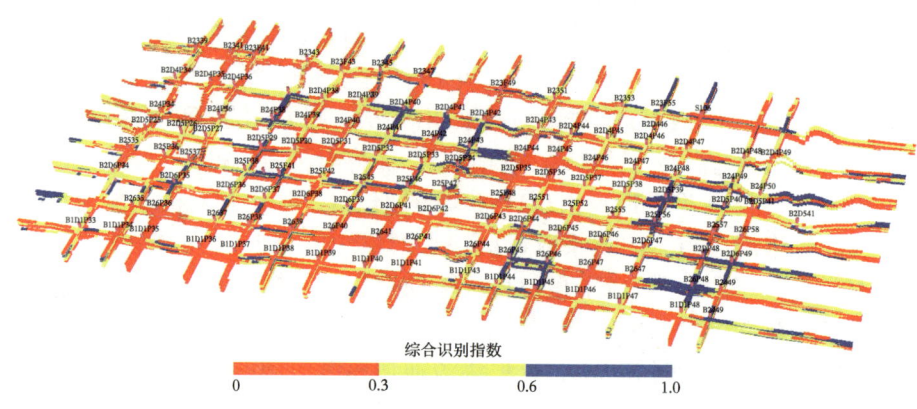

图 3-23 注聚后期优势渗流通道综合识别指数空间分布

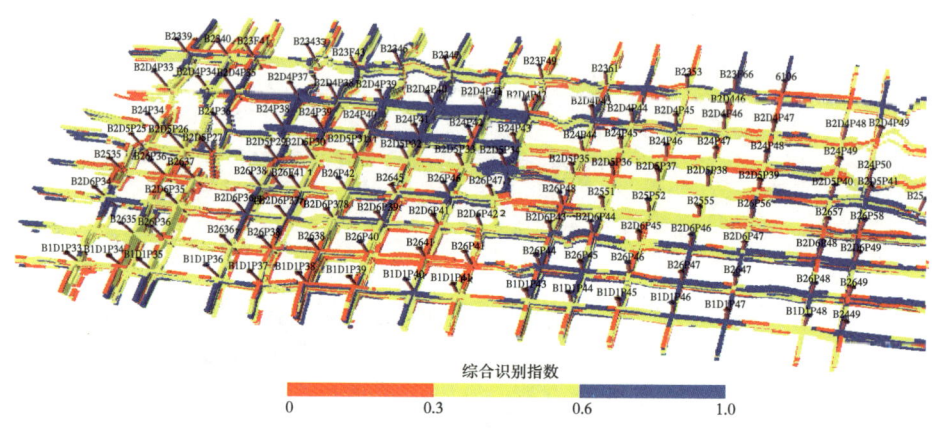

图 3-24 聚驱后续水驱 10 年优势渗流通道综合识别指数空间分布

参 考 文 献

[1] 崔庆东. 砂岩油藏大孔道的识别方法 [J]. 油气井测试, 2009, 18（3）: 29-31.

[2] 杨丰源. SX 区块优势通道识别与分布特征研究 [D]. 大庆: 东北石油大学, 2017.

[3] 樊兆亚. 高含水期油藏大乳道识别方法研究 [D]. 青岛: 中国石油大学（华东）, 2012.

[4] 王鸣川, 石成方, 朱维耀, 等. 优势渗流通道识别与精细描述 [J]. 油气地质与采收率, 2016, 23（1）: 79-83.

[5] 李荣强. 优势渗流通道形成与剩余油控制作用研究 [D]. 青岛: 中国石油大学（华东）, 2006.

[6] 丁帅伟, 姜汉桥, 赵冀, 等. 水驱砂岩油藏优势通道识别综述 [J]. 石油地质与工程, 2015, 29（5）: 132-135.

[7] Datta-Gupta A, King M J. A Semianalytic Approach to Tracer Folw Modeling in Heterogeneous Permeable Media [J]. Advance in Water Resources, 1995, 18: 9-21.

[8] Bommer M R, Schecter R S. Mathematical Modeling of In-Situ Uranium Leaching [J]. Society of Petroleum Engineers, 1979, 19: 393-400.

[9] King M J, Blunt M J, Mansfield M, et al. Rapid Evaluation of the Impact of Heterogeneity on Miscible

Gas Injection[J]. SPE 26079, 1993.
[10] Roman A B, Alexander A S, Kristian Jesson.Black Oil Streamline Simulator With Capillary Effects[J]. SPE 84037, 2003.
[11] Pedro G R, Manuel K S. Streamline Methodology Using an Efficient Operator Splitting for Accurate Modelling of Capillarity and Gravity effects[J]. SPE 79693, 2003.
[12] 李科星, 蒲万芬, 赵军, 等.疏松砂岩油藏大孔道识别综述[J].西南石油大学学报, 2007, 29（5）: 42-44.
[13] 曾流芳, 陈柏平, 王学忠.疏松砂岩油藏大孔道定量描述初步研究[J].油气地质与采收率, 2002, 9（4）: 53-55.
[14] 张东旭.X井区油层优势渗流通道识别方法[D].成都: 成都理工大学, 2017.
[15] 王森.利用压力资料识别优势通道方法研究[D].青岛: 中国石油大学（华东）, 2012.
[16] 王琼, 姜连珍.大孔道识别技术及其在低效或无效循环治理中的应用[J].油气井测试 2013, 22（6）: 69-72.
[17] 魏海宝.大孔道地层吸水剖面组合测井技术[J].石油天然气学报（江汉石油学院学报）2008, 30(2): 477-478.
[18] 李自安.储集层大孔道识别技术研究[J].新疆石油科技, 2010, 1（20）: 27-29.
[19] Alabert, F G, Modot V. Stochastic models of reservoir heterogeneity: impact on connectivity and average permeabilities[J].SFE24893, 1992, 355-370.
[20] 顾文欢, 刘月田, 杨宝泉, 等.大孔道内流体流动规律的物理模拟实验[J].科技导报 2014, 32(36).
[21] Wang X Z, Wang J Y, Wang C F, et al. Quantitative description of characteristics of high-capacity channels in unconsolidated sandstone reservoirs using in situ production data[J]. Petroleum Science, 2010, 7（1）: 106-111.
[22] Hu S Y, Zhang L H, Yao H S, et al. A simulation method for big channel formation in unconsolidated sandstone reservoir during water-flooding[C].Canadian International Petroleum Conference, Calgary, Alberta, June 13-15.2006.
[23] 孙明, 李志平.注水开发砂岩油藏优势渗流通道识别与描述技术[J].新疆石油天然气, 2009, 5(1): 51-55.
[24] 汪玉琴, 陈方鸿, 顾鸿君, 等.利用示踪剂研究井间水流优势通道[J].新疆石油地质, 2011, 32(5): 512-514.
[25] 史丽华.微量物质井间示踪技术在识别油层大孔道中的应用[J].大庆石油地质与开发, 2007, 26（4）: 130-132.
[26] 李国娟, 梁杰, 李薇.测井资料识别大孔道的方法研究[J].油气田地面工程, 2008, 27（9）: 11-12.
[27] 王森.优势渗流通道的试井解释方法研究[J].石油地质与工程, 2015, 29（2）: 98-100.
[28] 张继红, 李承龙, 赵广.用灰色模糊综合评判方法识别聚驱后优势通道[J].大庆石油地质与开发, 2017, 36（1）: 104-108.
[29] 黄斌, 许瑞, 傅程等.注采井间优势通道的多层次模糊识别方法[J].岩性油气藏, 2018, 30（4）: 105-109.
[30] 冯其红, 史树彬, 王森, 等.利用动态资料计算大孔道参数的方法[J].油气地质与采收率, 2011, 18（1）: 74-76.
[31] 陈德坡, 冯其红, 王森, 等.利用井间动态连通性模型定量描述优势通道[J].大庆石油地质与开发, 2013, 32（6）: 81-85.
[32] 王森, 冯其红, 宋玉龙, 等.基于吸水剖面资料的优势通道分类方法——以孤东油田为例[J].油气

地质与采收率，2013，20（5）：99-102.

[33] 刘海波.大庆油区长垣油田聚合物驱后优势渗流通道分布及渗流特征[J].油气地质与采收率，2014，21（5）：69-72.

[34] 张新亮.基于物质守恒原理的油藏渗透率时变计算方法[J].长江大学学报（自然科学版），2019，16（8）：28-30.

[35] 杜庆龙.长期注水开发砂岩油田储层渗透率变化规律及微观机理[J].石油学报，2016，37（9）：1159-1164.

[36] 杨满平，李治平，王正茂.油气层渗透率变化影响因素研究[J].特种油气藏，2003，10（6）：39-41.

[37] 闫坤，韩培慧，曹瑞波，等.聚驱后优势渗流通道流线数值模拟识别方法的建立及应用[J].油气藏评价与开发，2019，9（2）：33-37.

[38] 孙明，李志平.注水开发砂岩油藏优势渗流通道识别与描述技术[J].新疆石油天然气，2009，5(1)：51-55.

[39] 侯健.用流线法模拟碱/表面活性剂/聚合物三元复合驱[J].石油大学学报（自然科学版），2004，28（1）：58-62.

[40] 吕琦.基于流线的油藏数值模拟研究[D].青岛：中国石油大学（华东），2005.

[41] 吴义志.油藏数值模拟流线方法研究与应用[D].青岛：中国石油大学（华东），2005.

[42] 杨萌.流线模拟法的研究及其在油藏模拟中的应用[D].成都：西南石油大学，2006.

[43] 苏英杰.流线法聚合物驱数值模拟技术研究[D].青岛：中国石油大学（华东），2007.

[44] 陈国霞.基于流线法的聚合物驱最优控制求解方法研究[D].青岛：中国石油大学（华东），2012.

[45] 郝金克.利用无因次压力指数定性识别优势通道[J].特种油气藏，2014，21（4）：123-125.

[46] 杨勇.正韵律厚油层优势渗流通道的形成条件和时机[J].油气地质与采收率，2008，15（3）：105-107.

[47] 陈程，宋新民，李军.曲流河点沙坝储层水流优势通道及其对剩余油分布的控制[J].石油学报，2012，3（2）：257-263.

[48] 孙明，李志平.注水开发砂岩油藏优势渗流通道识别与描述技术[J].新疆石油天然气，2009，5(1)：51-55.

[49] 张士奇，卢炳俊，张美玲，等.水淹层大孔道存在的分析与识别[J].大庆石油地质与开发，2008，27（6）：76-79.

[50] 窦之林，曾流芳，张志海，等.大孔道诊断和描述技术研究[J].石油勘探与开发，2001，28（1）：75-77.

[51] 陈程，宋新民，李军.曲流河点沙坝储层水流优势通道及其对剩余油分布的控制[J].石油学报，2012，3（2）：257-263.

[52] 谷建伟，张秀梅，郑家鹏，等.基于无因次压降曲线的注水优势流动通道识别方法[J].中国石油学报（自然科学版），2011，35（5）：89-93.

第四章 聚合物驱后新型调堵剂研发

化学驱油技术已经广泛应用于各大油田,并取得了良好的提高采收率效果。但是目前的大多数油田开发过程中,大多都存在一个类似的问题,即当水驱无法有效提高原油采收率时,就采用化学驱替技术,然而,以聚合物溶液为代表的化学剂的注入并未从根本上解决水驱进一步提高采收率的阻碍,无论是水驱油还是化学剂驱油,随着驱替剂溶液长时间的冲刷,油藏的非均质性增强的问题日渐凸显,层内窜流现象逐渐形成,大量的驱油剂流向了含油饱和程度较低的优势渗流通道,中渗透层、低渗透层开发难度加大[1-5]。如何改善油藏的吸液剖面,进一步挖掘剩余油潜力,对确保油田的可持续发展具有重要意义[6]。在充分调研国内外调堵剂研究现状的基础上,明确了常规凝胶类调堵剂初始黏度高、成胶时间短,常规颗粒类调堵剂弹性差、易破碎的技术局限性。针对以上问题,研制出了温度/时间响应型智能凝胶调堵剂和预交联凝胶颗粒调堵剂(PPG),可高效封堵优势渗流通道,提高中渗透层、低渗透层吸液量。目前,新型调堵剂已实现工业化生产,并开展现场应用,为聚驱后油藏提高采收率奠定了坚实基础。

第一节 国内外调堵剂研究现状

近年来,调剖堵水技术的发展已然成为各大油田的重点关注对象,可以在一定程度上实现采出液中含水率的降低。在众多调堵剂中,凝胶类及颗粒类调堵剂的研发最为受到关注。

一、凝胶类调堵剂研究现状

凝胶型凝胶调堵剂通常情况下是在高分子溶液中加入一定量的交联剂,从而在地下成胶,形成具有网状结构的物质。网状结构可以将液态水包裹起来,形成具有一定强度且能够堵塞渗透层内大孔隙的黏弹性凝胶弹性体。

目前,凝胶类调堵剂主要有以下几种类型:

(1)硅酸凝胶。

硅酸凝胶是一种典型的单液法堵剂,在处理时将调剖剂注入地层,经过一定的时间,硅酸凝胶成胶,将高渗透层封堵。硅酸凝胶是由水玻璃和活化剂反应而成,水玻璃又名硅酸钠,分子式为$Na_2O \cdot mSiO_2$,其中m是指水玻璃中SiO_2摩尔数与Na_2O摩尔数之比,m越小,水玻璃碱性越强,越容易溶解。活化剂是指可以使水玻璃变成凝胶的物质,分为两类:

①无机活化剂:如盐酸、硝酸、氨基磺酸、碳酸铵及氯化铵等。

②有机活化剂:如甲酸、乙酸、乙酸铵、乙酸乙酯、草酸及柠檬酸等。

活化剂最常用的是盐酸，反应式为

$$Na_2O \cdot mSiO_2 + 2HCl \longrightarrow mSiO_2 + H_2O + 2NaCl$$

由于制备方法不同，可以得到两种硅酸溶液，即酸性硅酸溶液和碱性硅酸溶液（图4-1）。前者是将水玻璃加入盐酸中制得，因反应在H^+过剩的情况下发生，胶粒表面带正电荷。后者是将盐酸加到水玻璃中制得，因为反应是在硅酸根过剩的情况下发生，胶粒表面带负电荷[7]。

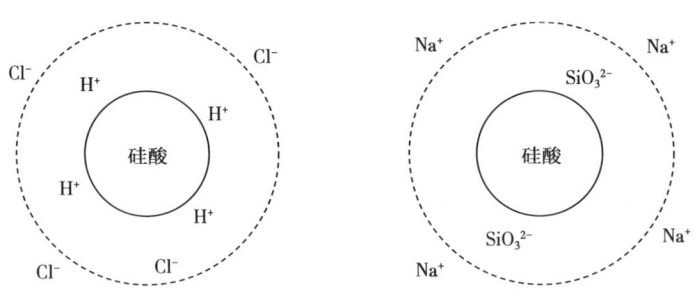

图4-1 硅酸凝胶结构示意图

硅酸凝胶的主要缺点是凝胶时间短（一般小于24h），而且地层温度越高，凝胶时间越短。此外，硅酸凝胶缺乏韧性，也限制了它在油田上的应用。

Hamouda等[8]探索了pH值、二价阳离子含量和温度对硅酸钠成胶的影响。实验发现，在20℃的温度下，硅酸钠的成胶时间随着pH值由10.30增加到10.40，成胶时间由160min增加到480min，成胶后的黏度达到250mPa·s。

（2）HPAM/Cr^{3+}凝胶。

HPAM/Cr^{3+}凝胶是由部分水解聚丙烯酰胺（HPAM）和有机铬交联剂交联形成的凝胶。有机铬交联剂通常是由还原剂六价铬还原为Cr^{3+}，Cr^{3+}再与有机酸络合，形成有机酸铬络合物，该产物再与HPAM形成聚合物凝胶体系（图4-2）。体系中Cr^{3+}是交联剂，它与多个部分水解的HPAM的羧基发生反应（—COOH），形成完整的网络结构[9]。有机铬交联剂可适用于较宽的温度和pH值条件，并能适应不同交联时间的要求。但在60℃时有机铬交联与聚合物成胶倾向强烈，无法控制，生成高强度的三维网状凝胶[10-13]。为了控制有机铬体系的成胶时间，常采用Cr^{3+}配位螯合物体系，目前报道的螯合剂有己酸、丙酸、丙二酸、乳酸、葡萄糖酸、甘醇酸及水杨酸等，其中均含羧酸根，能与有机铬交联剂的配位体竞争，使三价铬离子的生成时间大幅度延后，从而使凝胶强度降低，成胶时间延长。为了保证凝胶质量，一般螯合剂的添加量低于0.33%[14-15]。

目前，适用于低温油藏的Cr^{3+}交联剂主要是醋酸铬，然而，HPAM/醋酸铬在40℃的温度下大约50h就快速成胶，成胶后的强度较大。Mary Cordrova等[16-19]探索了温度对醋酸铬和HPAM成胶时间的影响。研究发现，HPAM（浓度5000mg/L）和醋酸铬（100mg/L）的混合溶液在高温下（60℃和80℃）成胶时间较快，在5h内开始成胶；低温下（40℃）成胶时间较慢，可延长到100~200h成胶，成胶后黏度由初始的25mPa·s增加到1000mPa·s以上。

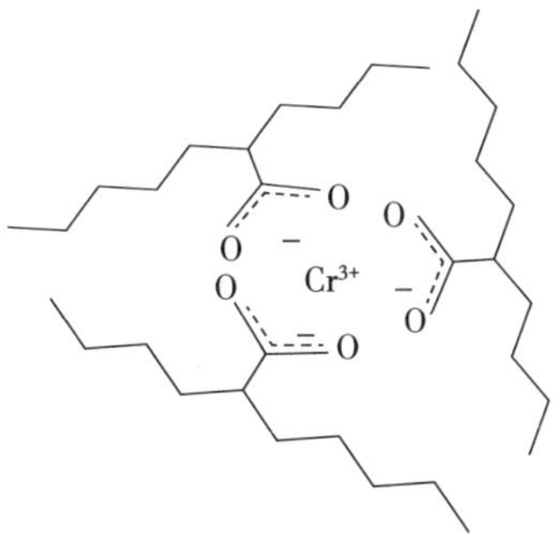

图 4-2　HPAM 和 Cr^{3+} 交联机理示意图

（3）HPAM/Al^{3+} 凝胶。

HPAM 与 Al^{3+} 形成凝胶的交联反应机理与 Cr^{3+} 类似，也是由 Al^{3+} 经过水合、水解及羟桥作用后，再与聚合物的羧基交联。有机铝交联剂与聚合物形成的凝胶强度适中，易控制，经适当调节可形成分子内交联的凝胶体系（图 4-3）。但有机铝交联剂在高温条件下水解形成沉淀，很不稳定，且交联反应过快。为了防止交联反应过快，并有效地控制交联反应速率，常使用柠檬酸铝作为交联剂。柠檬酸的强络合作用可以破坏铝水解产生的羟桥结构，抑制交联反应速率。因此，pH 值对该交联反应有着重要的影响，交联剂柠檬酸铝仅在低 pH 值的条件下适用，而在碱性条件的油藏中不能有效地形成凝胶。因此，HPAM/柠檬酸铝体系适用的 pH 值范围是 4~7 之间，pH 值低于 4 时，HPAM 上的羧基以酸的形式存在，不易与铝离子成键；pH 值大于 7 时，铝离子以偏铝酸盐的形式存在，也不能与聚合物作用。柠檬酸铝和 HPAM 在 Na^+ 存在的条件下发生交联反应，Na^+ 的存在起到了促进 HPAM 和柠檬酸铝交联的作用[20-23]。

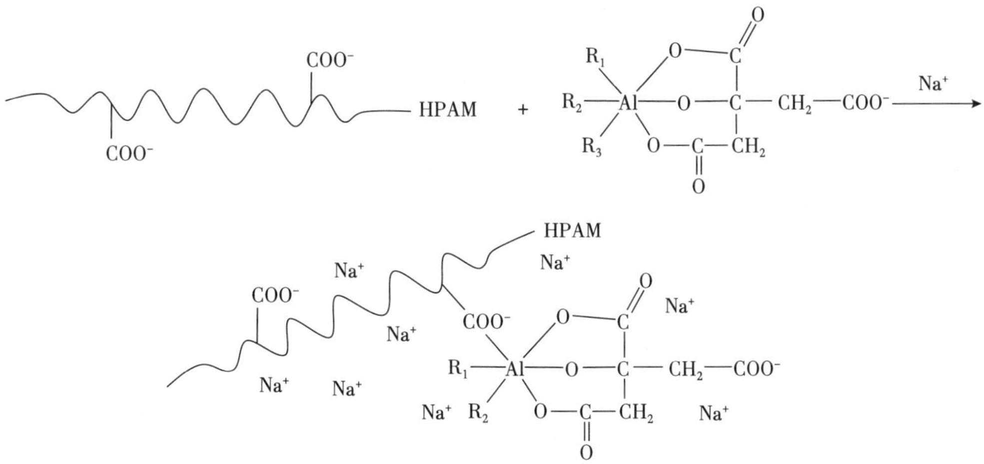

图 4-3　HPAM 和柠檬酸铝在 Na^+ 存在的条件下发生的交联反应

实践证明，由 HPAM 和柠檬酸铝组成的凝胶的形成条件是：聚合物浓度为 100~1200mg/L，聚合物与铝的质量比为 5∶1~100∶1，pH 值为 5~8，温度为 32~94℃，最大含盐量为 30000mg/L，适当的含盐量有助于凝胶的形成，但盐含量过高时，有絮凝沉淀生成，会抑制凝胶的形成。该交联剂仅适用于低温酸性、中性油藏条件。Zhang 等探索了盐含量对 HPAM 和柠檬酸铝成胶的影响，成胶温度为 60℃。通过交联实验发现，随着盐含量的增加，HPAM/Al^{3+} 凝胶的成胶时间延长，NaCl 含量为 10000mg/L 时，成胶时间为 4 天，成胶后黏度在 4000mPa·s 以上；NaCl 含量为 30000mg/L 时，成胶时间为 8 天左右，成胶后黏度在 4000mPa·s 以上[24-28]。

柠檬酸铝（$AlC_6H_5O_7$）交联剂在低 pH 值油藏条件下稳定，在碱性和高温油藏条件下成胶困难，因此，三价铝离子交联体系适合在低温、酸性或中性油藏条件下，毒性很小。采用 HPAM/柠檬酸铝凝胶体系进行室内驱油实验后的结果证明，在注入凝胶体系后，优先进入渗透率高的部位，引起水驱压力明显升高，可以在水驱的基础上进一步提高原油采收率 10 个百分点左右，同时降低采出水的含水率[29]。

（4）HPAM/Zr^{4+} 凝胶。

有机锆交联剂由无机盐和有机配位体在高度控制的反应条件下合成。常用的有四氯化锆、氧氯化锆等，有机配位体一般是氨基醇、R—二酮、乳酸等。引入有机配位体的锆交联剂稳定性提高，还可以形成多核络离子，使单位交联点的强度增加，从而提高凝胶的抗温性。由于有机配位体和有机锆同时竞争与聚合物的反应，有机锆本身的稳定性提高，因此，能够与聚合物反应的离子数量减少，使交联反应延迟。HPAM/有机锆凝胶的形成过程如下：首先，有机锆在催化剂的作用下水解，产生 Zr^{4+}，Zr^{4+} 在一定 pH 值的水溶液中经过络合、水解及羟桥作用形成多核羟络离子；多核羟桥络离子与 HPAM 中的—$CONH_2$，—COO^- 产生交联，形成 HPAM/有机锆凝胶[30-31]。HPAM/有机锆凝胶是以下 3 种凝胶的混合物：

① HPAM 中的—$CONH_2$ 与 Zr^{4+} 的多核羟桥络离子交联，形成凝胶；

② HPAM 中的—COO^- 与 Zr^{4+} 的多核羟桥络离子的交联，形成凝胶；

③ HPAM 中的—$CONH_2$ 和—COO^- 与 Zr^{4+} 的多核羟桥络离子的交联，形成凝胶。

凝胶的高黏度是以上几种混合物共同作用的结果。

目前，国内外的许多学者已经展开了对有机锆交联 HPAM 的相关实验。李谦定等探索研制了一种低温锆凝胶调剖剂，该调剖剂以 HPAM 为主剂，以自制有机锆 YJ—1 为交联剂，在 35~50℃下能形成稳定的凝胶，该凝胶的配方为：800~1500mg/L HPAM，500~1000mg/L 有机锆 YJ—1 交联剂，500~800mg/L 稳定剂，该体系适合的矿化度在 50000mg/L 以下，pH 值为 4~9。随着温度的升高，体系成胶速度加快，凝胶黏度增大。温度低于 35℃时，体系成胶速度太慢，凝胶黏度低，不能有效地发挥该凝胶体系的调剖作用；温度高于 50℃时，体系成胶速度过快，不利于油藏的深部调剖。因此，该调剖剂的适合温度在 35~50 ℃的低温油藏的深部调剖[32-34]。

因此，有机锆和 HPAM 形成凝胶主要适合以下油藏环境：温度为 35~50℃，体系 pH 值为 4~9，矿化度小于 50000mg/L。

（5）HPAM/PEI 凝胶。

相比较于无机交联剂，聚乙烯亚胺（Polyethyleneimine，PEI）具有更大的优势，不仅表现在低毒环保，而且在低温环境下的成胶时间更长。PEI 冻胶型堵水剂在地面黏度较低，易优先进入高渗层，与地层水的配伍性好、成胶时间可调、成胶强度可调、适用地层温度范围较宽（45~170℃）、地层水矿化度范围宽（5000~50000mg/L）、pH 值范围宽（3~11），对地层的封堵能力较强。聚乙烯亚胺（PEI）是在分子主链和侧链带有大量伯胺、仲胺和叔胺基团的低聚物（图4-4）。

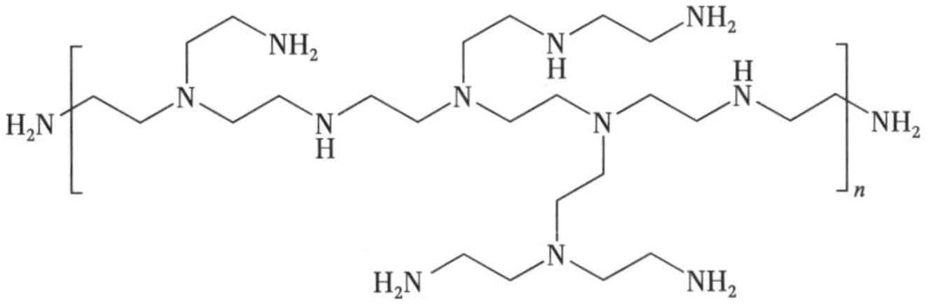

图4-4 聚乙烯亚胺（PEI）的分子结构式

PEI交联HPAM的主要机理是：PEI分子链上的氨基（—NH_2、NHR或NRR'）通过静电吸附作用和HPAM分子链上的羰基碳（—$CONH_2$）相结合，发生酰胺交换反应，逐渐发生交联反应生成HPAM/PEI凝胶。

Jia等探索了PEI作为有机低毒交联剂在低温下交联HPAM的可行性。实验证明，PEI（M_w=20000）在40℃的温度下能够实现对HPAM的交联，在40℃下（矿化度为8000mg/L NaCl、500mg/L $CaCl_2$和500mg/L$MgCl_2$）不同质量分数的PEI（0.3%、0.5%、0.8%、1.0%和1.5%）交联HPAM（M_w=800万，质量分数为1.5%）时，成胶时间呈现出不同程度的延迟，PEI浓度越高，成胶时间越快，当PEI浓度为1.5%时，HPAM溶液在第2天开始起黏，3天后黏度达到5000mPa·s以上；当PEI浓度为0.3%时，HPAM溶液的成胶时间得到延长，但黏度也在第5天达到5000mPa·s以上[35-37]。

尽管PEI在低温环境下表现出了较好的交联性能，但仍存在以下两个不足之处：
①对聚合物的用量要求较高，一般要求聚合物的初始浓度不低于3%~7%；
②PEI本身的价格较为昂贵，难以进行大规模的应用。

二、颗粒类调堵剂研究现状

颗粒类调堵剂的品种、名称很多，主要有体膨型颗粒、体膨型聚合物、吸水膨胀聚合物、吸水膨胀颗粒、水膨体、预交联水膨体、预交联体膨型凝胶颗粒、预交联体膨颗粒、预交联体膨聚合物、预交联凝胶、交联聚合物微球和预交联聚合物微凝胶等。虽然种类很多，但实质机理相差不大，通常情况下呈固态，主要是由胶体颗粒、表面活性分子或者高分子之间的互相连接形成的空间网状结构。

（1）颗粒类调堵剂的制备方法。

颗粒类调堵剂主要采用单体聚合法制备，由单体、交联剂、引发剂、添加剂、增强剂和热稳定剂等化学剂，通过共混、聚合、造粒、干燥、粉碎和筛分等工序加工而成。

与凝胶类调堵剂相比，颗粒类调堵剂的组分相对比较简单，其中单体一般为丙烯酰胺，交联剂通常为亚甲基双丙烯酰胺。增强剂一般为膨润土等水膨性矿物，一方面可以提升颗粒的强度，同时还可适当降低成本，但是不能过量添加，否则会导致颗粒弹性大幅降低，极易破碎[38-44]。

（2）颗粒类调堵剂的作用机理。

颗粒类调堵剂具有一定的选择性，易于进入大孔道，而不易进入微小孔道，可选择性的封堵高渗透层，达到调节渗透率差异的目的。颗粒类调堵剂是以交联聚合物为主体，聚合物分子通过交联剂作用结合在一起，形成空间网状结构，使其在分子量足够大、交联密度足够高的情况下既不溶于水也不溶于有机溶剂。构成颗粒类调堵剂的聚合物分子上具有大量的酰氨基、羧基等吸水基团，使其可以吸收相当于自身重量几倍、几十倍甚至上千倍的水，吸水后形成的凝胶体在适当的条件下不易失水，具有很好的保水性能，可长期滞留在地层孔隙中，达到调剖、堵水的目的[45-50]。

三、现有调堵剂局限性及研发方向

化学驱后油藏优势渗流通道发育进一步增强，注入液无效循环加剧，常规凝胶类与颗粒类调堵剂已无法满足开发需要，具体表现如下：

（1）常规凝胶类调堵剂初始黏度高、成胶时间短（图4-5）。目前，常规凝胶调堵剂注入黏度通常在40mPa·s以上，如此高的初始黏度，使其注入时无法选择性进入优势渗流通道，会对中渗透层、低渗透层造成伤害（图4-5）。同时，其成胶时间通常不超过72h，因此在近井地带运移，而无法进行油藏深部调堵。因此，亟须研发初始黏度低、成胶时间长的新型凝胶类调堵剂。

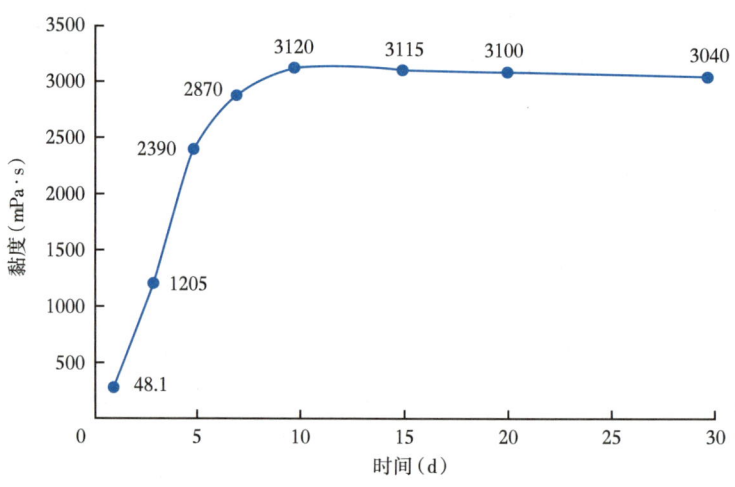

图4-5　常规凝胶调堵剂成胶曲线

（2）常规颗粒类调堵剂弹性差、易破碎。目前，常规颗粒类调堵剂的弹性因子一般在1左右，即仅能通过与自身尺寸相当的孔喉，若要通过更加细小的孔喉，则只能以破碎的方式通过。因此在应用时会出现注入压力高、但后续驱替时压力迅速回落的现象，即只能在近井地带发挥作用。因此亟须研发弹性强、稳定性好的新型颗粒类调堵剂，以实现油藏深部运移与调堵。

第二节　温度/时间响应型智能凝胶调堵剂

为解决常规凝胶类调堵剂初始黏度高、成胶时间短的问题，开展了温度/时间响应型智能凝胶调堵剂研制。这种调堵剂在常温下黏度极低，可以像水一样自动进入优势渗流通道，而不伤害中渗透层、低渗透层，在油层环境温度下，缓慢发生交联反应而延迟成胶，可实现优势渗流通道的深部封堵。

一、温度／时间响应型智能凝胶调堵剂的合成

温度／时间响应型智能凝胶调堵剂由三种组分构成，分别是超低相对分子质量非离子型聚丙烯酰胺、水溶性酚醛树脂交联剂和调节剂。

1. 超低相对分子质量非离子型聚丙烯酰胺的合成

目前，常规凝胶型调堵剂所采用的聚合物均为常规驱油用部分水解聚丙烯酰胺，这种聚合物具有的较好的增黏性，作为驱油剂使用时，可以有效地扩大波及体积，提高采收率，但作为调堵剂使用时，则造成黏度过高。虽然可以通过降低聚合物用量来降低初始黏度，但会带来成胶后黏度低、成胶过程不稳定等不利因素。因此若要降低调堵剂的初始黏度，就不能使用常规驱油用部分水解聚丙烯酰胺。

聚合物的溶液黏度主要受两方面因素影响，一是聚合物的相对分子质量，二是聚合物的水解度。聚合物的相对分子质量越高，则其水动力学半径越大，溶液黏度越高。聚合物的水解度越大，则在侧基间静电排斥力越大，溶液黏度越高。若要降低聚合物的溶液黏度，必须同时降低相对分子质量与水解度，为此，开展了超低相对分子质量非离子型聚丙烯酰胺的合成。

（1）超低相对分子质量非离子型聚丙烯酰胺的合成方法。

采用水溶液聚合法进行超低相对分子质量非离子型聚丙烯酰胺合成，其合成步骤如下：

①在搅拌下，将丙烯酰胺与碳酸钠加入去离子水中，其中碳酸钠与丙烯酰胺的物质的量之比为 0.02∶1，搅拌至原料充分溶解，得到反应液；

②在 20~24℃ 时，向反应液中通入高纯氮气 20min，充分置换反应液中的溶解氧；

③向反应液中依次加入定量的甲酸钠、亚硫酸氢钠与过硫酸铵，继续通入高纯氮气，直至反应液变黏后密封反应器，待温度升至最高点后，继续反应 2h，之后结束反应；

④将获得的凝胶产物密封，置于 90℃ 烘箱中进行水解反应 2h；

⑤将水解后凝胶搅碎，于 60℃ 下干燥，之后粉碎、筛分，保留粒径为 0.2~1.0mm 范围的干粉，即得到超低相对分子质量非离子型聚丙烯酰胺产品。

（2）超低相对分子质量非离子型聚丙烯酰胺的理化指标检测。

对合成出的超低相对分子质量非离子型聚丙烯酰胺的固含量、水解度、黏度、黏均相对分子质量、过滤因子、水不溶物和溶解速度共七项理化指标进行了检测，并与大庆油田在用最低相对分子质量的 700 万~950 万部分水解聚丙烯酰胺进行了对比，具体检测方法与检测结果以下分别介绍。

①固含量。

a. 接通恒温干燥箱电源，设置烘干温度为 120℃，在（120±2）℃ 下恒温。

b. 将称量瓶放在恒温干燥箱内，瓶、盖分离烘干 2h。

c. 将称量瓶从恒温干燥箱中取出，放入干燥器内冷却 30min。

d. 在电子天平上称取称量瓶质量，准确至 0.0001g，视为 W_1。

e. 在称量瓶内均匀撒入 1g 粉状试样，盖上瓶盖，准确称取试样及称量瓶总质量至

0.0001g，视为 W_2，将称量瓶、盖分离置于恒温干燥箱内烘干 2h。

f. 将烘干后的试样移至干燥器内，冷却 30min 至室温。

g. 在电子天平上称取烘干后试样及称量瓶总质量，准确至 0.0001g，视为 W_3。

h. 该实验应取三个平行样同时测定，将三个平行试样测试值修约至小数点后第二位，取其平均值，即为待测试样的固含量 S。当粉状试样单个测定值与平均值偏差大于 0.5% 时，重新取样测定。

固含量质量百分数按式（4-1）计算：

$$S = \frac{m}{m_0} \times 100\% \quad (4\text{-}1)$$

$$m = W_3 - W_1$$

$$m_0 = W_2 - W_1$$

式中　S——试样的固含量；
　　　m——干燥后试样的质量（W_3-W_1），g；
　　　m_0——干燥前试样的质量（W_2-W_1），g。

②水解度。

a. 根据试样的固含量 S，称取（200-1/S）g 的去离子水，准确至 0.01g，于 500mL 烧杯中。

b. 称取（1/S）g 试样，准确至 0.0001g，调整立式搅拌器转速至（400±20）r/min，使去离子水形成漩涡，在 30s 内缓慢而均匀地将试样撒入漩涡壁中，搅拌 2h 后静置 2h，配制成溶液浓度为 0.5% 的聚丙烯酰胺溶液。

c. 称取聚丙烯酰胺溶液 40.00g，向溶液中加入甲基橙和靛蓝二磺酸钠指示剂（甲基橙和靛蓝二磺酸钠指示剂的配制方法按照 GB/T 603 进行）各 1.50mL，再加入去离子水 157.00g 于 500mL 的烧杯中，用立式搅拌器搅拌 30min 直到溶液均匀，此时溶液呈深绿色，溶液浓度为 0.1%。

d. 在三个 250mL 的锥形瓶中，分别加入溶液浓度为 0.1% 的溶液 30.00g，再分别加入 70.00g 去离子水并摇匀，此时试样溶液呈黄绿色。

e. 用盐酸标准溶液（盐酸标准滴定溶液的配制及标定按照 GB/T 601 进行）滴定试样溶液，直至黄绿色溶液中的光亮感消失且振荡后稳定 30s 不变色，即为滴定终点，记下消耗盐酸标准溶液体积。每个试样测定三次，将测试值修约至小数点后两位，单个测定值与平均值的最大偏差在 ±0.50 以内，超过最大偏差应重新取样测定，最终结果取三次测定的平均值记为 V。

f. 称取 197.00g 去离子水于 500mL 的烧杯中，加入甲基橙和靛蓝二磺酸钠指示剂各 1.50mL，搅拌均匀至深绿色。在三个 250mL 的锥形瓶中，分别加入深绿色水样 30.00g，再分别加入 70.00g 去离子水，摇匀至黄绿色。

g. 用盐酸标准溶液滴定黄绿色水样，直至颜色变化为灰绿色且振荡后稳定 30s 不变色，即为滴定终点。记下消耗盐酸标准溶液体积。

h. 每个空白溶液测定三次，将测试值修约至小数点后两位，单个测定值与平均值的最大偏差在 5% 以内，超过最大偏差应重新取样测定，最终结果取三次测定的平均值记为 V_0。

水解度按式（4-2）计算：

$$HD = \frac{71c(V-V_0)}{m-23c(V-V_0)} \times 100\% \qquad (4\text{-}2)$$

式中　HD——试样的水解度；

　　　c——盐酸标准溶液的浓度，mol/L；

　　　V——滴定终点时消耗的盐酸标准溶液的体积，mL；

　　　V_0——滴定水样时消耗的盐酸标准溶液的体积，mL；

　　　m——0.1%试样的质量，g；

　　　71——与1.00mL盐酸标准溶液[c(HCl)=1.000mol/L]相当的丙烯酰胺链节的质量；

　　　23——丙烯酸钠与丙烯酰胺链节相对质量的差值。

③黏度。

a. 准确称取1.000g试样。

b. 称取199.00g模拟污水（950mg/L NaCl水溶液）于500mL烧杯中。

c. 调整立式搅拌器的搅拌速度至（400±20）r/min，使盐水形成旋涡，在30s内缓慢而均匀地把试样撒入旋涡壁中，搅拌2h后静止放置2h，此时溶液浓度为0.5%。

d. 称取所配溶液40.00g于500mL烧杯中，加盐水至200.00g，用立式搅拌器混合搅拌30min，使浓度为0.1%试样溶液充分混合。

e. 将布氏黏度计调水平，接通电源，将恒温水浴加热至45℃，黏度计调零后，安装上UL转子，设置转速为6r/min。

f. 在测量杯中加入所配溶液16mL，并装上黏度计，预热15min后，打开黏度计测定开关，读数。

g. 每个样品测定三次，测试值保留小数点后一位有效数字，取平均值为测定结果。

④黏均相对分子质量。

a. 测出试样的固含量S。称取（200-1/S）g的去离子水，准确至0.01g，于500mL烧杯中。安装好立式搅拌器，调整搅拌器的速度至（400±20）r/min，使去离子水形成旋涡。称取（1/S）g试样，准确至0.0001g，在30s内缓慢而均匀地将试样撒入旋涡壁中，搅拌2h后静止放置2h，此时溶液浓度为0.5%。

b. 配制缓冲溶液，1000.00mL缓冲溶液中，含有柠檬酸（含1个结晶水）1.335g、磷酸氢二钠26.6g、氯化钠116.9g。

c. 准备五个100mL容量瓶，并放入磁力转子。准确称取母液1.00g、2.00g、3.00g和4.00g分别装入4个容量瓶中。用移液管在5个容量瓶中分别加50mL缓冲溶液。用去离子水分别加至容量瓶100mL刻度，并用磁力搅拌器搅拌均匀。

d. 在干燥的乌氏黏度计中装入经玻璃砂芯漏斗过滤后的待测溶液。将乌氏黏度计垂直置于30℃恒温水浴中，最少恒温10min。测量待测溶液在黏度计两刻度之间的流动时间，精确至0.01s。重复测定三次，测定结果相差不超过1s，取其平均值。所有溶液必须用同一支黏度计和同一个秒表测定。测定应从低浓度至高浓度的顺序测定，而且每次测定前，黏度计必须用待测溶液冲洗2~3次。

e. 缓冲溶液的流出时间重复测定三次，测定结果相差不超过0.5s。若试样各浓度点溶液和缓冲溶液的流经时间比值不在 1.2~2.0 之间，则应调整各浓度点使其比值在规定范围之内。

用下式计算 4 种溶液的黏度比：

$$\eta_{sp} = (t - t_0) / t_0 \tag{4-3}$$

式中　η_{sp}——增比黏度；
　　　t——试样溶液的流经时间，s；
　　　t_0——缓冲溶液的流经时间，s。

f. 计量各溶液的 η_{sp}/c 值，c 为试样溶液的浓度，即 100g 试样溶液中聚丙烯酰胺的克数。在坐标纸上以 η_{sp}/c 为纵坐标，c 为横坐标作图。用四点外推法求曲线上直线部分在纵坐标上的截距，读出特性黏数（IV）。

黏均相对分子质量按式（4-4）计算：

$$M_\eta = (IV/0.000373)^{1.515} \tag{4-4}$$

式中　M_η——黏均分子量；
　　　IV——特性黏数，dL/g。

⑤过滤因子。

a. 测出试样的固含量 S，称取（1/S）g 待测试样，准确至 0.0001g 称取新制备且经 0.22μm 核孔膜过滤的模拟污水（950mg/L NaCl 水溶液）(200-1/S) g 于 500mL 烧杯中，准确至 0.01g。调整立式搅拌器的速度至（400±20）r/min，使水形成旋涡，在 30s 内缓慢而均匀地将试样撒入旋涡壁中，搅拌 2h 后静止放置 2h，此时溶液浓度为 0.5%。称 100.00g 上述溶液于 1000mL 烧杯中，加 400.00g 模拟污水，用立式搅拌器至少搅拌 30min，使浓度为 0.1% 试样溶液充分混合。

b. 将 3.0μm 核孔滤膜在浓度 0.1% 试样溶液中浸泡一下，亮面水平朝上装入 47mm 滤膜夹持器中，锁紧夹持器。

c. 将溶液浓度为 0.1% 的试样溶液全部加入过滤容器中，将过滤容器放在装置支架上，打开过滤容器下端旋钮和排气阀，使液体充满夹持器后关闭下端旋钮和排气阀，将过滤容器上盖封闭。

d. 启动装置，气路压力设定为 0.2MPa。

e. 将样品回收槽放置到装置下面的天平中央，将天平归零。

f. 打开过滤容器下端旋钮，同时启动计时器，记录滤出 100g、200g、300g（或 100mL、200mL、300mL）液体的时间。当滤出液体达到 300g（或 300mL）时，系统停止并计算出过滤因子数值。

g. 如测量时间达到 24h，试样溶液流出体积未达到 100g（或 100mL），则停止测定，其过滤因子值按大于 2 计算。

过滤因子（FR）的定义为 300mL 与 200mL 之间的流动时间差与 200mL 与 100mL 的流动时间差之比，按式（4-5）计算：

$$F_R = (T_{300mL} - T_{200mL}) / (T_{200mL} - T_{100mL}) \tag{4-5}$$

式中　F_R——过滤因子；

$T_{300\text{mL}}$——聚合物溶液滤出 300mL 的时间，s；

$T_{200\text{mL}}$——聚合物溶液滤出 200mL 的时间，s；

$T_{100\text{mL}}$——聚合物溶液滤出 100mL 的时间，s。

⑥水不溶物。

a. 用去离子水洗净 25μm 滤网后置于 120℃ 恒温干燥箱中烘干 2h，移至干燥器中冷却 30min 后，称重准确至 0.0001g 视为 W_4。

b. 称取 2.5000g 试样，视为 W。

c. 称取 497.50g 去离子水于 1000mL 烧杯中，调整立式搅拌器转速为（400±20）r/min，使去离子水形成旋涡，在 30s 内缓慢而均匀地将试样撒于旋涡壁中，搅拌 2h 后静止放置 2h，此时溶液浓度为 0.5%。

d. 将 25μm 滤网装入 47mm 滤膜夹持器中，锁紧夹持器。

e. 将试样溶液全部加入过滤容器中，将过滤容器放在装置支架上，打开过滤容器下端旋钮和排气阀，使液体充满夹持器后关闭下端旋钮和排气阀，将过滤容器上盖封闭。

f. 启动装置，气路压力设定为 0.2MPa。

g. 打开过滤容器下端旋钮，用已称重的 25μm 滤网过滤试样溶液，再用 500mL 去离子水冲洗滤网。

h. 将筛网放回干燥箱中，在 120℃ 下烘干 2h，移至干燥器中冷却 30min 后，称重准确至 0.0001g 视为 W_5。

水不溶物按式（4-6）计算：

$$N_\text{d} = (W_2 - W_1)/W \times 100\% \tag{4-6}$$

式中　N_d——水不溶物含量；

W_1——干燥后筛网的质量，g；

W_2——干燥后筛网和不溶物的质量，g；

W——试样的质量，g。

⑦溶解时间。

a. 称取 298.5g 的模拟污水（950mg/L NaCl 水溶液）于 500mL 烧杯中。

b. 称取 1.5g 试样，准确至 0.0001g，调整立式搅拌器的速度至（400±20）r/min，使盐水形成旋涡，在 30s 内缓慢而均匀地将试样撒入旋涡壁，继续搅拌 2h，此时溶液浓度为 0.5%。

c. 分别在 2h 和 2h10min 时取母液各 40.00g 于 500mL 烧杯中，加盐水至 200.00g，用立式搅拌器混合搅拌 30min。

d. 在室温条件下，取上述两种时间的溶液按时间先后顺序测出各自的黏度值。当两溶液（T_1、T_2 且 $T_1 < T_2$）的黏度值（η_1、η_2）符合 $|\eta_2 - \eta_1|/\eta_1 < 3\%$ 时，则视为在时间 T_1 内完全溶解。

检测结果表明（表 4-1）：由于合成出的超低相对分子质量非离子型聚丙烯酰胺相对分子质量低，仅有 241×10^6，较常规驱油用部分水解聚丙烯酰胺的下限 700×10^6 大幅降低，同时该聚合物的水解度低，仅有 4.7%，远低于常规驱油用部分水解聚丙烯酰胺的下限 23%，因此该聚合物的黏度极低，采用含 950mg/L NaCl 的模拟水，配制 1000mg/L 的聚合物水溶液，其黏度仅为6.1mPa·s，而相对分子质量为762×10⁶的驱油用部分水解聚丙烯酰胺的黏度在19mPa·s以上，该聚合物实现了初始黏度的大幅降低。

表4-1 超低相对分子质量非离子型聚丙烯酰胺的理化指标检测结果

聚合物类型	超低相对分子质量非离子型聚丙烯酰胺	700万~950万部分水解聚丙烯酰胺
固含量（%）	89.4	89.7
水解度（%）	4.7	24.6
黏度（mPa·s）	6.1	19.4
黏均相对分子质量（×10⁶）	241	762
过滤因子	1.1	1.1
水不溶物（%）	0.06	0.08
溶解速度（h）	≤2h	≤2h

（3）超低相对分子质量非离子型聚丙烯酰胺的增黏性能。

采用大庆油田现场注入污水配制浓度为5000mg/L的聚合物母液，之后再采用现场污水稀释成不同浓度的目的溶液，进行黏度检测（表4-2）。检测设备为Brookfield DV2T型布氏黏度计，采用0#转子，转速为6rpm，温度为45℃。同时，作为对比，按照同样方式对700万~950万驱油用部分水解聚丙烯酰胺进行了检测。

表4-2 大庆油田现场注入污水水质分析结果

分析项目	分析结果
Cl^-含量（mg/L）	870.51
SO_4^{2-}含量（mg/L）	10.18
HCO_3^-含量（mg/L）	3643.38
CO_3^{2-}含量（mg/L）	121.48
K^++Na^+含量（mg/L）	1933.50
Ca^{2+}含量（mg/L）	63.73
Mg^{2+}含量（mg/L）	8.05
总矿化度（mg/L）	6658.24

检测结果表明（表4-3）：在不同浓度下，超低相对分子质量非离子型聚丙烯酰胺的黏度均低于700万~950万驱油用部分水解聚丙烯酰胺。采用大庆油田现场注入污水配制溶液，在1500mg/L浓度下，超低相对分子质量非离子型聚丙烯酰胺的黏度仅为5.1mPa·s，而700万~950万驱油用部分水解聚丙烯酰胺的黏度为11.2mPa·s，较超低相对分子质量非离子型聚丙烯酰胺提升了1倍以上（图4-6）。较弱的增黏性有利于降低调堵剂的初始黏度，使其能够像水一样自导进入优势渗流通道，而不污染中渗透率、低渗透率油层。

表 4-3　不同聚合物的增黏性检测结果

聚合物浓度（mg/L）	超低相对分子质量非离子型聚丙烯酰胺黏度（mPa·s）	700 万~950 万部分水解聚丙烯酰胺黏度（mPa·s）
200	2.1	4.5
400	2.3	4.8
600	2.5	5.2
800	2.8	5.7
1000	3.2	6.6
1200	3.8	7.9
1500	5.1	11.2

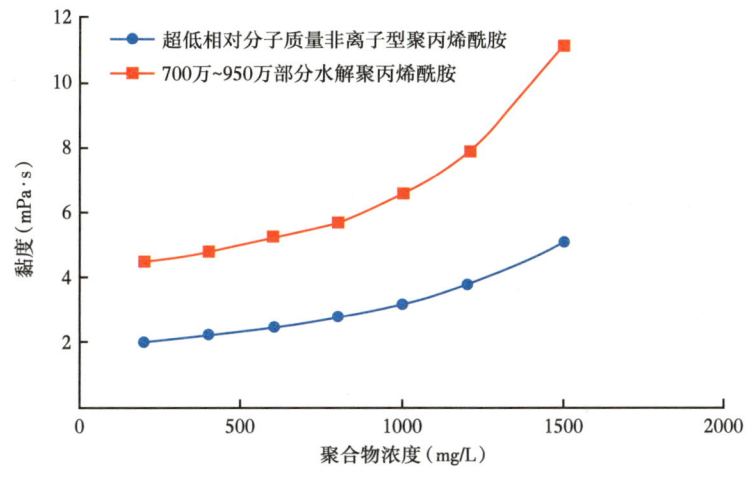

图 4-6　不同聚合物的增黏性对比

2. 水溶性酚醛树脂交联剂的合成

常规凝胶类调堵剂中交联剂（Cr^{3+}、Al^{3+} 等）均是通过与部分水解聚丙烯酰胺中的羧基进行交联反应成胶，由于本调堵剂为了降低初始黏度，使用了非离子型聚丙烯酰胺，羧基含量较低，因此，常规交联剂无法与其进行反应，因此，选择水溶性酚醛树脂作为交联剂（图 4-7）。

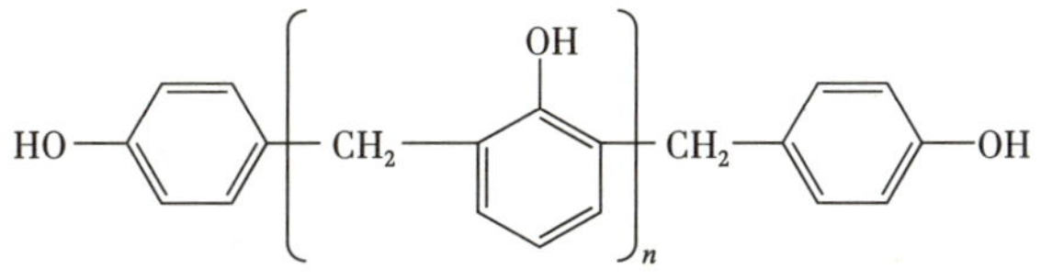

图 4-7　水溶性酚醛树脂交联剂的分子结构

水溶性酚醛树脂为一种高分子交联剂，与常规 Cr^{3+}、Al^{3+} 等交联剂不同，这种交联剂通过与聚丙烯酰胺中的酰胺基进行交联反应而成胶，因此，对本调堵剂所采用的非离子型聚丙烯酰胺具有较强的适应性。同时，由于这种交联剂的高分子结构所带来的大空间位阻，导致其与聚丙烯酰胺的交联反应活化能高，在常温下无法交联成胶，即使在地层温度下，也需要调节剂的加入才能够缓慢成胶，因而产生温度/时间响应效应。

（1）水溶性酚醛树脂交联剂的合成方法。

①将质量分数为 20%~25% 的苯酚加入反应釜中，升温至 40~50℃；

②将质量分数为 15%~20% 的碱加入反应釜中，碱的浓度为 5%~10%，恒温 40~50℃ 搅拌 20~30min；

③反应釜升温至 60℃，逐渐加质量分数为 24%~45% 的醛水溶液，醛水溶液的浓度为 30%~40%，温度控制在 55~65℃，加入完成后恒温反应 0.5~2h；

④再次加入质量分数为 5%~8% 的碱，碱的浓度为 5%~10%，升温至 70~80℃；

⑤再次加入加质量分数为 8%~12% 的醛水溶液，醛水溶液的浓度为 30%~40%，温度控制在 80~85℃，恒温反应 20~60min；

⑥反应釜降温至 20~30℃，得到交联剂。

其中，醛可以为甲醛、多聚甲醛和三聚甲醛，碱可以为氢氧化钠、氢氧化钾、氨水、碳酸氢钠和碳酸钠。

（2）水溶性酚醛树脂交联剂的合成参数优化。

为了探讨不同反应条件对水溶性酚醛树脂交联剂产品的影响，对投料比、反应温度和反应时间进行优化，以水溶性酚醛树脂交联剂产品的水溶性和醛类的残留量为标准，水溶性越好、醛类的残留量越低，性能越佳。

①单体投料比的影响。

一般认为，水溶性酚醛树脂交联剂的合成是在催化剂条件下，酚类与醛类先进行加成反应，加成产物间再进一步缩聚得到的。由于酚类的邻位、对位皆可以与醛类反应，因此酚类的活性位点有 3 个，为了得到水溶性较好的切活性交联基团较多的产物，故酚类和醛类的物质的量比为 1∶3。酚类和醛类的物质的量比直接影响水溶性酚醛树脂交联剂官能团的数量，因此，改变酚类和醛类的物质的量比，观察水溶性酚醛树脂交联剂在室温下的水溶性，水溶性越好，单体性能越佳。

通过改变醛类的投料方式，观察水溶性酚醛树脂交联剂的水溶性，测试残留醛类单体的含量，以确定最佳的投料方式（表 4-4）。

表 4-4　不同投料比下产物的水溶性及醛类残留量

酚类（mol）	醛类第一次（mol）	醛类第二次（mol）	产物水溶性	醛类残留（%）
1	2	1	易溶	5.1
1	3	0	易溶	15.1
1	2.5	0.5	易溶	1.3

在上述反应中，第一步在 60℃ 下反应 1h，第二步在 80℃ 下反应 30min。根据实验结果发现，水溶性酚醛树脂交联剂的水溶性均很好，样品在水溶液中均透明，而一步法加入

全部的醛类导致其残留量最高，两步法中两次加入醛类的物质的量比为2:1时醛类残留量次之，两次加入醛类的物质的量比为2.5:0.5的醛类残留量最低，因此，选择该比例作为最佳投料比例。

②反应温度的影响。

虽然醛类对酚类的加成反应的速度比酚类缩聚反应的速度大得多，但为了获得水溶性的酚醛树脂交联剂，反应温度应严格控制。反应温度低，则缩聚反应缓慢，温度超过90℃时，酚类会很快缩聚并形成体型结构，导致得到的酚醛树脂交联剂的不溶于水。因此，考察不同反应温度下的酚醛树脂交联剂产物的水溶性和醛类单体的含量，以获得最佳的反应温度。

当第一步反应温度为60℃时，改变第二步的反应温度为90℃，发现该温度下得到的酚醛树脂交联剂变得黏稠不透明且水溶性变差；而第二步温度为80℃时，酚醛树脂交联剂产物的水溶性较好，样品在水溶液中均清澈透明。固定第二步的反应温度为80℃，降低第一步的反应温度至50℃，发现虽然样品仍然透明，但醛类的残留量升高到6.7%，而第一步的温度升高到70℃，发现样品变得黏稠不透明。因此，第一步的最佳反应温度为60℃，第二步的最佳反应温度为80℃（表4-5）。

表4-5　不同反应温度下产物的水溶性及醛类残留量

第一步温度（℃）	时间（h）	第二步温度（℃）	时间（h）	产物水溶性	醛类残留（%）
60	1	90	0.5	不溶	1.0
60	1	80	0.5	易溶	1.3
50	1	80	0.5	易溶	6.7
70	1	80	0.5	不溶	1.3

③反应时间的影响。

确定最佳投料比和最佳反应温度后，改变反应时间，考察对酚醛树脂交联剂产物水溶性和醛类单体含量的影响。

可以看出，在固定第二步的反应时间为0.5h时，第一步的反应时间越长，样品的水溶性越差，第一步的反应时间为1h时，样品的水溶性最佳，而反应时间为1.5~2h时，样品变得黏稠不透明。而固定第一步的反应时间为1h，延长第二步的反应时间为1h时，样品则固化为紫黑色的固体。因此，最佳的反应时间为第一步反应时间为1h，第二步反应时间为0.5h（表4-6）。

表4-6　不同反应时间下产物的水溶性及醛类残留量

第一步温度（℃）	时间（h）	第二步温度（℃）	时间（h）	产物水溶性	醛类残留（%）
60	1	80	0.5	易溶	1.3
60	1.5	80	0.5	难溶	1.2
60	2	80	0.5	难溶	0.8
60	1	80	1.0	难溶	0.6

3. 调节剂的合成

调节剂为一种酸/碱缓冲溶液体系，通过随着时间延长，调节溶液 pH 值，起到促进调堵剂成胶的作用，其合成方法如下：

①反应釜中加入加质量分数为 70%~80% 的水，升温到 35~45℃；

②反应釜中加入加质量分数为 20%~23% 的氯化铵，恒温 35~45℃ 搅拌 10~20min，充分溶解；

③反应釜中再加入加质量分数为 0.01%~0.03% 的间苯二酚和质量分数为 0.01%~0.02% 的草酸，恒温 35~45℃ 搅拌 30~60min，充分溶解；

④反应釜降温至 20~30℃，得到调节剂。

二、温度/时间响应型智能凝胶调堵剂的配方优化

为了研究水溶性酚醛树脂交联剂和调节剂对超低相对分子质量非离子型聚丙烯酰胺交联时间及成胶强度的影响，采用现场注入污水配制浓度为 1500mg/L（黏度 5mPa·s）的超低相对分子质量非离子型聚丙烯酰胺溶液，并加入不同含量的水溶性酚醛树脂交联剂和调节剂，然后将上述样品置入 45℃ 恒温烘箱中，定期测试黏度的变化情况。具体的测试方法如下：

采用 MCR-302 型流变仪（Anton Paar，奥地利）进行，选用 CC27 型同心圆筒测量系统，恒定剪切速率为 $7.34s^{-1}$，固定温度为 45℃，测试在该温度下的黏度数据，取平均值。

评价结果表明：在不同调节剂浓度下，温度/时间响应型智能凝胶调堵剂均可实现延迟交联成胶。在调节剂浓度分别为 1.00%、1.25% 和 1.50% 时，在第 21 天、14 天和 7 天才开始成胶，因此，可以通过改变调节剂浓度控制来控制调堵剂的成胶时间，以实现油层深部封堵（表 4-7）。在成胶后，调堵剂的黏度呈快速上升趋势，在 7 天内可达到 1000mPa·s 以上，有利于实现定点封堵。同时，在不同调节剂用量下，调堵剂成胶后的黏度相差不大，均在 1500mPa·s 左右，这样既可以实现液流转向，又可以做到"堵而不死"（图 4-8）。

表 4-7 不同调节剂浓度下温度/时间响应型智能凝胶调堵剂黏度随时间变化

时间（d） \ 调节剂浓度（%）	1.00	1.25	1.50
0	5	5	5
7	9	13	43
14	24	36	220
21	71	672	890
30	881	1132	1422
45	1328	1452	1643
60	1377	1466	1628

注：酚醛树脂交联剂浓度为 0.6%。

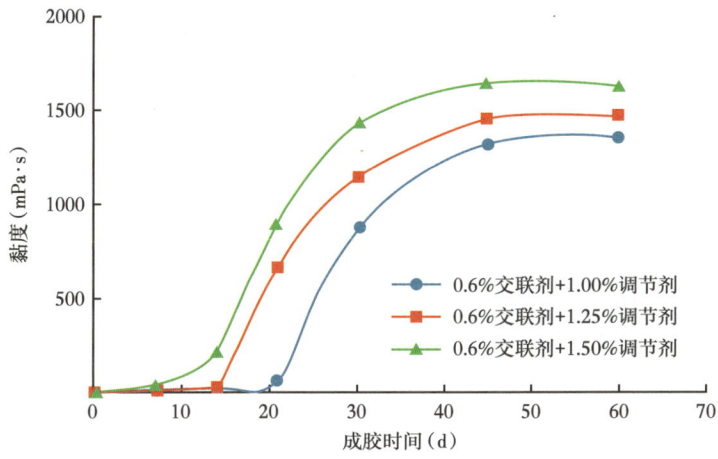

图 4-8　不同调节剂浓度下温度／时间响应型智能凝胶调堵剂成胶曲线

三、温度／时间响应型智能凝胶调堵剂的效果评价

采用三管并联岩心流动实验评价温度／时间响应型智能凝胶调堵剂的应用效果（图 4-9），具体实验方法如下：

（1）将现场污水、聚合物溶液，以及温度／时间响应型智能凝胶调堵剂溶液分别装入活塞容器内，在 45℃ 恒温条件下，将岩心抽真空，饱和水，计算岩心孔隙度；

（2）水驱，计量出液量；

（3）注入 0.7PV 的聚合物溶液，计量出液量；

（4）充分后续水驱，直至出液量平稳；

（5）注入 0.1PV 的温度／时间响应型智能凝胶调堵剂溶液，之后将岩心密封，置于 45℃ 烘箱内老化 30 天；

（6）后续水驱，计量出液量。

图 4-9　三管并联岩心物理模型

实验结果表明：经温度/时间响应型智能凝胶堵调剂调剖后，高渗透层分流率由聚驱后续水驱的 75.3% 降低为 12.7%，低渗透层分流率由 7.8% 提高到 35.2%，中渗透层分流率由 16.9% 提高到 52.1%，大幅提高了中渗透层、低渗透层动用程度（图 4-10）。

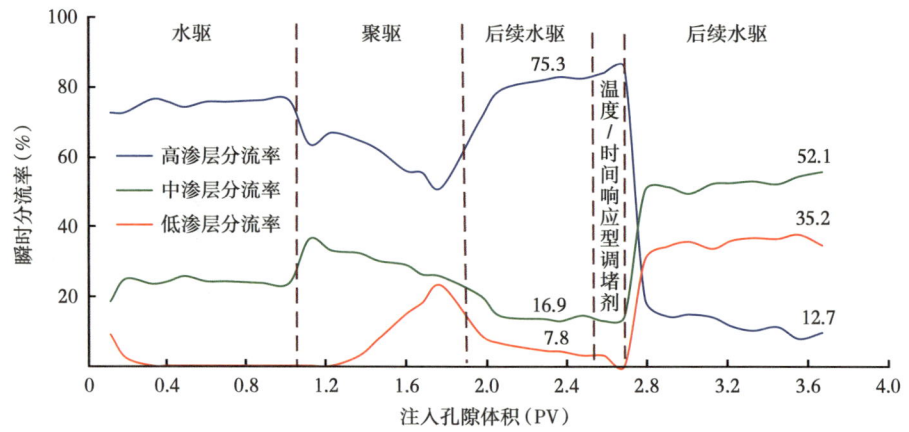

图 4-10　不同阶段不同渗透层瞬时分流率变化曲线

第三节　预交联凝胶颗粒调堵剂（PPG）

传统体膨颗粒类调堵剂弹性弱、易破碎，长期稳定性差，无法实现油层深部运移（图 4-11），亟须研发弹性强、稳定性好的新型颗粒类调堵剂。

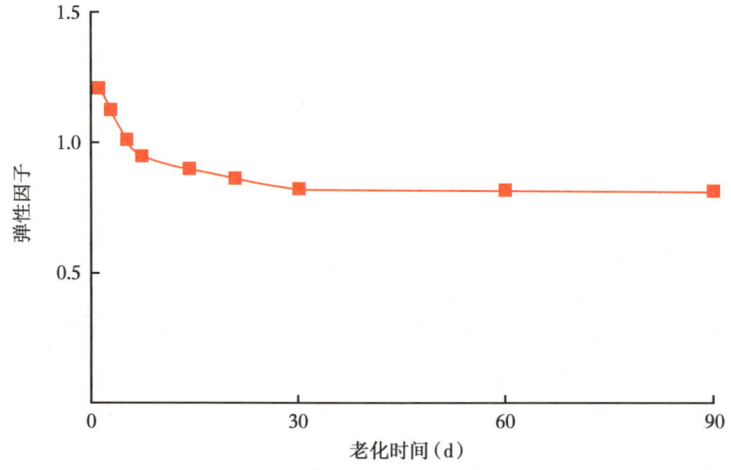

图 4-11　体膨颗粒调堵剂弹性因子随老化时间变化曲线

一、预交联凝胶颗粒调堵剂的分子结构设计与合成

1. 预交联凝胶颗粒调堵剂的分子结构设计

亚甲基双丙烯酰胺，是目前制备凝胶颗粒最常见的交联单体，这种交联单体具有两个丙烯酰胺头基，在聚合反应过程中可与丙烯酰胺交联，使反应产物变成体型结构。但是由

于这种交联单体的两个丙烯酰胺头基之间只有一个亚甲基,使其形成的交联点之间的链段极短,致使凝胶网络刚性强、弹性差,宏观表现为凝胶颗粒易破碎。

与亚甲基双丙烯酰胺相比,通过增加丙烯酰胺头基之间的碳原子个数,能够有效提升聚合后凝胶网络的弹性,因此,确定采用1,6-二丙烯酰胺基己烷为交联单体,与丙烯酰胺共聚,通过化学交联的方式来构建PPG的网络结构。

2. 预交联凝胶颗粒调堵剂的合成

预交联凝胶颗粒调堵剂的具体合成方法如下:

(1)按照合成配方,配制各种单体及其他原料;

(2)将丙烯酰胺、1,6-二丙烯酰胺基己烷和碳酸钠加入去离子水中,搅拌至完全溶解;

(3)将反应溶液转移至反应器中,升温至50℃;

(4)向反应溶液中通入高纯氮气30min后,加入引发剂过硫酸铵,当反应溶液开始变黏稠时,停止通氮气并密封;

(5)反应8h后,得到凝胶胶体,将其剪碎、干燥、粉碎、筛分,得到预交联凝胶颗粒产物。

二、预交联凝胶颗粒调堵剂的工业化生产

1. 预交联凝胶颗粒调堵剂的工业化生产装置

目前,驱油用部分水解聚丙烯酰胺的生产工艺基本成熟,但应用于预交联凝胶颗粒生产时,存在以下问题:一是聚合反应后生成的胶体在反应器器壁残存后,再次加入反应器的反应液的溶解作用会使残存胶体溶胀,溶胀后的胶体使聚合反应新生成的胶体与反应器器壁结合更加紧固且更多,在反应器器壁上形成严重的挂胶现象,影响生产的正常进行。二是预交联凝胶颗粒的粒径小、分布窄,采用现有的双辊研磨机、双层振动筛进行研磨、筛分效率低,存在生产线生产能力低、产品效率低的问题。因此,必须在现有驱油用部分水解聚丙烯酰胺的生产工艺基础上进行改进,开发专有生产工艺。

预交联凝胶颗粒的生产装置如图4-12所示。原料溶解配制罐连接聚合反应器。聚合反应器(图4-12)采用不锈钢304或316材质釜式反应器,反应器内壁抛光处理,聚合反应器的高径比2.3~3.3,内径不大于2200mm,反应器的内壁喷涂疏水纳米陶瓷涂层。

聚合反应器底部连接胶粒切割造粒机,胶粒切割造粒机依次连接胶粒干燥器和研磨筛分器。胶粒切割造粒机为旋转刀式造粒机或双螺杆式造粒机,研磨筛分器包括研磨机和筛分器,研磨机为四辊研磨机,分为两个研磨室,分别为粗研磨室和细研磨室,每个研磨室内分别设置两个研磨辊,筛分器为双仓高方筛,双仓高方筛每个分离仓中设置的筛网层数不少于10层。双仓高方筛分为两个分离仓,分别为粗分离仓和细分离仓。研磨机粗研磨室研磨破碎后的物料经过筛分器粗分离仓分离后的小粒径物料进入研磨机细研磨室继续研磨,筛分器粗分离室分离后的大粒径物料循环回研磨机粗研磨室继续进行研磨,经过研磨机细研磨室研磨破碎的物料进入筛分器细分离仓进行筛分,细分离仓筛分出大于产品要求粒径的物料循环回研磨机细研磨室继续进行研磨,筛分出符合产品粒径要求的物料包装作为合格产品,筛分出小于产品要求粒径的物料作为副产品。通过分级研磨和分级筛分,大大提高了研磨筛分系统的工作效率。

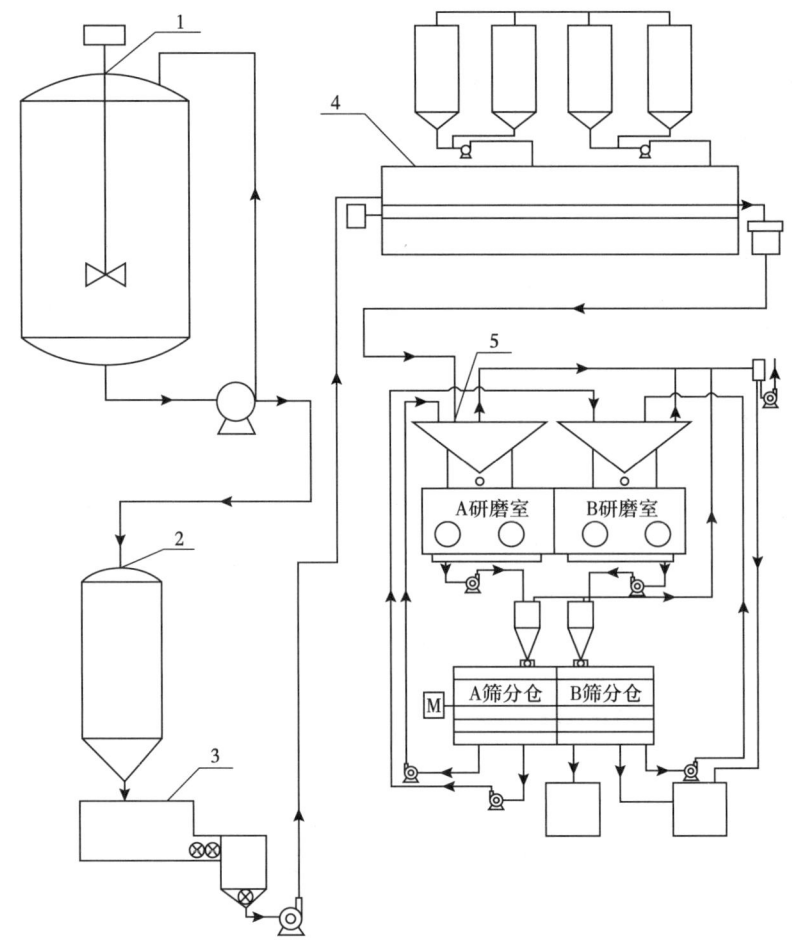

图 4-12 预交联凝胶颗粒调堵剂的生产装置图

1—原料溶解配制罐；2—聚合反应器；3—胶粒切割造粒机；4—胶粒干燥器；5—研磨筛分器

2. 预交联凝胶颗粒调堵剂的工业化生产流程

（1）原料溶解配制反应液。

反应液中包括丙烯酰胺、交联剂和碳酸钠，其余为去离子水，物料在原料溶解配制罐内搅拌溶解均匀，将温度控制在 17~20℃，将反应液的 pH 值调节为 12.2~12.6。

（2）聚合反应。

将配制好的反应液转移到聚合反应器中，向聚合反应器中加入二段引发剂，然后向反应器吹入高纯氮气进行除氧；之后向反应器中依次加入氧化剂、还原剂、助引发剂和络合剂构成的一段引发剂，继续吹入氮气 3~5min 后停止吹入氮气，继续进行聚合反应，控制聚合反应压力，聚合反应结束后将反应器中生成的胶体压出聚合反应器。

（3）对聚合后的胶体进行造粒、干燥、研磨及筛分处理。

聚合后获得的胶体由胶粒切割造粒机切割成粒径 2~5mm 的胶粒，通过风机将胶粒送入胶粒干燥器干燥、研磨筛分器进行研磨破碎、筛分分离后获得指定粒径的交联型聚丙烯酰胺粉剂产品。

在聚合反应过程中，当反应温度高于40℃时打开聚合反应器的放空阀保持聚合反应器处于放空状态，在聚合反应温度达到最高温度60~80min 内将聚合反应生成胶体用压缩空气压出反应器，以及聚合反应器的内壁喷涂疏水纳米陶瓷涂层，便于能够更好地防止或减少聚合生成的胶体在反应器器壁残留。

三、预交联凝胶颗粒调堵剂的检测评价

1. 预交联凝胶颗粒调堵剂的理化指标检测

预交联凝胶颗粒调堵剂的理化指标有固含量、粒径符合率、膨胀倍数、抗压强度、弹性因子和杂质含量六项。

（1）固含量。

①接通恒温烘箱电源，设置烘干温度为（105±2）℃，并恒温。

②将干燥盘放在恒温烘箱内，在（105±2）℃条件下烘干1h。

③用镊子将干燥盘从恒温烘箱中取出，放入干燥器内冷却30min至室温。

④在精密电子天平上称干燥盘质量，准确至0.0001g，视为m_0。

⑤在干燥盘上均匀撒入3g左右试样，在精密电子天平称得干燥盘与试样总质量，准确至0.0001g，视为m_1。置于烘箱内烘干4h。

⑥将烘干后的试样移至干燥器内，冷却30min至室温。

⑦在精密电子天平上称烘干后试样与干燥盘的总质量，准确至0.0001g，视为m_2。

⑧该试验必须平行进行三次，将三个平行试样测定值修约至小数点后第二位，取其平均值。当试样单个测定值与平均值偏差大于0.5%时，重新取样测定。

固含量质量百分数按式（4-7）计算：

$$S = \frac{m_2 - m_0}{m_1 - m_0} \times 100\% \tag{4-7}$$

式中　S——试样的固含量；

　　　m_0——恒重后干燥盘的质量，g；

　　　m_1——烘干前试样与干燥盘的总质量，g；

　　　m_2——烘干后试样与干燥盘的总质量，g。

（2）粒径符合率。

①称量符合粒径上限和下限的两个试验筛准确至0.01g，记为$W_上$和$W_下$。然后叠套起来，上限筛在上，下限筛在下，并在上筛上放置上盖、同时为下筛套上托盘。

②称取100g试样准确至0.01g，记为W，置于上层的试验筛中。

③将筛堆固定在筛分仪上，启动筛分仪，调节定时器，振筛10min。

④振筛结束，迅速称量载有筛留物的上限和下限试验筛质量准确至0.01g，记为$W'_上$和$W'_下$。

⑤仔细清理每个试验筛，若筛孔严重堵塞难于清理时，则用水冲洗干净，并自然干燥。

⑥做三个平行试验，分别求取相同规格试验筛中筛留物及筛出物质量百分数的平均值，取有效数字三位，即为试样中不同粒度的粉末之质量百分数。

低于下限和高于上限的试样所占总重量的百分数按式（4-8）和式（4-9）计算：

$$\text{高于上限的百分数} = \frac{W'_\text{上} - W_\text{上}}{W} \times 100\% \quad (4\text{-}8)$$

$$\text{低于下限的百分数} = \left[1 - \left(\frac{W'_\text{上} - W_\text{上}}{W} + \frac{W'_\text{下} - W_\text{下}}{W}\right)\right] \times 100\% \quad (4\text{-}9)$$

式中　W——试样的质量，g；

$W_\text{上}$——上限试验筛的质量，g；

$W'_\text{上}$——载有筛留物的上限试验筛的质量，g；

$W_\text{下}$——下限试验筛的质量，g。

（3）膨胀倍数。

①接通恒温烘箱电源，设置烘干温度为（105±2）℃，并恒温。

②在干燥盘上均匀撒入 2.0g 左右试样，置于烘箱内烘干 4h。

③用镊子将干燥盘从恒温烘箱中取出，放入干燥器内冷却 30min 至室温。

④在精密电子天平上利用减量法称取烘干后的试样质量，准确至 0.0001g，视为 m。

⑤将烘干后试样放入 250mL 具塞量筒中。

⑥用 250mL 量筒量取 240mL 模拟污水，视为 H_0，加入已装有试样的具塞量筒中，盖上具塞量筒塞子，常温放置 24h。

⑦取 20 目标准筛对具塞量筒中浸泡后的试样过滤，用 250mL 量筒量取具塞量筒中剩余水的体积，视为 H_1。

⑧该试验必须平行进行三次，将三个平行试样测定值求和后取平均值。当试样单个测定值与平均值偏差大于 0.05 时，重新取样测定。

膨胀倍数按式（4-10）计算：

$$C = \sqrt[3]{\frac{\dfrac{m}{\rho} + H_0 - H_1}{\dfrac{m}{\rho}}} \quad (4\text{-}10)$$

式中　C——试样的膨胀倍数；

m——干燥后试样的质量，g；

ρ——试样的密度，g/cm^3；

H_0——具塞量筒中加入水的初始体积，mL；

H_1——具塞量筒中试样膨胀后剩余水的体积，mL。

其中，试样的密度按照如下方法检测：

①取约 3mL 煤油置于 5mL 量筒中，准确记录体积 H_1。

②称取约 0.5g 颗粒，准确记录质量 m。

③将颗粒缓慢倾倒至量筒中，使其完全沉没，准确记录此时体积 H_2。

④则颗粒密度 = $m/(H_2 - H_1)$。

(4)抗压强度。

①用精密电子天平称量 2.0g 试样,精确至 0.01g,放入 250mL 具塞量筒中。

②用 250mL 量筒量取 240mL 模拟污水,加入已装有试样的具塞量筒中,盖上具塞量筒塞子,常温放置 24h。

③将充分膨胀好的试样放入颗粒参数测定仪中,安装上 ϕ0.1mm 孔板,调整装置使其密封。

④用高压手动计量泵慢慢给装置加压,加压速度为 20r/min 匀速加压,并注意观察装置下面由孔板内流出物质的状态。

⑤当装置中的试样由孔板中刚一被压出时,记录下该时刻给装置所加的压力 p,即为抗压强度值。

⑥该试验必须平行进行三次,将三个平行试样测定值求和后取平均值。当试样单个测定值与平均值偏差大于 0.01 时,重新取样测定。

(5)弹性因子。

①用精密电子天平称量 2.0g 试样,精确至 0.01g,放入 250mL 具塞量筒中。

②用 250mL 量筒量取 240mL 模拟污水,加入已装有试样的具塞量筒中,盖上具塞量筒塞子,常温放置 24h。

③将充分膨胀好的试样放入颗粒参数测定仪中,安装上 ϕ0.1mm 孔板,调整装置使其密封。

④用高压手动计量泵慢慢给装置加压,使装置内的试样经过 ϕ0.1mm 孔板剪切后全部流入 100mL 烧杯中。

⑤利用 MSS 激光粒度分析仪测定经 ϕ0.1mm 孔板剪切后试样的粒度中值。

⑥该试验必须平行进行三次,将三个平行试样测定值求和后取平均值。当试样单个测定值与平均值偏差大于 0.5% 时,重新取样测定。

⑦则弹性因子 = 经孔板剪切后的试样粒度中值 / 孔板直径。

(6)杂质含量。

①称取 5g 试样准确至 0.01g,记为 W,置于 1000mL 烧杯中。

②向烧杯中加模拟污水约 600mL,放置 30min。

③将膨胀好的颗粒用试验筛过滤,并将试验筛置于收集液液面下摇动,收集滤液及筛出物,用模拟污水冲洗膨胀试样,并冲洗试验筛,滤液及筛出物一并收集。

④将 2000mL 烧杯中的滤液静止 30min;然后将滤液及悬浮的细小颗粒轻轻倒出(注意不要将烧杯底部的沉淀物倒出)。

⑤向该烧杯中加入 500mL 模拟污水,轻摇烧杯,将淋洗液及悬浮的细小颗粒轻轻倒出(注意不要将烧杯底部的沉淀物倒出)。

⑥重复上步操作,直到淋洗液及沉淀物中无颗粒为止;用 500 目不锈钢筛网收集沉淀物。

⑦将沉淀物放置于(105±2)℃烘箱中,干燥 4h 后,利用减量法称量质量准确至 0.01g,记为 W_1。

⑧做三个平行试验,取有效数字三位,即试样中杂质含量质量分数。当试样单个测定值与平均值偏差大于 0.5% 时,重新取样测定。

⑨则杂质含量 = $W_1/W \times 100\%$。

2. 预交联凝胶颗粒调堵剂的应用性能评价

（1）预交联凝胶颗粒在油层中的深部运移——封堵性能测定。

分别选取粒径为 0.15~0.30mm 和 0.30~0.50mm 两种尺寸的预交联凝胶颗粒，利用室内流动物理模拟实验，测定凝胶颗粒在不同测压点随着注入量的增加所产生的压力变化，评价不同粒径的凝胶颗粒深部运移与封堵性能。实验所用岩心的长×宽×高为 100cm×4.5cm×4.5cm，渗透率为 2μm²，与传感器连接的 3 个测压点按顺序由入口端至出口均匀分布（图 4-13）。

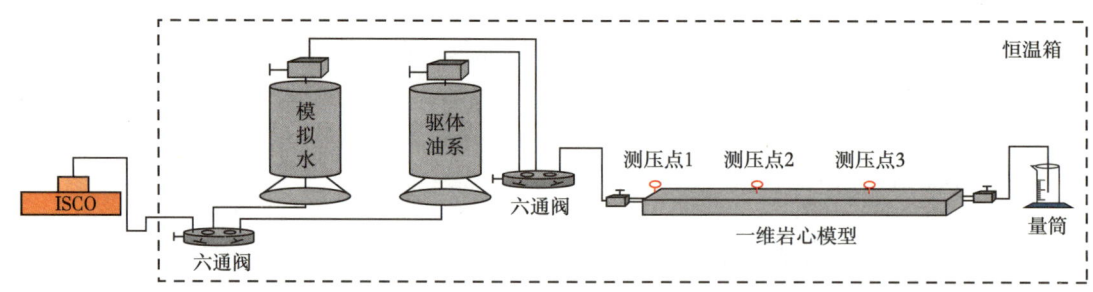

图 4-13　流动物理模拟实验装置连接示意图

由于组分密度的差异，为防止预交联凝胶颗粒在运移过程中过早出现沉析分离，实验时采用超高相对分子质量聚合物溶液悬浮预交联凝胶颗粒。在凝胶颗粒/聚合物复合体系溶液中，预交联凝胶颗粒质量浓度为 500mg/L，聚合物溶液质量浓度为 1400mg/L，相对分子质量为 $2.5×10^7$，配制方式为清水配制、污水稀释。同时，增加一组单独聚合物驱作为对照实验，此时聚合物溶液的质量浓度为 2500mg/L。具体实验步骤如下：

①将模拟水、驱油体系溶液分别装入活塞容器内，在 45℃ 恒温条件下，将岩心抽真空，饱和水，计算岩心孔隙度；

②驱至岩心压力平稳，测定岩心两端的压力降（Δp_1）；

③预交联凝胶颗粒/聚合物驱至岩心压力平稳，固定时间间隔记录各测压点压力值，并测定岩心两端的压力降（Δp_2）；

④后续水驱至岩心压力平稳，测定岩心两端的压力降（Δp_3）。

在实验过程中，注入速度控制在 0.3mL/min。

驱替液的流度控制能力是指驱替液在驱油过程中通过形成一定的渗流阻力，有效提高水油流比的能力，从而扩大波及体积，增加采出程度。一般采用阻力系数（F_r）与残余阻力系数（F_{rr}）评价凝胶颗粒在多孔介质中的渗流特性。阻力系数用于反映流体在多孔介质渗流过程中的阻力大小，残余阻力系数用于反映流体降低孔隙介质渗透率的能力。阻力系数（F_r）与残余阻力系数（F_{rr}）计算公式为：

$$F_r = \Delta p_2 / \Delta p_1 \tag{4-11}$$

$$F_{rr} = \Delta p_3 / \Delta p_1 \tag{4-12}$$

不同驱油体系的注入压力随注入量变化曲线表明：两种不同粒径的凝胶颗粒+聚合物驱油体系压力升幅均高于单独聚合物驱，说明凝胶颗粒+聚合物驱油体系在油层中产生较大的渗流阻力。凝胶颗粒+聚合物体系的注入量为 1.8~2.5PV 时，体系注入压力陡然上升。注入量为 2.5~5.2PV 时，注入压力处于稳定阶段，并呈现出锯齿状波动的特征（图 4-14）。分析其原因，在注入初期，凝胶颗粒在运移过程中易于较小的喉道处形成堆积，产生压力叠加效应，使注入压力不断升高。当注入压力高于一定值后，凝胶颗粒在外力作用下发生形变，突破孔喉，使压力降低。通过孔喉后的凝胶颗粒会继续在下一个孔喉处堵塞，增大流动阻力，凝胶颗粒在孔喉中以"堆积封堵—压力升高—变形运移"的方式交替运移。注入压力呈锯齿状波动状态，说明凝胶颗粒没有堵塞在岩心的注入端，可以运移至油层深部并保持较高渗流阻力。进入后续水驱阶段后，凝胶颗粒+聚合物溶液的继续运移使驱替过程持续有效，但由于没有凝胶体系的继续注入，注入水会在凝胶颗粒之间形成稳定的水流通路，造成注入压力降低，但是后续水驱的注入压力仍高于注凝胶颗粒+聚合物溶液前的水驱压力，说明该凝胶颗粒具有一定的抗剪切性能。

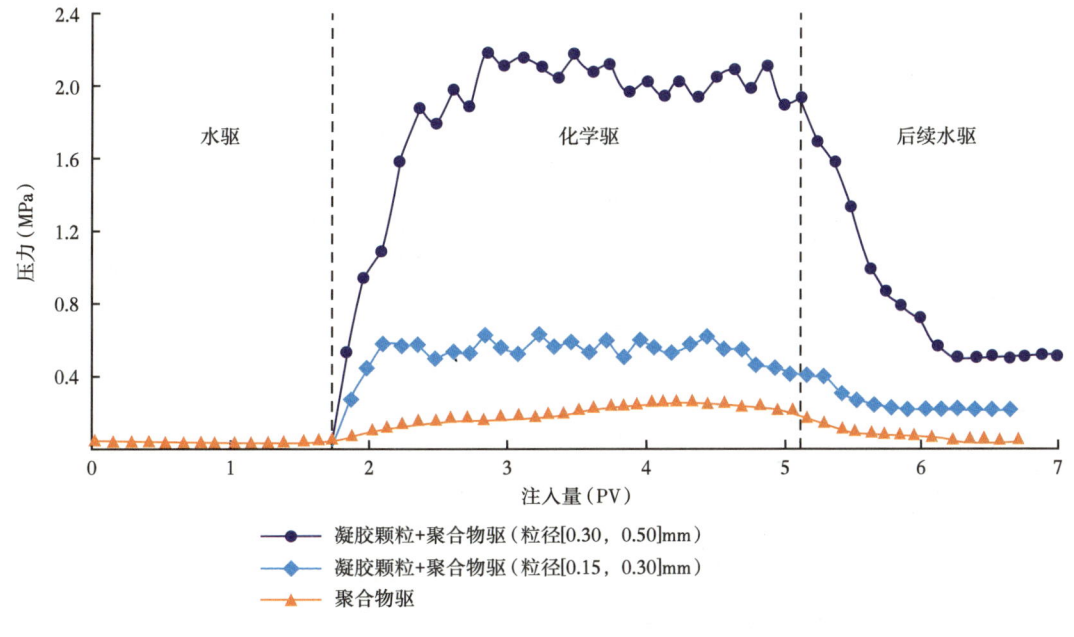

图 4-14　不同驱油体系的注入压力与注入量关系

凝胶颗粒在岩心中的阻力系数、残余阻力系数和压力梯度变化显示，凝胶颗粒的粒径越大，驱油体系在岩心中所造成的阻力系数与残余阻力系数也越大，这是因为较大粒径的凝胶颗粒更易在孔喉处形成堆积，使注入压力增长。粒径较大的凝胶颗粒通过相同尺寸的孔喉需要更大的驱动压力，因此粒径为 0.30~0.50mm 的凝胶颗粒对应测压点 1 与测压点 2 处的压力值均高于粒径为 0.15~0.30mm 的凝胶颗粒。尽管较高压力值体现了较好的封堵效果，但从压力梯度角度上看，粒径为 0.30~0.50mm 的凝胶颗粒压力梯度下降明显，表明较大粒径的凝胶颗粒较难进入岩心深处，在岩心中的运移能力较弱。粒径为 0.15~0.30mm 的凝胶颗粒在聚驱后油层中的深部运移性能较好，不但可以运移至油层深部，而且持续地对油层不同部位进行差异性封堵。因此，粒径为 0.15~0.30mm 的凝胶体系深部运移—封堵性能更好（表 4-8）。

表 4-8 凝胶颗粒在岩心中的阻力系数、残余阻力系数、压力梯度

实验编号	岩心气测渗透率（$10^{-3}\mu m^2$）	凝胶颗粒粒径（mm）	阻力系数	残余阻力系数	相邻测压点	压力梯度（MPa/m）
1	2000	0.15~0.30	50	21.39	测压点 1~2	1.08
					测压点 2~3	0.89
					测压点 3	0.76
2	2000	0.30~0.50	120	27.56	测压点 1~2	3.32
					测压点 2~3	2.08
					测压点 3	0.77

（2）凝胶颗粒在非均质并联岩心中剖面改善性能表征。

以大庆油田聚驱后的 20 口取心井资料为基础，计算了聚驱后一类油层实际平均渗透率等级与厚度比平均值，据此设计了模拟实际油层的三管并联物理模型。设计出的模型长和宽分别为 30.0cm 和 4.5cm，高渗透层、中渗透层和低渗透层高度分别为 1.8cm、4.5cm 和 2.0cm，渗透率分别为 $4000\times10^{-3}\mu m^2$、$2000\times10^{-3}\mu m^2$ 和 $500\times10^{-3}\mu m^2$。通过向非均质并联岩心中注入不同粒径的凝胶颗粒＋聚合物复合体系溶液，测定各渗透层的分流率变化，优选出对聚驱后非均质油层具有最佳剖面改善性能的颗粒粒径。具体实验步骤如下：

①将模拟水、凝胶颗粒＋聚合物复合体系溶液分别装入活塞容器内，在 45℃ 恒温条件下，将岩心抽真空，饱和水，计算岩心孔隙度；

②设置 ISCO 泵流速为 0.55mL/min，饱和油，计算岩心含油饱和度，并将岩心老化 12h；

③水驱至采出端含水率为 98%；

④注入 0.7PV 的凝胶颗粒＋聚合物溶液；

⑤后续水驱至采出端含水率为 98%，计量出液量、出油量等参数。

通过向高渗透率、中渗透率和低渗透率的并联岩心注入凝胶颗粒＋聚合物溶液，观察各渗透层吸液量的变化情况，评价不同粒径的凝胶颗粒对非均质岩心剖面改善性能。

对于粒径为 0.15~0.30mm 的凝胶颗粒，在注水阶段，由于各层渗透率的差异，注入水主要进入渗流阻力较小的高渗透层，高渗透层吸液量逐渐增加，最后趋于稳定。中渗透层吸液量随高渗透层吸液量的增加而逐渐降低。低渗透层在注入水阶段几乎没有吸液量。在转注凝胶颗粒＋聚合物溶液初期，较少的凝胶颗粒对孔喉的堆积未能产生较大的封堵效果，因此各渗透层均可维持一段时间水驱阶段分流率特征。随着注入量的增加，大量的凝胶颗粒优先进入高渗透层渗流通道中，在孔喉处形成堆积，注入压力大幅增长，迫使后续流体转向，使中、低渗透层吸液量显著升高，调剖前后分流率分别增长了 12.03% 和 12.35%，高渗透层分流率由 68.39% 降至 44.02%。转注后续水驱后，凝胶颗粒不断由封堵

位置向出口端运移，封堵效果减弱，使高渗透层吸液量增长，中渗透层吸液量降低，低渗透层相对维持一段时间稳定的分流率后吸液量开始降低（图4-15）。

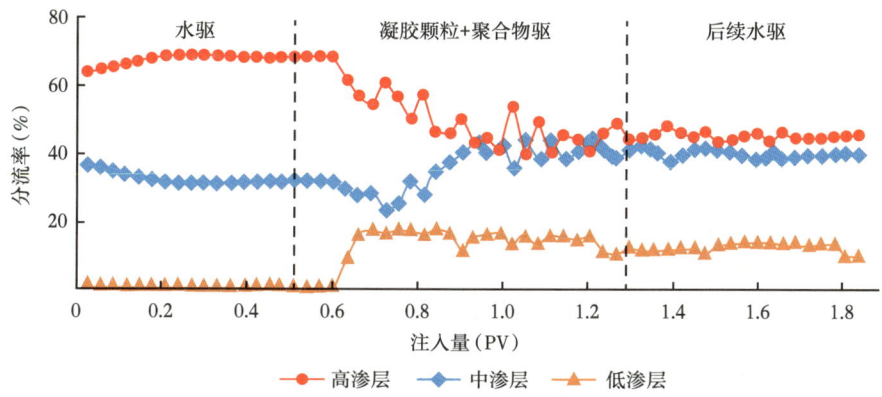

图4-15　各渗透层分流率与注入量关系（粒径0.15~0.30mm）

对于粒径为0.30~0.50mm的凝胶颗粒，高渗透层、中渗透层、低渗透层的分流率变化规律与粒径为0.15~0.30mm的凝胶颗粒实验结果相近。但该凝胶颗粒运移至岩心深部的能力相对较弱，调剖后，高渗透层分流率降低19.14%，中渗透层和低渗透层分流率分别升高11.85%和7.28%（图4-16）。

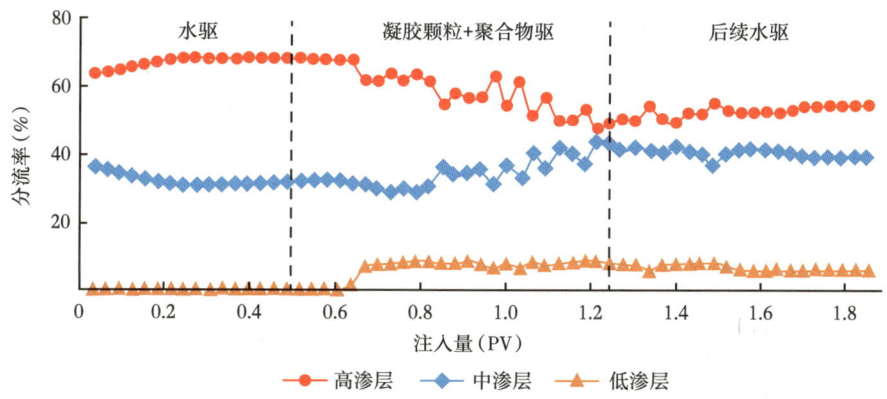

图4-16　各渗透层分流率与注入量关系（粒径0.30~0.50mm）

综合对比各渗透层吸液量变化，粒径为0.15~0.30mm的凝胶颗粒剖面改善性能效果更好。

（3）凝胶颗粒在大型三维物理模型中渗流规律及驱油效果测定。

优选出与聚驱后油层具有最佳配伍性的凝胶颗粒后，采用大型三维物理模型开展驱油实验，深入研究优选出的凝胶颗粒+聚合物溶液的宏观驱油效果，掌握聚驱后凝胶颗粒+聚合物溶液所引起的各渗透层平面含油饱和度场的变化规律，进一步验证其对聚驱后非均质油层的剖面调整效果（表4-9和图4-17）。在聚合物驱阶段，采用质量浓度为1000mg/L，相对分子质量为$1.2×10^7$~$1.6×10^7$的聚合物。凝胶颗粒+聚合物溶液配置参数与之前相同。

表 4-9　三维物理模型参数

层位	模型尺寸	渗透率（$10^{-3}\mu m^2$）	平均渗透率（$10^{-3}\mu m^2$）	平均孔隙度（%）	原始含油饱和度（%）
低渗透层	600mm×600mm×20mm	500	2072	26.53	73.92
中渗透层	600mm×600mm×45mm	2000			
高渗透层	600mm×600mm×18mm	4000			

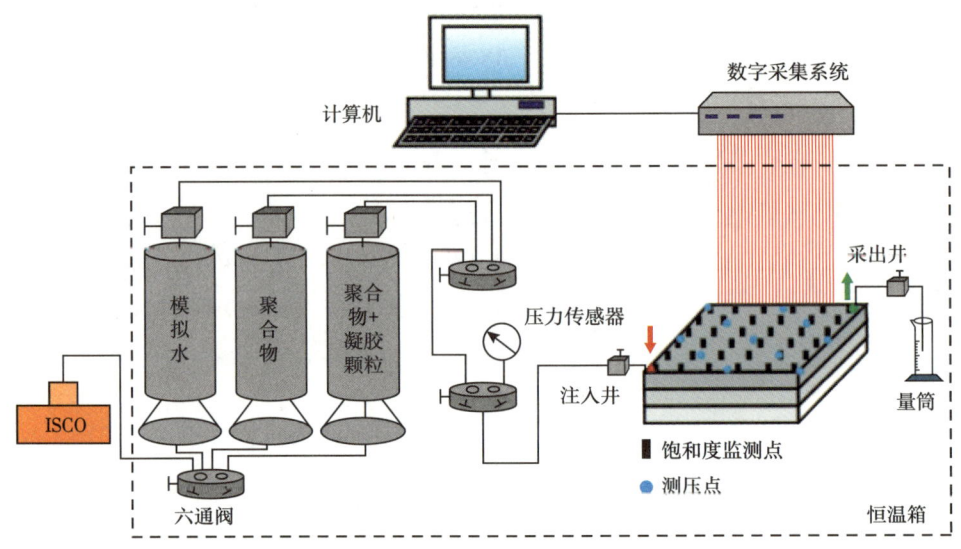

图 4-17　三维物理模型装置连接示意图

实验具体实验步骤如下：

①将模拟水、聚合物、凝胶颗粒+聚合物复合体系溶液分别装入活塞容器内，在 45℃ 恒温条件下，将岩心抽真空，饱和水，计算岩心孔隙度；

②设置 ISCO 泵流速为 4mL/min，饱和油，计算岩心含油饱和度，并将岩心老化 12h；

③水驱至采出端含水率为 98%；

④注入 0.57PV 的聚合物溶液；

⑤后续水驱至采出端含水率达到 98%；

⑥注入 0.7PV 的凝胶颗粒+聚合物溶液；

⑦后续水驱至采出端含水率达到 98%。

实验过程中利用电脑观测平面含油饱和度场的变化。

实验结果表明：在提高采收率方面，水驱采收率为 31.74%，注入 0.57PV 聚合物后，阶段采收率提高 13.46%，聚合物驱结束时仍有 54.8% 的剩余油未被动用。聚合物驱后注入 0.7PV 的凝胶颗粒+聚合物复合体系，阶段采收率提高值为 13.51%，增幅较大。整个实验总采收率为 58.71%。在岩心含水率变化方面，注入凝胶颗粒+聚合物溶液后，含水率很快有所下降，且下降幅度大、持续时间长。说明凝胶颗粒很快对高渗透层起到了封堵作用，中渗透层、低渗透层得到动用，更多的剩余油被驱替出来导致含水率下降，含水率最大降幅达到 18.33%。在注入压力变化方面，注入凝胶颗粒+聚合物溶液后，随着注入量的增加，大量凝胶颗粒于孔喉处堆积形成封堵，导致压力迅速升高，当压力达到一定程度后，颗粒发生弹性形变，通过孔喉，使得压力呈锯齿状上升，最高达到 2.2MPa（图 4-18）。

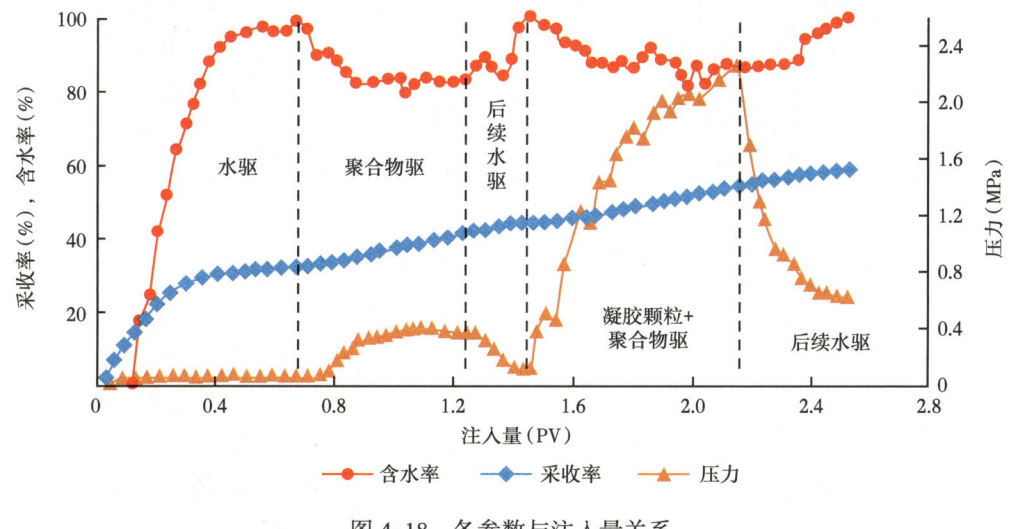

图 4-18　各参数与注入量关系

注凝胶颗粒+聚合物溶液前后岩心含油饱和度场变化情况显示（图 4-19）：在凝胶颗粒+聚合物驱结束时，各渗透层主流通道均明显变宽，说明驱油体系注入后首先进入高渗透层，沿着主流线方向向前推进，体系中的凝胶颗粒发挥作用，对水驱与聚合物驱阶段形成的优势渗流通道进行封堵，迫使后续流体转向中渗透层、低渗透层，扩大波及范围。对于高渗透层，膨胀后的凝胶颗粒粒径普遍高于岩心的孔喉半径，在驱动压差作用下，颗粒变形通过孔喉，将孔隙中的剩余油"拉、拽"出来，同时依靠聚合物的黏弹性对剩余油进行携带，较大程度上降低了主流通道上注入井附近的含油饱和度。凝胶颗粒+聚合物驱结束时平均含油饱和度下降约 6.98%。对于中渗透层，主流线附近的含油饱和度下降，但降幅低于高渗透层，波及面积约占模型面积的 3/4，凝胶颗粒+聚合物驱结束时平均含油饱和度下降约 11.8%。对于低渗透层，注入凝胶颗粒+聚合物体系使注入端附近约 2/3 处剩余油得到动用，这是由于凝胶颗粒对高渗透层主流通道进行封堵，使低渗透层吸液量大幅增加，注入端附近含油饱和度降幅较大。此阶段已基本形成贯通注入端与采出端的主流线。

综上所述，凝胶颗粒与油层的配伍性直接影响其对油层深部的调堵效果。在聚合物溶液（连续相）中加入与聚合物驱后非均质油层配伍性较好的凝胶颗粒（非连续相），凝胶颗粒以"堆积封堵—压力升高—变形运移"的方式通过孔喉，封堵优势渗流通道，使连续相流转于中、低渗透层。凝胶颗粒通过在驱替过程中不断地重新分配，使得压力场扰动增强，实现交替堵驱、动态调驱，使中渗透层、低渗透层平均含油饱和度大幅降低，从而达到提高聚合物驱后采收率的目的。

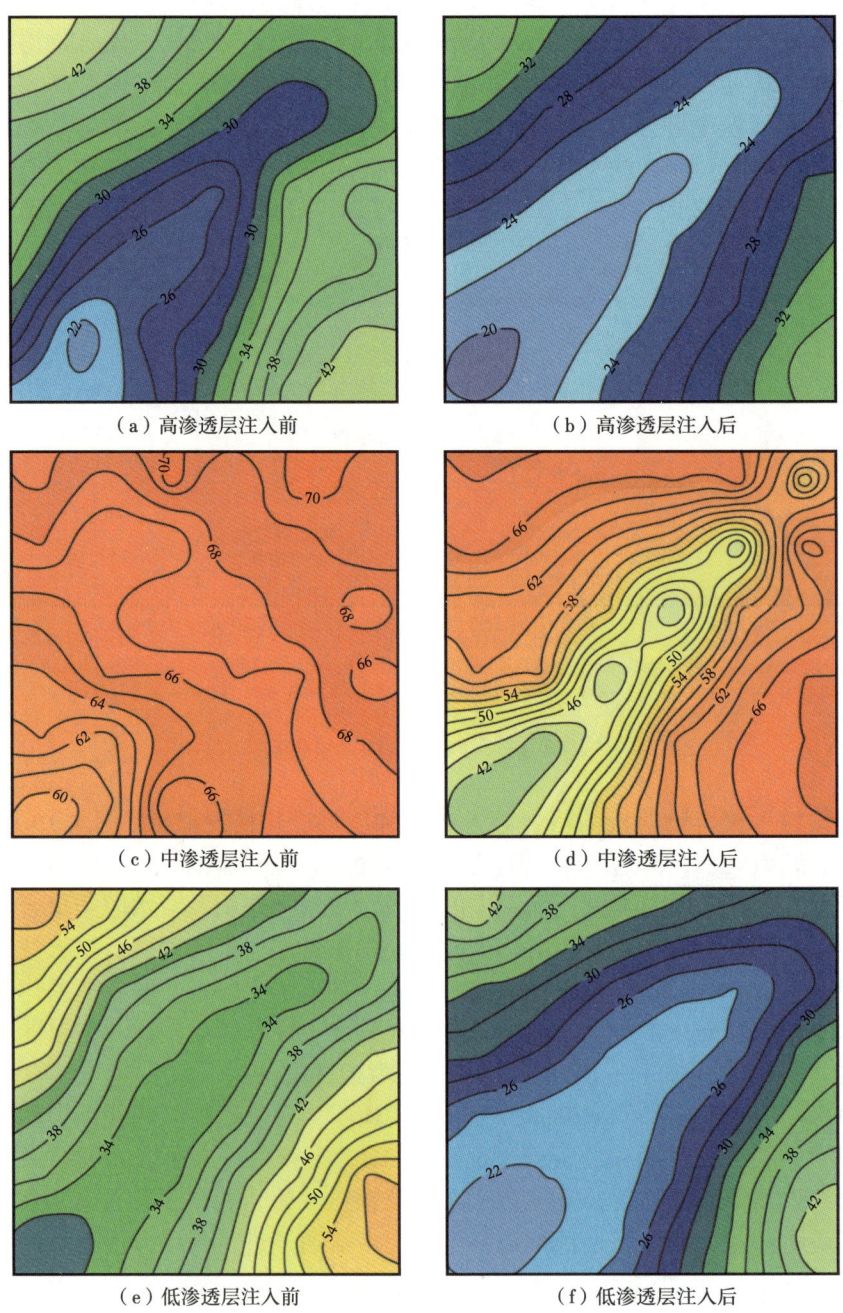

(a）高渗透层注入前　　　　　　（b）高渗透层注入后

(c）中渗透层注入前　　　　　　（d）中渗透层注入后

(e）低渗透层注入前　　　　　　（f）低渗透层注入后

图 4-19　凝胶颗粒＋聚合物驱注入前后岩心含油饱和度

第四节　聚驱后新型调堵剂应用

鉴于 PPG 可以有效封堵封堵优势渗流通道，使连续相流转于中渗透层和低渗透层，为验证其应用效果，在大庆油田萨北开发区开展现场试验。

一、试验区基本情况

试验区位于大庆长垣萨尔图油田纯油区内北二西西块西部，北以北 2-3 排为界，南以北 1-1 排为界，西以萨尔图、喇嘛甸油田储量分界线为界，东以北 2-丁 4-P27 井与北 1-丁 1-P26 井连线为界，开发面积 3.75km²。

沉积环境为河流—三角洲沉积，油层埋藏深度为 870~1200m，属于碎屑岩储油层。据区块内取心井北 2-362-检 P25 井岩心资料分析，葡Ⅰ组油层平均原始含油饱和度 71.2%，空气渗透率 1.285μm²，孔隙度为 26.8%。以细砂岩、粉砂岩沉积为主，中砂含量 15.7%，细砂含量 35.7%，粉砂含量 36.2%，泥质含量为 12.3%，粒度中值 0.145mm，分选系数 3.9。其中有效厚度不小于 1.0m 油层以中砂岩、细砂岩沉积为主，中砂含量 28.6%，细砂含量 41.0%，粉砂含量 21.2%，泥质含量为 9.3%，平均粒度中值 0.176mm，分选系数 4.1，空气渗透率为 1.308μm²，孔隙度为 27.0%，原始含油饱和度 75.2%。

根据葡$Ⅰ_1$~葡$Ⅰ_4$油层地质储量的有关参数计算，葡$Ⅰ_1$~葡$Ⅰ_4$油层地质储量 588.82×10⁴t，孔隙体积 1025.56×10⁴m³，其中河道砂地质储量 572.70×10⁴t，孔隙体积 997.49×10⁴m³，分别占葡$Ⅰ_1$~葡$Ⅰ_4$油层地质储量及孔隙体积的 97.3% 和 97.3%。从各单元储量分布看，葡$Ⅰ_2$和葡$Ⅰ_3$地质储量分别为 228.93×10⁴t 和 235.62×10⁴t，分别占葡$Ⅰ_1$~葡$Ⅰ_4$油层地质储量的 38.9% 和 40.0%。

钻井前，试验区葡$Ⅰ_1$~葡$Ⅰ_4$油层平均单井钻遇层数 4.93 个，砂岩厚度 16.65m，有效厚度 12.46m，渗透率 0.558μm²，河道砂钻遇率 70.90%，其中有效厚度大于 5.0m 的油层发育砂岩厚度 10.07m，有效厚度 8.59m，有效厚度占总发育厚度的 68.94%；有效厚度 2.0~5.0m 的油层发育砂岩厚度 3.50m，有效厚度 2.79m，有效厚度占总发育厚度的 22.38%；有效厚度 1.0~2.0m 的油层发育砂岩厚度 0.98m，有效厚度 0.63m，有效厚度占总发育厚度的 5.08%。油层纵向上发育存在差异，葡$Ⅰ_2$和葡$Ⅰ_3$油层发育较好，有效厚度分别为 4.68m 和 4.87m，分别占总厚度的 37.56% 和 39.06%；葡$Ⅰ_1$油层有效厚度为 1.63m，渗透率为 0.406μm²；葡$Ⅰ_4$油层发育较差，有效厚度仅为 1.28m，但由于受到葡$Ⅰ_3$油层下切影响，渗透率为 0.575μm²，较葡$Ⅰ_1$单元高。

钻井后，试验区葡$Ⅰ_1$~葡$Ⅰ_4$油层平均单井钻遇层数 4.82 个，砂岩厚度 16.47m，有效厚度 12.53m，渗透率 0.558μm²，河道砂钻遇率 70.86%，其中有效厚度大于 5.0m 的油层发育砂岩厚度 10.05m，有效厚度 8.63m，有效厚度占总发育厚度的 68.88%；有效厚度 2.0~5.0m 的油层发育砂岩厚度 3.48m，有效厚度 2.81m，有效厚度占总发育厚度的 22.39%；有效厚度 1.0~2.0m 的油层发育砂岩厚度 0.97m，有效厚度 0.64m，有效厚度占总发育厚度的 5.12%。油层纵向上油层发育存在差异，葡$Ⅰ_2$和葡$Ⅰ_3$油层发育较好，有效厚度分别为 4.71m 和 4.90m，分别占总厚度的 37.63% 和 39.13%，渗透率为 0.568μm² 和 0.597μm²；葡$Ⅰ_1$油层有效厚度为 1.63m，渗透率为 0.408μm²；葡$Ⅰ_4$油层发育较差，有效厚度仅为 1.29m，但由于受到葡$Ⅰ_3$油层下切影响，渗透率为 0.561μm²，较葡$Ⅰ_1$单元高。

二、试验区开发简况

1. 井网演变历程

北二区西西块 1963 年投入开发，目前共有七套开发井网。

1963年基础井网投产，萨尔图和葡萄花两套层系分别采用一套水井排间夹3排采油井的行列井网进行开采。其中萨尔图油层井网切割距为1.8km，葡萄花油层井网切割距为2.8km。截至1981年3月一次加密调整前共有油水井43口，年产油量68.51×10^{4}t，综合含水率63.5%，累计产油量654.34×10^{4}t。

1981年采用在基础井网井间加井、排间加排的方式对区块进行一次加密，加密对象为葡二组、高台子油层的中低渗透层，共加密采油井49口，注水井18口，形成井距250~300m的反九点法面积井网。加密后产量稳步上升，综合含水上升速度得到控制，截至1994年9月累计产油量1408.60×10^{4}t。

1994年在一次加密井排上井间布井的方式进行二次加密，加密对象为萨尔图薄差油层，共加密油水井126口，形成井距250~300m的反九点法面积井网。1994年又对主力油层葡I$_1$~葡I$_4$油层进行聚驱开发，采用注采井距250m五点法面积井网，部署新井87口，利用老井25口。调整成效显著，年产油量从调整前的40.88×10^{4}t上升至1998年最高的81.13×10^{4}t。截至2003年12月累计产油量1904.41×10^{4}t。

2005年对区块进行三次加密调整，加密对象为萨葡高油层中所有动用较差或未动用的剩余油层，主要是表外储层和有效厚度小于0.5m的薄差层。采用在一次加密井排间布间注间采井，井位与一次加密井错开半个井距（125m）的方式，形成井距为250m的五点法井网，共加密油水井101口。

2005年三次加密井部署同时，新钻一套井距为150m的五点法面积井网进行二类油层聚驱，将萨尔图油层的二类油层划分为萨II$_{13}$~萨II$_{16}$+萨III和萨II$_1$~萨II$_{12}$两套层系先后进行开发，共钻新井314口，局部利用老井10口。

2. 葡I组聚驱井网开采状况

北二西西块葡I组主力油层聚合物驱井网开采目的层为葡I$_1$~葡I$_4$砂岩组，采用注采井距250m的五点法面积井网，采出井36口，注入井20口，平均单井砂岩厚度为15.8m，有效厚度为12.1m，有效渗透率0.497μm^2。1996年8月投入聚驱开发，2003年6月进入后续水驱，累计注入聚合物溶液0.716PV，聚合物用量707PV·mg/L，注入浓度1000mg/L，注入黏度32mPa·s。

试验区聚驱阶段注入压力上升4.9MPa，综合含水率下降12.3个百分点，聚驱阶段采出程度27.3%，试验前采出程度58.0%。

2020年1月，区块注入压力9.9MPa，平均单井日注水量54m^3，16口井注入压力大于9MPa，井数比例为69.6%，其中注入压力大于10MPa的井10口，井数比例43.5%，平均单井日产液量99t，平均单井日产油量2.3t，综合含水率97.6%。含水率高于97%的井数比例为83.7%。

三、空白水驱注采状况

1. 注入状况

试验区2020年5月开始空白水驱，2021年4月，区块注入压力8.4MPa，低于9MPa有36口井，占全区井数的70.6%，试验区日注量3563m^3，注入速度0.13PV/a，注入速度基本稳定，月度注采比0.73。

2. 采出状况

2021年4月，试验区综合含水率98.4%，日产液量5182t，日产油量83t，平均单井日产液量75t，平均单井日产油率1.2t，采聚浓度254mg/L。试验区含水较高，52口井含水率大于98%，占全区井数的75.4%。

3. 油层吸入状况

吸水剖面监测资料表明，试验区空白水驱吸液厚度比例58.8%，不同沉积单元吸液状况差异较大，吸水量主要集中在葡I_2和葡I_3单元，相对吸液量81.6%，但这两个单元储量比例也大，葡I_2单元的单位储量吸液量低于葡I_1和葡I_3单元。

四、注入方案优化设计结果

采用2500万聚合物悬浮PPG，注入0.7PV PPG/聚合物驱油体系，PPG浓度为500mg/L，2500万聚合物浓度为1300~1500mg/L。

驱油体系采用清水配制污水稀释，注入速度0.13~0.15PV/a，根据实际压力情况，可进行适当调整，后续水驱至含水98%结束。

试验实施后，方案设计参数根据现场动态变化可适当调整。

五、开发效果预测

在历史拟合基础上，按照推荐的驱油方案，对试验区PPG/聚合物驱进行了开发效果预测。试验区井网加密前综合含水率98.75%。加密后注入PPG/聚合物体系，当注入孔隙体积达到0.4PV左右时，综合含水率达到最低值94.57%，含水率下降最大幅度4.18个百分点。至综合含水率达到98%，聚驱后PPG/聚合物驱提高采收率8.7个百分点，累计增产油量51.23×10^{4}t（图4-20）。

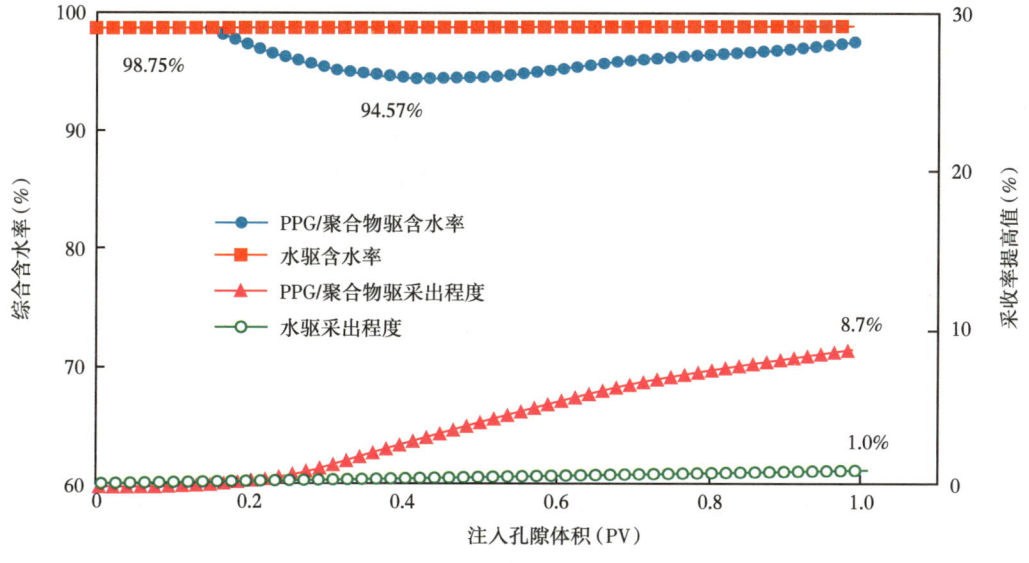

图4-20　北二西西块PPG/聚合物驱开发效果预测

参 考 文 献

[1] 李星蓉,佟乐,王璐,等.聚合物驱油技术综述[J].当代化工,2017,46(3):21-25.
[2] 田春荣.2016年中国石油进出口状况分析[J].国际石油经济,2017,2(1):140-143.
[3] 史观一.高分子与能源[J].自然杂志,2006,5(2):14-20.
[4] 勇林.调堵技术在新站油田应用可行性分析[J].中国石油和化工,2001,3(4):55-59.
[5] 张海宽.油田化学体膨型可选择性堵水调剖剂开发和应用现状[J].内蒙古石油化工,2004,31(6):121-125.
[6] 唐孝芬,刘双成.我国油田化学堵水调剖剂开发和应用现状[J].油田化学,1995,2(2):23-30.
[7] 瞿双清.关于硅酸溶胶制备的探讨[J].高等函授学报(自然科学版),2000,13(2):57-60.
[8] Hamouda A, Amiri H. Factors Affecting Alkaline Sodium Silicate Gelation for In-Depth Reservoir Profile Modification[J]. Energies, 2014, 7(2): 568-590.
[9] 张森鑫,吴景春,石芳.深部调驱用HPAM/Cr^{3+}弱凝胶体系制备及其性能评价[J].化学工程师,2019,(4):9-12.
[10] 魏兰竹,代加林,王琳.HPAM/Cr(Ⅲ)凝胶体系控制交联技术[J].石油与天然气化工,2011,40(3):263-266.
[11] 罗跃,张艳芳,党娟华.HPAM/Cr^{3+}弱凝胶调驱体系的室内研究[J].长江大学学报(自科版),2005,2(10):311-314.
[12] 任敏红,陈权生,焦秋菊.HPAM/Cr^{3+}微凝胶体系在剪切状态下的交联[J].化学工程师,2007,138(3):57-59.
[13] 高卫,石彦,周小茹.复合型HPAM/有机铬凝胶调剖技术在火烧山油田的应用[J].新疆石油学院学报,2002,14(4):45-49.
[14] 吴正伟,王合良,聂成.HPAM/Cr^{3+}弱凝胶调剖封堵性能研究[J].石油天然气学报(江汉石油学院学报),2010,32(4):368-370.
[15] 张丽.HPAM/Cr^{3+}弱凝胶调剖堵水剂的研究进展[J].民营科技,2018,9(6):7.
[16] Thornton D, Mart R J, Ulijn R V. Enzyme-Responsive Polymer Hydrogel Particles for Controlled Release [J]. Advanced Material, 2007, 19(9): 1252-1256.
[17] Gorelikov I, Field M, Kumacheva E. Hybrid microgels photoresponsive in the near-infrared spectral range[J]. Journal of American Chemical Society, 2004, 126(49): 15938-15939.
[18] Zhang G, Chen L, Ge J, et al. Experimental research of synersis mechanism of HPAM/Cr^{3+} gel[J]. Colloids and Surfaces A: Physicochemical and Engineering Aspects, 2015, 483(23): 96-103.
[19] 高树生,景贵成,何树梅.一种用于深部调剖的HPAM/Cr^{3+}凝胶[J].油田化学,2004,21(1):48-51.
[20] 林梅钦,辛见,李明远.低浓度部分水解聚丙烯酰胺/柠檬酸铝交联体系剪切稳定性研究[J].高分子学报,2008,24(1):8-12.
[21] 林梅钦,董朝霞,李明远.低浓度HPAM/AlCit交联体系的27Al NMR研究[J].高等学校化学学报,2007,28(9):1573-1576.
[22] 宋丹,蒲万芬,周明.HPAM/柠檬酸铝体系交联剂配方研究[J].石油地质与工程,2007,21(1):83-85.
[23] 李想,林嘉平,周达飞.柠檬酸铝/HPAM凝胶的制备与DSC表征[J].功能高分子学报,2001,26(3):329-332.
[24] Morimoto N, Qiu XP, Winnik F O M, et al. Dual Stimuli-Responsive Nanogels by Self-Assembly of Polysaccharides Lightly Grafted with Thiol-Terminated Poly(N-isopropylacrylamide)Chains[J].

Macromolecules, 2008, 41 (16): 5985-5987.

[25] Tang F, Ma N, Tong L, et al. Control of metal-enhanced fluorescence with pH- and thermoresponsive hybrid microgels[J]. Langmuir, 2012, 28 (1): 883-888.

[26] Oh J K, Drumright R, Siegwart D J, et al. The development of microgels/nanogels for drug delivery applications[J]. Progress in Polymer Science, 2008, 33 (4): 448-457.

[27] Song Z, Wang K, Gao C, et al. A New Thermo-, pH-, and CO_2-Responsive Homopolymer of Poly[N-[2-(diethylamino)ethyl]acrylamide]: Is the Diethylamino Group Underestimated[J]. Macromolecules, 2015, 23 (3): 334-336.

[28] Thavanesan T, Herbert C, Plamper A. Insight in the phase separation peculiarities of poly(dialkylaminoethyl methacrylate)s[J]. Langmuir, 2014, 30 (19): 5609-5619.

[29] 孙仁远, 成国祥, 彭文丰. HPAM/AlCit 胶态分散体系段塞驱油试验[J]. 石油钻采工艺, 2005, 27(4): 45-48.

[30] Delcea M, Mohwald H, Skirtach A G. Stimuli-responsive LbL capsules and nanoshells for drug delivery[J]. Advanced drug delivery reviews, 2011, 63 (9): 730-747.

[31] Motornov M, Roiter Y, Tokarev I, et al. Stimuli-responsive nanoparticles, nanogels and capsules for integrated multifunctional intelligent systems[J]. Progress in Polymer Science, 2010, 35 (2): 174-211.

[32] 范振中, 万家瑰, 王丙奎. HPAM/有机锆弱凝胶调驱剂的研究[J]. 精细石油化工进展, 2004, 5(9): 13-15.

[33] 杨晓武, 秋列维, 隋明炜. 有机锆交联剂的合成及其应用[J]. 陕西科技大学学报, 2013, 31 (3): 64-67.

[34] 李谦定, 李彦闯, 李彦庆. 一种低温锆弱凝胶调剖剂的研制[J]. 西安石油大学学报(自然科学版), 2013, 28 (2): 98-103.

[35] 柳敏. 盐水对 PEI/HPAM 凝胶性能影响的实验研究[J]. 石油化工应用, 2016, 35 (3): 145-147.

[36] 贾艳平, 王业飞, 何龙. 堵剂聚乙烯亚胺冻胶成冻影响因素研究[J]. 油田化学, 2007, 24(4): 316-319.

[37] Jia H, Pu W F, Zhao J Z. Research on the Gelation Performance of Low Toxic PEI Cross-Linking PHPAM Gel Systems as Water Shutoff Agents in Low Temperature Reservoirs[J]. Industrial and Engineering Chemistry Research, 2010, 49 (20): 9618-9624.

[38] Bu V, Armes S P. Unusual Aggregation Behavior of a Novel Tertiary Amine Methacrylate-Based Diblock Copolymer: Formation of Micelles and Reverse Micelles in Aqueous Solution[J]. Journal of American Chemistry Society, 1998, 11 (8): 18-29.

[39] Dufresne H, Garrec D L, Sant V, et al. Preparation and characterization of water-soluble pH-sensitive nanocarriers for drug delivery[J]. Int J Pharm, 2004, 277 (12): 81-90.

[40] Tan H, Ravi P, Tam K C. Synthesis and characterization of novel pH-responsive polyampholyte microgels[J]. Macromolecular rapid communications, 2006, 27 (7): 522-528.

[41] Rodriguez Hernandez J, Lecommandoux S. Reversible inside-out micellization of pH-responsive and water-soluble vesicles based on polypeptide diblock copolymers[J]. Journal of American Chemistry Society, 2005, 127 (7): 2026-2027.

[42] Zhu X, Degraaf J, Winnik F M, et al. Tuning the Interfacial Properties of Grafted Chains with a pH Switch[J]. Langmuir, 2004, 20 (4): 1459-1465.

[43] Chu Z, Feng Y. pH-switchable wormlike micelles[J]. Chemical communications, 2010, 46 (47): 90-98.

[44] Stavrouli N, Katsampas I, Aggelopoulos S, et al. pH/Thermosensitive Hydrogels Formed at Low pH by

a PMMA-PAA-P2VP-PAA-PMMA Pentablock Terpolymer[J]. Macromolecular rapid communications, 2008, 29 (2): 130-135.

[45] Kumar A, Srivastava A, Galaev I Y, et al. Smart polymers: Physical forms and bioengineering applications[J]. Progress in Polymer Science, 2007, 32 (10): 1205-1237.

[46] Amalvy I, Wanless E J, Li Y, et al. Synthesis and characterization of novel pH-responsive microgels based on tertiary amine methacrylates[J]. Langmuir, 2004, 20 (21): 8992-8999.

[47] Wang C, Ravi P, Tam K C. Morphological transformation of fullerene-containing poly (acrylic acid) induced by the binding of surfactant[J]. Langmuir, 2006, 22 (7): 2927-2930.

[48] Li H, Yew Y K, Lam K Y, et al. Numerical simulation of pH-stimuli responsive hydrogel in buffer solutions[J]. Colloids and Surfaces A: Physicochemical and Engineering Aspects, 2004, 249 (1): 149-154.

[49] Liu X, Wang L S, Wang L, et al. The effect of salt and pH on the phase-transition behaviors of temperature-sensitive copolymers based on N-isopropylacrylamide[J]. Biomaterials, 2004, 25 (25): 5659-5666.

[50] Fujii S, Read E S, Binks B P, et al. Stimulus-Responsive Emulsifiers Based on Nanocomposite Microgel Particles[J]. Advanced Materials, 2005, 17 (8): 1014-1018.

第五章　聚合物驱后高效堵调驱体系研发

油藏的采收率是波及系数和驱油效率的乘积,波及系数越大,驱油效率越高,油藏的采收率就越高[1-3],高效的驱油体系需要同时具有扩大波及系数及提高驱油效率的双重作用。针对聚驱后油层优势渗流通道普遍发育、剩余油高度分散的储层特征[4-14],提出了聚驱后"堵、调、驱"的驱油理念[15-16],首先利用高效的调堵剂或高黏度的驱替体系封堵聚驱后油层优势渗流通道,控制低效无效循环,提升注入井注入压力、调整油层吸水剖面,达到扩大波及系数的目的;在扩大波及系数的基础上,利用高效驱油体系降低油水界面张力及乳化携带能力,激活聚并聚驱后油层高度分散的剩余油,达到提高驱油效率的目的。依据聚驱后"堵、调、驱"的驱油理念,研发出了适用于大庆油田聚驱后油层的高浓度聚合物驱、高黏度弱碱三元复合驱、弱碱中相自适应堵调驱及无碱中相自适应堵调驱体系配方[17-33]。

第一节　聚合物驱后驱油体系研发机理

众所周知,油藏采收率为体积波及系数和驱油效率的函数,可表示为

$$E_R = E_V E_D \tag{5-1}$$

式中　E_R——采收率;
　　　E_D——驱油效率;
　　　E_V——体积波及系数。

聚驱后的油层经过水驱、聚驱的长期开发,优势渗流通道普遍发育、低效无效循环严重,剩余油高度分散,激活、聚并难度大,因此,适用于聚驱后油层的驱油体系需要同时具备大幅度扩大波及体积和大幅度提高驱油效率的双重作用。

一、聚驱后驱油体系流度比控制机理

波及系数(E_V)定义为被驱油剂驱扫过的油藏体积(V_s)与油藏总体积(V)之比。一般情况下,波及系数指体积波及系数,它是平面波及系数(E_A)与垂向波及系数(E_h)的乘积,平面及纵向波及系数的主要影响因素是流度比。波及系数与驱替相、油相流度比具有密切关系,驱替相、油相流度比小于1,表示驱替相流动能力小于油相流动能力,油相更容易被驱替采出,则油层波及体积越大。

$$E_V = E_A E_h \tag{5-2}$$

式中　E_V——体积波及系数;

E_A——平面波及系数;

E_h——纵向波及系数。

化学驱油是原油和驱替相溶液在油层中的两相流动,可以用 Buckley-Leverett 于 1942 年推导的分流方程描述。Dyes 等 1954 年定义了流度比。

$$M = \frac{\lambda_w}{\lambda_o} = \frac{K_w/\mu_w}{K_o/\mu_o} = \frac{K_{rw}}{K_{ro}} \frac{\mu_o}{\mu_w} \quad (5-3)$$

式中 M——流度比;

λ_w——驱替相的流度;

λ_o——油的流度;

K_{rw}——水相相对渗透率;

K_{ro}——油相相对渗透率;

μ_w——水相黏度;

μ_o——油相黏度。

$M<1$ 时,表明油的流动能力比驱替相强,驱油的效果好,接近于活塞式驱替;如果 $M>1$,则驱替相的流动能力比油强,驱替相容易沿着注采主流线出现指进现象,而将大部分原油留在油层内。降低油水流度比途径有两种方法,一种是提高注入介质的黏度(如加入聚合物、在油层中形成泡沫等),另一种是降低被驱替介质的黏度(如注入化学剂降黏、注高温蒸汽降黏等)。

大庆油田聚驱前后取心井资料显示,聚驱前后油层含水饱和度发生明显改变,聚驱前油层平均含水饱和度为 47.0%,聚驱后升高到 59.0%。根据相渗曲线绘制油层含水饱和度与不同黏度驱替体系流度比关系曲线(图 5-1),在聚驱前油层含水饱和度低于 47.0%,驱

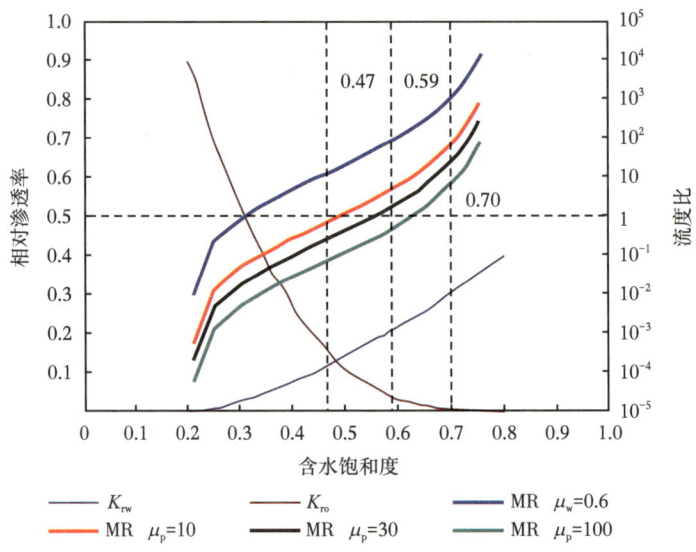

图 5-1 不同黏度驱替体系含水饱和度与流度比关系曲线

替相地下有效黏度为 10mPa·s，即可满足流度比小于 1 的要求；聚驱阶段含油饱和度介于 47.0%~59.0% 之间，此时聚合物溶液地下有效黏度达 30mPa·s 时，能够满足流度比小于 1 的要求；聚驱后油层含水饱和度大于 59.0%，再用同样的 30mPa·s 黏度的驱油体系，则远远不能满足流度比小于 1 的要求，驱替体系的地下有效黏度需要达到 100mPa·s 以上时，才能满足流度比小于 1 的要求[34-37]。

聚驱后取心井资料显示：聚驱后油层优势渗流通道厚度占比 18%，含水饱和度达 70.0% 以上，致使优势渗流通道流度控制更加困难，即使驱替体系黏度提高到 100mPa·s，流度比依然远大于 1，流度控制十分困难，因此聚驱后油层必须优先封堵优势渗流通道，降低优势渗流通道渗流能力，在此基础上再注入高黏度、高驱油效率的驱替体系，调整吸液剖面，扩大油层波及体积，同时提高驱油效率，从而实现大幅度提高原油采收率的目标。

二、聚驱后驱油体系提高驱油效率机理

驱油效率的主要影响因素是油水间的界面张力和注采压差。对于非混相驱，残余油饱和度取决于毛细管压力与黏滞力的比值，该比值可以用毛细管数表示，毛细管数越大，体系的驱油效率越高，残余油饱和度越低；毛细管数越小，体系的驱油效率越低，残余油饱和度越高[38-44]。

$$N_c = \frac{v\mu}{\sigma} \tag{5-4}$$

式中　N_c——毛细管数；
　　　v——驱替相的流度速度，m/s；
　　　μ——驱替相的黏度，mPa·s；
　　　σ——驱替相界面张力，mN/m。

从毛细管数的定义可以看出，毛细管数与驱替相的黏度和驱替相的流动速度成正比、与界面张力成反比。

由达西渗流公式可得出，驱替相的流动速度与渗透率、注采压差成正比，与驱替相黏度、注采距离成反比。

$$v = \frac{Q}{A} = \frac{K\Delta p}{\mu\Delta L} \tag{5-5}$$

式中　K——有效渗透率，μm^2；
　　　Δp——注采压差，MPa；
　　　ΔL——注采井距，m。

则毛细管数表达式可以表示为

$$N_c = \frac{K\Delta p}{\Delta L\sigma} \tag{5-6}$$

要进一步降低聚驱后油层残余油饱和度、提高驱油效率，则必须增大毛细管数，可以通过增大注采压差、缩小注采井距及降低界面张力等实现[45-50]。对于聚驱后驱油体系研发，则可以通过增加体系注入黏度及降低界面张力来增大毛细管数，提高体系驱油效率。

三、自适应堵调驱技术理念

根据聚驱后油藏物性特点及剩余油分布特征，聚驱后任何一种驱油体系都需要考虑流度控制问题，改善流度比，提高平面及纵向波及系数，让驱替相更多地进入砂体发育较差部位，更多地进入中渗透层、低渗透层，驱替水驱及聚驱波及不到的原油。聚驱后驱油效率较高部位，剩余油饱和度较低、接近或略高于水驱残余油饱和度，这部分剩余油主要增加体系的毛细管数，进一步降低残余油饱和度而采出。因此，聚驱后驱油体系必须同时具备大幅度扩大波及体积和大幅度提高驱油效率的能力，从而进一步提高聚驱后油层原油采收率[51-56]。

针对聚驱后优势渗流通道普遍发育，剩余油激活聚并难度大的问题，依据聚驱后"堵、调、驱"一体化的技术理念，利用PPG颗粒封堵聚驱后油层优势渗流通道[57-66]，控制低效无效循环，提升注入井注入压力、调整油层吸水剖面，达到扩大波及体积的目的；在扩大波及系数的基础上，利用弱碱三元复合体系、弱碱中相复合体系及无碱中相复合体系等高效驱油体系，激活、聚并聚驱后油层高度分散的剩余油，达到提高驱油效率的目的（图5-2），以此为指导，研发了适用于聚驱后油层的自适应堵调驱技术。

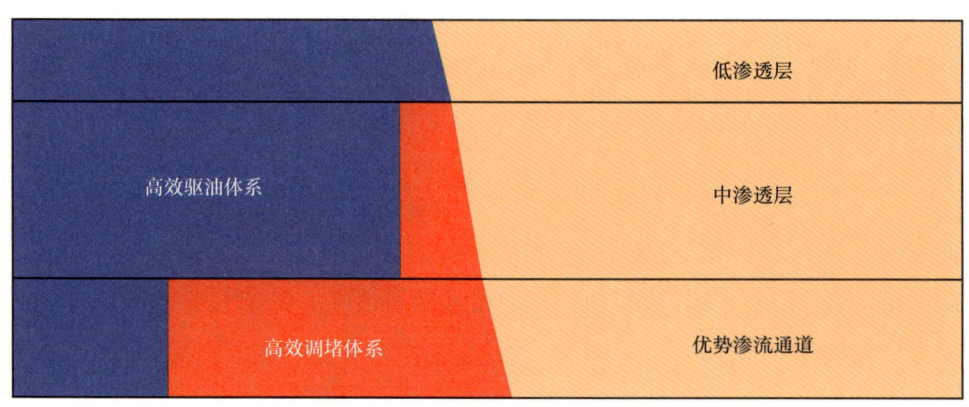

图5-2 "堵、调、驱"一体化宏观驱替示意图

自适应堵调驱体系由连续相（弱碱三元复合体系、弱碱中相复合体系及无碱中相复合体系等）和非连续相（PPG颗粒）组成。PPG颗粒是大庆油田勘探开发研究院自主研制产品，PPG颗粒吸水膨胀，膨胀后的颗粒具有一定的体积和弹性，能够优先进入聚驱后油层的大孔隙通道、暂堵在孔隙喉道处，在注入压力升高到一定程度后，PPG颗粒能够变形通过孔隙。在自适应堵调驱体系驱油过程中，非连续相的PPG颗粒优先进入大孔隙介质，封堵优势渗流通道，提升注入压力，促使具有较高驱油效率的连续相体系转向进入中小孔隙介质，激活、聚并分散的剩余油，具有交替堵驱、高效转向、均衡驱替及驱洗协调等特

点（图 5-3）。自适应堵调驱体系同时具有扩大波及体积、提高驱油效率的双重能力，从而实现大幅度提高聚驱后油层原油采收率的目的。

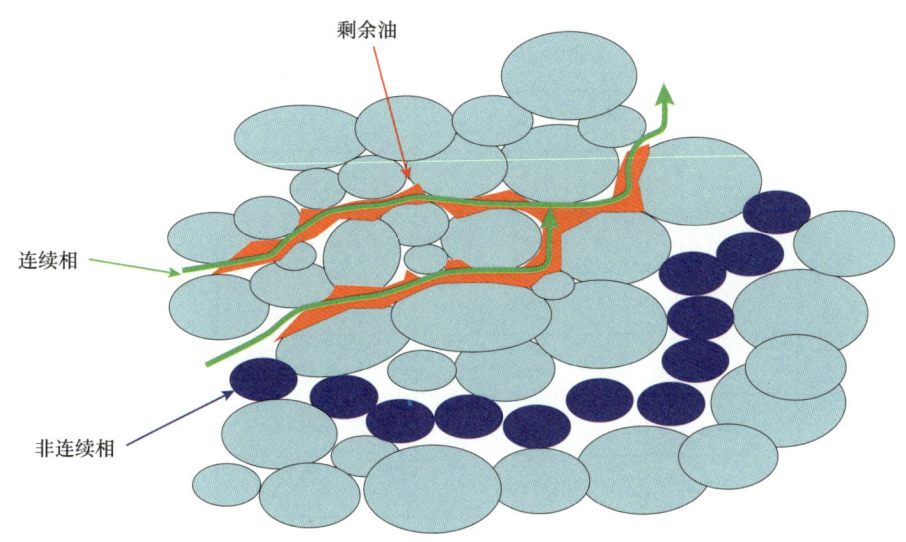

图 5-3　无碱中相自适应堵调驱体系微观驱油机理示意图

第二节　高浓度聚合物体系

基于聚合物溶液黏弹性驱油理论，依据聚驱后油层"堵、调、驱"的技术理念，研发了适用于聚驱后油层的高浓度聚合物驱体系配方。高浓度聚合物具有较高黏度，可以更好地调整吸液剖面，扩大油层波及体积；同时，高浓度聚合物具有较高的黏弹性，对聚驱后油层微观剩余油具有"拉、拽"作用，可以激活、聚并聚驱后高度分散的剩余油，降低油藏残余油饱和度，提高驱油效率。高浓度聚合物体系对于聚驱后油层同时具有扩大波及体积、提高驱油效率的能力，可以大幅度提高油藏采收率，模拟大庆油田聚驱后油层物性特点的三支非均质人造岩心并联模型室内驱油实验表明聚驱后高浓度聚合物驱提高采收率可达 9.2 个百分点。

一、高浓度聚合物体系配方优选

1. 聚合物相对分子质量的确定

聚驱后驱油体系需要具有较高的黏度，聚合物溶液的黏度与聚合物相对分子质量及浓度相关，为尽可能降低聚合物用量保证现场开发经济效益，在保证聚合物与油层匹配的基础上，应选择较高相对分子质量的聚合物。根据大庆油田聚合物驱开发实践，为保证聚合物分子能够顺利通过岩石孔喉、不堵塞油层，油层孔隙半径中值应大于聚合物分子回旋半径（不同相对分子质量聚合物分子回旋半径可由实验室测得）的 5 倍，同时，根据大庆油田孔隙半径与有效渗透率的关系，可以计算不同相对分子质量聚合物能够进入的油层有效渗透率下限值（表 5-1）。

表 5-1 聚合物相对分子质量与油藏有效渗透率匹配关系

聚合物相对分子质量 (10^4)	水解度 （%）	聚合物分子回旋半径 （μm）	适应孔隙半径中值 （μm）	聚合物驱可进入有效渗透率下限 （$μm^2$）
800	21	0.135	0.68	0.045
1000	21	0.155	0.78	0.060
1200	21	0.172	0.86	0.073
1500	21	0.195	0.97	0.094
2000	21	0.228	1.14	0.129
2500	21	0.258	1.29	0.166
3000	21	0.286	1.43	0.203
3500	21	0.311	1.56	0.240

统计大庆油田聚驱后 28 口取心井聚驱后油层渗透率分级，渗透率小于 $0.2μm^2$ 的有效厚度比例为 16.6%，渗透率为 $0.2～0.6μm^2$ 的有效厚度比例为 46.1%，渗透率大于 $0.6μm^2$ 的有效厚度比例为 43.1%（图 5-4）。

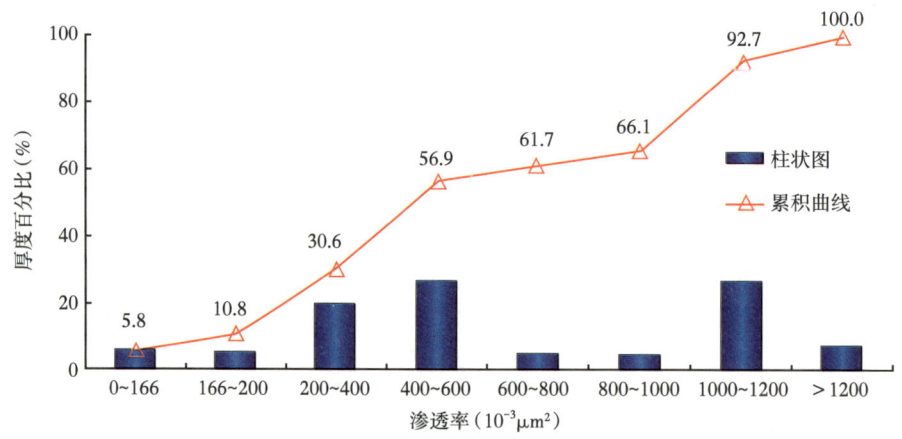

图 5-4 大庆油田聚驱后油层渗透率分级累积频率图

综上所述，大庆油田聚驱后油层如果选用 3000 万相对分子质量聚合物，会有占比 16.6% 厚度的油层因匹配不合理而出现堵塞，如果选用 2500 万相对分子质量聚合物，不匹配厚度比例仅为 5.8%，能够顺利注入 94.2% 的油层。高相对分子质量聚合物可以进一步提高采收率，但聚合物相对分子质量过高会堵塞油层，2500 万相对分子质量聚合物具有增黏能力强、抗剪切能力强，以及提高采收率幅度高等性能，并且大庆油田现场开发实践表明，聚驱阶段注入 2500 万相对分子质量聚合物并没有发生堵塞油层现象，因此确定聚驱后高浓度聚合物驱为 2500 万相对分子质量的超高分聚合物。

2. 聚合物浓度的确定

（1）静吸附实验。

在确定聚合物相对分子质量的基础上，为了优选适合大庆油田聚驱后油层的聚合物浓度，开展了不同浓度聚合物溶液的静吸附实验。实验用模拟大庆油田现场回注污水配制2500万相对分子质量聚合物母液，再分别稀释成浓度为500mg/L、1000mg/L、1500mg/L、2000mg/L、2500mg/L、3000mg/L和3500mg/L的聚合物溶液，与60~120目的净砂以3∶1的比例混合，在45℃的条件下恒温振荡24h后，测定其吸附量（表5-2）。

表5-2 静吸附量测定结果

序号	吸附前浓度（mg/L）	吸附后浓度（mg/L）	吸附量（mg/g）
1	500	461.6	0.1152
2	1000	939.7	0.1809
3	1500	1394.1	0.3177
4	2000	1845.6	0.4632
5	2500	2244.8	0.7656
6	3000	2732.8	0.8016
7	3500	3229.6	0.8112

聚合物静吸实验表明：随着聚合物溶液浓度的逐步升高，聚合物溶液的吸附含量逐步增加，当聚合物浓度为2500mg/L时，聚合物的吸附含量基本达到饱和，当聚合物溶液浓度大于2500mg/L时，聚合物溶液的静吸附含量变化不大。

（2）驱油实验。

为了进一步优选适合大庆油田聚驱后油层的聚合物浓度，在静吸附实验的基础上又开展了人造岩心驱油实验研究。实验用大庆油田现场回注污水配制注入体系溶液，实验选用ϕ2.5cm×10cm的人造柱状岩心，水测渗透率0.4~0.6μm^2。

注入方案分为三个注入阶段，第一个阶段为水驱至含水率为98%；第二个阶段为聚合物驱阶段，注入0.57PV浓度为1000mg/L中相对分子质量聚合物，再水驱至含水率为98%；第三个阶段为聚驱后高浓度聚驱阶段，注入2500万相对分子质量聚合物，聚合物用量固定为640PV·mg/L，聚合物浓度分别为1000mg/L、1500mg/L、2000mg/L、2500mg/L和3000mg/L，再水驱至含水率为98%。

人造岩心驱油实验结果表明：在相同聚合物用量条件下，提高聚合物浓度，聚驱后高浓度聚合物驱提高采收率值随之提高（表5-3），聚合物浓度由1000mg/L提高到3000mg/L，聚驱后高浓度聚合物驱提高采收率增加值为2.68个百分点，而当聚合物浓度大于2500mg/L后，采收率提高值增幅明显减缓，当聚合物浓度由2500mg/L增加到3000mg/L时，采收率提高值仅增加0.14%。

表 5-3 相同用量不同浓度聚合物驱油效果

岩心编号	聚合物浓度（mg/L）	K_w	S_o	水驱采收率（%）	一次聚驱采收率提高值（%）	二次聚驱采收率提高值（%）	总采收率（%）
20-38	1000	559.31	71.89	50.50	6.93	3.96	61.39
20-33	1500	560.94	73.21	52.43	6.79	4.37	63.59
20-27	2000	600.71	72.77	49.52	7.15	5.71	62.38
20-34	2500	559.07	70.82	52.00	7.03	6.50	65.53
20-26	3000	603.58	71.18	50.52	7.40	6.64	64.56

（3）数值模拟研究。

为了优选出最适合大庆油田聚驱后油层的高浓度聚合物注入浓度，在室内实验研究的基础上，又应用数值模拟技术进行了聚合物浓度优选。利用大庆油田聚驱后油层实际地质模型，拟合水驱、聚驱全过程开采历史，建立聚驱后油层含油饱和度场，计算聚驱后高浓度聚合物溶液浓度分别为 1500mg/L、2000mg/L、2500mg/L 和 3000mg/L 时的提高采收率值。根据数模计算结果可知，随着聚合物注入浓度的增加，聚驱后采收率提高值逐渐增大，但聚合物浓度大于 2500mg/L 时，采收率提高值增加幅度明显减缓（图 5-5）。

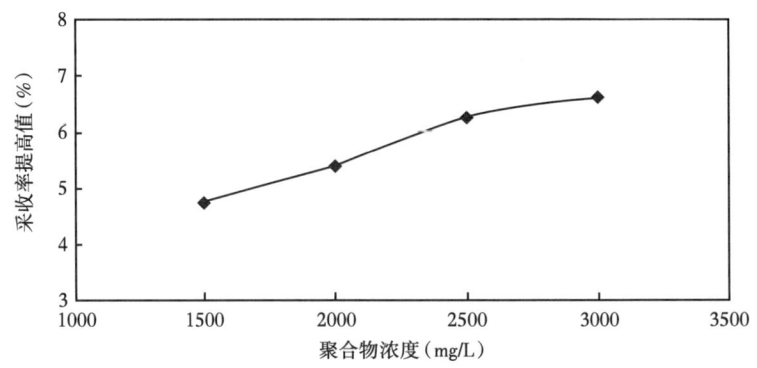

图 5-5 聚驱后高浓度聚驱聚合物浓度与提高采收率关系曲线（数值模拟结果）

综上所述，从室内静吸附实验结果看，随着聚合物溶液浓度增加，聚合物溶液的吸附量逐步增加，当聚合物浓度为 2500 mg/L 时，聚合物的吸附含量基本达到饱和；从人造岩心驱油实验及数值模拟预测结果看，聚驱后高浓度聚合物驱随着聚合物溶液浓度的升高，采收率提高值逐渐提高，当聚合物浓度大于 2500mg/L 时采收率提高值增加幅度明显减缓。因此，综合以上研究结果，确定适合大庆油田聚驱后油层高浓度聚驱最佳的聚合物溶液浓度为 2500mg/L。

二、高浓度聚合物体系性能评价

在确定适合大庆油田聚驱后油层高浓度聚合物的体系配方后，开展了高浓度聚合物体系流动性能及黏弹性评价。

1. 高浓度聚合物体系流动性能评价

聚驱后油层提高采收率流度控制非常重要，高浓度聚合物体系既要具有较大的阻力系数、残余阻力系数，封堵优势渗流通道，又要具有较强的流动能力，能够在油层内形成稳定的渗流。为评价高浓度聚合物体系渗流能力，开展了人造岩心及填砂管流动实验，实验结果表明：高浓度聚合物体系在油层中具有较高的渗流阻力，并且可以形成稳定的渗流，不堵塞油层。

（1）人造岩心流动实验。

大庆油田一类油层聚合物驱阶段主要采用 1200 万~1600 万相对分子质量中分聚合物，聚合物浓度为 1500mg/L 左右，为对比聚驱后高浓度聚驱体系与一次注聚阶段聚合物体系阻力系数及残余阻力系数，开展了人造岩心流动实验。

实验选取 ϕ2.5cm×10cm 人造均质岩心，有效渗透率 0.7~0.8μm^2，分别注入浓度为 1500mg/L 的 1200 万~1600 万相对分子质量聚合物及浓度为 2500mg/L 的 2500 万相对分子质量超高分聚合物。实验结果表明：聚驱后高浓度聚合物驱体系阻力系数达到 286.3，较一次聚驱聚合物体系高 201.2，聚驱后高浓度聚合物驱体系残余阻力系数 22.4，较一次聚驱聚合物体系高 11.2（图 5-6），高浓度聚合物驱体系具有更高的封堵能力，可以更好地封堵聚驱后优势渗流通道，改善油层动用状况。

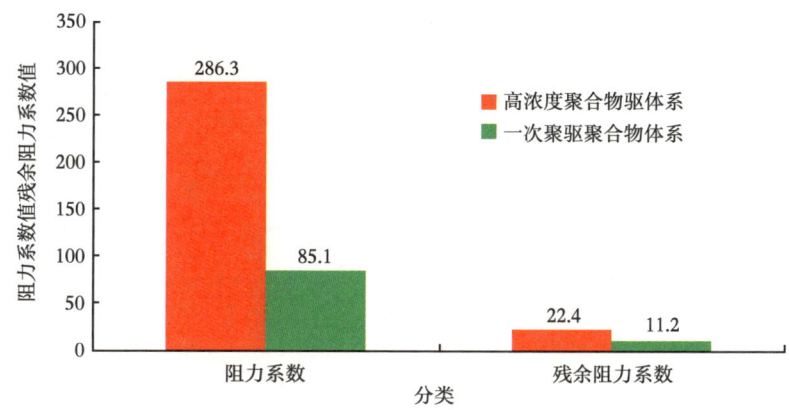

图 5-6　不同聚合物体系阻力系数及残余阻力系数对比柱状图

（2）填砂管流动实验。

为评价聚驱后高浓度聚驱注入能力，开展了不同渗透率填砂管流动实验。实验用填砂管长度为 5m，气测渗透率分别为 500×10^{-3}μm^2、2000×10^{-3}μm^2 和 4000×10^{-3}μm^2，在填砂管注入端、1m 处、2m 处、3m 处和 4m 处设计 5 个测压点（图 5-7 和图 5-8）。

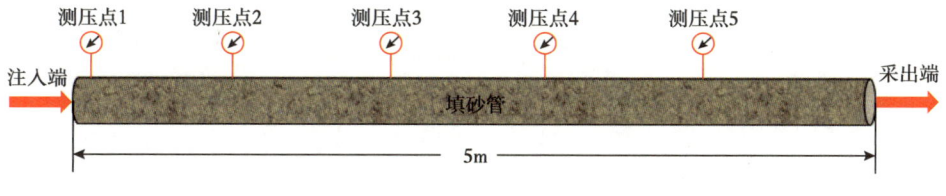

图 5-7　填砂管测压点分布示意图

图 5-8　填砂管连接实物图

实验程序为先水驱至压力平稳，再注入高浓度聚合物体系至压力平稳，再后续水驱至压力平稳。实验结果表明：不同渗透率填砂管各测压点注入压力均明显上升，并能保持稳定（图 5-9 至图 5-11），表明高浓度聚合物体系可以进入油层深部，并未堵塞油层。

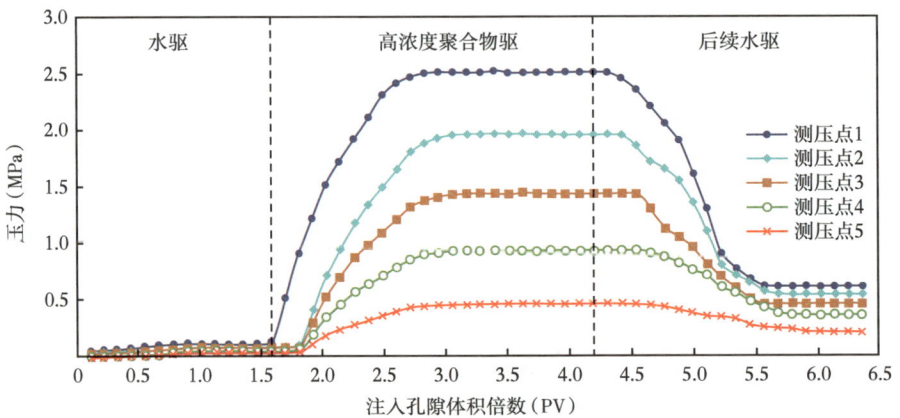

图 5-9　高浓度聚合物驱压力曲线（渗透率 $500\times10^{-3}\mu m^2$）

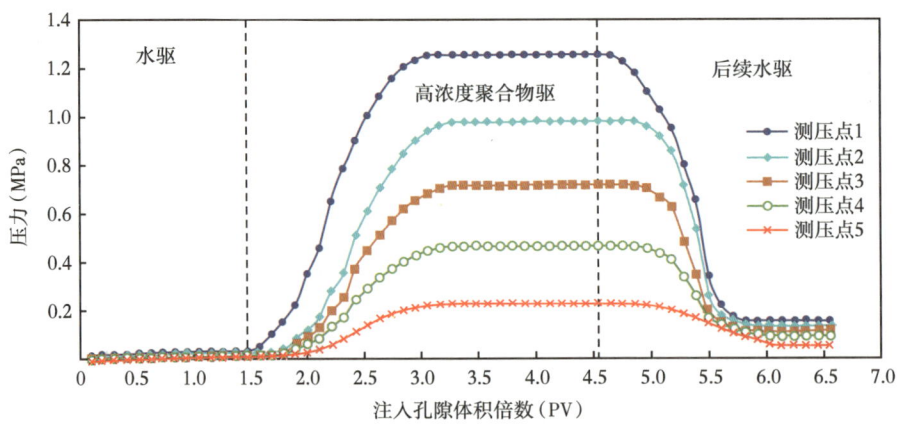

图 5-10　高浓度聚合物驱压力曲线（渗透率 $2000\times10^{-3}\mu m^2$）

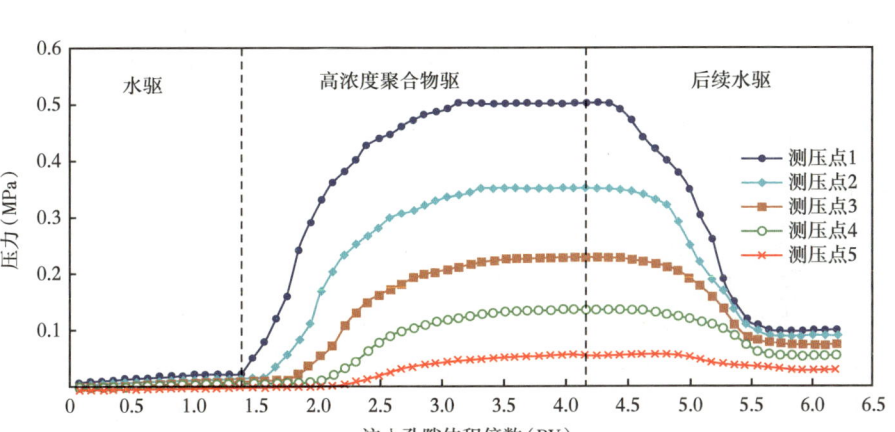

图 5-11　高浓度聚合物驱压力曲线（渗透率 $4000\times10^{-3}\mu m^2$）

以渗透率 $2000\times10^{-3}\mu m^2$ 填砂管实验为例，对高浓度聚合物驱沿程压力变化规律进行分析。在水驱阶段压力上升缓慢，最高达到 0.03MPa 并逐渐稳定。注入高浓度聚合物阶段，距注入端距离越近，测压点压力启动时间越早，压力上升速度越快、上升幅度越大。每个相邻测压点（间隔 1m）之间压力启动时间延迟约 0.2PV，说明聚合物在填砂管内稳定向前运移。当注聚约 1.5PV 时，聚合物基本将水驱阶段残余在填砂管内的污水驱替出，此时注入压力达到最高值 1.25MPa。高浓度聚驱阶段，从注入端到采出端压力梯度逐渐降低，说明聚合物在近井地带及油层中部，吸附滞留量较大，压力升幅大。在采出端由于聚合物的剪切稀释作用，压力升幅较小；后续水驱阶段，从注入端到采出端压力梯度逐渐增加，说明近井地带及油层中部的聚合物由于水的长期冲刷作用运移至采出端，使压力梯度大于近井地带。

测压点 4、测压点 5 压力有所上升但十分缓慢，说明聚合物运移至测压点 4（距注入端 3m）的位置时，其流度调节能力下降较多。

后续水驱阶段，随着注水量的增加，测压点 1~测压点 4 压力迅速下降并最终稳定在某一压力值，此时注入压力稳定在 0.15MPa，约等于水驱结束时压力的 5 倍，说明聚合物在填砂管中滞留明显，残余阻力系数较大。整体来看，从入口到出口，压力存在明显的梯度分布。

渗透率 $500\times10^{-3}\mu m^2$ 和渗透率 $4000\times10^{-3}\mu m^2$ 的填砂管实验整体沿程压力的变化规律与 $2000\times10^{-3}\mu m^2$ 的相同。渗透率 $500\times10^{-3}\mu m^2$ 模型中，由于渗透率较低，聚驱时压力上升快且此时整体压力相对较高，且聚合物见效时间更早；渗透率 $4000\times10^{-3}\mu m^2$ 模型中，由于渗透率较高，聚驱时压力上升较慢且整体压力相对较低，聚合物见效时间更晚。

2. 高浓度聚合物体系黏弹性评价

高分子聚合物溶液在等直径毛细管中的流动一般情况下属于纯黏性流动，仅表现出牛顿流体及幂律流体的流动特征。然而当毛细管直径发生剧烈变化时，聚合物分子链会在外力场的作用下发生不规则的拉伸或压缩，从而使聚合物溶液发生弹性拉伸流动，于是除了黏性流引起的剪切黏度外，弹性拉伸流引起的分子弹性也对有效黏度有了贡献。高分子聚合物溶液在多孔介质中流动过程中，随着剪切速率的变大，溶液表现出的性质介于理想黏性体和理想弹性体之间，因此，高分子聚合物溶液又被称为黏弹性流体[57-60]。

高分子聚合物溶液在流动中除了发生永久形变外，还有部分的弹性形变。这种弹性效应使得弹性流体剪切流动时的法向应力分量不像牛顿流体那样各方向彼此相等，可以用第一法向应力差来评价流体的弹性效应。

在拉伸流动中，由于流线收缩，大分子流体反抗拉伸、试图恢复本来的蜷曲状态，从而产生一横向力，称为法向力。在流体中任取一体积单元，分析其受力情况来说明法向应力与拉伸流动的关系，在单元的三个面上，分别受力为 F_1、F_2 和 F_3 其应力分别为 τ_1、τ_2 和 τ_3。将每个应力分解为三个分量，其中与单元体面垂直的力分别为 τ_{11}、τ_{22} 和 τ_{33} 称为法向应力，与单元体面平行的力 τ_{12}、τ_{21}、τ_{13}、τ_{31}、τ_{23} 和 τ_{32} 称为切向应力（图 5-12）。在仅存在拉伸流动条件下，必须是 $\tau_{12}=\tau_{21}$、$\tau_{13}=\tau_{31}$、$\tau_{23}=\tau_{32}$，并且 $\tau_{11}-\tau_{22}>\tau_{22}-\tau_{33}$，则 $\tau_{11}-\tau_{22}$ 称为第一法向应力差，$\tau_{22}-\tau_{33}$ 称为第二法向应力差。

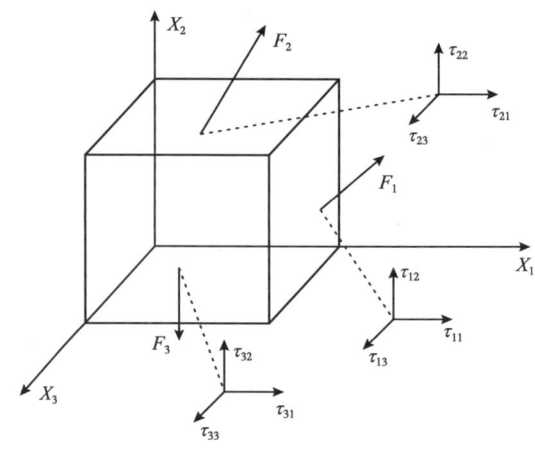

图 5-12　拉伸流动受力分析

具有黏弹性的流体第一法向应力差一般为正值，随着剪切速率的增加而增加；第二法向应力差一般为较小的负值，随着剪切速率的增加而下降。流体的第一法向应力差越大，流体的黏弹性越大。

采用清水配制浓度为 2500mg/L 的不同相对分子质量的聚合物溶液，聚合物相对分子质量分别为 750 万、1200 万及 2500 万，测量三种聚合物溶液在不同剪切速率下的黏度及第一发现应力差，测量结果表明聚合物的相对分子质量对聚合物溶液的第一法向应力差影响很大（图 5-13），在其他条件相同情况下，聚合物的相对分子质量越高，第一法向应力差越大，聚合物溶液的黏弹性越高，并且相对分子质量较低的聚合物溶液，在高剪切速率下，黏弹性也较小[61-65]。

在其他条件相同的情况下，聚合物溶液的第一法向应力差随着聚合物溶液浓度的增加而升高，表明聚合物溶液的黏弹性随着浓度的升高而增强，聚合物浓度较低的溶液，在较高剪切速率下也表现出较小的黏弹性（图 5-14）。

综上所述，浓度为 2500mg/L 的 2500 万相对分子质量聚合物溶液，较大庆油田一次聚驱注入的聚合物溶液具有更高的黏度及黏弹性，可以更好地调整油层吸液剖面，并对聚驱后剩余油具有更大的"拉、拽"作用[66-70]，因此，聚驱后高浓度聚驱可进一步提高聚驱后油层采收率。

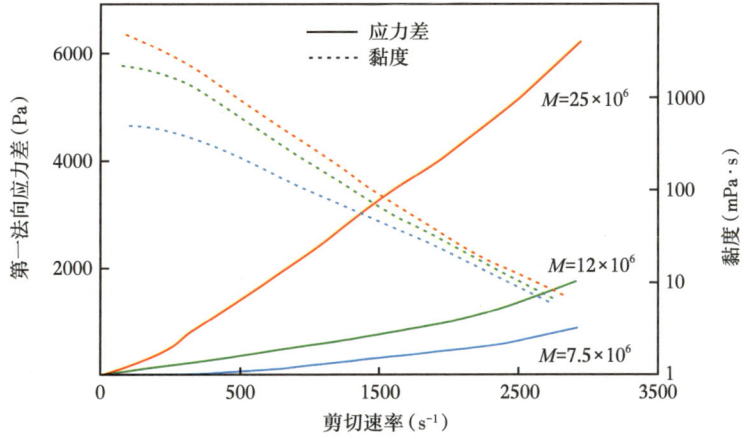

图 5-13　不同相对分子质量聚合物溶液的流变曲线（据王德民等）

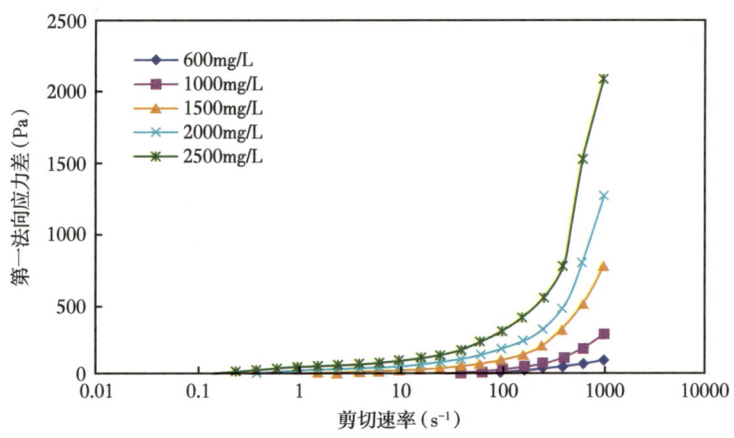

图 5-14　不同浓度聚合物溶液黏弹性曲线

三、高浓度聚合物驱油效果

为进一步明确高浓度聚合物体系驱油效果，开展了天然岩心及人造非均质岩心聚驱后驱油实验，聚驱后提高采收率均可以达到 8 个百分点以上。

1. 天然岩心驱油效果

实验使用大庆油田聚驱后取心井天然岩心，岩心渗透率与大庆油田聚驱后油层平均有效渗透率相近，能够代表大庆油田聚驱后油层条件。岩心尺寸 $\phi 2.5\text{cm} \times 10\text{cm}$，水测渗透率 $0.6\mu m^2$ 左右。

注入方案分为三个注入阶段，第一个阶段为水驱至含水率为 98%；第二个阶段为聚合物驱注入阶段，注入 0.57PV 浓度为 1000mg/L 聚合物，再水驱至含水率为 98%；第三个阶段为聚驱后高浓度聚驱阶段，注入 0.5PV 浓度为 2500mg/L 的 2500 万相对分子质量超高分聚合物溶液，再水驱至含水率为 98%。

天然岩心驱油实验结果表明（表 5-4），聚驱后高浓度聚合物驱提高采收率值可达 8 个百分点以上，分别为 8.04% 和 8.75%，总采收率达到 70% 以上，驱油效果较好。

表 5-4　聚驱后天然岩心驱油实验结果

类型	渗透率（μm^2）	孔隙度（%）	含油饱和度（%）	一次聚驱		聚驱后高浓度聚驱		水驱采收率（%）	聚驱提高采收率（%）	聚驱后提高采收率（%）	总采收率（%）
				浓度（mg/L）	黏度（mPa·s）	浓度（mg/L）	黏度（mPa·s）				
聚驱后高浓度 1	0.643	29.82	68.34	1000	19.6	2500	190	52.87	9.2	8.04	70.11
聚驱后高浓度 2	0.627	28.27	68.49	1000	19.6	2500	190	52.5	10	8.75	71.25

2. 人造非均质岩心驱油效果

利用聚驱后 20 口取心井资料，统计了大庆油田各开发区油层渗透率分级和厚度比例（表 5-5），据此设计了可以模拟大庆油田聚驱后油层实际特点的三支非均质人造岩心并联模型及人造非均质大平板模型。三支非均质人造岩心并联模型由三支人造胶结岩心并联组成，高渗透层、中渗透层、低渗透层气测渗透率分别为 $4000×10^{-3}\mu m^2$、$2000×10^{-3}\mu m^2$ 和 $500×10^{-3}\mu m^2$，岩心尺寸分别为 1.8cm×4.5cm×30cm、4.5cm×4.5cm×30cm 和 2.0cm×4.5cm×30cm；人造非均质大平板模型由三层人造胶结岩心组成，高渗透层、中渗透层、低渗透层气测渗透率分别为 $4000×10^{-3}\mu m^2$、$2000×10^{-3}\mu m^2$ 和 $500×10^{-3}\mu m^2$，三层岩心尺寸分别为 60cm×60cm×1.8cm、60cm×60cm×4.5cm 和 60cm×60cm×2.0cm（图 5-15）。

表 5-5　大庆油田聚驱后油层渗透率分级及厚度统计结果表

渗透率分级（$10^{-3}\mu m^2$）	全区			萨中			萨北			喇嘛甸			萨南		
	厚度（m）	厚度比例（%）	空气渗透率（$10^{-3}\mu m^2$）	厚度（m）	厚度比例（%）	空气渗透率（$10^{-3}\mu m^2$）	厚度（m）	厚度比例（%）	空气渗透率（$10^{-3}\mu m^2$）	厚度（m）	厚度比例（%）	空气渗透率（$10^{-3}\mu m^2$）	厚度（m）	厚度比例（%）	空气渗透率（$10^{-3}\mu m^2$）
<1000	4.0	24	500	4.8	25	462	5.8	30.5	508	1.7	11.2	449	3.9	32.8	498
1000~3000	9.3	55	2000	8.9	48	1861	10.6	56	1800	9.3	60.2	2185	4.6	38.1	2168
>3000	3.7	22	4000	5.0	27	4020	2.6	13.5	4080	4.4	28.6	3875	3.5	29.1	3624

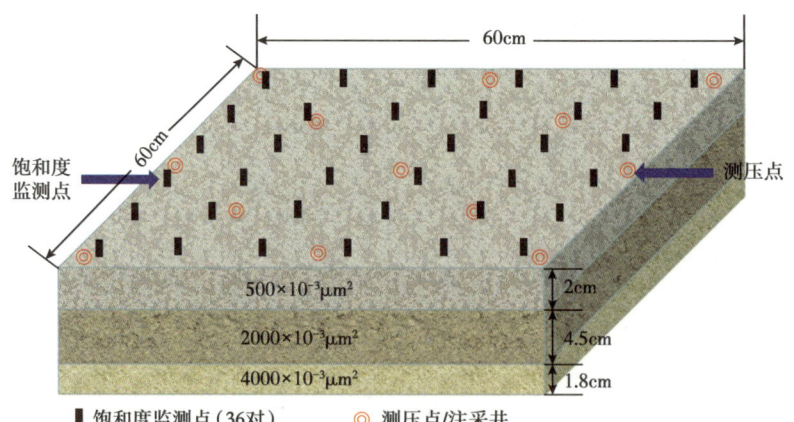

图 5-15　人造非均质大平板模型示意图

（1）三支非均质人造岩心并联模型驱油实验。

利用模拟大庆油田聚驱后油层特点的三支非均质人造岩心并联模型开展了聚驱后高浓度聚驱实验，实验注入方案分为三个注入阶段，第一个阶段为水驱至含水率为98%；第二个阶段为聚合物驱注入阶段，注入0.57PV浓度为1000mg/L聚合物，再水驱至含水率为98%；第三个阶段为聚驱后高浓度聚驱注入阶段，注入0.5PV浓度为2500mg/L的2500万相对分子质量超高分聚合物溶液，再水驱至含水率为98%。

三支非均质人造岩心并联模型驱油实验结果表明：聚驱后高浓度聚驱提高采收率可达9.2个百分点，总采收率达到62.0%，体系具有较好的驱油效果（表5-6）。

表5-6 聚驱后高浓度聚驱人造非均质模型驱油实验结果统计表

实验序号	水驱采收率值（%）	聚驱阶段采收率值（%）	聚驱后高浓度聚驱提高采收率值（%）	总采收率（%）
1	37.0	15.7	9.4	62.1
2	37.7	15.2	8.9	61.8
3	37.2	15.6	9.3	62.1
平均	37.3	15.5	9.2	62.0

（2）人造非均质大平板模型驱油实验。

为进一步评价聚驱后高浓度聚驱注入压力场及饱和度场的变化规律及驱油效果，开展了人造非均质大平板模型驱油实验，实验注入方案分为三个注入阶段，第一个阶段为水驱至含水率为98%；第二个阶段为聚合物驱注入阶段，注入0.57PV浓度为1000mg/L聚合物，再水驱至含水率为98%；第三个阶段为聚驱后高浓度聚驱注入阶段，注入0.7PV浓度为2500mg/L的2500万相对分子质量超高分聚合物溶液，再水驱至含水率为98%。

人造非均质大平板模型驱油实验结果表明：水驱阶段采收率为32.2%，注入0.57PV聚合物提高采收率14.9%，聚驱结束时仍有大约53%的剩余油未被采出。聚驱后高浓度聚合物驱提高采收率8.3%，总采收率达到55.4%（表5-7）。

表5-7 高浓度聚驱实验结果表

水驱采收率（%）	聚驱采收率提高值（%）	聚驱后高浓度聚驱采收率提高值（%）	总采收率（%）
32.2	14.9	8.3	55.4

绘制人造非均质大平板模型驱油实验动态开采曲线（图5-16），进入高浓度聚合物驱阶段，由于聚合物浓度较高，黏弹性较好，注入后能够对中高渗透层因长期水驱形成的大孔道进行封堵，导致压力迅速升高，当封堵完成后，剩余油被逐渐动用，在采出端表现为注入初期时含水率较高，中后期下降明显，采收率曲线在注入初期时增幅缓慢，中后期快速上升，说明聚合物溶液在注入中后期增油降水效果较好，整体见效时机较晚。

绘制人造非均质大平板模型驱油实验不同注入阶段注入压力等值线图（图5-17），注入压力等值线图显示不同注入阶段，从注入井到生产井注入压力均呈现逐渐降低趋势，存在明显的梯度分布特征。高浓度聚合物驱开始前，注入端压力最高，达到0.12MPa，压力梯度分布均匀，这是由于驱替相的黏度较小，致使驱替相与油相流度较大，渗流阻力小，压力损耗由注入井到生产井均匀分布；高浓度聚驱阶段结束时，由于高浓度聚合物体系黏度大，驱替相及油相流度比较小，渗流阻力较大，注入端压力最高达到约 1.1MPa，由注入端到采出端压力梯度分布依旧较为均匀，表明高浓度聚合物体系在驱替过程中，由注入端到采出端吸附量差距较小，压力损失分布均匀。

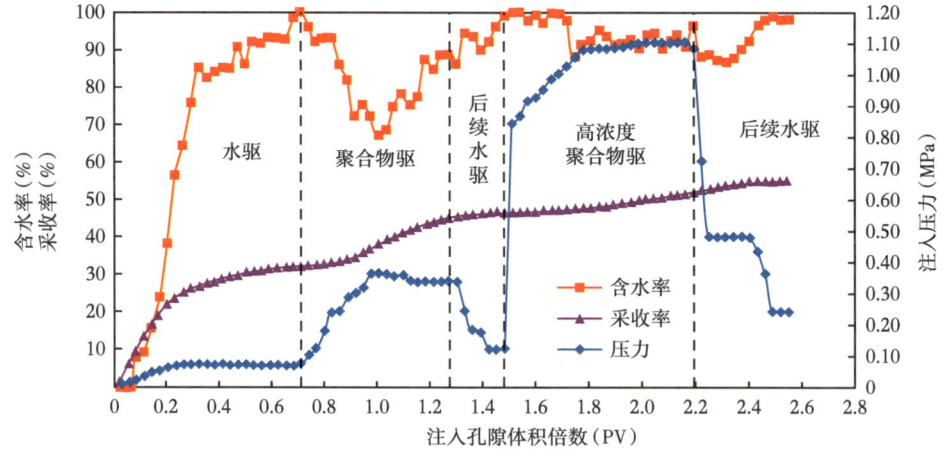

图 5-16 人造非均质大平板模型高浓度聚合物驱动态开采曲线

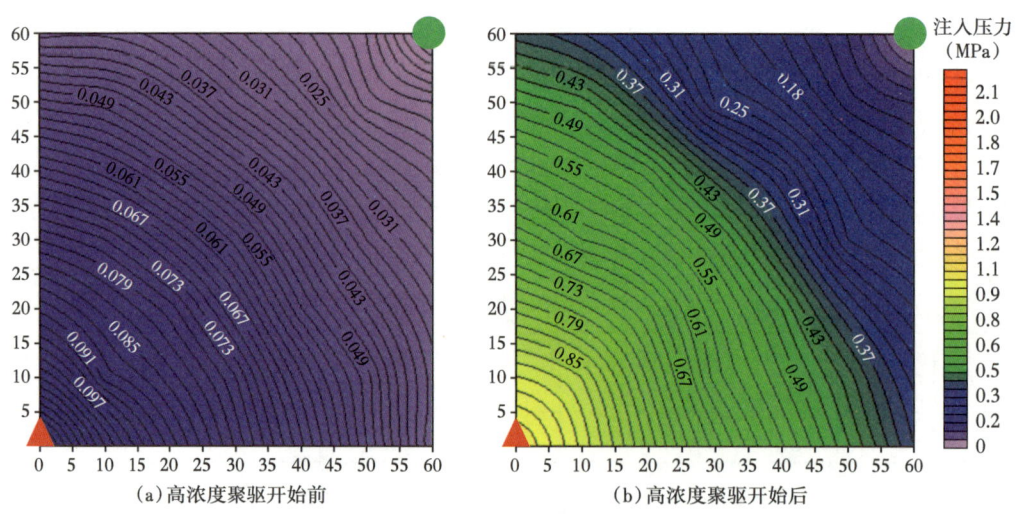

图 5-17 人造非均质大平板模型不同注入阶段注入压力等值线图

绘制人造非均质大平板模型驱油实验不同注入阶段含油饱和度等值线图（图 5-18），图 5-18 显示高浓度聚合物体系注入前，经过水驱→聚合物驱→后续水驱，中渗透层、高渗透层注入井与采出井之间均已形成主流通道，注入井周围含油饱和度最低，边角处动用较差、含油饱和度较高。高渗透层主流线处含油饱和度为 25%，聚合物驱结束时波及面积约占模型面积的二分之一，波及区域平均含油饱和度约为 35%；中渗透层在注采井连线狭长区域有所动用,在主流线两翼均有波及,主流线处含油饱和度为35%,波及区域平均含油饱和度约为40%;低渗透层原油基本未动用。水驱、聚驱阶段主要动用中渗透层、高渗透层,聚驱后油层潜力主要存在于中渗透层、低渗透层。

高浓度聚合物驱结束后,高渗层主流通道明显变宽,说明注聚后聚合物溶液优先进入了高渗层并沿着主流通道推进,依靠黏弹性首先降低了主流通道上注入井附近的含油饱和度,高浓度聚合物驱结束时高渗透层波及面积约占模型面积的四分之三,波及区域平均含油饱和度约28%。中渗层主流线附近的含油饱和度有所下降,但降幅低于高渗层,整个高浓度聚驱阶段一定程度上扩大了中波及体积,波及面积约占模型面积的三分之二,波及区域平均含油饱和度约30%,中渗层主流通道明显变宽、含油饱和度明显变低,说明波及体积及驱油效率聚大幅度提高。注入高浓度聚合物使低渗层注入端附近约三分之一的原油得到动用,含油饱和度明显降低,但整体含油饱和度仍较高,未形成贯通注入端与采出端的主流线,主要原因是发生了层间的窜流,动用的原油从中渗透层、高渗透层采出。

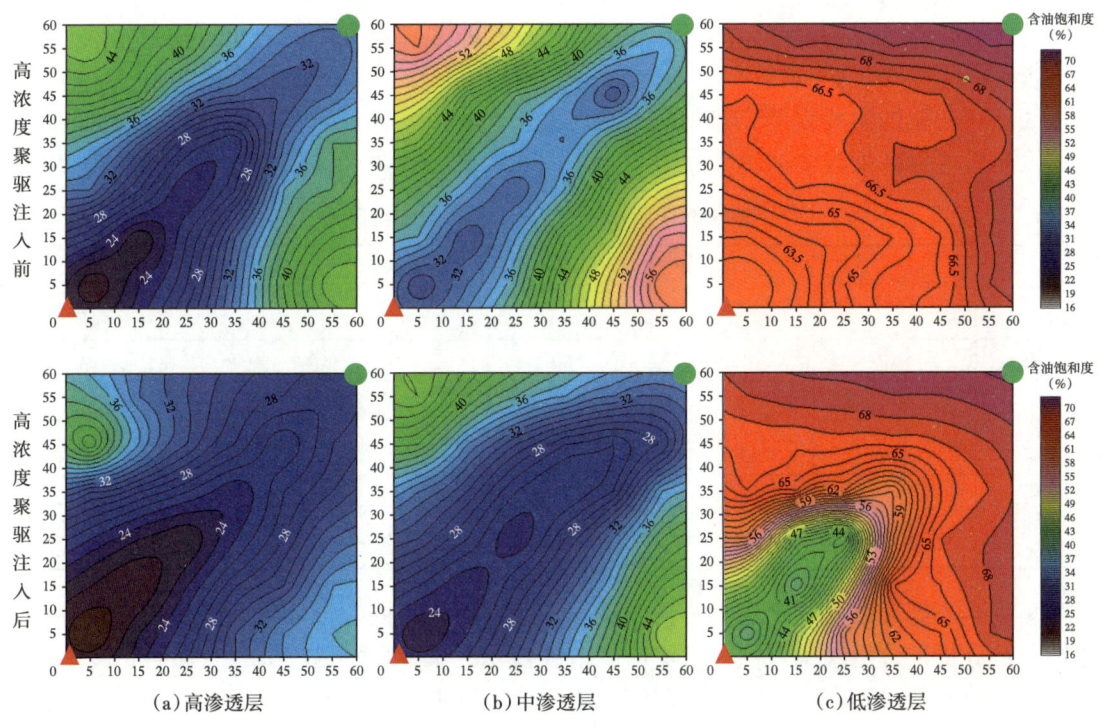

(a)高渗透层　　　　　　(b)中渗透层　　　　　　(c)低渗透层

图5-18　人造非均质大平板模型不同注入阶段含油饱和度等值线图

第三节　弱碱三元复合体系

大庆油田现场开发实践表明,弱碱三元复合驱在大庆油田一类、二类油层中均可提高采收率20.0个百分点以上,针对聚驱后油层实际特点,为进一步提高聚驱后油层采收率,研发出适合聚驱后油层的高黏度弱碱三元复合驱体系,三支非均质人造岩心并联模型驱油实验表明,聚驱后提高采收率可达12.3个百分点。

一、弱碱三元复合体系配方优化

1. 高浓度聚合物驱及弱碱三元复合驱动用微观剩余油能力差异

大庆油田聚驱后油层取心井资料统计表明：聚驱后强水洗段含油饱和度主要分布在 25%~30% 区间，因此建立聚驱后强水洗岩心模型，开展天然岩心驱油实验，研究高浓度聚合物驱及弱碱三元复合驱对强水洗程度岩心微观剩余油的动用差异。

实验使用大庆油田聚驱后油层天然岩心，岩心尺寸为 $\phi2.5cm \times 10cm$，水测渗透率 $900 \times 10^{-3} \mu m^2$ 左右。使用大庆油田现场回注污水配制实验注入体系，高浓度聚合物驱体系配方为 2500 万相对分子质量超高分聚合物浓度为 2500mg/L；弱碱三元复合驱体系配方为 2500 万相对分子质量超高分聚合物浓度为 2500mg/L、石油磺酸盐浓度为 0.3%（质量分数）、碳酸钠浓度为 1.2%（质量分数）。

实验注入方案分为三个注入阶段，第一个阶段为水驱至含水率为 98%；第二个阶段为聚合物驱阶段，注入 0.57PV 浓度为 1000mg/L 聚合物溶液，再水驱至含水率为 98%；第三个阶段为聚驱后注入阶段，注入 0.5PV 高浓度聚驱或高黏度弱碱三元复合驱体系，再水驱至含水率为 98%。

天然岩心驱油实验表明：对于强水洗岩心，聚驱后弱碱三元复合驱具有更高的驱油效率，聚驱后可提高采收率 12.9 个百分点，较高浓度聚合物驱多提高 4.9 个百分点（表 5-8）。

表 5-8　强水洗天然岩心驱油实验结果

方案	水驱采收率（%）		聚驱采收率（%）		聚驱后剩余油饱和度（%）		聚驱后采收率提高值（%）		二次化学驱后含油饱和度（%）		总采收率（%）	
方案一	50.7		13.4		24.0		—		—		64.1	
方案二（高浓度聚驱）	51.3	51.4（平均值）	13.2	13.2（平均值）	24.1	24.4（平均值）	8.6	8.0（平均值）	18.3	18.9（平均值）	73.1	72.6（平均值）
	51.5		13.2		24.6		7.4		19.5		72.1	
方案三（弱碱三元驱）	53.0	51.5（平均值）	13.3	12.9（平均值）	23.3	24.1（平均值）	13.3	12.9（平均值）	14.1	15.3（平均值）	79.6	77.3（平均值）
	50.0		12.5		24.8		12.5		16.5		75.0	

采用岩心磨片激光共聚焦扫描显微技术，对聚驱后不同驱油体系化学驱后微观剩余油进行定量分析，分析结果表明：聚驱后高浓度聚驱、聚驱后弱碱三元复合驱均可降低自由态、半束缚态及束缚态剩余油，但弱碱三元复合驱降低束缚态剩余油能力明显强于高浓度聚驱（图 5-19），因此，具有更高驱油效率的复合驱是聚驱后提高采收率的攻关方向。

2. 弱碱三元复合驱聚合物浓度优化

大庆油田弱碱三元复合驱体系由聚合物、碳酸钠及石油磺酸盐组成，在大庆一类、二类油层均取得较好效果，聚驱后油层需要注入体系具有较高的黏度、控制驱替相与油相流度比，满足流度比小于 1 的需求，因此，适用于大庆油田聚驱后油层的弱碱三元复合驱体系碳酸钠及石油磺酸盐沿用原体系配方浓度[碳酸钠为 1.2%（质量分数）、石油磺酸盐为 0.3%（质量分数）]，为尽可能降低聚合物用量，选用增黏能力更强的 2500 万相对分子质量超高分聚合物，为优化聚合物浓度，开展了不同聚合物浓度弱碱三元复合体系的三支非均质人造岩心并联模型驱油实验。

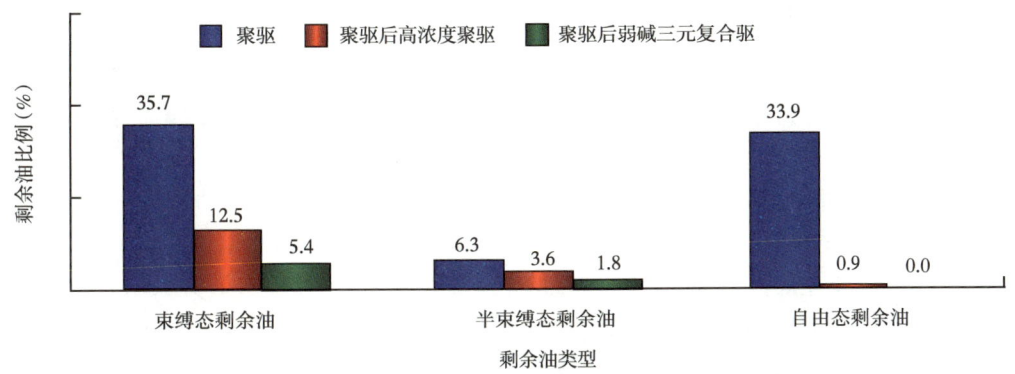

图 5-19 不同驱替方法微观剩余油分布

实验用物理模型为能够模拟大庆油田聚驱后油层实际特点的三支非均质人造岩心并联模型,模型由三支人造胶结岩心并联组成,高渗透层、中渗透层和低渗透层气测渗透率分别 4000×10^{-3}μm^2、2000×10^{-3}μm^2 和 500×10^{-3}μm^2,岩心尺寸分别 1.8cm×4.5cm×30cm、4.5cm×4.5cm×30cm 和 2.0cm×4.5cm×30cm。

实验注入方案分为三个注入阶段,第一个阶段为水驱至含水率为 98%;第二个阶段为聚合物驱阶段,注入 0.57PV 浓度为 1000mg/L 聚合物,再水驱至含水率为 98%;第三个阶段为聚驱后弱碱三元复合驱注入阶段,注入 0.5PV 浓度为不同浓度(浓度分别为 1400mg/L、1600mg/L、1800mg/L、2000mg/L、2200mg/L、2400mg/L、2600mg/L 和 2800mg/L)的 2500 万相对分子质量超高分聚合物溶液,再注入 0.2PV 等黏度聚合物保护段塞,最后水驱至含水率为 98%。

大型三维非均质物理模型驱油实验表明:随着弱碱三元复合驱聚合物浓度的增加,聚驱后提高采收率呈现先增高后降低的趋势,当聚合物浓度达到 2600mg/L 时,体系黏度为 120.5mPa·s,此时提高采收率达到最大值 12.3%,较聚合物浓度为 2800mg/L 时多提高采收率 0.3 个百分点(图 5-20),因此,确定弱碱三元复合驱聚合物浓度为 2600mg/L。

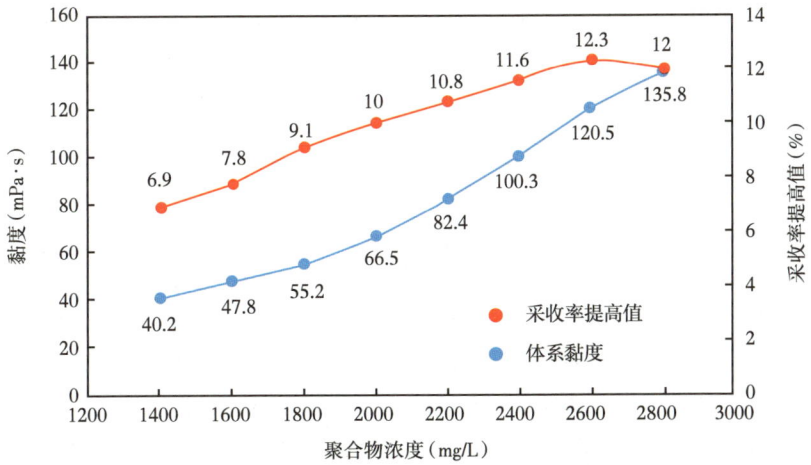

图 5-20 不同聚合物浓度弱碱三元复合体系黏度及提高采收率关系曲线图

二、弱碱三元复合驱体系性能

在确定适用于大庆油田聚驱后油层的高黏度弱碱三元复合驱体系配方的前提下，为进一步明确体系性能，开展了体系增黏性、界面张力性能、稳定性及渗流能力室内评价研究。

1. 增黏性能评价

采用大庆油田回注污水配制不同聚合物浓度弱碱三元复合体系溶液，体系中聚合物为2500万相对分子质量超高分聚合物、石油磺酸盐浓度为0.3%（质量分数）、碳酸钠浓度1.2%（质量分数）。45℃恒温条件下测定体系黏浓曲线，测试结果表明：随着聚合物浓度的增加，体系黏度逐渐增加，体系聚合物浓度大于2000mg/L后，浓黏曲线斜率变陡，当聚合物浓度大于2500mg/L后，体系黏度达到100mPa·s以上，满足聚驱后油层流度比小于1的要求（图5-21）。

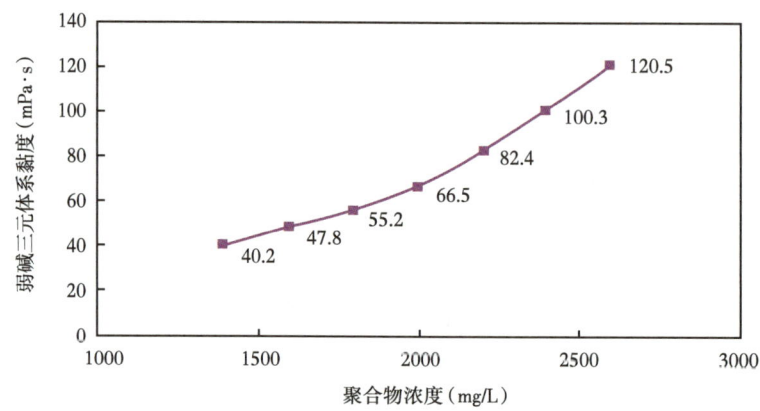

图5-21　弱碱三元复合体系浓黏曲线图

2. 界面张力性能评价

在45℃恒温条件下，配制高黏度弱碱三元复合体系开展界面张力性能评价。弱碱三元复合体系配制用水为大庆油田现场回注污水，实验用油为大庆油田后续水驱区块脱水脱气原油。评价结果表明：2500万相对分子质量超高分聚合物浓度为2600mg/L、碱浓度为0.6%~1.2%（质量分数）、石油磺酸盐浓度为0.05%~0.3%（质量分数），弱碱三元复合体系均能够与大庆油田后续水驱区块原油形成10^{-3}mN/m数量级的超低界面张力（图5-22），体系具有较好的配伍性。

3. 稳定性能评价

配制高黏度弱碱三元复合体系，开展体系黏度及界面张力稳定性能评价。弱碱三元复合体系配制用水为大庆油田现场回注污水，体系中2500万相对分子质量超高分聚合物浓度为2600mg/L、石油磺酸盐浓度0.3%（质量分数）、碳酸钠浓度1.2%（质量分数），实验用油为大庆油田后续水驱区块脱水脱气原油。配制好的弱碱三元复合体系在恒温箱中恒温45℃放置90天，分别在第1天、3天、5天、10天、15天、20天、30天、40天、50天、60天、70天、80天和90天测量体系黏度和界面张力值。弱碱三元复合体系初始黏度 120.5mPa·s，90 天后黏度 86.2mPa·s，黏度保留率 71.5%，具有较好的黏度稳定性（图 5-23）。弱碱三元复合体系在大庆油田聚驱后油水条件下表现出较好的界面张力稳定性，90 天内仍然能够保持在 10^{-3}mN/m 的超低界面张力（图 5-24）。

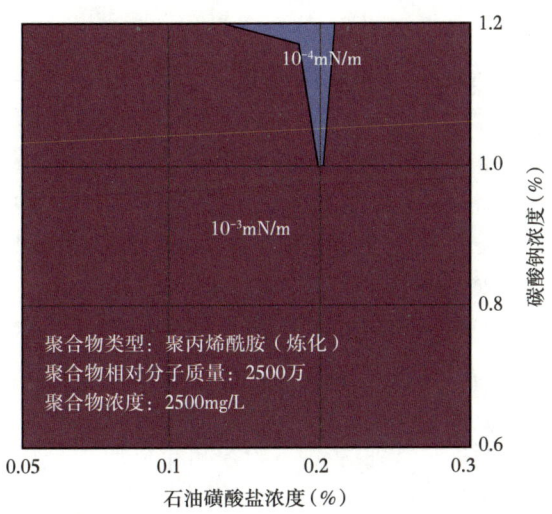

图 5-22　弱碱三元复合体系界面活性图

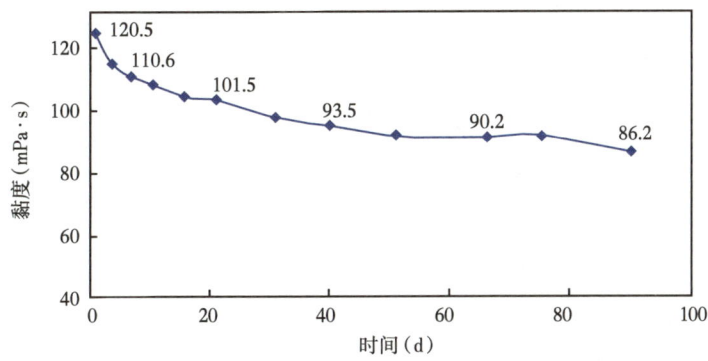

图 5-23　弱碱三元体系复合黏度稳定性曲线

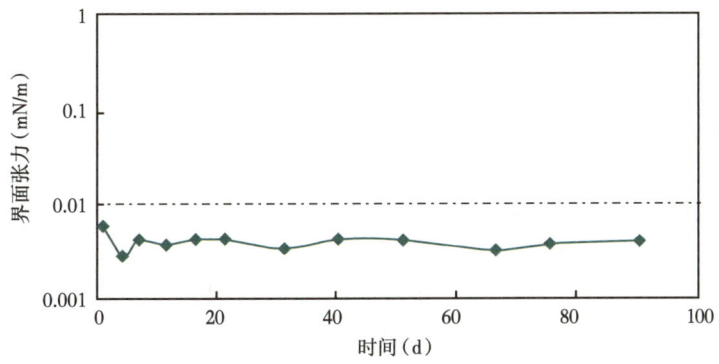

图 5-24　弱碱三元复合体系界面张力稳定性曲线

4. 渗流能力评价

为评价弱碱三元复合体系渗流能力，开展了人造岩心及填砂管流动实验，实验结果表明：弱碱三元复合体系在油层中具有较高的渗流阻力，并且可以形成稳定的渗流，不堵塞油层注入端。

（1）人造岩心流动实验。

为评价弱碱三元复合体系在油层中的渗流能力，开展了人造岩心流动实验。实验用岩心为人造均质岩心，岩心尺寸为4.5cm×4.5cm×60cm，岩心有效渗透率为$600×10^{-3}\mu m^2$左右。在岩心入口端、20cm和40cm处各设置一个测压点，评价弱碱三元复合体系压力传导能力。使用大庆油田现场回注污水配制弱碱三元复合体系，体系中2500万相对分子质量超高分聚合物浓度为2600mg/L、石油磺酸盐浓度为0.3%（质量分数）、碳酸钠浓度为1.2%（质量分数），体系黏度为120.5mPa·s。

实验程序为先水驱至压力平稳，再注入高黏度弱碱三元复合体系至压力平稳，再后续水驱至压力平稳。各测压点压力变化曲线表明：高黏度弱碱三元复合体系在注入2PV时形成了稳定渗流，此时岩心已达到饱和吸附状态，阻力系数为85.2，在注入6PV是经后续水驱充分脱附后，残余阻力系数为14.5。各测压点压力均可达到平稳状态，说明高黏度弱碱三元复合体系形成了稳定渗流，而不是堵塞在注入端附近油层的某个部位。实验结果表明：2500万相对分子质量超高分聚合物浓度为2600mg/L的弱碱三元复合体系可顺利注入渗透率为$600×10^{-3}\mu m^2$的油层（图5-25），与大庆油田聚驱后油层具有较好的匹配性。

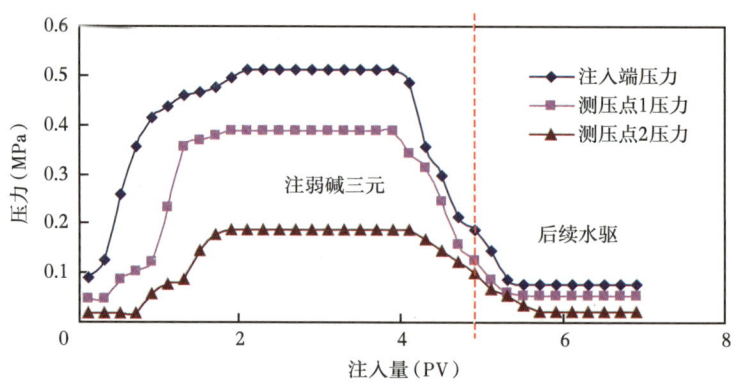

图5-25 弱碱三元复合体系注入压力变化曲线

（2）填砂管流动实验。

为进一步评价聚驱后高黏度弱碱三元复合体系注入能力，开展了不同渗透率填砂管流动实验。实验用填砂管长度为5m，气测渗透率分别为$500×10^{-3}\mu m^2$、$2000×10^{-3}\mu m^2$和$4000×10^{-3}\mu m^2$，在填砂管注入端、1m处、2m处、3m处和4m处设计5个测压点。

实验程序为先水驱至压力平稳，再注入高黏度弱碱三元复合体系至压力平稳，再后续水驱至压力平稳。不同渗透率填砂管各测压点注入压力均明显上升，并能保持稳定（图5-26至图5-28），表明高黏度弱碱三元复合体系可以进入油层深部，并未堵塞油层。

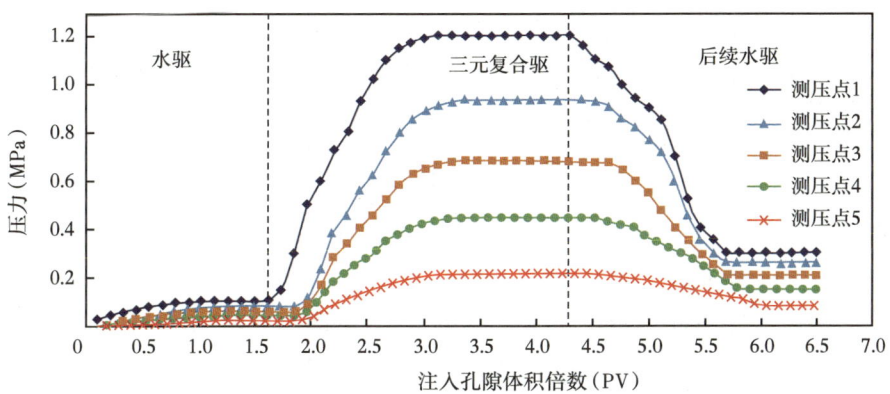

图 5-26　高黏度弱碱三元复合驱压力曲线（渗透率 $500×10^{-3}\mu m^2$）

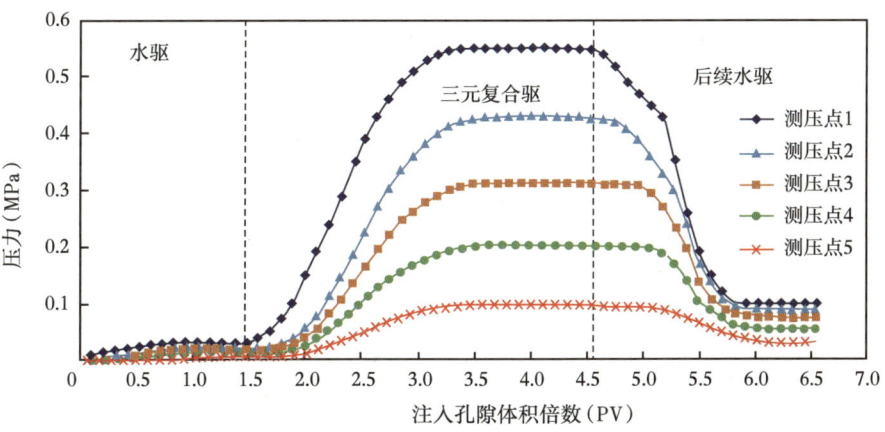

图 5-27　高黏度弱碱三元复合驱压力曲线（渗透率 $2000×10^{-3}\mu m^2$）

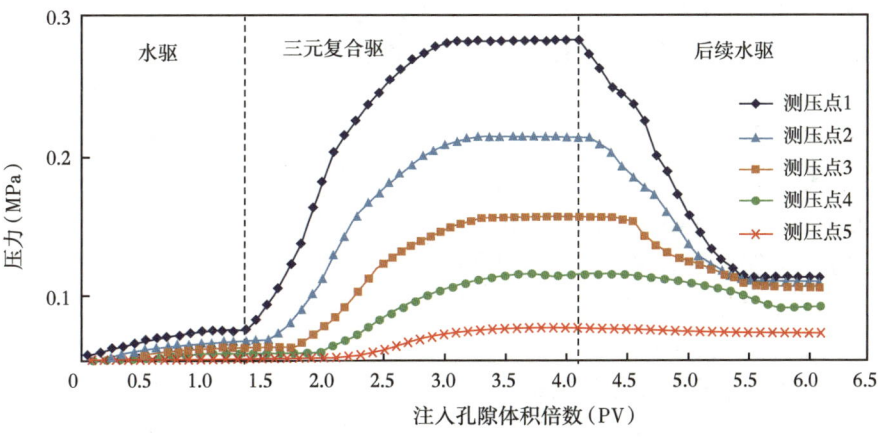

图 5-28　高黏度弱碱三元复合驱压力曲线（渗透率 $4000×10^{-3}\mu m^2$）

以渗透率 $2000\times10^{-3}\mu m^2$ 填砂管实验为例,对三元复合驱沿程压力变化规律进行分析。在水驱阶段压力上升缓慢,最高达到 0.03MPa 并逐渐稳定。在高黏度弱碱三元复合体系注入阶段,距注入端距离越近,测压点压力启动时间越早,压力上升速度越快、上升幅度越大。每个相邻测压点(间隔 1m)之间压力启动时间延迟约 0.2PV,说明高黏度弱碱三元复合体系在填砂管内稳定向前运移。当注入约 1.5PV 时,化学剂基本将水驱阶段残余在填砂管内的污水驱替出,此时注入压力达到最高值 0.55MPa。测压点 4、测压点 5 压力有所上升但十分缓慢,说明高黏度弱碱三元复合体系运移至测压点 4(距注入端 3m)的位置时,其流度调节能力下降较多。

后续水驱阶段,随着注水量的增加,测压点 1~测压点 4 压力迅速下降并最终稳定在某一压力值,此时注入压力稳定在 0.1MPa,约等于水驱结束时压力的 3.3 倍,相对于聚合物驱,高黏度弱碱三元复合驱在填砂管中滞留较少。整体来看,从入口到出口压力存在明显梯度分布。

渗透率 $500\times10^{-3}\mu m^2$ 和渗透率 $4000\times10^{-3}\mu m^2$ 的填砂管实验整体沿程压力的变化规律与 $2000\times10^{-3}\mu m^2$ 的填砂管压力变化规律基本相同。渗透率 $500\times10^{-3}\mu m^2$ 模型中,由于渗透率较低,高黏度弱碱三元复合驱时压力上升快、整体压力相对较高,且高黏度弱碱三元复合见效时间更早;渗透率 $4000\times10^{-3}\mu m^2$ 模型中,由于渗透率较高,高黏度弱碱三元复合驱时压力上升较慢、整体压力相对较低,且高黏度弱碱三元复合体系见效时间更晚。

三、弱碱三元复合体系驱油效果

1. 三支非均质人造岩心并联模型驱油实验

为验证高黏度弱碱三元复合体系聚驱后驱油效果,开展了模拟大庆油田聚驱后油层特点的三支非均质人造岩心并联模型聚驱后驱油实验,模型以大庆油田聚驱后储层实际情况为依据设计,由三支人造胶结岩心并联组成,高渗透层、中渗透层、低渗透层气测渗透率分别为 $4000\times10^{-3}\mu m^2$、$2000\times10^{-3}\mu m^2$ 和 $500\times10^{-3}\mu m^2$,岩心尺寸分别为 1.8cm×4.5cm×30cm、4.5cm×4.5cm×30cm 和 2.0cm×4.5cm×30cm。

利用模拟大庆油田聚驱后油层特点的三支非均质人造岩心并联模型开展了聚驱后高黏度弱碱三元复合驱驱油实验,弱碱三元复合驱体系配方为 2500 万相对分子质量超高分聚合物浓度为 2600mg/L、石油磺酸盐浓度为 0.3%(质量分数),碳酸钠浓度为 1.2%(质量分数)。

实验注入方案分为三个注入阶段,第一个阶段为水驱至含水率为 98%;第二个阶段为聚合物驱注入阶段,注入 0.57PV 浓度为 1000mg/L 的聚合物,再水驱至含水率为 98%;第三个阶段为聚驱后高黏度弱碱三元复合驱注入阶段,注入 0.5PV 高黏度弱碱三元复合驱体系及 0.2PV 等黏度聚合物保护段塞,再水驱至含水率为 98%。

三支非均质人造岩心并联模型实验结果表明:聚驱后弱碱三元复合驱提高采收率可达 12.3 个百分点,较聚驱后高浓度聚驱多提高采收率 3.1 个百分点,总采收率达到 67.9%,具有更好的驱油效果(表 5-9)。

2. 人造非均质大平板模型驱油实验

为进一步评价聚驱后高黏度弱碱三元复合驱注入压力场及饱和度场的变化规律及驱油效果,开展了人造非均质大平板模型驱油实验,实验注入方案分为三个注入阶段,第一个阶段为水驱至含水率为 98%;第二个阶段为聚合物驱注入阶段,注入 0.57PV 浓度为

1000mg/L 聚合物，再水驱至含水率为 98%；第三个阶段为高黏度弱碱三元复合体系注入阶段，注入 0.5PV 弱碱三元复合体系及 0.2PV 等黏度聚合物保护段塞，再水驱至含水率为 98%，弱碱三元复合体系配方为 2500 万相对分子质量超高分聚合物浓度为 2600mg/L、石油磺酸盐浓度为 0.3%（质量分数），碳酸钠浓度为 1.2%（质量分数）。

表 5-9　人造非均质模型聚驱后弱碱三元复合驱驱油实验数据表

实验序号	弱碱三元复合驱体系配方			水驱采收率（%）	聚驱采收率（%）	聚驱后采收率（%）	总采收率（%）
	聚合物浓度（mg/L）	石油磺酸盐浓度[%（质量分数）]	碳酸钠浓度[%（质量分数）]				
1	2600	0.3	1.2	36.8	18.7	12.6	68.1
2				37.1	17.9	11.9	66.9
3				37.5	18.9	12.4	68.8
平均				37.1	18.5	12.3	67.9

人造非均质大平板模型驱油实验结果表明：水驱阶段采收率为 31.8%，注入 0.57PV 聚合物提高采收率 15.4%，聚驱结束时仍有大约 53% 的剩余油未被采出。聚驱后高黏度弱碱三元复合驱提高采收率 10.5%，较高浓度聚合物驱多提高采收率 2.2 个百分点，总采收率达到 57.7%（表 5-10）。

表 5-10　人造非均质大平板模型聚驱后弱碱三元复合驱驱油实验数据表

水驱采收率（%）	聚驱采收率提高值（%）	聚驱后三元复合驱采收率提高值（%）	总采收率（%）
31.8	15.4	10.5	57.7

绘制人造非均质大平板模型驱油实验动态开采曲线（图 5-29），进入弱碱三元复合驱阶段，由于体系黏度低于高浓度聚合物体系黏度，试验注入压力上升相对较为缓慢，最高注入压力 0.5MPa，明显低于高浓度聚合物驱。由于弱碱三元复合体系具有更高的驱油效率，注入初期含水快速下降，含水下降幅度明显高于高浓度聚合物驱，表明高黏度弱碱三元复合驱可以更加高效的动用聚驱后剩余油。

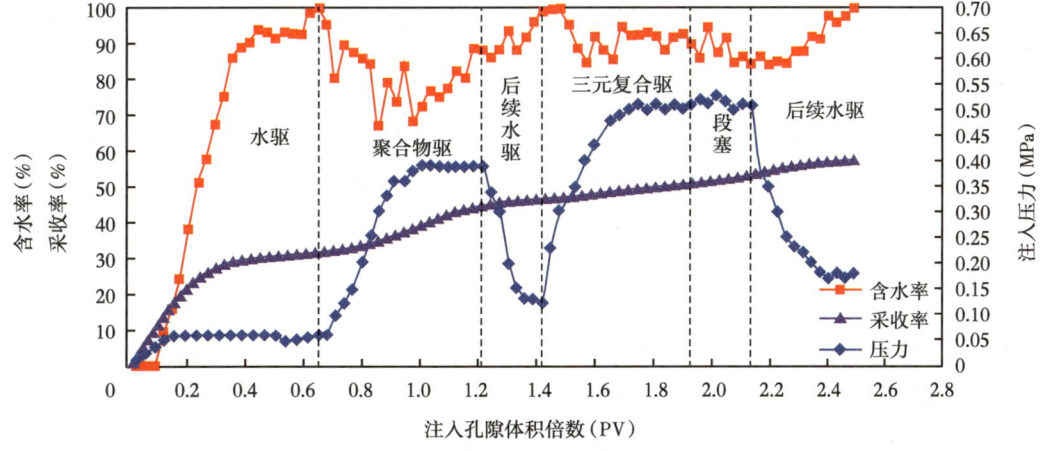

图 5-29　人造非均质大平板模型弱碱三元复合驱动态开采曲线

绘制人造非均质大平板模型驱油实验不同注入阶段注入压力等值线图（图5-30），注入压力等值线图显示不同注入阶段弱碱三元复合驱压力分布趋势与高浓度聚驱类似，从注入井到生产井注入压力均呈现逐渐降低趋势，存在明显的梯度分布特征。弱碱三元复合驱开始前，注入端压力最高达到0.10MPa，压力梯度分布均匀，这是由于驱替相的黏度较小，致使流度较大，流动阻力小；弱碱三元复合驱结束时，由于驱替体系黏度增大，驱替相及油相流度比变小，渗流阻力变大，注入端压力最高达到0.5MPa左右，由注入端到采出端压力梯度分布依旧较为均匀，表明弱碱三元复合驱在驱替过程中，由注入端到采出端体系可以在油层中稳定流动，没有堵塞在注入端附近油层。

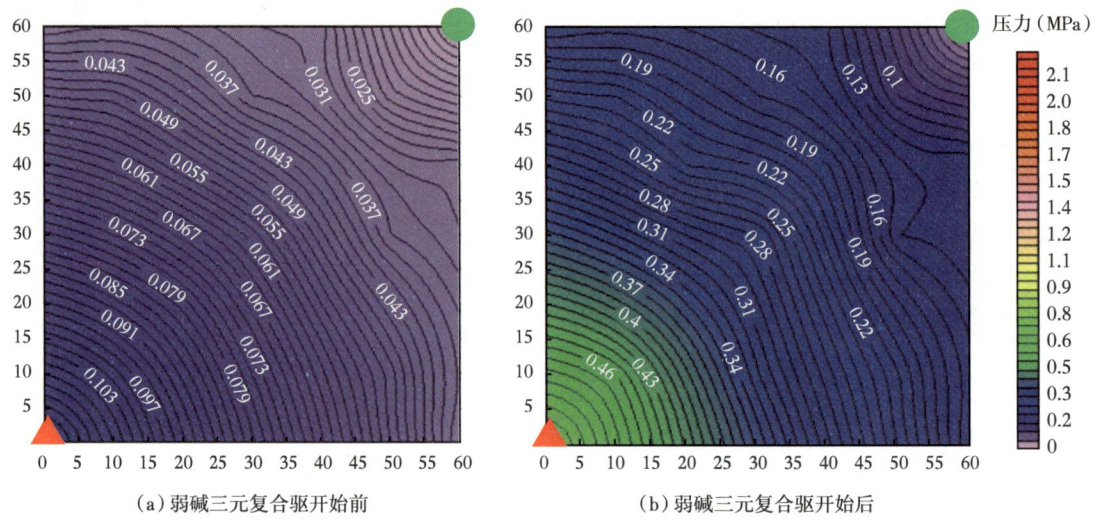

(a) 弱碱三元复合驱开始前　　　　　　　　(b) 弱碱三元复合驱开始后

图5-30　人造非均质大平板模型弱碱三元复合驱压力等值线图

绘制人造非均质大平板模型驱油实验不同注入阶段含油饱和度等值线图（图5-31），图5-31显示弱碱三元复合体系注入前，经过水驱、聚合物驱及后续水驱的驱替，中渗透层、高渗透层注入井与采出井之间均已形成主流通道，注入井周围含油饱和度最低，边角处动用较差、含油饱和度较高。高渗透层主流线处含油饱和度为25%，聚合物驱结束时波及面积约占模型面积的二分之一，波及区域平均含油饱和度约为35%；中渗透层在注采井连线狭长区域动用较为充分，含油饱和度为35%左右，在主流线两翼波及相对较差，平均含油饱和度约为40%；低渗透层原油基本未动用。水驱、聚驱阶段主要动用中渗透层、高渗透层，聚驱后油层潜力主要存在于中渗透层、低渗透层。

弱碱三元复合驱结束时，高渗透层主流通道宽度有所增加，说明弱碱三元复合体系注入后进入高渗透层并沿着主流通道推进，依靠表面活性剂的乳化能力对聚驱后的剩余油进行乳化携带，大幅度降低了主流通道上的含油饱和度，弱碱三元复合驱结束时高渗透层波及面积约占模型面积的三分之二，波及区域平均含油饱和度约25%；中渗层主流通道明显变宽变均匀，主流线附近的含油饱和度也大幅度下降，但降幅低于高渗透层，波及面积约占模型面积的二分之一，波及区域平均含油饱和度约30%；低渗透层注入端附近约四分之一处原油得到动用，动用程度大于高浓度聚合物驱，这是由于弱碱三元复合体系黏度较低，更容易进入低渗透层，且对中微小孔隙中原油的剥离效果更好，致使注入端附近含油饱和度大幅度下降,但由于层间窜流的影响,导致低渗层剩余油从中渗透层、高渗透层采出,弱碱三元复合驱阶段未形成贯通注入端与采出端的主流通道,采出端动用程度较差。

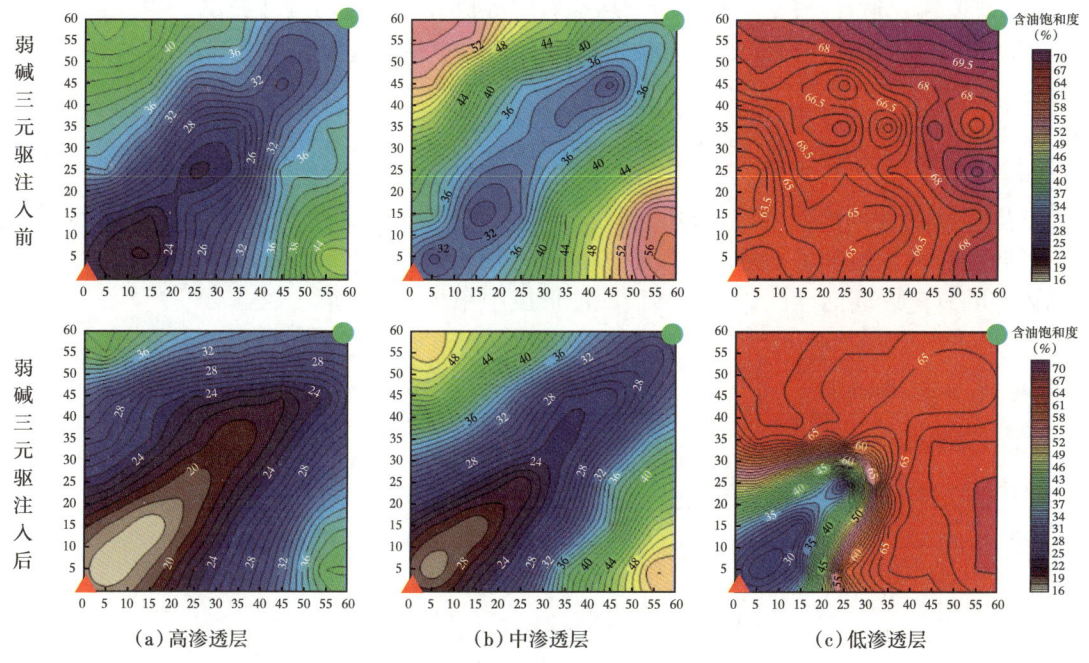

图 5-31　人造非均质大平板模型弱碱三元复合驱含油饱和度等值线图

整个弱碱三元复合体系注入阶段极大程度上扩大了中渗透层、高渗透层的波及面积,并大幅度提高了中渗透层、高渗透层的驱油效率,中渗透层、高渗透层提高采收率大幅度提升;低渗透层注入端原油也得到大幅度动用,但由于层间窜流影响,低渗透层采出端原油动用程度较差,聚驱后依然存在大量的剩余油。

第四节　弱碱中相自适应堵调驱体系

20 世纪 40 年代,国外就有关于微乳液体系应用于油田的理论和实践的文献报道,但由于大多数学者普遍认为在低浓度(质量分数小于 2%)的表面活性剂条件下,不会形成中相微乳液,且必须添加醇、碱等助剂,因此微乳液驱一度被忽视[81-89]。然而,近年来的研究表明,随着延展型表面活性剂的不断问世及形成中相微乳液所用表面活性剂构效关系的研究,通过相态实验和盐度剖面设计,优化驱油体系配方,在低浓度的表面活性剂用量下即可形成中相微乳液,且无须添加助剂,驱油效率高达 90% 以上[90-99],提高采收率潜力巨大,是未来化学驱最有潜力的发展方向。

1987 年 7 月,大庆油田在萨北开发区开展了一注两采的中相微乳液驱小规模现场试验,两口采出井含水最大降幅达 70 个百分点以上,比水驱提高采收率 35.3 个百分点,总采收率达到 70.1%。试验虽然取得较好技术效果,但化学剂(表面活性剂+助剂+醇)总浓度高达 12%(质量分数),成本高,经济效益差,难以工业化推广。

2014 年 4 月,英国凯恩能源公司在印度拉贾斯坦邦曼加拉油田开展了聚驱后中相微乳液驱现场试验[100]，注入体系表面活性剂总浓度为 0.3%（质量分数）。注入三元复合驱段塞 0.5PV、聚合物保护段塞 0.5PV、后续水驱 0.1PV。中心井含水率从 95.3% 最低降至 13.3%，低值期长达 0.35PV，日产油量从 8t 增加到 63t。定点监测井测试表明：含油饱和度从聚驱后 30%~40% 下降至 5%~10%，预测聚驱后中相微乳液驱最终提高采收率可达 20 个百分点以上。

一、弱碱中相复合体系研发及性能评价

依据表面活性剂协同效应机理，通过分子结构、亲水亲油平衡值及界面张力等指标，定型了两种表面活性剂进行复配，复配表面活性剂体系具有更低的界面张力，同时相态实验结果表明复配表面活性剂体系能够与原油形成中相微乳液（图 5-32）。

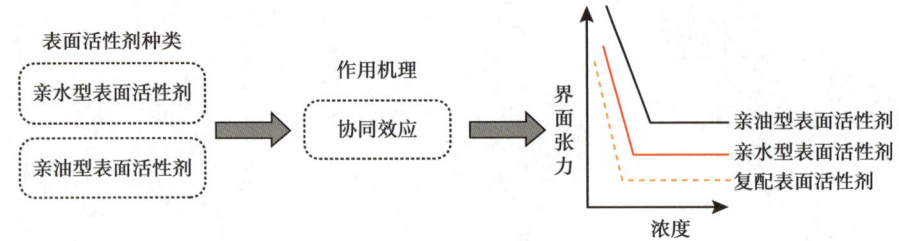

图 5-32　表面活性剂系统效应机理示意图

1. 复配表面活性剂筛选

依据协同效应机理，筛选了上百种表面活性剂产品，优选出改性烷基苯磺酸盐（以下简称 ABS）和脂肪醇聚氧丙烯醚硫酸盐（以下简称 AES）两种表面活性剂，AES/ABS 两种表面活性剂复配后较单独的每种表面活性剂具有更低的界面张力性能。在复配表面活性剂总浓度为 0.3%（质量分数）条件下，测量不同质量比的 AES/ABS 复配表面活性剂体系与大庆油田后续水驱区块脱水脱气原油的界面张力，测量结果表明 AES 与 ABS 按照质量比 6∶4 比例复配体系与大庆油田后续水驱区块脱水脱气原油界面张力最小，能够达到 10^{-4} mN/m 的超低界面张力水平（图 5-33）。

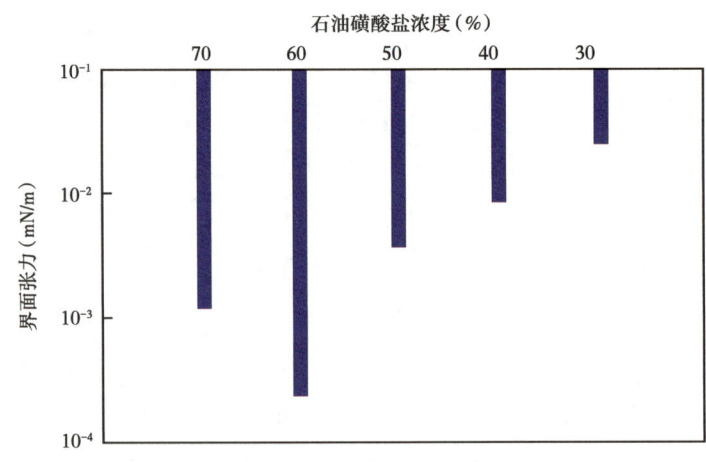

图 5-33　不同质量比的表面活性剂复配体系界面张力性能

2. 复配表面活性剂水溶性评价

中相微乳液是由水、表面活性剂、助表面活性剂和盐（能调节复合体系矿化度指标的盐、碱都可以）组成，其中任一组分性质或含量的改变，都会影响其性能。为保证复配表面活性剂能够与原油形成中相微乳液，需要保证复配表面活性剂体系在一定的矿化度下具有良好的水溶性，开展了 AES/ABS 复配表面活性剂水溶性评价实验，评价 AES/ABS 复配表面活性剂在不同碳酸钠浓度下的溶解性。实验结果表明：在室温条件下，当碳酸钠浓度为 0~3.0%（质量分数）时，AES/ABS 复配表面活性剂体系溶液澄清透明，无表面活性剂析出，水溶性良好（图 5-34），满足形成中相微乳液的需求。

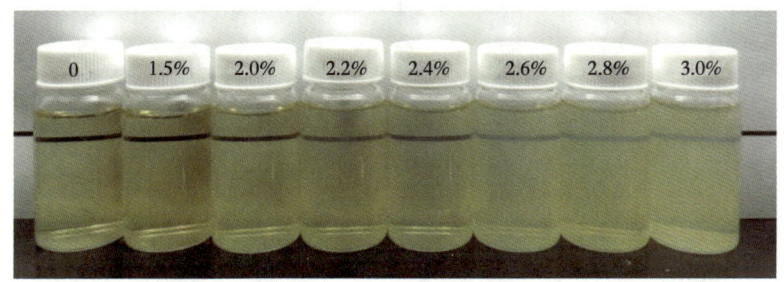

图 5-34　复配表面活性剂在不同浓度碳酸钠溶液中的水溶性

3. 界面张力性能评价

为评价 AES/ABS 复配表面活性剂体系在碳酸钠溶液中的界面张力性能，在 AES/ABS 按照质量比 6∶4 复配条件下，用大庆油田现场回注污水配制 AES/ABS 复配表面活性剂浓度固定为 0.3%（质量分数）、不同氯化钠浓度的复合体系溶液，45℃恒温条件下测量复合体系溶液与大庆油田后续水驱区块脱水脱气原油的界面张力，绘制 AES/ABS 复配表面活性剂体系界面张力曲线（图 5-35），在碳酸钠浓度为 0.8%（质量分数）时，复合体系可以与大庆油田聚驱后原油形成 10^{-3} mN/m 数量级的超低界面张力，碳酸钠浓度大于 1.2%（质量分数），复合体系可以与大庆油田聚驱后原油形成 10^{-4} mN/m 数量级的超低界面张力。

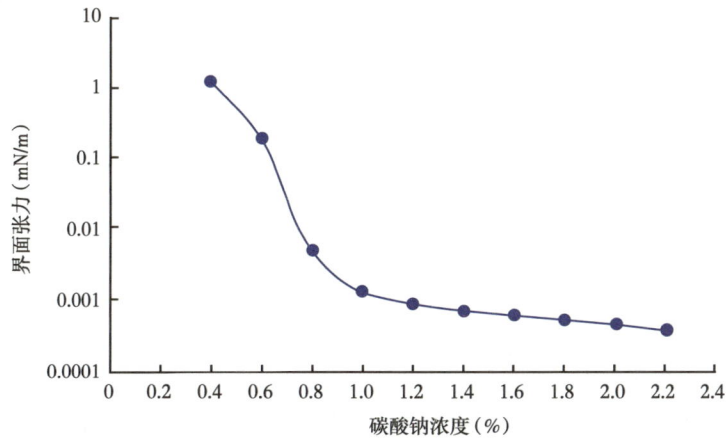

图 5-35　复配表面活性剂在不同浓度碳酸钠溶液中界面张力曲线

4. 相态行为评价

将 AES/ABS 复配表面活性剂浓度固定为 0.3%（质量分数），利用大庆油田现场回注污水配制不同碳酸钠浓度（1.3%~1.9%）的复配表面活性剂溶液，与大庆油田聚驱后脱水脱气原油开展油水体积比为 5∶5 的相态实验。相态实验结果显示：AES/ABS 复配表面活性剂体系在碳酸钠浓度为 1.50%~1.70%（质量分数）的区间内，可以和大庆油田聚驱后原油形成明显、稳定的中相微乳液，其中碳酸钠浓度为 1.6%（质量分数）时，可以形成最佳中相微乳液（图 5-36）。

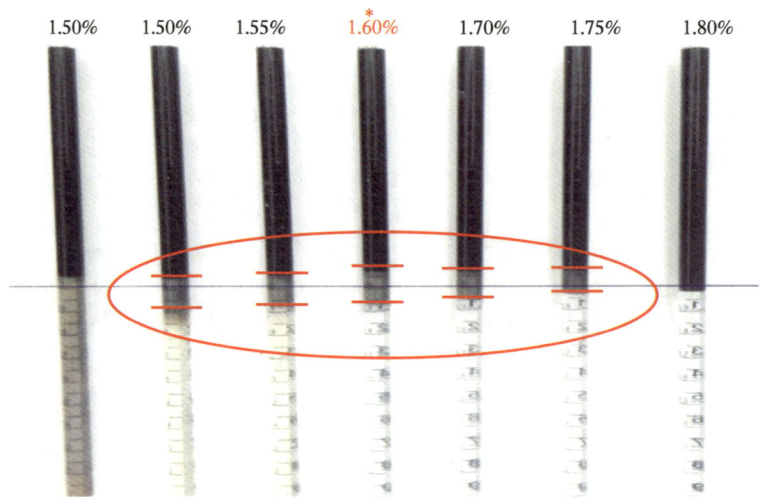

图 5-36　表面活性剂复配碳酸钠体系相态实验结果

表面活性剂浓度 0.3%（质量分数），油水比 5∶5

计算不同碳酸钠浓度条件下微乳液的油水相增溶指数，绘制复合体系油水相增溶指数曲线，能够形成中相微乳液的碳酸钠浓度区间内，油相、水相增溶指数均在 10 以上，形成最佳中相微乳液时，油相、水相增溶指数达到了 20 以上。中相微乳液与油相和水相间的界面张力采用理论公式 Huh（1979）方程计算，能够形成中相微乳液的氯化钠浓度区间内，中相微乳液与油相、水相界面张力均达到了 10^{-4} mN/m 的超低数量级（图 5-37）。

$$\sigma_{mo} = \frac{0.3}{\left(V_o/V_s\right)^2} \tag{5-7}$$

$$\sigma_{mw} = \frac{0.3}{\left(V_w/V_s\right)^2} \tag{5-8}$$

式中　V_o——增溶油相体积，mL；

V_s——表面活性剂体积，mL；

V_w——增溶水相体积，mL；

σ_{mo}——中相微乳液与油相界面张力，mN/m；

σ_{mw}——中相微乳液与水相界面张力，mN/m。

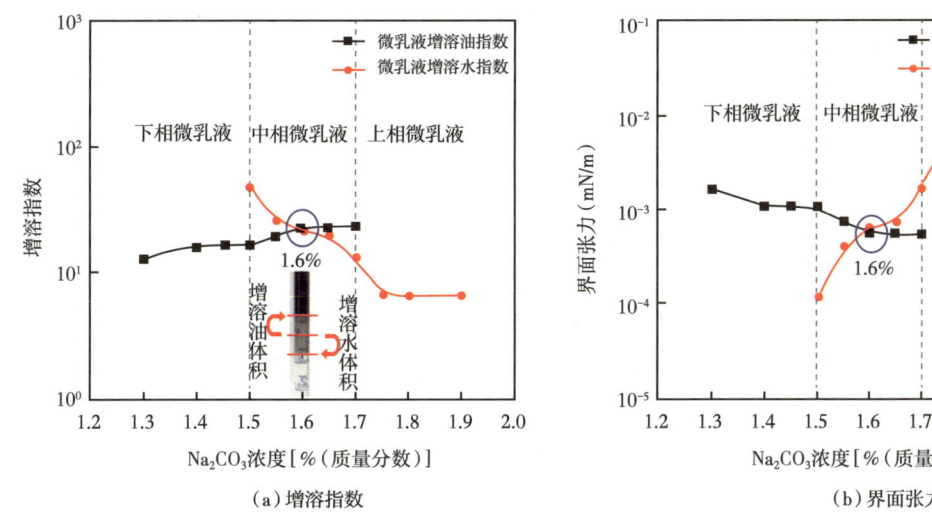

图 5-37　表面活性剂复配碳酸钠体系油水增溶指数及界面张力曲线

表面活性剂浓度 0.3%（质量分数），油水比 5∶5

为进一步优化体系配方，开展了 AES/ABS 复配表面活性剂浓度固定为 0.3%（质量分数），不同油水体积比（2∶8、3∶7、4∶6、5∶5、6∶4）、不同碳酸钠浓度条件下的相态实验。相态实验结果表明：不同油水体积比，复合体系均可以与大庆油田聚驱后脱水脱气原油形成中相微乳液（图 5-38），随着油相占比的增加，复合体系与大庆油田聚驱后脱水脱气原油形成中相微乳液的初始碳酸钠浓度逐渐下降、形成最佳中相微乳液的碳酸钠浓度也逐渐下降。根据相态实验结果，优化出了不同油水体积比条件下最佳的复合体系配方，油水体积比为 2∶8 时，最佳碳酸钠浓度为 1.80%（质量分数）；油水体积比为 3∶7 时，最佳碳酸钠浓度为 1.70%（质量分数）；油水体积比为 4∶6 时，最佳碳酸钠浓度为 1.65%（质量分数）；油水体积比为 5∶5 时，最佳碳酸钠浓度为 1.60%（质量分数）；油水体积比为 6∶4 时，最佳碳酸钠浓度为 1.55%（质量分数）（表 5-11）。

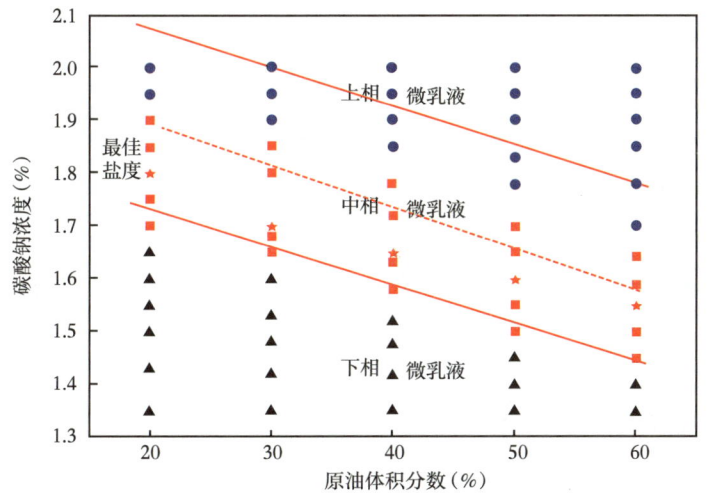

图 5-38　不同油水体积比表面活性剂复配体系相态与碳酸钠浓度关系图版

表 5-11　不同油水比复配表面活性剂体系形成中相微乳液的碳酸钠浓度区间表

类别	油水体积比				
	2:8	3:7	4:6	5:5	6:4
碳酸钠浓度[%（质量分数）]	1.70~1.90	1.65~1.85	1.60~1.75	1.50~1.70	1.50~1.60
最佳碳酸钠浓度[%（质量分数）]	1.80	1.70	1.66	1.60	1.55

5. 驱油效率评价

根据复合体系的水溶性、界面张力性能、相态实验确定了弱碱复合体系中AES/ABS表面活性剂配比、复配表面活性剂总浓度及最佳碳酸钠浓度。为了验证弱碱中相复合体系驱油效率，按照油水体积比为5:5相态实验优化出的弱碱中相复合体系配方[2500万相对分子质量超高分聚合物浓度为1400mg/L、AES/ABS（质量比6:4）复配表面活性剂浓度0.3%（质量分数）、氯化钠浓度1.6%（质量分数）]，开展贝雷岩心驱油效率实验，贝雷岩心尺寸为30cm×4.5cm×4.5cm，水测渗透率为$200×10^{-3}\mu m^2$左右。

实验注入方案分为两个注入阶段，第一个阶段为水驱至含水率为98%；第二个阶段为弱碱中相复合驱阶段，注入0.3PV弱碱中相复合体系，再注入0.2PV聚合物保护段塞（黏度与弱碱中相复合体系保持一致），后续水驱至含水率为98%。

驱油效率实验结果表明：弱碱中相复合体系水驱后提高采收率均可达到38%以上，最高可提高采收率43.5个百分点，平均可提高采收率41.8个百分点，较普通弱碱三元复合驱多提高采收率16.8个百分点，总采收率达到80%以上（表5-12）。弱碱中相复合体系由于可以与原油形成中相微乳液，提高了体系的驱油性能，因此具有较高的驱油效率。

表 5-12　弱碱中相复合驱油体系水驱后贝雷岩心驱油效率实验结果统计表

实验序号	体系配方	有效渗透率（$10^{-3}\mu m^2$）	水驱采收率（%）	化学驱					阶段采收率（%）		总采收率（%）
				弱碱中相复合驱			聚合物保护段塞				
				2500万聚合物浓度（mg/L）	表面活性剂浓度[%（质量分数）]	碳酸钠浓度[%（质量分数）]	2500万聚合物浓度（mg/L）	碳酸钠浓度[%（质量分数）]			
1	弱碱中相复合体系	212	39.5	1400	0.3	1.6	1500	0.5	42.5	41.8	82.0
2		210	42.1	1400	0.3	1.6	1500	0.5	41.9		84.0
3		198	38.9	1400	0.3	1.6	1500	0.5	43.5		82.4
4		205	41.5	1400	0.3	1.6	1500	0.5	38.3		79.8
5		267	40.8	1400	0.3	1.6	1500	0.5	42.6		83.4
6	弱碱三元体系	221	42.2	1400	0.3	1.2	1000	—	25.0		67.2

二、弱碱中相堵调驱体系聚驱后驱油效果

为进一步验证弱碱中相复合体系驱油效果，针对聚驱后油层优势渗流通道普遍发育、剩余油高度分散的特点，将具有较强黏弹性及封堵能力、能够优先进入大孔隙介质的PPG

颗粒加入具有高驱油效率的弱碱中相复合体系中，研发出同时具有扩大波及体积、提高驱油效率双重作用的弱碱中相自适应堵调驱体系，开展了弱碱中相自适应堵调驱体系三支非均质人造岩心并联模型驱油实验。

驱油实验模型为能够模拟大庆油田聚驱后油层储层特点的三支非均质人造岩心并联模型，由三支并联人造胶结岩心组成，高渗透层、中渗透层和低渗透层气测渗透率分别为 $4000×10^{-3}\mu m^2$、$2000×10^{-3}\mu m^2$ 和 $500×10^{-3}\mu m^2$，岩心尺寸分别为 1.8cm×4.5cm×30cm、4.5cm×4.5cm×30cm 和 2.0cm×4.5cm×30cm。

使用大庆油田现场回注污水配制弱碱中相自适应堵调驱体系，PPG 颗粒浓度为 500mg/L、2500 万相对分子质量超高分聚合物浓度为 1400mg/L、AES/ABS 复配表活剂浓度 0.3%（质量分数）、碳酸钠浓度为 1.6%（质量分数）。

实验注入方案分为三个注入阶段，第一个阶段为水驱至含水率为 98%；第二个阶段为聚合物驱注入阶段，注入 0.57PV 浓度为 1000mg/L 聚合物，再水驱至含水率为 98%；第三个阶段为聚驱后弱碱中相自适应堵调驱注入阶段，先注入 0.5PV 弱碱中相自适应堵调驱体系，再注入 0.2PV 聚合物保护段塞［碳酸钠浓度为 0.5%（质量分数）、2500 万相对分子质量超高分聚合物，保护段塞聚合物浓度根据实验注入压力确定，要求注入保护段塞后实验注入压力不降］，再后续水驱至含水率为 98%。

驱油实验结果表明：弱碱中相自适应堵调驱体系三支非均质人造岩心并联模型聚驱后驱油实验具有良好的重复性，5 次实验结果基本一致，聚驱后提高采收率均可达到 19.0 个百分点以上，平均提高采收率可达 20.9 个百分点，较普通弱碱三元复合驱多提高 8.6 个百分点，节约化学剂用量 22.0%，总采收率平均达到 74.6%，聚驱后提高采收率效果明显（表 5-13）。

表 5-13 弱碱中相自适应堵调驱体系驱油实验结果统计表

实验序号	聚驱后驱油体系配方						水驱采收率（%）	聚驱采收率提高值（%）	聚驱后采收率提高值（%）	总采收率（%）
	主段塞驱油体系配方				保护段塞					
	PPG 浓度（mg/L）	2500 万聚合物浓度（mg/L）	碳酸钠浓度［%（质量分数）］	表面活性剂浓度［%（质量分数）］	2500 万聚合物浓度（mg/L）	碳酸钠浓度［%（质量分数）］				
1	500	1400	1.60	0.3	1800	0.5	37.2	16.8	19.0	72.8
2	500	1400	1.60	0.3	1800	0.5	36.6	17.4	21.1	75.1
3	500	1400	1.60	0.3	1800	0.5	37.0	17.1	20.2	74.3
4	500	1400	1.60	0.3	1800	0.5	36.4	16.3	21.9	74.6
5	500	1400	1.60	0.3	1800	0.5	36.8	17.5	22.1	76.4
6（对比实验）	—	2600	1.20	0.3	1900	—	35.9	16.9	12.3	65.1

绘制表 5-13 中实验 5 注入孔隙体积与分流率关系曲线（图 5-39）及注入孔隙体积与分层采收率关系曲线（图 5-40）。从图 5-39 和图 5-40 可见，在水驱阶段末期，中渗透层、高渗透层瞬时分流率占比高，高渗透层瞬时分流率占比 70.2%，中渗透层瞬时分流率占比

29.8%，中渗透层、高渗透层动用程度较大，采出程度分别达到 46.7%、58.9%；低渗透层瞬时分流率低、水驱阶段基本未动用，采出程度仅为 4.1%。聚驱阶段，由于聚合物溶液的流度控制作用，高渗透层吸液量降低，瞬时分流率降至 48.7%，中低渗透层吸液能力增加，瞬时分流率增至 35.4%，较水驱阶段末期提高 5.6 个百分点，低渗透层瞬时分流率增至 15.9%，中渗透层、低渗透层动用程度均得到大幅度提升；同时由于聚合物溶液的黏弹性能够提高驱油效率，高渗透层、中渗透层和低渗透层采出程度均大幅度增加，至聚驱阶段末期采出程度分别达到 66.2%、63.7% 和 20.0%。聚驱后续水驱阶段，由于停注聚合物溶液，注入压力下降，导致高渗透层瞬时分流率增加至 82.7%，中渗透层瞬时分流率降至 17.3%，低渗透层瞬时分流率降至 0，经过水驱、聚驱的冲刷，高渗透层形成优势渗流通道，低效无效循环严重，剖面返转变差，聚驱后续水驱效果差，聚驱后续水驱末期，高渗透层、中渗透层和低渗透层基本不再产油。聚驱后注入弱碱中相自适应堵调驱体系后，PPG 颗粒优先封堵优势渗流通道，优势渗流通道得到有效封堵，高渗透层产液量大幅度降低，瞬时分流率由 82.7% 降至 51.4%，中渗透层、低渗透层产液能力增强，瞬时分流率分别由 17.3%、0 增加至 31.8%、16.8%，体系扩大波及体积作用明显；同时，由于弱碱中相复合体系可以与原油形成中相微乳液，体系驱油能力强，高渗透层、中渗透层和低渗透层采出程度均大幅度提高，尤其是中渗透层、高渗透层，在采出程度 60% 以上的基础上，进一步提高至 79.8%、94.0%，低渗透层采收率也达到了 66.4%，取得极好的驱油效果。

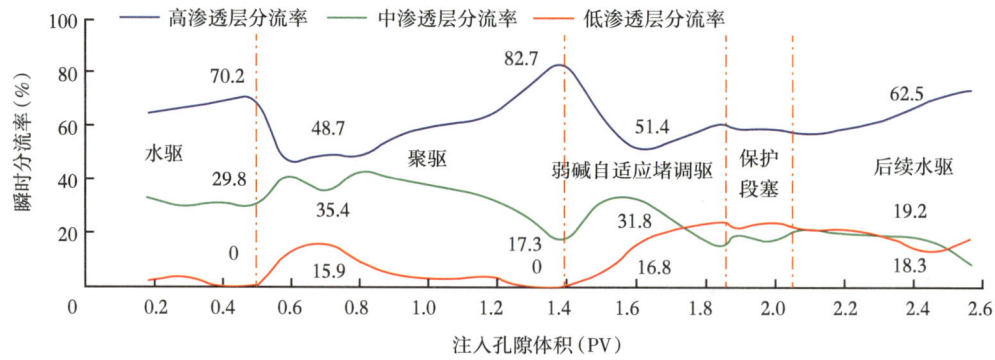

图 5-39　注入孔隙体积与分流率关系曲线（表 5-13 中实验 5）

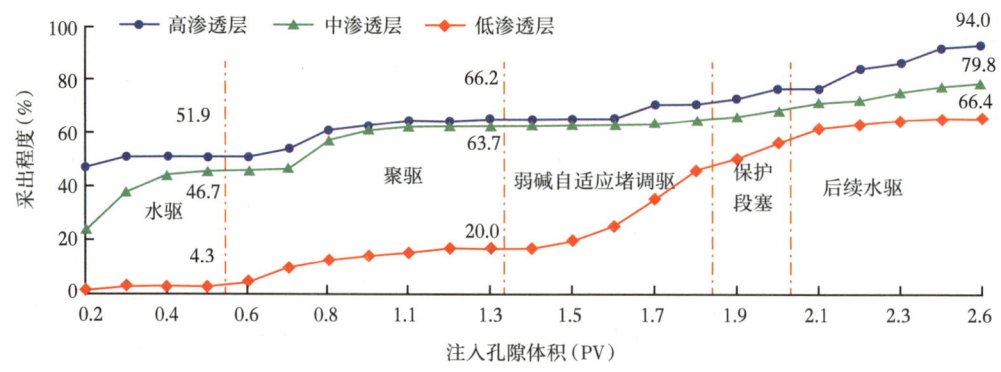

图 5-40　注入孔隙体积与分层采出程度关系曲线（表 5-13 中实验 5）

第五节　无碱中相自适应堵调驱体系

弱碱三元复合驱已在大庆油田二类油层推广应用，取得了良好的增油降水效果，提高采收率可达 18 个百分点以上，但是由于驱油体系中碳酸钠与注入水中钙离子、镁离子结合后产生沉淀，在注采管线、注入泵、采油泵及油管等部位结垢严重，导致现场管理难度大，为了解决碳酸钠在注采系统产生的结垢问题，采用氯化钠代替弱碱中相体系中的碳酸钠，研发出了无碱中相自适应堵调驱体系。

一、无碱中相复合体系研发及性能评价

1. 复配表面活性剂水溶性评价

为评价 AES/ABS 复配表面活性剂在不同氯化钠浓度溶液下的溶解性，开展了 AES/ABS 复配表面活性剂水溶性评价实验。实验结果表明：在室温条件下，当氯化钠浓度为 0~2.8%（质量分数）时，AES/ABS 复配表面活性剂体系水溶性良好，当 NaCl 浓度高于 2.8%（质量分数）时，AES/ABS 复配表面活性剂逐渐析出，体系溶解性变差（图 5-41），总体上与碳酸钠体系水溶性差别不大。

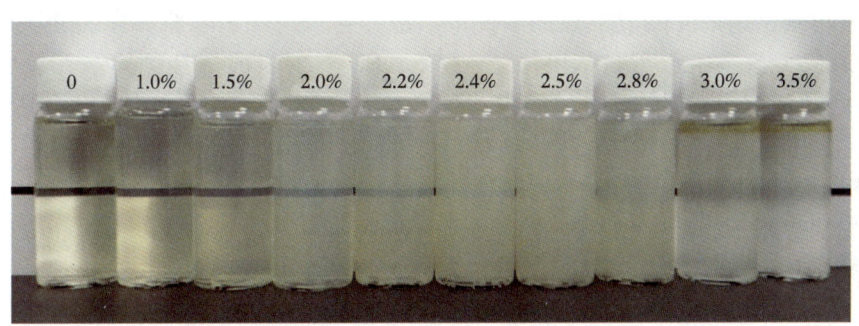

图 5-41　复配表面活性剂在不同浓度氯化钠溶液中的水溶性

2. AES/ABS 复配表面活性剂体系界面张力性能评价

为评价 AES/ABS 复配表面活性剂体系界面张力性能，在 AES/ABS 按照质量比 6∶4 复配条件下，用大庆油田现场回注污水配制不同 AES/ABS 复配表面活性剂浓度、不同氯化钠浓度的复合体系溶液，45℃ 恒温条件下测量复合体系溶液与大庆油田后续水驱区块脱水脱气原油的界面张力，绘制 AES/ABS 复配表面活性剂体系界面张力活性图。界面张力性能评价结果表明：当 AES/ABS 复配表面活性剂总浓度为 0.05%~0.08%（质量分数）时，氯化钠浓度为 1.0%~2.1%（质量分数）时，复合体系可以与大庆油田聚驱后原油形成 10^{-3} mN/m 数量级的超低界面张力，AES/ABS 复配表面活性剂总浓度为 0.08%~0.3%（质量分数）时，氯化钠浓度为 0.8%~2.3%（质量分数）时，复合体系均可以与大庆油田聚驱后原油形成 10^{-3} mN/m 数量级的超低界面张力，并且 AES/ABS 复配表面活性剂总浓度介于 0.2%~0.3%（质量分数）、氯化钠浓度为 1.4%~2.3%（质量分数），复合体系与大庆油田聚驱后原油形成 10^{-4} mN/m 数量级超低界面张力，复合体系与大庆油田聚驱后原油形成超低界面张力区域范围宽（图 5-42）。

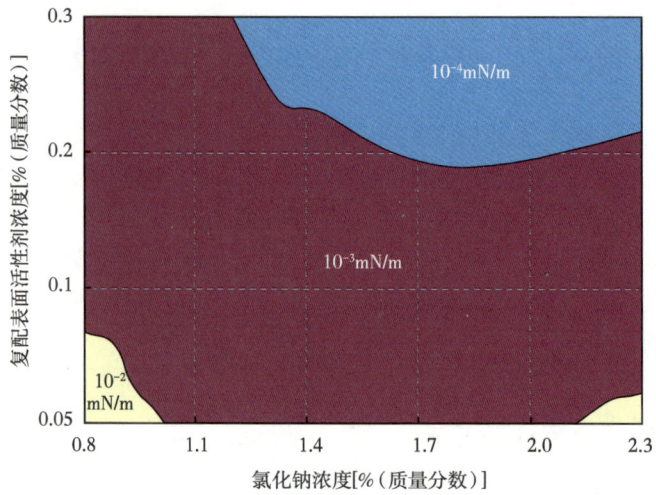

图 5-42　AES/ABS 表面活性剂复配体系界面张力活性图

3. 相态行为评价

将 AES/ABS 复配表面活性剂浓度固定为 0.3%（质量分数），利用大庆油田现场回注污水配制不同氯化钠浓度的复配表面活性剂溶液，与大庆油田聚驱后原油开展油水体积比为 5∶5 的相态实验。相态实验结果显示：AES/ABS 复配表面活性剂体系在氯化钠浓度为 1.55%~1.80%（质量分数）的盐度区间内，可以和大庆油田聚驱后原油形成明显、稳定的中相微乳液，其中氯化钠浓度为 1.7%（质量分数）时，可以形成最佳中相微乳液（图 5-43）。与弱碱中相复合体系相比，形成中相微乳液的盐浓度范围基本一致，但是形成中相微乳液的氯化钠浓度略高于弱碱中相复合体系形成中相微乳液的碳酸钠浓度，中相微乳液的体积明显高于弱碱中相复合体系。

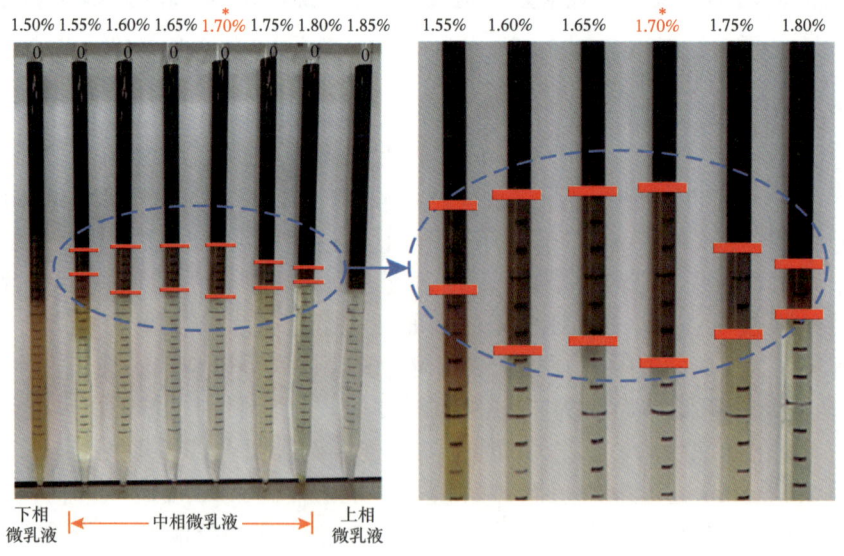

图 5-43　表面活性剂复配无碱体系相态实验结果

表面活性剂浓度 0.3%（质量分数），油水比 5∶5

计算不同氯化钠浓度条件下微乳液的油水增溶指数，绘制复合体系油水增溶指数曲线，能够形成中相微乳液的氯化钠浓度区间内，油相、水相增溶指数均在 20 以上，形成最佳中相微乳液时，油相、水相增溶指数达到了 40 以上，表明相同 AES/ABS 复配表面活性剂质量条件下，中相微乳液增溶油、水的能力明显强于弱碱中相复合体系。中相微乳液与油相和水相间的界面张力采用理论公式 Huh（1979）方程计算，能够形成中相微乳液的氯化钠浓度区间内，中相微乳液与油相、水相界面张力均达到了 10^{-4} mN/m 的超低数量级（图 5-44）。

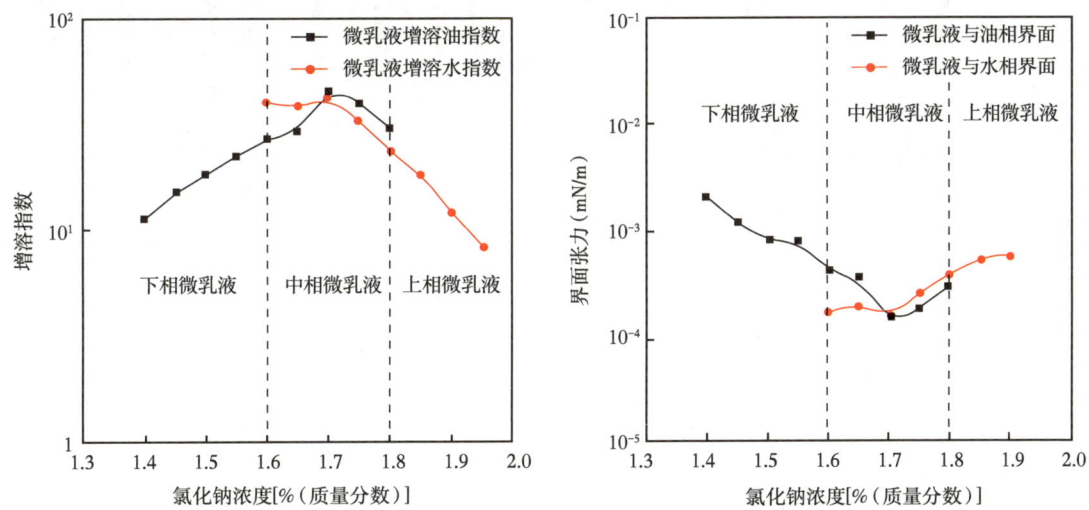

图 5-44　表面活性剂复配无碱体系油水增溶指数及界面张力曲线

表面活性剂浓度 0.3%（质量分数），油水比 5∶5

为进一步优化体系配方，开展了 AES/ABS 复配表面活性剂体系浓度固定为 0.3%（质量分数）、不同油水体积比（3∶7、4∶6、5∶5、6∶4 和 7∶3）、不同氯化钠浓度条件下的相态实验。相态实验结果表明：不同油水体积比，复合体系均可以与大庆油田聚驱后原油形成中相微乳液（图 5-45），随着油相占比的增加，复合体系与大庆油田聚驱后原油形成中相微乳液的初始氯化钠浓度逐渐下降，在油水体积比为 5∶5 时，形成中相微乳液的氯化钠浓度区间最宽。根据相态实验结果，优化出了不同油水体积比条件下最佳的复合体系配方，油水体积比为 3∶7 时，最佳氯化钠浓度为 1.85%（质量分数）；油水体积比为 4∶6 时，最佳氯化钠浓度为 1.75%（质量分数）；油水体积比为 5∶5 时，最佳氯化钠浓度为 1.70%（质量分数）；油水体积比为 6∶4 时，最佳氯化钠浓度为 1.65%（质量分数）；油水体积比为 7∶3 时，最佳氯化钠浓度为 1.60%（质量分数）（表 5-14）。

4. 驱油效果评价

根据复合体系的水溶性、界面张力性能、相态实验确定了无碱复合体系中 AES/ABS 表面活性剂配比、复配表面活性剂总浓度及最佳氯化钠浓度。为了验证无碱中相复合体系驱油效率，按照油水体积比为 5∶5 相态实验优化出的无碱中相复合体系配方 [2500 万相对分子质量超高分聚合物浓度为 1400mg/L、AES/ABS（质量比 6∶4）复配表面活性剂浓度 0.3%（质量分数）、氯化钠浓度 1.7%（质量分数）]，开展了贝雷岩心驱油效率实验，贝雷岩心尺寸为 30cm×4.5cm×4.5cm，水测渗透率为 $200×10^{-3}\mu m^2$ 左右。

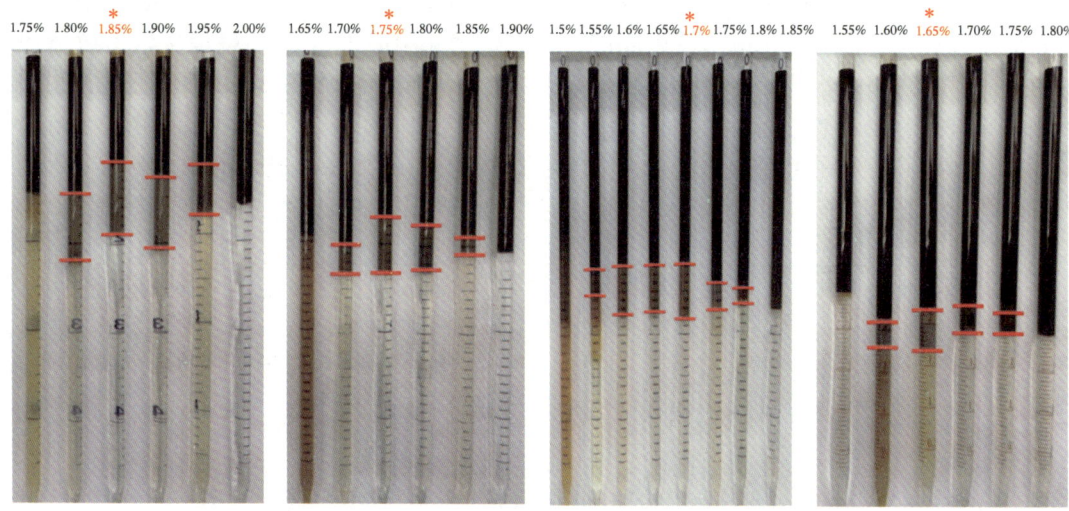

图 5-45 表面活性剂复配无碱体系相态实验结果

表面活性剂浓度 0.3%（质量分数），不同油水体积比

表 5-14 不同油水比无碱中相复合体系形成中相微乳液的盐浓度区间

类别	油水体积比				
	3∶7	4∶6	5∶5	6∶4	7∶3
氯化钠浓度[%（质量分数）]	1.80~1.95	1.70~1.85	1.55~1.80	1.65~1.75	1.60
最佳氯化钠浓度[%（质量分数）]	1.85	1.75	1.70	1.65	1.60

实验注入方案分为两个注入阶段，第一个阶段为水驱至含水率为 98%；第二个阶段为无碱中相复合驱阶段，注入 0.3PV 无碱中相复合体系，再注入 0.2PV 聚合物保护段塞（黏度与无碱中相复合体系保持一致），后续水驱至含水率为 98%。

驱油效率实验结果表明：无碱中相复合体系水驱后可提高采收率 40.9 个百分点，较普通弱碱三元复合驱多提高采收率 15.9 个百分点，总采收率达到 80% 以上，无碱中相复合体系具有较高的驱油效率（表 5-15），提高采收率及总采收率与弱碱中相复合体系基本一致。

表 5-15 无碱中相复合驱油体系水驱后贝雷岩心驱油效率实验结果统计表

体系类型	实验序号	水驱采收率（%）	化学驱							采收率提高值（%）	总采收率（%）
			无碱中相复合驱				聚合物保护段塞				
			2500万聚合物浓度（mg/L）	表面活性剂浓度（%）	NaCl/Na₂CO₃浓度（%）	黏度（mPa·s）	2500万聚合物浓度（mg/L）	NaCl浓度（%）	黏度（mPa·s）		
无碱中相自适应体系	1	39.8	1400	0.3	1.7	36.5	1200	0.5	36.8	43.2	83.0
	2	42.5	1400	0.3	1.7	35.9	1200	0.5	36.1	40.1	82.6
	3	43.1	1400	0.3	1.7	36.3	1200	0.5	35.6	39.5	82.6
普通弱碱三元体系	1	42.2	1400	0.3	1.2	35.9	1000	—	38.6	25.0	67.2

二、无碱中相自适应堵调驱体系性能评价

针对聚驱后油层优势渗流通道普遍发育、剩余油高度分散的特点,将具有较强弹性及封堵能力、能够优先进入大孔隙介质的 PPG 颗粒加入无碱中相复合体系,研发出同时具有扩大波及体积、提高驱油效率作用的无碱中相自适应堵调驱体系。无碱中相自适应堵调驱体系由 PPG 颗粒、2500 万相对分子质量超高分聚合物、AES/ABS 复配表面活性剂及氯化钠组成,为明确体系性能,开展了稳定性、抗吸附性及渗流能力评价实验。

1. 稳定性评价

配制无碱中相自适应堵调驱体系开展体系黏度和界面张力稳定性能评价。无碱中相自适应堵调驱体系配制用水为大庆油田现场回注污水,体系中 PPG 浓度为 500mg/L、2500 万相对分子质量超高分聚合物浓度为 1400mg/L、AES/ABS 复配表面活性剂浓度为 0.3%(质量分数)、氯化钠浓度为 1.7%(质量分数),实验用油为大庆油田后续水驱区块脱水脱气原油。配制的无碱中相自适应堵调驱体系在恒温箱中恒温 45℃ 放置 90 天,分别在第 1 天、3 天、5 天、10 天、15 天、20 天、30 天、40 天、50 天、60 天、70 天、80 天及 90 天测量体系黏度和界面张力值。稳定性评价实验结果表明,无碱中相自适应堵调驱体系初始黏度 35.6mPa·s,黏度整体表现为初始升高,后期逐渐下降的趋势,放置 90 天后黏度为 28.7mPa·s,黏度保留率为 80.6%;界面张力前期略有上升,第 20 天后基本保持稳定,放置 90 天后依然能达到了 10^{-3} mN/m 的超低数量级,无碱中相自适应堵调驱体系具有较好的黏度及界面张力稳定性(图 5-46)。

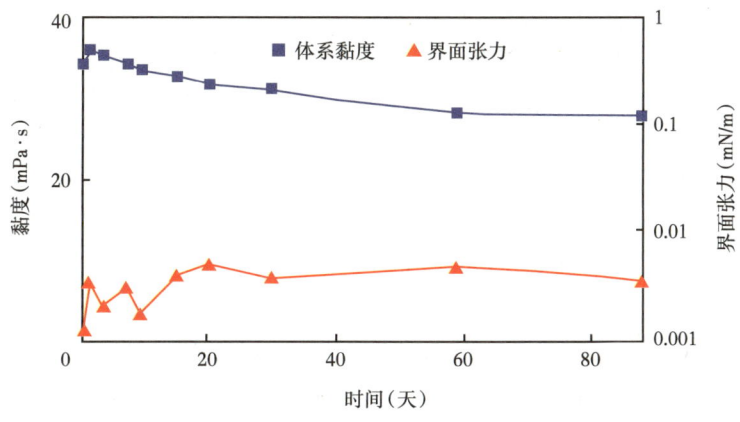

图 5-46 黏度、界面张力随时间变化曲线

2. 抗吸附性评价

配制无碱中相自适应堵调驱体系开展体系吸附性能评价实验。无碱中相自适应堵调驱体系配制用水为大庆油田现场回注污水,体系中 PPG 浓度为 500mg/L、2500 万相对分子质量超高分聚合物浓度为 1400mg/L、AES/ABS 复配表面活性剂浓度为 0.3%(质量分数)、氯化钠浓度为 1.7%(质量分数),实验用油为大庆油田后续水驱区块脱水脱气原油。在 45℃ 恒温条件下,使用 80~100 目净油砂,按照固液比 1:9 的比例开展评价实验。吸附性实验结果表明:无碱中相自适应堵调驱体系经过 9 次吸附后仍可与大庆油田聚驱后原油形

成 10^{-3} mN/m 的超低界面张力，经过 10 次吸附后黏度保留率为 64.2%，体系具有较强的抗吸附能力（图 5-47）。

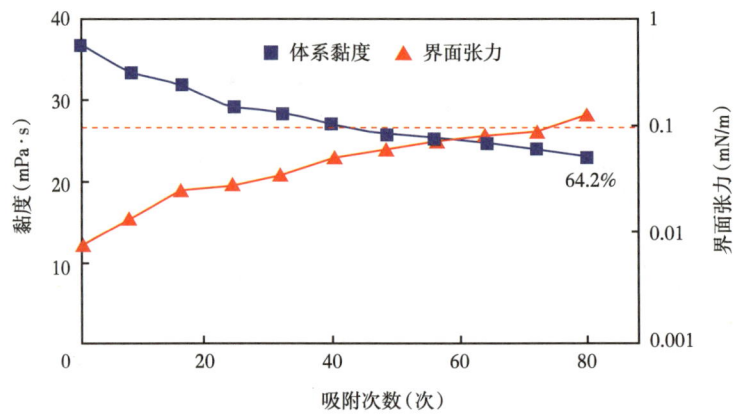

图 5-47　界面张力及黏度随吸附次数变化曲线

3. 渗流能力评价

为评价无碱中相自适应复合体系渗流能力，开展了人造岩心及填砂管流动实验。实验结果表明：无碱中相自适应复合体系在油层中具有较高浓度聚合物体系及高黏度弱碱三元复合驱体系更高的渗流阻力，可以有效封堵优势渗流通道，并且可以进入油层深部、形成稳定的渗流，不堵塞油层。

（1）人造岩心流度实验。

为了评价无碱中相自适应堵调驱体系在油层中的注入能力，开展了人造岩心渗流实验，同时开展弱碱三元复合体系渗流实验，作为评价无碱中相自适应堵调驱体系渗流能力的对比实验。无碱中相自适应堵调驱体系中 PPG 浓度为 500mg/L、2500 万相对分子质量超高分聚合物浓度为 1400mg/L、AES/ABS 复配表面活性剂浓度为 0.3%（质量分数）、氯化钠浓度为 1.7%（质量分数），体系黏度 35.6mPa·s；弱碱三元复合体系中 2500 万相对分子质量超高分聚合物浓度为 1400mg/L、石油磺酸盐浓度均为 0.3%（质量分数）、碳酸钠浓度为 1.2%（质量分数），体系黏度为 35.9mPa·s。实验用岩心为人造均质岩心，岩心尺寸为 4.5cm×4.5cm×60cm，气测渗透率为 $5000×10^{-3}\mu m^2$ 左右，在入口端、20cm 处和 40cm 处各设置一测压点，评价无碱中相自适应堵调驱体系及弱碱三元复合体系压力传导性能。

实验程序为先水驱至压力平稳，再注无碱中相自适应堵调驱体系或弱碱三元复合体系至压力平稳，后续水驱至压力平稳。实验结果表明：无碱中相自适应堵调驱体系注入压力升幅远高于弱碱三元复合体系（图 5-48），经计算，无碱中相自适应堵调驱体系阻力系数为 605、残余阻力系数为 170，弱碱三元复合体系阻力系数为 84、残余阻力系数为 18，说明无碱中相自适应堵调驱体系调堵能力远高于弱碱三元体系，可以在油层中产生更大的渗流阻力，封堵优势渗流通道，提升注入压力，扩大油层动用程度。

绘制无碱中相自适应堵调驱体系各测压点注入压力变化曲线，随着无碱中相自适应堵调驱体系的注入，岩心各段按顺序依次出现了压力梯度高峰期，注入量为 0.3PV 时注入端出现了压力梯度高峰期，注入量为 0.6PV 时第 2 测压点出现了压力梯度高峰期，注入量为 1.2PV 时第 3 测压点出现了压力梯度高峰期，表明无碱中相自适应堵调驱可以运移至岩心深部，没有堵塞在的注入端。第 2 测压点和第 3 测压点都具有较高的压力梯度水平，说明无碱中相自适应堵调驱体系运移至油层深部时依然保持较高渗流阻力，表明 PPG 颗粒具有较好的抗剪切性能，在岩心深部依然具有较强的调堵能力（图 5-49）。

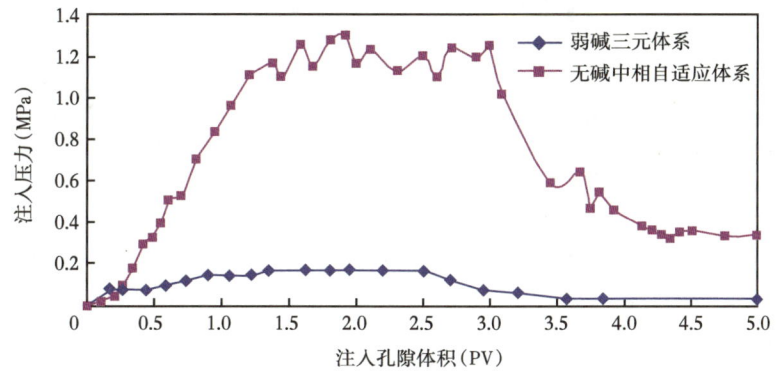

图 5-48　无碱中相自适应堵调驱体系及弱碱三元复合体系注入压力变化曲线

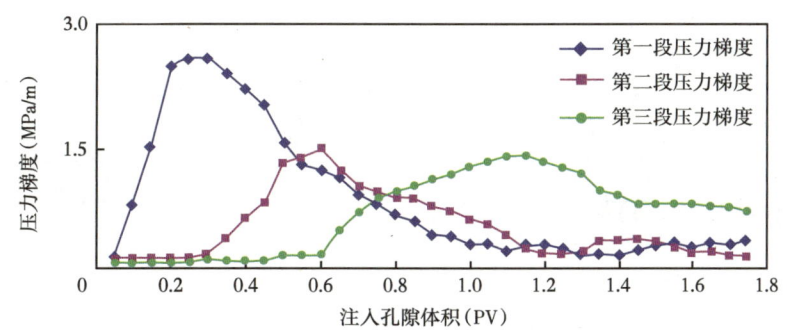

图 5-49　压力梯度与注入孔隙体积倍数变化曲线

（2）填砂管流动实验。

为进一步评价聚驱后无碱中相自适应复合体系注入能力，开展了不同渗透率填砂管流动实验。实验用填砂管长度为 5m，气测渗透率分别为 $500 \times 10^{-3} \mu m^2$、$2000 \times 10^{-3} \mu m^2$ 和 $4000 \times 10^{-3} \mu m^2$，在填砂管注入端、1m 处、2m 处、3m 处和 4m 处设计 5 个测压点。

实验程序为先水驱至压力平稳，再注入无碱中相自适应堵调驱体系至压力平稳，再后续水驱至压力平稳。实验结果表明：不同渗透率填砂管各测压点注入压力均大幅度上升，并能保持稳定（图 5-50 至图 5-52），表明无碱中相自适应复合体系可以进入油层深部，并未堵塞油层。不同渗透率填砂管注入无碱中相自适应堵调驱体系后，注入压力值均明显高于同等条件下高浓度聚驱、高黏度弱碱三元复合驱注入压力，表明无碱中相自适应复合体系具有更强的调堵能力，能够有效封堵聚驱后油层普遍发育的优势渗流通道，改善油层动用状况。

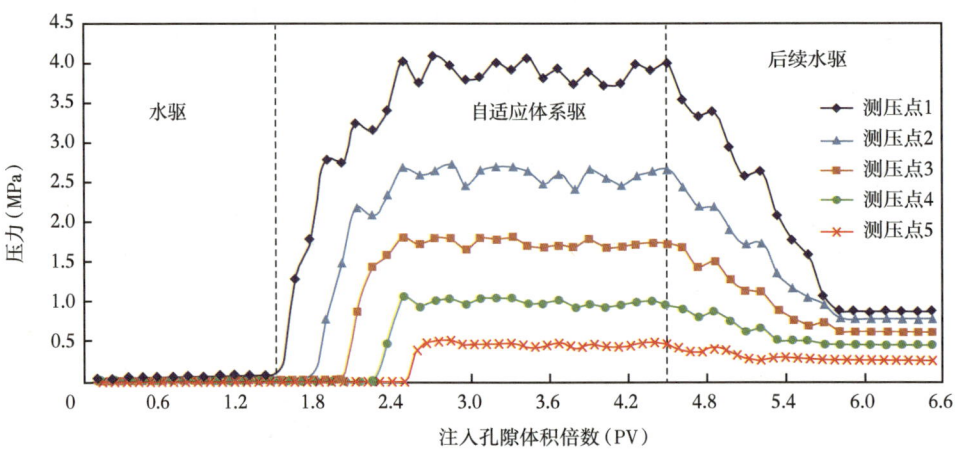

图 5-50　填砂管无碱中相自适应复合驱压力曲线（渗透率 $500×10^{-3}\mu m^2$）

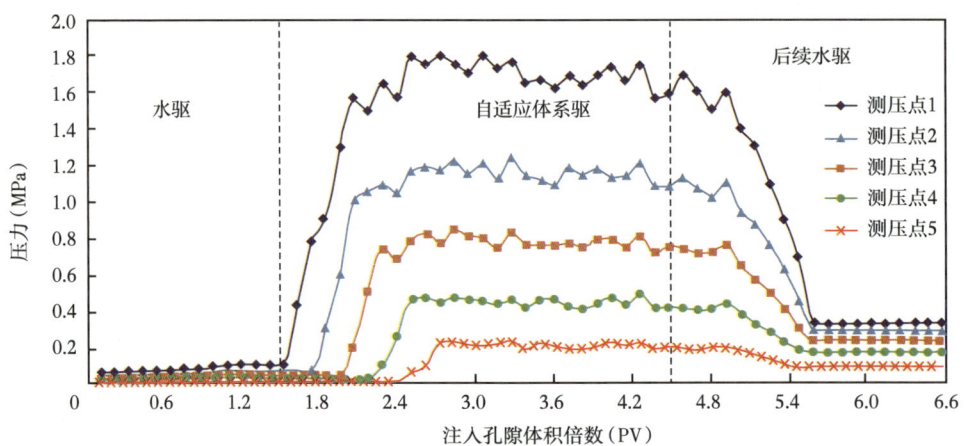

图 5-51　填砂管无碱中相自适应复合驱压力曲线（渗透率 $2000×10^{-3}\mu m^2$）

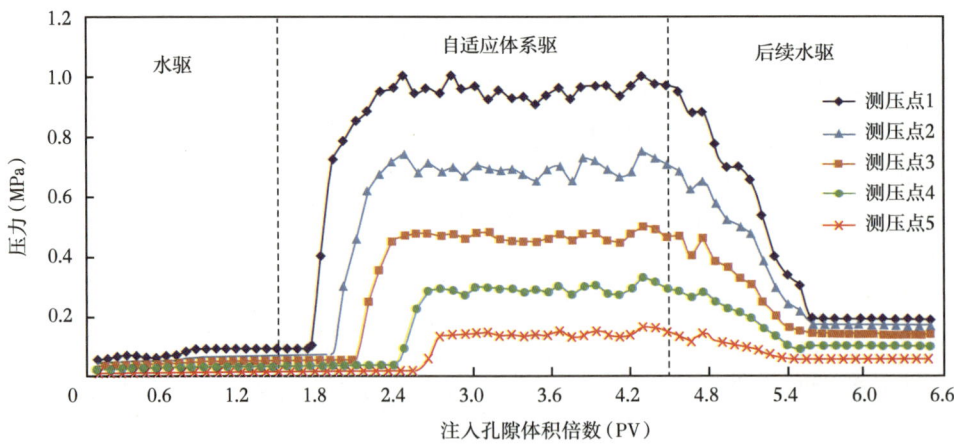

图 5-52　填砂管无碱中相自适应复合驱压力曲线（渗透率 $4000×10^{-3}\mu m^2$）

以渗透率 $2000\times10^{-3}\mu m^2$ 填砂管实验为例对无碱中相自适应堵调驱注入阶段填砂管各观测点压力变化规律进行分析。在水驱阶段压力上升缓慢，最高值为 0.03MPa 并逐渐保持稳定。无碱中相自适应堵调驱注入阶段，距注入端距离越近，测压点压力启动时间越早，压力上升速度越快、上升幅度越大。每个相邻测压点（间隔1m）之间压力启动时间延迟约 0.2PV，说明无碱中相自适应堵调驱体系在填砂管内稳定向前运移，当注入约1PV时，无碱中相自适应堵调驱体系基本将水驱阶段残余在填砂管内的污水全部驱替出，此时注入压力达到最高值 1.8MPa。当注入压力达到最大值后，各测压点压力均在最大压力附近上下波动，在压力曲线中表现为较明显的锯齿形，这是因为无碱中相自适应堵调驱体系中的PPG 颗粒具有较强的黏弹性及抗压强度，随着体系不断向前运移，随着压力梯度的减小，PPG 颗粒停止运移、在大孔道的喉道处堆积，对大孔道形成暂时封堵，使连续相转向进入小孔隙，从而扩大波及面积，随着注入压力的不断上升，当注入压力达到一定值时，PPG 颗粒变形通过喉道，产生一定的压力波动。后续水驱阶段，随着注水量的增加，各测压点压力迅速下降并最终稳定在某一压力值，此时注入压力稳定在 0.3MPa 左右，约等于水驱结束时压力的 10 倍，相对于高浓度聚合物驱、高黏度弱碱三元复合驱，无碱中相自适应堵调驱对油层的调堵能力更强。整体来看，从入口到出口，压力存在明显的梯度分布，表明无碱中相自适应体系可以运移至油层深部，并未堵塞在油层入口附近。

渗透率 $500\times10^{-3}\mu m^2$ 和渗透率 $4000\times10^{-3}\mu m^2$ 的填砂管流度实验整体上沿程各测压点压力的变化规律与 $2000\times10^{-3}\mu m^2$ 的基本相同。渗透率 $500\times10^{-3}\mu m^2$ 的填砂管，由于渗透率较低，无碱中相自适应复合驱注入时压力上升快、压力最高值高，且无碱中相自适应体系见效时间更早；渗透率 $4000\times10^{-3}\mu m^2$ 模型中，由于渗透率较高，无碱中相自适应复合驱时压力上升较慢、整体压力相对较低，且无碱中相自适应体系见效时间更晚。

对比不同的聚驱后驱油体系填砂管流度实验，化学驱阶段无碱中相自适应堵调驱油体系在填砂管中压力损失最大，高浓度聚合物驱次之，高黏度弱碱三元复合体系压力损失最小，实验结果说明无碱中相自适应复合驱体系具有更强的渗流阻力，注入性能虽不如高浓度聚合物体系和弱碱三元复合体系，但依然能够运移到油层深部。

三、无碱中相自适应堵调驱体系驱油效果

1. 三支非均质人造岩心并联模型驱油实验

为验证无碱中相自适应堵调驱体系聚驱后驱油效果，利用能够模拟大庆油田聚驱后油层特点的三支非均质人造岩心并联模型开展驱油实验，模型由三支并联人造胶结岩心组成，高渗透层、中渗透层和低渗透层气测渗透率分别为 $4000\times10^{-3}\mu m^2$、$2000\times10^{-3}\mu m^2$ 和 $500\times10^{-3}\mu m^2$，岩心尺寸分别为 1.8cm×4.5cm×30cm、4.5cm×4.5cm×30cm 和 2.0cm×4.5cm×30cm。

使用大庆油田现场回注污水配制无碱中相自适应堵调驱体系，PPG 颗粒浓度为 500mg/L、2500 万相对分子质量超高分聚合物浓度为 1400mg/L、AES/ABS 复配表面活性剂浓度 0.3%（质量分数）、氯化钠浓度为 1.7%（质量分数）。

实验注入方案分为三个注入阶段，第一个阶段为水驱至含水率为 98%；第二个阶段为聚合物驱注入阶段，注入 0.57PV 浓度为 1000mg/L 聚合物，再水驱至含水率为 98%；第三个阶段为聚驱后无碱中相自适应堵调驱注入阶段，先注入 0.5PV 无碱中相自适应堵调驱

体系，再注入 0.2PV 聚合物保护段塞（氯化钠浓度为 0.5%（质量分数）、2500 万相对分子质量超高分聚合物，保护段塞聚合物浓度根据实验注入压力确定，要求注入保护段塞后实验注入压力不降），再后续水驱至含水率为 98%。

驱油实验结果表明：无碱中相自适应堵调驱体系聚驱后平均可提高采收率 20.4 个百分点，较普通弱碱三元复合驱多提高 8.1 个百分点，节约化学剂用量 22.0%，总采收率达到 73% 以上，聚驱后提高采收率效果明显（表 5-16），聚驱后提高采收率及总采收率与弱碱中相复合体系基本一致。

表 5-16　无碱中相自适应堵调驱体系驱油实验结果统计表

注入体系类型	实验序号	聚驱后驱油体系配方						水驱采收率（%）	聚驱采收率提高值（%）	聚驱后采收率提高值（%）	总采收率（%）
		主段塞驱油体系配方				保护段塞					
		PPG 浓度（mg/L）	2500 万聚合物（mg/L）	氯化钠/碳酸钠浓度[%（质量分数）]	表面活性剂浓度（mg/L）	2500 万聚合物浓度（mg/L）	NaCl 浓度[%（质量分数）]				
无碱中相自适应堵调驱	1	500	1400	1.7	0.3	1800	0.5	36.4	16.7	20.6	73.7
	2	500	1400	1.7	0.3	1800	0.5	36.3	16.8	20.1	73.2
	3	500	1400	1.7	0.3	1800	0.5	36.6	16.1	20.4	73.1
弱碱三元复合驱	1	—	2600	1.2	0.3	1900		35.9	16.9	12.3	65.1

绘制表 5-16 中实验 1 和实验 2 的含水率、采收率及注入压力曲线（图 5-53），从图 5-53 可见，注入无碱中相自适应堵调驱体系后，注入压力大幅上升，最高注入压力分别可以达到 1.8MPa 和 1.3MPa，均为聚驱阶段最高注入压力的 10 倍以上，并且在后续水驱阶段注入压力仍然可以保持 1.0MPa 以上的水平，无碱中相自适应堵调驱体系在油层中产生了较大渗流阻力，并且在后续水驱阶段也保持较高的渗流阻力，表明无碱中相自适应堵调驱体系具有较高的阻力系数及残余阻力系数。随着注入压力的大幅度上升，含水率大幅度下降，降幅可以达到 20 个百分点以上，聚驱后采出程度大幅度提高，提高采收率达 20 个百分点以上。

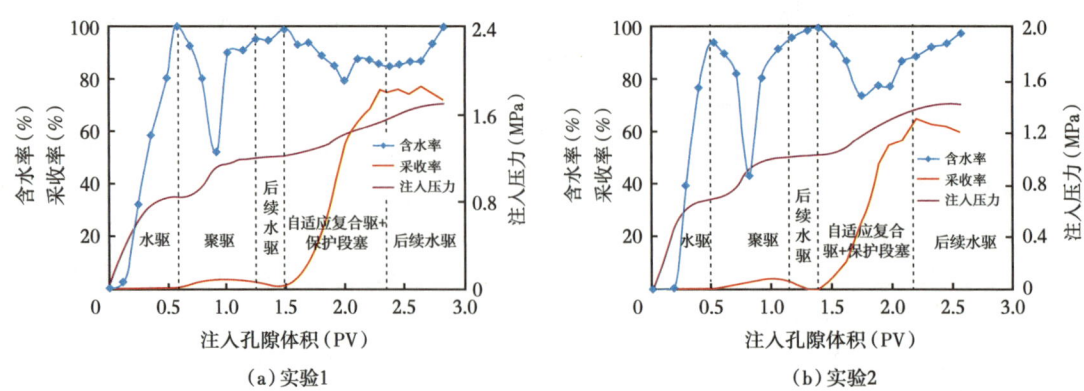

图 5-53　注入孔隙体积与注入压力、含水率及采收率关系曲线

绘制表 5-16 中实验 1 注入孔隙体积与分流率关系曲线（图 5-54）及注入孔隙体积与分层采收率关系曲线（图 5-55），从图 5-54 和图 5-55 可见，在水驱阶段，中高渗透层瞬时分流率占比高，高渗透层瞬时分流率占比 80% 左右，中渗透层瞬时分流率占比 20% 左右，中高渗透层动用程度较大，采出程度分别达到 48.5% 和 51.4%；低渗透层瞬时分流率低、水驱阶段基本未动用，采出程度仅有 2.1%。聚驱阶段，由于聚合物溶液的流度控制作用，高渗透层吸液量降低，瞬时分流率降至 65% 左右，中低渗透层吸液能力增加，中渗透层瞬时分流率大约增至 25%，低渗透层瞬时分流率大约增至 10%，中低渗层动用程度均得到有效改善，同时由于聚合物溶液的黏弹性能够提高驱油效率，高渗透层、中渗透层和低渗透层采出程度均大幅度增加，采出程度分别达到 64.7%、62.3% 和 16.7%。聚驱后续水驱阶段，由于高渗透层形成优势渗流通道，低效无效循环严重，剖面返转变差，高渗透层瞬时分流率达到 88.2%，中渗透层瞬时分流率 11.8%，低渗透层不产液，聚驱后续水驱效果差。聚驱后注入无碱中相自适应堵调驱体系后，PPG 颗粒优先封堵优势渗流通道，优势渗流通道得到有效封堵，高渗透层产液量大幅度降低，瞬时分流率由 88.2% 降至 44.2%，中渗透层和低渗透层产液能力增强，瞬时分流率分别由 11.8% 和 0 增加至 37.8% 和 31.4%，体系扩大波及体积作用明显；由于无碱中相复合体系可以与原油形成中相微乳液，体系驱油能力强，高渗透层、中渗透层和低渗层采出程度均大幅度提高，尤其是中高渗透层，在采出程度 60% 以上的基础上，进一步提高至 86.6% 和 78.1%，低渗透层采收率也达到了 56.9%。

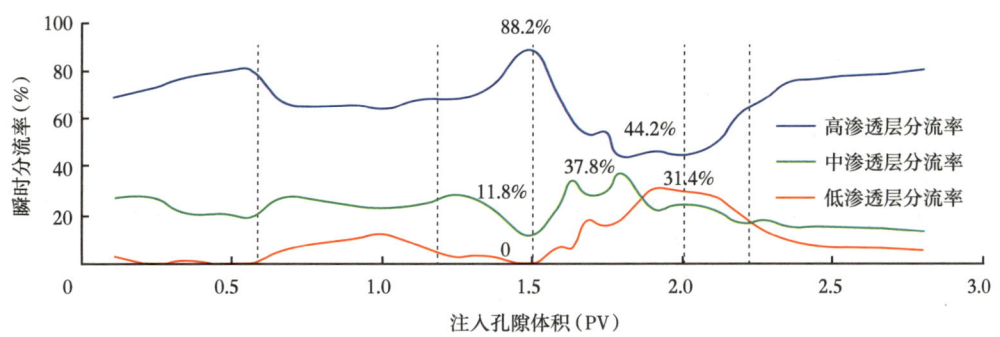

图 5-54　注入孔隙体积与分流率关系曲线（表 5-16 中实验 1）

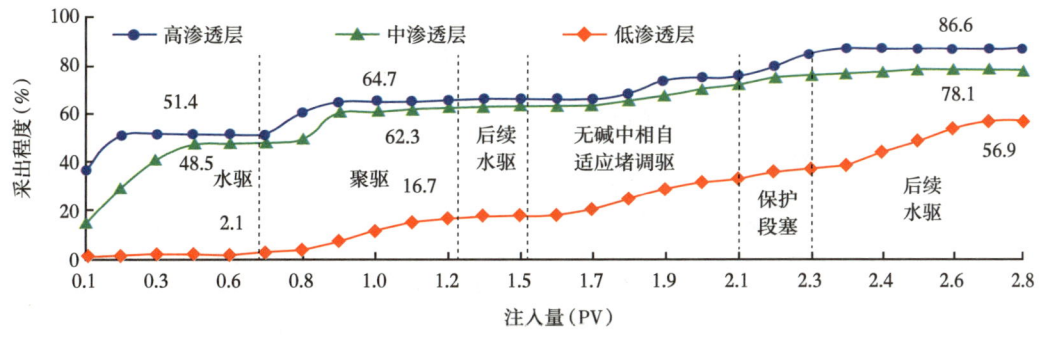

图 5-55　注入孔隙体积与分层采出程度关系曲线（表 5-16 中实验 1）

2. 人造非均质大平板模型驱油实验

为进一步评价聚驱后无碱中相自适应堵调驱注入压力场及饱和度场的变化规律及驱油效果，开展了人造非均质大平板模型驱油实验。实验注入方案分为三个注入阶段，第一个阶段为水驱至含水率为98%；第二个阶段为聚合物驱注入阶段，注入0.57PV浓度为1000mg/L聚合物，再水驱至含水率为98%；第三个阶段为无碱中相自适应堵调驱体系注入阶段，注入0.5PV无碱中相自适应堵调驱体系及0.2PV聚合物保护段塞，再水驱至含水率为98%，无碱中相自适应堵调驱体系配方为：2500万相对分子质量超高分聚合物浓度为1400mg/L、PPG颗粒浓度为500mg/L、复配表面活性剂（AES/ABS按照质量比6:4复配）浓度为0.3%（质量分数），氯化钠浓度为1.7%（质量分数）。

人造非均质大平板模型驱油实验结果表明：水驱阶段采收率为31.7%，注入0.57PV聚合物提高采收率15.3%，聚驱结束时仍有53%的剩余油未被采出。聚驱后无碱中相自适应堵调驱提高采收率15.8%，较高浓度聚合物驱多提高采收率5.3个百分点，总采收率达到62.8%（表5-17）。

表5-17 人造非均质大平板模型聚驱后无碱中相自适应堵调驱驱油实验数据表

水驱采收率（%）	聚驱采收率提高值（%）	聚驱后自适应复合驱采收率提高值（%）	总采收率（%）
31.7	15.3	15.8	62.8

绘制人造非均质大平板模型驱油实验动态开采曲线（图5-56），注入无碱中相自适应堵调驱体系后注入压力快速上升，最高注入压力达到2.0MPa以上，是聚驱阶段的5倍以上。在无碱中相自适应堵调驱体系注入初期，含水率快速下降，在无碱中相自适应堵调驱体系注入阶段含水率维持在90%左右，转注聚合物保护段塞后，含水率下降幅度较大，最低降至80%以下，这是因为随着PPG对高渗透层大孔道的封堵，高效的无碱中相复合体系逐步转向进入到含油饱和度较高的中渗透层、低渗透层，驱替前期未动用的剩余油。在后续水驱阶段，注入压力快速下降，但由于PPG颗粒对油层的封堵作用，最终依然可以保持高于聚合物驱水平，含水率在90%以下可以保持0.5PV左右。

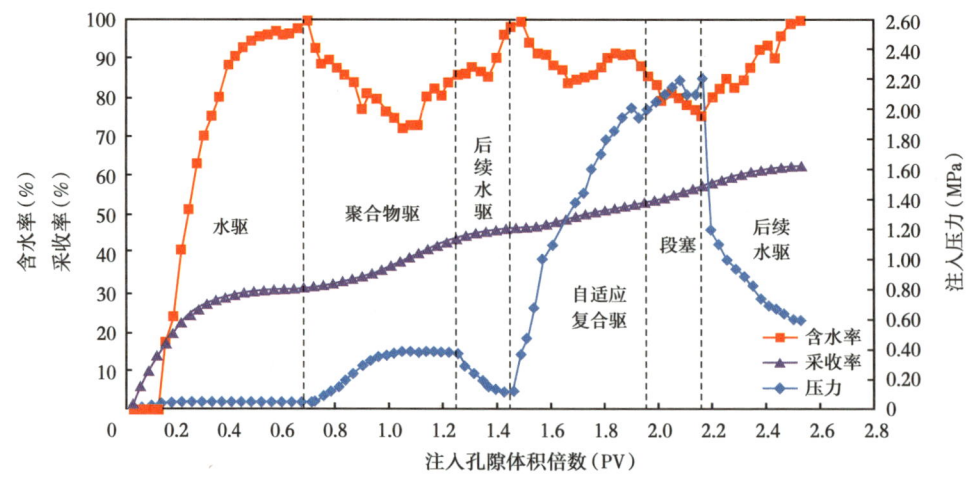

图5-56 人造非均质大平板模型无碱中相自适应堵调驱动态开采曲线

绘制人造非均质大平板模型驱油实验不同注入阶段注入压力等值线图（图5-57）。注入压力等值线图显示：不同注入阶段无碱中相自适应堵调驱实验压力分布趋势与高浓度聚驱、高黏度弱碱三元复合驱实验类似，从注入井到生产井注入压力均呈现逐渐降低趋势，平面上存在明显的梯度分布特征。无碱中相自适应堵调驱开始前，注入端压力最高达到0.10MPa，压力梯度分布均匀，这是由于驱替相的黏度较小，致使流度较大，流动阻力小；无碱中相自适应堵调驱结束时，由于驱替体系中PPG颗粒对优势通道的封堵作用，油层渗流能力变小、渗流阻力变大，注入端压力升幅远高于高浓度聚合物驱及高黏度弱碱三元复合驱，最高值达到2.0MPa以上，由注入端到采出端压力梯度分布依旧较为均匀，采出端附近压力也达到0.4MPa，是高浓度聚合物驱及高黏度弱碱三元复合驱的4倍以上，表明无碱中相自适应堵调驱体系中的PPG在油层中可以形成稳定的渗流，可以运移至油层深部，对采出端附近的优势渗流通道也起到了有效的封堵。

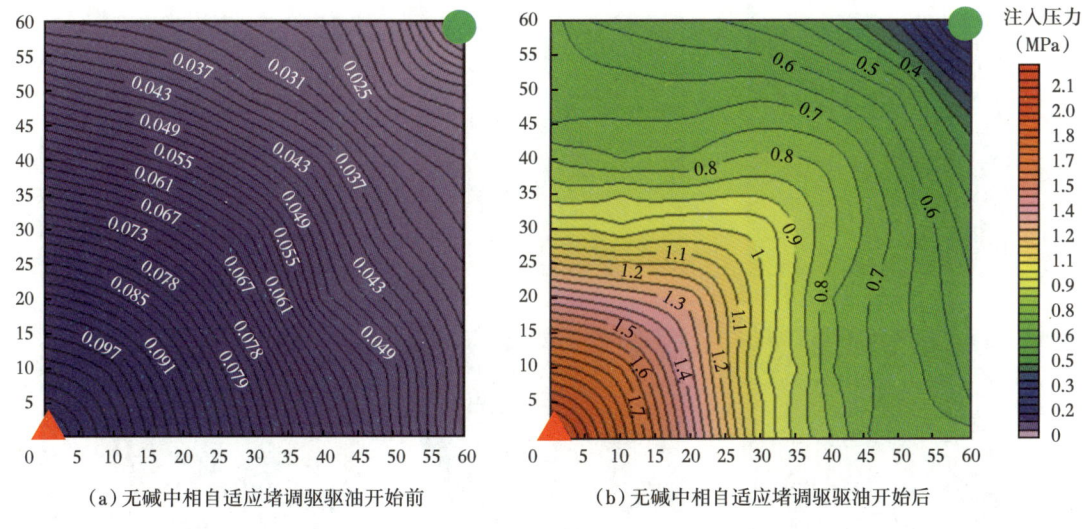

(a) 无碱中相自适应堵调驱驱油开始前　　　(b) 无碱中相自适应堵调驱驱油开始后

图5-57　人造非均质大平板模型无碱中相自适应堵调驱注入压力等值线图

绘制人造非均质大平板模型驱油实验不同注入阶段含油饱和度等值线图（图5-58），图5-58显示无碱中相自适应堵调驱体系注入前，经过水驱、聚合物驱及后续水驱的驱替，中渗透层和高渗透层注入井与采出井之间均已形成主流通道，注入井周围含油饱和度最低，边角处动用较差、含油饱和度较高。高渗透层主流线处含油饱和度为25%，聚合物驱结束时波及面积约占模型面积的二分之一，波及区域平均含油饱和度约为35%；中渗透层在注采井连线狭长区域动用较为充分，含油饱和度为35%左右，在主流线两翼波及相对较差，平均含油饱和度约为40%；低渗透层原油基本未动用。水驱、聚驱阶段主要动用中渗透层和高渗透层，聚驱后油层潜力主要存在于中渗透层和低渗透层。

无碱中相自适应堵调驱结束时，高渗透层主流通道明显变宽、含油饱和度大幅度下降，平面上高渗透层基本完全被波及，波及区域平均含油饱和度约20%，接近残余油饱和度，这是由于无碱中相自适应堵调驱体系中的PPG颗粒封堵了主流通道、扩大了体系的平面波及面积，同时无碱中相复合体系高效的洗油能力，将波及的原油大量驱替出来，充分挖掘了高渗透层的潜力，极大程度地降低了高渗透层的含油饱和度。无碱中相自适应堵调驱结束时中渗层含油饱和度变化特点与高渗透层相似，主流通道明显变宽、含油饱和度变均匀，说明波及驱替效果逐渐在中渗透层采出井附近体现，主流线附近的含油饱和度大幅度下降，但降幅略低于高渗透层，波及面积约占模型面积的四分之三，波及区域平均含油饱和度约为24%。随着PPG颗粒对中高渗透层主流通道的封堵，注入压力快速上升，促使无碱中相自适应堵调驱体系液流转向、进入低渗透层，动用之前未动用到的原油，无碱中相自适应堵调驱结束时低渗层注入端到采出端形成了贯通的主流通道，波及面积约占模型面积的二分之一，平均含油饱和度为45.6%，低渗透层动用程度及采收率均明显高于高浓度聚合物驱及高黏度弱碱三元复合驱。整个无碱中相自适应堵调驱注入阶段既大幅度扩大高渗透层、中渗透层和低渗透层的波及面积，同时又大幅度提高了高渗透层、中渗透层和低渗透层的驱油效率，高渗透层、中渗透层和低渗透层的含油饱和度均大幅度下降，达到了大幅度提高聚驱后油层采收率的目标。

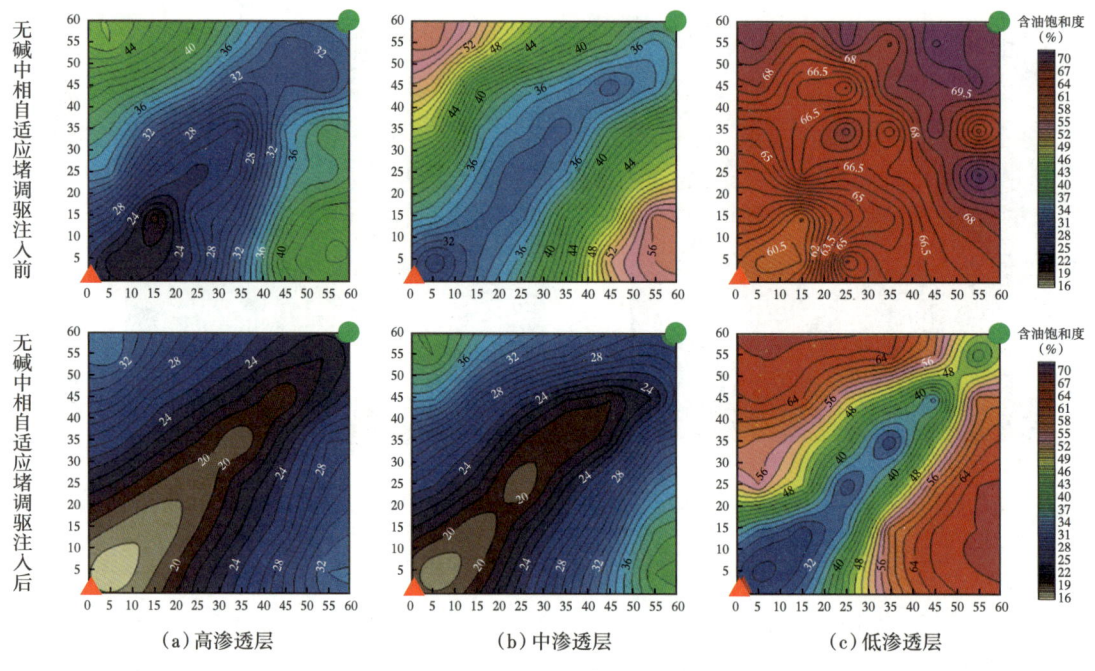

(a) 高渗透层　　　　　(b) 中渗透层　　　　　(c) 低渗透层

图 5-58　人造非均质大平板模型无碱中相自适应堵调驱含油饱和度等值线图

综上所述，无碱中相自适应堵调驱体系中PPG颗粒具有较强的封堵能力，可以封堵聚驱后优势渗流通道，扩大油层波及体积；无碱中相自适应复合体系可以与原油形成中相微乳液，大幅度提高驱油效率，因此无碱中相自适应堵调驱体系聚驱后可大幅度提高原油采收率，并且创造性的用氯化钠替代弱碱体系中的碳酸钠，在保证驱油效果不降的前提下，从根本上解决了含碱驱油体系在注采系统产生的结垢问题，因此，无碱中相自适应堵调驱体系在大庆油田聚驱后油层具有广阔的应用前景。

参 考 文 献

[1] 叶仲斌, 蒲万芬, 陈铁龙, 等. 提高采收率原理 [M]. 北京：石油工业出版社, 2017.
[2] 沈平平, 刘玉章, 刘合, 等. 聚合物驱提高采收率技术 [M]. 北京：石油工业出版社, 2006.

[3] 叶仲斌.提高采收率原理[M].北京：石油工业出版社，2007.

[4] 刘国超.注聚末期剩余潜力评价及提高采收率技术[J].断块油气田，2020，27（3）：370-374.

[5] 冯其红，史树彬，王森，等.利用动态资料计算大孔道参数的方法[J].油气地质与采收率，2011，18（1）：74-76.

[6] 丁乐芳，朱维耀，王鸣川，等.高含水油田大孔道参数计算新方法[J].油气地质与采收率，2013，20（5）：92-95.

[7] 古莉，赵军，胡洪，等.模糊层次分析法在港西地区新近系储层大孔道识别中的应用[J].测井技术，2013，39（3）：295-299.

[8] 贾云林，王冰，刘月田，等.基于生产实际的大孔道模糊识别模型及评价体系研究[J].石油钻采工艺，2013，35（5）：88-91.

[9] 闫坤，韩培慧，曹瑞波，等.聚驱后优势渗流通道流线数值模拟识别方法的建立及应用[J].油气藏评价与开发，2019，9（2）：33-37.

[10] 刘海波.大庆油区长垣油田聚合物驱后优势渗流通道分布及渗流特征[J].油气地质与采收率，2014，21（5）：69-72.

[11] 王延忠.河流相正韵律厚油层剩余油富集规律研究[D].北京：中国地质大学（北京），2006.

[12] 刘月田，孙保利，于永生.大孔道模糊识别与定量计算方法[J].石油钻采工艺，2003，25（5）：54-59.

[13] 牛世忠，胡望水，熊平，等.红岗油田高台子油藏储层大孔道定量描述[J].石油实验地质，2012，34（2）：202-206.

[14] 杨勇.正韵律厚油层优势渗流通道的形成条件与时机[J].油气地质与采收率，2008，15（3）：105-107.

[15] 韩培慧，苏伟明，林海川，等.聚驱后不同化学驱提高采收率对比评价[J].西安石油大学学报（自然科学版），2011，26（5）：44-47.

[16] 韩培慧，曹瑞波，刘海波，等.聚合物驱后油层特征和自适应复合驱方法研究[J].大庆石油地质与开发，2019，25（5）：81-84.

[17] 高淑玲，张鹤川，闫伟，等.聚驱后井网加密高质量浓度聚合物驱提高采收率试验[J].大庆石油地质与开发，2016，35（3）：94-98.

[18] 冯时南，卢祥国，鲍文博，等.聚驱后提高采收率及注入参数优化试验研究[J].辽宁石油化工大学学报，2019，39（4）：40-46.

[19] 敖文君，康晓东，黄波，等.聚合物与预交联凝胶颗粒复合调驱室内评价[J].断块油气田，2021，28（3）：414-417.

[20] 孙龙德，伍晓林，周万富，等.大庆油田化学驱提高采收率技术[J].石油勘探与开发，2018，45（4）：636-645.

[21] 程杰成，吴军政，胡俊卿.三元复合驱提高原油采收率关键理论与技术[J].石油学报，2014，35（2）：310-318.

[22] 曹瑞波，高倩.聚合物驱交替注入改善吸液剖面的力学机制及效果评价方法[J].实验力学，2016，31（2）：231-236.

[23] 孙学法，卢祥国，孙哲，等.弱碱三元复合体系传输运移和深部液流转向能力——以大庆萨北油田储层为例[J].油气地质与采收率，2016，23（5）：105-109.

[24] 元福卿，李振泉.不同因素对聚合物驱效果的影响程度研究[J].大庆石油地质与开发，2005，24（1）：58-60.

[25] 王渝明，王加滢，康红庆，等.聚合物驱阶段提高采收率预测模型的建立与应用[J].石油学报，2013，34（3）：513-517.

[26] 孙龙德，伍晓林，周万富，等．大庆油田化学驱提高采收率技术［J］．石油勘探与开发，2018，45（4）：636-645.

[27] 孙龙德，江同文，王凤兰，等．关于油田寿命的思考［J］．石油学报，2021，42（1）：56-63.

[28] 曹瑞波．聚驱后"正电胶调剖+三元复合驱"提高采收率技术［J］．西安石油大学学报（自然科学版），2016，31（1）：58-61.

[29] 杨菲，郭拥军，张新民，等．聚驱后缔合聚合物三元复合驱提高采收率技术［J］．石油学报，2014，35（5）：908-913.

[30] 张超，郑川江，肖武，等．特高含水期提液效果影响因素及提高采收率机理——以胜坨二区沙二段74-81单元为例［J］．油气地质与采收率，2013，20（5）：88-91.

[31] 王渝明，康红庆，杨香艳，等．聚合物驱注入参数与储层物性的多因素匹配关系［J］．大庆石油地质与开发，2018，37（5）：4.

[32] 王家禄，沈平平，刘玉章，等．非牛顿流体在非均质油藏渗流压力场实验［J］．力学学报，2003，35（1）：74-78.

[33] 王家禄，沈平平，李振泉，等．交联聚合物封堵平面非均质油藏物理模拟［J］．石油学报，2002，23（3）：60-64.

[34] 赵国忠，董大鹏，肖鲁川．两相低速非达西渗流模型及相对渗透率曲线求取方法［J］．油气地质与采收率，2022，29（2）：69-77.

[35] 廖广志，王克亮，阎文华．流度比对化学驱驱油效果影响因素研究［J］．大庆石油地质与开发，2001，20（2）：14-16.

[36] 王锦梅，陈国，历烨，等．聚合物驱油过程中形成油墙的动力学机理研究［J］．大庆石油地质与开发，2007，26（6）：64-66.

[37] 冉立、张烈辉，周明．低渗透油藏相对渗透率曲线计算方法研究［J］．特种油气藏，2006，13（5）：65-67.

[38] 王伟，崔丹丹，严曦，等．聚合物表面活性剂与油藏匹配性及液流转向能力研究［J］．特种油气藏，2021，28（1）：111-117.

[39] 张莉．中国石化东部老油田提高采收率技术进展及攻关方向［J］．石油与天然气地质，2022，43（3）：717-724.

[40] 兰玉波，杨清彦，李斌会．聚合物驱油效率和波及系数的研究与认识［J］．石油学报，2006，27（1）：64-68.

[41] 孙建英，方艳君．聚驱后剩余油分布及挖潜技术研究［J］．大庆石油地质与开发，2005，24（4）：37-39.

[42] 孙灵辉，代素娟，吴文祥．低碱三元复合体系用于聚驱后进一步提高采收率［J］．油田化学，2006，23（1）：88-91.

[43] 宋岱锋，贾艳平，于丽，等．孤岛油田聚驱后聚合物微球调剖提高采收率研究［J］．油田化学，2008，25（2）：165-169.

[44] 赵金省．聚驱后等流度泡沫驱油提高采收率技术研究［D］．青岛：中国石油大学（华东），2008.

[45] 张博全，王岫云．油（气）层物理学［M］．武汉：中国地质大学出版社，2004.

[46] 王晓冬．渗流力学基础［M］．北京：石油工业出版社，2006.

[47] 夏惠芬，王刚，马文国，等．无碱二元体系的黏弹性和界面张力对水驱残余油的作用［J］．石油学报，2008，29（1）：106-110，115.

[48] 陈刚，宋莹盼，唐德尧，等．表面活性剂驱油性能评价及其在低渗透油田的应用［J］．油田化学，2014（3）：410-413.

[49] 吕鑫，张健，姜伟．聚合物/表面活性剂二元复合驱研究进展［J］．西南石油大学学报：自然科学版，

第五章 聚合物驱后高效堵调驱体系研发

2016, 30 (3): 127-130.

[50] 宋考平, 杨二龙, 王锦梅, 等. 聚合物驱提高驱油效率机理及驱油效果分析[J]. 石油学报, 2004, 25 (3): 71-74.

[51] 韩培慧, 赵群, 穆爽书, 等. 聚合物驱后进一步提高采收率途径的研究[J]. 大庆石油地质与开, 2006, 25 (5): 81-84.

[52] 张宏方, 王德民. 聚合物溶液在多孔介质中的渗流规律及其提高驱油效率的机理[J]. 大庆石油地质与开发, 2002, 21 (4): 57-60.

[53] 邓瑞健. 储层平面非均质性对水驱油效果影响的实验研究[J]. 大庆石油地质与开发, 2002, 21 (4): 16-19.

[54] 常学军, 郝建明, 郑家朋, 等. 平面非均质边水油藏来水方向诊断和调整[J]. 石油学报, 2004, 25 (4): 58-60.

[55] 徐婷, 李秀生, 张学洪, 等. 聚合物驱后提高原油采收率平行管试验研究[J]. 石油勘探与开发, 2004, 31 (6): 98-100.

[56] 李宜强, 隋新光, 李洁, 等. 纵向非均质大型平面模型聚合物驱油波及系数室内实验研究. 石油学报, 2005, 26 (2): 77-78.

[57] 刘国超. 聚驱后优势渗流通道分布特征及封堵方法[J]. 石油化工高等学校学报, 2021, 34 (4): 46-51.

[58] 李秀兰. 优势渗流通道中的高速非达西渗流动态特征分析[J]. 油气地质与采收率, 2009, 23 (6): 93-97.

[59] 刘国超, 曹瑞波, 闫伟, 等. 聚驱后油层优势渗流通道参数计算方法及其应用[J]. 大庆石油地质与开发, 2023, 42 (5): 90-98.

[60] 代金友, 林立新. 储层孔隙的"渗流"分类方案及其意义[J]. 大庆石油地质与开发, 2022, 41 (2): 43-50.

[61] 王鸣川, 石成方, 朱维耀, 等. 优势渗流通道识别与精确描述[J]. 油气地质与采收率, 2016, 23 (1): 80-84.

[62] 周立国. 低渗砂岩油藏优势注采方向量化表征技术及应用[J]. 特种油气藏, 2021, 28 (6): 98-105.

[63] Hubbert M K. The theory of ground water motion[J]. Journal of Geology, 1940, 48: 785-944.

[64] Hubbert M K. Darcy's law and the field equations of flow of underground fluids[J]. Transactions of the AIME, 1956, 207 (1): 222-239.

[65] Irmay S. On the theoretical derivation of Darcy and formulas[J]. Geo-physical Union, 1958, 39 (4): 702-707.

[66] 陈元千, 陶自强. 高含水期水驱特征曲线的推导及上翘问题的分析[J]. 断块油气田, 1997, 4 (3): 19-24.

[67] 夏惠芬, 王德民. 黏弹性聚合物溶液的渗流理论及其应用[M]. 北京: 石油工业出版社, 2002.

[68] 夏惠芬, 王德民, 关庆杰, 等. 聚合物溶液的黏弹性实验[J]. 大庆石油学院学报, 2002, 26 (2): 105-108.

[69] 王德民, 王刚, 吴文祥, 等. 黏弹性驱替液所产生的微观力对驱油效率的影响[J]. 西安石油大学学报(自然科学版), 2008, 23 (1): 43-55.

[70] 夏惠芬, 王德民, 王刚, 等. 化学驱中黏弹性驱替液的微观力对残余油的作用[J]. 中国石油大学学报(自然科学版), 2009, 33 (4): 150-156.

[71] 夏惠芬, 王德民, 王刚, 等. 聚合物溶液在驱油过程中对盲端类残余油的弹性作用[J]. 石油学报, 2006, 27 (2): 72-76.

[72] 夏惠芬, 王德民, 刘仲春, 等. 黏弹性聚合物溶液提高微观驱油效率的机理研究[J]. 石油学报,

2001, 22 (4): 60-65.

[73] 吴文祥, 王德民. 聚合物黏弹性提高驱油效率研究 [J]. 中国石油大学学报 (自然科学版), 2011, 35 (5): 134-138.

[74] 刘洋, 刘春泽. 黏弹性聚合物溶液提高驱油效率机理研究 [J]. 中国石油大学学报 (自然科学版), 2007, 31 (2): 91-94.

[75] 杨承志, 廖广志, 何劲松, 等. 化学驱提高石油采收率 [M]. 北京: 石油工业出版社, 2007.

[76] 王德民, 吴军政, 韩培慧, 等. 强化采油 [M]. 中国工程院版. 高等教育出版社, 2000.

[77] 刘丁曾, 王启民, 李伯虎. 大庆多层砂岩油田开发 [M]. 北京: 石油工业出版社, 1996.

[78] 金毓荪, 巢华庆, 赵世远, 等. 采油地质工程 [M]. 北京: 石油工程出版社, 2003.

[79] 张建国, 雷光伦, 张彦玉. 油气层渗流力学 [M]. 东营: 石油大学出版社, 1997.

[80] 孙灵辉, 刘卫东, 赵海宁, 等. 聚驱后高弹性聚合物驱油方法探索 [J]. 西南石油大学学报, 2007, 29 (6): 112-115.

[81] Sun L D, Jiang T W, Wang F L, et al. Thoughts on the development life of oilfieled[J]. Acta Petrolei Sinica, 2021, 42 (1): 56-63.

[82] Nelson R C, Pope G A. Phase Relationships in Chemical Flooding[J]. Society of Petroleum Engineers Journal, 1978, 18 (5): 325-338.

[83] 周亚洲, 王德民, 王志鹏, 等. 多孔介质中孔喉级别乳状液的形成条件及黏弹性 [J]. 石油勘探与开发, 2017, 44 (1): 110-116.

[84] 刘海成. 特高含水油藏聚驱后非均相驱渗流机理 [J]. 石油与天然气化工, 2022, 51 (6): 97-103.

[85] 王德民, 王刚, 夏惠芬, 等. 天然岩心化学驱采收率机理的一些认识 [J]. 西南石油大学学报, 2011, 33 (2): 1-11.

[86] 殷代印, 徐文博, 周亚洲, 等. 低渗透油藏微乳液配方的优选及性能研究 [J]. 石油化工高等学校学报, 2017, 30 (3): 20-25.

[87] 刘会娥, 吴章辉, 穆国庆, 等. 二组分有机混合物在 Winsor 型微乳液中的增溶行为 [J]. 中国石油大学学报 (自然科学版), 2017, 41 (1): 164-168.

[88] Chen Z, Han X, Kurnia I, et al. Adoption of phase behavior tests and negative salinity gradient concept to optimize Daqing oilfield alkaline-surfactant-polymer flooding[J]. Fuel, 2018, 232: 71-80.

[89] Han X, Kurnia I, Chen Z, et al. Effect of oil reactivity on salinity profile design during alkaline-surfactant-polymer flooding[J]. Fuel, 2019, 254: 115738.1-115738.9.

[90] Han X, Chen Z, Guoyin Z, et al. Surfactant-polymer flooding formulated with commercial surfactants and enhanced by negative salinity gradient[J]. Fuel, 2020, 274: 117874.1-117874.8.

[91] 韩旭, 王正茂, 姜国庆, 等. 无碱中相复合驱体系实验 [J]. 石油学报, 2023, 44 (7): 1140-1150.

[92] Winsor P A. Solvent Properties of Amphiphilic Compounds[M]. London: Butterworths Scientific Publications, 1954.

[93] Healy R N, Reed R L, Stenmark D G. Multiphase microemulsion systems[J]. Society of Petroleum Engineers Journal, 1976, 16 (3): 147-160.

[94] Levitt D, Jackson A, Heinson C, et al. Identification and evaluation of high-performance EOR surfactants[J]. SPE Reservoir Evaluation & Engineering, 2009, 12 (2): 243-253.

[95] 王玉林, 谢爱华, 冯一民. 十二烷基磺酸钠/醇/烷烃/NaCl 水溶液四元体系微乳液相行为研究 [J]. 浙江化工, 2008, 39 (8): 10-14.

[96] 周平平, 刘会娥, 陈爽, 等. 无机盐对十六烷基三甲基溴化铵 (CTAB) 微乳液相行为的研究 [J]. 化工进展, 2018, 37 (8): 2942-2947.

[97] 周冰灵, 孔辉, 张婧, 等. 中相微乳液驱油效果研究 [J]. 化学工程师, 2015, 40 (11): 35-38.

[98] 郝京诚, 汪汉卿, 鲁润华, 等. 微乳液相行为和微观结构的研究 [J]. 中国科学（B辑）, 1997, 27（2）: 131-132.

[99] 陈咏梅, 王涵慧, 俞稼铺. 石油磺酸盐体系中相微乳液研究 [J]. 物理化学学报, 2000, 16（8）: 724-728.

[100] Huh C. Interfacial tensions and solubilizing ability of a micro-emulsion phase that coexists with oil and brine [J]. Journal of Colloid & Interface Science, 1979, 71（2）: 408-426.

第六章 聚合物驱后化学驱数值模拟软件研制

化学驱数值模拟可用于化学驱油机理研究、方案优化设计、开发效果预测、剩余油分析和效果评价，为化学驱高效开发提供重要的技术支持[1-3]。大庆油田经过20多年努力，研制了具有自主知识产权的化学驱数值模拟器，具备普通聚合物驱和常规二元复合驱、三元复合驱模拟功能[4]。近几年，随着大庆油田进入聚驱后采油阶段，研发了高浓度聚合物体系、弱碱三元复合体系、弱碱中相自适应堵调驱体系和无碱中相自适应堵调驱体系等新型驱油体系[5]，并逐渐投入现场应用，原有的自主及国内外商化数值模拟软件均不具备这些新型驱油体系模拟功能，无法满足聚驱后采油的科研生产需要，因此大庆油田自主研发了具备新型驱油体系模拟功能的化学驱数值模拟软件[6]。

本章前三节着重从软件整体架构设计、主模拟器数学模型的建立和求解，以及配套前后处理一体化集成运行平台主要功能等三方面来阐述大庆油田聚驱后化学驱数值模拟软件的研制过程[7]，第四节主要列举了该软件的主要功能测试情况及在大庆油田聚驱后现场试验中的应用实例。

第一节 软件整体架构设计

在一款软件研发之前，首先需要针对用户需要进行软件整体的架构设计，以确保软件能够满足功能和非功能需求，同时具有较高的研发质量、较好的可维护性和可扩展性，以支持软件的不断迭代升级。本节主要介绍化学驱数值模拟软件的研发背景和需求、软件架构设计总体目标及具体的技术攻关方案。

一、研发背景

目前国外商业化程度较高的具备化学驱油模拟功能的数值模拟软件主要为斯伦贝谢公司的 ECLIPSE，CMG 公司的 STARS 和得克萨斯大学石油地质工程系的 UTCHEM。

ECLIPSE 软件[8]：油气水三相模拟器，油藏描述和一体化功能完善。目前国内应用最多的是黑油模型，化学驱功能主要包括聚合驱模型、表面活性剂驱模型、泡沫驱模型及溶剂驱模型等，可以模拟聚合物驱、二元复合驱及三元复合驱。其中聚合物驱模型为五组分（油、气、水、聚合物及盐离子）模型，考虑了聚合物对水相的增黏效应、吸附、流变性、矿化度影响和不可及孔隙体积等物化现象；表面活性剂和碱驱功能可模拟降低油水界面张力提高采收率，考虑了表面活性剂浓度对毛细管压力及水相黏度的影响、表面活性剂在岩石表面的吸附和对岩石润湿性的影响，以及地层水矿化度的影响等。该模拟器化学驱功能一般，简化了化学驱中的很多物理化学现象，不能描述化学驱过程中发生的复杂的化学反应。

STARS 软件[9]：油气水三相模拟器，油藏描述和一体化功能完善。可模拟聚合物驱、二元复合驱、三元复合驱、凝胶驱、泡沫驱、微生物驱及低矿化度水驱等。能够表征化学驱过程中的物化机理包括变相对分子质量注聚、聚合物剪切、矿化度影响、吸附及滞留、渗透率下降、不可及孔隙体积、非牛顿流体、聚合物降解、毛细管数方程、界面张力、组分弥散及扩散、离子交换反应及乳化现象等。

UTCHEM[10]：三维多相的组分模拟软件，该软件考虑了多种组分，包括水、电解质（阴阳离子），以及化学剂（如聚合物、表面活性剂、示踪剂）等，具备聚合物驱、高表面活性剂浓度二元和三元微乳液复合体系驱油模拟功能。其突出的优点在于可以从化学平衡反应角度描述化学过程发生的复杂物理化学现象，对化学驱机理和物化现象描述相对比较完善。但这个模拟软件的缺点为：一是油水两相刚性模型，油藏描述不能模拟断层和尖灭区；二是化学驱物化机理模型较为复杂，参数难于准确获得，仅适用于机理研究、岩心驱替实验模拟；三是模型求解计算复杂烦琐，采用的是类似 IMPES 方法求解，计算收敛性较差，导致在大规模油藏复杂化学驱模拟中，计算时间步长很小，计算速度过慢；四是该软件配套的前后处理技术不是很完善，也限制了它的使用。

大庆油田经过二十多年努力，自主研制了具有自主知识产权的化学驱数值模拟器，具备普通聚合物驱和常规二元复合驱、三元复合驱模拟功能。但近几年，随着大庆油田进入聚驱后采油阶段，高浓度聚合物体系、弱碱三元复合体系、弱碱中相自适应堵调驱体系和无碱中相自适应堵调驱体系等新型驱油体系逐渐投入现场应用，原有的自主化学驱数值模拟软件不具备新型驱油体系模拟功能，无法满足聚驱后采油的科研生产需要，其问题主要为：一是驱油机理数学模型不能模拟弱碱三元复合体系、弱碱中相自适应堵调驱体系和无碱中相自适应堵调驱体系等新型驱油体系的驱油过程；二是没有配套的前后处理软件，导致软件工程化水平和数值模拟工作效率低。

综上，亟须研制具备新型驱油体系模拟功能的化学驱数值模拟软件，以满足油田不断发展的化学驱科研生产需要。

二、架构设计及技术攻关方案

1. 软件总体设计目标

大庆油田化学驱数值模拟软件设计的总体目标是以大庆油田已研发的化学驱数值模拟软件为基础框架，保留原有普通聚合物驱和常规三元复合驱模拟功能的前提下，立足实验室驱油机理认识，设计增加新的组分和相，并创建高浓度聚合物体系、弱碱三元复合体系、弱碱中相自适应堵调驱体系和无碱中相自适应堵调驱体系等新型驱油体系驱油机理数学模型，然后将其与原有化学驱数学模型耦合的基础上建立快速稳定性好的求解方法，研制出具备新型驱油体系复杂驱油模拟功能且配套的前后处理功能齐全完备的化学驱数值模拟软件升级产品，实现聚驱后新型驱油体系驱油过程描述和驱油效果预测，为聚驱后技术研究提供有力的支持[11]。

2. 技术攻关方案

高浓度聚合物体系、弱碱三元复合体系、弱碱中相自适应堵调驱体系和无碱中相自适应堵调驱体系等是大庆油田为化学驱降本增效和聚驱后进一步提高采收率而研发的新型驱油体系，数值模拟软件研制没有国内外成功经验可供参考借鉴。制订技术攻关方案分两步走：第一步是开展主模拟器研发[12]，即首先立足实验室驱油机理认识创建新型驱油体系驱油数学模型，然后建立快速稳定性好的求解方法，研制出新型驱油体系复杂驱油数学模型，实现新型驱油体系模拟功能；第二步是研发配套的前后处理一体化集成运行平台，实现参数输入、作业自动调度及模拟结果显示等功能[13]。

具体实施方案如下：

（1）新型驱油体系驱油机理室内理论研究。

基于实验室开展的非均相复合体系和微乳液体系物化性质表征测定、流动性、与储层作用研究及驱油机理物理模拟实验研究，从理论上认清新型驱油体系驱油作用、与储层物性作用和渗流机理。

（2）建立新型驱油体系数学模型。

在实验室认识基础上，对新型驱油体系驱油过程进行数学量化表征，建立非均相复合体系和微乳液体系驱油机理数学模型，并建立化学驱油过程流体复杂渗流机理物质传输数学模型。依据驱油作用关系，将新型驱油体系驱油机理数学模型和流体复杂渗流机理物质传输数学模型进行耦合，形成化学驱油复杂渗流机理和新型驱油体系基本数学模型[14]。

（3）建立复杂数学模型求解方法。

针对化学驱数学模型复杂偏微分方程组求解难度大的问题，建立了解耦顺序求解模式；根据非正交角点网格特点，集成创建了角点网格以对流—弥散—扩散为基础的油气水三相化学驱数学模型求解方法；在不引进大型机群、立足于已有常用多核微机工作站的条件下，研究大规模油藏并行计算技术，实现化学驱复杂数学模型快速稳定求解。

（4）前后处理一体化集成运行平台。

针对原有自主模拟器不具备新型驱油体系数据处理、参数输入及模拟结果图形显示的问题，研发了配套的前后处理一体化集成运行平台，实现了数值模拟数据高效处理和模拟结果的直观展示，提高了数值模拟工作效率和精度。

第二节　主模拟器研发

主模拟器主要用于数学模型的建立和求解，是化学驱数值模拟软件的核心部分。本节从基本数学模型、驱油机理数学模型的建立及数学模型间的耦合求解运算三方面阐述了主模拟器的研发过程。

一、基本数学模型

1. 相和组分设计

大庆油田聚驱后采用的驱油体系主要包括高浓度聚合物体系、弱碱三元复合体系、弱碱中相自适应堵调驱体系和无碱中相自适应堵调驱体系等，当把这些驱油体系注入油藏中时，油藏中的流体组分可达10种以上（表6-1），这些组分在不同的油藏条件下会发生复杂的相互作用和相态变化，从而表现出不同的物理化学特性和驱油机理及驱油效果的差异。在研制软件前，为了能够实现同时模拟不同驱油体系的物化性质和驱油机理，在建立基本数学模型时综合考虑了聚驱后采油过程中可能采用的各种驱油体系的组成和可能出现的各种相态变化类型，共设计了4种相和14种组分（表6-2），模拟时可根据不同驱油体系的组成和驱油机理进行选择性组合。

表 6-1　聚驱后驱油体系组成情况表

流体类型		流体组分	流动状态	存在形式
油藏中流体		气	连续	气相
		油		油相或微乳液相
		水		水相或微乳液相
		微乳液		微乳液相
驱油体系	高浓度聚合物体系	聚合物		水相
	弱碱三元复合体系	聚合物		水相
		表面活性剂		水相
		弱碱（Na_2CO_3）		水相
	弱碱中相自适应堵调驱体系	聚合物		水相
		表面活性剂		水相或微乳液相
		弱碱（Na_2CO_3）		水相
		助表面活性剂（醇1和醇2）		水相
		盐（阴离子、阳离子）		水相
		PPG 颗粒		水相
	无碱中相自适应堵调驱体系	聚合物		水相
		表面活性剂		水相或微乳液相
		助表面活性剂（醇1和醇2）		水相
		盐（阴离子、阳离子）		水相
		PPG 颗粒	非连续	水相

从表 6-2 可以看出：4 种相包括水相、油相、微乳液相和气相，多组分包括水、油、气、聚合物（聚合物 1、聚合物 2 和聚合物 3）、表面活性剂、碱（强碱、弱碱和无碱）、阴离子、阳离子、助表面活性剂（醇 1 和醇 2）和 PPG 颗粒。油组分以油相的形式存在，气组分以气相的形式存在，水、聚合物、表面活性剂、碱、阴离子、阳离子、助表面活性剂（醇 1 和醇 2）和 PPG 颗粒等组分都存在于水相中，油、水、表面活性剂和助表面活性剂（醇 1 和醇 2）等组分也可存在于微乳液相中。

表 6-2 化学驱数值模拟软件中相和组分设计表

索引号	组分名称	相存在形式	单位
1	水	水相或微乳液相	体积分数
2	油	油相或微乳液相	体积分数
3	聚合物 1	水相	质量分数
4	阴离子	水相	毫当量/毫升
5	阳离子	水相	毫当量/毫升
6	表面活性剂	水相或微乳液相	体积分数
7	强碱（NaOH）	水相	质量分数
8	聚合物 2	水相	质量分数
9	聚合物 3	水相	质量分数
10	弱碱（Na$_2$CO$_3$）	水相	质量分数
11	无碱（NaCl）	水相	质量分数
12	醇 1	水相或微乳液相	体积分数
13	醇 2	水相或微乳液相	体积分数
14	PPG 颗粒	水相	质量分数

2. 油气水三相连续性方程

假定不考虑微乳液相，只考虑油、气、水三相[14]时，连续性方程形式为

$$-\mathrm{div}\left(\frac{1}{B_\mathrm{o}}\boldsymbol{u}_\mathrm{o}\right)=\frac{\partial}{\partial t}\left(\frac{1}{B_\mathrm{o}}\phi S_\mathrm{o}\right)+q_\mathrm{o} \tag{6-1}$$

$$-\mathrm{div}\left(\frac{1}{B_\mathrm{w}}\boldsymbol{u}_\mathrm{w}\right)=\frac{\partial}{\partial t}\left(\frac{1}{B_\mathrm{w}}\phi S_\mathrm{w}\right)+q_\mathrm{w} \tag{6-2}$$

$$-\mathrm{div}\left(\frac{R_\mathrm{s}}{B_\mathrm{o}}\boldsymbol{u}_\mathrm{o}+\frac{1}{B_\mathrm{g}}\boldsymbol{u}_\mathrm{g}\right)=\frac{\partial}{\partial t}\left[\phi\left(\frac{R_\mathrm{s}}{B_\mathrm{o}}S_\mathrm{o}+\frac{S_\mathrm{g}}{B_\mathrm{g}}\right)\right]+q_\mathrm{fg}+q_\mathrm{o}R_\mathrm{s} \tag{6-3}$$

其中

$$\boldsymbol{u}_l=\frac{KK_{\mathrm{r}l}}{\mu_l}(\mathrm{grad}\,p_l-\rho_l g\cdot\mathrm{grad}\,Z),\quad l=\mathrm{w,o,g} \tag{6-4}$$

$$p_\mathrm{o}-p_\mathrm{w}=p_\mathrm{cow} \tag{6-5}$$

$$p_\mathrm{g}-p_\mathrm{o}=p_\mathrm{cog} \tag{6-6}$$

式中 ϕ——孔隙度；

p_l——l 相压力，kPa；

S_l——l 相的饱和度；

K——绝对渗透率，$10^{-3}\mu m^2$；

B_l——l 相的体积系数，m^3/m^3；

K_{rl}——l 相的相对渗透率；

μ_l——l 相的黏度，mPa·s；

ρ_l——l 相的密度，g/cm^3；

R_s——溶解气油比，m^3/t；

q_l——l 相的源汇项，下标 w、o、g 分别表示水相、油相和气相。

3. 化学物质组分运移方程

化学物质组分运移方程主要用于建立描述化学物质组分在多孔介质中的运移规律，所建立的化学物质运移模型为对流扩散方程，能够描述化学物质组分在多孔介质中渗流时所发生的对流、弥散和扩散现象[14]。

建立模型的基本假设条件为：油藏中局部热力学平衡；所有化学物质组分全部存在于水相中；Fick 弥散；理想混合；岩石和流体微可压缩；流体渗流满足 Darcy 定律。

模型中的每种化学组分无论以何种形式存在，各组分均遵守质量守恒定律[14]，则基于假设条件，应用 Darcy 定律可给出以第 k 种物质组分总浓度 $\tilde{C}_k$ 形式表达的第 k 种物质组分的质量守恒方程为

$$\frac{\partial}{\partial t}\left(\phi \tilde{C}_k p_k + \mathrm{div}\left[\sum_{l=1}^{n_p} \rho_k \left(C_{kl}\mu_l - \tilde{D}_{kl}\right)\right]\right) = R_k, \quad k=1, \cdots, n_c \quad (6-7)$$

$$\tilde{C}_k = \left(1 - \sum_{k=1}^{n_{cv}} \hat{C}_k\right)\sum_{k=1}^{n_p} S_l C_{kl} + \hat{C}_k, \quad k=1, \cdots, n_c \quad (6-8)$$

$$\rho_k = 1 + C_k^o \left(p_R - p_{RO}\right) \quad (6-9)$$

$$\tilde{D}_{kl} = \phi S_l \boldsymbol{K}_{kl} \cdot \mathrm{div} C_{kl} \quad (6-10)$$

$$\boldsymbol{K}_{klij} \equiv \frac{d_{kl}}{\tau}\delta_{ij} + \frac{\alpha_{Tl}}{\phi S_l}|\boldsymbol{u}_l|\delta_{ij} + \frac{(\alpha_{Ll} - \alpha_{Tl})}{\phi S_l}\frac{\boldsymbol{u}_{li}\boldsymbol{u}_{lj}}{|\boldsymbol{u}_l|} \quad (6-11)$$

$$|\boldsymbol{u}_l| = \sqrt{(\boldsymbol{u}_{xl})^2 + (\boldsymbol{u}_{yl})^2 + (\boldsymbol{u}_{zl})^2} \quad (6-12)$$

$$\boldsymbol{u}_l = -\frac{K_{rl}K}{\mu_l}\cdot(\nabla p_l - \gamma_l \nabla h) \quad (6-13)$$

$$R_k = \phi \sum_{l=1}^{n_p} S_l r_{kl} + (1-\phi) r_{ks} + Q_k \tag{6-14}$$

式中 C_{kl}——l 相中第 k 种物质组分的浓度（质量分数）；

R_k——第 k 组源汇相，m^3/d；

n_p——相数；

l——第 l 相；

$\tilde{C}_k$——第 k 种物质组分的总浓度（质量分数）；

$\tilde{C}_k$——第 k 种物质组分在所有相中的浓度之和；

n_{cv}——水、油、表面活性剂等占体积组分总数；

$\hat{C}_k$——组分 k 的吸附浓度（质量分数）；

ρ_k——参考压力下组分 k 的密度，g/cm^3；

p_R——压力，MPa；

p_{RO}——参考压力，MPa；

C_k^o——组分 k 的压缩系数，1/MPa；

$\boldsymbol{K}_{kl}$——弥散张量，m^3/d；

α_{Ll}, α_{Tl}——相 l 纵向和横向的弥散系数；

τ——迂曲度；

$\boldsymbol{u}_{li}, \boldsymbol{u}_{lj}$——相 l 空间方向流量，m^3/d；

δ_{ij}——Kronecher Delta 函数；

K——绝对渗透率，$10^{-3}\mu m^2$；

h——油藏深度，m；

K_{rl}——相对渗透率；

μ_l——相 l 黏度，$mPa \cdot s$；

γ_l——相 l 相对密度；

Q_k——组分 k 单位介质体积上的注入速率、产出速率，m^3/d；

r_{kl}, r_{ks}——分别是组分 k 在相 l 和固相 s 中反应速率，m^3/d。

4. 压力方程

对所有占体积组分质量平衡方程求和，把关于相通量的 Darcy 定律代入，适用毛细管压力定义，得到压力方程[15]为

$$\phi C_t \frac{\partial p_1}{\partial t} + \mathrm{div} K \cdot \lambda_{rTc} \nabla p_1 = -\mathrm{div} \sum_{l=1}^{n_p} K \cdot \lambda_{rlc} \nabla h + \mathrm{div} \sum_{l=1}^{n_p} K \cdot \lambda_{rlc} \nabla p_{cl1} + \sum_{k=1}^{n_{cv}} Q_k \tag{6-15}$$

$$\lambda_{rlc} = \frac{K_{rl}}{\mu_l} \sum_{k=1}^{n_{cv}} \rho_k C_{kl} \tag{6-16}$$

$$\lambda_{rTc} \sum_{l=1}^{n_p} \lambda_{rlc} \tag{6-17}$$

$$C_{\mathrm{t}} = C_{\mathrm{r}} + \sum_{k=1}^{n_{cv}} C_k^{\mathrm{o}} \tilde{C}_k \qquad (6\text{-}18)$$

式中 C_{t}——总压缩系数，1/MPa；
　　C_{r}——岩石压缩系数，1/MPa。

二、化学驱油机理数学模型

为满足聚驱后高浓度聚合物体系、弱碱三元复合体系、弱碱中相自适应堵调驱体系和无碱中相自适应堵调驱体系等研究需要，建立了不同驱油体系的驱油机理数学模型[16]，来表征不同驱油体系的驱油机理及对驱油效果的影响差异。

1. 聚合物驱油机理数学模型

国内外学者研究[17-19]认为，通常情况下，对于相对分子质量较小、浓度较低、黏度较小的普通聚合物，其驱油作用仅表现为聚合物黏性驱油机理；而对于相对分子质量较大、浓度较高、黏度较大的聚合物，其驱油作用不仅表现为聚合物黏性驱油机理，同时表现为聚合物弹性驱油机理。因此在化学驱数值模拟软件中为了不仅能够模拟普通聚合物，又能模拟高分子、高浓度、高黏度聚合物的驱油过程，建立了聚合物黏性驱油机理数学模型和弹性驱油机理数学模型，来满足不同时期、不同类型聚合物模拟需要。

（1）聚合物黏性驱油机理数学模型。

①聚合物溶液的黏度。

聚合物溶液的高黏度能够改善油水流度比，抑制注入水的突进，扩大宏观波及体积[17]。实验结果表明：在零剪切速率下聚合物溶液的黏度 μ_{p}^0 是聚合物溶液的浓度和含盐量的函数，黏度 μ_{p}^0 与聚合物浓度 C_{p} 之间的关系通过一个不完全三次多项式表达。

$$\mu_{\mathrm{p}}^0 = \mu_{\mathrm{w}} \left[1 + \left(A_{\mathrm{p}1} C_{\mathrm{p}} + A_{\mathrm{p}2} C_{\mathrm{p}}^2 + A_{\mathrm{p}3} C_{\mathrm{p}}^3 \right) C_{\mathrm{SEP}}^{S_{\mathrm{p}}} \right] \qquad (6\text{-}19)$$

式中 μ_{p}^0——参考剪切速率下聚合物溶液的黏度，mPa·s；
　　$N_{\mathrm{p}1}$——水的黏度，mPa·s；
　　C_{p}——溶液中聚合物的质量分数；
　　$A_{\mathrm{p}1}, A_{\mathrm{p}2}, A_{\mathrm{p}3}$——实验资料确定的常数；
　　C_{SEP}——有效含盐质量分数；
　　S_{p}——实验确定的参数。

②聚合物溶液流变特征。

一般说来高分子聚合物溶液都具有某种流变特征[18]，即认为其黏度依赖于剪切速率，利用 Meter 方程表达这种依赖关系，聚合物溶液的黏度 μ_{p} 与剪切速率的函数关系为

$$\mu_{\mathrm{p}} = \mu_{\mathrm{w}} + \frac{\mu_{\mathrm{p}}^0 - \mu_{\mathrm{w}}}{1 + \left(\gamma / \gamma_{\mathrm{ref}} \right)^{p_{\alpha}-1}} \qquad (6\text{-}20)$$

式中 μ_{w}——水的黏度，mPa·s；
　　γ_{ref}——参考剪切速率，s^{-1}；

p_α——经验系数；

μ_p——聚合物溶液在多孔介质中流动的视黏度，mPa·s；

γ——多孔介质中流体的等效剪切速率，s^{-1}。

多孔介质中水相的等效剪切速率 γ 利用 Blake-Kozeny 方程表示。

$$\gamma = \frac{\gamma_c |u_w|}{\sqrt{\overline{K} K_{rw} \phi S_w}} \tag{6-21}$$

$$\gamma_c = 3.97C \text{ s}^{-1} \tag{6-22}$$

$$\overline{K} = \left[\frac{1}{K_x}\left(\frac{u_{xw}}{u_w}\right)^2 + \frac{1}{K_y}\left(\frac{u_{yw}}{u_w}\right)^2 + \frac{1}{K_z}\left(\frac{u_{zw}}{u_w}\right)^2 \right]^{-1} \tag{6-23}$$

式中　C——剪切速率系数，与非理想影响有关（如孔隙介质中毛细管壁的滑移现象）；

K_{rw}——水相相对渗透率；

$\overline{K}$——平均渗透率，$10^{-3} \mu m^2$；

u_w——水相流速，m^3/d；

u_{xw}, u_{yw}, u_{zw}——水相的 x 方向、y 方向和 z 方向的流速，m^3/d；

K_x, K_y, K_z——油层 x 方向、y 方向和 z 方向的渗透率，$10^{-3} \mu m^2$。

③渗透率下降系数。

聚合物溶液在多孔介质中渗流时，由于聚合物在岩石表面的吸附必然引起流度下降和流动阻力增加[18]。利用渗透率下降系数 R_K 描述这一现象。

$$R_K = 1 + \frac{(R_{KMAX} - 1) b_{rk} C_p}{1 + b_{rk} C_p} \tag{6-24}$$

$$R_{KMAX} = \left\{ 1 - \left[c_{rk} \tilde{\mu}^{\frac{1}{3}} \Big/ \left(\frac{\sqrt{K_x K_y}}{\phi}\right)^{\frac{1}{2}} \right] \right\}^{-4} \tag{6-25}$$

$$\tilde{\mu} = \lim_{C_p \to 0} \frac{\mu_0 - \mu_w}{\mu_w C_p} = A_{p1} C_{SEP}^{S_p} \tag{6-26}$$

式中　$\tilde{\mu}$——聚合物溶液本征黏度，mPa·s；

b_{rk}, c_{rk}——输入参数。

④不可及孔隙体积。

实验发现流经孔隙介质时聚合物溶液中的示踪剂流动得快，这可解释为聚合物能够流经的孔隙体积小，这是聚合物的高分子结构决定的。聚合物不能进入的这部分孔隙体积称为不可及孔隙体积。在模型中表示为

$$\text{IPV} = \frac{\phi - \phi_\text{p}}{\phi} \tag{6-27}$$

式中 IPV——聚合物溶液的不可及孔隙体积分数；
ϕ——盐水测的孔隙度；
ϕ_p——聚合物溶液测的孔隙度。

⑤聚合物吸附。

聚合物在油藏岩石表面上的吸附是聚合物驱油过程中发生的重要物理化学现象之一。吸附量的多少直接决定聚合物的用量和采收率的高低。利用 Langmuir 模型模拟聚合物的吸附。

$$\hat{C}_\text{p} = \frac{aC_\text{p}}{1 + bC_\text{p}} \tag{6-28}$$

式中 $\hat{C}_\text{p}$——聚合物的吸附浓度（质量分数）；
a, b——常数。

（2）聚合物弹性驱油机理数学模型。

长期以来，在石油工程领域内普遍认为聚合物驱油提高采收率的机理是聚合物溶液的高黏度降低水相流度，改善油水两相的流度比，提高驱替液的宏观波及效率[20]。近几年，随着聚合物驱油生产规模的扩大和理论研究的加深，大量理论研究证实聚合物溶液具有黏弹性，在驱油过程中，其黏性能够改善油水流度比，扩大宏观波及效率；而靠其弹性能够携带水驱无法驱动的残余油，降低残余油饱和度，提高微观驱油效率。

①聚合物溶液的黏弹性及弹性驱油机理概述。

黏弹性是指物质对施加外力的响应表现为黏性和弹性的双重特性，表征材料黏弹性的两种最常用的实验方法是振荡剪切流动和稳态剪切流动。振荡剪切流动是对材料施加正弦剪切应变，而应力作为动态响应加以测定，主要测定溶液的损耗模量和储存模量；而稳态剪切流动主要是测定黏度函数和第一法向应力差函数。聚合物分子是具有柔性的长链结构，在水溶液中一般卷曲成圈状，在剪切流动的同时伴有弹性形变。稳态剪切流动实验结果表明：聚合物溶液表现出剪切变稀特性，第一法向应力差随剪切速率的增加而增加，相对分子质量越大，第一法向应力差及表观黏度也越大，说明黏弹性越强。振荡剪切流动实验结果指出：相对分子质量越大，其相应的损耗模量和储存模量均越大，说明聚合物溶液的高黏性伴随着高弹性。因此，聚合物溶液是一种黏弹性流体。

实验室岩心驱油实验结果表明[21]：水驱后岩心中仍然剩有大量的残余油，本书中的残余油定义为岩心驱替至出口端不再产出原油时岩心中的不可动油。水驱后残余油的类型可以划分为岩石表面的油膜、盲端状残余油、毛细管压力作用下的孔喉残余油、岩心微观非均质部分未被波及的残余油。研究结果表明：黏弹性的聚合物溶液驱替后，所有类型的微观残余油均减少。这是由于聚合物溶液具有弹性性质，驱油过程中具有弹性性质的聚合物驱替液平行于油水界面的黏滞力使作用于残余油的拉拽力加大，将更多的残余油从孔喉中拉拽出来。因为对于具有弹性的溶液，其后续流体对前缘的流体不仅有推动作用，而且前缘的流体对其边部及后续流体有拉拽作用，这种拉拽作用是由于聚合物长分子链间的相互缠绕及分子链间的相互拉拽造成的，弹性越大，这种拉拽作用越强。

②聚合物溶液弹性提高微观驱油效率实验表征。

实验室关于聚合物弹性提高微观驱油效率实验结果表明[21-22]：残余油饱和度是弹性和毛细管数的函数，当聚合物弹性一定时，随着毛细管数的增加，残余油饱和度降低；在同一毛细管数条件下，聚合物溶液的弹性越大，残余油饱和度越低（图6-1）。

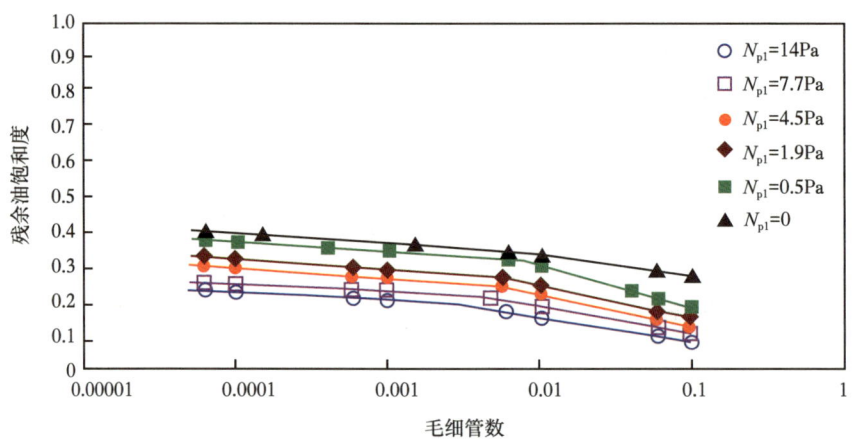

图 6-1　聚合物溶液毛细管驱油曲线

③残余油饱和度。

聚合物溶液的弹性大小与聚合物的相对分子质量和浓度有关，相对分子质量和浓度越大，弹性越大[23-24]。利用第一法向应力差表征聚合物溶液的弹性大小，第一法向应力差 N_{p1} 是聚合物浓度 C_p 和相对分子质量 M_r 的函数。

$$N_{p1} = C_{n1}(M_r)C_p + C_{n2}(M_r)C_p^2 \tag{6-29}$$

式中　N_{p1}——第一法向应力差，MPa；

$C_{n1}(M_r)$，$C_{n2}(M_r)$——聚合物相对分子质量 M_r 有关的参数，由实验室测定给出。

聚合物驱残余油饱和度 S_{or} 是第一法向应力差 N_{p1} 和毛细管数 N_c 的函数。

$$S_{or} = S_{or}^h + \frac{S_{or}^w - S_{or}^h}{1 + T_1 N_{p1} + T_2 N_{co}} \tag{6-30}$$

式中　S_{or}^h——高弹性和高毛细管数理想情况下聚合物驱后残余油饱和度的极限值；

S_{or}^w——水驱后的残余油饱和度；

T_1，T_2——由实验资料确定的参数。

④相对渗透率曲线。

残余油饱和度的变化必然引起油相相对渗透率曲线发生改变，变化后的油相相对渗透率 K_{ro} 是残余油饱和度的函数。

$$K_{ro} = K_{ro}(S_{or}) \tag{6-31}$$

（3）多种相对分子质量聚合物混合驱油机理数学模型。

油藏中有多种相对分子质量聚合物溶液同时存在时，每种聚合物在油藏中的物质输运过程满足各自独立的物质传输方程，包括对流扩散过程、吸附和不可及孔隙体积。驱油机理表现为多种相对分子质量聚合物溶液加和后的总浓度驱油过程。

①多种相对分子质量聚合物溶液混合总浓度。

多种相对分子质量聚合物溶液混合后的总浓度 C_{pt} 是每一种相对分子质量聚合物溶液浓度 C_{pi} 的加和。

$$C_{pt} = \sum_{i=1}^{n} C \tag{6-32}$$

②多种相对分子质量聚合物溶液混合驱油机理模型。

将多种相对分子质量聚合物溶液混合后的总浓度代入单一相对分子质量聚合物驱油机理数学模型，可以得到多种相对分子质量聚合物溶液混合驱油机理数学模型。其中每个驱油机理模型所需的参数表示为每种相对分子质量聚合物溶液相应参数的浓度加权平均的形式。

$$\alpha = \frac{\sum_{i=1}^{n} C_{pi} \alpha_i}{\sum_{i=1}^{n} C_{pi}} \tag{6-33}$$

式中　α——多种相对分子质量聚合物溶液混合后驱油机理数学模型状态方程中的常数；

α_i——单一相对分子质量聚合物溶液单独驱油时驱油机理数学模型中的常数。

2. 表面活性剂与碱复合驱油机理

通常的化学复合驱油过程中，由于经济效益因素，所采用的表面活性剂浓度比较低，一般情况下低于临界胶束浓度。如果表面活性剂、水和油组成的体系中表面活性剂浓度低于临界胶束浓度，体系就不会出现相态的变化，整个体系仅由油水两相组成，称这种体系为非相态稀体系[25]。非相态稀体系三元复合驱的驱油机理通过表面活性剂、碱、油和水之间的化学复合协同效应实现[26-29]。

（1）表面活性剂和碱复合协同效应驱油机理数学模型。

在化学复合协同效应驱油机理描述中，综合考虑的化学驱油机理主要包括：界面张力降低、碱与原油中的有机酸反应生成表面活性剂、润湿性改变、碱和表面活性剂的竞争吸附、毛细管驱替和相对渗透率改变。其中，碱与原油中的有机酸反应生成表面活性剂隐含体现在界面张力活性图中；润湿性改变引起的驱油机理由毛细管驱替曲线来描述。

①界面张力。

表面活性剂、碱、油和水之间的化学复合协同效应通过界面张力活性函数描述[30]。

$$\sigma_{ow} = \sigma_{ow}(C_s, C_a) \tag{6-34}$$

式中　σ_{ow}——油水间的界面张力，mN/m；

C_s——表面活性剂浓度（质量分数）；

C_a——碱浓度（质量分数）。

界面张力活性函数由实测获得。

②毛细管数。

毛细管数是反应由于黏性力的作用而使相残余饱和度发生改变的一个无量纲变量[31]。毛细管数的定义为

$$N_{cl} = \frac{|\boldsymbol{K} \cdot \mathrm{grad} \Phi_{l'}|}{\sigma_{ll'}}, \quad l = \mathrm{w, o} \quad （6-35）$$

式中　l——被驱替；

l'——驱替相；

$\Phi_{l'}$——驱替相的势函数；

$\sigma_{ll'}$——被驱替和驱替相之间的界面张力，mN/m；

$\boldsymbol{K}$——渗透率张量。

③相残余饱和度。

毛细管数与润湿相或非润湿相残余饱和度之间关系的曲线称为毛细管驱替曲线[32]（图 6-2），在毛细管数较低的范围，不论润湿相和非润湿相，残余饱和度不随着毛细管数的变化而改变；当毛细管数增加到润湿相或非润湿相的临界值时，无论润湿相还是非润湿相，其残余饱和度将会随着毛细管数的增加而降低；非润湿相的毛细管数临界值会比润湿相的毛管数临界值低，表现为非润湿相在相对比较低的毛细管数时残余饱和度就会随着毛细管数的增加而降低，而润湿相则会在毛细管数达到相对比较高的值时才会出现这样的现象。

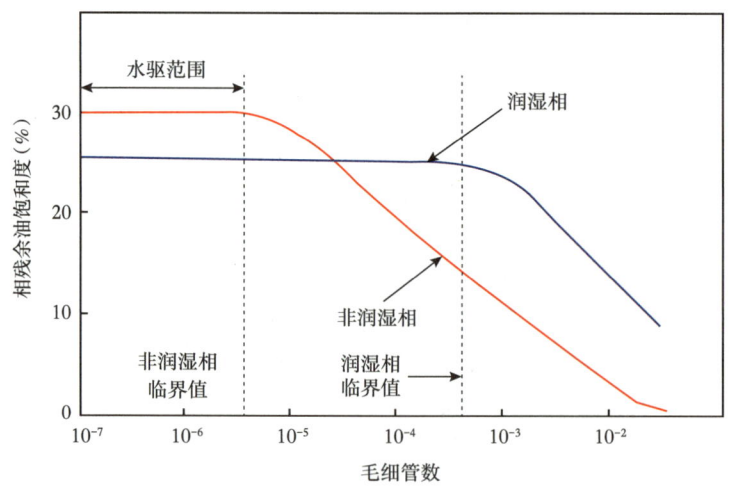

图 6-2　毛细管驱替曲线

毛细管数与相残余饱和度之间关系描述为

$$S_{lr} = S_{lr}^{\mathrm{H}} + \frac{S_{lr}^{\mathrm{L}} - S_{lr}^{\mathrm{H}}}{1 + T_{1l} N_{cl}}, \quad l = \mathrm{w, o}$$

（6-36）

式中 T_{1l}——常数；

S_{lr}^L，S_{lr}^H——水驱低毛细管数和理想极限高毛细管数下 l 相的残余饱和度。

④相对渗透率曲线。

相残余饱和度的变化会引起相对渗透率曲线发生改变，数学模型描述为首先给出低毛细管数水驱情况下的相对渗透率曲线和极限高毛细管数和高聚合物弹性情况下的相对渗透率曲线，然后根据求得的相残余饱和度值，利用这两套相对渗透率曲线插值计算由于相残余饱和度改变引起的相对渗透率变化（图 6-3）。

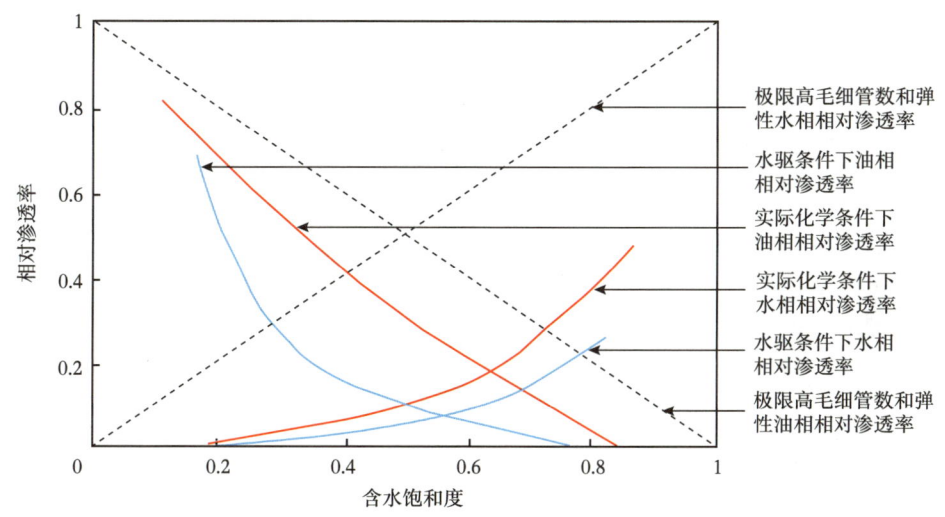

图 6-3　相对渗透率曲线数学模型示意图

相对渗透率插值数学模型为

$$K_{ro} = K_{ro}^w + \left(K_{ro}^h - K_{ro}^w \right) \left(\frac{S_{or}^w - S_{or}}{S_{or}^w - S_{or}^h} \right) \qquad (6-37)$$

$$K_{rw} = K_{rw}^w + \left(K_{rw}^h - K_{rw}^w \right) \left(\frac{S_{wr}^w - S_{wr}}{S_{wr}^w - S_{wr}^h} \right) \qquad (6-38)$$

式中 K_{ro}，K_{rw}——三元复合驱过程中油相和水相的相对渗透率；

K_{ro}^w，K_{rw}^w——水驱低毛细管数条件下油相和水相的相对渗透率；

K_{ro}^h，K_{rw}^h——极限高毛细管数和聚合物弹性条件下油相和水相的相对渗透率。

（2）表面活性剂和碱竞争吸附驱油机理数学模型。

①碱的损耗。

研究表明[33]氢氧化钠、碳酸钠和碳酸氢钠三种碱在大庆油砂上的损耗量会随着碱平衡浓度的增加而增加，但当碱平衡浓度增加到一定值后，碱损耗量基本逐渐趋缓（图 6-4）。

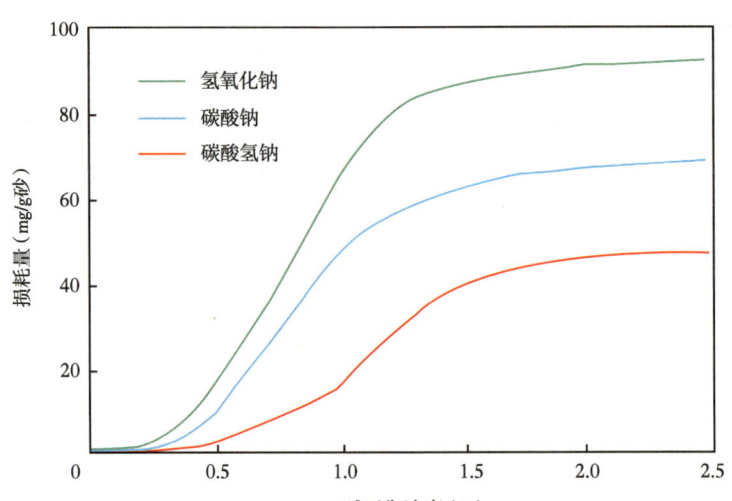

图 6-4　不同碱剂在大庆油砂上的损耗

基于上述研究，建立碱的损耗数学模型描述为

$$\hat{C}_A = \frac{a_1 C_A}{1 + b_1 C_A} \quad (6-39)$$

式中　$\hat{C}_A$——碱的损耗浓度（质量分数）；

C_A——碱的平衡浓度（质量分数）；

a_1，b_1——由实验确定的常数。

② 表面活性剂的损耗。

图 6-5 给出了大庆油田条件不同碱浓度情况下表面活性剂在大庆油砂上的吸附曲线[33]。从图 6-5 中可以看出，随着碱浓度的增加，表面活性剂的吸附量下降。同时，碱浓度越高，表面活性剂吸附量达到平衡时的浓度越低。

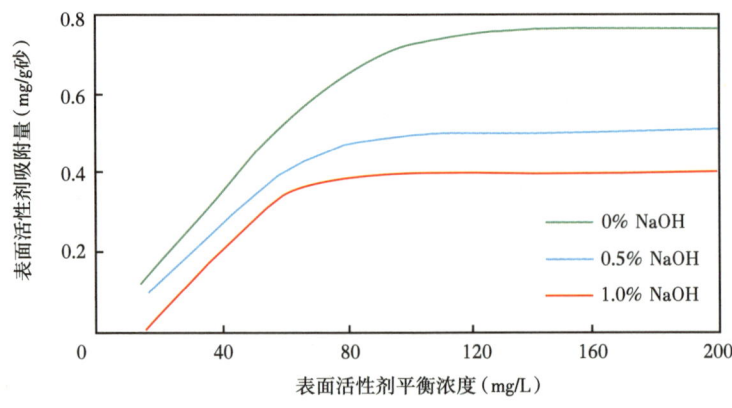

图 6-5　不同碱浓度情况下表面活性剂在大庆油砂上的吸附曲线

根据实验结果,表面活性剂与碱的竞争吸附数学模型描述为

$$\hat{C}_S = \frac{a_2 C_S}{1 + b_2 C_S} \mathrm{e}^{-\lambda \hat{C}_A} \qquad (6\text{-}40)$$

式中 $\hat{C}_S$——表面活性剂吸附浓度(质量分数);

$\hat{C}_A$——碱的损耗浓度(质量分数);

C_S——表面活性剂的平衡浓度(质量分数);

a_2,b_2,λ——由实验确定的常数。

3. 碱复杂驱油机理数学模型

(1)储层润湿性改变驱油机理数学模型。

实验室测定了储层岩石由亲油转向亲水过程后相对渗透率的曲线的变化,结果如图 6-6 所示。结果表明:亲油油层的驱油效率较低,而亲水油层的驱油效率相对较高。化学驱过程注入的表面活性剂和碱与储层相互作用,可以将岩石表面由亲油转变为亲水,降低残余油饱和度,从而提高驱油效率[34]。

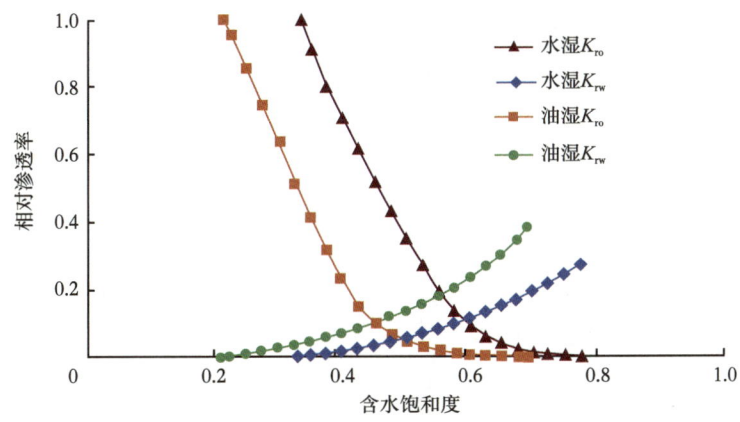

图 6-6 储层润湿性改变对相对渗透率曲线的影响

由此建立了储层润湿性影响驱油机理数学模型,能够描述表面活性剂吸附、碱化学反应和长期水冲刷对储层润湿性的影响。

$$S_{lr} = S_{lr}^h + \frac{S_{lr}^w - S_{lr}^h}{1 + \left\{ T_l^0 \left[1 + \alpha \frac{a_1 C_S}{1 + b_1 C_S} + \beta \frac{a_2 C_A}{1 + b_2 C_A} + \lambda \left(\frac{t}{t_0} \right)^\theta \right]^{n_l} \right\} N_{cl}} \qquad (6\text{-}41)$$

式中 C_S——表面活性剂浓度(质量分数);

C_A——碱浓度(质量分数);

S_{lr}——l 相残余饱和度;

t_0——参考时间,d;

t——化学剂作用时间,d;

a_1,b_1,a_2,b_2,θ,n_l,α,β,λ——由实验数据确定的参数。

（2）碱结垢及溶蚀驱油机理数学模型。

三元复合体系注入液（尤其是强碱）进入地层后，形成一个新的由三元复合驱、地层岩心矿物、储层地下水和含溶解气原油组成的相互作用的复杂体系。一方面三元复合驱中的碱 NaOH 离解出的 Na^+ 可与地层岩石中的二价阳离子（Ca^{2+}、Mg^{2+} 等）发生离子交换，使地层中二价阳离子含量增加，这些二价阳离子及地层流体中的二价阳离子 Ca^{2+}、Mg^{2+} 等与 NaOH 离解出的 OH^-、OH^- 与地层流体中 HCO_3^- 反应产生的 CO_3^{2-}、表面活性剂磺酸盐，以及聚合物聚丙烯酰胺等作用形成沉淀；另一方面碱与岩石矿物反应过程中溶蚀产生的 AlO_2^-、SiO_3^{2-} 将与上述阳离子结合生成沉淀，其中的硅酸盐只有某些含钾、钠硅酸盐是可溶性的，其余的均不溶于水，因此硅酸盐沉淀的种类很丰富。这些新的反应打破了原来地层流体和岩石矿物之间的物理化学平衡状态，也直接或间接引起储层岩石矿物的被溶蚀伤害和与地层流体间的离子交换等混合物理化学作用，地层中这些作用的发生过程中会产生温度和 pH 值的变化。总之这些作用的结果导致三元复合驱过程储层流体中富集的成垢离子（SiO_3^{2-}、AlO_2^-、Ca^{2+}、Mg^{2+}、OH^- 和 CO_3^{2-} 等）在特定的温度、压力和 pH 值条件下达到过饱和，进而产生化学沉淀，持续的化学沉淀交替沉积在储层岩石表面，造成地层伤害，导致渗透能力降低，注采能力下降[35]。

基于上述认识建立了碱与矿物溶蚀反应引起结垢沉淀对储层渗透率影响数学模型，能够描述溶蚀反应和离子交换动力速度及油层压力对化学驱油作用的影响。

$$K = K_0 \cdot \frac{F(p)}{1+\left(V_{ca}\frac{dC_a}{dt} + G_{si}\frac{dS_i}{dt} + H_{al}\frac{dC_{al}}{dt}\right)\gamma} \quad (6\text{-}42)$$

$$\frac{dC_a}{dt} = a_{ca} C_a^{b_{ca}} \quad (6\text{-}43)$$

$$\frac{dS_i}{dt} = a_{si} C_a^{b_{si}} \quad (6\text{-}44)$$

$$\frac{dC_{al}}{dt} = a_{al} C_a^{b_{al}} \quad (6\text{-}45)$$

式中　$F(p)$——压力对碱结垢影响关系，关于压力 p 的函数；

V_{ca}，G_{si}，H_{al}，γ——常数；

$\frac{dC_a}{dt}$，$\frac{dS_i}{dt}$，$\frac{dC_{al}}{dt}$——碱溶蚀化学作用引起的钙离子、硅离子和铝离子动力学反应速率，d^{-1}；

a_{ca}，b_{ca}，a_{si}，b_{si}，a_{al}，b_{al}——由实验数据确定的参数。

（3）化学剂色谱分离驱油机理数学模型。

三元复合体系注入油层后，体系中的表面活性剂、聚合物和碱三种组分由于化学剂性质本身的差别，会与储层矿物发生不同的物理化学作用，宏观表现出三种化学剂吸附损耗量不同，进而导致表面活性剂、聚合物和碱三种组分在地层中传播速度不一样。通常情况下，聚合物运移最快最先产出，碱次之，表面活性剂消耗量最大，运移最慢，最后产出，这就是化学剂色谱分离现象[37]。

当聚合物与碱共同存在时，聚合物受碱的作用，黏度会比较低。当色谱分离现象出现后，聚合物分子运移比碱快，聚合物浓度前缘碱尚未波及，聚合物分子链重新伸展而引起黏度增加。

依据上述现象建立了化学剂色谱分离对聚合物黏度影响驱油机理数学模型，能描述三元复合驱过程由于色谱分离，聚合物浓度前缘碱浓度降低，聚合物分子链重新伸展而引起黏度增加的现象。

$$\mu_p^0 = \mu_w \left[1 + \left(A_{p1} w_{pw} + A_{p2} w_{pw}^2 + A_{p3} w_{pw}^3 \right) w_{SEP}^{S_p} e^{-\alpha C_A} \right] \quad (6-46)$$

式中 μ_p^0——零剪切速率下水相黏度，mPa·s；

C_A——碱浓度（质量分数）；

α——常数。

4. 无碱中相自适应堵调驱体系驱油机理数学模型

无碱中相自适应堵调驱体系由非连续相（PPG 颗粒）与连续相（无碱中相复合体系）组成，非连续相 PPG 颗粒优先进入大孔道，通过堆积—封堵优势渗流通道[38-41]，实现微观液流转向，使连续相驱替液进入小孔道中，实现高渗透层、低渗透层"动态调堵，同步驱替"。

（1）非均相 PPG 颗粒驱油机理数学模型。

非连续相为 PPG 颗粒[42]，根据不同孔径并联孔道微观渗流实验结果认识，建立了非连续相渗透率下降系数数学模型[43]。

$$R_K = \left[1 + \frac{(R_{KMAX} - 1) b_{rk} C_p}{1 + b_{rk} C_p} \right] e^{\left(\frac{K}{A} \right)^n \alpha C_{PPG}} \quad (6-47)$$

$$R_{KMAX} = \left\{ 1 - \left[c_{rk} \tilde{\mu}^{\frac{1}{3}} / \left(\frac{\sqrt{K_x K_y}}{\phi} \right)^{\frac{1}{2}} \right] \right\}^{-4} \quad (6-48)$$

$$\tilde{\mu} = \lim_{C_p \to 0} \frac{\mu_o - \mu_w}{\mu_w C_p} = A_{p1} C_{SEP}^{S_p} \quad (6-49)$$

式中 R_{KMAX}——最大渗透率下降系数；

C_p——聚合物溶液的浓度（质量分数）；

C_{PPG}——PPG 溶液的浓度（质量分数）；

K——油层渗透率，$10^{-3} \mu m^2$；

A——平均渗透率，$10^{-3} \mu m^2$；

$\tilde{\mu}$——聚合物溶液的本征黏度，mPa·s；

$b_{rk}, c_{rk}, n, \alpha$——输入参数，由实验数据确定。

（2）连续相微乳液驱油机理数学模型。

向油藏中注入由油、水、表面活性剂、助表面活性剂（醇）和盐等 5 种组分组成的连续相复合体系时，当体系中表面活性剂浓度达到临界胶束浓度（CMC）时，上述体系即可形成微乳液相[44]。

①微乳液驱油机理。

表面活性剂溶于水后，表面活性剂分子电离成一个单体和一个离子，起初单体浓度随着表面活性剂浓度的增加而增加[44]。当表面活性剂浓度增加到临界值时（临界胶束浓度），单体浓度不再随着表面活性剂浓度增加而增加，过量的单体形成了胶束（图 6-7）。

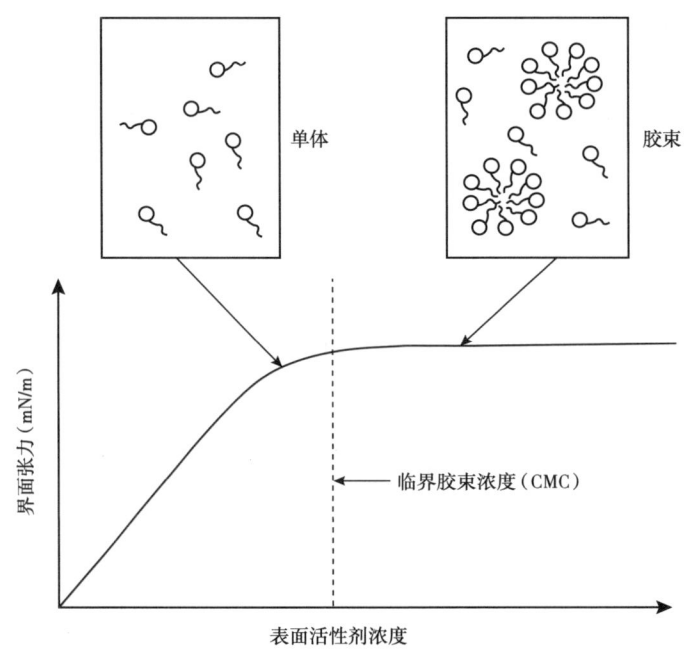

图 6-7　表面活性剂在水溶液中溶解特性

对于油、水和表面活性剂组成的体系，当表面活性剂浓度高于临界胶束浓度时，则会形成微乳液。微乳液是由水、表面活性剂、油和助表面活性剂四种物质在一定的配比下自发形成的透明或半透明的、光学各向同性、稳定热力学的液体体系。微乳液体系可以使残存在油藏岩石孔隙中的原油与盐水间的界面张力降低到超低值，使残存的油流动性能增加，在注入水的驱动下相互聚集形成可流动的油带流向产油井。

微乳液的主要驱油机理[45]表现在：

a. 具有超低界面张力，一般情况下，稀的表面活性剂驱油体系可以使常规的油水界面张力从 70mN/m 降到 20mN/m，形成微乳相后，油水之间界面张力可以降到 $10^{-3} \sim 10^{-4}$ mN/m，而且中相微乳液油水界面张力更低[35]。

b. 具有很强的增溶原油的能力，水包油型微乳液最大可增溶 60% 油量，中相微乳液能同时增溶油和水，最佳状态下，增溶油量与增溶水量相等；

c. 原油携带与聚并的驱油机理明显，微乳液体系使残存的油脉相互聚集形成油带流向采油井，达到深化采油的目的，其中中相微乳液在孔隙介质中油珠聚并所需时间最短；

d. 体系黏度低、注入能力好，由于微乳液具有低的乳化液黏度、流动性能好，其可以注入一般化学剂无法注入的低渗透油藏；

e.耐温、耐盐性能强,微乳液中降低油水界面张力的主要成分是表面活性剂,表面活性剂耐温性能一般在100℃以上,所以微乳液驱油技术可以应用到聚合物不能应用的高温油藏。

微乳液驱油过程中会出现复杂的相态变化[46],在低含盐量下呈现水包油下相微乳液与油共存的Ⅱ(-)型相态;在高含盐量下呈现油包水上相微乳液与水共存的Ⅱ(+)型相态;在中间含盐量下呈现中相微乳液、油和水共存的Ⅲ型相态(图6-8)。

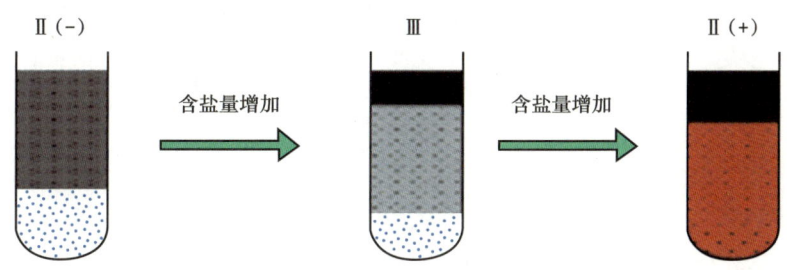

图 6-8　油—水—表面活性剂体系微乳液相态变化及类型

②微乳液相态类型描述方法。

通常可用三元相图来研究微乳液的相态变化[47],水外相微乳液也称为下相微乳液(用L表示);油外相微乳液也被称为上相微乳液(用U表示)。图6-9(a)和图6-9(b)中的A点、B点分别对应图6-10中的A、B两种相态类型。

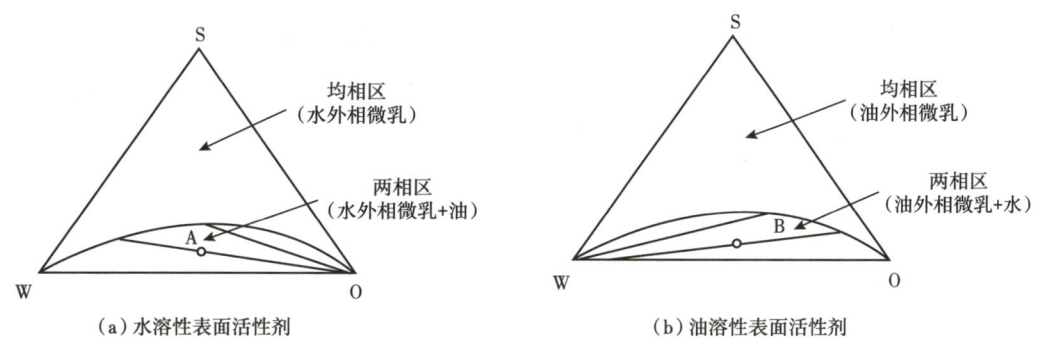

(a)水溶性表面活性剂　　　　(b)油溶性表面活性剂

图 6-9　微乳液的三元相图
S—表面活性剂与助表面活性剂;W—盐水;O—油

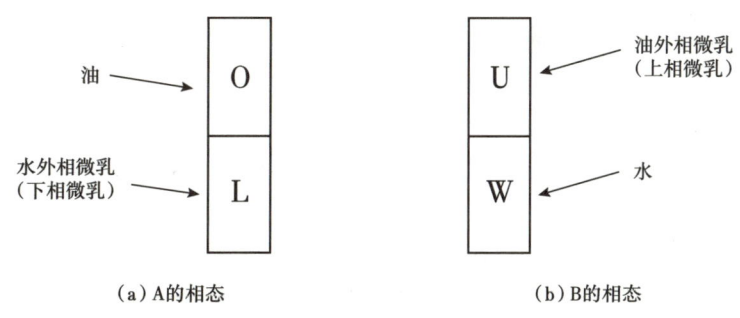

(a)A的相态　　　　(b)B的相态

图 6-10　微乳液的三元相图体系中A和B的相态

③有效含盐量对微乳液相行为的影响描述。

含盐量对相行为有重要影响[48-51]。在低含盐量情况下，过量油相和微乳液共存即下相微乳液，这种类型的相环境称为 Winsor Ⅰ 型，或称为 Type Ⅱ（-）型。对高含盐量情况，过量水相和微乳液共存即上相微乳液，这种类型的相环境称为 Winsor Ⅱ 型，或称为 Type Ⅱ（+）型。对于中间含盐量的情形，上相为油相、下相为水相、微乳液处于中间即中相微乳液，这种类型的相环境称为 Winsor Ⅲ 型，或称为 Type Ⅲ。

有效含盐量与水中二价阳离子密切相关，其值随着二价阳离子的增加而增大。

$$C_{SE} = C_{51}\left(1 - \beta_6 f_6^s\right)^{-1}\left[1 + \beta_T\left(T - T_{ref}\right)\right]^{-1} \quad (6-50)$$

$$f_6^s = \frac{C_6^s}{C_3^m} \quad (6-51)$$

式中　C_{SE}——水相中有效含盐量浓度，mg/L；
　　　C_{51}——水相中阴离子浓度，meq/mL；
　　　β_6——常数；
　　　f_6^s——受限于表面活性剂胶团所有二价阳离子的分数；
　　　β_T——温度系数；
　　　T，T_{ref}——油藏温度和参考温度，℃；
　　　C_6^s——总二价阳离子浓度，meq/mL；
　　　C_3^m——表面活性剂胶束浓度，meq/mL。

双节固溶曲线采用了 Hand 规则，并假定对所有相环境相同。Hand 规则基于经验观测，均衡相浓度比在 LOG—LOG 尺度下是直线。图 6-11（a）和图 6-11（b）展示了 Winsor Ⅰ 型相环境平衡相三元相图和对应的 Hand 图。

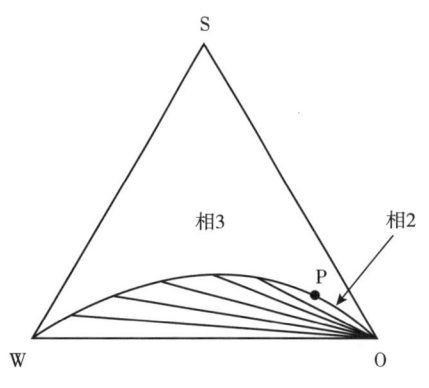

（a）Winsor Ⅰ型相环境平衡相三元相图

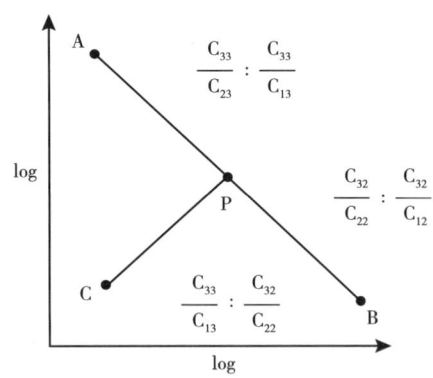

（b）HAND 划分示意图

图 6-11　三元相图与 HAND 划分图的对应关系示意图

双节固溶曲线计算公式为

$$\frac{C_{3l}}{C_{2l}} = A\left(\frac{C_{3l}}{C_{1l}}\right)^B, l=1,2,3 \quad (6-52)$$

式中 A，B——经验参数；
C_{1l}，C_{2l}，C_{3l}——油相、水相和微乳相中各组分浓度，mg/L。

对一个对称的双节固溶曲线（$B=-1$）而言，相浓度是按照油相浓度 C_{2l} 显式计算的 $\left(\sum_{k=1}^{3} C_{kl} = 1\right)$。

$$C_{3l} = \frac{1}{2}\left[-AC_{2l} + \sqrt{(AC_{2l})^2 + 4AC_{2l}(1 - C_{2l})}\right], \quad l=1, 2 \quad (6-53)$$

参数 A 与双节固溶曲线的高度相关：

$$A_m = \left(\frac{2C_{3\max,m}}{1 - C_{3\max,m}}\right)^2, \quad m = 0, 1, 2 \quad (6-54)$$

式中 m——含盐量级别，$m=0$，1，2 分别代表低含盐量、最佳含盐量和高含盐量；
$C_{3\max,m}$——含盐量为 m 级别时对应的最大微乳液相浓度，mg/L。

双节固溶曲线的高度是温度的线性函数：

$$C_{3\max,m} = H_{\mathrm{BNC},m} + H_{\mathrm{BNT},m}(T - T_{\mathrm{ref}}), \quad m = 0, 1, 2 \quad (6-55)$$

式中 $H_{\mathrm{BNC},m}$，$H_{\mathrm{BNT},m}$——输入参数。

A_m 是线性插值：

$$A = (A_0 - A_1)\left(1 - \frac{C_{\mathrm{SE}}}{C_{\mathrm{SEOP}}}\right) + A_1, \quad 当 C_{\mathrm{SE}} \leqslant C_{\mathrm{SEOP}} \quad (6-56)$$

$$A = (A_2 - A_1)\left(\frac{C_{\mathrm{SE}}}{C_{\mathrm{SEOP}}} - 1\right) + A_1, \quad 当 C_{\mathrm{SE}} > C_{\mathrm{SEOP}} \quad (6-57)$$

式中 C_{SEL}，C_{SEU}，C_{SEOP}——最低、最高和最佳有效含盐量，mg/L，其中 C_{SEOP} 是 C_{SEL} 和 C_{SEU} 的算术平均，对应三个参考含盐量时双节固溶曲线的高度是根据实验室的相态实验来估计的。

④微乳液相黏度计算方法。

液相黏度由纯组分黏度和相浓度计算得到。

$$\mu_l = C_{1l}\mu_{\mathrm{w}} \mathrm{e}^{\alpha_1(C_{2l} + C_{3l})} + C_{2l}\mu_{\mathrm{o}} \mathrm{e}^{\alpha_2(c_{1l} + C_{3l})} + C_{3l}\alpha_3 \mathrm{e}^{(\alpha_4 C_{1l} + \alpha_5 C_{2l})}, \quad l = 1, 2, 3 \quad (6-58)$$

式中 μ_l，μ_{w}，μ_{o}——液相、油相、水相黏度，mPa·s；
C_{1l}，C_{2l}，C_{3l}——油相、水相或微乳相中各组分浓度，mg/L；
α_1，α_2，α_3，α_4，α_5——由实验资料确定的常数。

⑤吸附数学模型。

利用 Langmuir 等温吸附模型描述表面活性剂吸附程度，考虑了含盐量、表面活性剂浓度和渗透率。吸附对浓度而言是不可逆的，对含盐量而言是可逆的。表面活性剂吸附浓

度（$k=3$）和聚合物吸附浓度（$k=4$）表示为

$$\hat{C}_k = \min\left[\tilde{C}_k, \frac{a_k(\tilde{C}_k - \hat{C}_k)}{1 + b_k(\tilde{C}_k - \hat{C}_k)}\right], \quad k=3, 4 \tag{6-59}$$

表面活性剂吸附随着有效含盐量线性增加，随着渗透率增加而下降：

$$a_3 = (a_{31} + a_{32}C_{SE})\left(\frac{K_{ref}}{K}\right)^{\frac{1}{2}} \tag{6-60}$$

$$C_{SE} = C_{51}(1 - \beta_6 f_6^s)^{-1}[1 + \beta_T(T - T_{ref})]^{-1} \tag{6-61}$$

$$f_6^s = \frac{C_6^s}{C_3^m} \tag{6-62}$$

式中　K_{ref}——参考渗透率，$10^{-3}\mu m^2$；

　　　a_{31}，a_{32}，b_3——由实验测定的参数；

　　　C_{51}——水相中的阴离子浓度，meq/mL；

　　　β_6——正常数；

　　　β_T——温度系数；

　　　f_6^s——总二价阳离子浓度与表面活性剂胶束浓度的比值；

　　　C_6^s——总二价阳离子浓度，meq/mL；

　　　C_3^m——表面活性剂胶束浓度，meq/mL。

聚合物吸附模型是渗透率、含盐量和聚合物浓度的函数，参数 a_4 定义为

$$a_4 = (a_{41} + a_{42}C_{SEP})\left(\frac{K_{ref}}{K}\right)^{\frac{1}{2}} \tag{6-63}$$

$$C_{SEP} = \frac{C_{51} + (\beta_p - 1)C_{61}}{C_{11}} \tag{6-64}$$

式中　C_{SEP}——聚合物的有效含盐量；

　　　C_{51}，C_{61}，C_{11}——阴离子、阳离子和水在水相中的浓度，mg/L；

　　　a_{41}，a_{42}，b_4，β_p——由实验确定的参数。

⑥微乳液相/油界面张力数学模型。

假定水油的界面张力 σ_{ow} 和水气的界面张力 σ_{gw} 是已知常数[52]，则计算微乳液相/油的界面张力的模型为

$$\begin{cases} \lg\sigma_{l3} = \lg F_l + G_{l2} + \dfrac{G_{l1}}{1 + G_{l3}R_{l3}}, & R_{l3} \geqslant 1 \\ \lg\sigma_{l3} = \lg F_l + (1 - R_{l3})\lg\sigma_{ow} + R_{l3}\left(G_{l2} + \dfrac{G_{l1}}{1 + G_{l3}}\right), & R_{l3} < 1 \end{cases}, l=1, 2 \tag{6-65}$$

$$F_l = \frac{1-\mathrm{e}^{-\sqrt{\mathrm{con}_l}}}{1-\mathrm{e}^{-\sqrt{2}}}, \quad l=1,\ 2 \tag{6-66}$$

$$\mathrm{con}_l = \sum_{k=1}^{3}(C_{kl}-C_{k3})^2 \tag{6-67}$$

$$R_{l3} = \frac{C_{l3}}{C_{33}} \tag{6-68}$$

式中　G_{l1}，G_{l2}，G_{l3}——输入参数，经验系数；

R_{l3}——增溶率；

F_l——Hirasaki 引进的校正因子；

con_l，C_{kl}，C_{k3}——液相中 k 组分总浓度、l 相中 k 组分浓度、微乳液相中 k 组分浓度，mg/L；

σ_{l3}，σ_{ow}——微乳液相/油的界面张力和油水界面张力，mN/m。

⑦微乳液驱毛管驱油数学模型。

毛细管数定义为

$$N_{cl} = \frac{|\mathbf{K}\cdot\mathrm{grad}\varPhi_{l'}|}{\sigma_{ll'}}, \quad l=1,2,\cdots,n_\mathrm{p} \tag{6-69}$$

$$\nabla\varPhi_{l'} = \nabla p_{l'} - g\rho_{l'}\nabla h \tag{6-70}$$

式中　l——被驱替流；

l'——驱替流；

$\sigma_{ll'}$——驱替和被驱替相之间的界面张力，mN/m；

$\varPhi_{l'}$——流动势梯度。

残余饱和度数学模型为

$$S_{lr} = S_{lr}^{\mathrm{H}} + \frac{S_{lr}^{\mathrm{L}} - S_{lr}^{\mathrm{H}}}{1+T_l N_{cl}} \tag{6-71}$$

式中　S_{lr}^{L}，S_{lr}^{H}——低毛细管数和高毛细管数下 l 相的残余饱和度；

T_l——由实验确定的参数。

微乳液驱相对渗透率曲线计算公式

$$K_{\mathrm{r}1} = \overline{S}_1^{\frac{1}{2}}\left[1-\left(1-\overline{S}_1^{\frac{1}{m}}\right)^m\right]^2 \tag{6-72}$$

$$K_{\mathrm{r}2} = (\overline{S}_\mathrm{t}-\overline{S}_1)^{\frac{1}{2}}\left[\left(1-\overline{S}_1^{\frac{1}{m}}\right)^m - \left(1-\overline{S}_\mathrm{t}^{\frac{1}{m}}\right)^m\right]^2 \tag{6-73}$$

式中　K_{r1}，K_{r2}——油相、水相对渗透率，μm^2；
　　　$\overline{S}_l$，$\overline{S}_t$——油相平均饱和度和液相总饱和度；
　　　m——曲线回归系数。

三、数学模型求解方法

化学驱数值模拟数学模型由油气水三相物质守恒方程、运动方程、化学物质对流扩散运移方程、状态方程和化学驱油机理方程组成，这些方程构成了具有复杂形式的微分方程组，其求解难度较大[53]。因此，在数学模型求解方面采用的解决方案为：一是建立复杂数学模型解耦顺序求解方法，实现基本数学模型、化学物质运移方程、化学驱油机理数学模型的耦合求解；二是建立角点网格化学驱基本数学模型的求解方法，实现复杂构造油藏描述；三是建立并行计算技术，实现大规模油藏高效计算[54-55]。

1. 数学模型求解模式设计

从建立的化学驱数学模型整体看，基本数学模型包括油气水三相的物质运移方程和描述化学物质组分运移的对流扩散方程。

$$-\mathrm{div}\left(\frac{1}{B_o}\boldsymbol{u}_o\right) = \frac{\partial}{\partial t}\left(\frac{1}{B_o}\phi S_o\right) + q_o \tag{6-74}$$

$$-\mathrm{div}\left(\frac{1}{B_w}\boldsymbol{u}_w\right) = \frac{\partial}{\partial t}\left(\frac{1}{B_w}\phi S_w\right) + q_w \tag{6-75}$$

$$-\mathrm{div}\left(\frac{R_s}{B_o}\boldsymbol{u}_o + \frac{1}{B_g}\boldsymbol{u}_g\right) = \frac{\partial}{\partial t}\left[\phi\left(\frac{R_s}{B_o}S_o + \frac{S_g}{B_g}\right)\right] + q_{fg} + q_o R_s \tag{6-76}$$

$$\frac{\partial}{\partial t}\left(\phi \rho_i \tilde{C}_i\right) + \mathrm{div}\left[\rho_i\left(C_{iw}\boldsymbol{u}_w - \tilde{\boldsymbol{D}}_{iw}\right)\right] = R_i \tag{6-77}$$

这些方程是一个非线性耦合系统。从解法角度考虑，为了借助黑油模型已有的成熟解法，把三相流运动方程和化学物质组分运移对流扩散方程解耦计算，在每个时间步，首先，求解油气水三相物质运移方程［式（6-74）至式（6-76）］，得到压力、油气水三相饱和度和流场；其次，利用该流场解化学物质组分运移对流扩散方程［式（6-77）］，得到新的化学物质组分浓度场；然后，更新化学驱油机理物化作用参数，转入下一个时间步。

黑油模型三相流运动方程的求解方法有全隐式解法（ALL）、顺序求解法（SEQ）和隐式压力显示饱和度方法（IMPES）。

2. 化学物质组分运移对流扩散方程求解方法

化学组分运移的对流扩散方程采用算子分裂技术求解，同时利用油藏渗流有势场的特点，实现了隐式差分显式方法求解。

化学物质组分运移方程［式（6-77）］算子分裂为对流方程和扩散方程。

$$r\frac{\partial}{\partial t}\left(\phi\rho_k\lambda_k C_{k,\mathrm{w}}\right) + \mathrm{div}\left(\rho_k C_{k,\mathrm{w}}\boldsymbol{u}_\mathrm{w}\right) = R_k \tag{6-78}$$

$$(1-r)\frac{\partial}{\partial t}\left(\phi\rho_k\lambda_k C_{k,\mathrm{w}}\right) - \mathrm{div}\left(\rho_k\tilde{\boldsymbol{D}}_{k,\mathrm{w}}\right) = 0 \tag{6-79}$$

隐式交替求解对流方程[式(6-78)]和扩散方程[式(6-79)]得到化学物质组分运移方程的解。

对流方程[式(6-78)]选用了隐式迎风方法差分，离散格式为

$$\phi_{ijk}\frac{S_\mathrm{w}^{n+1}C_{ijk}^{n+1,0} - S_\mathrm{w}^n C_{ijk}^n}{\Delta t} + C_{i_+jk}^{n+1,0}u_{\mathrm{w},ijk}^{n+1} + C_{i_-jk}^{n+1,0}u_{\mathrm{w},(i-1)jk}^{n+1} + C_{ij_+k}^{n+1,0}u_{\mathrm{w},ijk}^{n+1}$$
$$+ C_{ij_-k}^{n+1,0}u_{\mathrm{w},i(j-1)k}^{n+1} + C_{ijk_+}^{n+1,0}u_{\mathrm{w},ijk_-}^{n+1} + C_{i_-jk}^{n+1,0}u_{\mathrm{w},ij(k-1)}^{n+1} = R_{ijk}^{n+1} \tag{6-80}$$

对于式(6-78)，结合油藏模拟问题的流场是有势场的特点，沿流向顺序求解，以显格式的计算方法获得隐格式解。

扩散方程[式(6-79)]采用交替方向方法差分离散，得到三个方向的离散格式。

$$\phi_{ijk}\frac{S_\mathrm{w}^{n+1}C_{ijk}^{n+1,1} - S_\mathrm{w}^n C_{ijk}^{n+1,0}}{\Delta t}$$
$$-\frac{\phi_{i+\frac{1}{2},jk}S_{\mathrm{w},i_+jk}^{n+1}F_{xxi+\frac{1}{2},jk}\left(C_{i+1,jk}^{n+1,1} - C_{ijk}^{n+1,1}\right) - \phi_{i-\frac{1}{2},jk}S_{\mathrm{w},i_-jk}^{n+1}F_{xxi-\frac{1}{2},jk}\left(C_{ijk}^{n+1,1} - C_{i-1,jk}^{n+1,1}\right)}{\Delta x^2} = 0 \tag{6-81}$$

$$\phi_{ijk}\frac{S_\mathrm{w}^{n+1}C_{ijk}^{n+1,2} - S_\mathrm{w}^n C_{ijk}^{n+1,1}}{\Delta t}$$
$$-\frac{\phi_{ij+\frac{1}{2},k}S_{\mathrm{w},ij_+k}^{n+1}F_{yyij+\frac{1}{2},k}\left(C_{ij+1,k}^{n+1,2} - C_{ijk}^{n+1,2}\right) - \phi_{ij-\frac{1}{2},k}S_{\mathrm{w},ij_-k}^{n+1}F_{yyij-\frac{1}{2},k}\left(C_{ijk}^{n+1,2} - C_{ij-1,k}^{n+1,2}\right)}{\Delta y^2} = 0 \tag{6-82}$$

$$\phi_{ijk}\frac{S_\mathrm{w}^{n+1}C_{ijk}^{n+1} - S_\mathrm{w}^n C_{ijk}^{n+1,2}}{\Delta t}$$
$$-\frac{\phi_{ijk+\frac{1}{2}}S_{\mathrm{w},ijk_+}^{n+1}F_{zzijk+\frac{1}{2}}\left(C_{ijk+1}^{n+1} - C_{ijk}^{n+1}\right) - \phi_{ijk-\frac{1}{2}}S_{\mathrm{w},ijk_-}^{n+1}F_{zzijk-\frac{1}{2}}\left(C_{ijk}^{n+1} - C_{ijk-1}^{n+1}\right)}{\Delta z^2} = 0 \tag{6-83}$$

分三个方向交替求解扩散问题，先求解 x 方向[式(6-81)]，然后求解 y 方向[式(6-82)]，最后求解 z 方向[式(6-83)]，每一个方向都采用追赶法求解，获得扩散方程的解。在求解化学物质运移方程时，考虑了原黑油模型对断层、边底水和尖灭复杂油藏情况的处理，采用的解法与黑油模型这些特殊处理方法兼容。

3. 驱油机理数学模型求解方法

在驱油机理数学模型求解方法方面，建立了包括压力方程的有限差分算法，组分浓度

方程的有限差分算法，相对渗透率、毛细管压力、黏浓曲线、井内流体分配和残余饱和度等物性参数的计算方法。

（1）求解压力方程的数值格式。

渗流系统采用隐式压力显式组分浓度的方法，在模拟开始前，饱和度和组分浓度的初始值已知，但压力需要初始化。一般顺序为：已知第 n 个时间步 t^n 时刻的饱和度值，先解压力方程求第 n 个时间步 t^n 时刻压力值 p_w^n，通过毛细管压力求解各相压力，然后利用所得压力分布获得流速场，再解组分浓度方程来求解第 $n+1$ 个时间步 t^{n+1} 时刻各组分浓度值。

压力方程是抛物型方程，可按一般的七点中心差分格式离散。若已知 p^n 的值，求 p^{n+1} 的值，采用偏上游七点中心差分格式。

$$\varphi_{ijk} c_{t,ijk} \frac{p_{ijk}^{n+1} - p_{ijk}^n}{\Delta t} - \frac{(\lambda_{\text{rw},i_+jk} + \lambda_{\text{ro},i_+jk})(p_{i+1jk}^{n+1} - p_{ijk}^{n+1}) - (\lambda_{\text{rw},i_-jk} + \lambda_{\text{ro},i_-jk})(p_{ijk}^{n+1} - p_{i-1jk}^{n+1})}{\Delta x^2}$$

$$- \frac{(\lambda_{\text{rw},ij_+k} + \lambda_{\text{ro},ij_+k})(p_{ij+1k}^{n+1} - p_{ijk}^{n+1}) - (\lambda_{\text{rw},ij_-k} + \lambda_{\text{ro},ij_-k})(p_{ijk}^{n+1} - p_{ij-1k}^{n+1})}{\Delta y^2}$$

$$- \frac{(\lambda_{\text{rw},ijk_+} + \lambda_{\text{ro},ijk_+})(p_{ijk+1}^{n+1} - p_{ijk}^{n+1}) - (\lambda_{\text{rw},ijk_-} + \lambda_{\text{ro},ijk_-})(p_{ijk}^{n+1} - p_{ijk-1}^{n+1})}{\Delta z^2}$$

$$= Q_{\text{w},ijk}^{n+1} + Q_{\text{o},ijk}^{n+1} - \frac{\lambda_{\text{ro},i_+jk}(p_{\text{c},i+1jk} - p_{\text{c},ijk}) - \lambda_{\text{ro},i_-jk}(p_{\text{c},ijk} - p_{\text{c},i-1jk})}{\Delta x^2}$$

$$- \frac{\lambda_{\text{ro},ij_+k}(p_{\text{c},ij+1k} - p_{\text{c},ijk}) - \lambda_{\text{ro},ij_-k}(p_{\text{c},ijk} - p_{\text{c},ij-1k})}{\Delta y^2}$$

$$- \frac{\lambda_{\text{ro},ijk_+}(p_{\text{c},ijk+1} - p_{\text{c},ijk}) - \lambda_{\text{ro},ijk_-}(p_{\text{c},ijk} - p_{\text{c},ijk-1})}{\Delta z^2}$$

$$+ \frac{(\gamma_{\text{w},ijk+1} + \gamma_{\text{w},ijk})(D_{ijk+1} - D_{ijk}) - (\gamma_{\text{w},ijk} + \gamma_{\text{w},ijk-1})(D_{ijk} - D_{ijk-1})}{2\Delta z^2} \quad (6-84)$$

式中 i_+——第一个方向上 i 和 $i+1$ 两点之间的上游点位置。

式（6-84）对边界的处理采用封闭边界条件，即齐次 Newmann 边界条件。对源汇项，注入井处，$Q_o^{n+1}=0$，Q_w^{n+1} 和 Q_g^{n+1} 为已知给定值。采出井处，$Q_o^{n+1}=Q_o^{n+1}(p_f, p_o, S_o)$，$Q_w^{n+1}=Q_w^{n+1}(p_f, p_w, S_w)$，$Q_g^{n+1}=Q_g^{n+1}(p_f, p_g, S_g)$，根据井底流压 p_f、相压力及三相相对流度比以隐式形式赋值。

（2）求解组分浓度方程的数值格式。

$$\tilde{C}_{mijk}^{n+1} = \tilde{C}_{mijk}^n + \frac{\Delta t}{\phi} \left\{ \frac{1}{\Delta X_i} \left[\sum_{l=1}^{N_p} (C_{mli} u_{xli} - C_{mli-1} u_{xli-1})^n + \left(N_{xi+\frac{1}{2}}\right)_m^n - \left(N_{xi-\frac{1}{2}}\right)_m^n \right] \right.$$

$$+ \frac{1}{\Delta y_j} \left[\sum_{l=1}^{N_p} (C_{mlj} u_{ylj} - C_{mlj-1} u_{ylj-1})^n + \left(N_{yj+\frac{1}{2}}\right)_m^n - \left(N_{yj-\frac{1}{2}}\right)_m^n \right]$$

$$+ \frac{1}{\Delta z_k} \left[\sum_{l=1}^{N_p} (C_{mlk} u_{zlk} - C_{mlk-1} u_{zlk-1})^n + \left(N_{zk+\frac{1}{2}}\right)_m^n - \left(N_{zk-\frac{1}{2}}\right)_m^n \right] \right\} + R_m \quad (6-85)$$

其中

$$C_{mli} \equiv C_{mlijk} \tag{6-86}$$

$$\left(N_{xi+\frac{1}{2}}\right)_m = \sum_{l=1}^{N_p}\left[\left(\frac{\Delta x_i}{2}u_{xl} - \phi S_l K_{xxkl}\right)_i \frac{(C_{mli+1} - C_{mli})}{\frac{\Delta x_{i+1} + \Delta x_i}{2}}\right]$$

$$-\sum_{l=1}^{N_p}\left[\left(\phi S_l K_{xyml}\right)_i \frac{(C_{mlij+1} - C_{mlij-1})}{\frac{\Delta y_{j+1} + \Delta y_{j-1}}{2} + \Delta y_j}\right] \tag{6-87}$$

$$-\sum_{l=1}^{N_p}\left[\left(\phi S_l K_{xzml}\right)_i \frac{(C_{mlik+1} - C_{mlik-1})}{\frac{\Delta z_{k+1} + \Delta z_{k-1}}{2} + \Delta z_k}\right]$$

$$\left(N_{xi-\frac{1}{2}}\right)_m = \sum_{l=1}^{N_p}\left[\left(\frac{\Delta x_i}{2}u_{xl} - \phi S_l K_{xxml}\right)_{i-1} \frac{(C_{mli} - C_{mli-1})}{\frac{\Delta x_i + \Delta x_{i-1}}{2}}\right]$$

$$-\sum_{l=1}^{N_p}\left[\left(\phi S_l K_{xyml}\right)_{i-1} \frac{C_{mli-1j+1} - C_{mli-1j-1}}{\frac{\Delta y_{j+1} + \Delta y_{j-1}}{2} + \Delta y_j}\right] \tag{6-88}$$

$$-\sum_{l=1}^{N_p}\left[\left(\phi S_l K_{xzml}\right)_{i-1} \frac{C_{mli-1k+1} - C_{mli-1k-1}}{\frac{\Delta z_{k+1} + \Delta z_{k-1}}{2} + \Delta z_k}\right]$$

$$T_{xi} = \frac{2}{\frac{\Delta x_{i+1}}{K_{i+1}} + \frac{\Delta x_i}{K_i}} \tag{6-89}$$

$$T_{yj} = \frac{2}{\frac{\Delta y_{j+1}}{K_{j+1}} + \frac{\Delta y_j}{K_j}} \tag{6-90}$$

$$T_{zk} = \frac{2}{\frac{\Delta z_{k+1}}{K_{k+1}} + \frac{\Delta z_k}{K_k}} \tag{6-91}$$

（3）井方程的离散。

对于井所在的网格块(i,j,k)，毛细管压力是忽略不计的。井模型的定义为

$$(Q)_{ijk}^{n+1} = \sum(Q)_{ijk}^{n+1} = \sum_{l=1}^{N_p}(PI_l)_{ijk}^{n+1}\left[(p_{\text{wf}})_{ijk}^n - (p_l)_{ijk}^n\right] \quad (6\text{-}92)$$

动系数 PI 为

$$(PI)_{ijk}^n = \frac{\sqrt{K_xK_y}\Delta Z_k(\lambda_{\text{rT}})_{IJK}^N}{0.0252\left[\ln\left(\dfrac{r_0}{r_{\text{w}}}\right)_{ijk} + S_{ijk}\right]} \quad (6\text{-}93)$$

等价半径 r_0 用式（6-94）计算。

$$(r_0)_{ijk} = 0.28\left[\frac{\left(\dfrac{K_x}{K_y}\right)_{ijk}^{\frac{1}{2}}\Delta y_j^2 + \left(\dfrac{K_y}{K_x}\right)_{ijk}^{\frac{1}{2}}\Delta x_i^2}{\left(\dfrac{K_x}{K_y}\right)_{ijk}^{\frac{1}{4}} + \left(\dfrac{K_y}{K_x}\right)_{ijk}^{\frac{1}{4}}}\right]^{\frac{1}{2}} \quad (6\text{-}94)$$

井的井底流压$(p_{\text{wf}})_{ijk}$为

$$(p_{\text{wf}})_{ijk}^n = (p_{\text{wf}})_{ijk-1}^n + \gamma_k^{\bar{n}} \quad (6\text{-}95)$$

其中

$$\gamma_k^{\bar{n}} = \gamma_k^n\frac{\Delta Z_{k-1}}{2} + \gamma_{k-1}^n\frac{\Delta Z_{k-1}}{2} \quad (6\text{-}96)$$

$$\gamma_k^n = \frac{\sum_{l=1}^{N_p}(\gamma_l)_{ijk}^n(\lambda_{\text{rl}})_{ijk}^n}{(\lambda_{\text{rT}})_{ijk}^n} \quad (6\text{-}97)$$

$$(\lambda_{\text{rT}})_{ijk}^n = \sum_{l=1}^{N_p}(\lambda_{\text{rl}})_{ijk}^n \quad (6\text{-}98)$$

对于注入井，如果给定了总的相注入速度$(Q_{jl})_{ij}$，则分配到层的注入速度为

$$(Q_l)_{ijk}^n = (Q_{jl})_{ij}^n\frac{\sum_{l=1}^{N_p}(PI_l)_{ijk}^n}{\sum_{k=1}^{N_z}\sum_{l=1}^{N_p}(PI_l)_{ijk}^n} \quad (6\text{-}99)$$

对于网格块(i,j,k)，总注入速度为

$$Q_{ijk}^n = \sum_{l=1}^{N_p}(Q_l)_{ijk}^n \qquad (6\text{-}100)$$

对于采出井，如果给定了井底压力，方程(6-101)用于计算总的产出速度。相的产出用式(6-101)计算。

$$(Q_l)_{ijk}^{n+1} = Q_{ijk}^{n+1} \frac{(\lambda_l)_{ijk}^n}{\sum_{l=1}^{N_p}(\lambda_l)_{ijk}^n} \qquad (6\text{-}101)$$

如果给定总的产出速度，每层的产出速度用式(6-102)计算。

$$(Q_j)_{ijk}^{n+1} = (Q_j)_{ij}^{n+1} \frac{\sum_{l=1}^{N_p}(PI_l)_{ijk}^n}{\sum_{k=1}^{N_z}\sum_{l=1}^{N_p}(PI_l)_{ijk}^n} \qquad (6\text{-}102)$$

各相的产出速度由式(6-103)计算。

$$(Q_l)_{ijk}^{n+1} = (Q_j)_{ijk}^{n+1} \frac{(\lambda_l)_{ijk}^n}{\sum_{l=1}^{N_p}(\lambda_l)_{ijk}^n} \qquad (6\text{-}103)$$

对于该井模型，在网格i处的离散格式为

$$\frac{p_i^{n+1}-p_i}{\Delta t} - \frac{p_i^{n+1}+p_i^{n+1}-2p_i^{n+1}}{\Delta x^2} = \sum_{l=1}^{N_p} PI_l\left(p_{\text{wf}}r^{n+1} - p_{li}^{n+1}\right) \qquad (6\text{-}104)$$

将重力和毛细管压力显式表示有

$$\begin{aligned}&\frac{p_i^{n+1}-p_i}{\Delta t} - \frac{p_i^{n+1}+p_i^{n+1}-2p_i^{n+1}}{\Delta x^2} = PI_l\left(p_{\text{wf}}^{n+1} + \gamma_1\nabla z - p_{li}^{n+1}\right)\\&+PI_2\left(p_{\text{wf}}^{n+1} + \gamma_2\nabla z - p_{li}^{n+1} - p_c\right)\end{aligned} \qquad (6\text{-}105)$$

对于定压井，井底流压p_{wf}为已知量。对于定量井，则有

$$\sum_{k=1}^{N_z}\sum_{l=1}^{N_p} PI_l\left(p_{\text{wf}}r^{n+1} - p_{li}^{n+1}\right) = Q \qquad (6\text{-}106)$$

将重力和毛细管压力展开有

$$\sum_{k=1}^{N_z}\left[PI_l\left(p_{\text{wf}}^{n+1} + \gamma_1\nabla z - p_{li}^{n+1}\right) + PI_2\left(p_{\text{wf}}^{n+1} + \gamma_2\nabla z - p_{li}^{n+1} - p_c\right)\right] = Q \qquad (6\text{-}107)$$

假设有一口井穿过 1 号和 2 号网格，则形成的矩阵形式为

$$\begin{bmatrix} T_{x1}+\sum_{l=1}^{N_p}PI_l & -T_{x1} & 0 & -\sum_{l=1}^{N_p}PI_l \\ -T_{x1} & T_{x1}+T_{x2}+\sum_{l=1}^{N_p}PI_l & -T_{x2} & -\sum_{l=1}^{N_p}PI_l \\ & 0 & \cdots & \vdots \\ & & -T_{xN} & T_{xN} & 0 \\ -\sum_{l=1}^{N_p}PI_l & -\sum_{l=1}^{N_p}PI_l & & \sum_{k=1}^{N_z}\sum_{l=1}^{N_p}PI_l \end{bmatrix} \times \begin{bmatrix} p_1 \\ p_2 \\ \vdots \\ p_N \\ p_{wf} \end{bmatrix}$$

$$= \begin{bmatrix} I_1+\sum_{l=1}^{N_p}PI_l(\nabla z-p_c)_1 \\ I_2+\sum_{l=1}^{N_p}PI_l(\nabla z-p_c)_2 \\ \vdots \\ I_N+\sum_{l=1}^{N_p}PI_l(\nabla z-p_c)_N \\ \sum_{k=1}^{N_z}\sum_{l=1}^{N_p}PI_l(\nabla z-p_c)+Q \end{bmatrix}$$

（6-108）

其中 I_i 为网格块中的毛细管压力和重力项。该矩阵为严格对角占优矩阵，可用共轭梯度算法求解。压力方程形成的大型稀疏矩阵为镶边严格对角占优矩阵，可以用雅克比共轭梯度方法求解[54-57]。

4. 化学驱油角点网格油藏描述

化学驱数学模型采用笛卡尔直角网格，存在较严重的网格取向效应，并且难于准确描述复杂形状油藏。因此，为了准确描述构造复杂和形状不规则油藏，集成创建了角点网格以对流—弥散—扩散为基础的油气水三相化学驱基本数学模型及其快速求解方法。

（1）角点网格几何计算。

平面正交网格与角点网格示意图如图 6-12 和图 6-13 所示。

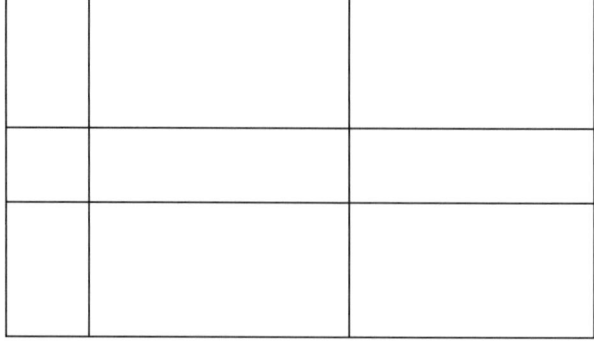

图 6-12 正交网格

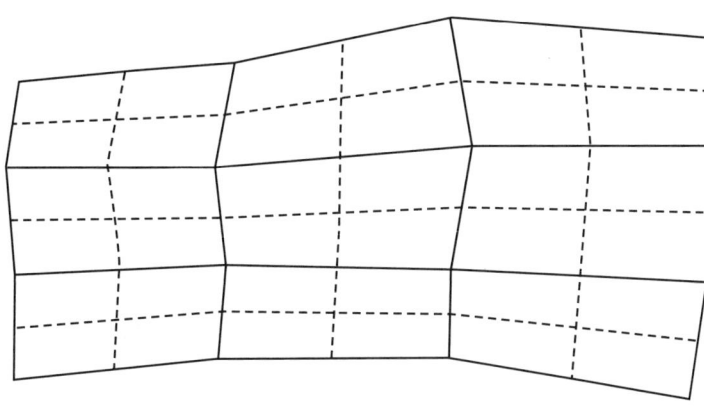

图 6-13 角点网格

角点网格每一个网格都是由八个角点所确定的实体，可通过变换将单元立方体转换成该网格块（图 6-14）。

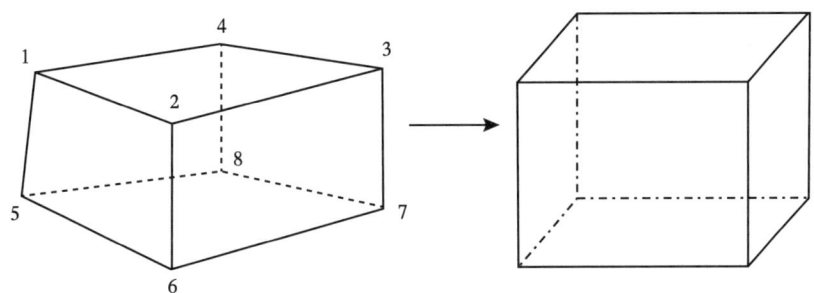

图 6-14 网格变换

$$x = p_{1,x}u + p_{2,x}v + p_{3,x}w + p_{4,x}uv + p_{5,x}vw + p_{6,x}uw + p_{7,x}uvw + p_{8,x}$$
$$y = p_{1,y}u + p_{2,y}v + p_{3,y}w + p_{4,y}uv + p_{5,y}vw + p_{6,y}uw + p_{7,y}uvw + p_{8,y} \quad (6\text{-}109)$$
$$z = p_{1,z}u + p_{2,z}v + p_{3,z}w + p_{4,z}uv + p_{5,z}vw + p_{6,z}uw + p_{7,z}uvw + p_{8,z}$$

其中

$$\begin{aligned} & p_{1,x} = x_2 - x_1, p_{2,x} = x_4 - x_1, p_{3,x} = x_5 - x_1 \\ & p_{4,x} = x_1 + x_3 - x_2 - x_4, p_{5,x} = x_1 + x_8 - x_4 - x_5 \\ & p_{6,x} = x_1 + x_6 - x_2 - x_5, p_{8,x} = x_1, p_{7,x} = x_2 + x_4 + x_5 + x_7 - x_1 - x_3 - x_6 - x_8 \end{aligned} \quad (6\text{-}110)$$

用 y，z 替代 x 可以分别得到 y 和 z 方向变换公式。可以看到 $u=0$ 对应于面 1-4-8-5，$u=1$ 对应于面 2-3-7-6，$v=0$ 对应于面 1-2-6-5，$v=1$ 对应于面 4-3-7-8。

微元体积在"实际"空间可以表示为

$$\mathrm{d}x\mathrm{d}y\mathrm{d}z = \boldsymbol{J}(u,v,w)\mathrm{d}u\mathrm{d}v\mathrm{d}w \tag{6-111}$$

雅克比行列式可以表为

$$\boldsymbol{J}(u,v,w) = \frac{\partial(x,y,z)}{\partial(u,v,w)} = \begin{vmatrix} \dfrac{\partial x}{\partial u} & \dfrac{\partial x}{\partial v} & \dfrac{\partial x}{\partial w} \\ \dfrac{\partial y}{\partial u} & \dfrac{\partial y}{\partial v} & \dfrac{\partial y}{\partial w} \\ \dfrac{\partial z}{\partial u} & \dfrac{\partial z}{\partial v} & \dfrac{\partial z}{\partial w} \end{vmatrix} \tag{6-112}$$

其中的偏微分可以表示为

$$\begin{aligned}\frac{\partial x}{\partial u} &= p_{1,x} + p_{4,x}v + p_{6,x}w + p_{7,x}vw \\ \frac{\partial x}{\partial v} &= p_{2,x} + p_{4,x}u + p_{5,x}w + p_{7,x}uw \\ \frac{\partial x}{\partial w} &= p_{3,x} + p_{5,x}v + p_{6,x}u + p_{7,x}uv\end{aligned} \tag{6-113}$$

网格块质心定义为

$$\begin{aligned}x_c &= \frac{1}{V_\mathrm{b}} \int_{u=0}^{1}\int_{v=0}^{1}\int_{w=0}^{1} x(u,v,w)\boldsymbol{J}(u,v,w)\mathrm{d}u\mathrm{d}v\mathrm{d}w \\ y_c &= \frac{1}{V_\mathrm{b}} \int_{u=0}^{1}\int_{v=0}^{1}\int_{w=0}^{1} y(u,v,w)\boldsymbol{J}(u,v,w)\mathrm{d}u\mathrm{d}v\mathrm{d}w \\ z_c &= \frac{1}{V_\mathrm{b}} \int_{u=0}^{1}\int_{v=0}^{1}\int_{w=0}^{1} z(u,v,w)\boldsymbol{J}(u,v,w)\mathrm{d}u\mathrm{d}v\mathrm{d}w\end{aligned} \tag{6-114}$$

网格块 V_b 的体积定义为

$$V_\mathrm{b} = \int_V \mathrm{d}V = \int_{u=0}^{1}\int_{v=0}^{1}\int_{w=0}^{1} \boldsymbol{J}(u,v,w)\mathrm{d}u\mathrm{d}v\mathrm{d}w \tag{6-115}$$

两个数值积分技术可以用来计算该体积。①采用局部坐标变换将网格块变换为单位立方体，用一个、两个或三个积分点的积分公式去逼近单位立方体上的三维积分。②网格块分解成几个小层，网格块体积近似表示为 $\overline{V}_\mathrm{b} = \sum\limits_{i=1}^{N} \mathrm{AREA}_i \Delta D_i$，其中 N 是分层数，AREA_i 是第 i 个小层的截面积，ΔD_i 是其厚度，小层的层数和厚度需要在内部定义以便保证相对的逼近精度小于等于数据卡说明的容许值。这个方案更精确一些，因为采用了高级积分技术。

网格中心点深度 D_c 与网格厚度 TH 定义为

$$D_\mathrm{c} = \frac{1}{V_\mathrm{b}} \int_V z \mathrm{d}V \tag{6-116}$$

$$\mathrm{TH} = \frac{1}{V_\mathrm{b}} \int_V DZ \mathrm{d}V \tag{6-117}$$

$$DZ = \frac{1}{V_b} \int_{u=0}^{1} \int_{v=0}^{1} \left\{ \int_{w=0}^{1} [z(u,v,1) - z(u,v,0)] J(u,v,w) \mathrm{d}w \right\} \mathrm{d}u \mathrm{d}v \qquad (6\text{-}118)$$

（2）网格块间传导率计算。

①调和平均原理。

调和平均的原理：保证相邻网格通量一致性。现有 0 号、1 号和 2 号网格块（图 6-15）。压力分别为 p_0、p_1 和 p_2。（绝对）渗透率分别为 K_0、K_1 和 K_2。$\frac{1}{2}$ 表示 0 号与 1 号网格块交界处，$p_{\frac{1}{2}}$ 表示 $\frac{1}{2}$ 处压力。

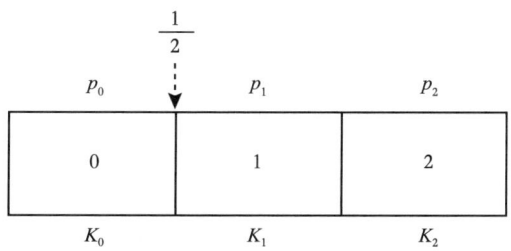

图 6-15　传导率调和平均示意图

$$f_{\frac{1}{2}}^{-} = K_0 \left(p_{\frac{1}{2}} - p_0 \right), \quad f_{\frac{1}{2}}^{+} = K_1 \left(p_1 - p_{\frac{1}{2}} \right)$$

$$f_{\frac{1}{2}}^{-} = f_{\frac{1}{2}}^{+} \Rightarrow p_{\frac{1}{2}} = \frac{K_0 p + K_1 p_1}{K_0 + K_1} \qquad (6\text{-}119)$$

$$f_{\frac{1}{2}}^{-} = f_{\frac{1}{2}}^{+} = \frac{K_0 K_1}{K_0 + K_1} (p_1 - p_0)$$

考虑 $\nabla \cdot (K \nabla p)$ 在一号网格的离散，左右两侧通量的代数和为

$$\frac{K_0 K_1}{K_0 + K_1} (p_1 - p_0) - \frac{K_1 K_2}{K_1 + K_2} (p_2 - p_1) \qquad (6\text{-}120)$$

②传导率计算。

X- 方向块间传导率计算采用式（6-121）。

$$T_{ij} = \frac{C_{\text{DARCY}} \cdot \text{TMLTX}_i}{\dfrac{A_i^{\text{right}}}{A_{ij} \text{TX}_i^{\text{right}}} + \dfrac{A_j^{\text{left}}}{A_{ij} \text{TX}_j^{\text{left}}}} \qquad (6\text{-}121)$$

这里 A_{ij} 表示 i 和 j 两个网格块相互重叠部分的面积。A_i^{right}，A_j^{left} 分别表示 i 网格块右面的面积和 j 网格块左面的面积。$\text{TX}_i^{\text{right}}$ 和 $\text{TX}_j^{\text{left}}$ 分别表示网格块 i 的 X 方向右侧传导率和网格块 j 的 X 方向左侧传导率，分别定义为

$$\text{TX}_i^{\text{right}} = \frac{\text{PERMX}_i \cdot \text{RNTG}_i}{\displaystyle\int_{u_{ci}}^{1} \frac{\mathrm{d}s}{A(\lambda)\cos\psi(\lambda)} \mathrm{d}\lambda}$$

$$\text{TX}_j^{\text{right}} = \frac{\text{PERMX}_j \cdot \text{RNTG}_j}{\displaystyle\int_{u_{ci}}^{1} \frac{\mathrm{d}s}{A(\lambda)\cos\psi(\lambda)} \mathrm{d}\lambda} \quad (6\text{-}122)$$

此处 u_{ci} 是从 i 网格块中心到单位立方体映射的 X- 方向坐标。λ 表示一个网格块从左侧面到右侧面的距离分数（变量），取值在 0 和 1 之间。$A(\lambda)$ 表示具有如图 6-16 所示角点的矩形（四边形，未必同面）的面积。

$$\begin{aligned}\vec{PN}_1(\lambda) &= \vec{8} + \lambda(\vec{7}-\vec{8}), \quad \vec{PN}_2(\lambda) = \vec{5}+\lambda(\vec{6}-\vec{5}) \\ \vec{PN}_3(\lambda) &= \vec{1}+\lambda(\vec{2}-\vec{1}), \quad \vec{PN}_4(\lambda) = \vec{3}+\lambda(\vec{4}-\vec{3})\end{aligned} \quad (6\text{-}123)$$

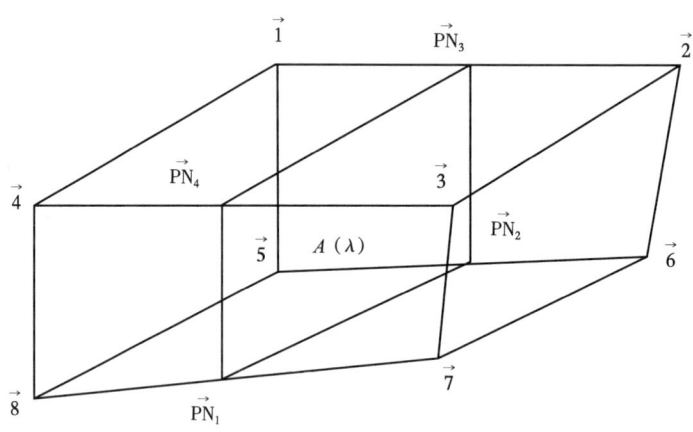

图 6-16 计算 $A(\lambda)$ 时用到的矩形

$s(\lambda)$ 表示沿着从块中心到右面或者左面路线的距离。$\psi(\lambda)$ 表示路径 $s(\lambda)$ 与四边形 $A(\lambda)$ 之法向的夹角。

同样的技术可用于断层连接和标准网格块连接中网格块间传导率计算。

(3) 数学模型求解方法和流场计算。

角点网格坐标下，计算出传导率后，油气水三相物质运移方程采用全隐式解法、顺序求解法和隐式压力显式饱和度方法求解。相邻网格液相的通量计算，利用已经计算出的传导系数、网格压力、毛细管压力（依赖饱和度），考虑重力影响，根据达西定律计算网格间各相穿过交界面的通量。除去边界面，每一个内部交界面都应该有三个通量。虽然角点网格不是严格在坐标方向的，但其结构性还是允许用正负号表示流动方向。正号表示从小坐标网格到大坐标网格的实际通量。

(4) 化学物质运移对流扩散方程数值模型。

化学物质组分运移用对流扩散方程描述，采用算子分裂技术，将对流扩散方程分裂为对流方程和扩散方程，隐式交替求解对流方程和扩散方程，得到化学物质组分运移方程的解。对于对流方程，采用完全上游隐式差分格式，因为流体流场为有势场，按照流场流动方向求解计算，可以得到隐式差分格式解，但具有显式差分格式计算量小和内存占用少的优点。对于扩散方程，隐式差分离散得到具有 7 对角形式的方程组，采用不完全 LU 预条件共轭梯度法求解。

5. 化学驱油数值模拟并行化计算

随着化学驱应用规模扩大，需要模拟的油藏面积越来越大，层数越来越多，网格尺寸越来越小，导致地质模型节点数成倍增长，计算量大幅增加，计算速度显著降低。因此，创新发展了并行计算技术[58]。

在不引进大型机群、立足于已有常用多核微机工作站的条件下，基于 OpenMP 技术原理，采用 fork-join 模式实现了大规模油藏高效计算技术[59]。

OpenMp 是由 OpenMP Architecture Review Board 牵头提出的，并已被广泛接受的，用于共享内存并行系统的多处理器程序设计的一套指导性的编译制导方案（Compiler Directive）。OpenMP 支持的编程语言包括 C 语言、C++ 和 Fortran；而支持 OpenMp 的编译器包括 Sun Compiler，GNU Compiler 和 Intel Compiler 等。OpenMp 提供了对并行算法的高层的抽象描述，程序员通过在源代码中加入专用的指令来指明自己的意图，由此编译器可以自动将程序进行并行化，并在必要之处加入同步互斥及通信。当选择忽略这些指令，或者编译器不支持 OpenMp 时，程序又可退化为通常的程序（一般为串行），代码仍然可以正常运作，只是不能利用多线程来加速程序执行。

选择 OpenMP 作为提升软件模拟效率，基于如下考虑：

（1）OpenMP 是一种适合共享存储系统的编程标准和并行编程模型，适用于多核系统，而我们现有的设备绝大多数为共享存储的多核处理器，因此基于 OpenMP 开发并行模拟器可以发挥现有机器的最大效用。

（2）OpenMP 编程允许在串行程序上直接添加并行语句，对原程序框架改动很小，方便串行并行间自由转换，并且允许随时开启和关闭并行域，而这是 MPI 做不到的。

（3）OpenMP 编程语句简单易懂，实现方便，有利于用户掌握和阅读程序，同时有利于化学驱机理的进一步升级维护。

OpenMP 应用编程接口 API 提供了一套与平台无关的编译制导（Compiler Directive）、运行库例程（Runtime Library）和环境变量（Environment Variables）。

OpenMP 采用 fork-join 模式实现串并行转换，如图 6-17 所示。

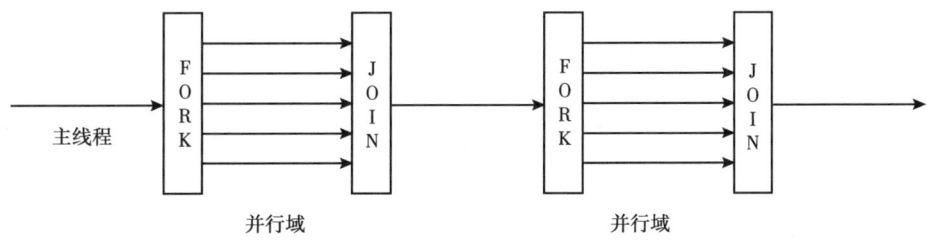

图 6-17　串并行转换机制示意图

为了明确并行化的主要方向，针对多种概念和矿场模型，我们对 VIPCHEM 程序不同模块的时间占比进行测试（表 6-3）。

表 6-3 模块时间占比测试

模型基本情况	总时间（s）	方程组系数计算及方程求解	浓度方程及各组分误差计算
聚驱（40 万节点，模拟 15 年）351×381×3	52008	37148 71.4%	12063 23.2%
水驱（15 万节点，模拟 7 年）73×80×27	8203	7088 86.4%	813 10.0%

从时间占比可知软件时间耗费主要模块方程组系数计算及方程求解、浓度方程及各组分误差计算占据总时间 94% 以上，因此主要针对这两处模块添加并行 OpenMP 程序。

针对时间占比，对相关的 20 余个程序（图 6-18）添加了 OpenMP 并行，如 FLOW3.FOR 和 MINV.FOR 等。

对化学驱数值模拟程序的具体改造可简要概括为 DO 循环并行、规约、单线程执行和组并行等四种形式。

图 6-18 主要并行化模块（程序）

第三节 配套前后处理一体化集成运行平台

大庆油田不仅自主研制了化学驱数值模拟软件主模拟器，同时研发了配套的前后处理一体化集成运行平台[60]。目前，该平台已在油田推广应用，极大地提高了数值模拟的工作效率和精度。本节主要介绍大庆油田化学驱数值模拟前后处理一体化集成运行平台的模块划分和各模块基本功能。

一、功能模块划分

大庆油田原有的自主化学驱数值模拟软件没有配套的前后处理功能，需要人工处理数据和模拟结果,影响了数值模拟的工作效率。

化学驱数值模拟前后处理一体化集成平台的研制遵循4个原则:实用性、模块化、易操作和美观性。其总体目标为:搭建一个风格统一、操作一致、项目管理界面化、数据处理流程化、作业运行与调度自动化、前后处理软件交互化的一体化集成运行平台。其功能设计如图6-19所示。

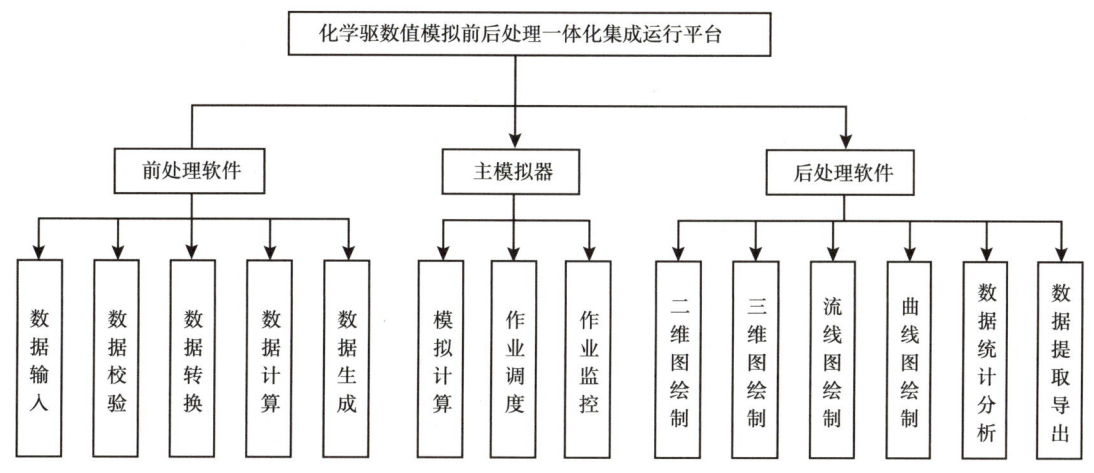

图6-19 化学驱数值模拟前后处理一体化集成运行平台功能设计图

为实现上述功能,分5个功能模块进行独立开发,主要包含数据前处理模块、化学驱剂性质参数计算模块、动态数据处理模块、后处理曲线显示模块,以及二维、三维场图形显示模块,这些功能模块统一在一起集成形成一体化平台,他们既相互独立,又可通过集成平台相互调用,相辅相成。集成后的一体化平台界面如图6-20所示。

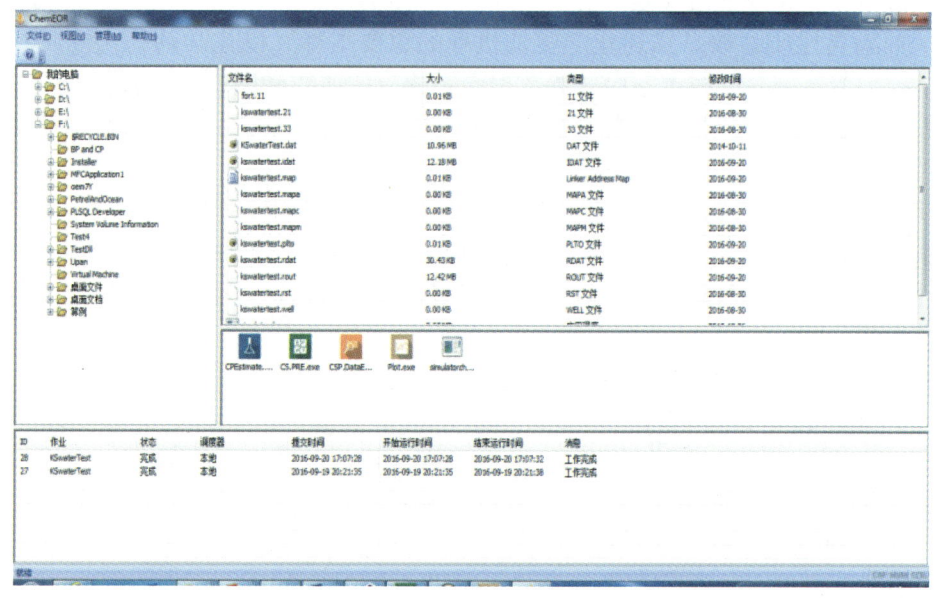

图6-20 化学驱数值模拟软件前后处理一体化集成运行平台界面

二、前处理模块功能

前处理模块具备基本的数值模拟数据流形成与编辑功能,能够加载不同建模软件导出的模型数据,将其他数模软件的数据流文件转换为自主研发数值模拟软件的数据流,将自主研发数值模拟软件数据流文件转换为其他数模软件的数据流文件。

1. 数据流前处理与组装

数据流前处理与组装模块能通过可视化窗口(图 6-21)直接填写属性参数、或通过导入数据库中数据,或建模形成的数据来形成和编辑自主研发数值模拟软件最基本的数据流 dat 文件和 obs 文件。可利用现有数据流将其部分或全部内容替换后产生,并可依用户需求读写处理后按照用户指定的格式输出。

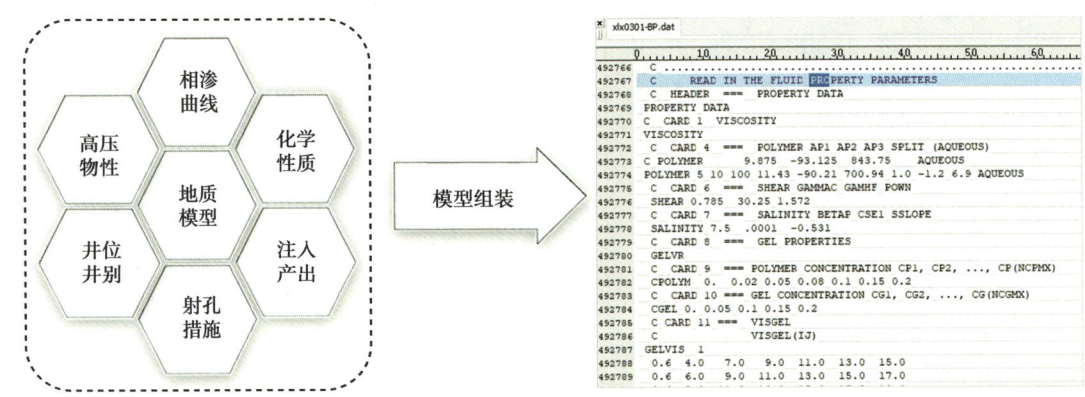

图 6-21　数据流组装示意图

2. 化学剂物理化学性质参数估算

化学剂物化性质参数是描述化学驱油机理的重要指标,以化学剂物化性质参数求解计算数学模型为基础,可根据室内实验数据绘制相应的曲线和图,并具有化学驱数值模拟参数估算和拟合功能,开发了具备可视化计算功能的软件,不仅提高了参数求解计算的质量,而且易于操作。

目前,具备 10 个方面的化学剂物化性质参数估算功能(图 6-22),主要包括聚合物吸附、残余阻力系数、聚合物黏浓关系、聚合物流变性、束缚水饱和度、残余油饱和度、聚合物弹性、表面活性剂与碱竞争吸附、自适应堵调驱体系渗透率下降系数,以及微乳液黏度关系等参数。

3. 生产动态数据处理

井工作制度数据处理软件,可直接从油田开发数据库或软件自有数据库中按指定条件查询、加载、展示、计算、查错、提取研究区块的静态和动态数据,在模块中按用户需要输入输出统一数据格式的前处理数据流和观测数据流。生产的模拟井数据流存储在数据库中,能够记录整个数据流的生成过程,并随时根据需要导出指定的数据流文件(图 6-23)。

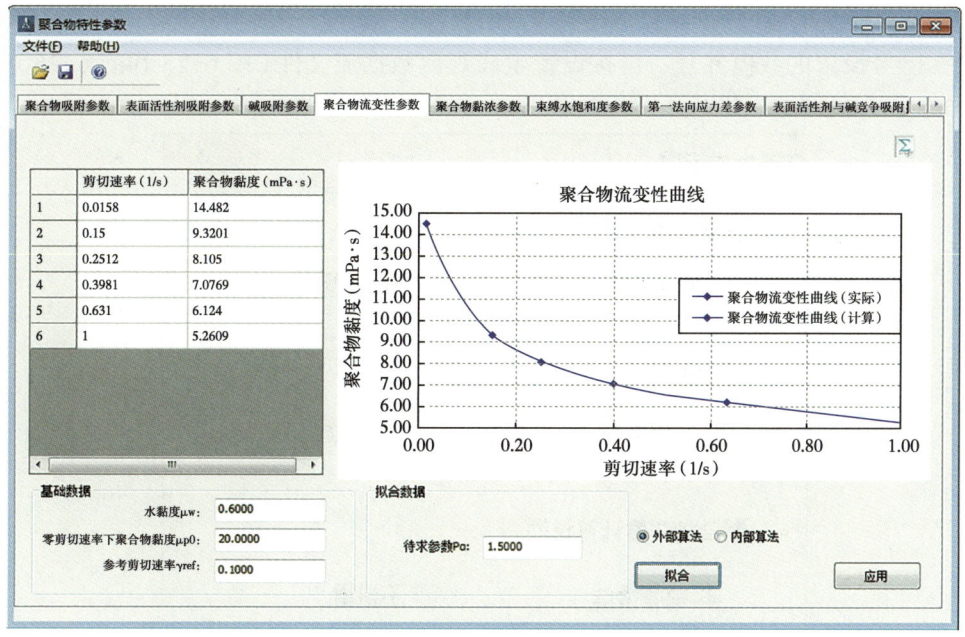

图 6-22　化学剂物化性质参数估算可视化界面示例

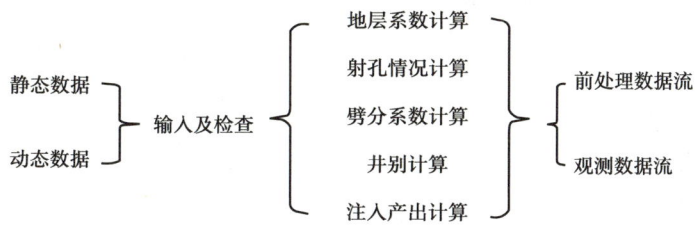

图 6-23　动态数据处理流程图

（1）动态数据流卡生成。

根据选择或生成的数模井号，可生成不同数据流卡的井数据，并能够对生成的数据进行可视化编辑（图 6-24）。

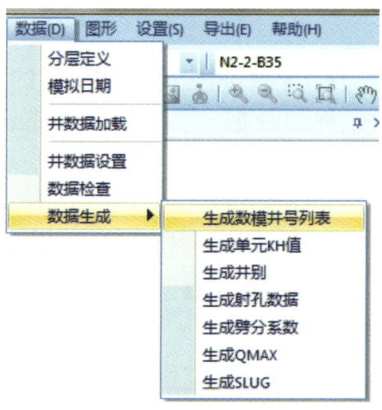

图 6-24　数据生成选择界面

（2）观测数据生成。

根据已经设置的数模井号，可按设置生成观测数据流文件（图6-25和图6-26）。

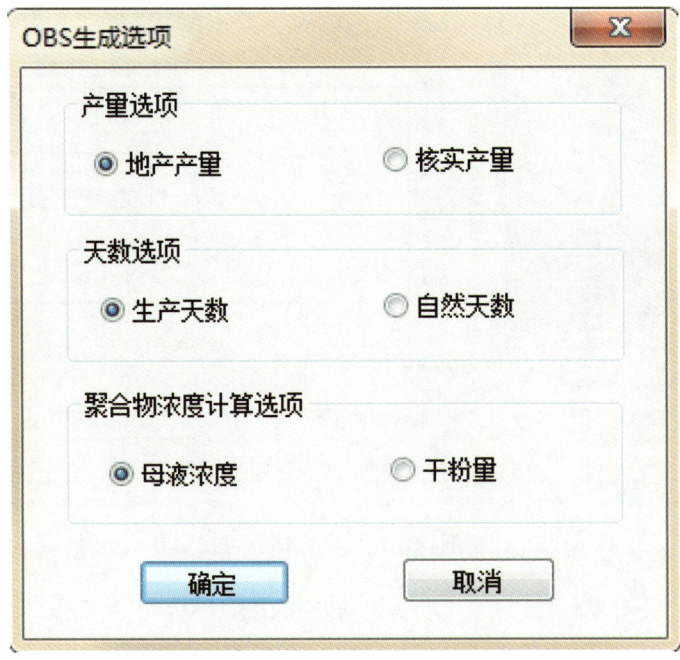

图6-25 观测数据生成设置界面

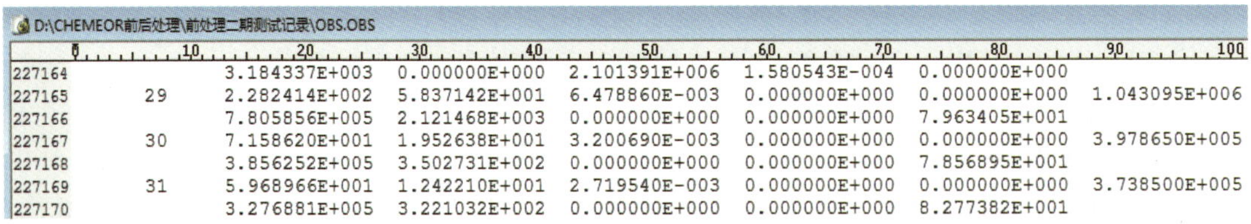

```
D:\CHEMEOR前后处理\前处理二期测试记录\OBS.OBS
         0        10        20        30        40        50        60        70        80        90       100
227164              3.184337E+003   0.000000E+000   2.101391E+006   1.580543E-004   0.000000E+000
227165       29     2.282414E+002   5.837142E+001   6.478860E-003   0.000000E+000   0.000000E+000   1.043095E+006
227166              7.805856E+005   2.121468E+003   0.000000E+000   0.000000E+000   7.963405E+001
227167       30     7.158620E+001   1.952638E+001   3.200690E-003   0.000000E+000   0.000000E+000   3.978650E+005
227168              3.856252E+005   3.502731E+002   0.000000E+000   0.000000E+000   7.856895E+001
227169       31     5.968966E+001   1.242210E+001   2.719540E-003   0.000000E+000   0.000000E+000   3.738500E+005
227170              3.276881E+005   3.221032E+002   0.000000E+000   0.000000E+000   8.277382E+001
```

图6-26 生成的观测数据

4. 数据接口转换与加载

数据加载与转换接口主要实现加载不同建模软件导出的模型数据，可将其他数模软件的数据流文件转换为Chemeor软件的数据流，以及将Chemeor软件的数据流转换为其他数模软件的数据流文件。

（1）建模数据加载。

可加载不同建模软件导出的模型网格数据（矩形网格和角点网格）、场属性数据、断层数据和井数据，并能将其按指定格式写入数据流相应的位置（图6-27）。

（2）数模软件数据流转换接口。

数模软件数据流转换接口，能够将其他数模软件的数据流文件转换为Chemeor软件的数据流，并将Chemeor软件的数据流转换为其他数模软件的数据流文件（图6-28）。

第六章　聚合物驱后化学驱数值模拟软件研制

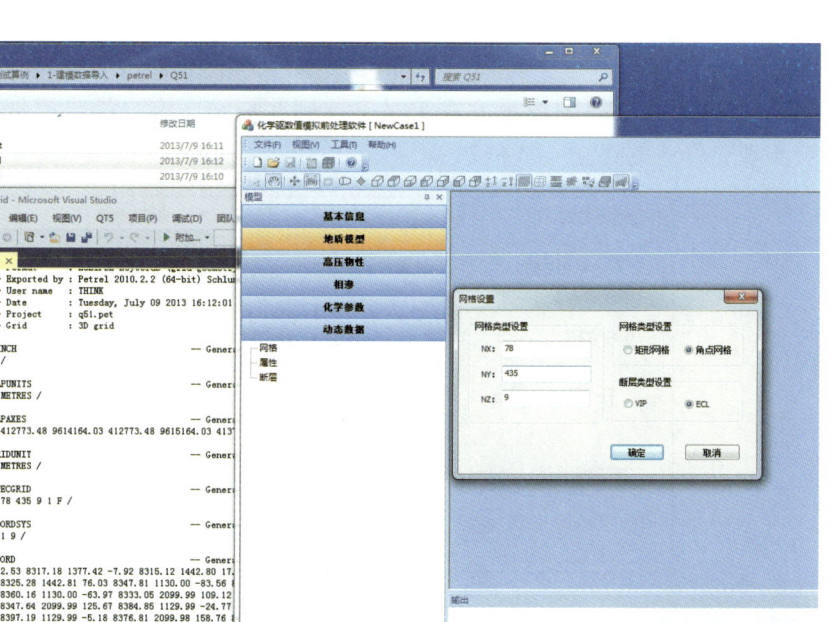

图 6-27　建模数据导入设置界面

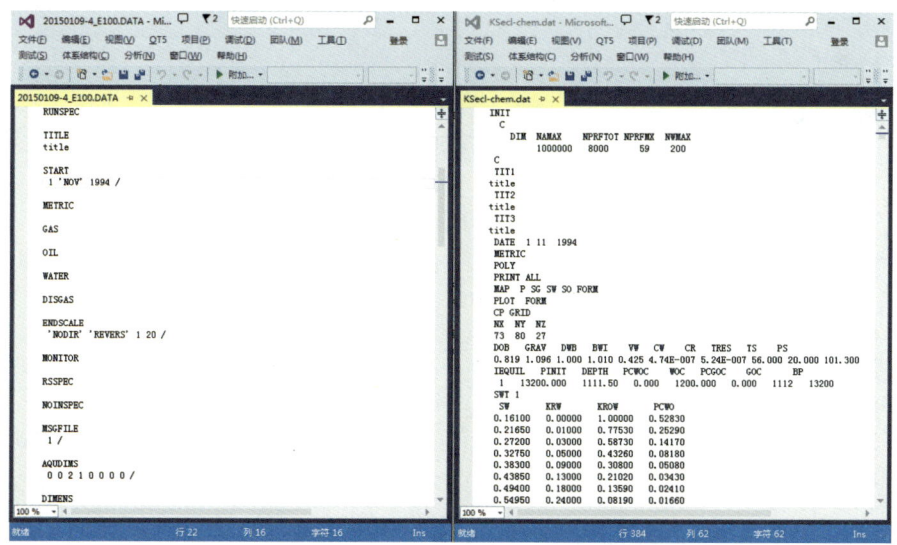

图 6-28　Eclipse 数据流与 Chemeor 数据流转换文件对比

三、作业调度模块功能

作业调度模块主要负责数值模拟作业计算、运行调度和实时监控等任务，本节着重讲述作业调度和实时监控功能。

1. 作业运行调度

数值模拟作业的运行调度，可通过界面操作实现模拟作业的本地运行与远程调度运行[61]，并将模拟运算结果以图形化方式实时反馈到客户端，客户端可根据模拟运算结果状态，能够实现对作业的终止（图6-29）。

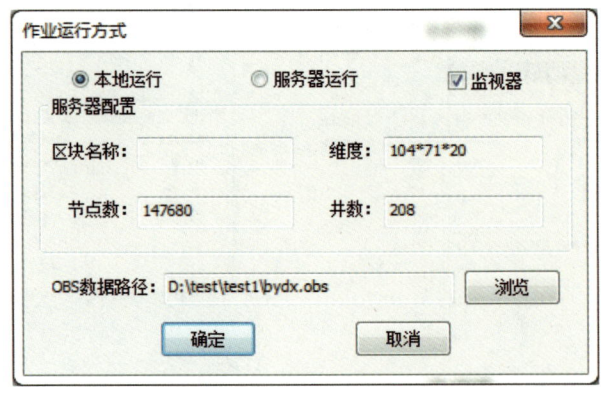

图6-29　作业调度运行界面

2. 作业实时监控

作业状态实时监控功能，可将本地或远程运行的作业实时反馈到客户端界面上，实现了模拟运算结果的图形化显示，并可实现模拟观测数据与计算数据对比显示（图6-30）。

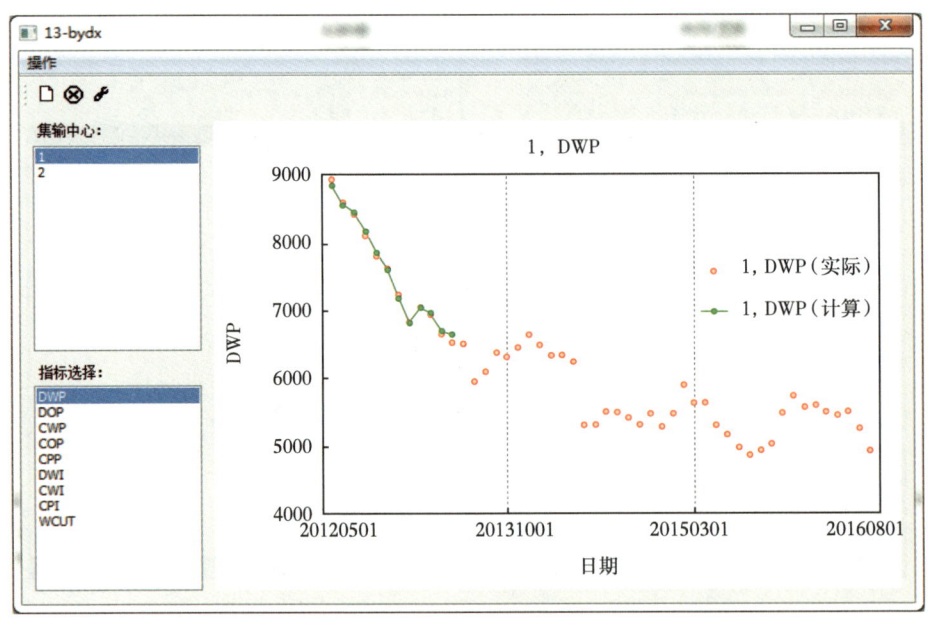

图6-30　实时曲线显示

远程模拟运算数据的实时传输，基于TCP协议开发客户端、服务器端的数据传输接口，根据客户端模拟运行作业的请求，并将模拟运算数据实时传输到客户端，由客户端选择需要对比的对象、指标，显示数据对比图。

3. 远程作业管理

远程作业管理是服务器端的调度程序（图 6-31），作业系统守护进程实时监听用户的作业请求，并根据作业队列运行情况（最多同时运算作业个数），判断是否能够立即执行用户的作业请求，并将信息返回到客户端。

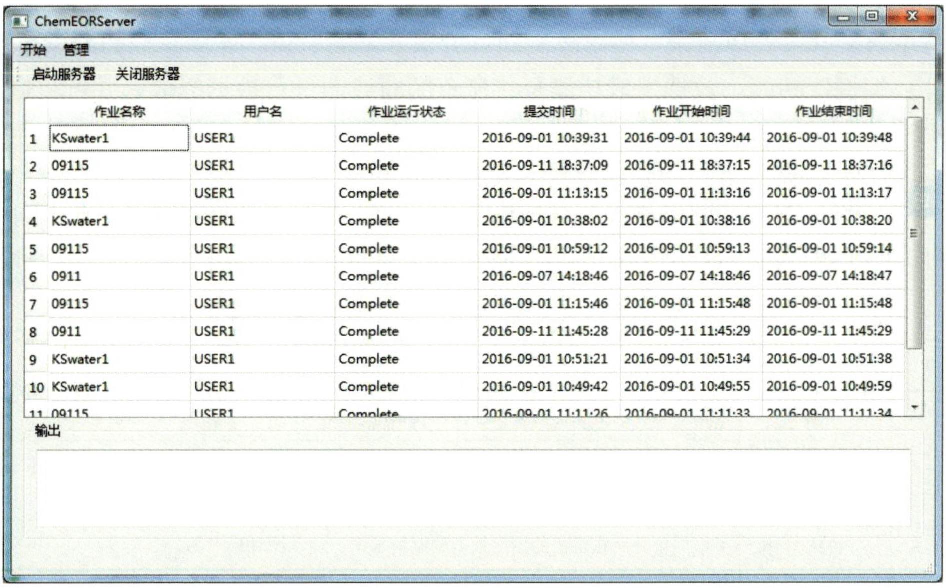

图 6-31　服务器端作业调度管理主界面

四、后处理模块功能

1. 后处理曲线显示模块

化学驱数值模拟后处理曲线显示模块[60]，能够加载多个数值模拟观测数据与计算结果数据，并将数据以图形化方式进行展示，为数据对比分析提供了有利的可视化操作工具（图 6-32）。

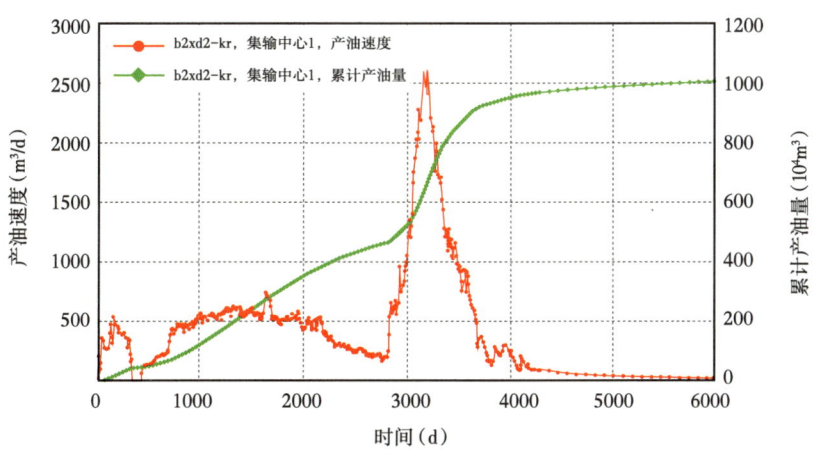

图 6-32　后处理曲线显示效果图

后处理曲线显示软件主要具有以下四种功能：

（1）单方案、多方案显示：能够绘制不同方案、同一对象、单个或多个指标之间的对比显示。

（2）单指标、多指标显示：能够绘制同一方案、不同对象、不同开采指标间的对比曲线。

（3）单对象、多对象显示：能够绘制同一方案，不同对象、相同指标的对比显示。

（4）数据提取功能：数据提取功能是将显示的曲线图进行数据提取，并可将显示的数据导出指定类型的文件。

2. 二维、三维图形显示后处理模块

研制的二维、三维场图形显示后处理模块 Rainbow 是具备图形绘制、数据管理、模型管理和辅助管理四大功能（表6-4），其功能实用、界面友好、使用灵活、操作便捷。

表6-4 化学驱数值模拟二维、三维后处理模块功能介绍

一级分类	二级分类	功能描述
二维、三维图形绘制	井位图	根据井所在网格坐标信息和层位射孔情况生成井位图，并显示井状态信息
	网格图	根据网格坐标数据与场属性数据，经过数据运算生成的场属性平面网格图，同时可叠加显示井位图、等值线、饼状图等平面图层
	饼状图	可根据单井所在层位的生产数据绘制饼状图、柱状图和环形图
	等值图	可在平面图叠加显示等值线，并可进行线型、颜色填充和标签设置
	剖面图	可沿任意方向切片实现模型的纵向剖分，并实时显示剖分效果图
	三维图	以网格坐标数据、网格静态数据、网格动态数据为基础绘制三维场空间图
	栅状图	可以 i、j、k 三个方向分别进行抽稀间隔显示，支持范围内、外显示
	柱状图	可绘制单变量、多变量柱状图，并可设定井柱的高度、颜色、标注等
	油藏剖面图	通过网格剖面线剖分网格体，实现油藏剖面图。支持剖面线和剖面的显示
	图形拉层	是以 X、Y、Z 三个方向分解显示，可更直观的观察网格模型
数据管理	数据加载	可以 excel 表格、dbf 数据库和 txt 文本文件等格式进行数据读取和加载
	数据检查	可检查数据是否缺失、互相矛盾、重复出现等
	数据转换	可将不同建模和数模软件数据转换成数值模拟软件能够读取的格式
	数据计算	可将常用的化学剂物化性质参数转换成数模软件可读取的参数形式
	数据流组装	可将不同种类的数据按照一定规则和顺序全部组装起来形成数据流文件
辅助管理	属性提取	通过网格平面图鼠标拾取操作，能够提取网格信息，并将信息实时显示在状态条和属性拾取信息输出窗体中
	数据统计	可以对窗口中显示的场数据进行统计，并以表的形式输出统计结果
	数据分析	可对模型静态数据和动态数据进行分析，并绘制直方图、概率分布曲线等
	属性计算器	可运用计算器自定义运算公式计算、过滤、处理属性数据

软件主程序基于 MFC 多文档视图实现，支持多视图的创建和展示（图 6-33）。

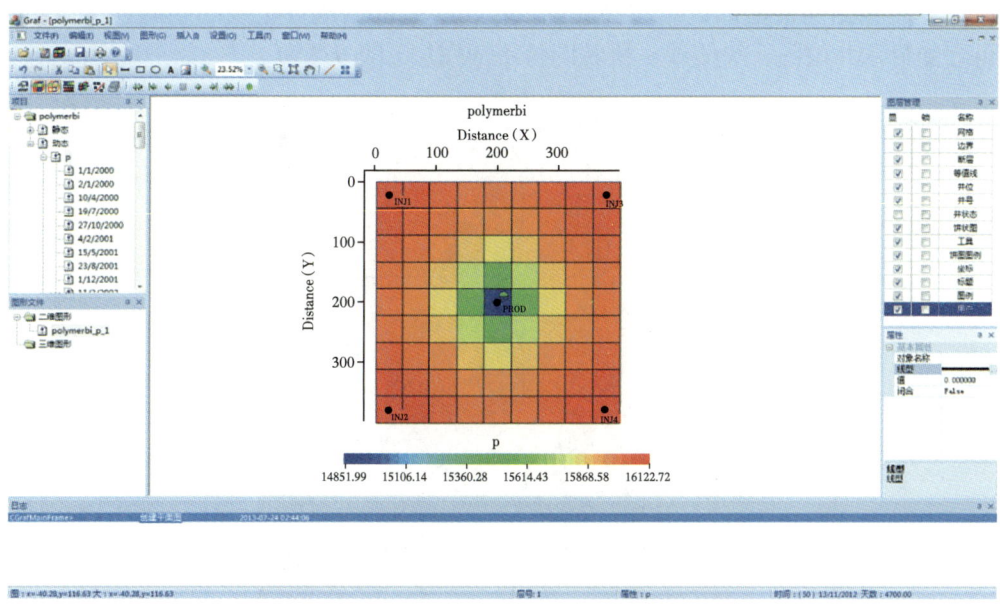

图 6-33　软件主程序界面

（1）二维场显示软件。

①井位图。

井位图根据井所在网格坐标信息和层位射孔情况生成井位图，并显示井状态信息（图 6-34）。

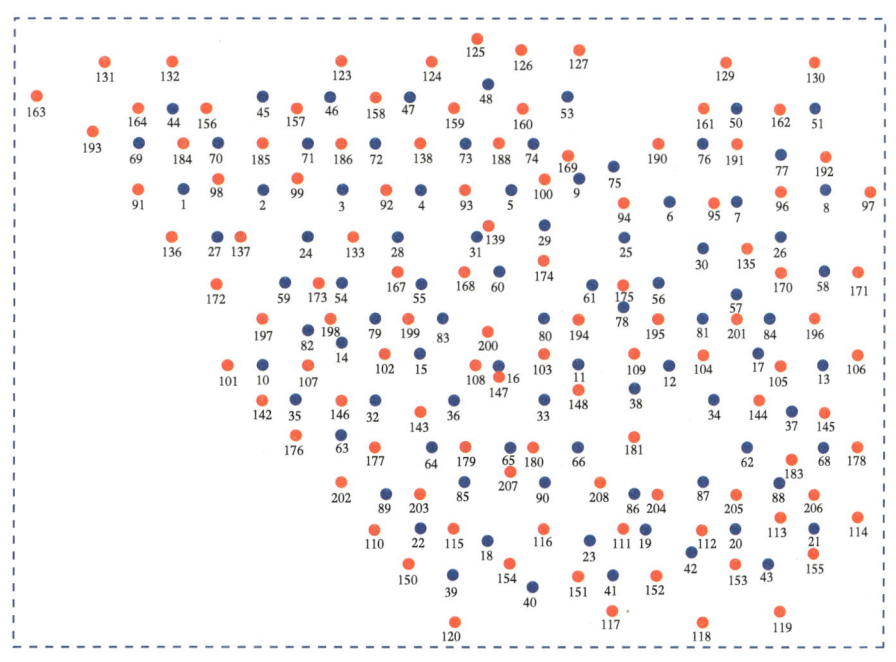

图 6-34　井位图

②网格图。

网格图是根据网格坐标数据与场属性数据，经过数据运算生成的场属性平面网格图，同时可叠加显示井位图、等值线、饼状图等平面图层（图6-35）。

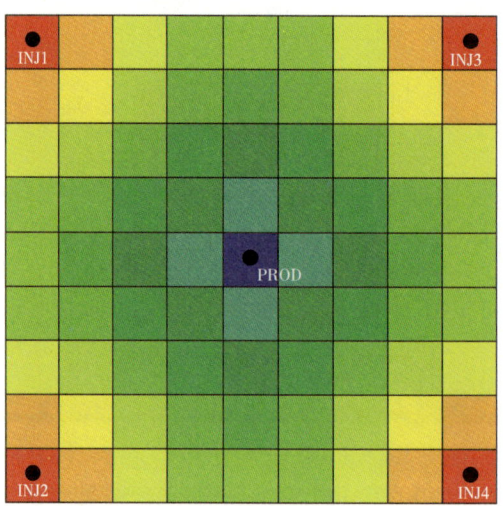

图6-35　网格平面图

③饼状图。

饼状图根据单井所在层位的生产数据绘制图形，可显示为饼状图、柱状图和环形图（图6-36）。

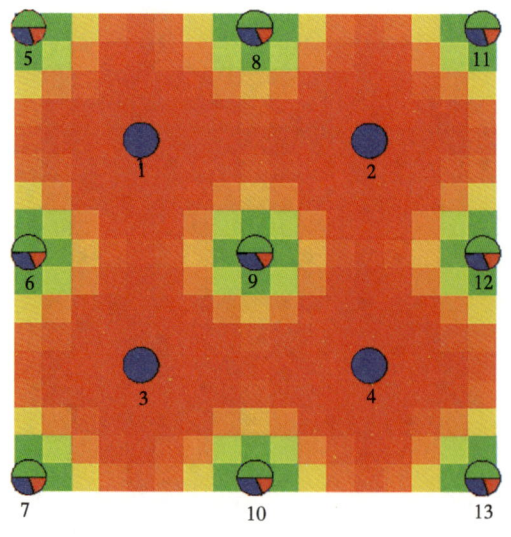

图6-36　饼状图效果

④等值图。

可在二维平面图叠加显示等值线，等值线条数可根据需要进行抽稀和添加，并可进行线型、颜色填充和标签设置（图6-37）。

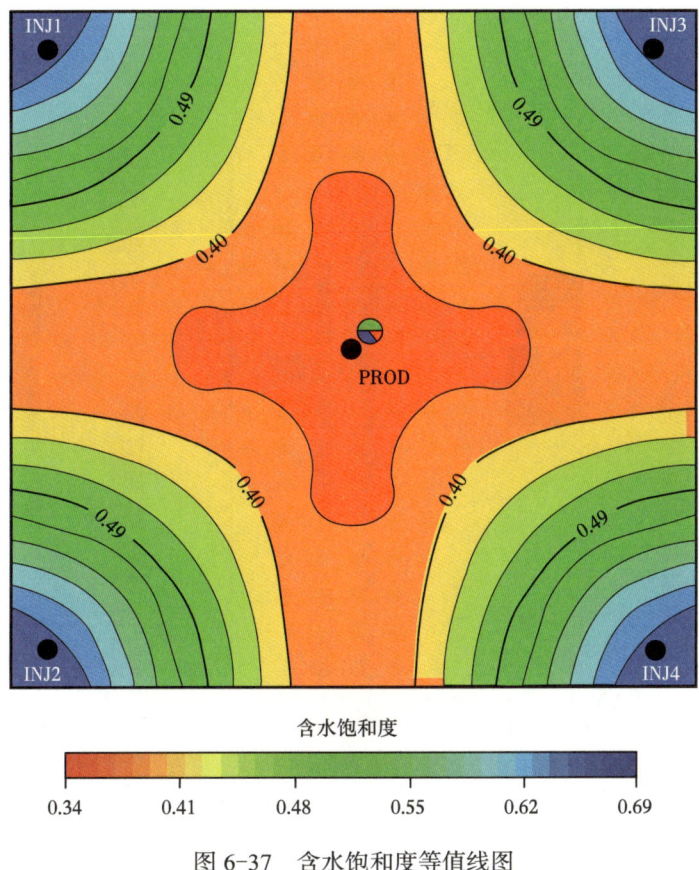

图 6-37 含水饱和度等值线图

⑤剖面图。

剖面图是在平面图基础上,根据用户需求沿任意方向切片实现模型的纵向剖分,并实时同步显示剖分效果图,显示剖分网格井信息,便于油藏纵向连通关系分析(图 6-38)。

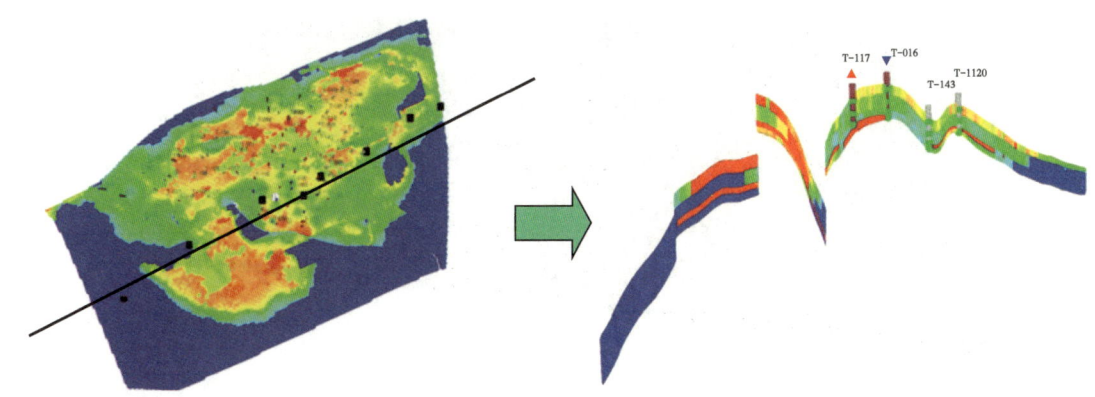

图 6-38 模型剖面图

⑥吸水产液剖面。

可将每口井、每个射孔层的静态属性和动态属性,可辅助油藏工程师进行单井吸水、产液状况分析（图6-39）。

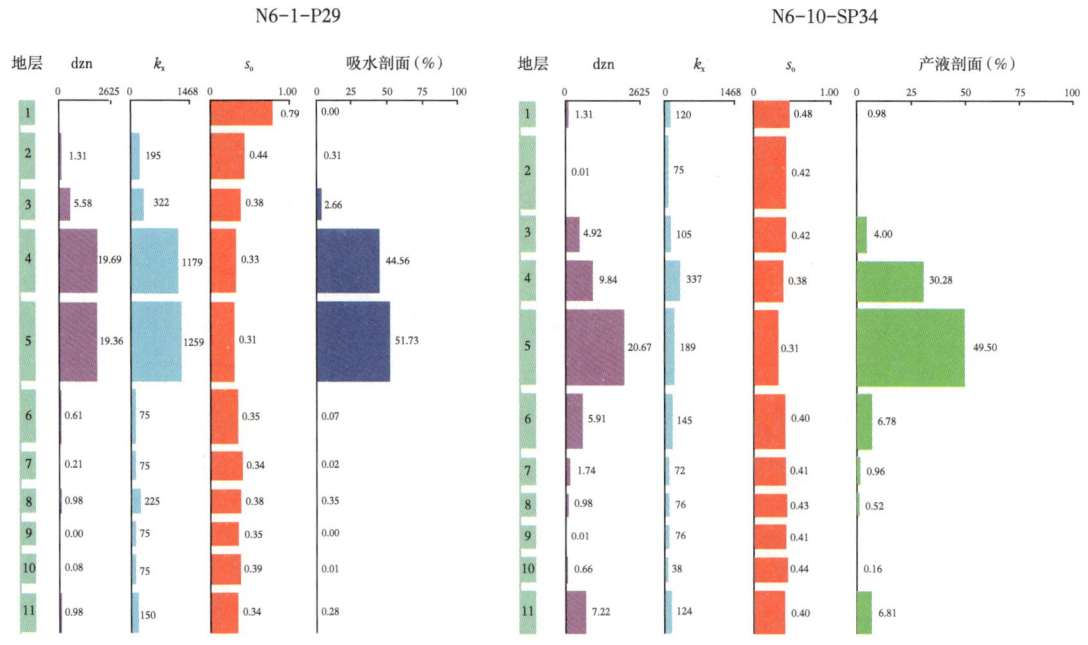

图6-39 单井吸水产液剖面图

（2）三维场显示软件。

三维场图形绘制是将数值模拟成果以三维图形方式进行展现，根据数值模拟成果的网格坐标数据、网格动态数据、网格静态数据和井数据进行三维图形建模，生成三维图形。

①三维模型图。

以网格坐标数据、网格静态数据和网格动态数据为基础绘制三维场空间图（图6-40）。

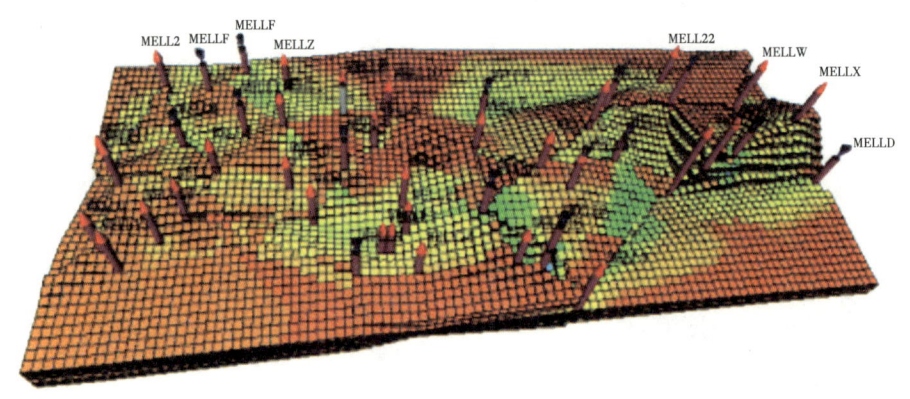

图6-40 含水饱和度图

②栅状图。

可以i、j、k三个方向分别进行显示或抽稀间隔显示，支持范围内和范围外显示（图6-41）。

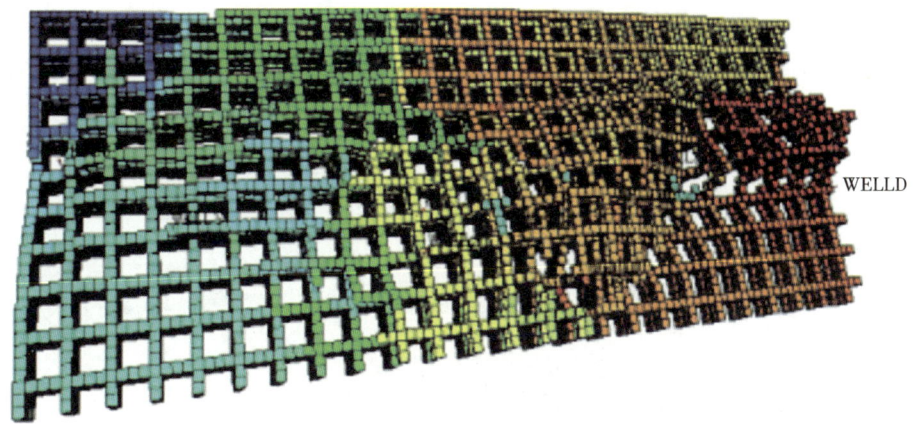

图 6-41　栅状图

③柱状图。

在属性菜单中可以以井为单位绘制柱状图，可绘制单变量、多变量柱状图。用户可自定义变量。可设定井柱的高度、颜色和标注等（图 6-42）。

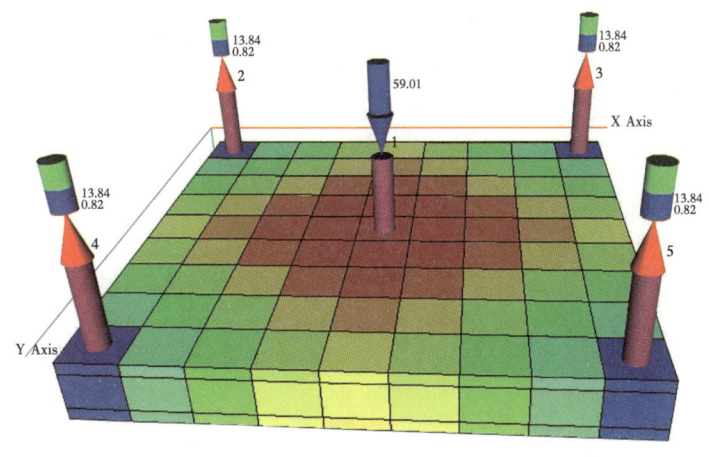

图 6-42　柱状图

④油藏剖面图。

通过网格剖面线剖分网格体，实现油藏剖面图。支持剖面线和剖面的显示（图 6-43）。

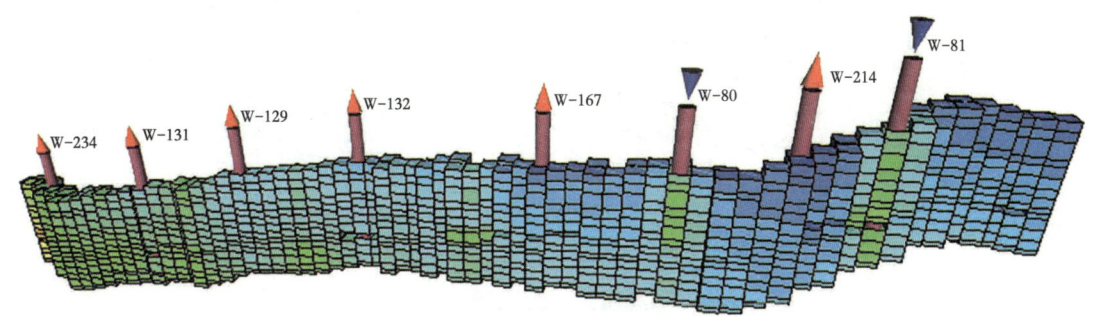

图 6-43　油藏剖面

⑤图形拉层。

拉层显示是以 X、Y、Z 三个方向分解显示，可更直观的观察网格模型（图 6-44）。

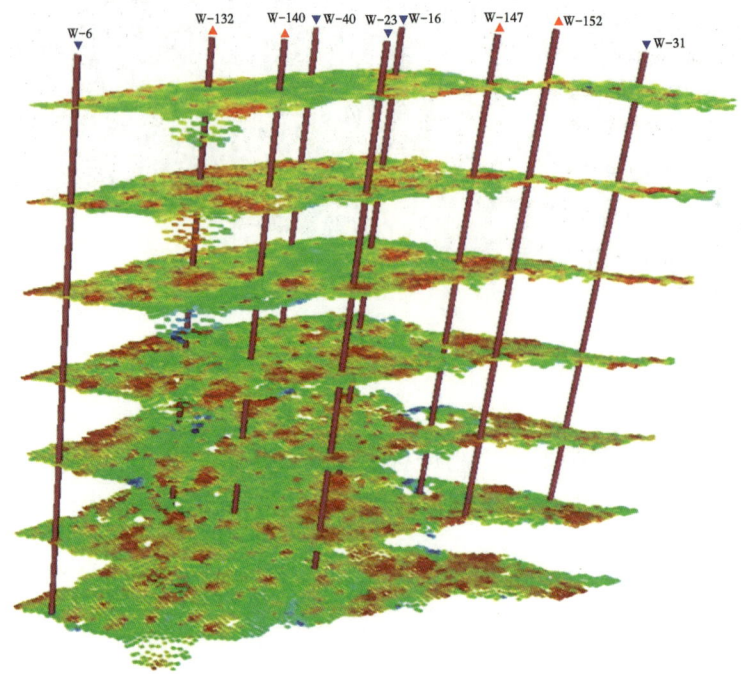

图 6-44　拉层效果图

⑥模型多视图。

在同一窗口中可以不同图幅显示多个项目的模型，并在不同模型中投入不同的属性并进行对比。并可实现多视窗口的动画同步播放功能（图 6-45）。

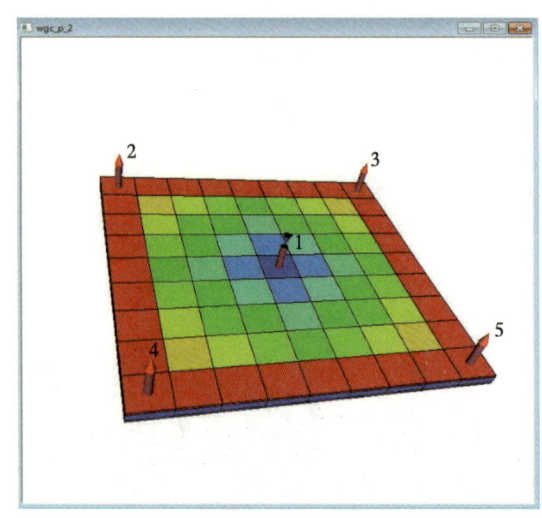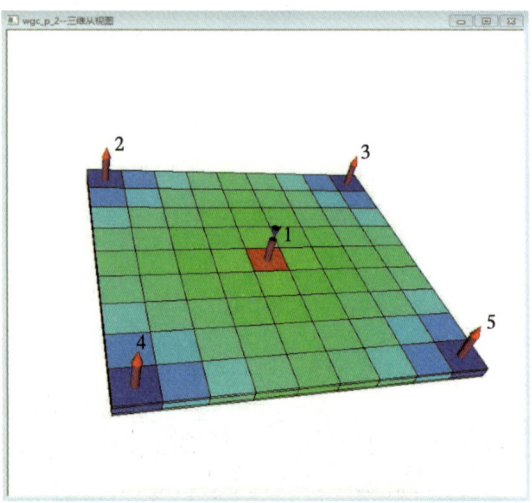

图 6-45　模型多视图

(3)流场生成与绘制软件。

Rainbow 软件可绘制流线,软件中流线的疏密、颜色、风格和输出时间步都可以根据用户需要进行设置,流线可按颜色、井组、属性进行差异显示(图 6-46)。

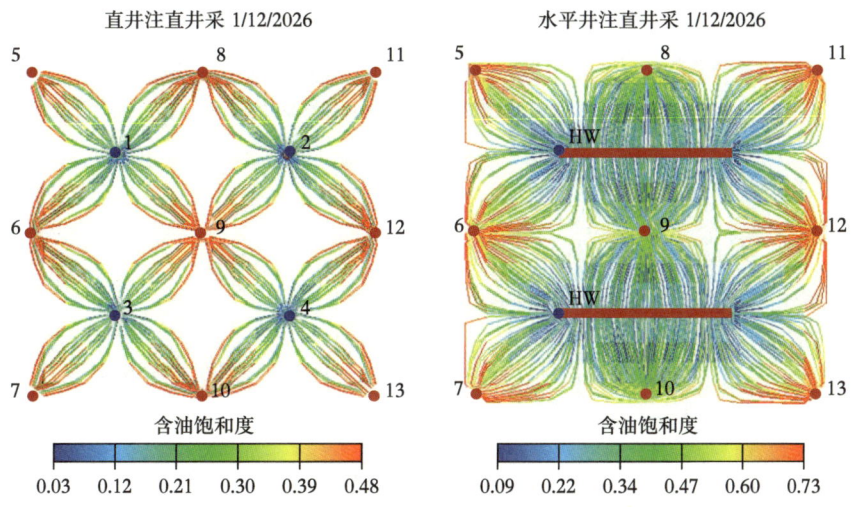

图 6-46 流线绘制效果图

(4)辅助工具。

①属性提取。

通过网格平面图鼠标拾取操作,能够提取网格信息,并将信息实时显示在状态条和属性拾取信息输出窗体中(图 6-47)。支持多种属性场参数(静态属性、动态属性)、不同时间步、不同网格方向(i、j、k)的参数值同时输出,可将输出结果导出文本文件。

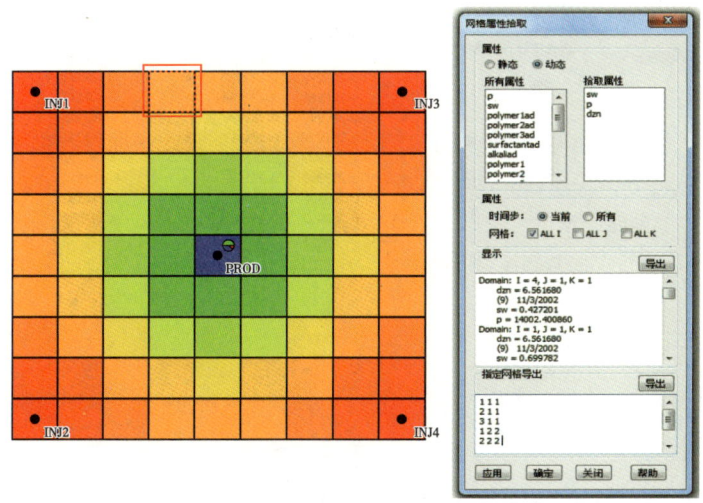

图 6-47 属性拾取效果图

支持自定义网格信息属性数据提取,通过自定义 i、j、k 索引序列,可将所有给定网格信息导出。

②数据统计。

数据统计可以对窗口中显示的所有网格或选定网格的属性场数据、网格数据和井的数据信息进行统计，如数据的类型、个数、最大、最小值、差值、平均值、标准偏差、方差、和等进行统计，并可以以表的形式输出统计结果（图6-48）。

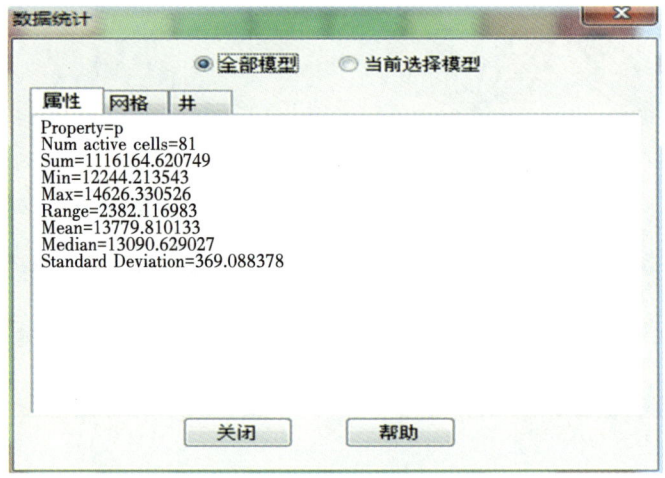

图6-48　属性数据统计效果图

③数据分析。

可对模型静态数据和动态数据进行分析。可设定不同的值域，并统计不同值域的比例绘制厚度数据、绘制直方图和概率分布曲线等，并可将统计图形进行输出（图6-49）。

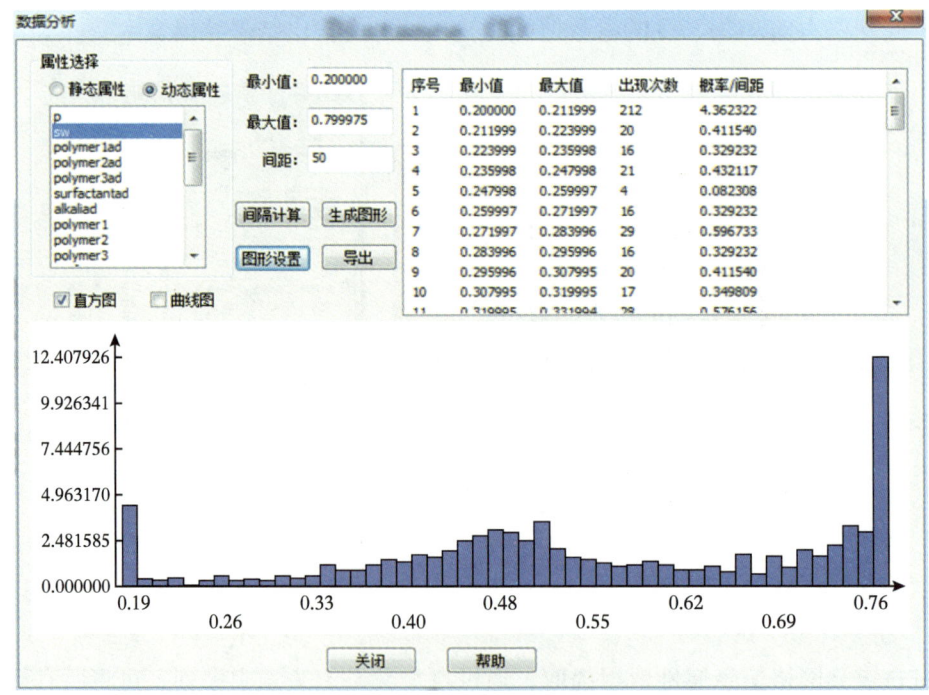

图6-49　属性数据分析效果图

④属性计算器。

可以运用计算器自定义运算公式计算、过滤、处理属性数据。也可将已有属性创建新属性,进行属性扩展。且属性数据可导出文件。

支持多种复杂条件判断、多种内置函数,可将表达式进行导入与导出(图6-50)。

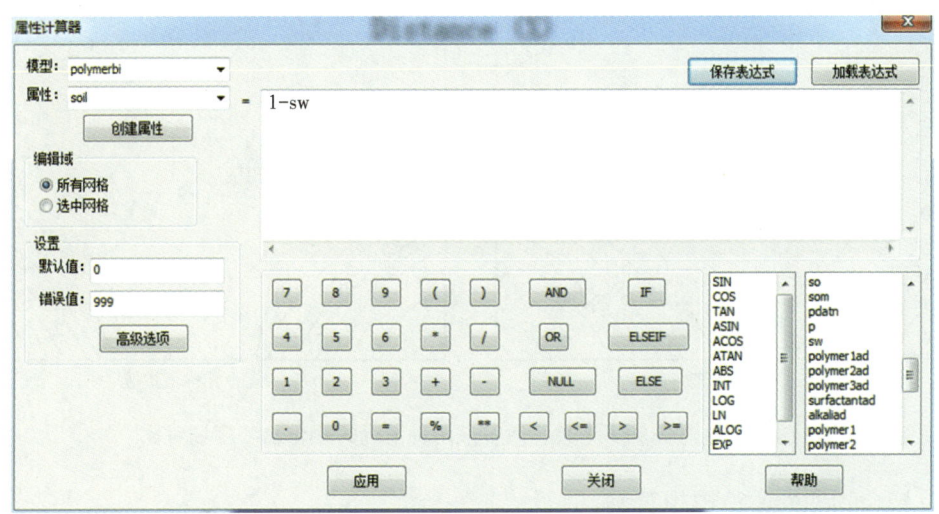

图6-50　属性数据计算器操作界图

第四节　软件功能测试及应用实例

基于基本数学模型、驱油机理数学模型和数学模型求解方法研制形成了化学驱数值模拟软件及配套的前后处理一体化集成运行平台,本节主要通过几个算例来演示软件的主要模拟功能,并通过一个实例具体说明其在矿场实际中的应用方法、作用及效果[62]。

一、功能测试

1. 常规驱油体系模拟功能

(1) 化学驱物质弥散扩散模拟算例。

建立了五点法井网一个4注1采井组数值模拟地质模型,注采井距250m,纵向上分1个层,厚度为2m,油藏孔隙度0.26。网格剖分为9×9×1,X和Y方向的空间步长均为44.25m。在这个模型上分考虑和不考虑聚合物弥散扩散现象两种情况计算聚合物驱油过程。图6-51给出了两种情况的聚合物浓度场对比,表明不考虑弥散扩散情况下,多孔介质中聚合物传质过程只是对流起作用,聚合物浓度前缘推进非常陡;而在考虑弥散扩散情况下,多孔介质中聚合物传质过程除对流起作用外,还有分子扩散和弥散在起作用,造成聚合物浓度前缘以非常缓的形式向前推进。计算结果完全符合对流扩散物质传输规律,说明研制的化学驱数值模拟软件能够正确模拟化学物质在多孔介质中运移时所发生的对流、弥散和扩散物质传输现象。

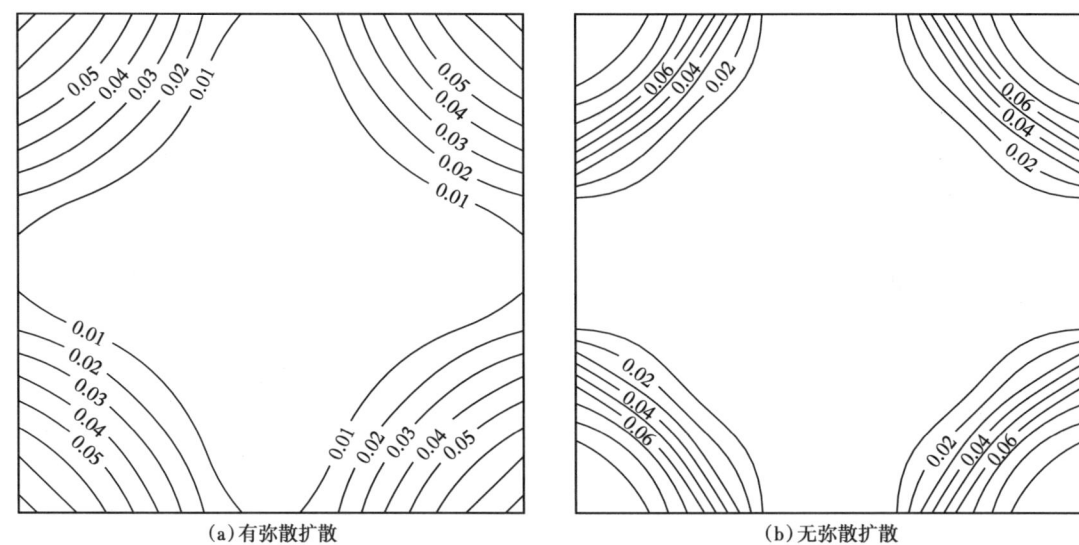

图 6-51 考虑和不考虑弥散扩散两种情况的聚合物浓度场对比

（2）聚合物弹性驱油模拟算例。

建立了五点法井网一个 4 注 1 采井组数值模拟地质模型，注采井距 250m，纵向上分 1 个层，厚度为 2m，油藏孔隙度 0.26。网格剖分为 9×9×1，X 和 Y 方向的空间步长均为 44.25m。在这个模型上分考虑和不考虑聚合物弹性驱油两种情况计算聚合物驱油过程。图 6-52 给出了两种驱油方案结束时的剩余油饱和度场对比，表明不考虑聚合物弹性驱油作用情况下，剩余油饱和度不低于水驱残余油饱和度；而在考虑聚合物弹性驱油机理情况下，剩余油饱和度低于水驱残余油饱和度，提高了驱油效率。

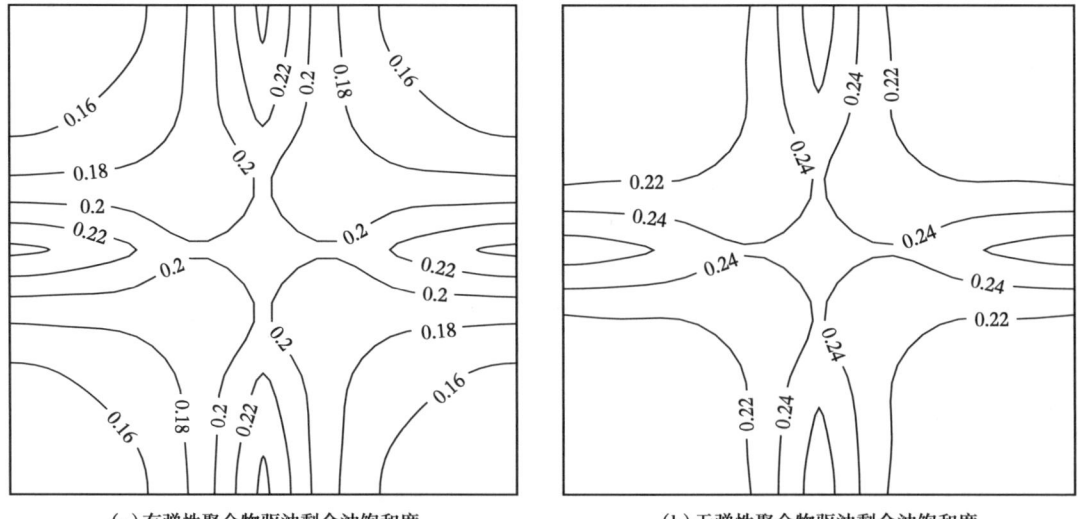

图 6-52 考虑和不考虑聚合物弹性两种驱油方案结束时剩余油饱和度场对比

(3)多种相对分子质量聚合物分质分注模拟功能计算。

建立了五点法井网一个4注1采井组数值模拟地质模型,注采井距250m,纵向上分1个层,厚度为2m,油藏孔隙度0.26。平面上存在非均质性,分高渗透区和低渗透区,高渗透区渗透率为$1500×10^{-3}\mu m^2$,低渗透区渗透率为$100×10^{-3}\mu m^2$。网格剖分为9×9×1,X和Y方向的空间步长均为44.25m。渗透率分布、井位分布和网格划分如图6-53所示。在这个模型上进行低相对分子质量聚合物驱和低渗透区域注低相对分子质量聚合物、高渗透区域注高相对分子质量聚合物的分质注聚方案的模拟计算。图6-54给出了两种驱油方案的采收率对比,表明高低相对分子质量聚合物分质分注比笼统注入低相对分子质量聚合物可多提高采收率2.17%。

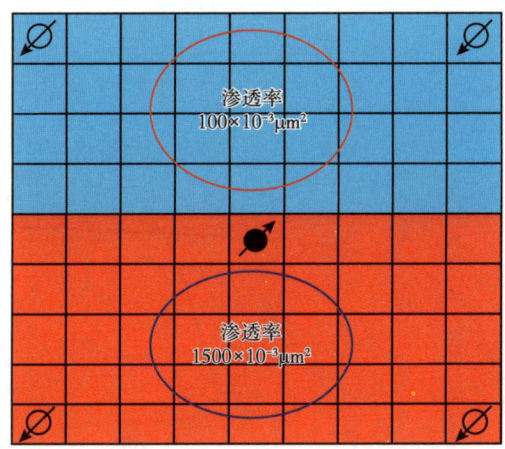

图6-53 渗透率分布、井位分布和网格划分

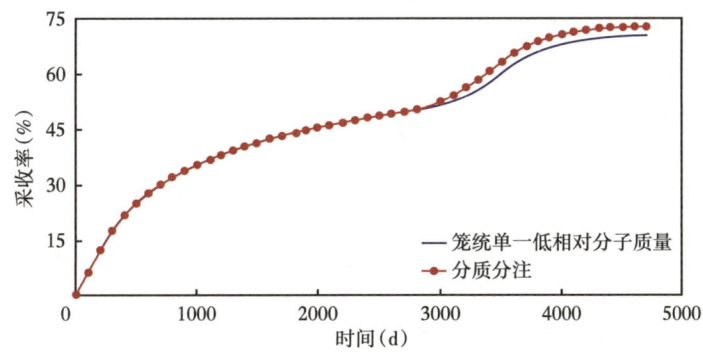

图6-54 高低相对分子质量分质分注和单一低相对分子质量聚合物驱采收率对比

(4)聚驱和三元复合驱模拟对比算例。

建立了五点法井网一个4注1采井组数值模拟地质模型,注采井距250m,纵向上分1个层,厚度为2m,油藏孔隙度0.26。网格剖分为9×9×1,X和Y方向的空间步长均为44.25m。井位分布和网格划分如图6-55所示。在这个模型上进行水驱、聚合物驱(不考虑弹性)和三元复合驱模拟计算。图6-56给出了三种驱替方式含水率曲线,图6-57、图6-58、图6-59给出了三种驱替方式结束时的剩余油饱和度分布,表明水驱结束后还有很

多剩余油,聚合物驱后剩余油饱和度比水驱降低,但不低于水驱残余油饱和度,而在三元复合驱过程,随着表面活性剂—碱—聚合物三元复合体系的注入,油水相间界面张力降低,使毛细管数增加,从而使剩余油饱和度降低,低于水驱残余油饱和度,提高了驱油效率。模拟计算结果表明研制的化学驱数值模拟器能够正确模拟化学驱油机理。

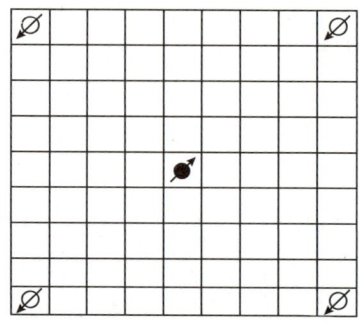

图 6-55 地质模型井位分布和网格划分

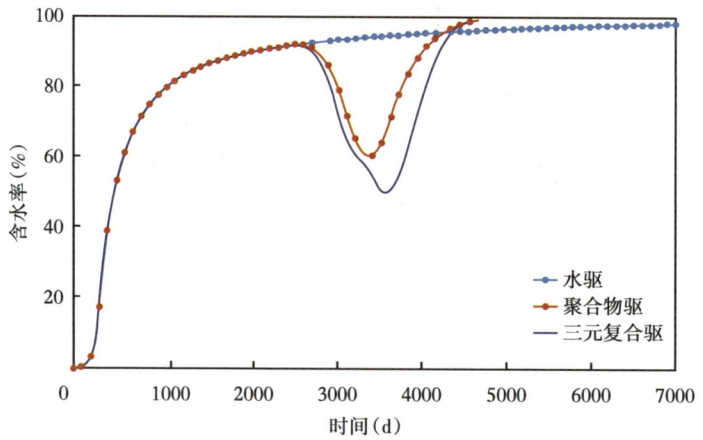

图 6-56 三种驱替方式开发动态对比

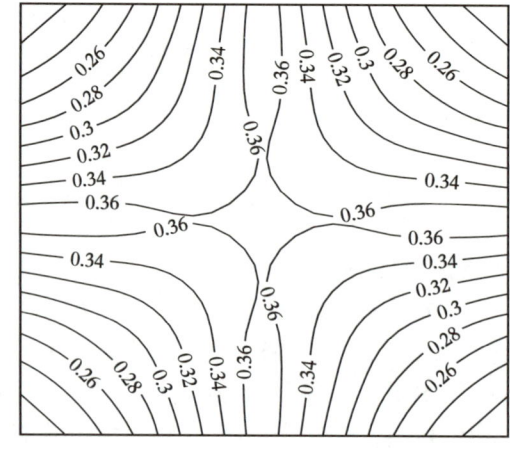

图 6-57 水驱结束时剩余油分布

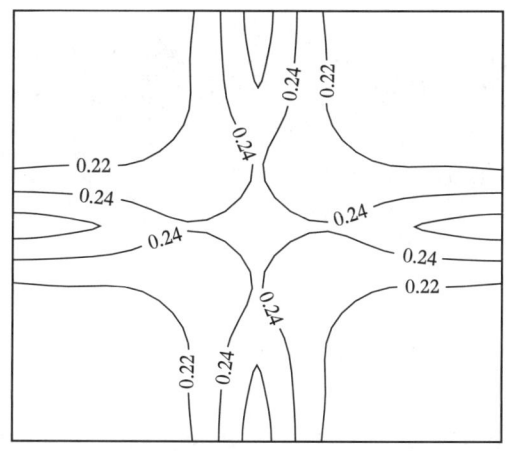

图 6-58　聚合物驱结束时剩余油分布

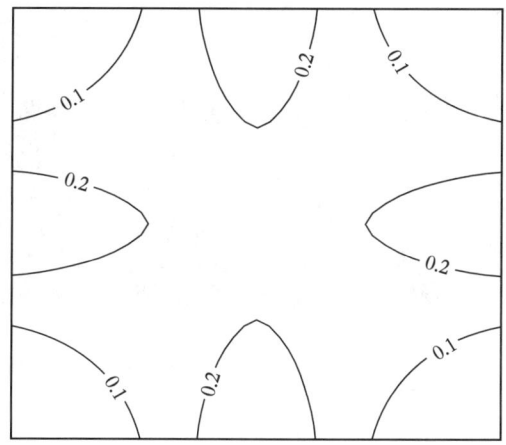

图 6-59　三元复合驱结束时剩余油分布

2. 新型驱油体系模拟功能

（1）自适应堵调驱体系驱油模拟算例。

建立了一个 4 注 1 采五点法面积井网井组典型数值模拟地质模型（图 6-60），在这个模型上分别计算了普通三元与自适应三元复合体系条件下驱油效果，比较了两种方案下参数场和开发指标情况。

方案 1（三元复合驱）：水驱 + 三元复合体系 + 后续水驱（ASP）。

方案 2（自适应堵调驱）：水驱 + 自适应堵调驱体系 + 后续水驱（PPG）。

模拟计算结果表明：两种驱替方式结束后中高渗透层驱油效率接近，但三元复合驱后低渗透层还有大量剩余油，而非均相体系能进一步提高低渗透层驱油效率（图 6-61）。

采出程度与含水率随时间变化曲线对比结果表明：与三元复合驱相比，非均相体系含水率下降更低，采出程度更高[63]（图 6-62）。

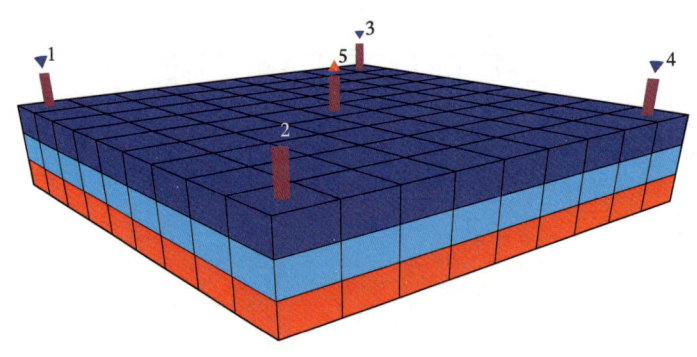

图 6-60 自适应体系驱油模拟功能测试算例

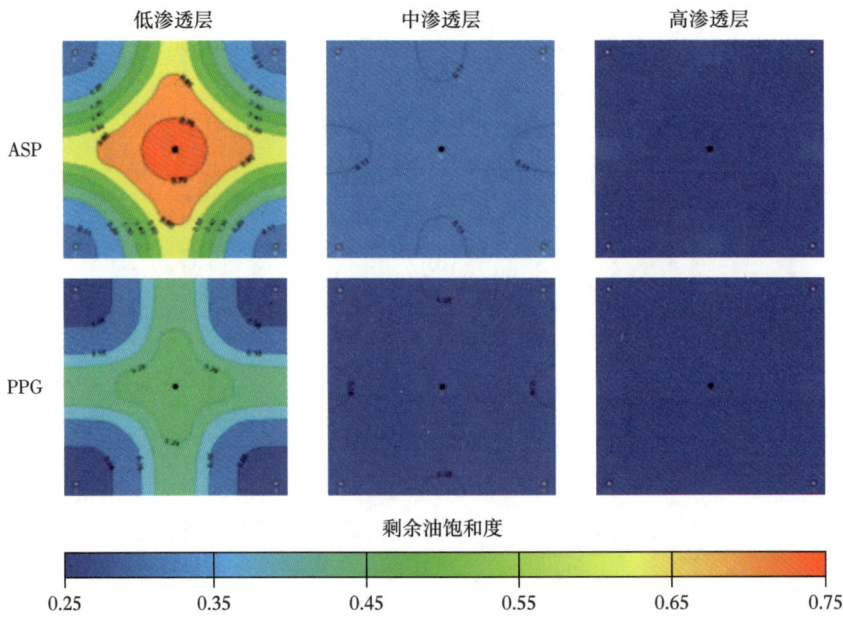

图 6-61 两种驱替方式剩余油饱和度对比

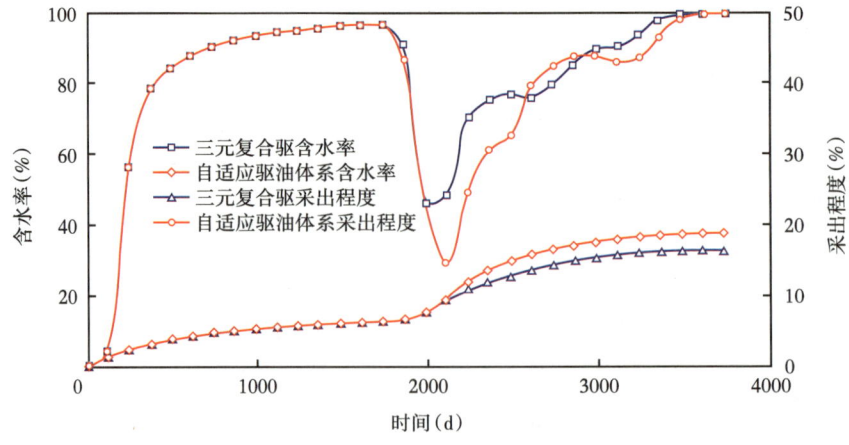

图 6-62 采出程度与含水率随时间变化曲线对比

分吸液量对比表明：普通三元可提高中渗透层吸液量，低渗透层动用程度低。而非均相体系中渗透层、低渗透层吸液量均比三元复合驱进一步提升（图6-63）。

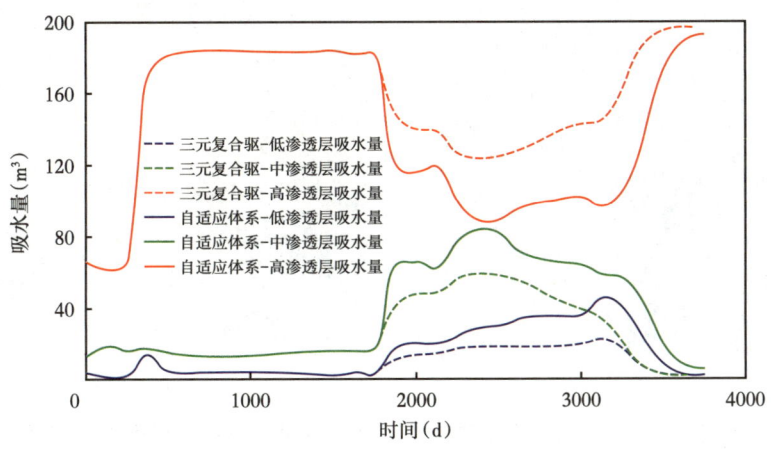

图6-63　两种方案下分吸液量对比

测试结果表明：所研制的模拟器实现了自适应驱油数值模拟功能，可准确刻画了自适应体系"堵、调、驱"机理。

（2）微乳液模拟功能算例。

建立了一个4注1采五点法面积井网井组典型数值模拟地质模型，模型规模9×9×1，注入井注液速度为30m³/d，生产井产液速度为120m³/d，1~500天注入水，500~1000天注入表面活性剂，聚合物，1000~4800天注入水。

对比了CHEMEOR与UTCHEM的模拟结果，从微乳相饱和度场及微乳相的黏度场对比图可以看出：在注入聚合物和饱和度后，CHEMEOR软件与UTCHEM软件的模拟结果是一致的（图6-64）。

同时将两个软件计算的开发指标进行了对比，从图6-65和图6-66可看出，CHEMEOR与UCHEM模拟得到采收率曲线和含水率曲线基本相同，进一步验证了CHEMEOR具备了微乳相复合驱模拟功能。

（3）CHEMEOR微乳相模拟功能规模测试。

测试两个模型，以验证软件能够进行大规模系统的微乳相测试。

模型1：201×201×3，12×10⁴节点，井5口，4口注入井，注入速度为30m³/d，1口生产井，生产速度为120m³/d，采用驱油方式Ⅳ，采用自动调整时间步长，最大时间步长为5天，模拟4800天。

模型2：301×301×6，54×10⁴节点，井5口，4口注入井，注入速度为30m³/d，1口生产井，生产速度120m³/d，采用驱油方式Ⅳ，采用自动调整时间步长，最大时间步长为5天，模拟4800天。

表6-5给出了两个概念模型的测试时间及计算物质平衡误差。测试结果表明：测试过程中，软件能够正常运行，测试规模越大，所需时间越长，且物质平衡误差能够满足实际要求。

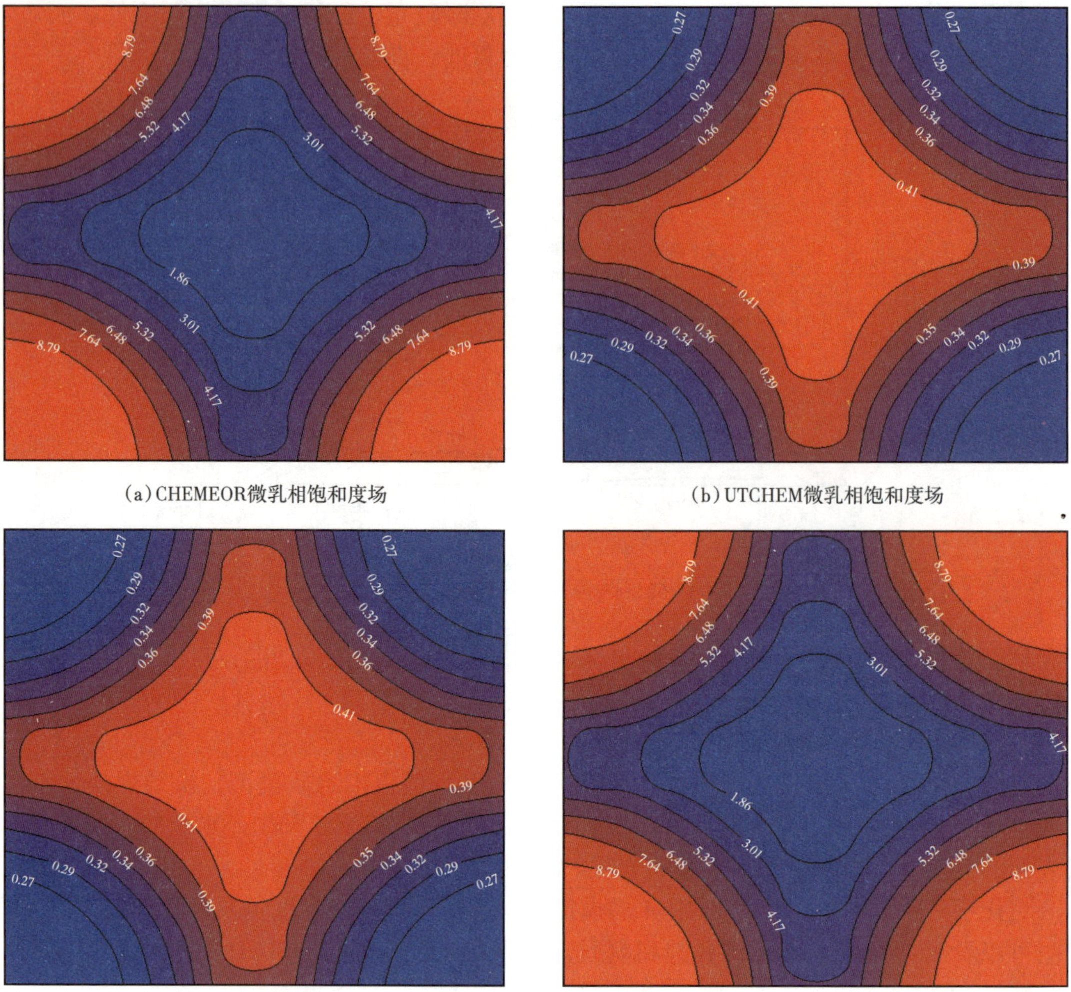

(a) CHEMEOR微乳相饱和度场　　　　　　　　(b) UTCHEM微乳相饱和度场

(c) CHEMEOR微乳相黏度场　　　　　　　　(d) UTCHEM微乳相黏度场

图 6-64　CHEMEOR 与 UTCHEM 模拟计算对比

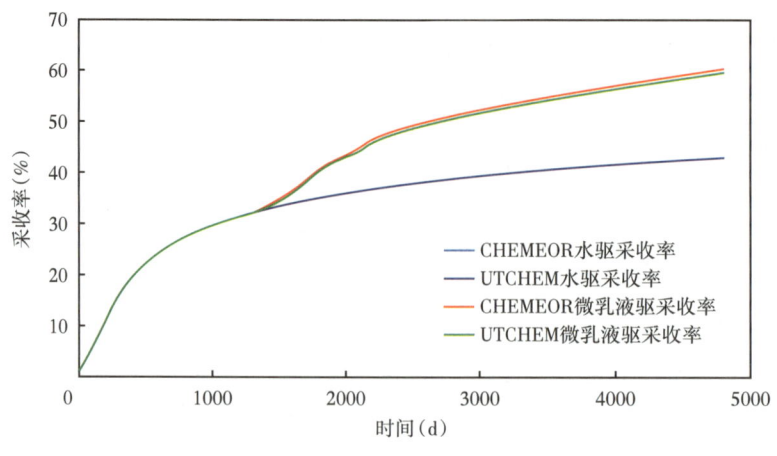

图 6-65　采收率曲线

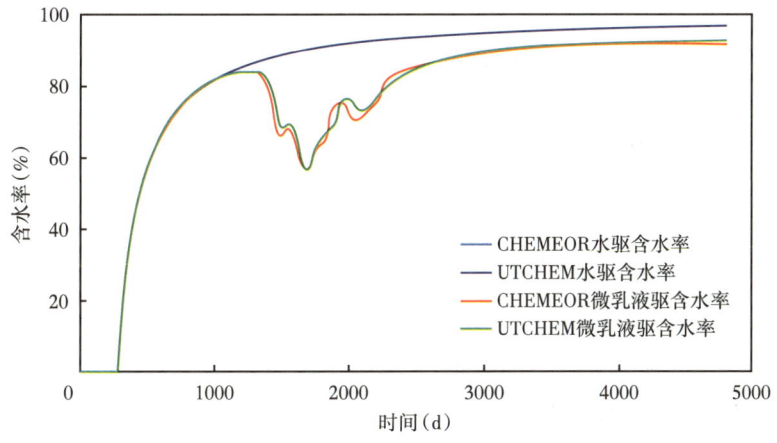

图 6-66　生产井含水率曲线

表 6-5　规模测试中物质平衡误差

	计算时间（h）	物质平衡误差
测试模型①	1.12	10^{-10}
测试模型②	6.41	10^{-10}

二、应用实例

所研制的化学驱数值模拟软件可用于化学驱油机理研究、方案优化设计、开发效果预测、剩余油分析和效果评价[64-68]，目前该软件已成功应用于大庆油田聚驱后采油科研和生产实践中，为大庆油田化学驱高效开发提供了重要的技术支撑。本节给出了该软件在大庆油田聚驱后无碱中相自适应堵调驱现场试验区块的具体应用实例。

1. 模拟区基本情况

北 3-1~北 3-3 排东部聚驱后自适应堵调驱试验区位于萨北开发区纯油区内北三区东部北侧，北面以北 3-20-斜 P100 井与北 3-20-P103 井连线为界，南面以北 3-3-P81 井与北 3-3-P87 井连线为界，西面以北 3-20-斜 P100 井与北 3-3-P81 井连线为界，东面以北 3-20-P103 井与北 3-3-P87 井连线为界所围成的区域。试验区利用北 3-1~北 3-3 排葡Ⅰ组油层聚驱井网（125m 井距、五点法面积井网），采用原井网原层系进行聚驱后试验，共有油水井 39 口，其中注入井 18 口，采油井 21 口（图 6-67）。

试验区含油面积 0.65km²，地质储量 113.0×10⁴t，孔隙体积 195.5×10⁴m³，开采目的层为葡Ⅰ₁~葡Ⅰ₇油层，发育 6 个沉积单元，平均单井射开砂岩 19.3m，有效厚度 15.1m，平均有效渗透率为 0.634μm²（表 6-6）。

2. 油藏精细地质模型的建立

地质模型边界选取试验区各向外扩一个井排为外边界，平面网格划分为 39×40 个，纵向上分 6 个层，葡Ⅰ₁、葡Ⅰ₂、葡Ⅰ₃、葡Ⅰ₄、葡Ⅰ₅₊₆和葡Ⅰ₇，总网格节点数为 9360 个，X 方向空间步长 31.88m，Y 方向空间步长 34.86m。试验区地质模型渗透率分布如图 6-68 所示。

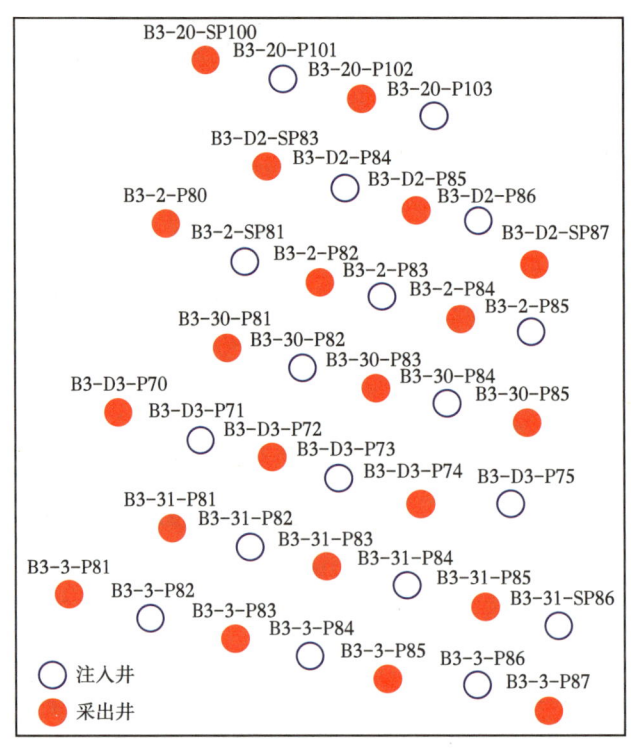

图 6-67 试验区井位图

表 6-6 试验区基础数据表

层位	面积（km²）	地质储量（10⁴t）	孔隙体积（10⁴m³）	平均单井射开（m）		平均有效渗透率（10⁻³μm²）	井数（口）			平均破裂压力（MPa）
				砂岩	有效		注入井	采出井	小计	
葡I₁~葡I₇	0.65	113.0	195.5	19.3	15.1	634	18	21	39	14.82

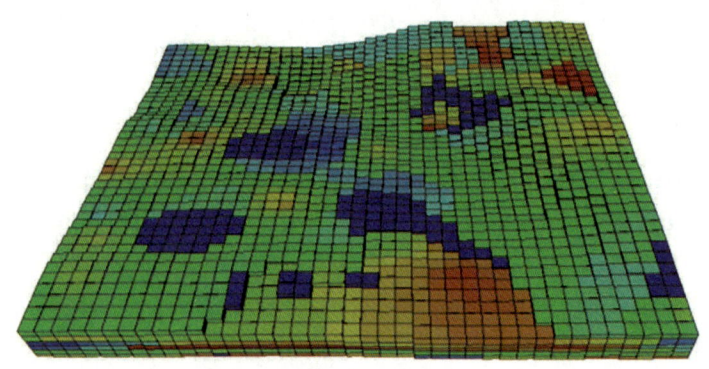

图 6-68 地质模型渗透率分布图

3. 聚合物驱开发历史数值模拟合

为明确试验区聚驱后剩余油分布特征，对试验区进行了数值模拟研究，拟合了聚驱全过程的生产历史[69-70]，历史拟合从 2011 年一类油层聚驱井网投产开始，至 2020 年底，对试验区和单井的动态、静态变化特征进行了详细的拟合，拟合指标与实际指标趋势一致，综合含水率末点误差 0.5%，累计产油量拟合误差 2.3%（图 6-69 和图 6-70），单井拟合精度符合率达到 80%，拟合精度较高，拟合结果能够真实反映试验区聚驱后剩余油分布特征。

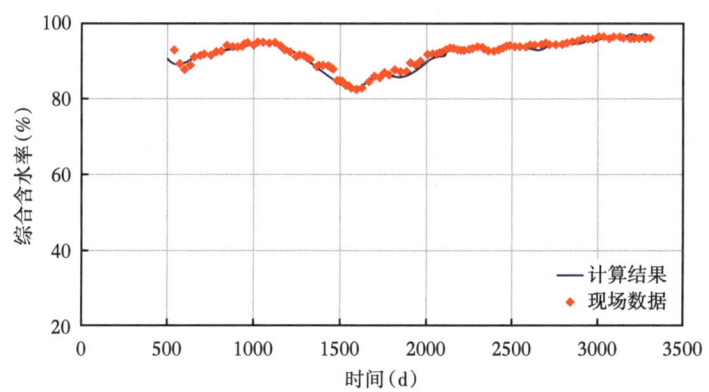

图 6-69　试验区综合含水及累计产油拟合结果

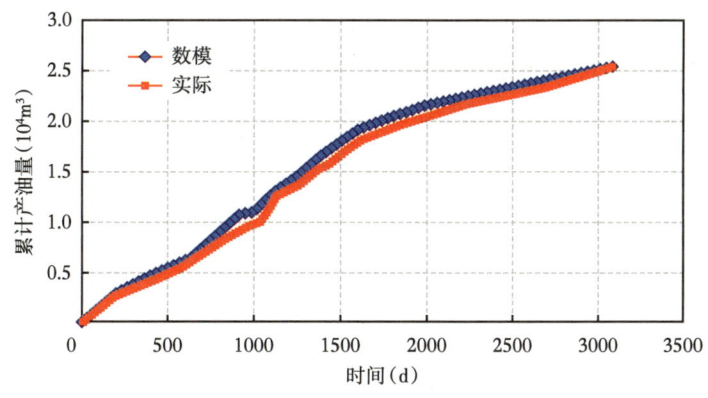

图 6-70　累计产油量拟合结果

4. 化学剂数值模拟参数的确定

经过室内配方筛选优化[71-72]，推荐采用 PPG 和无碱中相复合体系配制成具备"堵调驱"一体化功能的无碱中相自适应堵调驱驱油体系。

注入方案：0.5PV 无碱中相自适应驱油体系 +0.2PV 聚合物保护段塞 + 后续水驱至含水率为 98%。

自适应驱油体系配方：由 PPG、聚合物、表面活性剂和氯化钠组成。PPG 为勘探开发研究院自主研制产品，浓度 500mg/L；聚合物为炼化 2500 万相对分子质量聚合物，浓度

1400mg/L；表面活性剂为两种新型表面活性剂复配，总浓度 0.3%（质量分数），其中脂肪醇聚氧丙烯硫酸盐和烷基苯磺酸盐质量比为 6∶4；氯化钠为工业用氯化钠，浓度 1.7%（质量分数）。

聚合物保护段塞配方：由聚合物和氯化钠组成。聚合物为炼化 2500 万相对分子质量聚合物，浓度 1800mg/L；氯化钠为工业用氯化钠，浓度 0.5%（质量分数）。

注入速度：0.18PV/a。

依据上述室内推荐配方参数确定了数值模拟所需各项参数。

（1）中相微乳液上下相含盐量的确定。

实验室开展了不同油水比条件下的相态实验[73-79]，根据实验结果，确定了数值模拟中注入的无碱中相复合体系形成中相微乳液所需的含盐量的浓度范围为 1.55%~1.80%（表 6-7）。

表 6-7 不同油水体积比形成的氯化钠浓度范围

油水体积比	氯化钠浓度范围[%（质量分数）]	最佳氯化钠浓度[%（质量分数）]
3∶7	1.80~1.95	1.85
4∶6	1.70~1.85	1.75
5∶5	1.55~1.80	1.70
6∶4	1.60~1.75	1.65

（2）黏浓参数的确定。

实验室测定了自适应体系的黏浓曲线[80-82]，根据黏浓曲线，考虑黏度损失，应用化学驱数值模拟前处理软件参数估算模块，确定了黏浓参数，分别为 20mPa·s 和 10200mg/L（图 6-71）。

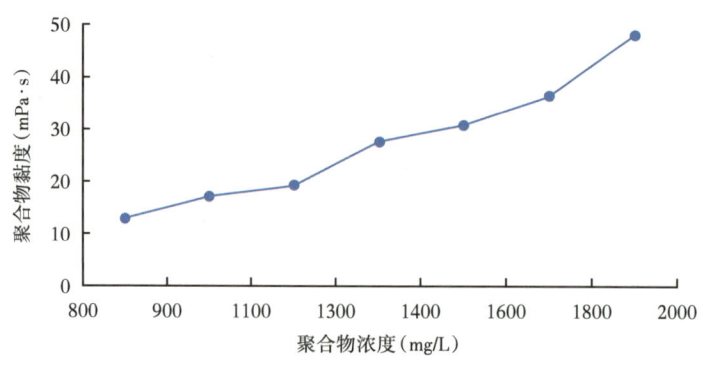

图 6-71 黏浓关系曲线图

（3）界面张力的确定。

实验室测定了不同表面活性剂浓度在不同含盐量情况下的界面张力活性图[83-87]，根据实验结果，确定了数值模拟中界面张力数据（图 6-72）。

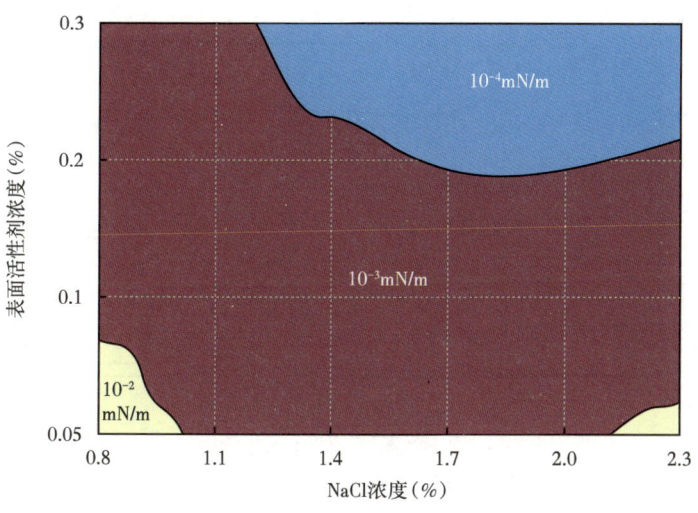

图 6-72　界面张力活性图

（4）阻力系数与残余阻力系数的确定。

实验室测定了聚合物浓度与残余阻力系数的关系曲线，根据实验结果[88-92]（图 6-73），考虑吸附的影响，应用化学驱数字模拟前处理软件参数估算模块，确定了残余阻力系数参数为 -1.7。

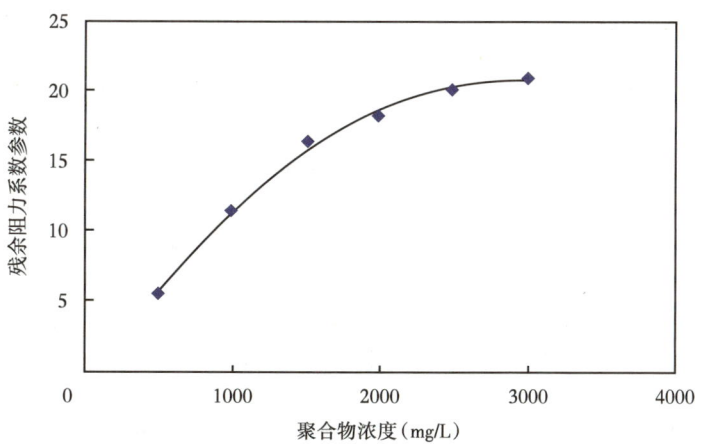

图 6-73　聚合物浓度与阻力系数及残余阻力系数的关系

5. 开发效果数值模拟预测

在试验区历史拟合及室内实验的基础上[93-97]，按照确定的注入方案，进行无碱中相自适应堵调驱效果预测，预测结果如图 6-74 所示。试验区注入无碱中相自适应堵调驱体系前综合含水率 97.1%。当注入孔隙体积达到 0.432PV 时，试验区综合含水率达到最低值 89.2%，含水率下降最大幅度 7.9%。至试验区综合含水率达到 98.0%，总注入孔隙体积为 1.038PV，阶段采出程度 15.1%，提高采收率 14.0%，累计增油量 15.82×10^4t（图 6-74）。

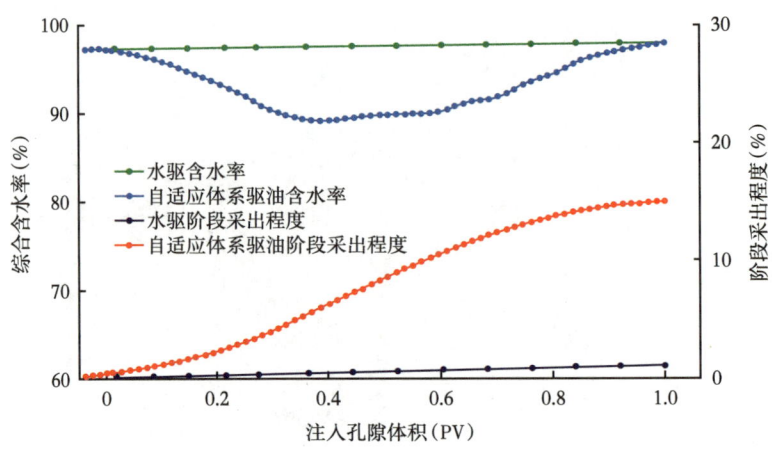

图 6-74 试验区无碱中相自适应堵调驱体系开发效果预测

应用表明：所研发的化学驱数值模拟软件在现场实际区块中发挥了重要作用，为化学驱方案优化设计、开发效果预测、剩余油分析和效果评价提供了有力的技术支撑，因此未来的应用前景十分广阔。

参 考 文 献

[1] 吴湘．油藏模拟应用技术［J］．石油勘探与开发，1991，（1）：70-78.

[2] 韩大匡．油藏数值模拟基础［M］．北京：石油工业出版社，1993：2-9.

[3] 刘皖露，马德胜，王强，等．化学驱数值模拟技术［J］．大庆石油学院学报，2012，（3）：72-78.

[4] 孙龙德，伍晓林，周万富，等．大庆油田化学驱提高采收率技术［J］．石油勘探与开发，2018，45（4）：636-645.

[5] 韩培慧，赵群，穆爽书，等．聚合物驱后进一步提高采收率途径的研究［J］．大庆石油地质与开发，2006，25（5）：81-84.

[6] 陈国，赵刚，廖广志，等．泡沫复合驱油三维多相多组分数学模型．清华大学学报（自然科学版），2002，42（12）：1621-1643.

[7] 黄金姬．油藏数值模拟技术及系统［J］．四川大学学报（自然科学版），1994，31（2）：276-279.

[8] Schlumberger.Eclipse Technical Despcription［R］.2011：1-302.

[9] CMG.User's Guide STARS Advanced Process and Thermal Reservoir Simulator［R］.2011：1-232.

[10] Delshad M. UTCHEM Version 6.1 Technical Documentation［R］.Center for Petroleum and Geosystems Engineering，The University of Texas at Austin，Austin，Texas，78751，1997：1-368.

[11] 赵福麟，王业飞，戴彩丽，等．聚合物驱后提高采收率技术研究［J］．中国石油大学学报（自然科学版），2006，30（1）：86-89.

[12] 倪天禄．油藏动态模型数值模拟软件研制与应用［D］．成都：成都理工大学，2001.

[13] 卢广钦，侯健，李淑霞，等．实用油藏数值模拟软件的开发与应用［J］．计算机应用与软件，2003，8：24-27.

[14] Chen G，Zhang X，Ma M，et al. A Mathematical Model for Scaling and Wettibility Alteration in ASP Flooding［C］.European Association of Geoscientists & Engineers，2020：1-12.

[15] Jacquard P，Jain C.Permeability distribution from field pressure data［J］.Society of Petroleum Engineers Journal，1965，5（4）：281-294.

[16] Chen G, Zhang X, Ma M, et al. Theoretical Study on Oil Bank for Chemical Enhanced Oil Recovery[C].European Association of Geoscientists & Engineers, 2021: 1-10.
[17] 陈铁龙.三次采油概论[M].北京:石油工业出版社,2000.
[18] 张景存等.三次采油[M].北京:石油工业出版社,1995.
[19] 胡博仲.聚合物驱采油工程[M].北京:石油工业出版社,1997.
[20] 王德民,吴军政,韩培慧,等.强化采油.中国工程院版[M].北京:高等教育出版社,2000.
[21] 王德民,程杰成,杨清彦,等.黏弹性聚合物溶液能够提高岩心的微观驱油效率[J].石油学报,2000,21(5):45-51.
[22] 夏惠芬,王德民,刘中春,等.粘弹性聚合物溶液提高微观驱油效率的机理研究[J].石油学报,2001,22(4):60-65.
[23] 王德民,程杰成,夏惠芬,等.黏弹性流体平行于界面的力可以提高驱油效率[J].石油学报,2002,23(5):48-52.
[24] 钟会影,史博文,毕永斌,等.粘弹性聚合物驱渗流机理研究进展[J].力学学报,2001,45(4):32-36.
[25] 陈国,廖广志,马远乐,等.非相态稀体系三元复合驱油机理数学模型[J].大庆石油地质与开发,2002,21(1):70-74.
[26] 程杰成,吴军政,胡俊卿.三元复合驱提高原油采收率关键理论与技术[J].石油学报,2014,35(2):310-318.
[27] 王海峰,伍晓林,张国印,等.大庆油田三元复合驱表面活性剂研究及发展方向[J].油气地质与采收率,2018,11(5):62-64.
[28] 耿杰,王海峰,杨勇,等.大庆油田三元复合驱表面活性剂研究现状及发展方向[J].天津化工,2008,22(1):14-17.
[29] 张国印,伍晓林,廖广志,等.三次采油用烷基苯磺酸盐类表面活性剂研究[J].大庆石油地质与开发,2001,20(2):26-27.
[30] 王凤兰,杨凤华,史国蕊,等.三元复合体系的界面张力及其影响因素[J].大庆石油学院学报,2001,25(2):25-27.
[31] 吕平.毛管数对天然岩心渗流特征的影响[J].石油学报,1987,8(3):49-54.
[32] 姜言里.毛管数与残余油饱和度关系的预测[J].大庆石油地质与开发,1987,6(1):63-66.
[33] 吴世东,吴鹏,王春尧,等.三元符合体系静态吸附规律研究[J].化学工程师,2016,249(6):34-64.
[34] 苏欢,吴新民,李文彬.储层润湿性改变对采收率的影响[J].石油钻探技术,2010,38(6):92-94.
[35] 于振国.三元复合驱井筒结垢腐蚀机理及影响因素研究[D].大庆:东北石油大学,2022.
[36] 王淑君,解珺,李云朋,等.三元复合驱体系下不同储层岩石结垢规律试验研究[J].化学与黏合,2019:207-223.
[37] 李柏林,金占鑫,杨凤艳,等.大庆萨中二类油层三元体系色谱分离特性研究[J].化学工程师,2014,227(8):26-29.
[38] 陈姝芳,赵文森,唐雷,等.非均相复合体系的渗流驱油性能研究[J].石油化工,2000,50(11):1141-1147.
[39] 陈浩,赵文森,唐雷,等.非均相复合体系驱油实验研究[D].大庆:东北石油大学,2022.
[40] 崔晓红.新型非均相复合驱油方法[J].石油学报,2011,32(1):122-126.
[41] 陈晓彦.非均相驱油剂应用方法研究[J].石油钻采工艺,2009,31(5):85-88.
[42] 马映雪.PPG-聚合物体系驱油机理和渗流规律研究[D].大庆:东北石油大学,2022.
[43] 刘海成.特高含水油藏聚驱后非均相驱渗流规律[J].石油与天然气化工,2022,51(6):97-103.

[44] 郭华.微乳液驱油技术强化石油采收率的研究进展[J].山东化工,2016,45(9):63-65.
[45] 周冰灵,孔辉,张婧,等.中相微乳液驱油效果研究[J].化学工程师,2015,242(11):35-37.
[46] 魏长清.微乳液驱油技术强化石油采收率的研究进展[J].化学工程与装备,2023,43(3):209-210.
[47] 袁迎,赵加民,莫桂娣,等.微乳液相转变的研究[J].广东石油化工学院学报,2016,26(1):21-24.
[48] 谷营露,刘会娥,陈爽,等.油水比对阴离子型微乳液相行为的影响[J].化工学报,2019,70(7):2626-2635.
[49] 殷代印,仲玉仓.SB-16/SDS复配微乳液驱油体系性能研究[J].日用化学工业,2018,48(1):14-22.
[50] 黎惠华.三元复合体系驱油剂的开发[J].天津化工,2005,19(2):39-40.
[51] 殷代印,仲玉仓.复配微乳液驱油体系性能研究[J].日用化学工业,2018,48(1):14-22.
[52] 殷代印,高楠.低渗岩心实验参数在微乳液驱数值模拟中的应用[J].油田化学,2018,35(1):114-118.
[53] 刘玉山,杨耀忠.油气藏数值模拟核心技术进展[J].油气地质与采收率,2002,9(5):31-33.
[54] 张晨松.高性能和高实用的稀疏矩阵计算研究进展与挑战[J].数值计算与计算机应用,2020,41(4):259.
[55] 张晨松.油藏数值模拟中的线性解法器[J].数值计算与计算机应用,2022,43(1):1-26.
[56] 吴淑红,张晨松,王宝华,等.油藏数值模拟中的线性代数求解方法[M].北京:石油工业出版社,2020.
[57] 梁景伟,王立群,郎晓彬,等.角点网格传导系数计算[J].断块油气田,2014,21(5):637-643.
[58] 曹建文.大规模油藏数值模拟并行软件中的高效求解及预处理技术[D].北京:中国科学院软件所,2002.
[59] 李政.精细油藏数值模拟中的高效求解器研究[D].昆明:昆明理工大学,2017.
[60] 练章贵,卞万江,刘加元,等.油气藏数模前后处理软件开发与应用[J].西南石油学院学报,2005,(6):34-36.
[61] 陈苏.油藏数值模拟远程工作平台软件设计[J].科苑论坛,2008,(13):115.
[62] 王德民,程杰成,吴军政,等.聚合物驱油技术在大庆油田的应用[J].石油学报,2005,26(1):74-78.
[63] 张宏友,邓琪,王美楠,等.含水率与采出程度关系理论曲线建立新方法[J].断块油气田,2018,25(3):346-349.
[64] Thomas L K, Hellums L J, Reheis G M. A nonlinear automatic history matching technique for reservoir simulation models[J].Society of Petroleum Engineers Journal,1972,12(6):508-514.
[65] Veatch R W, Thomas G W.A direct approach for history matching[C].Fall Meeting of the Society of Petroleum Engineers of Aime. New Orleans, Louisiana:Society of Petroleum Engineers,1971:1-12.
[66] Chen W H, Gavalas G R, Seinfeld J H, et al. A new algorithm for automatic history matching[J].Society of Petroleum Engineers Journal,1974,14(6):593-608.
[67] Tan T B, Kalogerakis N.A fully implicit, three-dimensional, three-phase simulator with automatic history- matching capability[C].SPE Symposium on Reservoir Simulation. Anaheim, California:Society of Petroleum Engineers,1991:35-46.
[68] Slater G E, Durrer E J. A djustment of reservoir simulation models to match field performance[J].Society of Petroleum Engineers Journal,1971,11(3):295-305.
[69] 张晓芹.大庆油田二类油层聚合物驱注入参数的优选[J].大庆石油学院学报,2005,29(4),40-42.

[70] 元福卿，李振泉. 不同因素对聚合物驱效果的影响程度研究［J］. 大庆石油地质与开发，2005，24（1）：58-60.

[71] 曹瑞波，韩培慧，高淑玲等. 不同驱油剂应用于聚合物驱后油层的适应性分析［J］. 特种油气藏，2012，2019（4）：100-104.

[72] 赵福麟，王业飞，戴彩丽，等. 聚合物驱后提高采收率技术研究［J］. 中国石油大学学报（自然科学版），2006，30（1），86-89.

[73] 韩培慧，苏伟明，林海川，等. 聚驱后不同化学驱提高采收率对比评价［J］. 西安石油大学学报（自然科学版），2011，26（5）：44-47.

[74] 李华斌，赵长久，孟繁儒. 大庆油田三元复合驱合理井网井距研究［J］. 西南石油学院学报，2000，22（3）：46-49.

[75] 黄学，刘朝霞，韩冬，等. 一种预测聚合物驱开发动态的新模型［J］. 石油勘探与开发，2009，36（2），228-231.

[76] 刘帅. 大庆长垣A区B组二类油层开发地质特征及开发指标预测［D］. 大庆：东北石油大学，2018，（2），40-46.

[77] 王渝明，王加滢，康红庆，等. 聚合物驱阶段提高采收率预测模型的建立与应用［J］. 石油学报，2013，34（3）：513-517.

[78] 孔祥亭，唐莉，周学民，等. 聚合物驱开发规划指标预测方法研究［J］. 大庆石油地质与开发，2001，20（5），44-49.

[79] 陈福明，卢金凤，陈鹏，等. 聚合物驱开采指标测算方法研究［J］. 大庆石油地质与开发，1999，18（2），33-37.

[80] Dougherty E L. Application of optimization methods to oilfield problems：Proved，probable，possible［C］. Fall Meeting of the Society of Petroleum Engineers of Aime. San Antonio，Texas：Society of Petroleum Engineers，1972：1-20.

[81] Wasseman M L，Emanuel A S，Seinfeld J H. Practical applications of optimal-control theory to history-matching multiphase simulator models［J］. Society of Petroleum Engineers Journal，1975，15（4）：347-355.

[82] Chavent G，Dupuy M，Lemmonier P. History matching by use of optimal theory［J］. Society of Petroleum Engineers Journal，1975，15（1）：74-86.

[83] Gavalas G R，Shah P C，Seinfeld J H. Reservoir history matching by bayesian estimation［J］. Old SPE Journal，1976，16（6）：337-350.

[84] Vanden B B，Seinfeld J H. History matching in two-phase petroleum reservoirs：Incompressible flow［J］. Society of Petroleum Engineers Journal，1977，17（6）：398-406.

[85] Watson A T，Seinfeld J H，Gavalas G R，et al. History matching in two- phase petroleum reservoirs［J］. Society of Petroleum Engineers Journal，1980，20（6）：521-532.

[86] Tang Y N，Chen Y M. Application of GPST algorithm to history matching of single-phase simulator models［J］. SPE 13410，1985：1-40.

[87] Zhang X，Hou J，Wang D，et al. An automatic history matching method of reservoir numerical simulation based on improved genetic algorithm［J］. Procedia Engineering，2012，29：3924-3928.

[88] MacMillan D J. Automatic history matching of laboratory corefloods to obtain relative- permeability curves［J］. SPE Reservoir Engineering，1987，2（1）：85-91.

[89] Yang P H，Watson A T. Automatic history matching with variable-metric methods［J］. SPE Reservoir Engineering，1988，3（3）：995-1001.

[90] Tan T B，Kalogerakis N. A three-dimensional three-phase automatic history matching model：Reliability

of parameter estimates[J]. Journal of Canadian Petroleum Technology, 1992, 31 (3): 34-41.
[91] Nasralla R A, Daoud A M, Fattah K A, et al. Fast and efficient sensitivity calculation using adjoint method for three-phase field-scale history matching[J]. Journal of Petroleum Science and Engineering, 2011, 77 (3): 338-350.
[92] Ouenes A, Brefort B, Meunier G, et al. A new algorithm for automatic history matching: application of simulated annealing method (SAM) to reservoir inverse modeling[J]. SPE 26297, 1993: 1-31.
[93] YIN J, PARK H Y, DATTA-GUPTA A, et al. A hierarchical streamline-assisted history matching approach with global and local parameter up-dates[J]. Journal of Petroleum Science and Engineering, 2011, 80 (1): 116-130.
[94] Sen M K, Datta-Gupta A, Stoffa P L, et al. Stochastic reservoir modeling using simulated annealing and genetic algorithm[J]. SPE Formation Evaluation, 1995, 10 (1): 49-56.
[95] Kaydani H, Mohebbi A, Eftekhari M. Permeability estimation in heterogeneous oil reservoirs by multi-gene genetic programming algorithm [J]. Journal of Petroleum Science and Engineering, 2014, 123: 201-206.
[96] Luís Augusto Nagasaki Costa, Célio Maschio, Schiozer D J. Application of artificial neural networks in a history matching process[J]. Journal of Petroleum Science and Engineering, 2014, 123: 30-45.
[97] Zeng L, Chang H, Zhang D. A probabilistic collocation-based Kalman filter for history matching[J]. SPE Journal, 2011, 16 (2): 294-306.

第七章　聚合物驱后提高采收率现场试验

2005年，大庆油田开始聚驱后提高采收率技术探索性研究[1-3]，2005—2009年，利用原聚驱井网开展了聚驱后聚表剂驱、二元复合驱和泡沫复合驱现场试验[4-9]，注采井距均为250m，流线未发生改变，注入化学剂孔隙体积分别为0.47PV、0.42PV和0.57PV，聚驱后提高采收率仅为1~3个百分点，试验效果不理想（表7-1）。

表7-1　聚驱后原井网现场试验情况表

试验区名称	注采井距	试验规模	开展时间	段塞（PV）	体系黏度（mPa·s）	采收率提高值（%）
萨中聚表剂驱	250m	6注12采	2005—2009年	0.47	26	1.65
萨中二元复合驱	250m	6注12采	2007—2011年	0.42	45	2.4
喇嘛甸泡沫复合驱	250m	6注12采	2009—2014年	0.57	32	2.4

2010年开始，基于前期现场试验经验，结合聚驱后油层渗流特征、优势渗流通道与剩余油分布特征[10-23]，在室内研究的基础上[24-43]，开展了聚驱后变流线高浓度聚合物驱、聚表剂驱和三元复合驱现场试验[44-50]。本章将重点介绍现场试验方案设计、实施效果和取得的认识。

第一节　聚合物驱后高浓度聚合物驱试验

一、试验区概况

试验区位于北二东西块206队地区，含油面积0.561km²，地质储量66.33×10⁴t，孔隙体积115.36×10⁴m³。目的层葡I_{1-4}油层，采用175m井距五点法面积井网，共有注采井25口，其中注入井9口，采油井16口，4口中心采油井，12口平衡采油井。9口注入井平均单井射开砂岩厚度12.2m，有效厚度8.2m，有效渗透率0.745μm²；16口采油井平均单井射开砂岩厚度13.2m，有效厚度9.0m，有效渗透率0.659μm²。

试验区共发育萨、葡、高三套油层，8个油层组，35个砂岩组，112个沉积单元，沉积总厚度约为340m，油藏地面海拔150m左右，埋藏深度870~1200m。葡I组油层可划分为葡I_{1-4}和葡I_{5-7}两个砂岩组，6个小层。葡I_{1-4}砂层组中葡I_2沉积单元属于泛滥平原相沉积，是由多期河道叠加而成，大面积分布的河道砂体，层内非均质性十分复杂。葡I_{5-7}砂岩组是以水上分流河道砂体及席状砂为主，层内及平面非均质性严重。

该区油层沉积环境为河流—三角洲沉积，属于碎屑岩储油层。据北2-357-检82井和北2-21-检P51井岩心资料分析，岩性以细砂岩、细粉砂岩和泥质粉砂岩为主，主要成分是石英和长石，以接触式胶结和孔隙接触式胶结为主，胶结物主要为泥质，其次是碳酸岩，胶结物中黏土矿物的主要成分为高岭石，其次为伊利石，次生岩作用较弱。表内层的岩性以细砂岩和粉砂岩为主，平均空气渗透率 $0.365\mu m^2$，平均孔隙度 26.8%，平均原始含油饱和度 63.1%；表外层砂岩颗粒细、泥质含量高、砂泥分选差、孔渗性能和含油饱和度较低，岩性以泥质粉砂岩为主，粉砂含量 66.9%，泥质含量 22.8%，平均空气渗透率 $0.023\mu m^2$，平均孔隙度 24.0%，平均原始含油饱和度 40.8%。

该区原油具有黏度高、含蜡量高、凝点高和含硫量低的特点，地面原油密度 $0.865g/cm^3$ 左右，黏度 $16.6\sim90.0mPa\cdot s$。地层原油黏度为 $8.2\sim10.4mPa\cdot s$，原油含蜡量 $20.1\%\sim32.0\%$，含硫量低于 0.2%，凝点 $22\sim30℃$，原始气油比 $47.4\sim50.0m^3/t$，体积系数为 1.12 左右，饱和压力 $9.77\sim10.69MPa$，油层温度 $43\sim48℃$。天然气中甲烷含量 90.9%，属湿气型，并含有微量的硫、氮和二氧化碳。地层水属碳酸氢钠型，总矿化度在 $6000\sim8000mg/L$。

该区葡 1 组主力油层原始润湿性属于偏亲油的非均匀润湿性，投入水驱开发后，由于岩石孔隙结构和黏土矿物的变化，油、水、岩石三者之间原有的动态平衡发生变化，从而导致岩石表面润湿性发生变化。水淹层岩石一般具有偏亲水的非均匀润湿性，其中当油层含水饱和度为 40%~60% 时，大部分岩石的润湿性由偏亲油转为偏亲水；当油层含水饱和度大于 60% 时，将全部转化为亲水的润湿性。

该区 1963 年投入开发，1973 年和 1991 年进行了两次加密调整。2001 年 5 月进行聚合物驱，注聚前区块含水率为 93.8%，2001 年 5 月至 2003 年 3 月，注入聚合物相对分子质量为（1400~1600）万，2003 年 4 月至 2006 年 8 月，注入聚合物相对分子质量为（1600~1900）万，2006 年 9 月注入聚合物相对分子质量改为 2500 万。2009 年 7 月结束注聚，累计聚合物用量为 $860mg/L\cdot PV$，最低点时区块含水率下降了 8.41 个百分点，阶段提高采收率 17.25%，采出程度 57.95%。

二、试验区井网方式优化

1. 物理模拟研究

为了研究聚驱后井网加密对挖潜分流线剩余油的作用，利用平面大型物理模型开展了聚驱中后期井网加密对聚驱效果影响的实验研究，实验选用三层非均质模型，模型尺寸 60cm×60cm×4.5cm，设计方案为：原聚驱井网一注一采，聚驱中后期井网加密转为二注四采，原聚驱井网的分流线变成主流线（图 7-1），具体实验方案设计见表 7-2。

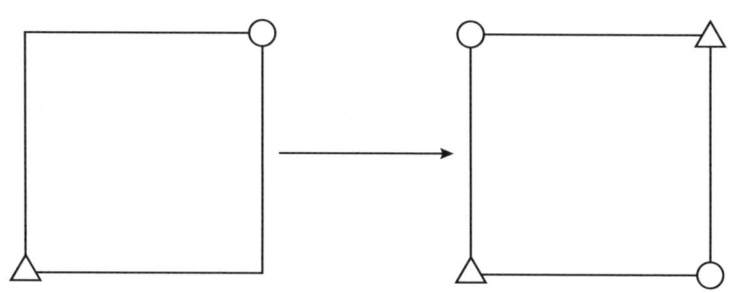

图 7-1　聚驱中后期井网加密平面非均质物理模型示意图

表 7-2 聚驱中后期井网加密实验方案设计表

方案	水驱至含水 98%	聚驱不加密阶段	聚驱加密阶段	后续水驱	后续水驱加密
不加密	一注一采	一注一采（0.57PV）		一注一采	
后续水驱加密		一注一采（0.57PV）		一注一采	
注聚 0.3PV 加密		一注一采（0.3PV）	二注二采（0.27PV）	二注二采	二注二采
注聚 0.4PV 加密		一注一采（0.4PV）	二注二采（0.17PV）	二注二采	
注聚 0.5PV 加密		一注一采（0.5PV）	二注二采（0.07PV）	二注二采	

物理模拟实验结果表明（表 7-3），不加密实验的最终采收率为 71.61%，后续水驱加密实验的最终采收率较不加密高 0.28 个百分点，注聚 0.3PV 加密实验的最终采收率最高，较不加密高 5.43 个百分点。

表 7-3 物理实验结果情况表

方案	孔隙度（%）	原始含油饱和度（%）	聚合物黏度（mPa·s）	水驱采收率（%）	后续水驱结束采收率（%）	后续水驱后加密采收率（%）	采收率提高值（%）
不加密	28.55	74.09	42	47.21	71.61	—	24.40
后续水驱加密	27.86	75.59	42	47.46	70.98	71.89	24.43
注聚 0.3PV 加密	27.12	74.15	42	47.13	77.04	—	29.91
注聚 0.4PV 加密	28.59	75.24	42	47.38	73.98	—	26.90
注聚 0.5PV 加密	27.81	74.31	42	46.97	72.64	—	25.67

比较不同方式的采收率提高值可以看出，不加密实验的采收率提高值为 24.40%，后续水驱加密实验的采收率提高值较不加密高 0.03 个百分点，注聚 0.3PV 加密实验的采收率提高值最高，较不加密高 5.51 个百分点。由此可见，在注聚过程中进行加密可以取得更好的开发效果。

2. 数值模拟研究

在物理模拟研究基础上，开展了两种井网加密方式的数值模拟研究，方式一是对于进入后续水驱区块的五点法面积井网，采取原注采井不动，利用其他层系的井网在分流线上补孔，使分流线变成主流线形成注采井距 175m 的新反九点法井网；方式二是对于进入后续水驱区块的五点法面积井网，采取原注入井不动，采出井全部转为注入井，然后利用其他层系井网补孔或利用加密在分流线上的二类上返井，使分流线变成主流线形成注采井距 175m 的小五点法面积井网，先驱主力油层然后再上返。两种做法的井网方式如图 7-2 所示。

对于上述做法，利用 POLYMER 模型建立了四注五采的典型模型，进行了聚驱后效果预测研究。两种方式数值模拟研究结果对比表明（表 7-4），方式二开发效果较好，注聚 640mg/L·PV 结束后加密注水可提高采收率 2.36 个百分点，注聚 640mg/L·PV 结束后加密追加注聚 300mg/L·PV 可提高采收率 5.8 个百分点。

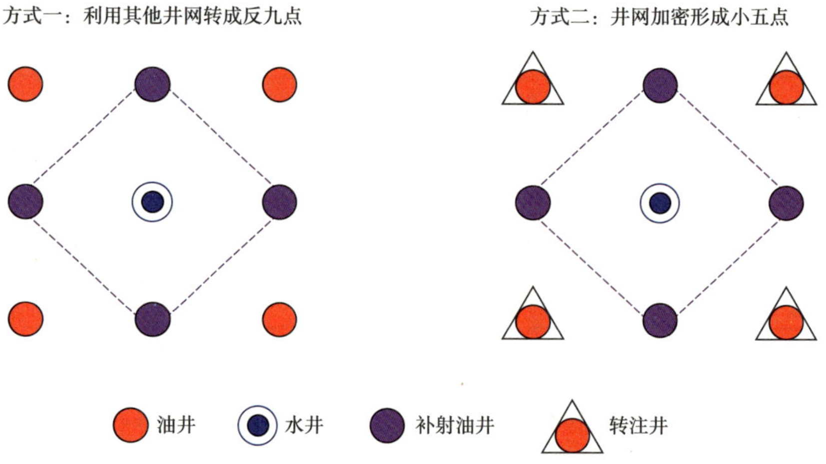

方式一：利用其他井网转成反九点　　　　　方式二：井网加密形成小五点

● 油井　　● 水井　　● 补射油井　　△ 转注井

图 7-2　井网方式转变示意图

表 7-4　两种井网方式数值模拟结果对比表

井网方式	井网名称	水驱采收率提高值（%）	聚驱采收率提高值（%）
方式一	补孔（反九点）	2.01	5.18
方式二	井网加密（小五点）	2.36	5.80

根据以上研究结果，选取北二东西块进行聚驱后井网重构提高采收率现场试验，对试验方案进行了优化设计。

3. 井距优选

从表 7-5 可以看出，随着井距的缩小，聚驱控制程度不断提高。在注采井距 250m 条件下，聚驱控制程度为 74.6%，河道—河道的一类连通率为 67.6%，随着井距的缩小，聚驱控制程度不断提高。注采井距缩小到 175m 时，聚驱控制程度提高 6.94%，河道—河道的一类连通率提高 8.1%。此后，随着井距进一步缩小，聚驱控制程度提高幅度变小，当井距由 175m 进一步缩小到 125m 时，聚驱控制程度仅与河道—河道的一类连通率分别只增加 4.37% 和 2.7%，与井距由 250m 缩小到 175m 相比较，增加幅度较小。综合考虑钻井及基建费用，确定试验区井距为 175m。

表 7-5　不同井距下连通状况

井距	聚驱控制程度（%）	河道—河道连通率（%）
250m	74.6	67.6
175m	81.54	75.7
150m	83.77	77.7
125m	85.9	78.4

4. 井网优选

根据北二东西块油层砂体的分布特点，结合目前的开发状况，对比分析了四套调整方案。四套试验方案的措施工作量和投资费用对比见表 7-6，通过比较，方案一的基建工作量最少，投资最低。

表 7-6 北二东西块试验工作量表及投资概算表

方案	转注（口）	钻井（口）	建注入站（座）	转采（口）	水井转注聚（口）	封堵（口）	补孔（口）	投资合计（万元）
方案一	5			1		4	12	519
方案二	5	4					9	1315
方案三	1	7	1	1	2	4	13	2517
方案四		8	1	1	1	4	10	2595

优选出的方案利用 12 口二次加密井补开聚驱目的层，同时将聚驱油井转注 5 口，形成井距约 175m 的五点法面积井网，共有 9 口注入井，16 口采油井。它具有以下四个优点：(1) 井网完善，且与原井网衔接关系好；(2) 175m 井距对葡Ⅰ组油层聚驱控制程度较高；(3) 补孔井处在原聚驱井网分流线部位，有利于剩余油挖潜；(4) 不需新钻井，费用相对较低。

三、试验方案优化设计

1. 注入参数优化设计

聚驱后剩余油分布高度零散，油层中被驱替流体不仅包含原油，还有剩余聚合物溶液，会对流度控制产生影响。聚驱后层间矛盾更加突出，使剖面调整困难，驱油体系需要更高的黏度，并且要有合理的黏度比。因此，适合聚驱后油层条件的注入参数优化设计尤为重要。

（1）聚合物相对分子质量的确定。

根据理论计算确定聚合物相对分子质量与岩心渗透率关系（表 7-7），不同相对分子质量聚合物分子回旋半径由实验室测得，孔隙度取试验区平均值 0.268。由表中可以看出 2500 万相对分子质量聚合物在渗透率大于 166μm² 的油层中可以通过。

表 7-7 聚合物相对分子质量与油藏有效渗透率匹配关系

聚合物相对分子质量（10^4）	水解度（%）	聚合物分子回旋半径（μm）	适应孔隙半径中值 R_{50}（μm）	聚合物驱可进入有效渗透率下限（μm²）
800	21	0.135	0.68	45
1000	21	0.155	0.78	60
1200	21	0.172	0.86	73
1500	21	0.195	0.97	94
2000	21	0.228	1.14	129
2500	21	0.258	1.29	166
3000	21	0.286	1.43	203
3500	21	0.311	1.56	240

通过对试验区内 25 口井射开目的层的自然层渗透率分布状况进行分析，渗透率小于 166μm² 的有效厚度比例仅为 5.8%，2500 万相对分子质量聚合物对目的层 94.2% 的有效

厚度是适合的（图 7-3）。

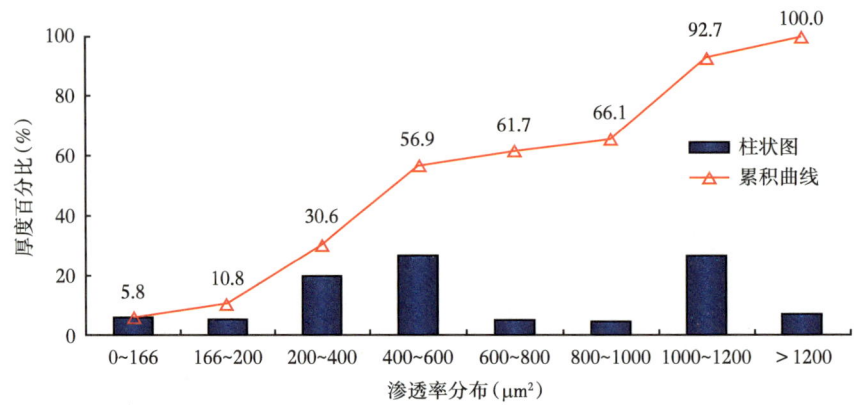

图 7-3　试验区不同渗透率油层有效厚度累积频率

实验研究表明：高分子聚合物可以进一步提高采收率。但聚合物相对分子质量过高会堵塞油层，2500 万相对分子质量聚合物具有增黏能力强、抗剪切能力强、提高采收率幅度高等性能，该试验区在注聚过程中注过 2500 万相对分子质量的聚合物，并没有发生堵塞现象，结合室内实验研究成果和已开展的聚合物驱矿场试验，确定高浓度聚合物试验区采用 2500 万相对分子质量聚合物。如果注入过程中发生压力不升或注入困难可根据实际情况进行聚合物相对分子质量的增减。

（2）聚合物浓度的确定。

为了研究聚合物浓度对吸附量的影响，开展了不同浓度聚合物的静吸附实验。实验用模拟污水配制相对分子质量 2500 万的聚合物溶液，再稀释成浓度分别为 500mg/L、1000mg/L、1500mg/L、2000mg/L、2500mg/L、3000mg/L 及 3500mg/L 的目的液，与 60-120 目的净砂以 3∶1 的比例混合，在 45℃ 的条件下恒温振荡 24h 后，测定其吸附量（表 7-8）。聚合物浓度检测采用硫氮分析仪。

表 7-8　静吸附量测定结果

序号	吸附前浓度（mg/L）	吸附后浓度（mg/L）	吸附量（mg/g）
1	500	461.6	0.1152
2	1000	939.7	0.1809
3	1500	1394.1	0.3177
4	2000	1845.6	0.4632
5	2500	2244.8	0.7656
6	3000	2732.8	0.8016
7	3500	3229.6	0.8112

从聚合物静吸附曲线看（图 7-4），随着聚合物浓度的升高，聚合物的吸附含量增加；当聚合物浓度为 2500 mg/L 时，聚合物的吸附含量基本达到饱和；聚合物浓度在 2500mg/L 以上，聚合物的静吸附含量变化不大。

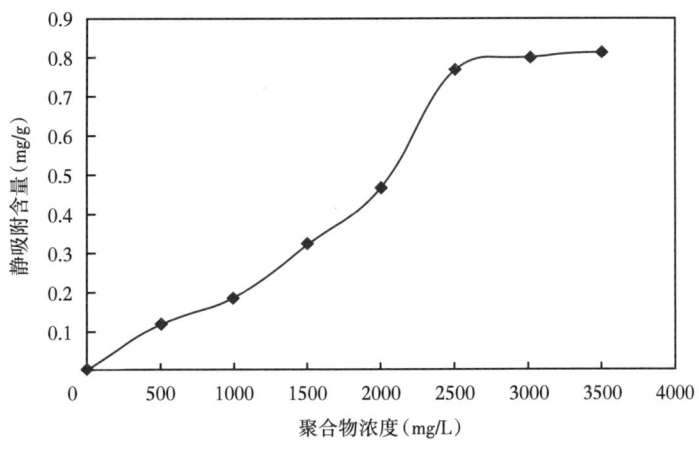

图 7-4 聚合物静吸附曲线

聚驱后要进一步提高采收率，流度控制非常重要，高浓度聚合物体系抗剪切能力强、黏弹性好，阻力系数、残余阻力系数大，溶液保留黏度较高。为了优选出适合聚驱后进一步提高采收率的合理聚合物浓度，开展了高浓度聚合物室内流动实验。

实验选取 10cm×2.5cm 人造均质岩心，有效渗透率 $0.7～0.8μm^2$，注入水为三厂污水，注入聚合物相对分子质量为 2500 万。实验结果表明：随着聚合物浓度和体系黏度的增加，阻力系数明显增加，浓度越高增幅越大，曲线形状与黏浓曲线接近（图 7-5）；残余阻力系数同样随着聚合物浓度的增加而增大，但聚合物浓度在 2500mg/L 以上时趋于稳定，与吸附实验规律接近（图 7-6）。从流动实验结果看，试验区注入聚合物浓度为 2500mg/L 时并没有发生堵塞现象。

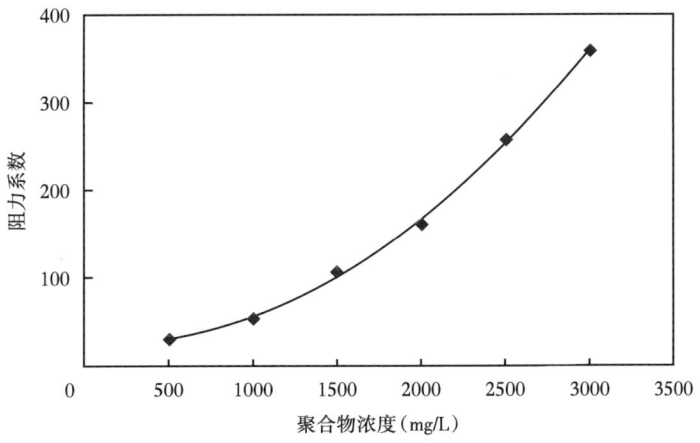

图 7-5 聚合物浓度与阻力系数关系曲线

为了进一步优选出试验区合理的聚合物浓度，在室内流动实验的基础上又开展了人造岩心驱油实验研究。实验选用 10cm×2.5cm×2.5cm 小岩心，水测渗透率 $0.4～0.6μm^2$，注入过程为：水驱至含水率为 98%+1500 万聚合物（浓度 1000mg/L、段塞 0.57PV）+水驱至含水率为 98%+2500 万聚合物（用量相同 640mg/L·PV，浓度分别为 1000mg/L、1500mg/L、

2000mg/L、2500mg/L 及 3000mg/L）+ 水驱至含水率为 98%。

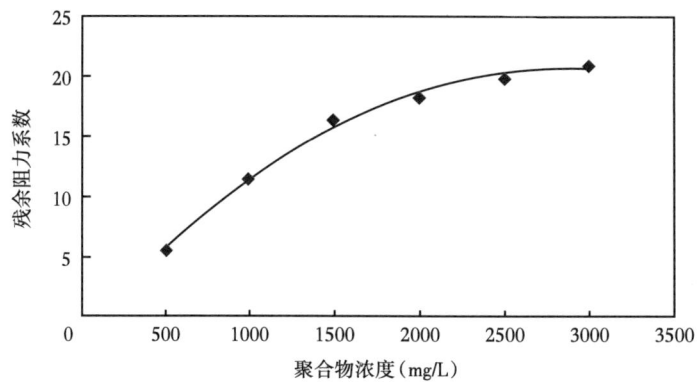

图 7-6　聚合物浓度与残余阻力系数关系曲线

实验结果表明：在相同聚合物用量条件下，提高聚合物浓度，聚驱后高浓度聚合物驱采收率随之提高（表 7-9）。聚合物浓度由 1000mg/L 提高到 3000mg/L，聚驱后高浓度聚合物驱提高采收率增加值为 1.98 个百分点，而当聚合物浓度大于 2000mg/L 后，采收率提高值增幅明显减缓，当聚合物浓度由 2000mg/L 增加到 3000mg/L 时，采收率提高值仅增加 0.23%（图 7-7）。

表 7-9　相同用量不同浓度聚合物驱油效果

岩心编号	聚合物浓度（mg/L）	K_w	S_o	水驱采收率（%）	一次聚驱采收率提高值（%）	二次聚驱采收率提高值（%）	总采收率（%）
20-38	1000	559.31	71.89	50.50	6.93	3.96	61.39
20-33	1500	560.94	73.21	52.43	6.79	4.37	63.59
20-27	2000	600.71	72.77	49.52	7.15	5.71	62.38
20-34	2500	559.07	70.82	52.00	7.03	5.50	64.53
20-26	3000	603.58	71.18	50.52	7.40	5.94	63.86

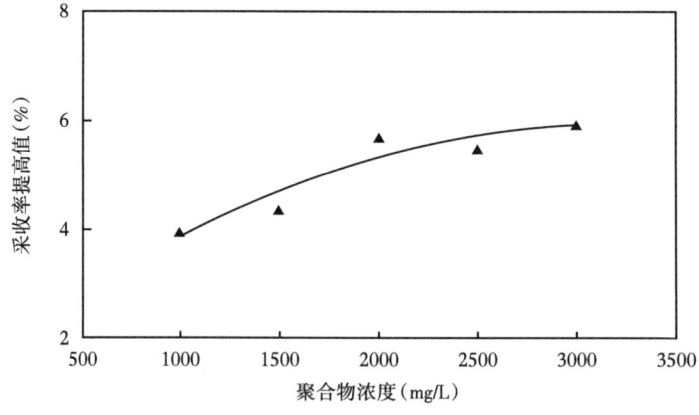

图 7-7　聚驱后相同用量不同浓度聚驱提高采收率值

为了优选出聚驱后合理高浓度聚合物注入浓度,在室内研究的基础上又应用数值模拟技术进行了优选。从聚合物浓度与采收率提高值的关系曲线可以看出,聚合物注入浓度分别为1500mg/L、2000mg/L、2500mg/L 及3000mg/L,对应的采收率提高值分别为4.74%、5.39%、6.27% 及6.62%(图7-8)。随着聚合物注入浓度的增加,采收率提高值增大,但聚合物浓度大于2500mg/L 时,采收率提高值增加幅度明显减缓。

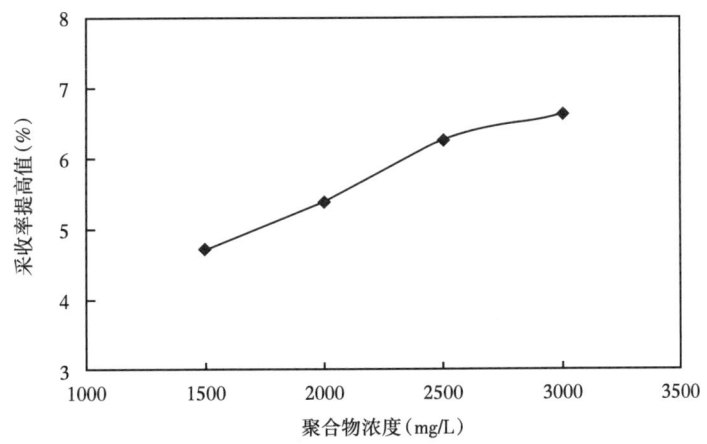

图7-8　数值模拟聚合物浓度与采收率提高值关系曲线

综上所述,从室内流动实验结果看,随着聚合物浓度和体系黏度的增加,阻力系数、残余阻力系数明显增加,在聚合物浓度达到2500mg/L 以上时趋于稳定;从岩心驱油实验结果看,在聚合物浓度2000mg/L 以上,聚驱后高浓度聚合物驱采收率提高值增幅明显变缓;从数值模拟研究结果看,聚合物浓度大于2500mg/L 时采收率提高值增加幅度明显减缓。因此,综合以上研究结果,推荐试验区聚合物浓度为2500mg/L,可根据现场实际注入情况进行适当增减。

(3)聚合物用量的确定。

对于大庆油田的聚合物驱而言,采用较大的聚合物用量,可以进一步提高聚合物驱的最终采收率。而对于聚驱后再进一步提高采收率,要采用多大的聚合物用量没有可借鉴的成功经验,为此,我们开展了室内实验和数值模拟研究,来优化聚驱后进一步提高采收率的合理聚合物用量。

①人造岩心驱油实验。

室内开展了聚驱后高浓度聚合物人造岩心驱油实验,实验选用10cm×2.5cm×2.5cm 小岩心,水测渗透率0.4~0.6μm^2,注入过程为:水驱至含水率为98%+1500万聚合物(浓度1000mg/L,用量570mg/L·PV)+ 水驱至含水率为98%+2500万聚合物(用量从640mg/L·PV 逐渐升高到1920mg/L·PV,浓度分别为1000mg/L、1500mg/L、2000mg/L、2500mg/L 及3000mg/L)+ 水驱至含水率为98%。

实验结果表明:在增加聚合物浓度的同时提高用量,聚驱后高浓度聚合物驱提高采收率增加值较为明显(表7-10)。聚合物用量由640 mg/L·PV 增加到1920 mg/L·PV 时,聚驱后高浓度聚合物驱采收率提高值增加了10.32 个百分点,其中,聚合物用量由640 mg/L·PV 增加到1280 mg/L·PV 时,聚驱后高浓度聚合物驱采收率提高值增加了7.58 个百分点，而当聚合物用量由 1280 mg/L·PV 增加到 1920 mg/L·PV 时，聚驱后高浓度聚合物驱采收率提高值只增加了 2.74 个百分点（图 7-9）。因此，推荐聚合物用量为 1280 mg/L·PV。

表 7-10　不同用量高浓度聚合物驱油效果

岩心编号	聚合物用量（mg/L·PV）	K_w	S_o	水驱采收率（%）	一次聚驱采收率提高值（%）	高浓度聚驱采收率提高值（%）	总采收率（%）
20-38	640	559.31	71.89	50.50	6.93	3.96	61.39
20-29	960	559.31	72.98	51.44	6.73	9.62	68.27
20-18	1280	587.87	72.52	51.92	6.73	11.54	70.19
20-19	1600	588.92	73.12	52.38	6.67	13.33	72.38
20-30	1920	565.16	73.32	50.53	6.86	14.28	72.57

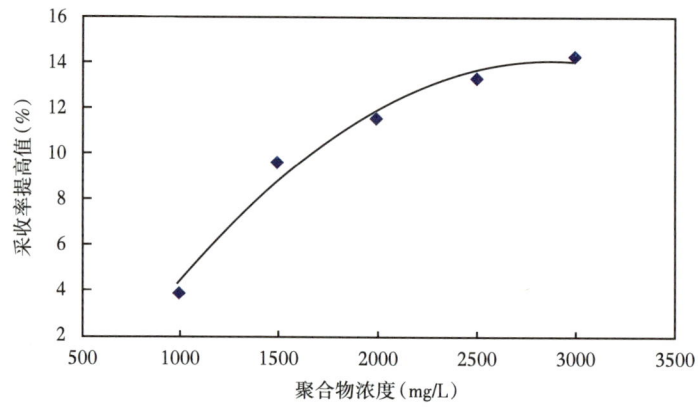

图 7-9　聚驱后不同用量不同浓度聚驱提高采收率值

②数值模拟研究。

应用数值模拟优选了聚驱后高浓度聚合物的用量，聚合物浓度为 2500mg/L，聚合物用量分别为 500mg/L·PV、750mg/L·PV、1000mg/L·PV、1280mg/L·PV、1600mg/L·PV 及 1920mg/L·PV，从数值模拟结果曲线上可以看出，采收率提高值随着聚合物用量的增加而增加，当聚合物用量大于 1280mg/L·PV 时，采收率提高值增加幅度减缓（图 7-10）。

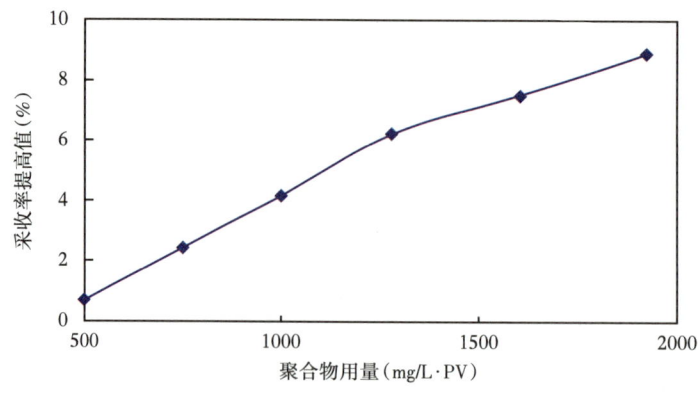

图 7-10　数值模拟不同用量采收率提高值

③天然岩心驱油实验。

在室内和数值模拟优选的基础上又开展了天然岩心驱油实验进一步进行验证。选取两支地质条件相近的采油三厂天然岩心,渗透率与试验区平均有效渗透率$666×10^{-3}\mu m^2$相近,能够代表试验区的油层条件。

岩心尺寸10cm×2.5cm×2.5cm,水测渗透率0.4~0.6μm^2,注入过程为:水驱至含水率为98%+1600万聚合物(浓度1000mg/L,用量570mg/L·PV,剪切后黏度19.6mPa·s)+水驱至含水率为98%+2500万聚合物(用量1280mg/L·PV,浓度为2500mg/L,黏度为190mPa·s)+水驱至含水率为98%。

实验结果表明:聚驱后高浓度聚合物驱提高采收率值分别为8.04%和8.75%,总采收率达到了70%以上,驱油效果较好(表7-11)。

表7-11 聚驱后天然岩心驱油实验结果

类型	渗透率(μm^2)	孔隙度(%)	含油饱和度(%)	浓度(mg/L)	黏度(mPa·s)	水驱采收率(%)	聚驱提高采收率(%)	聚驱后提高采收率(%)	总采收率(%)
聚驱后高浓度1	0.643	29.82	68.34	1000/2500	19.6/190	52.87	9.2	8.04	70.11
聚驱后高浓度2	0.727	28.27	68.49	1000/2500	19.6/190	52.50	10.0	8.75	71.25

综合室内和数值模拟研究结果可以看出:聚驱后增加聚合物用量对提高采收率的影响明显大于增加浓度对提高采收率的影响,聚驱后采用高分、高浓度、大用量聚合物驱油效果好。因此,推荐聚驱后高浓度聚合物驱的聚合物用量为1280mg/L·PV,可根据现场实际注入情况和动态反映特征进行适当增减聚合物用量。

(4)注入速度的确定。

理论研究结果表明:注入速度的快慢对聚合物驱的最终驱油效果影响不大,但是它制约着聚合物驱工程的进度。聚驱后进入后续水驱的区块逐渐增多,这就要求我们尽快拿出试验结论和效果。因此,需要加快试验进程,这就要求整个试验方案的实施时间短、注入速度高。但注入速度高,注入压力就高,因此,注入速度又受到油层注入能力的限制,油层的注入能力取决于油层的渗透能力、油层厚度、注入溶液的黏度及聚合物的相对分子质量等。因此在选择注入速度时,要用井口最大注入压力与注入速度的关系确定最大注入压力不超过区块油层破裂压力条件下的注入速度范围。

分析北二东西块注聚过程中的视吸水指数变化情况,视吸水指数下降最大幅度为48%(图7-11)。

北二东西块全区在注聚823mg/L·PV后转注高浓度聚合物,全区注聚结束时平均视吸水指数在0.75m^3/(d·MPa·m)左右,参考在注聚结束时转注高浓度聚合物的5口井视吸水指数变化情况,转注高浓度3个月后视吸水指数变化不明显,整个全过程按视吸水指数下降最大幅度55%左右算,预计注高浓度聚合物后试验区最低时视吸水指数为0.68m^3/(d·MPa·m),由此来推算试验区的合理压力界限。

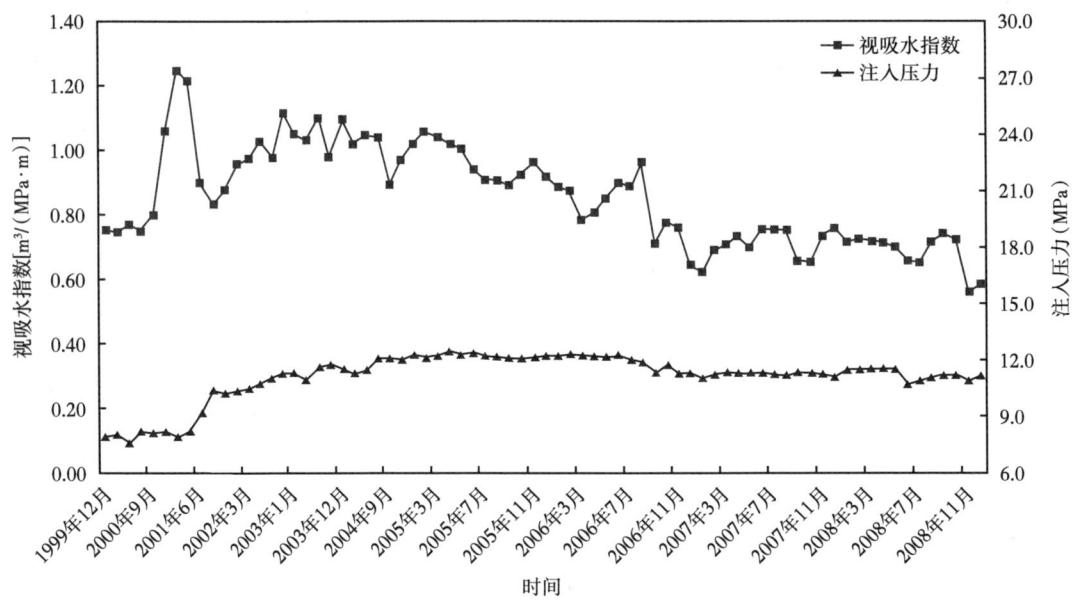

图 7-11 北二东西块注入压力、视吸水指数变化图

根据注入速度计算公式：

$$V = 180 p_{max} N_{min} / (L^2 \phi) \tag{7-1}$$

式中 p_{max}——最高井口注入压力，MPa；

V——注入速度，PV/a；

ϕ——油层孔隙度；

L——注采井距，m；

N_{min}——油层最低视吸水指数，m³/(d·MPa·m)。

根据试验区油层破裂压力 13.5MPa，油层平均孔隙度 26.8%，井距 175m，计算了不同的注入速度所对应的最高井口注入压力（表 7-12）。在注入速度为 0.15PV/a 时，最高注入压力 10.1MPa 不会超过油层破裂压力 13.5MPa，另外，试验区在注高浓度 3 个月后压力升幅不明显，较高的注入速度，可以缩短试验周期，尽快得出试验结论。因此，在不超过油层破裂压力的情况下，推荐试验区采用 0.15PV/a 的注入速度。如果现场实施过程中出现注入压力上升过快或注不进等现象，可适当调整注入速度。

表 7-12 试验区注入速度与注入压力关系表

注入速度 (PV/a)	p_{max}（MPa）						
	N_{min}=0.45	N_{min}=0.50	N_{min}=0.58	N_{min}=0.65	N_{min}=0.68	N_{min}=0.71	N_{min}=0.97
0.25	25.3	22.8	19.7	17.5	16.8	16.1	11.8
0.24	24.3	21.9	18.9	16.8	16.1	15.4	11.3
0.23	23.3	21.0	18.1	16.1	15.4	14.8	10.8
0.22	22.3	20.1	17.3	15.4	14.8	14.1	10.3
0.21	21.3	19.2	16.5	14.7	14.1	13.5	9.9

续表

注入速度 (PV/a)	p_{max} (MPa)						
	N_{min}=0.45	N_{min}=0.50	N_{min}=0.58	N_{min}=0.65	N_{min}=0.68	N_{min}=0.71	N_{min}=0.97
0.20	20.3	18.2	15.7	14.0	13.4	12.8	9.4
0.18	18.2	16.4	14.2	12.6	12.1	11.6	8.5
0.16	16.2	14.6	12.6	11.2	10.7	10.3	7.5
0.15	15.2	13.7	11.8	10.5	10.1	9.6	7.1
0.14	14.2	12.8	11.0	9.8	9.4	9.0	6.6
0.12	12.2	10.9	9.4	8.4	8.0	7.7	5.6
0.10	10.1	9.1	7.9	7.0	6.7	6.4	4.7

综上所述，确定聚驱后高浓度聚合物驱注入参数为：聚合物相对分子质量2500万，聚合物浓度2500mg/L，注入速度0.15PV/a，聚合物用量1280mg/L·PV，注入段塞0.512PV，可根据试验进展和见效情况进行适当调整。

2. 数值模拟预测研究

（1）油藏地质模型的建立。

地质模型边界选取为聚驱井网区域外边界，平面网格划分为32×31个，网格划分和井位分布如图7-12所示。纵向上分6个层，葡I_1、葡I_2、葡I_3、葡I_4、葡I_{5+6}及葡I_7，总网格节点数为5952个，X方向空间步长32.81m，Y方向空间步长33.87m。

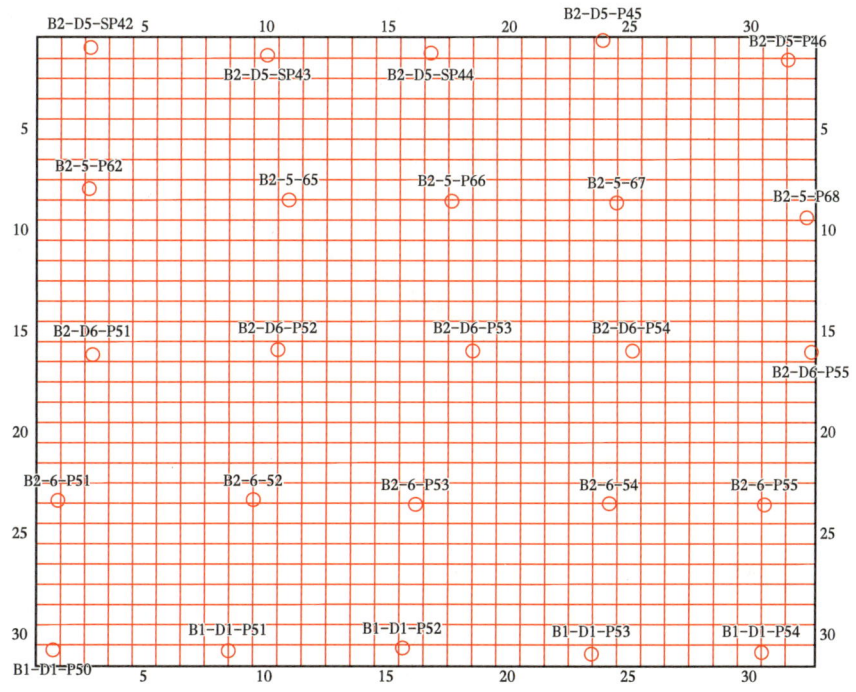

图7-12 地质模型平面网格示意图

（2）聚合物驱数值模拟历史拟合。

模拟区块的历史拟合从1999年底水驱空白注水开始，2001年5月开始聚驱，2008年6月聚驱结束。拟合的是聚驱层段葡I_1~葡I_7，共6个层。在拟合过程中，根据油水井的动态变化特征，对每口井每个层位的饱和度场进行了认真的分析和适当修正，对全区和单井的含水、产量进行了详细的拟合，使拟合的结果更接近油藏实际。拟合的主要指标是试验区块的综合含水率（图7-13）和累计产油量（图7-14），以及各个单井的瞬时产油量（图7-15）和瞬时产水量（图7-16）。

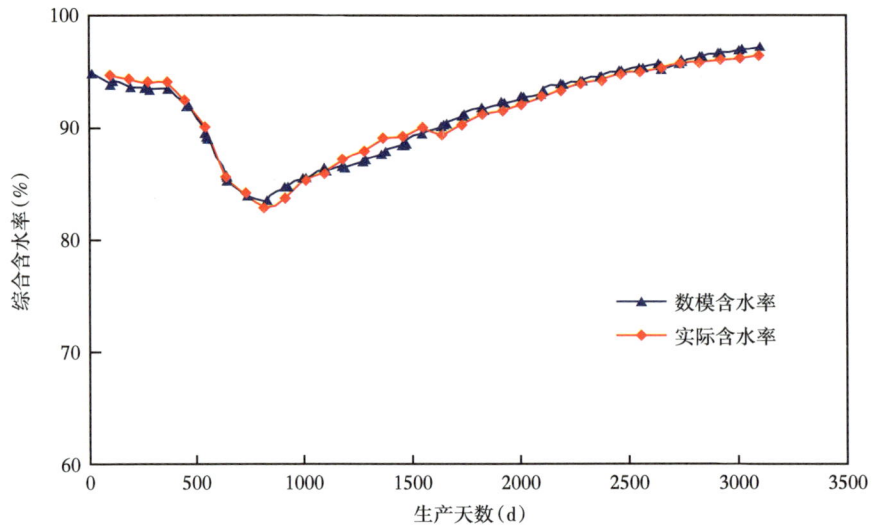

图7-13　区块综合含水率拟合结果

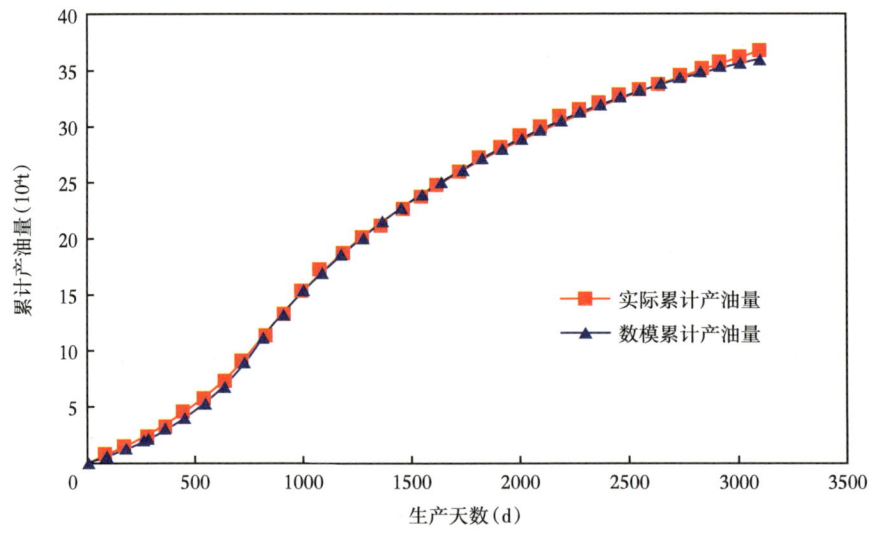

图7-14　区块累计产油量拟合结果

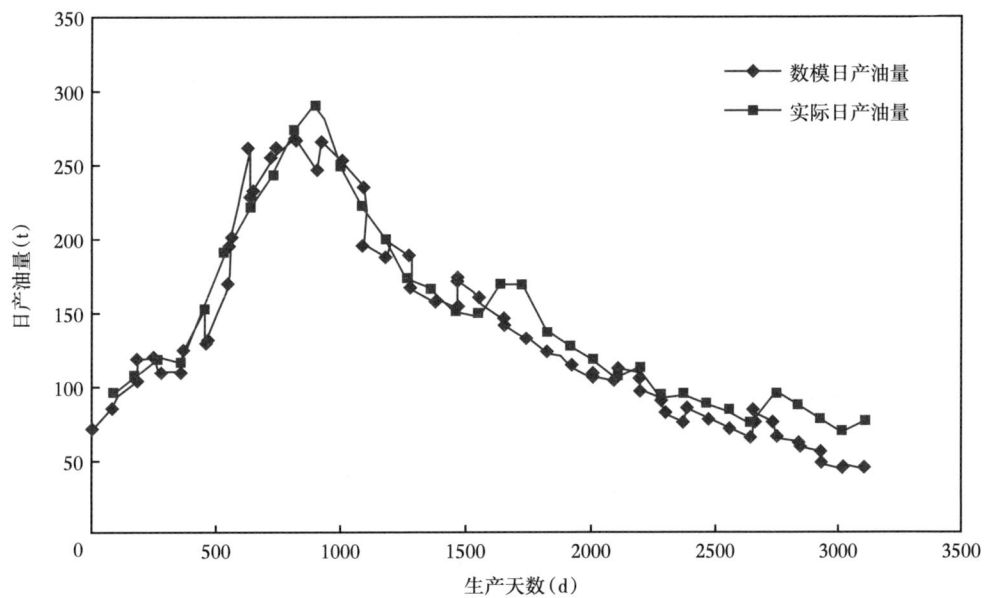

图 7-15　区块日产油量拟合结果

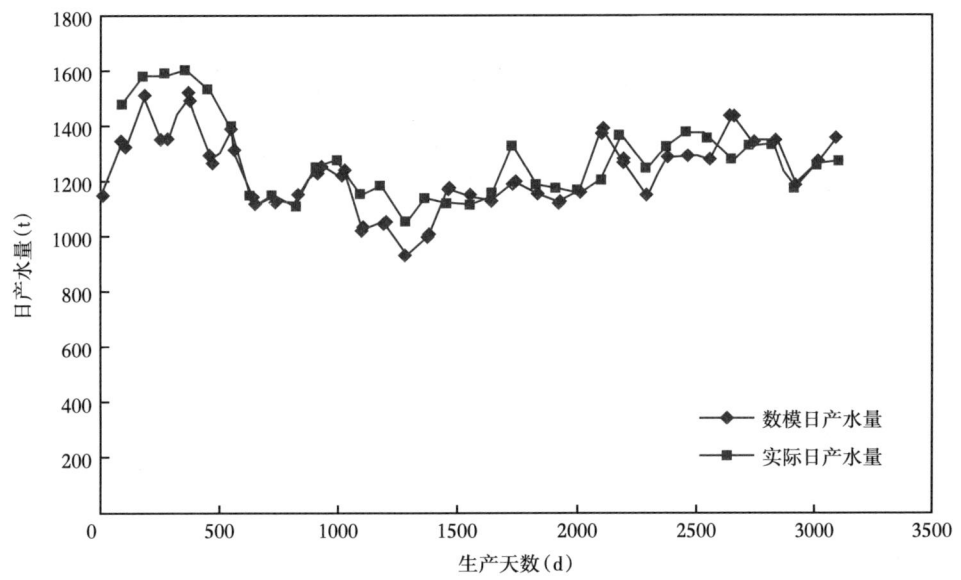

图 7-16　区块日产水量拟合结果

(3) 聚驱后水驱开发效果预测。

试验区在历史拟合基础上进行了聚驱后水驱开发效果预测研究。数值模拟计算结果表明：聚驱后原井网进行水驱阶段采出程度为 1.79%，聚驱后井网加密后水驱阶段采出程度为 3.80%，对比井网加密采收率提高值为 2.01 个百分点（图 7-17）。

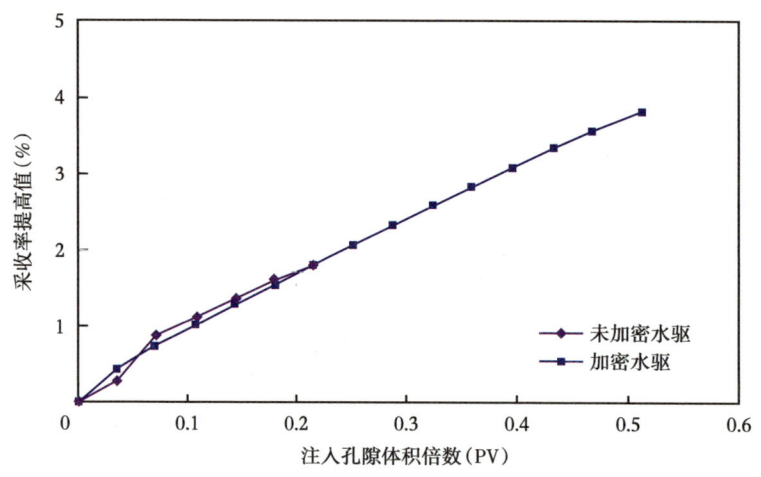

图 7-17 试验区聚驱后水驱开发效果预测

（4）聚驱后高浓度聚合物驱开发效果预测。

试验区在历史拟合基础上应用注入参数个性化设计结果进行了聚驱后高浓度聚合物驱开发效果预测研究，预测结果如图 7-18 所示。试验区注入高浓度聚合物前综合含水率 97.5%，当注入孔隙体积达到 0.41PV 左右时，试验区综合含水率达到最低值 93.9%，含水率下降最大幅度 3.6%。当试验区综合含水率达到 98.0% 时，高浓度聚合物驱总注入孔隙体积为 0.749PV，此时阶段累计产油量为 6.839×10^4t，高浓度聚合物驱与水驱相比，提高采收率 6.51 个百分点，累计增产油量 4.316×10^4t。

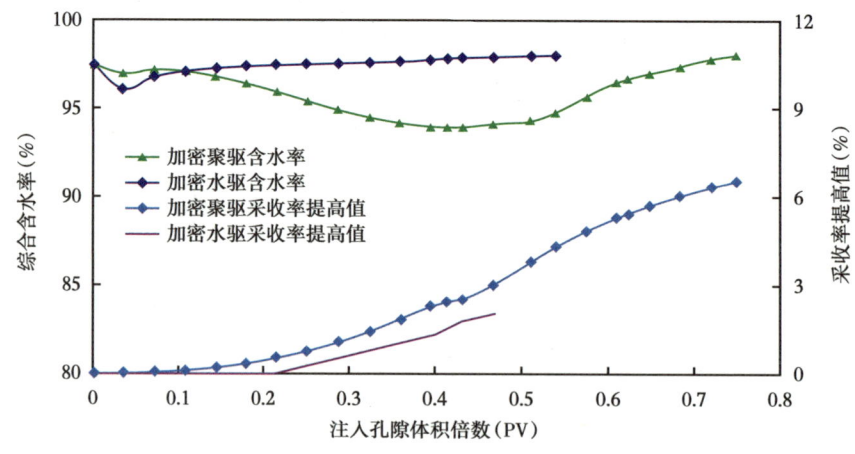

图 7-18 试验区聚驱后高浓度聚驱开发效果预测

四、试验取得的认识

试验区 2009 年 3 月开始二次加密井补孔，2010 年 3 月油水井全部投产开始空白水驱，2010 年 8 月开始注入高浓度聚合物，截至 2015 年 2 月，累计注入地下孔隙体积 0.614PV。

第七章 聚合物驱后提高采收率现场试验

截至2015年2月,北二东西块高浓度聚驱试验区的注入压力为11.2MPa,日注量640m³,注入浓度2759mg/L,注入率度176mPa·s,日产液量231t,日产油量18.3t,含水率92.0%,仍处于含水低值期(图7-19)。

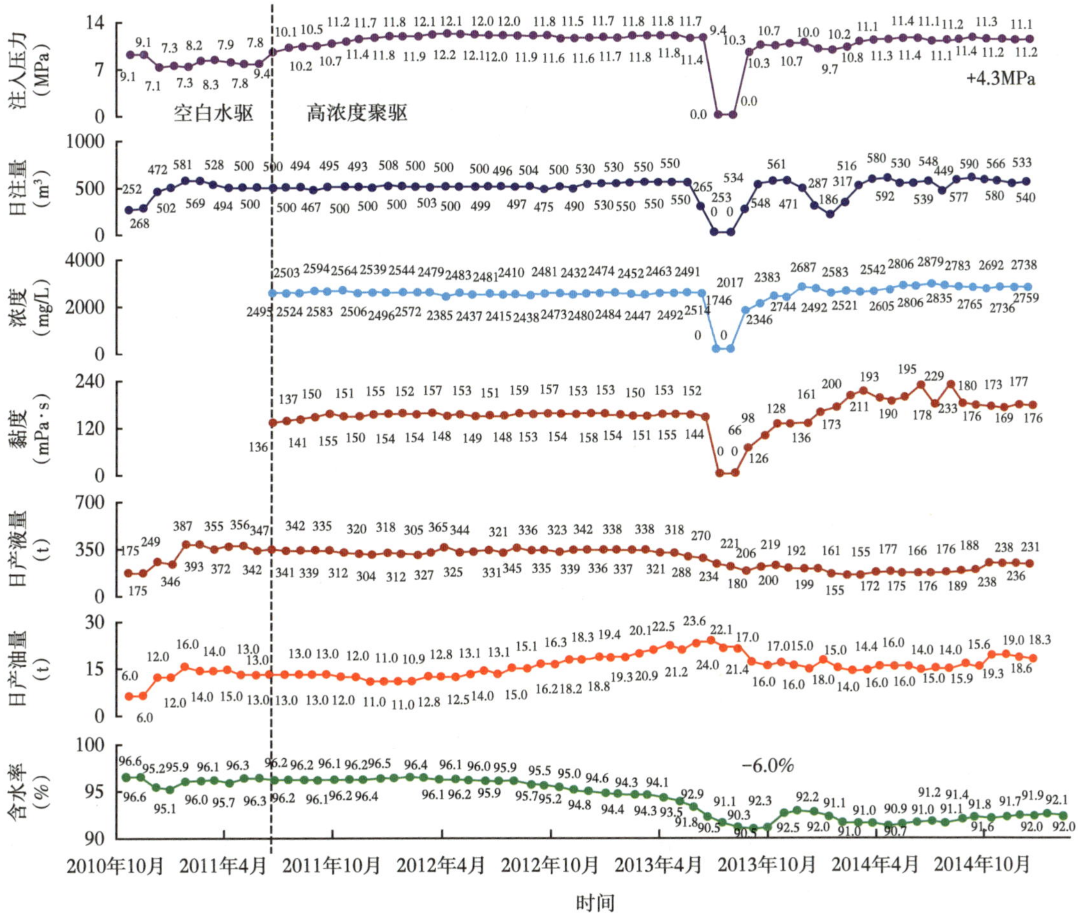

图7-19 高浓度聚驱试验区生产曲线

中心井区综合含水率下降6.0%,单井日产油量增加2.8t。试验区位于分流线的水驱利用井全部见效,见效比例62.5%,含水率下降3.8%,单井日产油量增加1.1t;聚驱利用井未见效,含水率上升1.1%。

结合高浓度聚合物驱油机理及试验区地质特征,综合分析试验动态变化特征,得出以下四点认识:

(1)高浓度聚驱渗流阻力增加,聚驱后扩大波及体积效果明显。

试验区注入高浓度聚合物后,注入压力上升了4.3MPa,初期上升较快,视吸水指数下降了32%(图7-20)。与主力油层聚合物驱相比,注入压力多上升1.3MPa,视吸水指数多下降14%。注入井霍尔曲线表明,一次聚驱阶段与空白水驱斜率比值为1.6,聚驱后高浓度聚驱阶段与试验前水驱斜率比为2.7,因此聚驱后高浓度聚驱阶段渗流阻力增加,且渗流阻力高于一次聚驱(图7-21)。

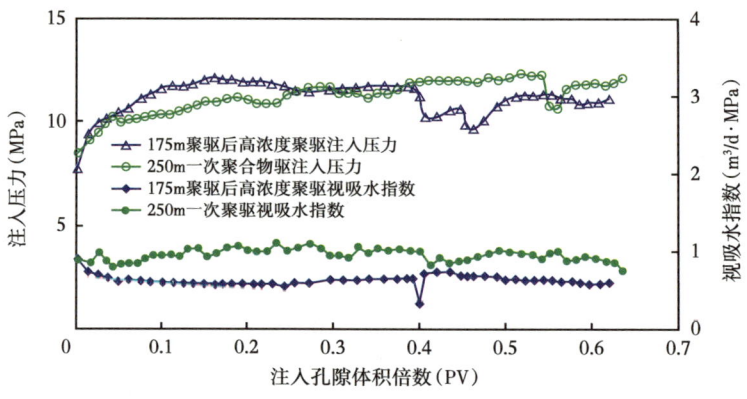

图 7-20 高浓度聚驱试验区注入曲线

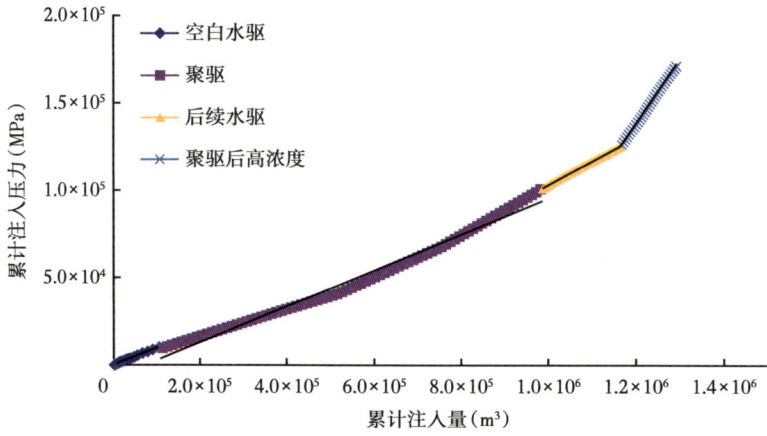

图 7-21 北二东西块试验区霍尔曲线

9口注入井的吸水剖面资料表明，试验区高浓度聚驱阶段吸水厚度比例逐步增加，见效高峰期比试验前空白水驱增加26.3%，比一次聚驱增加15.8%，且新增14个动用层，可见在聚驱后应用高浓度聚驱扩大波及体积效果明显（图7-22）。

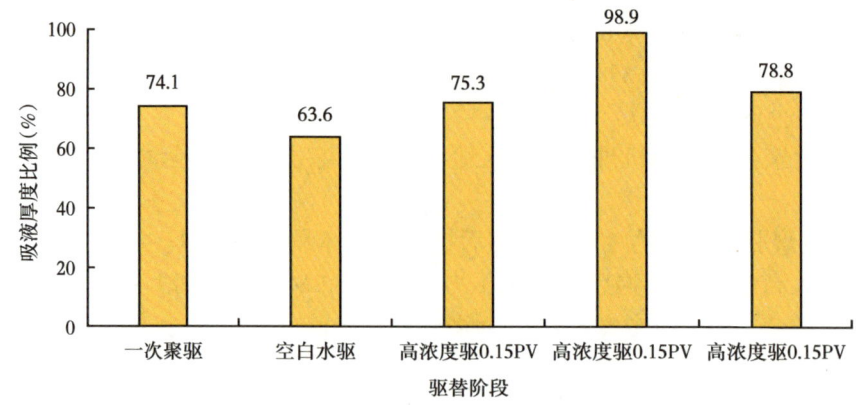

图 7-22 试验区吸水厚度比例变化图

（2）井网加密是聚驱后取得较好开发效果的前提。

井网加密既能提高油层化学驱控制程度，又能改变聚驱后流线方向。高浓度聚合物驱现场试验结果表明：原井网高浓度聚合物驱区块含水率上升、产油量下降，未见到增油降水效果，井网加密高浓度聚合物驱区块含水率下降、产油量上升，见到了好的增油降水效果（图7-23）。

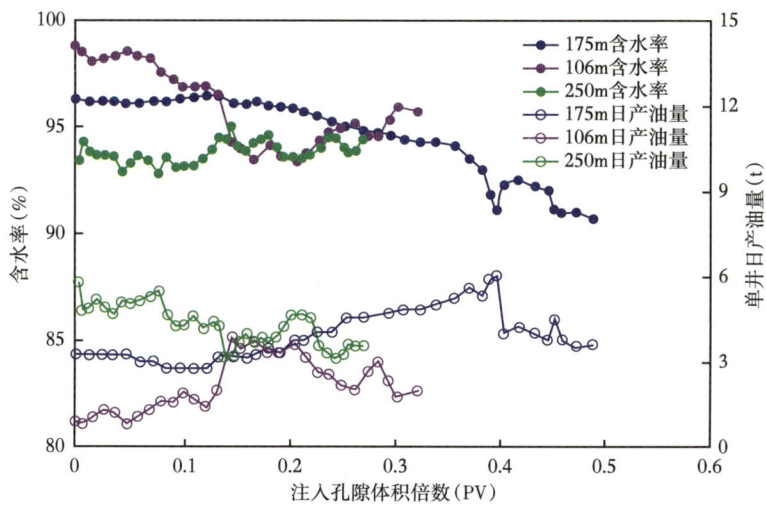

图7-23 聚驱后不同井距高浓度聚驱含水率、产油量变化图

（3）剩余油分布是影响聚驱后开发效果的主要因素。

根据剩余油分析结果，北二东西块分流线剩余油富集。统计试验区16口采出井，原聚驱利用井4口，位于原聚驱注采主流线，含水率由试验前的92.6%上升到95.7%，上升了3.1%；水驱利用井12口，位于原聚驱注采分流线，其中4口中心井含水率由96.5%降到90.5%，下降了6.0%，8口边井含水由95.5%降到92.4%，下降了3.1%，位于分流线的井均见到了较好效果，可见剩余油分布是影响聚驱后开发效果的主要因素（图7-24）。

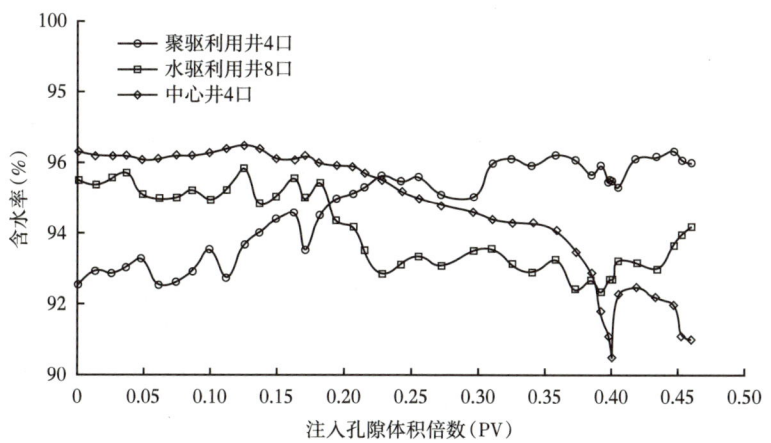

图7-24 试验区不同流线位置含水变化

（4）合理的流度控制与注采平衡是聚驱后提高采收率的重要条件。

由于聚驱后存在大量低残油高渗透优势通道，低效无效循环严重，流度控制尤为重要。已有理论研究表明：聚驱后油层的水油流度比小于1时驱油效果更好。试验区4口中心井里流度比小于1、累计注采比大于1的2口井含水下降幅度大，开发效果好，而流度比大于1、累计注采比小于0.8的2口井开发效果较差，表明合理的流度控制与注采平衡是聚驱后取得好效果的重要条件（表7-13）。

表7-13 试验区中心井组流度比及注采比情况表

井组	井号	地层系数（m·μm²）	单元最高含水饱和度（%）	流度比	累计注采比	注入黏度（mPa·s）	含水率降幅（%）
1	B2-60-552	4.42	0.62	0.87	1.12	190	16
3	B2-61-552	3.87	0.624	0.96	1.17	185	13
2	B2-60-553	5.60	0.657	2.03	0.76	184	4.7
4	B2-61-553	4.82	0.665	2.43	0.79	186	2.8

（5）高浓度聚合物驱聚驱后可提高采收率8%以上。

试验区聚驱后高浓度聚驱阶段采出程度10.2%，提高采收率8.32%个百分点（图7-25），经济效益评价税后财务内部收益率为110.3%，具有较好的技术经济效果。

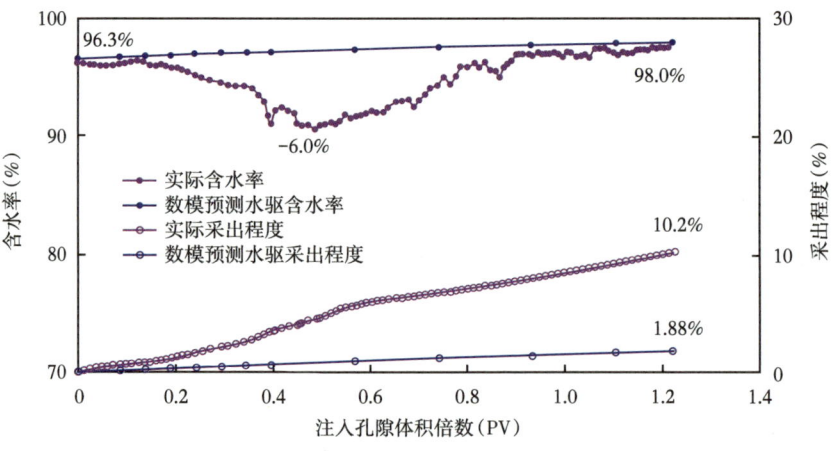

图7-25 试验区效果预测与实际开发效果

第二节 聚合物驱后弱碱三元复合驱试验

一、试验区概况

试验区位于北二区西部东块，北面以北2-丁4排为界、南面以北1-丁1排为界、西起北2-5-更52井、东至北2-5-61井。采用125m×125m五点法面积井网开采，共布油水井 79 口，其中注入井 35 口，采油井 44 口，注采井数比 1：1（图 7-26）。试验目的层为葡 I_1～葡 I_4（葡 I_1、葡 I_2、葡 I_3 及葡 I_4）油层组，平均单井射开砂岩厚度 13.3m，有效厚度 9.9m，平均有效渗透率为 0.596μm²。中心井区射开砂岩厚度 13.5m，有效厚度 10.3m，平均有效渗透率 0.578μm²（表 7-14）。

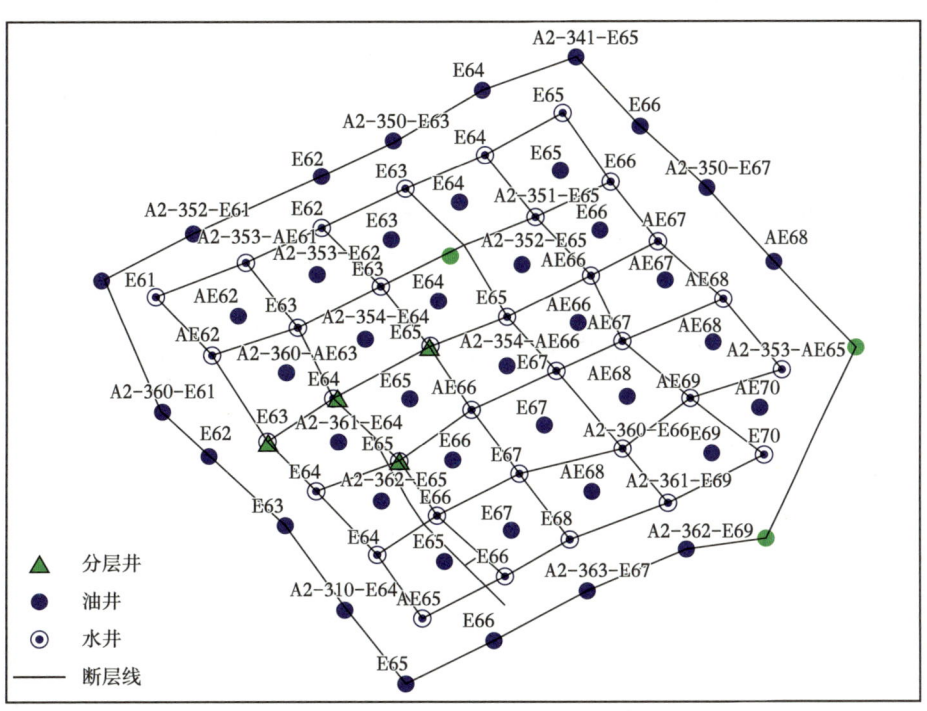

图 7-26　北二西一类油层聚驱后弱碱三元试验区井位图

表 7-14　北二西一类油层聚驱后弱碱三元试验区基础数据表

层位	面积 （km²）	地质 储量 （10⁴t）	孔隙 体积 （10⁴m³）	平均单井射开 （m）		平均有效 渗透率 （10⁻³μm²）	井数 （口）			平均 破裂压力 （MPa）
				砂岩	有效		注入井	采出井	小计	
葡 I_1～葡 I_4	1.21	163.07	283.10	13.3	9.9	596	35	44	79	12.98

试验区面积 1.21km²，地质储量 163.07×10⁴t，孔隙体积 283.10×10⁴m³，其中钻遇河道砂储量 144.25×10⁴m³，孔隙体积 249.67×10⁴m³；中心井区面积 0.79km²，地质储量 110.21×10⁴t，孔隙体积 191.28×10⁴m³，其中钻遇河道砂储量 98.50×10⁴m³，孔隙体积 170.48×10⁴m³。

试验区葡 I_1～葡 I_4 共发育 4 个沉积单元，平均单井钻遇层数 5.3 个，砂岩厚度 13.69m，有效厚度 9.93m，渗透率 0.596μm²，砂岩钻遇率 100%。以发育厚度大于 4.0m 的高渗透层为主，钻遇砂岩厚度 8.26m，有效厚度 6.86m，有效渗透率 0.729μm²，砂岩钻遇率 81.01%；有效厚度 2.0~4.0m 的油层钻遇砂岩厚度 1.70m，平均有效厚度 1.33m，有效渗透率 0.387μm²，砂岩钻遇率 35.44%。

纵向上油层发育存在差异,其中葡I$_2$油层发育最好,有效厚度为5.16m,渗透率为0.658μm²,砂岩钻遇率为100%;葡I$_3$油层有效厚度为1.86m,渗透率为0.778μm²,砂岩钻遇率为98.73%;葡I$_1$和葡I$_4$油层发育相对较差,有效厚度分别为1.40m和1.50m,渗透率较低分别为0.315μm²和0.420μm²,砂岩钻遇率分别为93.67%和98.73%。

二、试验方案优化设计

1.前置聚合物段塞设计

(1)聚合物相对分子质量优化。

通过对区块35口注入井葡I$_1$~葡I$_4$油层渗透率分布状况进行分析,区块目的层渗透率小于300×10^{-3}μm²的占30.2%,渗透率为(300~500)×10^{-3}μm²的占23.4%,渗透率大于500×10^{-3}μm²的占30.1%,其中渗透率在200×10^{-3}μm²以下的有效厚度比例为17.2%(表7-15)。

表7-15 北二西聚驱后弱碱三元试验区葡I1-4油层渗透率分布统计

渗透率分级 (10^{-3}μm²)	层数比例 (%)	厚度比例 (%)	累积层数比例 (%)	累积厚度比例 (%)
<100	14.4	5.3	14.4	5.3
100~200	15.2	12.0	29.6	17.2
200~300	12.5	12.9	42.1	30.2
300~400	11.2	12.9	53.2	43.1
400~500	8.6	10.6	61.8	53.6
500~600	4.9	5.7	66.7	59.4
600~700	5.2	6.4	71.9	65.8
700~800	3.6	4.1	75.4	69.9
800~900	4.9	5.8	80.3	75.8
900~1000	4.5	5.0	84.8	80.7
1000~1100	2.9	4.0	87.8	84.7
1100~1200	1.8	2.1	89.5	86.8
1200~1300	2.4	2.9	91.9	89.7
1300~1400	2.1	2.7	94.0	92.4
1400~1500	4.0	5.1	98.0	97.5
1500~1600	2.0	2.5	100.0	100.0

从聚合物相对分子质量与岩心渗透率关系图可以看出,在三元体系中,2500万相对分子质量聚合物在渗透率大于 $200×10^{-3}\mu m^2$ 的油层中都可以通过(图7-27)。所以三元体系中的聚合物相对分子质量选用2500万的,无论在聚合物段塞注入阶段还是在三元段塞注入阶段,对目的层80%以上的有效厚度是适合的。

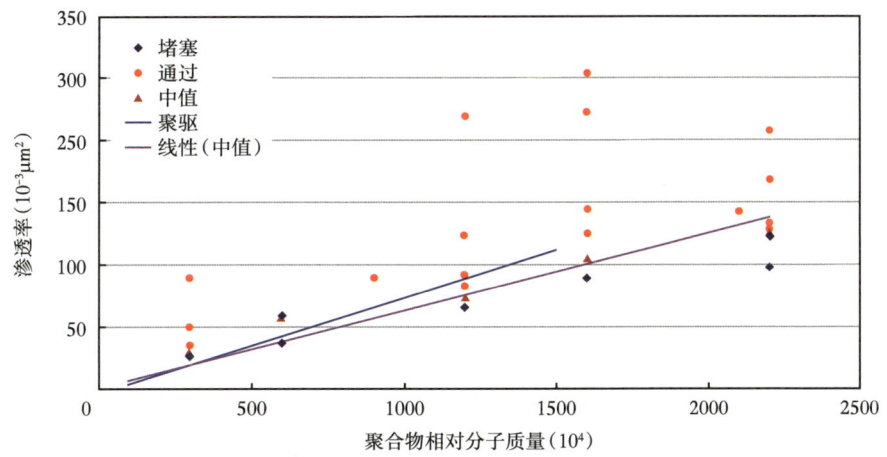

图7-27 聚合物、三元体系相对分子质量和油层渗透率的关系

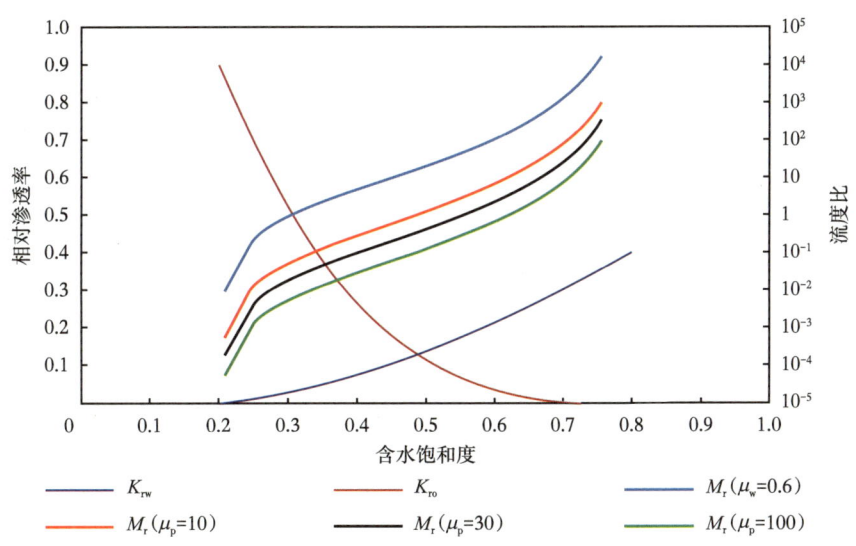

图7-28 不同含水饱和度与流度比关系曲线

(2)聚合物注入浓度优化。

根据相对渗透率曲线计算(图7-28),要达到聚驱后流度比为1,驱替液地下黏度应达到150mPa·s,按照黏度损失50%计算,折算井口黏度为300mPa·s,根据聚合物黏浓关系曲线(图7-29),对应聚合物浓度需大于3000mg/L,才能够取得较好的调堵效果。确定试验区前置聚合物段塞浓度为3000mg/L。

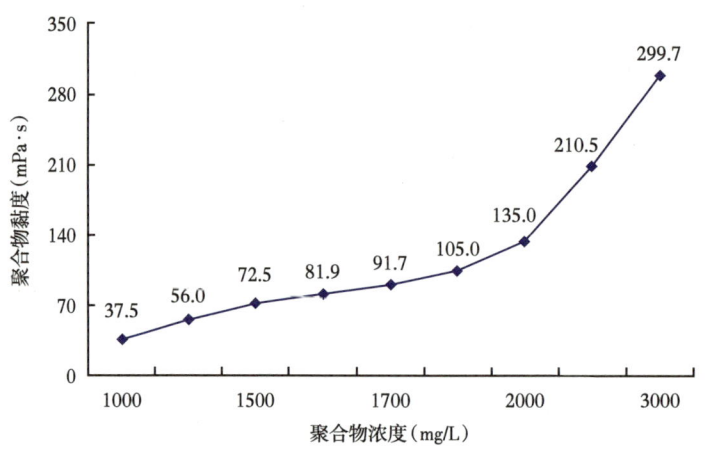

图 7-29 2500 万相对分子质量聚合物黏浓曲线

（3）前置段塞尺寸优化。

应用数值模拟技术对三元体系前置段塞尺寸进行了优化，从前置段塞尺寸和采收率提高值的关系曲线可以看出，随注入段塞的增大，驱油效果也相应增大，当前置段塞尺寸增加到 0.05PV 以后，采收率的增幅减缓（图 7-30）。参考以往的研究和已开展的多个矿场试验，前置段塞尺寸设计为 0.05PV。

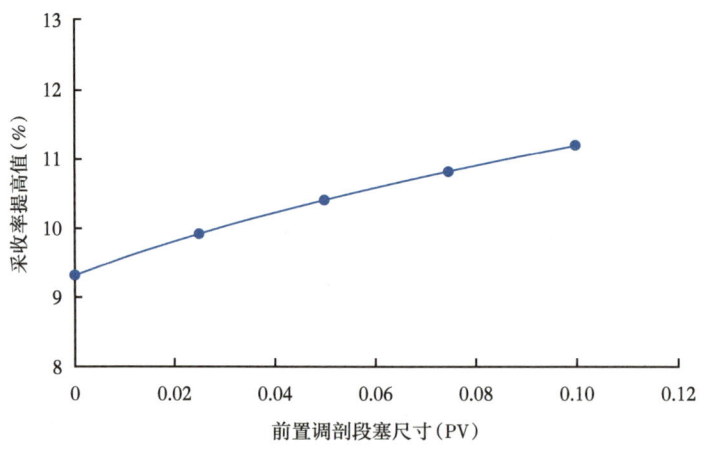

图 7-30 段塞大小对驱油效果的影响

2. 三元复合体系段塞优化设计

（1）聚合物浓度优化。

由于不同试验区油层地质条件不同，需要针对试验区优选合理体系黏度，以达到最佳流度控制的作用。因此，优化了三元体系聚合物的合理浓度。

根据试验区油层非均质状况，设计了层内非均质物理模物理，高渗透层和低渗透层有效渗透率分别为 $960\times10^{-3}\mu m^2$ 和 $240\times10^{-3}\mu m^2$，渗透率级差为 4，平均有效渗透率 $600\times10^{-3}\mu m^2$，岩心尺寸 4.5cm×4.5cm×30cm。

室内驱油实验方案：水驱至含水率为 95%，计算水驱采收率；聚驱注聚合物 0.57PV

(中分子、1000mg/L、试验区清水配制、黏度30mPa·s），后续水驱至含水率为98%以上，计算聚驱采收率提高值；聚驱后注三元段塞0.5PV［碳酸钠浓度1.2%（质量分数），石油磺酸盐浓度0.3%(质量分数)，聚合物相对分子质量2500万、变化浓度。试验区污水配制］。再注聚合物保护段塞0.2PV（2500万、1000mg/L、试验区污水配制、黏度37.5mPa·s），后续水驱至含水率为98%，计算聚驱后采收率提高值。

聚合物浓度优化区间为1400~2600mg/L，关键点均开展了重复实验。实验结果见表7-16，可以看出，随着三元体系中聚合物浓度的增加，聚驱后采收率提高值先增加后降低，在聚合物浓度为2200mg/L时可达到最佳驱油效果，此时三元体系黏度为82.4mPa·s，聚驱后采收率提高10.8%（图7-31）。

表7-16 聚合物浓度优化实验结果数据表

三元段塞聚合物浓度 （mg/L·PV）	水驱采收率 （%）	聚驱采收率 提高值（%）	聚驱后采收率 提高值（%）	平均值 （%）	三元段塞黏度 （mPa·s）	界面张力 （mN/m）
1400	38.5	16.8	6.9	—	40.2	2.8×10^{-3}
1600	37.9	17.2	7.8	—	47.8	2.8×10^{-3}
1800	39.1	16.9	9.1	—	55.2	2.4×10^{-3}
2000	38.2	16.5	9.9	10.0	66.5	2.2×10^{-3}
2000	38.9	16.2	10.1	10.0	66.5	2.2×10^{-3}
2200	37.8	16.7	10.6	10.8	82.4	2.4×10^{-3}
2200	39.5	17.1	11.0	10.8	82.4	2.4×10^{-3}
2400	38.2	16.6	10.0	10.1	100.3	2.8×10^{-3}
2400	38.5	17.1	10.2	10.1	100.3	2.8×10^{-3}
2600	39.1	16.8	9.5	—	120.5	2.1×10^{-3}

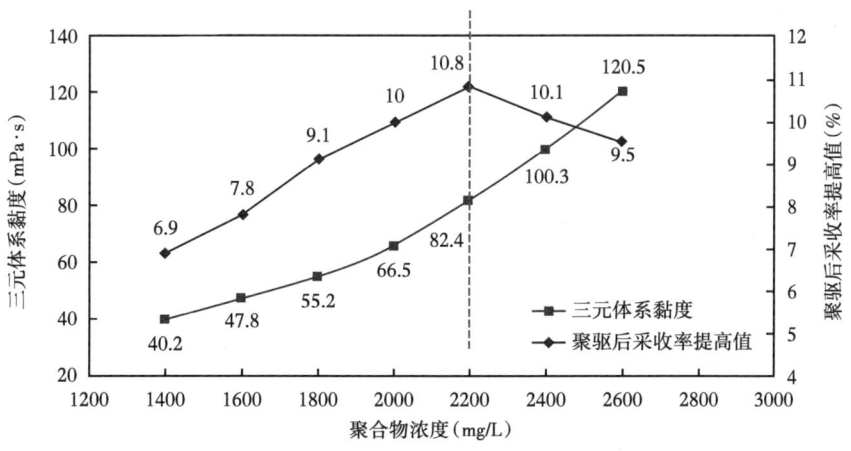

图7-31 聚驱后采收率提高值随聚合物浓度变化曲线

实验结果说明：聚合物浓度和三元体系黏度有一个合理范围。根据注入参数与油层渗透率匹配关系理论，影响体系注入性能的不仅是聚合物相对分子质量，聚合物浓度也影响注入性能。若聚合物浓度过高，三元体系与低渗透层的匹配性变差，导致驱油效果变差。

综上所述，在聚合物浓度为2200mg/L时三元体系可达到最佳驱油效果；从数值模拟研究结果看，当聚合物的浓度大于2200mg/L时，采收率提高值增幅变缓。因此综合以上研究结果，推荐试验区三元体系段塞聚合物浓度为2200mg/L。

（2）碱浓度优化。

应用数值模拟技术对碱浓度进行了优选，从碱浓度和采收率提高值关系曲线可以看出，碱注入浓度增加到1.2%（质量分数）之前，采收率提高值上升幅度较大，碱浓度为1.2%（质量分数）时，驱油效果最佳，采收率提高值最高，之后出现缓慢下降（图7-32）。因此确定碱浓度为1.2%（质量分数）。

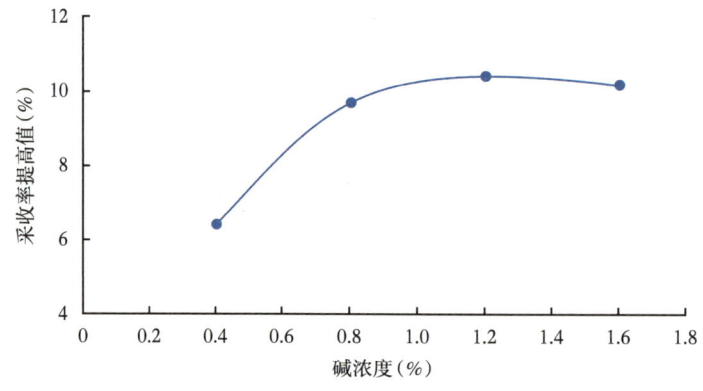

图7-32　段塞中碱浓度对驱油效果的影响

（3）表面活性剂浓度优化。

应用数值模拟技术对段塞表面活性剂浓度进行了优选，从表面活性剂浓度和采收率提高值的关系曲线可以看出，表面活性剂注入浓度分别为质量分数0.1%、0.2%、0.3%、0.4%和0.5%，对应的采收率提高值分别为7.4%、9.1%、10.4%、11.2%和11.6%（图7-33）。增加三元体系中的表面活性剂浓度，采收率的提高值也相应增大，当表面活性剂的浓度大于0.3%（质量分数）时，采收率提高值增幅减缓，因此确定段塞表面活性剂浓度为0.3%（质量分数）。

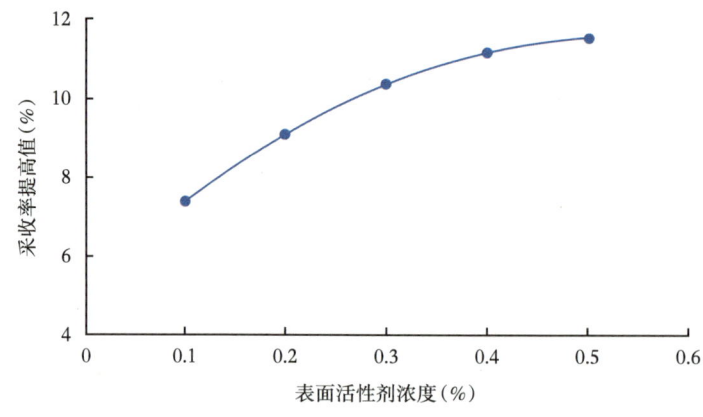

图7-33　段塞中表面活性剂浓度对驱油效果的影响

(4)三元复合驱段塞尺寸优化。

利用数值模拟技术研究了不同三元体系段塞尺寸对驱油效果影响。从段塞尺寸和采收率提高值的关系曲线可以看出,增大段塞的注入体积,驱油效果明显地提高,在注入主段塞 0.5PV 之前,采收率都保持较好的增势,但从 0.5PV 以后增幅逐渐减慢(图 7-34)。因此初步确定段塞尺寸为 0.5PV。

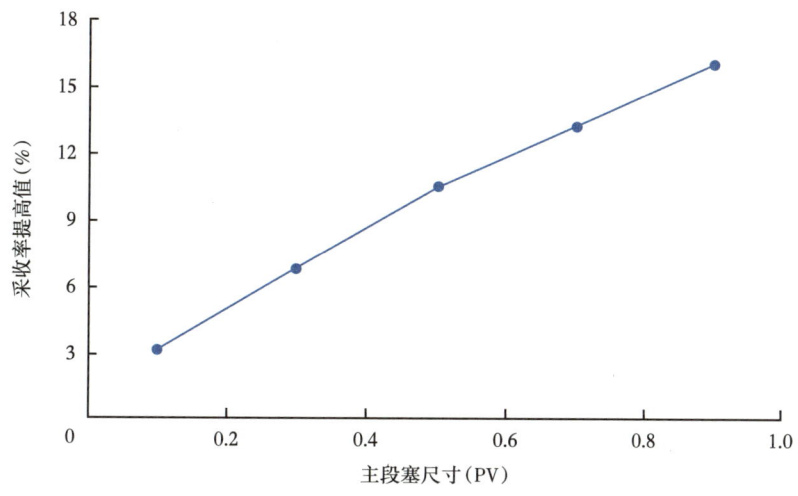

图 7-34　段塞大小对驱油效果的影响

3. 聚合物后续保护段塞优化设计

(1)聚合物浓度优化。

优化出弱碱三元体系聚合物浓度后,绘制试验区污水配制聚合物黏浓曲线,在保持与三元体系黏度相同条件下确定聚合物保护段塞浓度。黏浓曲线如图 7-35 所示。从图可以

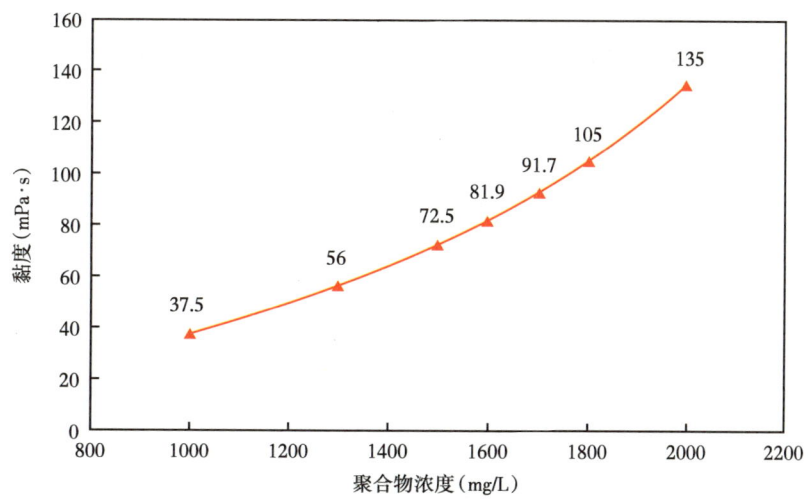

图 7-35　试验区污水配制聚合物黏浓曲线

看出，聚合物浓度在 1600mg/L 时黏度为 81.9mPa·s，与聚合物浓度 2200mg/L 的弱碱三元体系黏度相同，因此确定聚合物保护段塞的浓度为 1600mg/L。

（2）聚合物后续段塞尺寸优化。

应用数值模拟技术对三元体系保护段塞尺寸进行了优化，从保护段塞大小和采收率提高值的关系曲线可以看出，聚合物保护段塞在 0.20PV 前，采收率提高值的增幅较大，当保护段塞继续增加时，采收率随段塞尺寸的增幅变小（图 7-36）。考虑后续聚合物保护段塞太小注水易突破，因此确定聚合物后续段塞尺寸为 0.20PV。

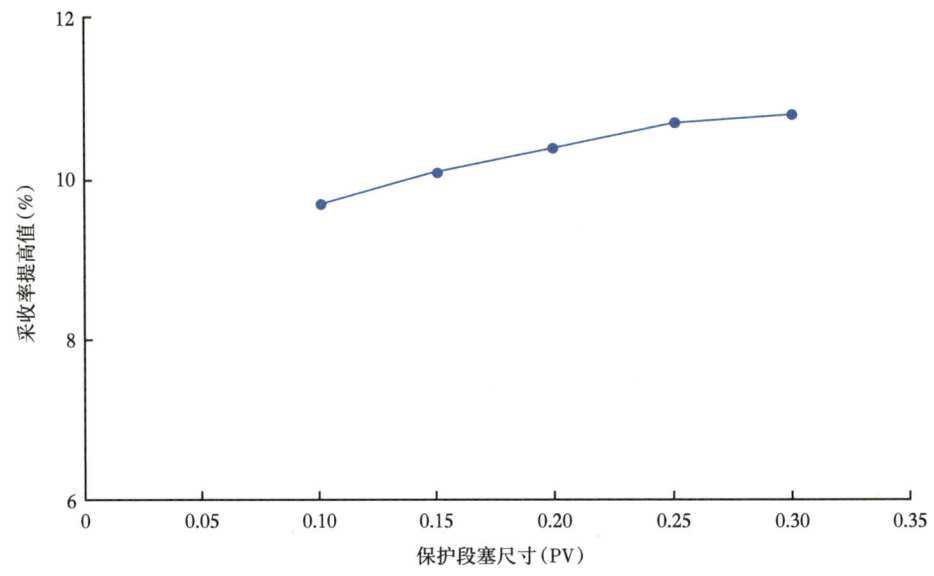

图 7-36　后续聚合物保护段塞大小对驱油效果的影响

4. 弱碱三元体系注入速度优选

高黏三元体系的注入会大幅度降低注采能力，同时在三元复合驱过程中出现的乳化和结垢也会使注采能力下降。从已结束的和正在进行的弱碱三元复合驱看，注入化学剂后，注入压力上升，注入速度降低，注入能力和采液能力均有不同程度的降低。

根据大庆油田已开展弱碱三元复合驱矿场试验的经验，预计试验区比视吸水指数最低可降至 0.45m³/（d·m·MPa）左右，试验区平均破裂压力 12.98MPa，平均孔隙度 26.1%，注采井距 125m。

根据注入速度计算公式

$$V = 180 p_{max} N_{min} / (L^2 \phi) \tag{7-2}$$

式中　p_{max}——最高井口注入压力，MPa；

　　　V——注入速度，PV/a；

　　　ϕ——油层孔隙度；

　　　L——注采井距，m；

　　　N_{min}——油层最低视吸水指数，m³/（d·m·MPa）。

应用式(7-2)计算不同注入速度所对应的最高井口注入压力,计算结果见表 7-17。从表 7-17 可以看出,在注入速度为 0.25PV/a 时,比视吸水指数降至 0.45m³/(d·m·MPa)时最高注入压力 12.6MPa,不会超过油层破裂压力 12.98MPa,因而将试验区注入速度确定为 0.25PV/a。

表 7-17 注入速度与注入压力关系表

注入速度 (PV/a)	N_{min}=0.45m³/ (d·m·MPa)	N_{min}=0.50m³/ (d·m·MPa)	N_{min}=0.55m³/ (d·m·MPa)	N_{min}=0.6m³/ (d·m·MPa)
	p_{max}(MPa)	p_{max}(MPa)	p_{max}(MPa)	p_{max}(MPa)
0.30	15.1	13.6	12.4	11.3
0.26	13.1	11.8	10.7	9.8
0.25	12.6	11.3	10.3	9.4
0.24	12.1	10.9	9.9	9.1
0.22	11.1	10.0	9.1	8.3
0.20	10.1	9.1	8.2	7.6
0.15	7.6	6.8	6.2	5.7
0.10	5.0	4.5	4.1	3.8

根据以上数值模拟计算和物理模拟驱油实验的优化设计,并结合室内配方研究结果和大庆油田已开展的三元复合驱现场试验,三元体系中的表面活性剂采用炼化石油磺酸盐工业产品,聚合物采用炼化 2500 万超高相对分子质量聚合物。确定北二区西部东块一类油层聚驱后弱碱体系试验区的三元体系配方如下:

采用大庆炼化公司生产的 2500 万聚合物,碳酸钠,石油磺酸盐的三元复合体系。

前置段塞:注入 0.05PV,聚合物浓度 3000mg/L,黏度 300mPa·s。

三元段塞:注入 0.5PV,聚合物浓度 2200mg/L,碱浓度 1.2%(质量分数),表面活性剂浓度 0.3%(质量分数),体系黏度 80mPa·s。

聚合物保护段塞:注入 0.2PV,聚合物浓度 1600mg/L,黏度 80mPa·s。

注入速度 0.25PV/a。

5. 开发效果预测

(1)油藏地质模型的建立。

地质模型边界选取研究区各向外扩一个井排为外边界,平面网格划分为 85×95 个,网格划分和井位分布如图 7-37 所示。纵向上分 4 个层,葡 I_1、葡 I_2、葡 I_3 和葡 I_4,总网格节点数为 85×95×4=32300 个,X 方向空间步长 24.82m,Y 方向空间步长 24.9m。试验区地质模型分单元有效厚度分布如图 7-38 所示,渗透率分布如图 7-39 所示。

图 7-37　地质模型平面网格示意图

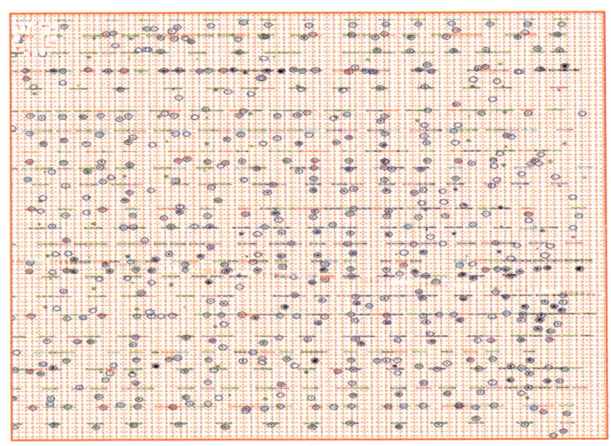

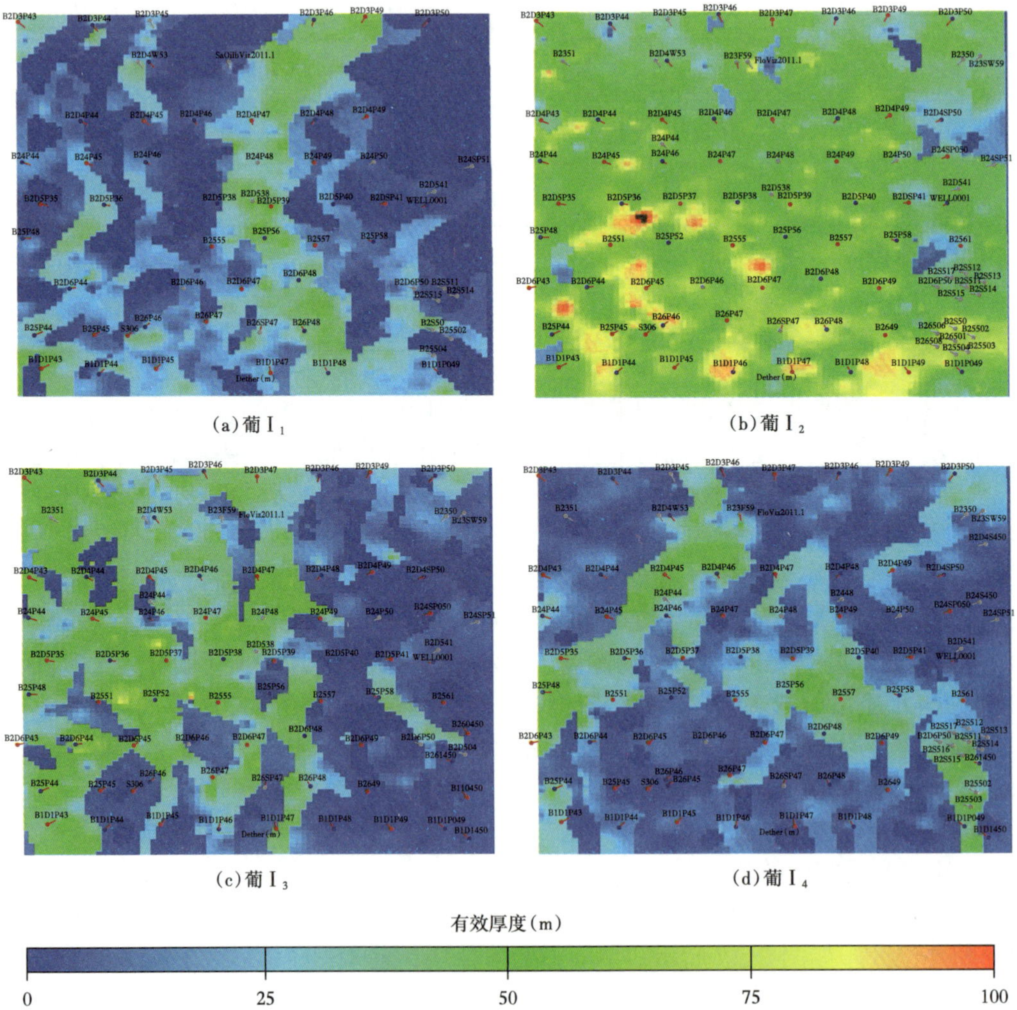

(a) 葡 I_1　　　　　　　　　　　　　　　(b) 葡 I_2

(c) 葡 I_3　　　　　　　　　　　　　　　(d) 葡 I_4

有效厚度(m)

0　　　　25　　　　50　　　　75　　　　100

图 7-38　地质模型分单元有效厚度分布

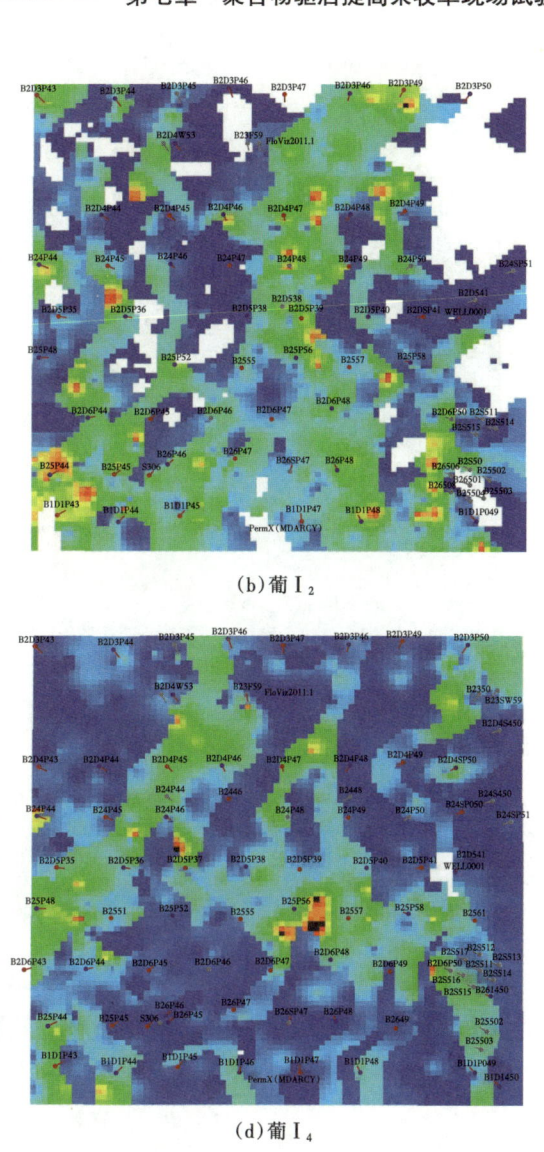

(a) 葡 I_1 (b) 葡 I_2

(c) 葡 I_3 (d) 葡 I_4

渗透率($10^{-3}\mu m^2$)

0　　　　300　　　　600　　　　900　　　　1200

图 7-39　地质模型分单元渗透率分布图

（2）聚合物驱数值模拟历史拟合。

模拟区块的历史拟合从 1995 年 9 月水驱空白注水开始，1995 年 12 月开始聚驱，2003 年 6 月注聚结束，后续水驱拟合至 2014 年 3 月。拟合的是聚驱层段葡 I_1 ~ 葡 I_4，共 4 个层。在拟合过程中，根据油水井的动态变化特征，对每口井每个层位的饱和度场进行了认真的分析和适当修正（图 7-40），对全区和单井的含水率、产量进行了详细的拟合，使拟合的结果更接近油藏实际。拟合的主要指标是试验区块的综合含水率（图 7-41）、累计产油量（图 7-42）、各个单井的日产油量（图 7-43），以及日产水量（图 7-44）。

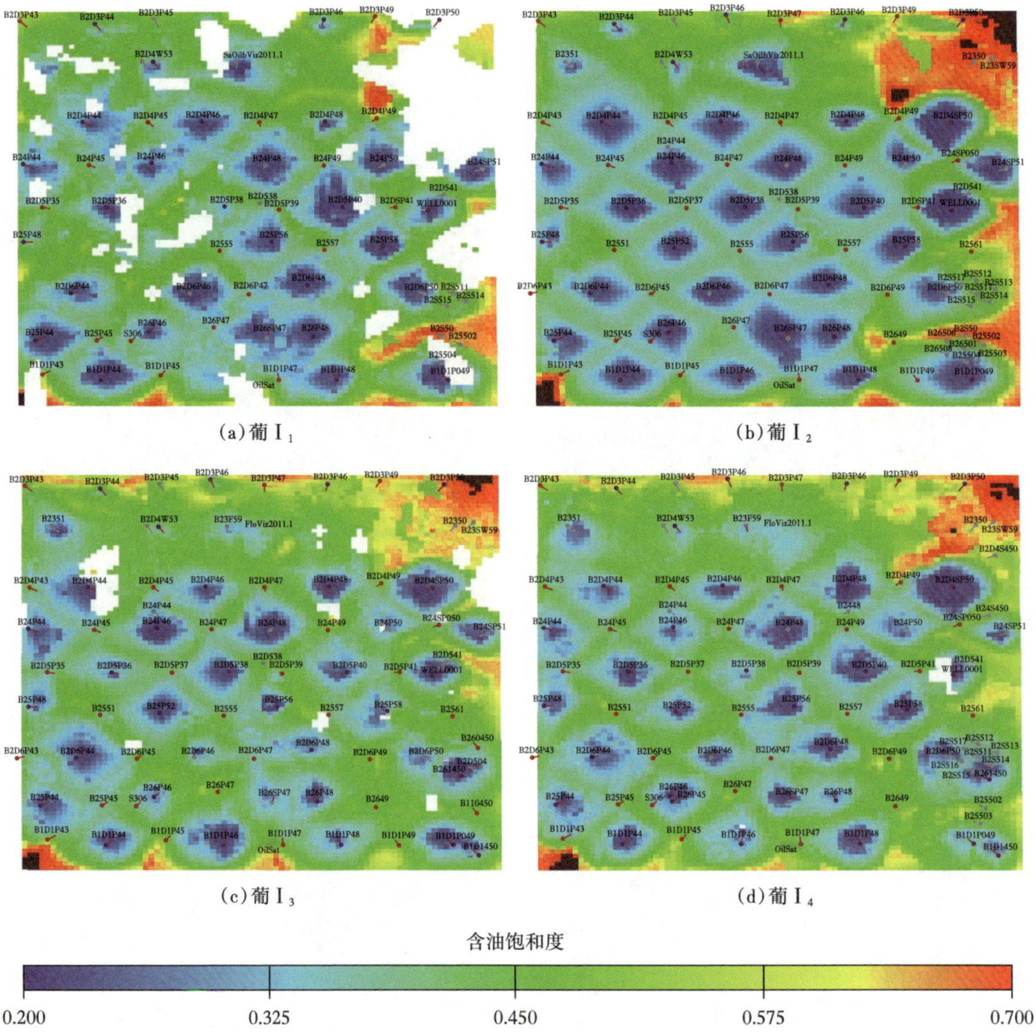

(a) 葡 I_1

(b) 葡 I_2

(c) 葡 I_3

(d) 葡 I_4

含油饱和度

图 7-40　地质模型分单元含油饱和度分布图

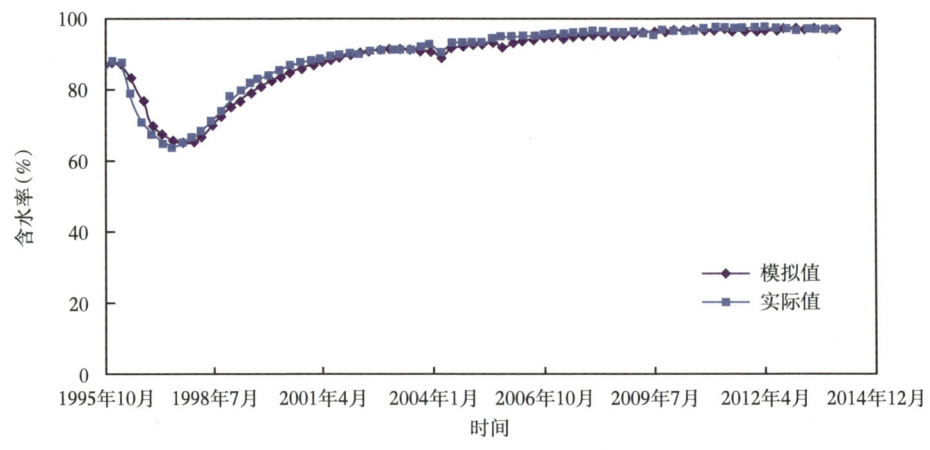

图 7-41　区块综合含水率拟合结果

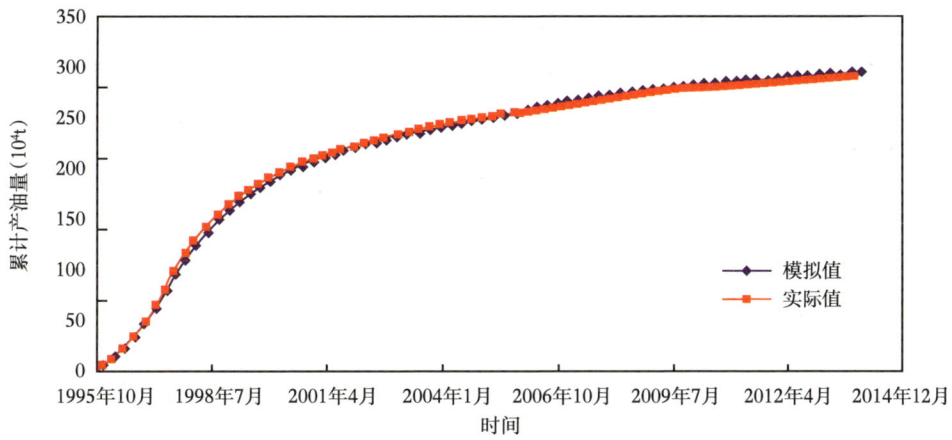

图 7-42 区块累计产油量拟合结果

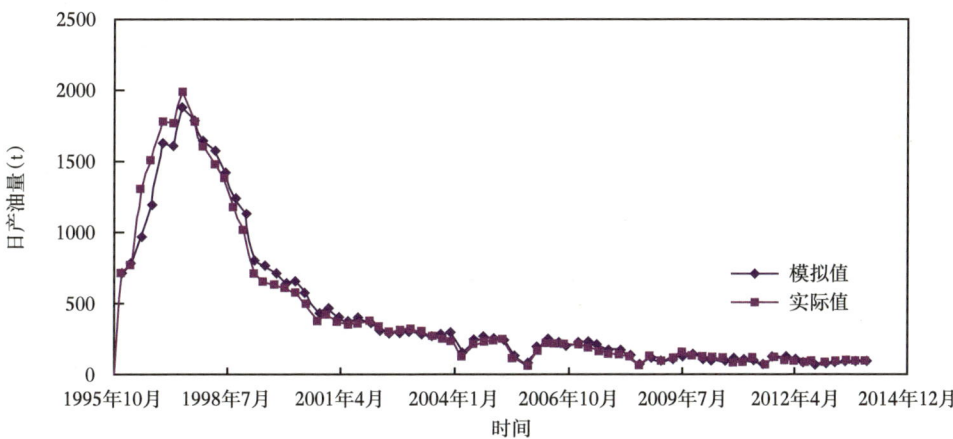

图 7-43 区块日产油量拟合结果

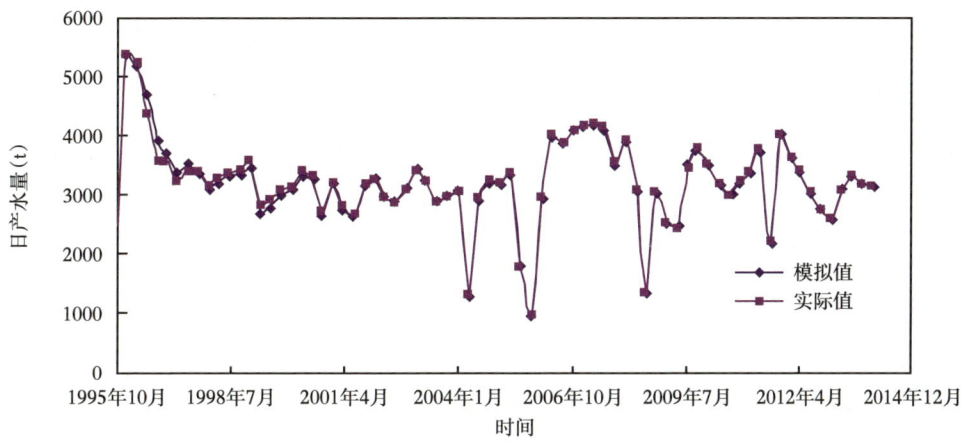

图 7-44 区块日产水量拟合结果

（3）数值模拟预测。

在试验区历史拟合基础上，按照确定驱油的方案，其中主段塞按照个性化设计浓度注入，对矿场试验效果进行了预测，预测结果如图7-45所示。试验区注入弱碱三元前综合含水率97.2%，水驱采出程度1.12%，加上投产前聚驱后采出程度为60.47%，确定区块的水驱最终采收率为61.59%。当注入孔隙体积达到0.68PV左右时，试验区综合含水率达到最低值91.0%，含水率下降最大幅度6.0%。至试验区综合含水率达到98.0%，弱碱三元驱总注入孔隙体积为1.45PV，阶段采出程度11.23%，全区最终采收率71.69%。三元复合驱比水驱多提高采收率10.1个百分点，累计增产油量16.463×10^4t。

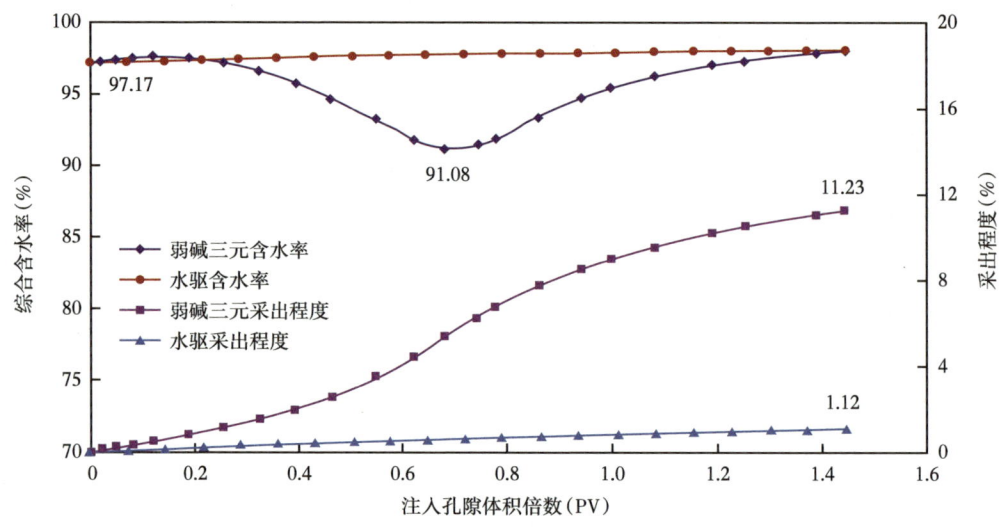

图7-45 试验区开发效果预测

三、试验区跟踪调整措施优化

试验区2014年9月投产，2015年2月注入化学剂，目前处于聚合物保护段塞注入阶段，累计注入化学剂1.183PV。在化学剂注入过程中，根据试验各阶段动态变化特征，采取了多种措施调整手段。

（1）分类调整提高注采比，有效恢复地层压力。

试验区投产初期注采比低（0.68），根据不同井区实际情况，采取分类调整，针对注采比低、含水率高的井区，实施采油井参数下调，针对注采比低、含水率低的井区，实施注入井注入量上调，针对注采比高、含水率高的井区，实施注入井提高注入浓度和降低注入量。调整后全区注采比达到0.89，中心井区注采比达到0.98。

试验区投产初期生产总压差-0.23MPa，通过分类调整提高注采比后，地层压力逐步回升至原始地层压力（图7-46）。

（2）实施规模分注，缓解层间矛盾。

试验区注入井实施分层注入27口，分注率77.1%，分层注入后较分层前渗透率级差降低5.6（表7-18），分注后吸水厚度比例增加13.6%，4个沉积单元均有所提高（表7-19）。

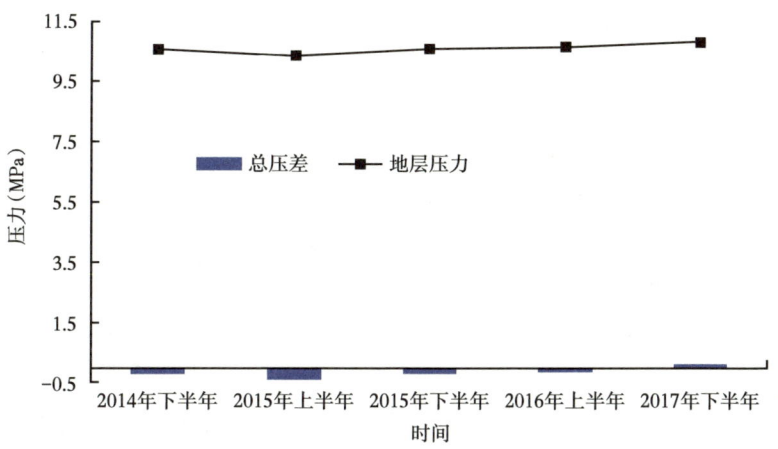

图 7-46 试验区总压差与地层压力变化图

表 7-18 北二西试验区分层注入井统计表

分注井数（井次）	分注层段（个）	时间	渗透率级差	注入压力（MPa）	日配注（m³）	日实注（m³）
27	2	分层前	14.5	11.6	885	877
		分层后	8.9	11.96	935	930
		差值	-5.6	0.36	50	53

表 7-19 分层注入井各沉积单元吸入状况对比表

沉积单元	射开厚度		分层前			分层后		
	层数（%）	有效（%）	层数（%）	有效（%）	相对吸入量（%）	层数（%）	有效（%）	相对吸入量（%）
葡 I_1	18.2	17.6	82.9	83.7	21.4	91.4	92.8	23.5
葡 I_2	37.9	44.8	80.0	82.3	68.6	93.3	94.5	44.1
葡 I_3	18.2	15.4	61.4	64.2	7.5	88.6	90.5	17.4
葡 I_4	25.7	22.2	60.0	62.9	2.5	72.0	73.9	15.0
总计	100.0	100.0	72.1	75.4	100.0	86.7	89.0	100

（3）优化注入方案调整，控制含水回升。

试验区共有 35 口注入井，根据地质发育情况，将 35 口注入井分为 ABCD 四类（表 7-20）。

① A 类注入井：以河道砂发育为主，连通好，渗透性好，平均聚驱控制程度为 85.37%。此类注入井以高浓度、高强度注入为主，注够剂、注好剂，均衡调整剖面。

② B 类注入井：以河道砂发育为主，连通较好，渗透性好，平均聚驱控制程度为 80.29%。此类注入井向高含油饱和度方向加强注入，低含油饱和度方向优化注入，促进油

井均衡受效。

③C类注入井：河道砂厚度比例为78.57%，连通较差，渗透性较差，平均聚驱控制程度为76.39%。此类注入井向高含油饱和度方向加强注入，低含油饱和度方向优化注入，促进油井均衡受效。

④D类注入井：以河道砂发育为主，连通好，渗透性好，平均聚驱控制程度为85.37%。此类注入井以低浓度、低强度、连续注入为主。

表7-20　北二西聚驱后三元试验区注入井分类井基础情况

分类	井数（口）	有效厚度（m）	渗透率（μm²）	河道砂厚度比例（%）	$K \geq 0.5\mu m^2$ 厚度比例（%）	聚驱控制程度（%）	设计注入浓度（mg/L）			
							前置聚驱	主段塞	副段塞	后续保护
A	9	11.99	0.782	90.03	65.01	85.37	2500	2700	2600	2500
B	10	11.78	0.550	83.62	42.65	80.29	2400	2600	2450	2400
C	8	9.43	0.423	78.57	31.03	76.39	2200	2300	2250	2200
D	8	6.84	0.329	56.46	15.37	68.76	2100	2200	2150	2100
合计	35	10.17	0.560	70.69	42.20	80.66	2300	2500	2400	2300

在试验过程中，根据单井组动态变化情况，通过对分类井组实施个性化参数调整，试验区注入压力均衡（表7-21）。

表7-21　北二西聚驱后三元试验区注入方案调整效果对比表

方案调整	调整井次	破裂压力（MPa）	调整前					调整后				
			注入压力（MPa）	日配注量（m³）	日实注量（m³）	注聚浓度（mg/L）	黏度（mPa·s）	注入压力（MPa）	日配注量（m³）	日实注量（m³）	注聚浓度（mg/L）	黏度（mPa·s）
为油井提压	10	12.97	12.19	40	40	2379	130	12.38	45	45	2383	130
注入压力高	23	13.03	12.98	44	42	2399	133	12.77	38	38	2388	131
控制含水回升	52	12.99	12.13	42	42	2356	128	12.32	41	41	2392	132
平均	85	13	12.37	42	42	2370	130	12.45	41	41	2390	131

（4）优化增产增注措施，进一步促进见效。

根据注入井发育差异和吸水状况，优化了增注措施，对油层厚度大、渗透性好、注入压力高的注入井实施酸化解堵增注措施，对油层连通好、发育厚度薄、渗透性差的注入井实施压裂措施，试验区一共有6口注入井实施酸化措施，18口注入井实施压裂措施，措施单井注入量增加22m³，注入压力降低2.18MPa。

根据采出井动态变化和油层发育情况，实施压裂、换大泵和上调参等增产措施。试验区对采出井实施压裂措施7井次，措施后单井日增油量3.4t，含水率下降0.8个百分点。实施换大泵措施9井次，措施后单井日增油量1.9t，含水率下降0.35个百分点。实施换大泵措施83井次，措施后单井日增油量0.8t，含水率下降0.23个百分点（表7-22）。

表 7-22 北二西试验区采油井维护措施效果统计表

措施类型	井次	实施前				实施后				差值		
		日产液量（t）	日产油量（t）	含水率（%）	流压（MPa）	日产液量（t）	日产油量（t）	含水率（%）	流压（MPa）	日产液量（t）	日产油量（t）	含水率（%）
压裂	7	50	3.2	93.6	6.12	92	6.6	92.8	5.89	42	3.4	-0.8
换大泵	9	42	2.3	94.52	6.85	72	4.2	94.17	5.23	30	1.9	-0.35
上调参	83	40	1.8	95.50	6.11	55	2.6	95.27	5.07	15	0.8	-0.23
合计	92	40	1.8	95.4	6.18	57	2.8	95.14	5.09	17	1.0	-0.26

四、技术经济效果评价

试验区综合含水率由 98.3% 下降到 94.6%，下降了 3.7%，采出井全部见效，单井含水率最大降幅 21.8%。含水率降幅大于 5% 的井比例为 93.2%，这部分井主要分布在河道边部和砂体变差部位，在剩余油相对富集区域，井网加密后，化学驱控制程度大幅度增加，平均增加了 13.2%，剩余油得到有效动用。试验区阶段提高采收率 13.5%，总采出程度达 74.0%，试验实际效果优于数值模拟预测（图 7-47）。试验区税后财务内部收益率 10.6%，实现了聚驱后效益开发。

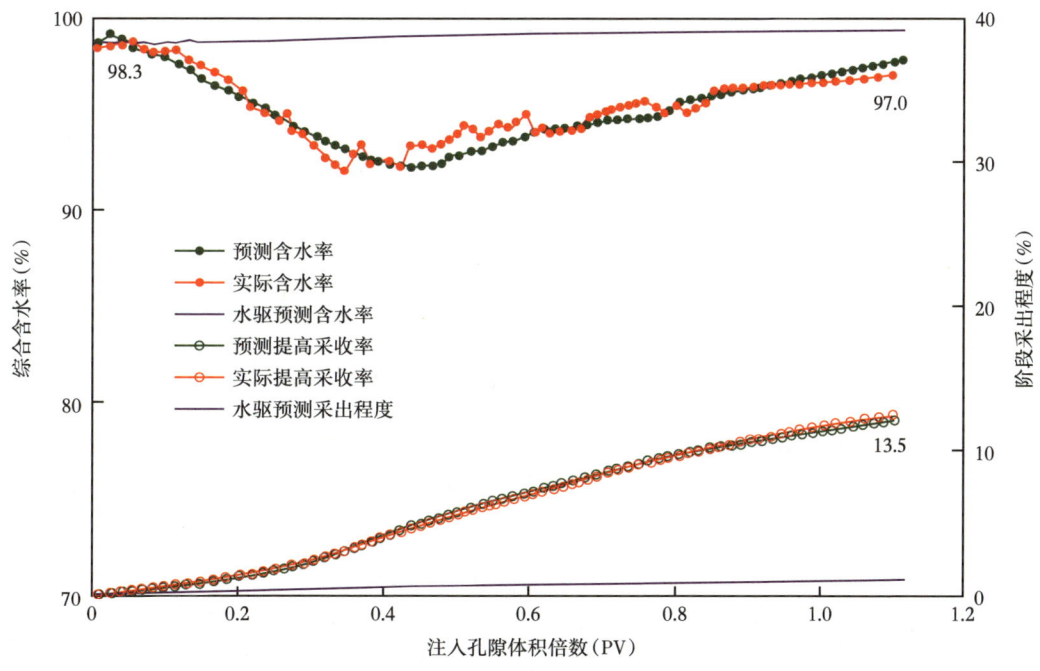

图 7-47 聚驱后弱碱三元复合驱扩大试验效果

第三节 聚合物驱后无碱中相自适应堵调驱试验

一、试验区概况

1. 试验区基本情况

北 3-1~北 3-3 排东部聚驱后自适应堵调驱试验区位于萨北开发区纯油区内北三区东部北侧，试验区利用北 3-1~北 3-3 排葡 I 组油层聚驱井网（125m 井距、五点法面积井网），采用原井网原层系进行聚驱后试验，共有油水井 39 口，其中注入井 18 口，采油井 21 口（图 7-48）。

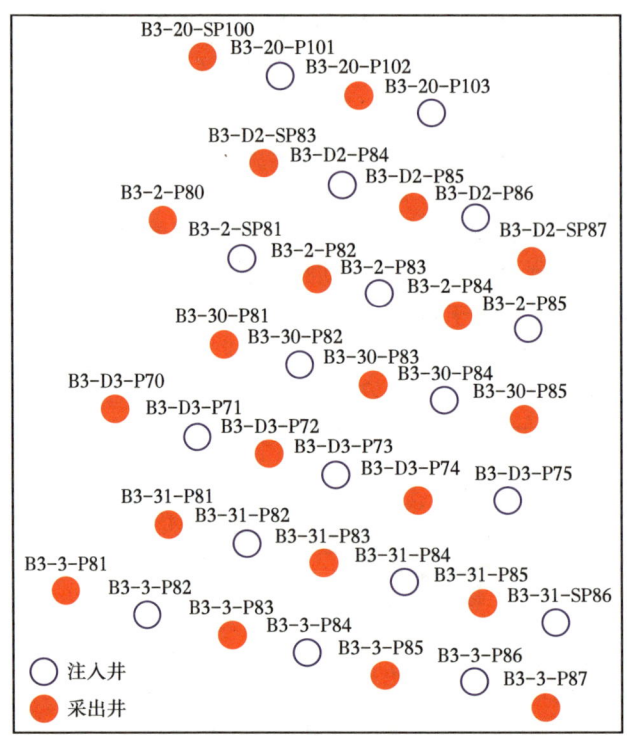

图 7-48　试验区井位图

试验区含油面积 0.65km^2，地质储量 113.0×10^{4}t，孔隙体积 195.5×10^{4}m^3，开采目的层为葡 I$_1$~葡 I$_7$ 油层，发育 6 个沉积单元，平均单井射开砂岩 19.3m，有效厚度 15.1m，平均有效渗透率为 634×10^{-3}μm^2（表 7-23）。

表 7-23　试验区基础数据表

层位	面积（km^2）	地质储量（10^{4}t）	孔隙体积（10^{4}m^3）	平均单井射开（m）		平均有效渗透率（10^{-3}μm^2）	井数（口）			平均破裂压力（MPa）
				砂岩	有效		注入井	采出井	小计	
葡 I$_1$~葡 I$_7$	0.65	113.0	195.5	19.3	15.1	634	18	21	39	14.82

2. 聚驱后剩余油分布特征

（1）聚驱阶段油层动用状况分析。

统计试验区 5 口注入井聚驱全过程吸入剖面资料，累计吸入厚度比例达 95.7%，未动用厚度比例 4.3%，未动用油层主要集中在厚度大于 4.0m 或小于 1.0m、渗透率小于 $0.5\mu m^2$ 的油层，表明聚驱过程中未动用油层主要为厚油层顶部及厚度发育较小的薄差油层；在聚驱全过程吸水低于 2 次（低值期短暂吸水）的油层有效厚度比例 25.2%，主要集中在大于 4.0m 的厚油层，有效厚度达 13.2m，占全过程吸水低于 2 次总厚度的 63.2%，表明厚油层顶部油层在聚驱过程中动用程度较差，聚驱后剩余油相对较为富集（表 7-24 和表 7-25）。

表 7-24 试验区聚驱全过程累计吸水剖面统计表（厚度分级）

厚度分级（m）	射开		一次吸水		二次吸水		三次及以上吸水		合计	
	层数（个）	有效厚度（m）	有效厚度（m）	有效厚度比例（%）	有效厚度（m）	有效厚度比例（%）	有效厚度（m）	有效厚度比例（%）	有效厚度（m）	有效厚度比例（%）
≥4.0	10	62.9	3.0	4.8	10.2	16.2	46.8	74.4	60.0	95.4
3.0~4.0	2	6.0	0		3.0	50.0	3.0	50.0	6.0	100.0
2.0~3.0	3	7.5	0		2.0	26.7	5.3	70.7	7.3	97.3
1.0~2.0	2	2.9	0		1.0	34.5	1.9	65.5	2.9	100.0
<1.0	10	3.6	0.7	19.4	1.0	27.8	1.4	38.9	3.1	86.1
小计	27	82.9	3.7	4.5	17.2	20.7	58.4	70.5	79.3	95.7

表 7-25 试验区聚驱全过程累计吸水剖面统计表（渗透率分级）

类别	<0.3μm²		0.3~0.5μm²		0.5~0.8μm²		0.8~1.0μm²		≥1.0μm²		合计	
	吸入厚度比例（%）	相对吸水量（%）	吸入厚度比例（%）	相对吸水量（%）	吸入厚度比例（%）	相对吸水量（%）	吸入厚度比例（%）	相对吸水量（%）	吸入厚度比例（%）	相对吸水量（%）	吸入厚度比例（%）	相对吸水量（%）
一次	6.8	0.4	8.4	1.6	6.2	0.5	0	0	0	0	4.5	
二次	33.9	1.3	24.3	0.3	27.9	3.5	8.6	0.8	8.3	0.8	20.7	
多次	48.3	8.5	54.5	12.7	65.9	26.1	91.4	30.6	91.7	12.7	70.5	
小计	89.0	10.2	87.1	14.7	100.0	30.1	100.0	31.4	100.0	13.5	95.7	

（2）聚驱后含油饱和度分布特征。

为了明确北 3-1~北 3-3 排东区葡Ⅰ组聚驱后的剩余油分布特征，对该区块进行了数值模拟研究。建立三维相控精细地质模型，总网格节点数为 9360 个，在此基础上开展历史拟合，拟合从投产到目前 50 余年的生产历史，落实了葡I_1~葡I_7 六个沉积单元的剩余油分布特征。数值模拟结果表明：聚驱后试验区剩余油高度分散，葡I_2 和葡I_3 单元含油饱和度低，平均含油饱和度低于 40%，葡I_1 和葡I_4 单元含油饱和度稍高，平均含油饱和度大于 40%（图 7-49）。

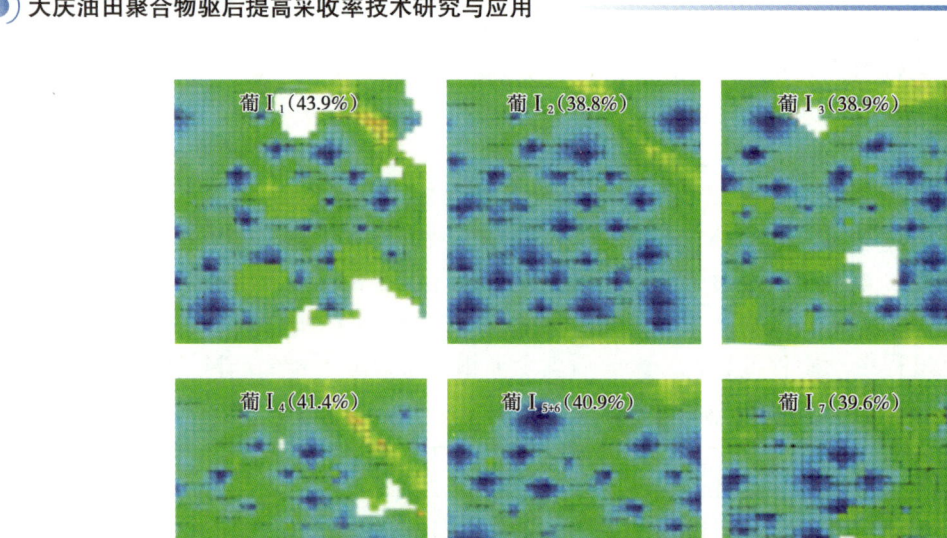

图 7-49 试验区各沉积单元聚驱后含油饱和度等值线图

根据聚驱井测井解释资料及数值模拟结果,可以明确试验区聚驱前、聚驱后含油饱和度变化特征。葡 I 组油层聚驱后平均含油饱和度为 39.8%,较聚驱前下降 9.1 个百分点,其中聚驱后葡 I_2 单元含油饱和度最低,平均含油饱和度 38.8%,较聚驱前下降 9.1 个百分点;葡 I_1 单元含油饱和度最高,平均含油饱和度 43.9%,较聚驱前下降 6.2 个百分点(表 7-26)。

表 7-26 试验区葡 I_1~葡 I_7 油层聚驱后含油饱和度统计表

沉积单元	葡 I_1	葡 I_2	葡 I_3	葡 I_4	葡 I_{5+6}	葡 I_7	合计
聚驱前含油饱和度(%)	50.1	47.9	47.7	46.1	50.3	49.4	48.9
聚驱后含油饱和度(%)	43.9	38.8	38.9	41.4	40.9	39.6	39.8
差值(%)	-6.2	-9.1	-8.8	-4.7	-9.4	-9.8	-9.1

(3)聚驱后剩余油分布类型及成因。

根据井组砂体发育厚度、连通情况及油层动用状况、单位厚度累计产油量和聚驱后含油饱和度等动静态资料的综合分析,将试验区葡 I_1~葡 I_7 油层剩余油按成因归纳为正韵律油层顶部型、夹层遮挡型、废弃河道遮挡型、河道边部型、窄小河道型和河间薄差层型等 6 种剩余油类型。

根据相邻区块新钻井水淹解释资料,对聚驱后各类型剩余油占比进行了量化分析。试验区葡 I 组油层剩余油在垂向上以正韵律顶部型剩余油为主,占剩余油总量的 69.8%;平面上以河道边部型和河间薄差层型为主,分别占剩余油总量的 34.7% 和 39.3%(图 7-50)。

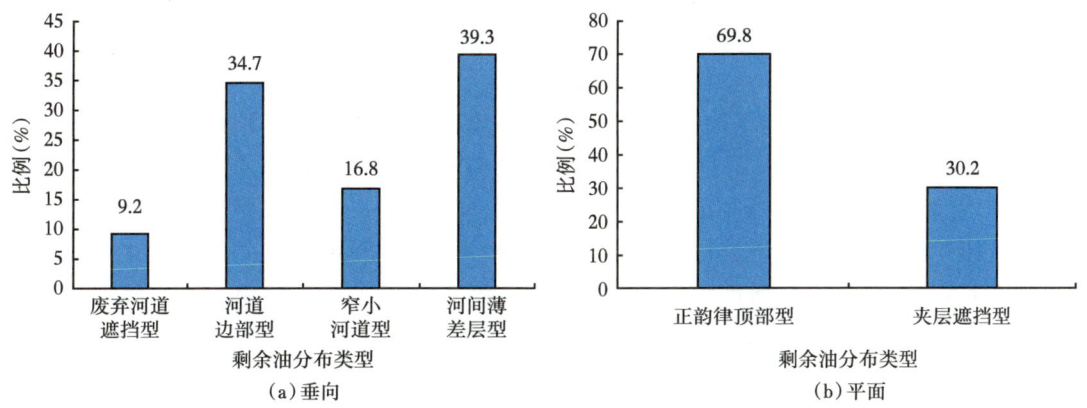

图 7-50 试验区剩余油分布比例分布图

（4）聚驱后剩余储量分布特征。

试验前葡Ⅰ组整体采出程度为 55.0%，对试验区进行了数值模拟研究，拟合了聚驱全过程的生产历史，拟合精度较高。数值模拟结果显示葡Ⅰ组各沉积单元采出程度及剩余储量差异较大。其中，葡 I_2、葡 I_3 和葡 I_7 沉积单元采出程度较高，均达到 55% 以上。葡 I_2 沉积单元采出程度最高，达到 61.1%。目前葡 I_2 沉积单元剩余储量最大，占葡Ⅰ组剩余储量的 29.9%，葡 I_{5+6} 和葡 I_7 沉积单元剩余储量占比也比较高，分别占葡Ⅰ组剩余储量的 18.0% 和 17.5%（图 7-51）。根据各沉积单元剩余储量分布及沉积特征分析，剩余油主要分布在正韵律油层顶部中低渗透部位。

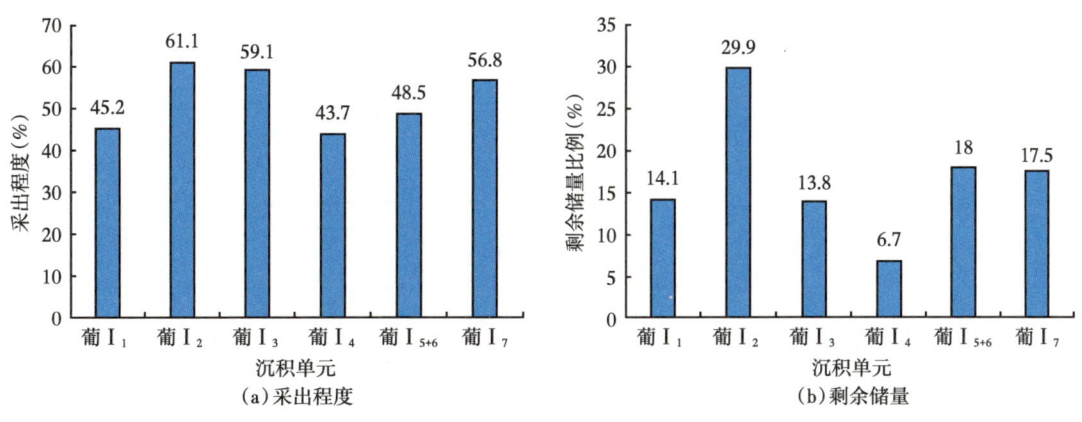

图 7-51 试验区各沉积单元采出程度及聚驱后剩余储量柱状图

（5）聚驱后优势渗流通道分布特征。

聚驱后将有效渗透率大于 $800\times10^{-3}\mu m^2$，含油饱和度小于 30%，相对吸入量大于 40%、吸水强度为全区 3 倍以上的油层部位定义为优势渗流通道。聚驱后油层存在相互连通的优势渗流通道，纵向上主要分布在正韵律油层底部，平面上位于河道砂体中心部位，优势渗流通道厚度比例小、分流率高，导致聚驱后油层低效无效循环严重。根据动静资料结合的原则、通过综合利用取心井资料、水淹层解释资料、注采井剖面测试资料、油藏工程方法和数值模拟技术，可以识别优势渗流通道的发育位置、描述优势渗流通道的分布特征，为聚驱后调堵措施提供依据，达到最大限度提高聚驱后原油采收率的效果。

在试验区识别出 10 个井组存在相互连通的优势渗流通道，井组比例 55.6%。优势渗流通道全部分布在葡 I_2 和葡 I_3 沉积单元。优势渗流通道平均有效厚度 2.0m，占全井平均厚度的 12.5%，相对吸水量达到 57.2%，优势渗流通道平均吸入强度 19.5m^3/(m·d)，较全井平均水平高 15.0m^3/(m·d)，为全区平均水平的 4.3 倍。存在优势渗流通道注入井平均注入压力 9.9MPa，较试验区平均注入压力低 0.4MPa，周围 17 口连通油井日产液量 1208t，日产油量 33.8t，平均含水率 97.2%（表 7-27）。

表 7-27 试验区优势渗流通道分布情况

序号	井号	注入压力（MPa）	注入量（m³）	剖面测试时间	优势渗流通道 层位	厚度（m）	渗透率（μm²）	相对吸水量（%）	连通方向（个）	连通油井 日产液量（t）	平均含水率（%）
1	B3-30-P82	8.8	70	2021年10月	葡 I_2	1.5	0.938	40.0	4	106	96.9
2	B3-2-SP81	8.7	60	2021年10月	葡 I_2	1.2	0.727	44.2	4	105	97.0
3	B3-31-P84	10.6	100	2021年10月	葡 I_2	1.3	0.820	45.5	3	127	97.0
4	B3-D3-P75	11.2	65	2020年5月	葡 I_2	2.0	0.896	54.1	3	123	96.9
5	B3-D3-P71	10.5	45	2020年5月	葡 I_2	2.4	1.255	100.0	3	93	97.1
6	B3-2-P83	10.5	40	2021年10月	葡 I_3	2.4	1.004	100.0	4	75	96.8
7	B3-3-P84	10.3	75	2021年3月	葡 I_3	2.0	0.951	40.0	3	82	97.1
8	B3-30-P84	10.3	82	2020年10月	葡 I_3	2.6	1.107	40.0	2	75	97.0
9	B3-D2-P84	8.8	75	2021年9月	葡 I_3	2.3	1.422	58.3	2	127	97.0
10	B3-20-P101	9.4	65	2021年10月	葡 I_3	2.2	0.940	49.8	2	113	97.3
合计（10口）		9.9	68	—	—	2.0	1.039	57.2	3	102	97.2

纵向上，优势渗流通道全部位于葡 I_2 和葡 I_3 沉积单元底部，其中葡 I_2 单元发育优势渗流通道的注入井 5 口，优势渗流通道总厚度 8.4m，占比 42.2%，平均单井优势渗流通道厚度 1.7m，占本单元厚度的 10.9%；葡 I_3 单元发育优势渗流通道的注入井 5 口，优势渗流通道总厚度 11.5m，占比 57.8%，平均单井优势渗流通道厚度 2.3m，占本单元厚度的 21.3%（图 7-52）。

试验区 10 个井组存在相互连通的优势渗流通道，共有 30 个优势渗流通道连通方向，在平面上优势渗流通道全部集中在河道砂体内部，主要位于河道中心位置，其中葡 I_2 沉积单元优势渗流通道主要位于试验区西部及东南部，葡 I_3 沉积单元优势渗流通道主要位于试验区北部中间位置（图 7-53）。

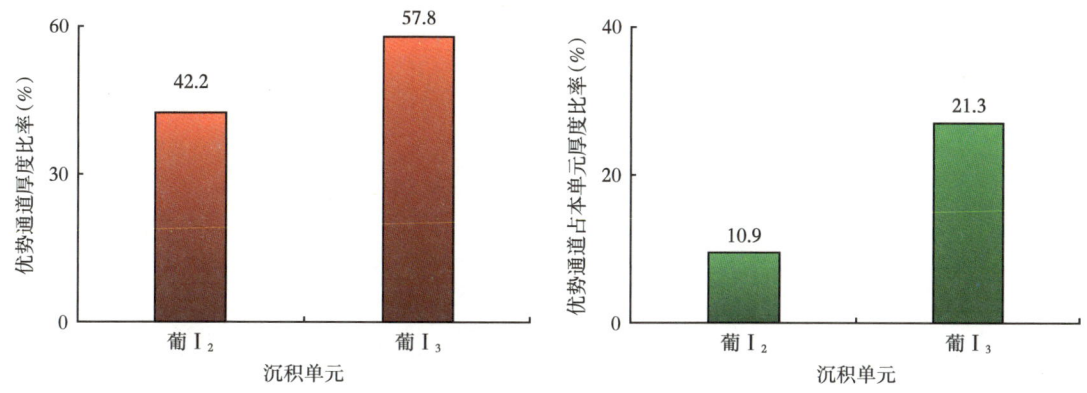

图 7-52 试验区优势渗流通道纵向分布特征

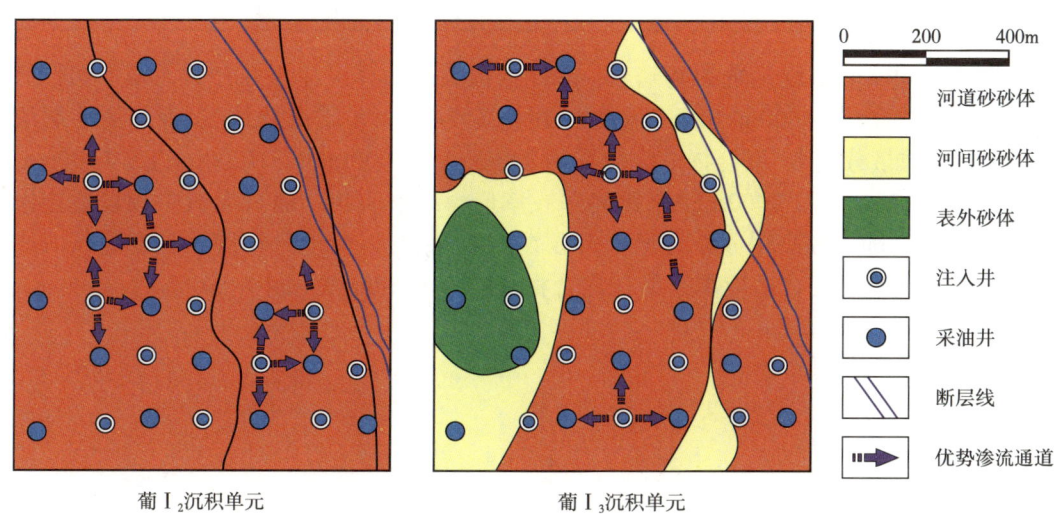

图 7-53 试验区优势渗流通道平面分布图

二、试验方案优化设计

利用室内物模实验、数值模拟技术等手段，优化了 PPG/无碱中相自适应驱油体系的注入方式及聚合物浓度、段塞尺寸及注入速度等参数，确定了试验注入方案。

1. 聚合物浓度优化设计

（1）主段塞聚合物浓度优化。

根据室内驱油实验、相态实验结果及现场实际经验，将 PPG/无碱自适应体系 PPG 浓度固定为 500mg/L、氯化钠浓度固定为 1.7%（质量分数）、表面活性剂浓度固定为 0.3%（质量分数），开展聚合物浓度 1000mg/L、1400mg/L 及 1600mg/L 的聚驱后非均质人造岩心驱油实验。实验结果表明：聚合物浓度 1400mg/L 时聚驱后提高采收率 19.4%，采收率增幅最大，可以取得最好的提高采收率及经济效益（表 7-28）。

表 7-28　PPG/无碱中相自适应驱油体系不同聚合物浓度驱油实验结果统计表

实验序号	聚驱后驱油体系配方						水驱采收率（%）	聚驱采收率提高值（%）	聚驱后采收率提高值（%）		总采收率（%）
	自适应驱油体系配方				保护段塞						
	PPG浓度（mg/L）	2500万聚合物浓度（mg/L）	氯化钠浓度[%（质量分数）]	表面活性剂浓度[%（质量分数）]	2500万聚合物浓度（mg/L）	氯化钠浓度[%（质量分数）]					
1	500	1000	1.7	0.3	1000	0.5	36.2	16.5	16.5	16.3	69.2
2	500	1000	1.7	0.3	1000	0.5	36.9	16.9	16.0		69.8
3	500	1400	1.7	0.3	1500	0.5	36.3	16.7	19.3	19.4	72.3
4	500	1400	1.7	0.3	1500	0.5	36.5	16.5	19.5		72.5
5	500	1600	1.7	0.3	1800	0.5	36.4	16.4	20.4	20.6	72.2
6	500	1600	1.7	0.3	1800	0.5	36.3	16.2	20.8		72.3

在室内物模实验浓度优选的基础上，采用数值模拟计算了注入 0.5PV 无碱中相自适应堵调驱［PPG 浓度固定 500mg/L、氯化钠浓度固定为 1.7%（质量分数）、表面活性剂浓度固定为 0.3%（质量分数），聚合物浓度分别为 800mg/L、1000mg/L、1200mg/L、1400mg/L、1600mg/L、1800mg/L 及 2000mg/L］提高采收率值。结果表明：随着无碱中相自适应体系聚合物浓度的增加，提高采收率逐渐上升，在 1400mg/L 以后上升幅度明显变缓，曲线出现拐点，确定无碱中相自适应体系最佳聚合物浓度为 1400mg/L（图 7-54）。

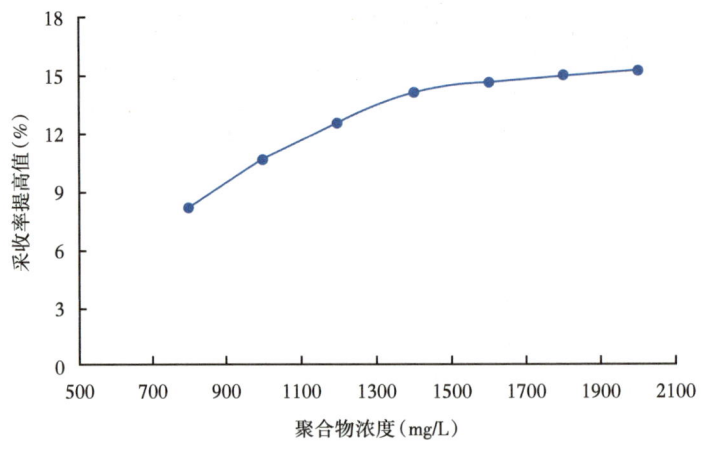

图 7-54　不同聚合物浓度无碱中相复合驱油体系提高采收率曲线

（2）保护段塞聚合物浓度优化。

在确定 PPG/无碱中相自适应体系浓度［PPG 浓度 500mg/L、聚合物浓度 1400mg/L、氯化钠浓度 1.7%（质量分数）、表面活性剂浓度 0.3%（质量分数）］的基础上，保护段塞按照等黏度的原则，确定聚合物浓度为 1500mg/L，保护段塞黏度 40mPa·s 左右。在实验过程中，发现在注入 PPG/无碱中相自适应体系后，再注入聚合物浓度 1500mg/L 的保护段塞，注入压力出现下降的现象，为保证注入压力的稳定，将保护段塞聚合物浓度上调到1800mg/L，黏度达到60mPa·s左右，此时，提高采收率可达20.4个百分点，较保护段塞聚合物浓度1500mg/L时多提高1.0个百分点（表7-29），因此，确定保护段塞聚合物浓度为1800mg/L。

表7-29 不同聚合物浓度保护段塞驱油实验结果统计表

实验序号	聚驱后驱油体系配方							水驱采收率（%）	聚驱采收率提高值（%）	聚驱后采收率提高值（%）		总采收率（%）
	自适应驱油体系配方					保护段塞						
	PPG浓度（mg/L）	2500万聚合物浓度（mg/L）	氯化钠浓度[%（质量分数）]	表面活性剂浓度[%（质量分数）]	黏度（mPa·s）	2500万聚合物浓度（mg/L）	氯化钠浓度[%（质量分数）]	黏度（mPa·s）				
1	500	1400	1.7	0.3	33.8	1500	0.5	41.5	36.3	16.7	19.3	19.4	72.3
2	500	1400	1.7	0.3	34.6	1500	0.5	42.3	36.5	16.5	19.5		72.5
3	500	1400	1.7	0.3	33.1	1800	0.5	68.1	36.4	16.7	20.6	20.4	73.7
4	500	1400	1.7	0.3	35.8	1800	0.5	66.2	36.3	16.8	20.1		73.2
5	500	1400	1.7	0.3	36.1	1800	0.5	67.3	36.6	16.1	20.4		73.1

2. 段塞尺寸优化设计

在优化PPG/无碱中相自适应体系聚合物浓度[PPG浓度500mg/L、聚合物浓度为1400mg/L、氯化钠浓度为1.7%（质量分数）、表面活性剂浓度为0.3%（质量分数）]的基础上，利用室内物模实验优化体系注入孔隙体积，聚驱后分别注入0.3PV、0.5PV及0.7PV的PPG/无碱中相自适应体系。实验结果表明：注入孔隙体积为0.5PV时，聚驱后提高采收率19.4个百分点，较注入0.3PV时多提高7.3个百分点、较注入0.7PV时仅少提高1.1个百分点（表7-30），因此确定注入孔隙体积为0.5PV时可以取得最好的提高采收率及经济效益。

表7-30 PPG/无碱中相自适应驱油体系不同注入孔隙体积驱油实验结果统计表

实验序号	注入孔隙体积（PV）	聚驱后驱油体系配方						水驱采收率（%）	聚驱采收率提高值（%）	聚驱后采收率提高值（%）		总采收率（%）
		自适应驱油体系配方				保护段塞						
		PPG浓度（mg/L）	2500万聚合物浓度（mg/L）	氯化钠浓度[%（质量分数）]	表面活性剂浓度[%（质量分数）]	2500万聚合物浓度（mg/L）	氯化钠浓度[%（质量分数）]					
1	0.3	500	1400	1.7	0.3	1500	0.5	36.2	16.7	13.9	14.1	66.8
2		500	1400	1.7	0.3	1500	0.5	35.8	16.9	14.3		67.0
3	0.5	500	1400	1.7	0.3	1500	0.5	36.4	16.7	19.6	19.4	72.7
4		500	1400	1.7	0.3	1500	0.5	35.8	16.8	19.1		72.2
5		500	1400	1.7	0.3	1500	0.5	36.6	16.1	19.4		72.1
6	0.7	500	1400	1.7	0.3	1500	0.5	35.4	16.5	20.7	20.5	72.6
7		500	1400	1.7	0.3	1500	0.5	36.6	16.2	20.3		73.1

在室内物模实验的基础上，采用数值模拟计算了注入0.3PV、0.4PV、0.5PV、0.6PV及0.7PV无碱中相自适应堵调驱[PPG浓度500mg/L、聚合物浓度1400mg/L、氯化钠浓

度 1.7%（质量分数）、表面活性剂浓度 0.3%（质量分数）]提高采收率值。结果表明：随着无碱中相自适应体系注入孔隙体积的增加，提高采收率逐渐上升，在 0.5PV 以后上升幅度明显变缓，曲线出现拐点，因此，确定无碱中相自适应体系最佳注入孔隙体积为 0.5PV（图 7-55）。

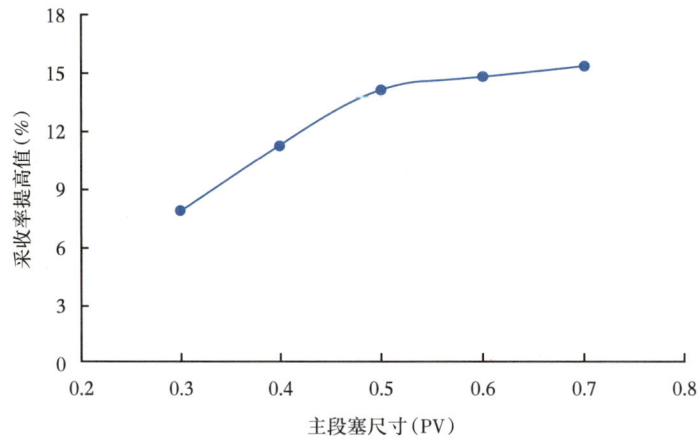

图 7-55 不同注入体积无碱中相复合驱油体系提高采收率曲线

3. 注入方式优化设计

为封堵优势渗流通道，在高盐度冲洗段塞中同时加入浓度为 800mg/L 的 PPG 颗粒（采用浓度为 800mg/L 的聚合物携带），开展室内人造非均质岩心驱油实验。结果表明：增加 0.1PV 前置高盐度、高 PPG 浓度前置段塞后，采收率提高值可达 22.5%，较未注入前置高盐度、高 PPG 浓度段塞时多提高采收率 2.1 个百分点（表 7-31）。

表 7-31 前置段塞 +PPG/ 无碱中相自适应驱油体系驱油实验结果

实验序号	聚驱后驱油体系配方									水驱采收率（%）	聚驱采收率提高值（%）	聚驱后采收率提高值（%）	总采收率（%）
	前置段塞			自适应驱油体系配方				保护段塞					
	PPG浓度（mg/L）	2500万聚合物（mg/L）	NaCl浓度[%（质量分数）]	PPG浓度（mg/L）	2500万聚合物（mg/L）	NaCl浓度[%（质量分数）]	表面活性剂浓度（mg/L）	2500万聚合物浓度（mg/L）	NaCl浓度[%（质量分数）]				
1	800	800	2.5	500	1400	1.7	0.3	1800	0.5	36.2	16.5	22.7	75.4
2	800	800	2.5	500	1400	1.7	0.3	1800	0.5	36.3	16.7	22.9	75.9
3	800	800	2.5	500	1400	1.7	0.3	1800	0.5	36.5	16.4	21.9	74.8

在注入 0.1PV 前置段塞取得较好提高采收率效果的基础上，利用数模方法进一步优化了前置段塞的尺寸，数模计算分别注入 0.025PV、0.050PV、0.075PV、0.10PV 及 0.125PV 前置段塞后，再注入 0.5PV 无碱中相自适应驱油段塞和 0.2PV 保护段塞的采收率提高值。结果表明：随着前置段塞孔隙体积的增加，提高采收率逐渐上升，在 0.075PV 以后上升幅度明显变缓，曲线出现拐点，因此，确定前置段塞最优注入尺寸为 0.075PV（图 7-56）。

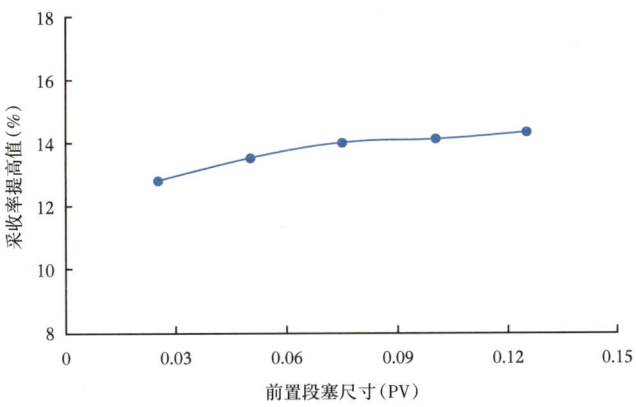

图 7-56 不同前置段塞尺寸下的采收率提高值

4. 注入速度优选

自适应驱油体系中的 PPG 颗粒具有较强的调堵能力，注入后会降低注采能力。正在进行的北二西聚驱后弱碱三元复合驱现场试验视吸入指数最低降至 0.38m³/（d·m·MPa）左右，下降 33.3%。参考北二西聚驱后弱碱三元复合驱现场试验的视吸入指数下降幅度，预计自适应试验区视吸入指数下降 35%，注入自适应体系后试验区视吸入指数降至 0.28m³/（d·m·MPa）左右，利用式（7-3）计算自适应试验区注入速度。试验区平均破裂压力 14.82MPa，平均孔隙度 26.1%，注采井距 125m。

根据注入速度计算公式

$$V = 180 p_{max} N_{min} / (L^2 \phi) \tag{7-3}$$

式中　p_{max}——最高井口注入压力，MPa；

　　　V——注入速度，PV/a；

　　　ϕ——油层孔隙度；

　　　L——注采井距，m；

　　　N_{min}——油层最低视吸入指数，m³/（d·m·MPa）。

应用式（7-3）计算不同注入速度所对应的最高井口注入压力，计算结果见表 7-32。从表 7-32 可以看出，在注入速度 0.18PV/a 时，视吸入指数降至 0.28m³/（d·m·MPa），最高注入压力为 14.6MPa，不会超过油层破裂压力。

表 7-32　注入速度与注入压力关系

注入速度（PV/a）	N_{min}=0.45m³/（d·m·MPa）p_{max}（MPa）	N_{min}=0.40m³/（d·m·MPa）p_{max}（MPa）	N_{min}=0.35m³/（d·m·MPa）p_{max}（MPa）	N_{min}=0.30m³/（d·m·MPa）p_{max}（MPa）	N_{min}=0.28m³/（d·m·MPa）p_{max}（MPa）	N_{min}=0.25m³/（d·m·MPa）p_{max}（MPa）	N_{min}=0.20m³/（d·m·MPa）p_{max}（MPa）
0.30	15.1	17.0	19.4	22.7	24.3	27.2	34.0
0.28	14.1	15.9	18.1	21.1	22.7	25.4	31.7
0.24	12.1	13.6	15.5	18.1	19.4	21.8	27.2
0.20	10.1	11.3	12.9	15.1	16.2	18.1	22.7

续表

注入速度 (PV/a)	$N_{min}=0.45m^3/$ $(d·m·MPa)$ p_{max} (MPa)	$N_{min}=0.40m^3/$ $(d·m·MPa)$ p_{max} (MPa)	$N_{min}=0.35m^3/$ $(d·m·MPa)$ p_{max} (MPa)	$N_{min}=0.30m^3/$ $(d·m·MPa)$ p_{max} (MPa)	$N_{min}=0.28m^3/$ $(d·m·MPa)$ p_{max} (MPa)	$N_{min}=0.25m^3/$ $(d·m·MPa)$ p_{max} (MPa)	$N_{min}=0.20m^3/$ $(d·m·MPa)$ p_{max} (MPa)
0.18	9.1	10.2	11.7	13.6	14.6	16.3	20.4
0.16	8.1	9.1	10.4	12.1	12.9	14.5	18.1
0.14	7.0	7.9	9.1	10.6	11.3	12.7	15.9
0.12	6.0	6.8	7.8	9.1	9.7	10.9	13.6
0.10	5.0	5.7	6.5	7.6	8.1	9.1	11.3

5. 试验注入方案

注入方案：0.5PV 无碱中相自适应驱油体系 +0.2PV 聚合物保护段塞 + 后续水驱至含水率为 98%。

自适应驱油体系配方：由 PPG、聚合物、表面活性剂及氯化钠组成。PPG 浓度 500mg/L，聚合物浓度 1400mg/L，表面活性剂浓度 0.3%（质量分数），其中脂肪醇聚氧丙烯硫酸盐和烷基苯磺酸盐质量比为 6:4，氯化钠为工业用氯化钠，浓度 1.7%（质量分数）。

聚合物保护段塞配方：由聚合物和氯化钠组成。聚合物为炼化 2500 万相对分子质量聚合物，浓度 1800mg/L；氯化钠为工业用氯化钠，浓度 0.5%（质量分数）。

注入速度：0.18PV/a。

三、开发效果预测及应用前景

1. 油藏精细地质模型的建立

地质模型边界选取试验区各向外扩一个井排为外边界，平面网格划分为 39×40 个，纵向上分 6 个层，葡 I_1、葡 I_2、葡 I_3、葡 I_4、葡 I_{5+6} 及葡 I_7，总网格节点数为 9360 个，X 方向空间步长 31.88m，Y 方向空间步长 34.86m。试验区地质模型渗透率分布如图 7-57 所示。

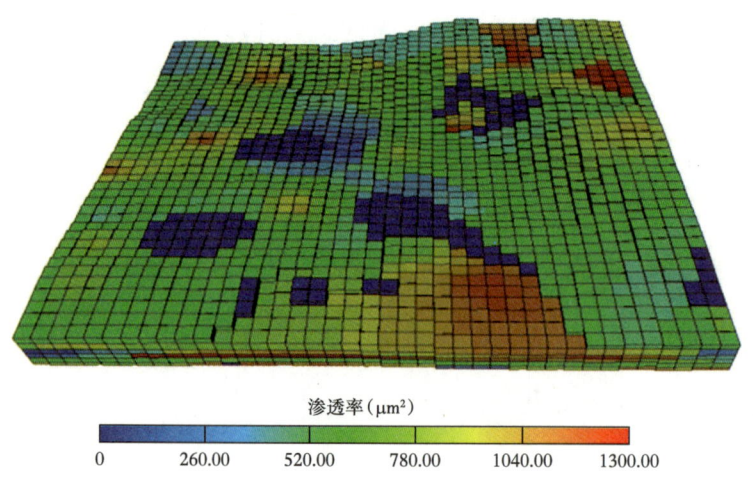

图 7-57 地质模型渗透率分布图

2. 数值模拟预测

在试验区历史拟合及室内实验的基础上，按照确定的注入方案，进行 PPG/无碱中相自适应复合驱效果预测，预测结果如图 7-58 所示。试验区注入 PPG/无碱中相自适应复合体系前综合含水率 97.1%。当注入孔隙体积达到 0.432PV 时，试验区综合含水率达到最低值 89.2%，含水率下降最大幅度 7.9%。至试验区综合含水率达到 98.0%，总注入孔隙体积为 1.038PV，阶段采出程度 15.1%，提高采收率 14.0%，累计增油量 $15.82 \times 10^4 t$。

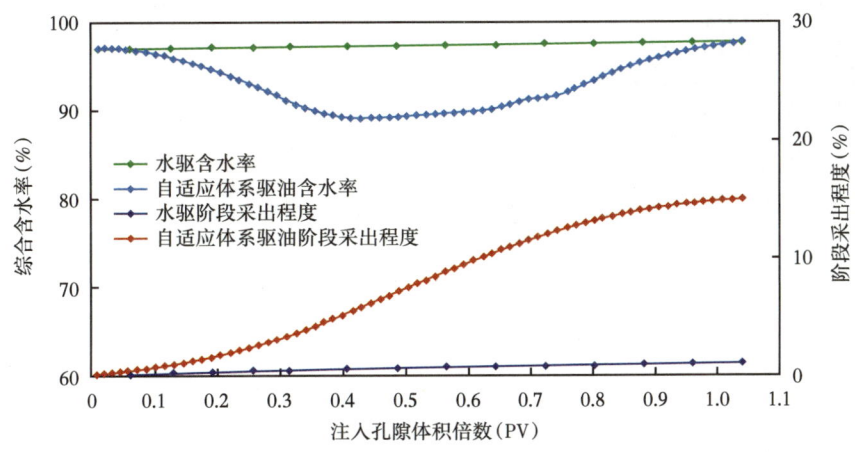

图 7-58　试验区 PPG/无碱中相自适应驱油体系开发效果预测

在数值模拟研究基础上，考虑油层发育、配产配注及目前含水情况，同时借鉴北二西东块聚驱后弱碱三元复合驱现场试验注入量、产液量及含水率变化趋势，对开发指标进行预测，试验区于 2022 年 1 月投注化学剂，2024 年含水率达到低值期，2029 年 8 月含水率达到 98%，累计产油量 $17.3 \times 10^4 t$（表 7-33）。

表 7-33　试验区开发指标预测表

年份	2022	2023	2024	2025	2026	2027	2028	2029	合计/平均
注入井数（口）	18	18	18	18	18	18	18	18	18
采油井数（口）	21	21	21	21	21	21	21	21	21
年产油量（$10^4 t$）	1.2	2.3	3.5	3.3	2.8	2.1	1.5	0.6	17.3
年产液量（$10^4 t$）	39.2	38.9	37.6	36.5	37.8	38.5	39.2	27.8	295.5
年注水量（$10^4 m^3$）	31.3	35.2	35.2	35.2	35.2	35.2	35.2	35.2	265.9
综合含水率（%）	96.9	94.0	90.7	91.0	92.6	94.5	96.2	97.9	94.1

四、试验区动态特征

无碱中相自适应堵调驱先导试验于 2022 年 5 月投注前置段塞，2023 年 4 月转注无碱中相自适应堵调驱主段塞。截至 2023 年 12 月，累计注入化学剂 0.260PV，其中前置段塞注入 0.126PV，无碱中相自适应堵调驱主段塞注入 0.134PV。

截至 2023 年 12 月，试验区平均注入压力 11.9MPa，较空白水驱上升 4.0MPa，单井注入压力主要集中在 11~12MPa，井数占比达 77.8%，井间注入压力更加均衡（图 7-59）。

（a）空白水驱注入压力等值图　　（b）目前注入压力等值图

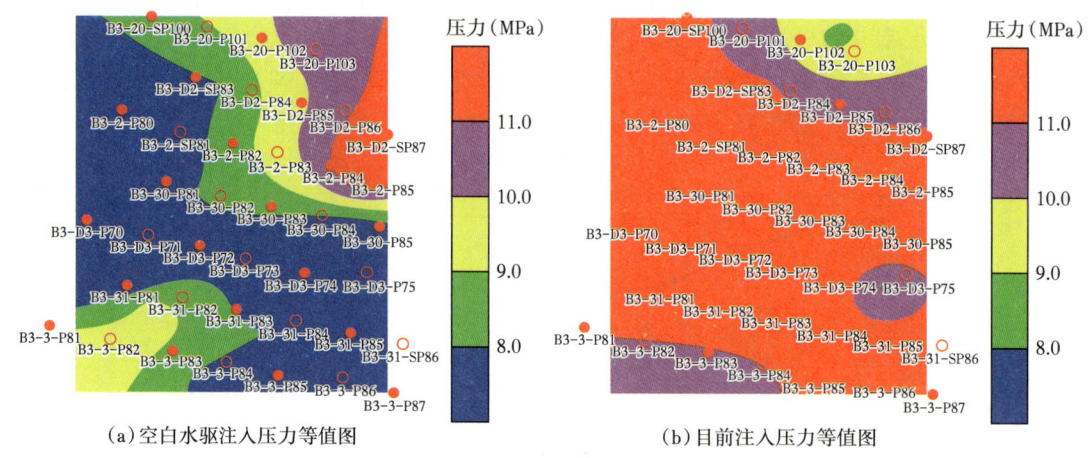

图 7-59　不同注入阶段注入压力等值线图

测井资料显示，试验区优势渗流通道得到有效封堵，优势渗流通道发育的 11 口注入井，优势渗流通道发育部位相对吸液量由 62.2% 下降至 26.7%，下降了 35.5%，全井吸液厚度比例由 40.5% 上升至 62.5%。试验区 18 口注入井平均吸液厚度比例达到 62.9%，较空白水驱增加 19.4%，其中渗透率小于 $800\times10^{-3}\mu m^2$ 油层动用程度大幅度提升，吸液厚度比例增加 20% 以上，渗透率大于 $800\times10^{-3}\mu m^2$ 高渗透层吸液量得到有效控制，吸液厚度比例基本保持不变，相对吸液量下降 21.4%（表 7-34）。

图 7-34　试验区注入井吸液剖面统计表

渗透率分级（μm^2）	有效厚度（m）	注剂前		前置段塞		自适应段塞	
		吸入厚度比例（%）	相对吸入量（%）	吸入厚度比例（%）	相对吸入量（%）	吸入厚度比例（%）	相对吸入量（%）
＜0.3	2.7	2.8	0.5	40.6	16.9	46.5	20.2
0.3~0.5	4.8	50.0	23.4	60.3	27.4	71.3	27.8
0.5~0.8	4.7	41.7	28.4	56.3	30.4	64.6	25.8
0.8~1.0	3.0	66.4	32.5	53.8	19.0	69.3	20.1
＞1.0	2.0	52.2	15.1	35.1	6.4	50.9	6.1
合计 / 平均	17.1	43.5	100.0	52.0	100.0	62.9	100.0

与一次聚驱相同注入孔隙体积相比，试验区聚驱后化学驱阶段油层动用程度低于一次聚驱阶段，吸液厚度比例低 5.7 个百分点，主要是渗透率大于 $800\times10^{-3}\mu m^2$ 高渗透油层

吸液厚度比例低，较一次聚驱阶段低 14.0 个百分点，而渗透率小于 $500×10^{-3}\mu m^2$ 油层动用程度与一次聚驱阶段相近，但相对吸液量较一次聚驱高 10.1 个百分点，表明 PPG 颗粒具有选择性封堵能力，能够优先进入优势渗流通道对其封堵，同时未对低渗透层造成伤害（图 7-60）。

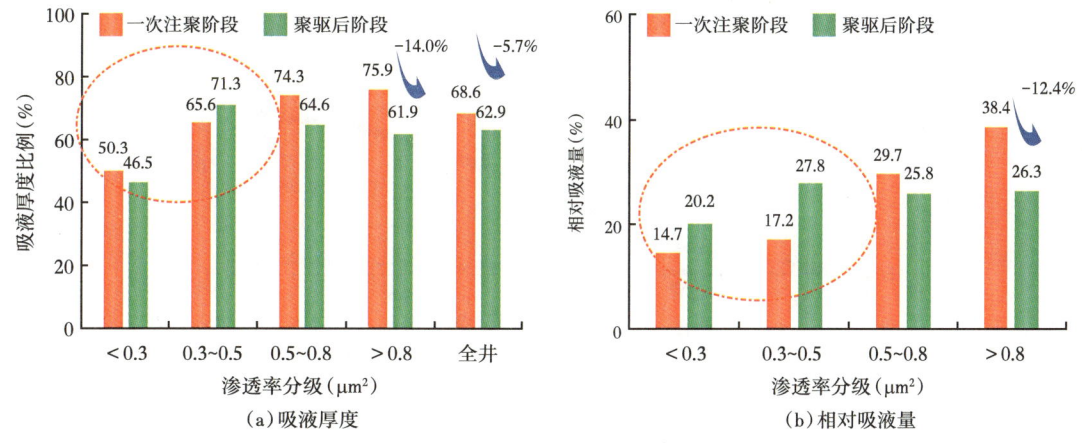

图 7-60　不同注入阶段吸液厚度比例和相对吸液量对比柱状图

试验区 21 口采油井含水均呈现下降趋势，综合含水率 96.1%，较空白水驱阶段下降 1.3 个百分点，其中 5 口采油井含水降幅小于 1.0 个百分点，目前平均含水率 96.6%，平均下降 0.6 个百分点；7 口含水采油井含水降幅介于 1.0~1.5 个百分点之间，目前平均含水率 96.2%，平均下降 1.3 个百分点；7 口含水采油井含水降幅大于 1.5 个百分点，目前含水率 95.3%，下降 2.2 个百分点（图 7-61）。

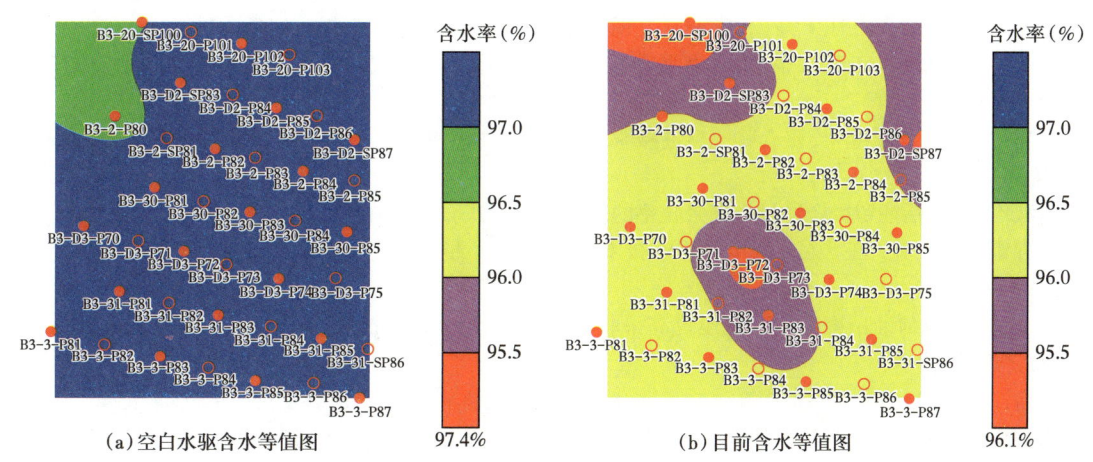

图 7-61　不同注入阶段含水等值线图

截至 2023 年 12 月，试验区聚驱后化学驱阶段采出程度 1.60%，提高采收率 1.24 个百分点，综合含水及阶段采出程度与数值模拟预测基本一致，预计聚驱后无碱中相自适应堵调驱最终提高采收率可达 14.1 个百分点（图 7-62）。

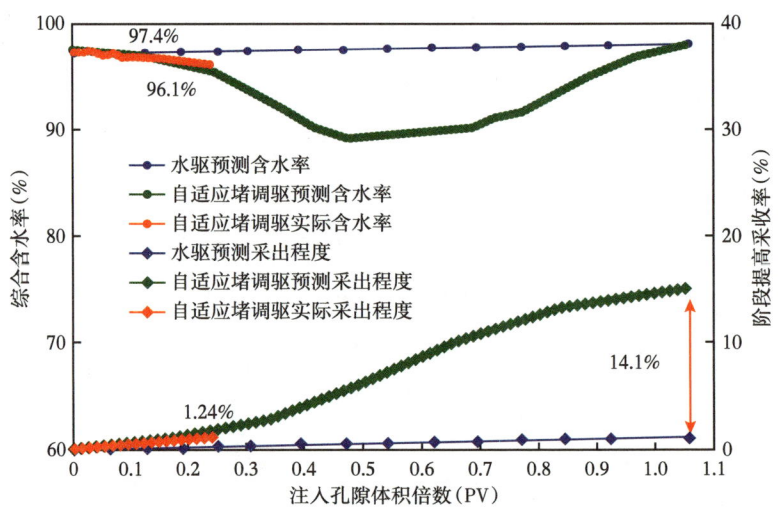

图 7-62 试验区开发效果曲线

大庆油田经过多年试验攻关，聚驱后现场试验取得了较好技术经济效果，实现由原井网向变流线转变、一元驱向复合驱转变及弱碱复合驱向无碱中相自适应堵调驱转变，试验效果持续提升，变流线弱碱复合驱可提高采收率 12 个百分点以上，变流线无碱中相自适应堵调驱提高采收率有望突破 15 个百分点，成为聚驱后提高采收率的主体技术。

参 考 文 献

[1] 孙龙德, 伍晓林, 周万富, 等. 大庆油田化学驱提高采收率技术 [J]. 石油勘探与开发, 2018, 45 (4): 636-645.

[2] 廖广志, 王强, 王红庄, 等. 化学驱开发现状与前景展望 [J]. 石油学报, 2017, 38 (2): 196-207.

[3] 郭尚平, 田根林, 王芳, 等. 聚合物驱后进一步提高采收率的四次采油问题 [J]. 石油学报, 1997, 18 (4): 49-53, 137.

[4] 乐建君, 刘芳, 张继元. 聚合物驱后油藏激活内源微生物驱油现场试验 [J]. 石油学报, 2014, 35 (1): 99-105.

[5] 高淑玲. 聚驱后残留聚合物对提高采收率的影响 [J]. 大庆石油地质与开发, 2014, 33 (6): 113-117.

[6] 郝春雷, 刘永健, 王大威. 微生物采油技术用于聚驱后油藏的研究进展 [J]. 微生物技术, 2007, 17 (1): 87-90.

[7] 王家震. 喇嘛甸油田聚驱后蒸汽驱提高采收率研究 [J]. 大庆石油地质与开发, 2008, 27 (5): 114-116.

[8] 张启江. 聚驱后注入聚表剂提高采收率研究 [J]. 长江大学学报, 2011, 8 (5): 74-75.

[9] 李丽娟. 大庆油田一类油层聚驱后聚表剂驱油技术 [J]. 大庆石油地质与开发, 2013, 32 (3): 118-123.

[10] 刘海波. 大庆油区长垣油田聚合物驱后优势渗流通道分布及渗流特征 [J]. 油气地质与采收率, 2014, 21 (5): 69-72.

[11] 杨勇. 正韵律厚油层优势渗流通道的形成条件与时机 [J]. 油气地质与采收率, 2008, 15 (3): 105-107.

[12] 闫坤, 韩培慧, 曹瑞波, 等. 聚驱后优势渗流通道流线数值模拟识别方法的建立及应用 [J]. 油气藏

评价与开发，2019，9（2）：33-37.

[13] 李秀兰.优势渗流通道中的高速非达西渗流动态特征分析[J].油气地质与采收率，2009，23（6）：93-97.

[14] 刘国超，曹瑞波，闫伟，等.聚驱后优势渗流通道参数计算方法及应用[J].大庆石油地质与开发，2023，42（5）：43-50.

[15] 王鸣川，石成方，朱维耀，等.优势渗流通道识别与精确描述[J].油气地质与采收率，2016，23（1）：80-84.

[16] 王凤兰，王天智，李丽娟.萨中地区聚合物驱前后密闭取心井驱油效果及剩余油分析[J].大庆石油地质与开发，2004，23（2）：59-60.

[17] 刘斌，张伟，李红英，等.渤海某油田聚驱后微观剩余油分布规律研究[J].新疆石油天然气，2020，16（2）：53-58.

[18] 陈文林.聚驱后强水洗油层微观剩余油量化分布及挖潜研究[J].海洋石油，2017，37（4）：47-52.

[19] 刘国超.注聚末期剩余潜力评价及提高采收率技术[J].断块油气田，2020，27（3）：370-374.

[20] Liu G C.Remaining potential evaluation and EOR method at the end of polymer flooding[J].Fault-Block Oil & Gas Field，2020，27（3）：370-374.

[21] 程杰成，周泉，周万富，等.低初粘可控聚合物凝胶在油藏深部优势渗流通道的封堵方法及应用[J].石油学报，2020，41（8）：969-978.

[22] Wang Z B, Zhao X T, Bai Y R, et al. Study of a doubl ecross linked HPAM gelforin depth profile control[J]. Journal of Dispersion Science and Technology，2016，37（7）：1010-1018.

[23] 夏惠芬，王立辉，韩培慧，等.薄膜状剩余油动用条件研究[J].特种油气藏，2021，28（3）：106-111.

[24] 韩培慧，赵群，穆爽书，等.聚合物驱后进一步提高采收率途径的研究[J].大庆石油地质与开发，2006，25（5）：81-84.

[25] 李宜强，隋新光，李斌会.聚合物驱后提高采收率方法室内实验研究[J].石油学报，2008，29（3）：405-408.

[26] 刘永建，郝春雷，胡绍斌，等.聚合物驱后油藏驱油菌种的性能和作用机理[J].石油学报，2008，29（5）：717-722.

[27] 孙灵辉，刘卫东，赵海宁，等.聚驱后高弹性聚合物驱油方法探索[J].西南石油大学学报，2007，29（6）：112-125.

[28] 李鹏华，李兆敏，赵金省，等.多段塞平行聚能提高聚合物驱后采收率实验研究[J].石油学报，2010，31（1）：110-113.

[29] 赵金省，李天太，张明，等.聚合物驱后氮气泡沫驱油特性及效果[J].深圳大学学报理工版，2010，27（3）：361-365.

[30] 刘宏生.聚驱后超低界面张力泡沫复合驱实验研究[J].西安石油大学学报：自然科学版，2012，27（3）：72-75，80.

[31] 邵振波，孙丽静，刘宏生.聚驱后高压泡沫复合驱油实验[J].大庆石油地质与开发，2011，30（2）：140-144.

[32] 张继红，董欣，叶银珠，等.聚合物驱后凝胶与表面活性剂交替注入驱油效果[J].大庆石油学院学报，2010，34（2）：85-88.

[33] 夏惠芬，蒋莹，王刚.聚驱后聚表二元复合体系提高残余油采收率研究[J].西安石油大学学报：自然科学版，2010，25（1）：45-49.

[34] 沈德煌，马德胜，聂凌云，等.聚合物驱后油藏蒸汽驱技术可行性研究[J].特种油气藏，2011，18（4）：108-110.

[35] 杨菲,郭拥军,张新民,等.聚驱后缔合聚合物三元复合驱提高采收率技术[J].石油学报,2014, 35（5）：908-913.

[36] 闫伟.疏水缔合聚合物三元体系性能研究[J].油气田地面工程 2014,33（6）：25-26.

[37] 曹瑞波.聚驱后"正电胶调剖+三元复合驱"提高采收率技术[J].西安石油大学学报：自然科学版, 2016,31（1）：58-61.

[38] 韩培慧,苏伟鹏,林海川,等.聚驱后不同化学驱提高采收率对比评价[J].西安石油大学学报：自然科学版,2011,26（5）：44-48.

[39] 曹瑞波,韩培慧,高淑玲.不同驱油剂应用于聚合物驱后油层的适应性分析[J].特种油气藏,2012, 19（4）：100-104.

[40] 韩培慧,曹瑞波,刘海波,等.聚合物驱后油层特征和自适应复合驱方法[J].大庆石油地质与开发, 2019,38（5）：254-264.

[41] 韩培慧,闫坤,曹瑞波,等.聚驱后油层提高采收率驱油方法[J].岩性油气藏,2019,31（2）： 143-150.

[42] 崔晓红.新型非均相复合驱油方法[J].石油学报,2011,32（1）：122-126.

[43] 曹绪龙.非均相复合驱油体系设计与性能评价[J].石油学报（石油加工）,2013,29（1）：115-121.

[44] 闫伟.萨北区北二东西块井网重构挖潜聚驱后剩余油研究[J].长江大学学报,2013,10（26）：56-60.

[45] 高淑玲,张鹤川,闫伟,等.聚驱后井网加密高质量浓度聚合物驱提高采收率试验[J].大庆石油地质与开发,2016,35（3）：95-98.

[46] Gao S L, Jiang Z H, Zhang K Y, et al.High Concentration Polymer Flooding Field Test With Well Infilling to Change Fluid Flowing Direction After Polymer Flooding[R].SPE179794,2016.

[47] Gao S L, Peng S K, Han P H, et al.Enhanced oil recovery test based on wells and stations utilization to reduce cost after polymer flooding[R].SPE194752,2019.

[48] 孙焕泉.基于储层孔喉匹配的非均相复合驱技术研究与矿场实践——以胜坨油田一区沙二段1-3砂组聚合物驱后单元为例[J].油气地质与采收率,2020,27（5）：53-61.

[49] Cui C Z, Li K K, Yang Y, et al. Identification and quantitative description of large pore path in unconsolidated sandstone reservoir during the ultra high water cutstage[J]. Journal of Petroleum Science and Engineering, 2014, 122: 1017.

[50] 王正欣,张连峰,杨璐,等.适用于双河油田聚驱后油藏的非均相复合驱油体系研究[J].油气藏评价与开发,2020,10（6）：78-84.